# Treibstoffe
# für
# Verbrennungsmotoren

Von

Dr.-Ing. **Franz Spausta**
Versuchsanstalt für Kraftfahrzeuge in Wien

Mit 70 Textabbildungen



Springer-Verlag Wien GmbH
1939

Ursprünglich erschienen bei Julius Springer in Vienna 1939
Softcover reprint of the hardcover 1st edition 1939

ISBN 978-3-7091-5161-7 ISBN 978-3-7091-5309-3 (eBook)
DOI 10.1007/978-3-7091-5309-3

# Vorwort.

Das Erdöl, aus dem heute noch das meiste Benzin gewonnen wird, ist aus unserem Kulturleben nicht mehr wegzudenken. Ein wesentlicher Teil unseres Verkehrswesens ist an das Erdöl und die aus ihm gewonnenen Produkte gebunden.

Das Erdöl war schon in den ältesten Zeiten bekannt. Es trat nämlich in vielen Ländern der alten Welt infolge der Zerklüftung der Erdrinde in flüssiger Form zu Tage. Schriftsteller des Altertums, wie HERODOT und PLINIUS, und auch das alte Testament erwähnen das Erdöl. Seine Verwendung war sehr beschränkt. Man gebrauchte es zu Leuchtzwecken, für die Herstellung von Wagenschmieren und zur Heilung aller möglichen Krankheiten von Mensch und Tier. Diese sehr primitive Verwendung des Erdöls hielt sich aufrecht bis ungefähr in die ersten Jahrzehnte des 19. Jahrhunderts. Erst der Fund von Erdöl bei der Erbohrung einer Salzsole in Pennsylvanien gegen Mitte des 19. Jahrhunderts änderte die Sachlage. Das Erdöl floß dabei frei aus der Bohrung. Die großen ausfließenden Mengen von Erdöl regten den Unternehmungsgeist der Amerikaner zur eingehenden Untersuchung des Produktes an. Bald lernte man daraus durch entsprechende Behandlung ein Leuchtöl, unser heutiges Petroleum, herstellen. Das allgemeine Interesse für dieses Naturprodukt war nun einmal vorhanden und die erste von COLONEL DRAKE 1859 bei Titusville in den Vereinigten Staaten niedergebrachte, fündige Ölbohrung ist als Grundstein der Erdölindustrie anzusehen. Etwa 20 Jahre nach dem Fündigwerden der ersten Erdölbohrung in den Vereinigten Staaten beginnt die industrielle Entwicklung der Erdölgewinnung in Rußland und anderen Ländern. Die Weltproduktion an Erdöl im Jahre 1870, in welchem Jahre nur Amerika als erdölförderndes Land auftrat, von 70800 t stieg bis zum Jahre 1871 schon auf 1000000 t und von da an ohne besondere Rückschläge bis auf rund 280975000 t im Jahre 1937. Der Weltkrieg brachte den erdölarmen Ländern zum Bewußtsein, daß das Leben und die Verteidigung ihrer Nation gefährdet ist, wenn sie zu sehr auf den Rohölbezug von anderen, diesen Rohstoff besitzenden Ländern angewiesen sind. Es setzten daher schon während des Weltkrieges und dann in der Nachkriegszeit Bestrebungen ein, eigene Rohstoffquellen für den Betrieb von Fahrzeugen zu verwerten. Diese Bestrebungen zeigten auch in beachtlichem Ausmaß Erfolge. Man kann heute wohl ohne Übertreibung sagen, daß die Monopolstellung des Rohöls als einzige Quelle für die Herstellung von Motortreibmitteln nicht mehr besteht. Ja, es entstand sogar eine derartige Fülle von Treibmitteln, daß es heute dem Nichtfachmann schon schwer fällt, sich zurechtzufinden. Diese Monographie soll nun allen an diesem Problem interessierten Kreisen ein Führer auf diesem Gebiete sein; und zwar ein Führer in doppelter Hinsicht: Sie soll einerseits die Fortschritte auf diesem Gebiete vermitteln und andererseits zeigen, wie weit derzeit die Entwicklung in Hinblick auf die Verwendung bei dem einen oder dem anderen Motortreibmittel ist.

Wien, im Juli 1939.

F. SPAUSTA.

# Inhaltsverzeichnis.

## II. Gasförmige Treibstoffe.

### III. Feste Treibstoffe, die vergast werden.



### IV. Feste Treibstoffe.

# I. Flüssige Treibstoffe.

## A. Aus Erdöl (Rohöl).

Von allen heute für Fahrzeug- und Stabilmotoren verwendeten Treibstoffen hat das Benzin, und zwar das aus dem natürlichen Erdöl erzeugte, bis heute in der ganzen Welt zweifellos immer noch die größte Bedeutung.

### 1. Bestandteile des Erdöls.

Das Erdöl besteht hauptsächlich aus Kohlenwasserstoffen, also aus Verbindungen, die nur Kohlenstoff und Wasserstoff enthalten. Daneben finden sich im Erdöl noch geringe Mengen stickstoff- und schwefelhaltige Verbindungen vor.

Bis heute ist eine nähere Kenntnis der Natur der im Erdöl vorhandenen Kohlenwasserstoffe nur an den verhältnismäßig niedrig siedenden Kohlenwasserstoffen und bei diesen nur unvollständig erreicht worden. Je höhersiedend die Fraktion ist, um so dürftiger ist die Kenntnis der Zusammensetzung der Destillate (1). Bei der Erforschung der Natur der Erdölkohlenwasserstoffe haben sich zwei ganz allgemeine Erkenntnisse ergeben. Die erste ist die, daß die bei der Destillation von Erdöl aufeinanderfolgenden Fraktionen immer kohlenstoffreicher und wasserstoffärmer werden. Zweitens wurde festgestellt, daß in jedem Erdöl nicht ein, sondern viele Vertreter sog. Kohlenwasserstoffreihen oder -gruppen vorhanden sind. Die wichtigsten in den verschiedenen Erdölen vorkommenden Kohlenwasserstoffgruppen sind:

*Paraffine,* auch aliphatische oder gesättigte Kohlenwasserstoffe genannt, mit offener Kette von der allgemeinen Formel $C_nH_{2n+2}$, z. B.:

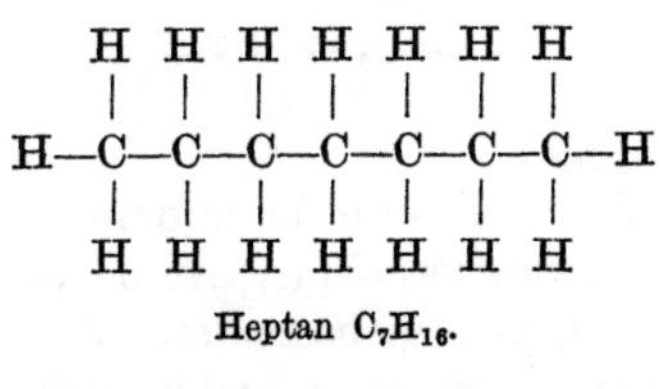

Heptan $C_7H_{16}$.

*Naphtene,* gesättigte, ringförmige Kohlenwasserstoffe, auch Zykloparaffine genannt, von der allgemeinen Formel $C_nH_{2n}$, z. B.:

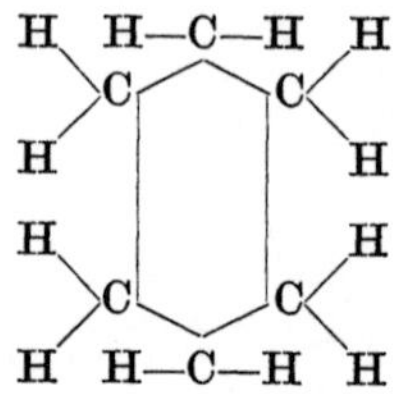

Hexanaphten oder Zyklohexan $C_6H_{12}$.

*Aromaten*, ringförmige Kohlenwasserstoffe von der Formel $C_nH_{2n-6}$, z. B.:

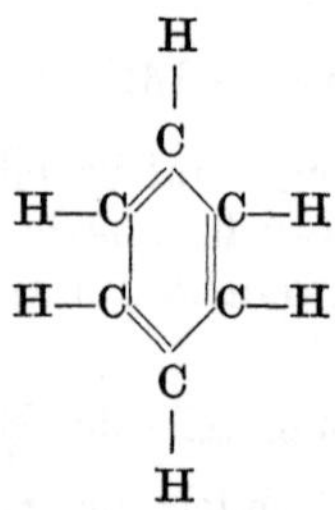

Benzol. $C_6H_6$.

*Ungesättigte Kohlenwasserstoffe*, auch Olefine genannt, von der Formel $C_nH_{2n}$, z. B.:

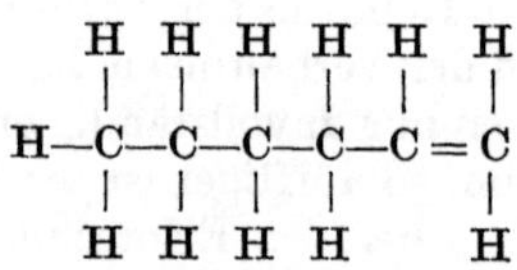

Normales Hexylen $C_6H_{12}$,

mit nur einer Doppelbindung (Monoolefine) oder die Di-Olefine von der Formel $C_nH_{2n-2}$, z. B.:

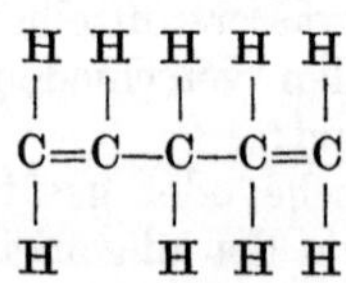

1,5-Hexadien $C_6H_{10}$.

mit zwei Doppelbindungen.

Im natürlichen Erdöl sind nun besonders drei Arten von Verbindungen enthalten, und zwar Paraffine, aromatische Kohlenwasserstoffe und zyklische Verbindungen, insbesondere Abkömmlinge des Zyklopentans und Zyklohexans. Daneben finden sich noch sauerstoffhaltige Phenolderivate und Naphtensäuren, außerdem kommen schwefel- und stickstoffhaltige Substanzen unbekannter Natur vor. Das Vorkommen von ungesättigten Verbindungen im natürlichen Erdöl ist noch umstritten, denn die Unbeständigkeit der schwefel- und stickstoffhaltigen Verbindungen im Erdöl gegenüber höheren Temperaturen kann leicht das Vorkommen von ungesättigten Verbindungen vortäuschen. Bei der Aufarbeitung des natürlichen Erdöls durch Destillation werden die schwefel- und stickstoffhaltigen Verbindungen des Erdöls verändert, und zwar derart, daß man heute noch nicht viel über den Charakter dieser Verbindungen weiß.

Außerdem kommen in jedem Rohöl noch sauerstoffhaltige Kohlenwasserstoffe, wie z. B. Naphtensäuren, Harzstoffe, Phenole, und schwefelhaltige Kohlenwasserstoffe, wie Thiophene, Alkylsulfide und -disulfide, und stickstoffhaltige Basen, wie Pyridine, vor.

Je nachdem nun die eine oder andere Kohlenwasserstoffgruppe in einem Rohöl vorherrscht, unterscheidet man Rohöle mit paraffinischer, asphalt- oder naphtenischer und gemischter Grundlage. So gehören z. B. die pennsylvanischen zur ersten, die russischen und mexikanischen Rohöle zur zweiten, die rumänischen und polnischen Rohöle zur dritten Gruppe. Ein höherer Gehalt an Aromaten ist nur bei einigen wenigen Rohölen, z. B. in denen von Borneo, anzutreffen.

## 2. Aufarbeitung des Erdöls.

### *a) Durch Destillation (Destillationsbenzin bzw. straight-run-Benzin).*

Die Verarbeitung des Erdöls erfolgt meistens durch trennende Destillation. Hierbei wird die Zerlegung des Erdöls nach Siedegrenzen und nach der Wichte (spezifisches Gewicht) der Destillate vorgenommen. Die spezifisch leichtesten und niedrigst siedenden Anteile sind die Benzine, ihnen folgen mit steigenden Siedegrenzen und Wichten die Leuchtöle, die Gasöle und Treiböle, die leichten Schmieröle (Spindelöle) und die schweren Schmieröle. Letztere werden bereits von salbigen und festen Paraffinen begleitet. Hochsiedende Anteile oder Rückstandsöle je nach Art des Rohöls sind die Zylinderöle. Als Rückstand kann Asphalt und Koks verbleiben.

Für die Zerlegung des Erdöls war früher die halbstetige, unterbrochene Destillation üblich. Man benutzte große, stehende Dosenkessel oder liegende Walzenkessel mit unmittelbarer Feuerung durch Kohle, Öl oder Gas. Das Fassungsvermögen dieser Destillierblasen war im Laufe der Jahre bis auf 500 $m^3$ in einzelnen Fällen gesteigert worden. Das Aufarbeiten einer Beschickung im unterbrochenen Betrieb dauerte oft mehrere Tage. Aus dieser halbstetigen Destillation entwickelte sich im Laufe der Zeit die stetige oder kontinuierliche Destillation des Erdöls, die zunächst derart durchgeführt wurde, daß man eine Batterie, manchmal bis zu 20 Blasen, stufenförmig nebeneinander anordnete. Das Öl durchfloß bei dieser Anordnung die einzelnen Kessel, von denen jeder eine andere Temperatur hatte, der Reihe nach, wobei man immer höhersiedende Fraktionen erhielt. Die entstehenden Dämpfe wurden in einen bei jedem Kessel angebrachten Dom zu Kühlern geleitet und dort niedergeschlagen und in Vorlagebehältern gesammelt. In der Regel arbeitete man mit

Zusatz von Wasserdampf und im letzten Kessel meist mit vermindertem Luftdruck, um die höchstsiedenden Schmierölfraktionen vor nichtgewünschter Wärmezersetzung zu bewahren.

Die infolge der zunehmenden Motorisierung des Verkehrs notwendige Erstellung von Anlagen mit großer Leistungsfähigkeit und die Notwendigkeit einer scharfen Trennung der anfallenden Destillate, welche eine Redestillation überflüssig macht, hat den Konstrukteur dazu veranlaßt, das Rohöl so weitgehend als möglich zu verdampfen und die entstehenden Dämpfe, anstatt fraktioniert zu destillieren, besser fraktioniert zu kondensieren. Dies hat zur Entwicklung der heute in fast allen modernen Raffinerien verwendeten zweistufigen Destillationsanlagen mit Röhrenerhitzern („pipe stills" oder „tube heaters") mit nachgeschaltetem Fraktionierturm („bubble tower") geführt (Abb. 1). Der Röhrenerhitzer besteht aus einem großen Feuerungsraum mit einer halbhohen Staumauer, auf deren einen Seite (Strahlungszone) die Öl- oder Gasbrenner angebracht sind, während auf der anderen Seite (Konvektionszone) und häufig auch an der Decke des Raumes ein in vielfachen Windungen verlaufendes Netz enger Stahlrohre eingebaut ist. Sie werden also nicht unmittelbar von den Flammen berührt, sondern teils durch Konvektion und teils durch Abstrahlung von der Ofendecke her beheizt. Im oberen Teil des Röhrenofens wird gewöhnlich noch ein Überhitzer für den bei der Destillation des Rohöls zuzusetzenden Wasserdampf eingebaut.

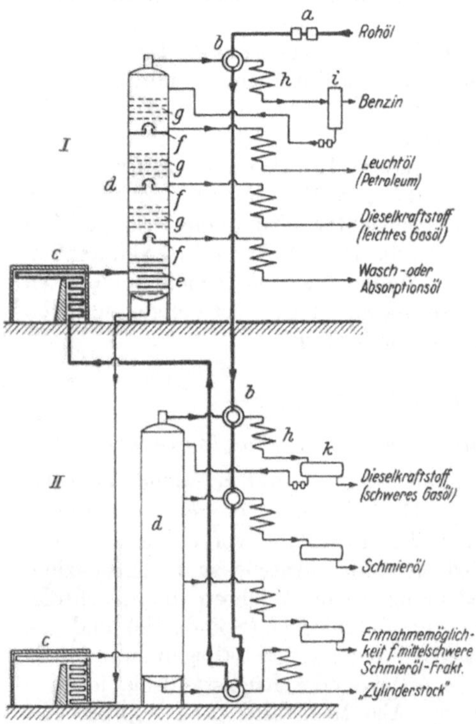


Abb. 1. Schema einer zweistufigen Destillationsanlage. Nach R. Heinze (162).
*I* Destillation auf leichtsiedende Anteile
*II* Destillation auf schwersiedende Anteile.
*a* Pumpe; *b* Wärmeaustauscher; *c* Röhrenofen; *d* Fraktionierturm; *e* Stoßbleche; *f* Abteilböden; *g* Glockenböden; *h* Kühler; *i* Trenngefäß mit Rücklaufpumpe; *k* Vorratsbehälter.

Das Rohöl wird in einer solchen zweistufigen Destillationsanlage in Wärmeaustauschern zunächst vorgewärmt und darauf von einer Pumpe unter Druck und unter Einhaltung bestimmter, ziemlich hoher Strömungsgeschwindigkeiten durch den Röhrenerhitzer gepreßt. Das Rohöl wird hierbei auf die Temperatur seiner höchstsiedenden, noch überzudestillierenden Bestandteile erhitzt (etwa über 400° C). Das erhitzte und unter Druck stehende Rohöl gelangt nun in den Fraktionierturm, wo es sich entspannt. Ein Teil, und zwar der leichter siedende Anteil des Rohöls, verdampft, während die am schwersten siedenden, nicht verdampfenden Anteile am Boden verbleiben. Die Fraktioniertürme bestehen aus senkrechten, etwa 25 m hohen Zylindern aus Stahlblech, die im Innern mehrere übereinanderliegende Abteile aufweisen, deren Anzahl den überzudestillierenden Fraktionen entspricht. Jedes dieser Abteile ist mit mehreren Glockenböden versehen, welche eine möglichst weitgehende Fraktionierung der verdampften Rohölanteile ermöglicht. Durch Zusatz von Wasserdampf wird eine noch bessere Trennung erzielt mit dem Ergebnis, daß nur die am leichtesten flüchtigen Benzindämpfe unkondensiert bis zum Kopf des Turmes gelangen, von wo sie über einen Wärmeaustauscher einem Kühler zugeleitet werden. Die höhersiedenden Ölfraktionen werden in bestimmten Höhen des Turmes durch seitliche Rohrleitungen von den einzelnen Abteilungen abgeführt. Man erhält so, von oben nach unten gerechnet, zunächst Benzin, dann Leuchtöl, dann die Dieselkraftstoffe und schließlich Spindelölfraktion. Manchmal werden auch mehr als vier Fraktionen abgenommen, z. B. zwei oder drei Benzinfraktionen. Die auf diese Weise durch Destillation aus dem Erdöl erhaltenen Benzine werden als Destillations- oder als straight-run-Benzine bezeichnet.

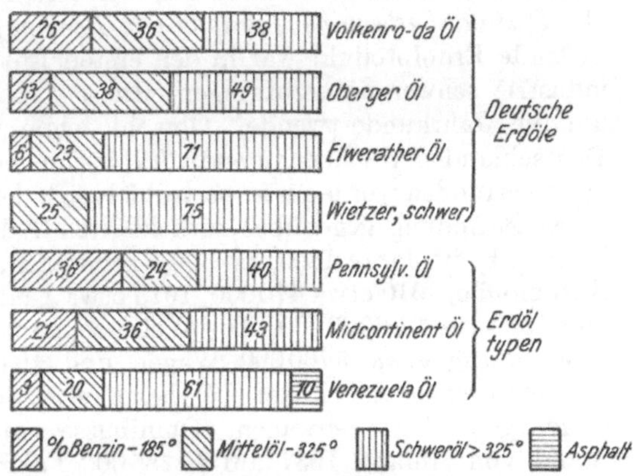


Abb. 2. Ausbeuten aus verschiedenen Erdölen durch Destillation. Nach M. Pier (12).

Beabsichtigt man jedoch nur die leichtflüchtigen Anteile, also Benzin, Petroleum und eventuell Gasöl abzudestillieren und den Rückstand anderweitig zu verwenden, so benutzt man meist stetig betriebene, einfache Röhrenerhitzer mit nachgeschalteten Destillationstürmen, aus denen oben die Leichtöldämpfe abziehen und in Kühlern niedergeschlagen werden, während am unteren Ende des Turmes der Rückstand abfließt. Diesen Vorgang bezeichnet man auch als „Toppen". Das „getoppte" Rohöl wird häufig direkt als Heizöl in den Handel gebracht oder an europäische Asphaltfabriken ausgeführt oder sonst einer Verwendung zugeführt (vgl. Abschnitt „Krackbenzin"). In der zweiten Stufe wird nun der verbleibende Rückstand mit Unterdruck zur Vermeidung der Zersetzung in die einzelnen Schmierölfraktionen zerlegt (162).

Die Ausbeuten aus verschiedenen Erdölen durch Destillation sind aus Abb. 2 zu ersehen.

Die Zerlegung des Erdöls in einzelne Destillate oder sog. Fraktionen wird heute fast ausschließlich in ununterbrochen arbeitenden Anlagen ausgeführt, und zwar entweder in untereinander verbundenen Großraumkesseln oder in Röhrenerhitzern (und anschließenden Fraktionierkolonnen) mit nachgeschalteten Rückkühlanlagen. Man arbeitet meist in zwei Stufen. In der ersten Stufe wird die Benzin-, Petroleum- und Gasölfraktion bei gewöhnlichem atmosphärischen Druck abdestilliert, und der verbleibende Rückstand wird in der zweiten Stufe mit Unterdruck zur Vermeidung von Zersetzung in die einzelnen Schmierölfraktionen zerlegt. Die Anlagen sind häufig so eingestellt, daß eine Fraktion Leichtbenzin und eine Fraktion Schwerbenzin erhalten wird. Die auf diese Weise durch Destillation aus dem Erdöl erhaltenen Benzine werden als *Destillationsbenzine (straight-run-Benzine)* bezeichnet. Dieses tiefsiedende Erdölprodukt war in den ersten Entwicklungsjahren der Erdölindustrie schwer unterzubringen. Diese Verhältnisse änderten sich erst um die Jahrhundertwende. Obwohl schon in den Achtzigerjahren in Deutschland der schnellaufende Explosionsmotor und damit der Kraftwagen erfunden worden war, so verhielt sich der größte Teil des Publikums dieser Erfindung gegenüber zurückhaltend. In den Vereinigten Staaten liefen z. B. im Jahre 1895 erst 300 Kraftwagen, im Jahre 1900 schon 14000 Automobile, 1910 etwa 470000, 1913 etwa 1 Million, 1920 etwa 9 Millionen und 1930 rund 26700000. Die Welterzeugung an Automobilen im Jahre 1936 betrug etwa 5700000 Wagen und 1937 6550000 Wagen. Nach amerikanischen Statistiken (7) belief sich der Weltbestand an Kraftfahrzeugen (Personenwagen, Omnibusse und Lastwagen) nach dem Stand von Anfang 1937 auf 40286000 Fahrzeuge gegen 37230000 am 1. Jänner 1936. Den Bestand von Kraftfahrzeugen in den wichtigsten Ländern ersieht man aus der Tab. 1.

Tabelle 1. **Bestand an Kraftfahrzeugen. Stand vom 1. Jänner 1937.**

| Land | Personenwagen | Omnibusse | Lastwagen[1] | Überhaupt | Dagegen 1. Jänner 1936 |
|---|---|---|---|---|---|
| Vereinigte Staaten | 24 098 137 | 120 504 | 4 002 650 | 28 221 291 | 26 221 052 |
| Frankreich ....... | 1 649 718 | 37 000 | 480 300 | 2 167 018 | 2 065 200 |
| England ......... | 1 481 429 | 33 435 | 402 413 | 1 917 277 | 1 748 926 |
| Deutschland ..... | 1 049 990 | 11 472 | 308 900 | 1 370 362 | 1 122 000 |
| Kanada ......... | 1 039 483 | 2 028 | 192 560 | 1 234 071 | 1 162 948 |
| Australien ....... | 511 000[2] | — | 179 000 | 690 000 | 631 854 |
| Italien .......... | 290 000 | 10 000 | 115 000 | 415 000 | 395 727 |

In diesen Zahlen sind die Krafträder nicht berücksichtigt. Der Weltbestand an Krafträdern betrug zu Anfang des Jahres 1937 rund 3140000 Stück, wovon auf Deutschland (Altreich) 1327189 entfielen.

Im Laufe des Jahres 1937 hat sich der Kraftwagenbestand in allen

[1] Einschließlich Dieselfahrzeuge.
[2] Einschließlich Omnibusse.

Ländern weiter erhöht. In den Vereinigten Staaten waren am 31. Dezember 1937 insgesamt 29650000 Kraftfahrzeuge vorhanden und in Deutschland (Altreich) zur gleichen Zeit insgesamt 3100000 Kraftfahrzeuge (hiervon 1256000 Personenwagen, 352000 Lastwagen, 18000 Omnibusse und 1430000 Krafträder).

Am 1. Juli 1938 waren im Deutschen Reich insgesamt 3364508 Kraftfahrzeuge zum Verkehr auf öffentlichen Straßen zugelassen. Davon entfielen 3241852 auf das Altreich und 122651 auf das Land Österreich. Der Gesamtbestand umfaßt dabei 1582872 Krafträder, 1305608 Personenkraftwagen, 20792 Kraftomnibusse, 382837 Lastkraftwagen (davon 50318 Dieselwagen und 9441 mit Flüssiggas betriebene Wagen), 17451 Sonderfahrzeuge und 54943 zulassungspflichtige Personenwagen.

Die allmählich fortschreitende Verbesserung des schnellaufenden leichten Verbrennungsmotors hatte zur Folge, daß auch die Fliegerei aus einer Sportmöglichkeit zu einem normalen Bestandteil des Weltverkehrs wurde. Schon im Jahre 1920 wurden z. B. von den Luftfahrtlinien der Welt 2250000 Flugmeilen zurückgelegt und im Jahre 1930 schon rund 69 Millionen Flugmeilen. Nach einer amerikanischen Feststellung betrug der Bestand an Flugzeugen in den wichtigsten Ländern am 1. Juli 1937 etwa 55000 Stück. Bis heute hat sich jedoch dieser Bestand wesentlich erhöht.

Die Destillationsbenzine werden, soweit eine Reinigung erforderlich ist, meist auf chemischem Weg gereinigt.

Die gereinigten Destillationsbenzine sind in ihren Eigenschaften je nach dem Rohöl sehr verschieden. Meist jedoch haben sie geringe Klopffestigkeit (s. Abschnitt „Klopffestigkeit"). Die Klopffestigkeit dieser Benzine wird daher durch später noch zu besprechende klopfverbessernde Zusätze, wie Bleitetraäthyl, auch durch Zusätze sehr klopffester anderer Betriebsstoffe, wie Methylalkohol, Äthylalkohol, Benzol, Krackbenzin usw., erhöht.

### *b) Durch Spaltung (Krackung) von Erdölbestandteilen (Spalt- bzw. Krackbenzin).*

Die schon beschriebene gewaltige Entwicklung des Kraftfahr- und Flugwesens bedingte natürlich einen großen Verbrauch an Benzin. Da der Bedarf an Benzin weit größer war als die Erzeugung und weil nennenswerte Mitbewerber für Benzin als Betriebsstoff für den Vergasermotor nicht vorhanden waren, wurde die ganze Marktlage auf den Kopf gestellt. Aus dem zunächst fast lästigen Nebenprodukt wurde das begehrteste Produkt, auf dessen Gewinnung alle Raffinerien der Welt ihr besonderes Augenmerk richteten. Während man früher bestrebt war, recht viel Benzin im Petroleum, welches ja das Hauptprodukt bei der Aufarbeitung des Erdöls bildete, unterzubringen, trachtete man, möglichst viel Petroleum in dem nun so begehrten Benzin unterzubringen. Das Siedeverhalten des Benzins (s. Abschnitt „Siedeverhalten") änderte sich damit derart, daß immer weniger leichte, z. B. bis 100° C siedende Anteile und immer mehr höhersiedende Anteile im Motorenbenzin vorhanden waren. Während

z. B. um 1900 das Siedeende des Benzins bei etwa 110—120° C lag, stieg es infolge der Zumischung von Petroleumanteilen auf 180—200° C und in Amerika sogar zeitweise bis 220° C. Aber schon gegen Ende des Weltkrieges zeigte sich, daß trotz der großen Steigerung der Benzinausbeute durch Erhöhung des Siedeendes, also durch Unterbringung von Petroleumanteilen im Benzin sein Bedarf rascher zunahm als die Produktion von Rohöl und anderseits seit dem Jahre 1909 mit der Ausbreitung der Gasfernversorgung auch der Verbrauch an Leuchtöl selbst auf dem flachen Land von Jahr zu Jahr immer stärker zurückgegangen ist. Der hohe Benzinbedarf konnte nun auf zweifache Weise befriedigt werden, entweder man erhöhte die Produktion an Rohöl dem Benzinbedarf entsprechend, wobei man allerdings viel weniger gefragte Erdölprodukte erhalten hätte, oder man ersann Verfahren, welche Benzin gerade aus jenen Produkten herstellen, welche bei der Verarbeitung von Erdöl als Nebenprodukt im Überschuß anfallen. Der erste Weg war aus produktionstechnischen Gründen nicht gangbar. Nach dem zweiten Weg war es notwendig, die natürlich anfallende Benzinmenge auf Kosten der Mittelfraktion und Rückstände zu erhöhen. Diese Aufgabe wurde auch zufriedenstellend gelöst. Durch sog. „*Kracken*“ oder „*Thermische Spaltung*“ führt man die schwerer verwertbaren höher- und hochsiedenden Fraktionen des Erdöls in tiefer und leicht siedende benzinähnliche Produkte über.

$\alpha$) **Geschichte.** Die Krackverfahren wurden schon frühzeitig aufgefunden. Nach einer Überlieferung soll das Kracken in den Vereinigten Staaten schon im Jahre 1861 zufällig durch einen Betriebsleiter entdeckt worden sein, der, während er abwesend war, seinen Destillierkessel weiter erhitzte und statt der schweren Destillate Petroleum erhielt (2). Aber früher schon (1859) hatte ATWOOD ein amerikanisches Patent auf das Kracken von Öl erhalten. Im Jahre 1913 kam WM. M. BURTON (2) mit seinem ersten Großbetriebsverfahren heraus. Die Leistungsfähigkeit dieser ersten Anlage zur Erzeugung von Benzin aus Gasöl betrug bloß 125 Faß täglich bei einer Benzinausbeute von 30%, wogegen vergleichsweise eine neuzeitliche Destillations- und Krackanlage eine Tagesleistung von mehr als 35000 Faß Rohöl aufweist und z. B. aus Osttexas-Rohöl etwa 68% Benzin erhalten werden.

$\beta$) **Der Krackprozeß.** Die Krackung von schweren Mineralölen wird vorwiegend in dem Temperaturbereich von 400—500° C ausgeführt, in der Regel bei etwa 450° C. Die Zersetzung von Erdölkohlenwasserstoffen beginnt nach ENGLER bereits bei 200° C (3). Für die praktische Ausführung kommt jedoch eine derart niedere Temperatur nicht in Betracht, weil der Prozeß zu langsam verläuft. Über 500° C wieder ist die Spaltung der Mineralölkohlenwasserstoffe zu weitgehend. Es werden bei dieser Temperatur hauptsächlich gasförmige Kohlenwasserstoffe erhalten. Die Bildung von hauptsächlich gasförmigen Produkten durch Erhitzen von Erdölkohlenwasserstoffen auf über 500° C wird z. B. von PINTSCH zur Ölgaserzeugung praktisch verwendet.

Der Verlauf der Krackung und die Art der Produkte, welche man erhält, sind in erster Linie von drei Faktoren abhängig, von der Zeit, vom Druck und der eventuellen Anwesenheit von Katalysatoren. Katalysatoren sind bekanntlich Stoffe, welche eine chemische Umsetzung, die an und für sich träge verläuft, beschleunigen. Sie gestatten, die Art der entstehenden Endprodukte zu beeinflussen. Paraffine zerfallen beim Kracken in gesättigte Kohlenwasserstoffe und in Olefine. Z. B. kann ein Molekül Dekan in ein Molekül Pentan und ein Molekül Pentylen zerfallen nach der Gleichung:

$$C_{10}H_{22} \longrightarrow C_5H_{12} + C_5H_{10}.$$

Der Zerfall des Dekans kann jedoch auch nach folgenden Gleichungen erfolgen:

$$C_{10}H_{22} \longrightarrow H_2 + C_{10}H_{20},$$
$$C_{10}H_{22} \longrightarrow CH_4 + C_9H_{18},$$
$$C_{10}H_{22} \longrightarrow C_2H_6 + C_8H_{16} \text{ oder } C_2H_4 + C_8H_{18},$$
$$C_{10}H_{22} \longrightarrow C_3H_8 + C_7H_{14} \text{ oder } C_3H_6 + C_7H_{16},$$
$$C_{10}H_{22} \longrightarrow C_4H_{10} + C_6H_{12} \text{ oder } C_4H_8 + C_6H_{14}.$$

Aus diesen Gleichungen ersieht man, daß der im ursprünglichen Molekül vorhandene Wasserstoff nicht ausreicht, um beide Bruchstücke damit auszustatten. Während das eine Molekül normalen Bau zeigt, hat das andere einen Wasserstoffmangel; zwei Bindungen bleiben unbesetzt, es entsteht ein ungesättigtes Molekül. Ihrem Drange, sich abzusättigen, kommen die ungesättigten Moleküle dadurch nach, daß sie sich bei höherer Temperatur gegenseitig an ihren Doppelbindungen aneinanderketten. Durch solche Vereinigungen, die sehr weit gehen können, bilden sich neue große Moleküle, ein Vorgang, der übrigens durch Druck begünstigt wird. Beim Kracken von Erdölen muß daher zwangsläufig eine bestimmte Menge von solchen hochsiedenden Verbindungen entstehen. Dies ist auch der Grund, warum beim Kracken nur ein Teil des gekrackten Öls in Benzin übergeführt wird.

*Einfluß von Zeit, Druck und Temperatur.* Wie die Spaltung des Moleküls verläuft, also an welcher Stelle, hängt von den beiden Faktoren Druck und Temperatur ab. Bei niederen Temperaturen werden hauptsächlich die hochsiedenden Kohlenwasserstoffe (mit hohem Molekulargewicht) zersetzt. Diese Kohlenwasserstoffe setzen dem Kracken den geringsten Widerstand entgegen. Die Spaltung geht hierbei nur bis zu mittelsiedenden Kohlenwasserstoffen, entsprechend den Leuchtölkohlenwasserstoffen. Höhere Temperaturen bewirken infolge des höheren Energieaufwandes (450° C und höher) eine Spaltung weit über die mittleren Kohlenwasserstoffe hinaus; man erhält neben Koks als Rückstand hauptsächlich Benzinkohlenwasserstoffe und permanente Gase, wie Methan, Äthan, Äthylen usw. Die Spaltstelle rückt also mit steigender Temperatur mehr und mehr an das Molekülende (4). Höhermolekulare Verbindungen spalten sich bei höherer Temperatur also meist an anderen Stellen des Moleküls auf. Bei Temperaturen von 700—800° C und darüber erhöht sich die Gasbildung auf Kosten der Benzinausbeute, auf welchen Umstand, wie schon erwähnt, die Ölgaserzeugung beruht. Höherer Druck bei der Spaltung hat im allgemeinen die Wirkung, daß die Spaltung symmetrischer wird. Bei niederen Drucken entstehen vorwiegend ungesättigte, bei hohen hauptsächlich gesättigte Kohlenwasserstoffe. Die Auswirkung des Drucks ist also von sekundärer Bedeutung.

*Wärmebeständigkeit der Kohlenwasserstoffe.* Im allgemeinen läßt sich sagen, daß die Paraffinkohlenwasserstoffe bis zum Dekan bei gewöhnlichen Temperaturen ganz stabil sind und daß ihre Beständigkeit mit steigender Temperatur rasch abnimmt. Im Gegensatz hierzu sind die aromatischen Kohlenwasserstoffe bei tiefen Temperaturen nur wegen ihrer unmeßbar kleinen Reaktionsgeschwindigkeit beständig, ihre Beständigkeit wächst mit steigender Temperatur und ist in dem Temperaturgebiet der technischen Spaltungen größer als die der meisten Paraffine. Da die Paraffine mit Ausnahme ihrer niedrigsten Vertreter hitzeempfindlich, die aromatischen Kohlenwasserstoffe dagegen wärmebeständig sind, unterliegen die Paraffine fast ausschließlich Spaltungsreaktionen, die Aromaten fast nur sog. Kondensationsreaktionen. Unter Kondensation wird bekanntlich das Zusammentreten zweier oder mehrerer Moleküle gleichartiger oder verschiedener organischer Substanzen zu einem einzigen Molekül durch Verknüpfung von Kohlenstoffatomen verstanden. Bei gleichartigen Molekülen findet Wasseraustritt statt (sonst ist es eine Polymerisation), bei ungleichartigen Molekülen erfolgt die Kondensation mit oder ohne Wasseraustritt. Spaltungen finden bei aromatischen Kohlenwasserstoffen nur dann statt, wenn längere Seitenketten vom Kern abzutrennen sind. Bei Paraffinen wird vorwiegend die C-C-Bindung, bei den Aromaten die C-H-Bindung gesprengt, dementsprechend ist das Spaltgas aus paraffinischen Ölen arm an Wasserstoff, das aus aromatischen reich an Wasserstoff. Olefine und Naphtene nehmen bei der Spaltung eine Mittelstellung zwischen den Paraffinen und aromatischen Kohlenwasserstoffen ein. Die Spaltung der Olefine ergibt mehrfach ungesättigte Kohlenwasserstoffe. Die Naphtene erleiden bei der Krackung eine Abspaltung der Seitenketten und von Wasserstoff, so daß teilweise aromatische Kohlenwasserstoffe entstehen. Je länger die Seitenkette, um so leichter zersetzlich ist das Molekül. Ähnlich verläuft die Krackung bei den aromatischen Kohlenwasserstoffen; die Abspaltung der Seitenketten geht hierbei meistens nur bis zum Toluol, Xylol und bis zum Mesitylen. Die aromatischen Ringsysteme, wie Naphtalin und Anthracen, geben beim Kracken fast ausschließlich Koks und Gas. Die Schwefelverbindungen der zu krackenden Produkte geben zumeist ihren Schwefel als Schwefelwasserstoff ab (5). Die Gegenwart von Schwefel erfordert allerdings besondere Auswahl der Krackapparaturen. Der Sauerstoff aus Naphtensäuren und Phenolen wird beim Kracken meist in Form von Wasser und Kohlenoxyd und Kohlensäure abgespalten.

Der Zusammenhang zwischen Temperatur und Reaktionsgeschwindigkeit folgt bei der Krackung im allgemeinen auch dem Satz, daß bei Temperaturerhöhung um 10° C die Reaktionsgeschwindigkeit ungefähr verdoppelt wird.

Die Wärmetönung, also die bei dem Vorgang gebildete Wärme, ist gering. Der Wärmebedarf für die Durchführung der thermischen Spaltung beträgt nach Roy Cross (6) für die Erzeugung von 1 l Benzin in einer Spaltbase bei 6 Atm. Druck 3330 WE entsprechend 0,4 l Heizöl und in einem neuzeitlichen Röhrenerhitzer bei 42 Atm. nur 1730 WE oder 0,21 l Heizöl. Für die eigentliche Spaltung selbst wird nur ein geringer Bruchteil dieses Wärmeaufwandes aufgebracht.

$\gamma$) **Die Krackverfahren.** Die Krackverfahren lassen sich nach Pöll (8) in folgende Gruppen einteilen:

1. Kracken unter normalem Druck bei verschiedenen Temperaturen.
2. Kracken unter Druck in flüssiger Phase.
3. Kracken unter Druck in flüssiger und dampfförmiger Phase gleichzeitig.
4. Kracken unter Druck in dampfförmiger Phase.
5. Kracken mit Katalysatoren.
6. Kracken unter gleichzeitigem Hydrieren der Krackprodukte.

Eine auch nur auszugsweise Besprechung der heute angewendeten und vorgeschlagenen Krackverfahren würde zu weit führen. Es soll nur an einem in Abb. 3 (mit Beschreibung) wiedergegebenen schematischen Beispiel eine Anlage zur Spaltung in flüssiger Phase gezeigt werden. Die Anlage besteht im wesentlichen aus einem Röhrenerhitzer, einer Reaktionskammer, einem Entspannungsverdampfer („flashing chamber") und aus einem Fraktionierturm (162).

Die Ausbeute an Benzin hängt bei den einzelnen Krackverfahren sehr von der Art der Verarbeitung sowie von der Beschaffenheit des Ausgangsmaterials ab. Die Ausbeute beträgt im Mittel 60—70%.

Die Krackverfahren haben auch die Ausnutzung vieler Rohöle erst möglich gemacht, die wegen ihres hohen Schwefelgehalts als minderwertig galten.

$\delta$) **Die Bedeutung des Krackens.** Die große Bedeutung des Krackens zeigt sich in der starken Erhöhung des Anteils des Spaltbenzins an der Gesamterzeugung von Benzin.

Wie man aus Tab. 2 ersieht, betrug schon 1935 der Anteil der Erzeugung von Spaltbenzin fast 49% der Gesamterzeugung.

Tabelle 2. Zunahme des Spaltbenzinanteils an der Gesamterzeugung.

| Jahr | Gesamterzeugung in Prozent | |
|---|---|---|
| | Spaltbenzin | Destillatbenzin |
| 1920 | 12,9 | 87,1 |
| 1925 | 26,4 | 73,6 |
| 1930 | 38,0 | 62,0 |
| 1935 | 48,8 | 51,2 |

Die Krackverfahren haben wesentlich zur Schonung der Weltvorräte an Erdöl beigetragen. Während der Weltbestand an Kraftfahrzeugen von 2 Millionen Stück im Jahre 1913 auf 40287000 Stück, also auf rund das 20fache stieg, ging die Rohölförderung der Welt von 53418000 t im Jahre 1913 auf 247015000 t im Jahre 1936, also nicht einmal auf das Fünffache. Es wurde berechnet, daß z. B. im Jahre 1936 die durch die Krackverfahren ersparte Rohölmenge 1865 Millionen Faß betrug (2) und daß von 1920 bis Ende 1936 durch die Krackverfahren 8,5 Billionen Faß Rohöl eingespart wurden (10). Im Jahre 1936 wurden durch den

Krackprozeß in den verschiedenen Ländern 260 Millionen Tonnen Erdöl verarbeitet (11).

Die Spaltverfahren werden außer in Amerika in zahlreichen Erdölverarbeitungsstätten der Welt durchgeführt, z. B. in Rußland, Groß-

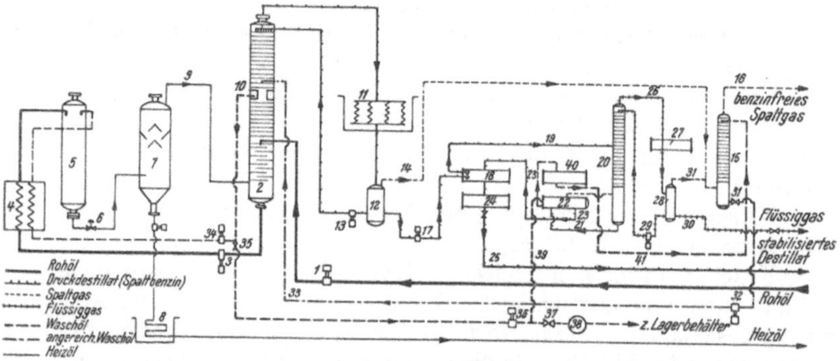


Abb. 3. Schema einer Spaltanlage (Spaltung in flüssiger Phase auf Heizöl als Rückstand nach DUBBS) mit Stabilisier- und Absorptionskolonnen. Nach R. HEINZE (162).

Das *Rohöl* wird durch Pumpe *1* zum Fraktionierturm *2* gedrückt. Nach Abgabe leichter Anteile verläßt es den Turmboden, um durch Heißölpumpe *3* als „Schweröl“ zum Röhrenofen *4* gedrückt und unter Druck erhitzt zu werden. Das erhitzte Gut strömt nach der Reaktionskammer *5*, wo die Spaltung der großen Kohlenwasserstoffmoleküle erfolgt. Durch Ventil *6* wird es druckentlastet und in dem Entspannungsverdampfer (der „Flash“-Kammer) *7* nachverdampft. Der unverdampfte Rückstand wird über eine Pumpe und den Rückstandkühler *8* als *Heizöl* abgeführt. — Aus dem Entspannungsverdampfer *7* entweicht ein Dämpfegemisch durch Leitung *9* zum Fraktionierturm *2*, wo bei der Turmunterteilung *10* eine mittelschwere Fraktion als *Waschöl* für Absorptionskolonne *15* abgenommen wird (über den weiteren Verlauf des Waschöls vgl. später). — Die leichten Dämpfe des Druckdestillats entweichen am Kopf des Fraktionierturms *2* durch die obere Leitung zum Kühler *11*. Im Abscheider *12* werden sie in „flüssiges Druckdestillat“ und in „Spaltgas“ getrennt. Aus *12* drückt Pumpe *13* einen Teil des Druckdestillats als arteigenes Kühlmittel nach *2* zurück. Das noch benzindampfhaltige Spaltgas entweicht aus *12* durch Leitung *14* zur Absorptionskolonne *15* und wird dort durch das im Gegenstrom fließende kalte Waschöl vom Benzin befreit. Das so erhaltene und in Leitung *16* abziehende *benzinfreie Gas* dient als Heizgas im Betrieb. — Aus dem Abscheider 12 saugt Pumpe *17* das kalte Druckdestillat ab und drückt es nach Wärmeaufnahme im Austauscher *18* über Leitung *19* zur Stabilisierkolonne *20*, wo es unter Druck destilliert und von Propan und Butan befreit wird. Das heiße Stabilisat gelangt durch Leitung *21* zum Nachverdampfer *22*, wo es nacherhitzt wird, strömt durch Leitung *23* zum Wärmeaustauscher *18* und Kühler *24* und wird durch Leitung *25* als *stabilisiertes Destillat* (rohes Spaltbenzin) abgeführt, das anschließend noch der Raffination unterzogen wird. — Die in der Stabilisierkolonne *20* ausgeschiedenen Gase Propan und Butan gelangen durch Leitung *26* zum Kühler *27*, wo sie kondensieren. Im Abscheider *28* wird der verflüssigte Teil von dem nicht verflüssigbaren getrennt. Pumpe *29* befördert einen Teil des Flüssiggases als Rückfluß nach *20* zurück, während ein anderer Teil durch Leitung *30* als *Flüssiggas* die Anlage verläßt. Das nicht verflüssigbare Gas entweicht aus Abscheider *28* durch Leitung *31* und tritt zur Entbenzinierung in *15* ein. — In der Absorptionskolonne *15* fließt das durch den Waschvorgang des Spaltgases mit Benzin *angereicherte Waschöl* durch Leitung *31* ab und wird über Pumpe *32* und Leitung *33* zur Entbenzinierung nach dem Fraktionierturm *2* zurückgeführt. Das entbenzinierte Waschöl, zuzüglich einer ihm ähnlichen, durch Druck-Wärme-Spaltung gebildeten Fraktion, entweicht aus *2* bei *10*. Ein Teil geht über Heißölpumpe *34* als „Leichtöl“ nach *4* und vereinigt sich nach Druckerhitzung im Röhrenofen *5* mit dem Schweröl. Ein anderer Teil wird bei *35* abgetrennt und über Pumpe *36*, Ventil *37* sowie Kühler *38* in Lagerbehältern gespeichert oder durch Leitung *39* in den Kreislauf zurückgebracht, nachdem es im Nachverdampfer *22* seine fühlbare Wärme abgegeben hat und dann im Kühler *40* gekühlt worden ist. Das gekühlte Waschöl geht über Leitung *41* nach *15*.

britannien, Kanada, Mandschurei, Ägypten, Belgien, Frankreich, Deutschland, Italien, Rumänien, Polen, Indien, Burma, Insel Aruba, Borneo, Trinidad, Curaçao, Argentinien, Mexiko usw. Die Anwendung der Krackverfahren außerhalb der Vereinigten Staaten ist in ständigem Zunehmen begriffen. So wurden z. B. in den rumänischen Raffinerien im Jahre 1937 1142547 t Rohöl und Zwischenprodukte gekrackt und daraus 361235 t Krackbenzin erzeugt. Im Jahre 1936 waren mehr als 400 Millionen Dollar in den Spaltanlagen investiert. Für Forschungsarbeiten auf dem Gebiete des Spaltens werden jährlich mehr als 5 Millionen Dollar aufgewendet.

ε) **Die Krackbenzine.** Die Krackbenzine sind sehr klopffest. Die Klopffestigkeit der Krackbenzine hat ihre Ursache in ihrer chemischen Zusammensetzung. Es ist festgestellt worden, daß die aromatischen Kohlenwasserstoffe sehr klopffest sind, ebenso die Olefine und die Naphtenkohlenwasserstoffe. Die Krackbenzine enthalten nun in der Regel sowohl Olefine, Naphten- als auch aromatische Kohlenwasserstoffe und diese verleihen ihm also die große Klopffestigkeit. Aus diesem Grunde werden Krackbenzine häufig den Destillationsbenzinen zur Verbesserung ihrer Klopffestigkeit, z. B. zu einem Drittel, beigemischt. Die Wichte der Krackbenzine ist in der Regel wegen seines geringen Gehalts an Paraffinkohlenwasserstoffen höher als das der entsprechenden Destillationsbenzine.

*Raffination.* Wie schon erwähnt, ist eine Raffination bei den Destillationsbenzinen nur dann notwendig, wenn das Rohöl z. B. stark schwefelhaltig ist. Im allgemeinen arbeiten jedoch die modernen Destillationsanlagen derart, daß die Mehrzahl der Destillationsbenzine ohne weitere chemische Behandlung dem Verbraucher zugeführt werden kann; muß doch raffiniert werden, dann genügt meist ein bloßes Waschen mit Lauge oder eine schwache Behandlung mit Schwefelsäure und Lauge. Im Gegensatz hierzu müssen die Spaltbenzine einer chemischen Behandlung unterworfen werden, die auch eine nochmalige Destillation des raffinierten Produkts bedingt, um die z. B. bei der Säurebehandlung durch Polymerisation entstehenden hochsiedenden Produkte abzutrennen.

Durch die Raffination der Krackbenzine sollen die zur Harzbildung (Gumbildung) neigenden, leicht oxydierbaren und polymerisierbaren Stoffe entfernt werden, weiter ihr Gehalt heruntergesetzt und außerdem eine Verbesserung der Farbe und des Geruches erzielt werden. Dieses Ziel kann mit den verschiedensten Mitteln erreicht werden, wobei je nach der Art des rohen Spaltbenzins, die eine oder andere Methode Verwendung findet.

Häufig wird Schwefelsäure benutzt; zur Herabsetzung der Destillationsverluste wird die Behandlung mit Schwefelsäure meist bei tiefen Temperaturen bis — 9° C vorgenommen. Es sind aber speziell für die Raffination von Spaltbenzinen, die bei höheren Temperaturen in der Dampfphase erhalten werden, andere Raffinationsmittel vorgeschlagen worden. Die in der Dampfphase erzeugten Spaltbenzine enthalten sehr viel ungesättigte Verbindungen, die sehr leicht von der Schwefelsäure angegriffen werden, welche jedoch wegen ihrer Klopffestigkeit günstiger im Benzin verbleiben. Bei diesen Spaltbenzinen werden also zumindest teilweise die ungesättigten Verbindungen von der Schwefelsäure gelöst. Man hat daher andere Raffinationsmittel, wie z. B. Bleicherde, präparierten Ton, Silikagel, aktive Kohle, auch Salzlösungen von z. B. Zinkchlorid, Phosphorpentoxyd, Aluminiumchlorid, unterchlorige Säure usw. vorgeschlagen. Von diesen Vorschlägen haben sich für die Großbetriebe die Bleicherde und der präparierte Ton eingebürgert, die im sog. GRAY-Prozeß angewandt werden.

Im allgemeinen muß die Raffination von Spaltbenzinen sorgfältiger durchgeführt werden als die Behandlung der Destillationsbenzine, und es bedarf auch jedes Spaltbenzin einer besonderen individuellen Behandlung.

Nach der Behandlung mit dem Raffinationsmittel wird das Spaltbenzin mit Wasser, dann mit Lauge gewaschen, dann redestilliert und häufig zur Verbesserung des Geruches mit Natriumplumbit nachbehandelt.

*Zusatz von Inhibitoren und Färben.* Die chemische Raffination erfolgt hauptsächlich aus dem Grunde, um den Schwefelgehalt des Krackbenzins zu senken, seine Farbe womöglich auf wasserhell und seinen Geruch zu verbessern. Die chemische Raffination von Krackbenzinen mit Schwefelsäure hat jedoch größere Verluste durch Entfernung von ungesättigten Kohlenwasserstoffen und damit auch eine Erniedrigung der Klopffestigkeit zur Folge. Aus diesem Grund ist man in neuerer Zeit bestrebt, die chemische Raffination so weitgehend als möglich zu vermeiden. Zur Herabsetzung der Raffinationsverluste wird die Schwefelsäurebehandlung bei tiefen Temperaturen bis — 9° C vorgenommen. Heute ist die chemische Raffination von Krackbenzin durch Zusatz von Inhibitoren, das sind Verbindungen, welche die Polymerisation von ungesättigten Verbindungen verhindern bzw. verzögern, mit Ausnahme der Entfernung des Schwefels („sweetening“), entbehrlich geworden. Auf diese Weise werden nach G. Egloff bis zu 17 Cents je Barrel Benzin erspart. Zur Verbesserung der Farbe der Krackbenzine werden etwa 85% des in den Vereinigten Staaten auf den Markt kommenden Benzins gefärbt. Zur Verbesserung der Lichtbeständigkeit (Krackbenzine werden nämlich bei Einwirkung von Licht gelb) werden gleichfalls Inhibitoren zugesetzt.

In Deutschland (Altreich) wird verhältnismäßig wenig Krackbenzin in der Raffinerie Misburg nach dem amerikanischen Dubbs-Verfahren durch die Deurag (Deutsche Erdölraffinerie A. G.), die seit 1931 arbeitet, hergestellt. Während früher aus deutschem Rohöl, das von Natur aus 15% Benzin enthält, etwa 40% Krackbenzin hergestellt wurden, hat man neuerdings die Verkrackung deutschen Rohöls aufgegeben, und es wird heute zur Erzeugung von Schmierölen verwendet. In der Raffinerie Misburg werden also jetzt nur mehr solche Nebenerzeugnisse der Schmiermittelerzeugung zu Benzin gekrackt, die für die Gewinnung von Schmierölen ganz ungeeignet sind. Da diese jedoch mengenmäßig nicht groß genug sind, wird noch leichteres, für die Schmiermittelgewinnung ungeeignetes Erdöl eingeführt.

$\xi$) **Nebenerzeugnisse des Krackprozesses.** Als Nebenerzeugnisse fallen bei der Krackung Diesel- oder Heizöle, Rückstandsöle (Asphalte), Koks und Krackgase an.

Koks bildet sich bei der Krackung in einer Menge von 0,1—0,25% des Ölgewichts. 1935 fielen in Amerika rund 1,3 Millionen Tonnen Krackkoks an. Dieser Koks wird als Brennstoff in Stückform oder als Briketts und auch nach entsprechender Behandlung zur Elektrodenfabrikation verwendet.

Das wichtigste Nebenprodukt ist das Krackgas. Nach G. Egloff fielen 1935 beim Kracken von Ölen ungefähr 8,5 Milliarden Kubikmeter Gas an. Diese Spaltgase haben einen hohen Heizwert von etwa 12500 WE, gegen 9800 WE für Naturgas und 4500 WE für Leuchtgas. Die Krackgase können auf vielfache Art verwendet werden. Sie werden beispielsweise für Heizzwecke oder als Zumischung für Gase mit geringem Heizwert verwendet. Wird es direkt an Stelle von Leuchtgas angewendet, so wird es, um es in ein Gas von ungefährem Heizwert des Leuchtgases zu verwandeln, durch weißglühenden Koks in Gegenwart von Dampf geleitet. Durch Erhitzen von Spaltgasen auf hohe Temperatur entsteht Wasserstoff, der zur Herstellung von Ammoniak oder für die Hydrierung von Kohlen verwendet werden kann. Die thermische Aufspaltung von Krackgas zur Erzeugung eines dem Leuchtgas ähnlichen Gases heißt auch „Reformingprozeß". Im Krackgas sind größere Mengen von Propan und Butan (s. Abschnitt „Propan und Butan") enthalten. Diese beiden Gase können aus dem Krackgas für sich in flüssigem Zustand gewonnen und in Flaschen, Tankwagen und Rohrleitungen ihren vielfältigen Verwendungszwecken zugeführt werden. Die in den Vereinigten Staaten betriebenen Krackanlagen wären in der Lage, mehr als 2 Milliarden Gallonen Propan und Butan im Jahre zu liefern; diese Gasmenge entspricht ihrem Heizwert nach etwa 70% der Jahreserzeugung aller amerikanischen Gaswerke. In den Spaltgasen sind in großen Mengen gasförmige Olefine enthalten (1935 etwa 1,4 Milliarden Kubikmeter), eine Menge, aus der man nach G. Egloff über 3,8 Milliarden Liter Alkohol, wie Äthyl-, Propyl-, Butyl- und Amylalkohol, gewinnen könnte. Gegenwärtig werden aus Spaltgasen etwa 635 Millionen Liter Äthylalkohol erzeugt. Die Carbide and Carbon Chemicals Corporation begann 1935 mit dem Betrieb einer Anlage in Withing, Indiana, zur Synthese organischer Verbindungen, die als Frostschutzmittel (Äthylenglykoll), als Sprengstoffe (Nitroglykole), Medikamente (Acetoacetanilid) und Räuchermittel (Äthylenoxyd) verwendet werden. Die wichtigste Verwendung der Spaltgase ist jedoch die zur Polymerisation unter Gewinnung von Polymerisationsbenzin (s. Abschnitt „Polymerisationsbenzin").

$\eta$) **Reformingverfahren.** In Amerika jedoch werden nicht nur Petroleum, Gasöl und schwere Rückstandsöle gekrackt, sondern auch klopffreudige Leicht- und Schwerdestillationsbenzine, um daraus Krackbenzine mit guter Klopffestigkeit herzustellen. Das Verfahren der Umbildung solcher Benzine in klopffeste Benzine wird „*Reformingverfahren*" genannt. In diesem Prozeß werden Benzine bei höheren Temperaturen und verschiedenen Drucken gespalten und man erhält daraus sehr klopffeste Benzine. Man schätzt, daß im Jahre 1935 25% der in den Vereinigten Staaten erzeugten leichten und schweren Destillationsbenzine nach diesem Verfahren gekrackt wurden.

$\vartheta$) **Kracken von Teeren, Schieferölen und sonstigen Ölen.** Derzeit sind hauptsächlich Rohöl und Rohölerzeugnisse die Hauptrohstoffe, aus denen durch thermische Spaltung Benzin gewonnen wird. Es besteht naturgemäß grundsätzlich die Möglichkeit, auch andere Rohstoffe durch Spaltung zu tiefsiedenden Betriebsstoffen zu verarbeiten. Vor allem kommen hierfür die Schwelteere in Frage, die aus Stein- und Braunkohlen gewonnen werden. G. EGLOFF hat berechnet, daß bei der Verkrackung der aus einem angenommenen Weltvorrat von 7000 Milliarden Tonnen Kohle gewinnbaren Menge Schwelteer so viel Benzin gewonnen werden könnte, daß 30 Millionen Kraftwagen 2500 Jahre damit betrieben werden könnten. Tatsächlich spaltet die Deutsche Erdöl A. G. Braunkohlenteere nach einem eigenen Verfahren und bringt einen als „Dealin" bezeichneten daraus gewonnenen Betriebsstoff in den Handel. Die Kohlenveredlungs- und Schwel-Werke A. G., Berlin, hat im Jahre 1933 auf ihrer Schwelerei Gölzau eine Spaltanlage für 25000 t Braunkohlenteer in Betrieb genommen (16).

Normaler Steinkohlenteer ist nicht spaltbar. Ebenso ist auch der bei dem STILL-Verfahren (s. Abschnitt „Benzol") anfallende Außenteer nicht spaltbar, dagegen kann der Innenteer des STILL-Verfahrens, der in einer Ausbeute von etwa 50—60% des Gesamtteers gewonnen wird, gespalten werden. Das zur Anwendung gelangende Spaltverfahren beruht auf der Erhitzung unter Druck mit nachfolgender Entspannung des Spaltgutes. Die Wärme der den Spaltofen verlassenden Erzeugnisse wird dazu benutzt, nach der Entspannung in einer Kolonne sowohl die Spalterzeugnisse als auch das Frischgut, d. h. den Innenteer, einerseits in leichtsiedende Kohlenwasserstoffe (Innenteer-Spaltbenzin) und Gas, anderseits in Pech normaler Beschaffenheit als Rückstand und in ein sog. Umlauföl als Zwischenprodukt zu zerlegen, welches wieder in den Spaltofen zurückgeführt und von neuem der Spaltung unterworfen wird. Im Jahre 1932 wurde auf der Kokerei Wolfsbank eine Anlage zur Spaltung von täglich 5 t Innenteer errichtet. Bei der Spaltung von Innenteer kann entweder auf Innenteer-Spaltbenzin, Gas und Pech oder auch auf Heizöl, Straßenteer, Benzolwaschöl und sonstige Sonderöle gearbeitet werden. Z. B. werden bei der Spaltung des Innenteers folgende Produkte erhalten, wobei als Zahlenbeispiel eine Arbeitsweise angeführt sei, bei der außer Pech auch auf Öl, z. B. Benzolwaschöl, gearbeitet wird:

| | | |
|---|---|---|
| Innenteer-Spaltbenzin ........ | 23,6 | Gewichtsprozente |
| Gas ........................ | 8,0 | „ |
| Öl ......................... | 21,3 | „ |
| Pech ....................... | 46,0 | „ |
| Verlust .................... | 1,7 | „ |

Ähnlich wie die aus Stein- und Braunkohlen gewonnenen Teere gekrackt werden können, sind die aus Ölschiefern durch Verschwelung gewonnenen Schieferteere spaltbar, ebenso wie die aus Torf und Holz gewinnbaren Teere. Eine Krackanlage für Schieferöl besitzt z. B. die Société Lyonnaise des Schistes bitumineux d'Autun. Als Rohstoff dienen die Ölschiefer, welche im Becken von Autun-Épinac vorkommen in einer Ausdehnung von etwa 200 km². Aus ihm wird durch Verschwelung in einer Ausbeute von 8—9% vom Gewicht des verschwelten Schiefers ein Rohöl gewonnen. Das Schieferöl wird nun in der von der Gesellschaft 1936 in Betrieb genommenen Krackanlage mit einem Durchsatz von 60—65 m³ Schieferöl, die nach dem DUBBS-Verfahren arbeitet, gekrackt.

Hierbei wird das Schieferöl bei 500—510° C und einem Druck von 15 bis 20 Atm. in Benzin, Gas und Koks gespalten. Man krackt bis auf Koks, weil auf diese Weise die größte Ausbeute an Benzin erzielt wird. Allerdings muß der Betrieb alle 24—36 Stunden zwecks Entfernung des Kokses aus den Kammern unterbrochen werden. Man erhält etwa 60—64% Rohbenzin aus dem Schieferöl nach diesem Verfahren. Auch zur Aufarbeitung des Fushum-Schieferöls wurde schon 1935 eine Dubbs-Krackanlage errichtet, es wurde zuerst eine Versuchsanlage und dann eine größere Anlage aufgestellt. Gearbeitet wird bei Temperaturen von 485—496° und Drücken von 17,6—18 Atm. Die Ausbeute an Benzin beträgt etwa 62—64,8% Benzin und 35,2—38% Koks, Gas und Verlust.

Auf gleiche Weise besteht für die tropischen Länder die Möglichkeit, aus pflanzlichen Ölen, wie Palmöl, Baumwollsaatöl, Kokosöl usw., durch Kracken Benzin zu erzeugen. Man hat aus solchen pflanzlichen Ölen bereits bis zu 60% Benzin gewonnen. Auch Fischöle liefern beim Kracken gute Benzinausbeute.

Zusammenfassend kann gesagt werden, daß der Spaltprozeß geeignet ist, die Rohölvorräte der Erde zu schonen, indem aus schwer verwertbaren, aus dem Erdöl gewonnenen Produkten das heute so notwendige Benzin erzeugt wird. So verwandelte z. B. der moderne Krackprozeß im Jahre 1937 900 Millionen Faß Schweröl in 360 Millionen Faß Krackbenzin und 450 Milliarden Kubikfuß Gas und Heizöl und Koks als Nebenprodukte. Im Jahre 1937 hat dieses Verfahren über 2 Milliarden Faß Rohöl gespart. Heute beginnt sich zusätzlich auf den Nebenprodukten des Krackprozesses (insbesondere des Krackgases) eine ganz neue Industrie, wie die Polymerisationsindustrie und eine solche zur Erzeugung synthetischer organischer Verbindungen, aufzubauen. Auf diese Weise hat sich die Krackindustrie als Veredlungsindustrie eine noch festere Grundlage geschaffen. Es ist daher auch verständlich, daß in der ganzen Welt eine beachtliche Tätigkeit im Bau neuer Krackanlagen eingesetzt hat.

## B. Flüssige Treibstoffe aus Erdgas (Erdgasbenzin, Naturgasolin, Gasolin, Rohrkopfgasolin oder casing head gasoline).

Der zweite Weg, die Benzinproduktion zu erhöhen, bestand in der Gewinnung der flüssigen Anteile des aus der Erde strömenden Natur- oder Erdgases.

### 1. Nasse und trockene Erdgase.

Man teilt die Erdgase, je nachdem, ob sie viel oder wenig flüssige Anteile enthalten, in sog. „trockene" oder „nasse" Gase ein. „Nasse" Gase können bis zu 1000 g Gasolin im Kubikmeter Gas enthalten, „trockene" Erdgase enthalten gar kein oder nur wenig Gasolin. Außerdem ist in fast jedem Erdgas neben Leichtbenzin noch Propan, Butan und

Pentan enthalten. Es gibt mehrere Wege, um aus dem Erdgas die flüssigen Anteile zu gewinnen. Ein Weg, der nachfolgend beschrieben wird, ist die Hochdruckabsorptionsmethode.

## 2. Gewinnung von Erdgasbenzin.

### *a) Durch Absorption.*

Das Erdgas wird zunächst auf 25 Atm. verdichtet und in diesem Zustand in den Absorptionsbehälter, der mit einem Absorptionsöl gefüllt ist, in Gegenstrom geleitet. In dem Absorptionsbehälter werden die in dem Erdgas vorhandenen flüssigen Anteile von dem Absorptionsöl gelöst. Das von den flüssigen Anteilen freie Erdgas strömt weiter in einen Tropfenabscheider und verläßt die Anlage durch einen Druckregler. Das beladene Absorptionsöl fließt in einen Auslauftank, der jedoch nur unter einem Druck von etwa 14 Atm. steht. Infolge der Druckentlastung von 25 auf 14 Atm. entweicht ein Teil, und zwar der zutiefst siedende Anteil des absorbierten Gases, welcher zur Abgasleitung geführt wird. Vom Auslauftank gelangt das Öl unter neuerlicher Druckverminderung nach einem zweiten Auslauftank. Es entweicht neuerlich Gas, das in einen Nachabsorber geführt wird. Das Absorptionsöl wird durch eine Reihe von Wärmeaustauschern vorgewärmt und kommt dann in eine Fraktionierkolonne, wo es unter einem Druck von 3—4 Atm. erhitzt wird. Durch die Erwärmung des Absorptionsöls unter Druck wird erreicht, daß die im Absorptionsöl enthaltenden, unter 0° C siedenden Benzinanteile erst bei höheren Temperaturen sieden. Das kondensierte Gasolin fließt nach einem sog. Hochdruckstabilisator.[1] Will man nun die in dem Gasolin enthaltenen Kohlenwasserstoffe Propan, Butan und Pentan einzeln abscheiden, so trennt man zunächst im Stabilisator diese Produkte gemeinsam als Destillat ab und fraktioniert, ähnlich wie bei der Rohöldestillation, das Gemisch in einer Reihe von Fraktionierkolonnen ab. Als Absorptionsöl wird Petroleum, Gasöl oder Spindelöl verwendet. Die Absorption der flüssigen Anteile des Erdgases wird unter hohem Druck deshalb vorgenommen, weil die Löslichkeit von Gasen in Flüssigkeiten bei Anwendung von Druck größer ist, und zwar nach dem Gesetz von Henry proportional dem Druck ist. Bei einem Druck von 25 Atm. also wird 25mal soviel Gas gelöst als bei einem solchen von 1 Atm.

Erwähnenswert ist, daß das in den Krackgasen enthaltene Propan und Butan auf die gleiche Weise gewonnen werden kann. Die Deurag

[1] Der Stabilisator hat den Zweck, das Naturgasolin zu stabilisieren. Unter Stabilisation wird die Entfernung des Naturgasolins von den leichtest flüchtigen Anteilen, vor allem von Propan und Butan, verstanden. Diese Abtrennung ist vor allem deswegen wichtig, weil durch Bildung von Dampfblasen („vapour lock") des sich ausscheidenden Propans die Kraftstoffzufuhr in den Kraftstoffleitungen des Motors unterbunden werden würde. Die Abtrennung des Propans und Butans vom Erdgasbenzin erfolgt durch eine Druckdestillation in einer sogenannten Stabilisierkolonne (s. auch Abschnitt „Propan und Butan").

(Deutsche Erdölraffinerie A. G.) (14) gewinnt auf ihrer Krackanlage in Misburg Propan und Butan auf diese Weise.

### *b) Durch Adsorption.*

Vielfach wird jedoch das Erdgas von seinen in ihm enthaltenen flüssigen Anteilen mit Hilfe von sog. Adsorptionsmitteln befreit. Die Adsorption von den flüssigen Anteilen wird mit Hilfe von solchen festen Stoffen ausgeführt, welche sehr viele ultramikroskopisch feine Poren und infolgedessen eine große innere Oberfläche besitzen. Die Oberfläche eines Würfels z. B. aus Kohlenstoff im Gewicht von 1 g beträgt rund 400 $m^2$. Es ist verständlich, daß an solchen großen Oberflächen sehr große Mengen anderer Stoffe haften können, wenn diese Stoffe nur ausreichend klein sind, um in die feinen Poren hineinzugelangen. Das ist der Fall bei Feinstkolloiden, Dämpfen und Gasen, und die Adsorptionstechnik beschäftigt sich daher mit ihrer Abtrennung aus Stoffgemischen, in denen sie vorkommen. Besonders behandelte Kohle, die viel Oberfläche besitzt, heißt aktive Kohle.

Aktive Kohle, pulverförmig oder körnig, wird aus Pflanzenzellen, wie Holz, Torf oder Fruchtschalen, durch Behandlung mit Chemikalien, wie Chlorzink, und Erhitzen in einem schwach oxydierenden Gas hergestellt. Bei dieser Aktivierung werden die Zellen zu einem hochporösen Kohlenstoffgerüst abgebaut. Die hierbei entstehende innere Oberfläche ist, wie schon erwähnt, außerordentlich groß; man hat sie zu mehr als 400 $m^2$ je Gramm Kohle berechnet. Die Mehrzahl der Poren ist ultramikroskopisch klein, ihr Durchmesser liegt größtenteils zwischen weniger als 1 $\mu\mu$ (1 millionstel Millimeter) und 3—10 $\mu\mu$. Der Durchmesser und die Wanddicke der Poren hat die Größe von nur wenigen Moleküldurchmessern. An der Oberfläche werden die sie umgebenden Moleküle verdichtet, bevorzugt solche, die als Flüssigkeit die Oberfläche benetzen. Diese mit Adsorption bezeichnete Erscheinung tritt in der Natur fast überall auf, wird aber in der Regel nicht besonders beachtet, da die adsorbierte Menge im Vergleich zu der des adsorbierten Stoffs zu klein ist. Bei Vorhandensein sehr großer Oberflächen wird die Adsorption deutlich erkennbar; man kann z. B. an Wolle ein Anhaften von z. B. Brandgeruch gut feststellen. Zur Adsorption an der Oberfläche kommt noch die Kapillarkondensation besonders bei der Adsorption von Dämpfen aus Gasen. Bringt man also Aktivkohle in einen Raum mit Dämpfen, so werden letztere von der Kohle adsorbiert, der Dampfdruck in dem Raum wird vermindert, die Poren der Kohle füllen sich und die Dämpfe werden in den engen Poren der Kohle verflüssigt, bis Gleichgewicht eintritt.

Für die technische Anwendung der Aktivkohle ist von Bedeutung, daß sie zwar für Dämpfe von organischen Flüssigkeiten eine große Adsorptionsfähigkeit zeigt, den Wasserdampf aber nur wenig adsorbiert. Daher ist die Aktivkohle nicht für die Trocknung geeignet, kann aber wohl zur Adsorption von Dämpfen aus feuchten Gasen oder feuchter Luft herangezogen werden. Da viele technische Gase, wie Abgase, Kohlendestillationsgase usw., mit Wasserdampf gesättigt sind, ergibt sich aus dieser Eigenschaft der Aktivkohle ein Vorteil.

Für die technische Verwendung der Aktivkohle ist von Bedeutung ihre Regenerierbarkeit. Die gleichen Kapillarkräfte, welche die Gase und Dämpfe zwischen den Molekülen der Kohle festhalten, wirken naturgemäß auch dann, wenn es sich darum handelt, die adsorbierten Körper daraus zu gewinnen. Durch Destillation kann dies nicht geschehen, weil die dampfdruckerniedrigende Wirkung der Aktivkohle den Siedepunkt der adsorbierten Verbindungen um viele 100° C erhöht. So läßt sich z. B. Benzol aus der Aktivkohle durch einfaches Erhitzen auf 300° C nur zu einem kleinen Teil gewinnen. Dazu kommt noch die Tatsache, daß es schwierig ist, die zur Verdampfung erforderliche Wärmemenge auf die Aktivkohle, welche ein schlechter Wärmeleiter ist, zu übertragen. Für die wirtschaftliche Rückgewinnung der adsorbierten Dämpfe hat sich das Ausdämpfen der Kohle mit Wasserdampf brauchbar gezeigt, wobei die adsorbierten Dämpfe aus der Aktivkohle verdrängt werden. Je nach der Flüchtigkeit der adsorbierten Stoffe wendet man entweder gesättigten oder überhitzten Wasserdampf an. Zur Verbindung der Kondensation des Wasserdampfes an der Aktivkohle kann die Kohle aufgeheizt werden oder aber nach dem Ausdämpfen getrocknet werden.

In besonderen Fällen kann es von Vorteil sein, mit feuchter Aktivkohle zu arbeiten, und zwar dann, wenn Gase oder Dämpfe zur Verarbeitung gelangen, welche einen sehr hohen Gehalt an adsorbierenden Stoffen enthalten (z. B. die Abluft von Tankanlagen oder Destillationskolonnen), die mit Benzol gesättigt sind. Bei jeder Adsorption werden Wärmemengen frei, oft mehr als die Kondensationswärme der adsorbierten Stoffe beträgt. Die so in der Aktivkohle entstehende Wärme teilt sich naturgemäß dem Luftstrom mit und erwärmt die vor der gesättigten Kohlenschicht noch vorhandene Aktivkohle. Ist nun die Kohle feucht, so wird das Wasser verdampft und so die Wärme abgeführt. Auf diese Weise wird das Trocknen der Kohle erspart und die Adsorptionstemperatur heruntergesetzt.

Die umfangreichste Anwendung findet die Aktivkohle in der Gewinnung von Erdgasbenzin aus Erdgas, Benzin aus Synthesegasen und Benzol aus Leucht- und Kokereigasen. In allen drei Fällen kommt noch die Gewinnung von Flüssiggasen, z. B. von Propan, Butan, Propylen, Butylen usw., hinzu, für welche Gewinnung die aktive Kohle besonders in Betracht kommt. Wichtig für die praktische Verwendung für diese Zwecke war neben den beschriebenen Adsorptionseigenschaften die Tatsache, daß die adsorbierten Dämpfe nach der Erfindung der Bayer & Co., Leverkusen, durch Wasserdampf leicht wieder ausgetrieben werden können.

Die Adsorption ist zu unterscheiden von der Absorption, bei der es sich um eine gegenseitige homogene Lösung der betreffenden Stoffe handelt. Bei der Adsorption erfolgt eine Verdichtung des aufgenommenen Stoffs an der Oberfläche.

Die erste in Deutschland errichtete Anlage zur Gasolingewinnung aus Erdgas, welche sich schon seit einer Reihe von Jahren bei der Gewerkschaft Elwerath im Ölgebiet von Nienhagen bei Celle in Betrieb befindet (13), arbeitet mit Aktivkohle. Das Erdgas wird durch große mit Aktivkohle gefüllte Kessel geleitet. Die Aktivkohle hält die Kohlenwasserstoffe zurück, die man gewinnen will, während die anderen Gasbestandteile, wie Methan und Äthan, nur in ganz geringen Mengen von der Aktivkohle aufgenommen werden. Ist die Füllung des Kessels mit Kohlenwasserstoffen gesättigt, so wird der Gasstrom auf einen zweiten, ebenfalls mit Aktivkohle gefüllten Kessel umgeleitet, während der erste im Gegenstrom mit Wasserdampf ausgeblasen wird. Der Wasserdampf nimmt die von der Kohle adsorbierten Kohlenwasserstoffe mit. Der mit Kohlenwasserstoffen beladene Dampf wird kondensiert und in einem Scheidebehälter von dem Wasser getrennt. Die von den Kohlenwasserstoffen befreite Aktivkohle wird durch Überleiten von warmem, gasolinfreiem Erdgas getrocknet und dann auf Raumtemperatur gekühlt und ist in diesem Zustand von neuem zur Gasolinadsorption bereit. Das auf diese Weise gewonnene Kohlenwasserstoffgemisch, welches Propan und Butan enthält (14), wird auf 20—25 Atm. komprimiert und dann im Anschluß nach vorheriger Erwärmung einer fraktionierten Druckdestillation unterworfen. Die Anlage in Nienhagen hat eine Leistung von 4 t täglich.

Allerdings setzt die Anwendung von Aktivkohle Erdgase voraus, welche praktisch frei von Schwefelwasserstoff sind oder von diesem vor der Adsorption befreit wurden. Schwefelwasserstoff wird nämlich von der Aktivkohle durch den meist gleichzeitig vorhandenen Sauerstoff zu elementarem Schwefel umgesetzt. Dieser Schwefel könnte nur durch besondere Extraktion, die für derartige Anlagen zu umständlich wäre, aus der Kohle entfernt werden. Diese Bedingung der Schwefelwasserstofffreiheit hat auch die Anwendung des Aktivkohleverfahrens besonders in Amerika beschränkt, wo viele Erdgase schwefelwasserstoffhaltig sind.

### *c) Durch Tiefkühlung.*

Auch durch Tiefkühlung des Erdgases können seine flüssigen Anteile gewonnen werden (15). Das Erdgas wird hierbei zuerst auf 3—4 Atm. komprimiert, die Kompressionswärme durch Wasserkühlung abgeführt und das komprimierte Gas in drei Stufen tief gekühlt. Bei der ersten Kühlstufe wird zur Kühlung bereits vom Gasolin befreites Gas verwendet, in der zweiten Stufe wird durch Ammoniak bei vermindertem Druck bis — 50° C tief gekühlt und die noch im Erdgas vorhandenen letzten flüssigen Anteile in der dritten Stufe durch Expandieren des Gases unter Verrichtung äußerer Arbeit kondensiert.

Die bei den einzelnen Kühlstufen erhaltenen Kondensate werden in eine Stabilierkolonne geführt. Die bei der ersten Kühlstufe frei gewordene Wärme wird, am besten durch Vermittlung eines Wärmeüberträgers, wie Salzlösung oder stabilisiertes Leichtbenzin, zur Abtreibung von Propan und Butan verwendet. Nach dieser Methode soll die Ausbeute an Gasolin um ein Drittel größer als bei den beiden vorgenannten Methoden sein.

## 3. Gewinnung der tiefsiedenden Bestandteile aus Rohölen, welche längere Zeit gelagert werden.

Viele Rohöle enthalten sehr leicht siedende Anteile, welche oft vor der Destillation aus wirtschaftlichen Gründen entfernt werden müssen, insbesondere im Hinblick auf die Tatsache, daß eine Reihe von Ländern gesetzliche Maßnahmen verfügt haben, welche eine Lagerung einer bestimmten Menge Rohöl als Vorrat im Kriegsfall vorsehen. Die Entfernung der leichtest siedenden Anteile aus dem Rohöl erfolgt, um sowohl Verdunstungsverluste beim Lagern des Rohöls als auch Kondensationsverluste bei der Destillation des Rohöls zu vermeiden. Die Entfernung der tiefsiedenden Bestandteile des Rohöls erfolgt in einer eigenen Anlage, die allerdings nicht ständig in Betrieb ist. Die Durchsatzleistung dieser Anlage ist meist auch größer als die der Raffinerie, die ununterbrochen arbeitet. In Europa wurde eine solche Anlage mit einer Tagesleistung von 3000 t von der Compagnie Française de Raffinage in Le Havre errichtet (243). Allerdings können diese leicht siedenden Anteile auch bei der Destillation des Rohöls durch Verminderung der Kondensationsverluste gewonnen werden. Mit der Entfernung dieser Anteile verbindet man gleichzeitig eine Reinigung des Rohöls, und zwar die Abscheidung von Salzwasser und festen Verunreinigungen und die Entfernung des Schwefelwasserstoffs. Bei der Entfernung der tiefsiedenden Anteile ist Anwendung von Druck erforderlich, um die übergehenden Dämpfe bei Kühlwassertemperaturen kondensieren zu können.

Die Anlage arbeitet folgendermaßen: Das Rohöl wird durch Rückwärme des bereits von den tiefsiedenden Anteilen befreiten Rohöls zunächst auf 120° C vorgewärmt. Aus dem Wärmeaustauscher geht das Öl in den Wasserabscheider, der so groß ist, daß das Öl 45—60 Minuten darin verweilt. In diesem Apparat wird ein Druck von 12—15 Atm. aufrechterhalten. Vom Wasserabscheider geht das Rohöl in den Erhitzer, wo es auf 140—150° C erhitzt wird. Aus dem Röhrenerhitzer tritt das Öl in die Fraktionierkolonne ein.

Die Kondensation der übergehenden Destillatdämpfe erfolgt unter einem Druck von 4—5 Atm. Die durch das Druckregelventil entweichenden unkondensierten Dämpfe enthalten den Schwefelwasserstoff sowie leichte Kohlenwasserstoffe, wie Methan, Äthan, Propan, und geringe Mengen höherer Kohlenwasserstoffe. Das Kondensat wird im Hochdruckstabilisator der Raffinerie entgast und dann dem Motorenbenzin zugemischt.

## 4. Das Erdgasbenzin.

Das nach dem einen oder anderen Verfahren aus Erdgas abgeschiedene Benzin zeichnet sich ebenso wie das Krackbenzin durch hohe Klopffestigkeit aus und wird daher fast ausschließlich zum Verschneiden („blending“), d. h. zur Zumischung von weniger klopffestem Destillationsbenzin, verwendet.

Erdgasbenzin wird in einer Reihe von Ländern mit größeren Erdgasvorkommen gewonnen, deren wichtigste im folgenden genannt werden sollen.

In Amerika waren schon im Jahre 1913 250 Anlagen zur Gewinnung von Naturgasolin östlich von Mississippi vorhanden. Im Jahre 1920 betrug die Produktion an Naturgasolin schon 9,2 Millionen Gallonen (eine amerikanische Gallone ist gleich 3,78 l), welche Menge schon damals 7% der Gesamtproduktion von Benzin entsprach. Die durchschnittliche Ausbeute pro Kubikmeter Erdgas betrug damals etwa 79 g. Bis 1924 ließ man die im Erdgas vorhandenen Mengen an Propan, Butan und Pentan einfach in die Luft verdampfen, weil man bestrebt war, ein Naturgasolin zu erhalten, welches direkt zur Vermischung mit aus dem Erdöl stammendem Benzin geeignet war. Im Jahre 1924 begann man auch diese Kohlenwasserstoffe zu gewinnen und in Stahlflaschen für Haushalts- oder Industriezwecke zu verwerten. Schon im Jahre 1922 betrug die Erzeugung an derartigem Flaschengas 840 m³ und erreichte im Jahre 1936 404500 m³; 28% dieses Flaschengases gingen in Form von Propan zum Hausgebrauch in Gegenden ohne Gasleitungen; 60% in Form des weniger leichtflüchtigen Butans oder als Butan-Propan-Gemisch zur Verteilung durch das Rohrnetz. Die im Jahre 1936 abgesetzte Menge an Flaschengas entspricht, bezogen auf den Heizwert, rund 10%, der in Form von Leuchtgas im Jahre 1935 (6,2 Billionen Kubikmeter) an die Haushaltungen abgegeben wurde. In Amerika machte die Produktion von Naturgasolin rund 10% der Gesamtproduktion an Autobenzin im Jahre 1936 aus. Da das Naturgasolin fast ausschließlich zum Vermischen mit dem aus Erdöl gewonnenen schwereren Benzin verwendet wird, so machte sich in Amerika die Vermischung von Naturgasbenzin insofern im Siedeverhalten (s. Abschnitt „Siedeverhalten") des Autobenzins bemerkbar, als gegenüber 1932/33 erheblich mehr leichte Bestandteile im Benzin enthalten sind und dementsprechend auch der Dampfdruck nach Reid (s. Abschnitt „Dampfdruck") von 0,66 Atm. auf 0,73 Atm. bei 37,8° C angestiegen ist. In den Vereinigten Staaten waren nach dem Stand vom 1. Jänner 1938 insgesamt 741 Erdgasbenzinanlagen in Betrieb, wovon 416 Adsorptionsanlagen und 283 Kompressionsanlagen waren. Die Gesamtleistungsfähigkeit dieser Betriebe war am 1. Jänner 1938 etwa 11083000 Gallonen täglich, gegenüber 9663000 Gallonenam 1. Jänner 1936 und 10516000 Gallonen am 1. Jänner 1930.

Polen besitzt sehr ausgedehnte Felder, welche Naturgas enthalten, und die Gewinnung von Gasolin ist aus diesem Grunde in aufsteigender Entwicklung. Gegenwärtig sind in Polen 28 Gasolinfabriken tätig, und zwar 7 im Revier Jaslo, 15 im Revier Drohobycz und 6 im Revier Stanislawow. Die monatliche Erzeugung von Naturgasolin beträgt 330—340 Zisternen. Die nassen Gase der polnischen Felder enthalten 60—400 g Gasolin im Kubikmeter und die trockenen Gase etwa 20 g Gasolin im Kubikmeter. Bei dem derzeitigen Stand der Einrichtungen verarbeitet man in Polen monatlich 22500000 m³ Gas, und zwar hauptsächlich in Adsorptionsanlagen, die auf aktiver Kohle arbeiten. Die Gewinnung von Erdgasbenzin in Polen betrug 1937 40783509 kg und 1936 39881607 kg.

In Rumänien betrug die Produktion an Erdgasbenzin im Jahre 1937 etwa 304000 t gegen 281698 t im Jahre 1936.

## C. Flüssige Treibstoffe aus Braunkohle (Braunkohlenbenzin).

Das Braunkohlenbenzin ist hinsichtlich der erzeugten Menge unbedeutend und auch sonst im allgemeinen unbekannt. Das Braunkohlenbenzin ist ein Gemisch niedrigsiedender Kohlenwasserstoffe, welches bei trockener Destillation oder Verschwelung oder Tieftemperaturverkokung von Braunkohle entsteht. Unter Schwelung oder Tieftemperaturverkokung versteht man ganz allgemein eine schonende Wärmebehandlung oder trockene Destillation unter Luftabschluß von bitumenhaltigen Stoffen bei Temperaturen bis 550° bzw. 600° C. Bei dieser Verschwelung soll eine Aufspaltung der entstehenden Öl- und Teerdämpfe nicht stattfinden (17).

### 1. Die verschiedenen Arten der Verkokung der Kohle.

Allgemein unterscheidet man je nach der Erhitzungstemperatur drei Arten der Verkokung: Tieftemperaturverkokung oder Schwelung bis zu 600° C. Sie findet bei Holz, Torf, Braunkohle und Steinkohle Anwendung. Ferner Mitteltemperaturverkokung zwischen 600° und 800° C. Sie beschränkt sich auf die Steinkohle. Schließlich Hochtemperaturverkokung über 800° C (meist um 1000° C und darüber). Ihr Hauptgebiet ist die Steinkohle und auch Pech. Bei der Schwelung werden flüssige (Schwelteer), gasförmige (Schwelgas) Erzeugnisse und bitumenfreie feste Rückstände (Schwelkokse) gewonnen. Die Schwelung ist eine unter Zersetzung verlaufende trockene Destillation, bei der mit erhöhter Temperatur die Zersetzung in dem Maße fortschreitet, daß eine größere Gasmenge anfällt, während die Ausbeuten an Schwelteer und Schwelkoks abnehmen. Beim Schwelen gewinnt man z. B. etwa 10% Gas, 10% Teer und 80% Koks; bei der Mitteltemperaturverkokung 14% Gas, 8% Teer und 78% Koks; bei der Hochtemperaturverkokung 25% Gas, 5% Teer und 70% Koks. Die Erhöhung der Temperaturen bringt aber nicht nur eine Verschiebung der Mengenanteile der einzelnen Bestandteile, sondern auch fortschreitend eine Veränderung ihrer physikalischen Beschaffenheit. Bei der Schwelung wird die Kohle thermischen Spaltungsreaktionen unterworfen, welche die hauptsächliche Ursache der Entstehung der Schwelerzeugnisse sind. R. Heinze gibt die Vorräte an schwelwürdiger Braunkohle in Deutschland (Altreich) mit 5—6 Milliarden Tonnen an.

### 2. Die Braunkohlenschwelung.

Bei der Braunkohlenschwelung ist man bei der Erwärmung der Kohle zwei grundsätzlich verschiedene Wege gegangen, die Kohle wird entweder mittelbar oder unmittelbar beheizt. Die Wärmeübertragung erfolgt bei der unmittelbaren Beheizung durch Spül- oder Transportgase. Bei der mittelbaren (älteren) Beheizung wird der Braunkohle durch eine beheizte Wand aus Eisen oder Schamotte die notwendige Wärmemenge zugeführt. Die Schwelung im ROLLE-Ofen, der mit mittelbarer Wärmeübertragung arbeitet (außenbeheizt), einer stehenden Schwelretorte (etwa seit 1870), hat bis vor kurzer Zeit die gesamte Braunkohlenschwelung beherrscht; auch heute noch stehen zahlreiche ROLLE-Öfen in Betrieb. Der ROLLE-Ofen eignet sich für besonders bitumenreiche Kohle. Diese Art der Schwelung wird auch Retortenverfahren genannt. Nach diesem Verfahren arbeitet z. B. noch der BORSIG-GEISSEN-OFEN sowie der lotrechte Drehofen der Kohlenveredlung- und Schwelwerke A. G. Nach dem Retortenverfahren wird Rohbraunkohle verarbeitet. Erst infolge des Überganges zu weniger bitumenreichen Kohlen und die Notwendigkeit großer Leistungsfähigkeit der Ofeneinheiten führten in neuester Zeit zur Entwicklung der Schwelung mit unmittelbarer Beheizung des Schwelgutes. Hierbei wird die zu verschwelende Braunkohle in unmittelbare Berührung mit den Heizgasen gebracht, die auf eine bestimmte Temperatur (etwa 550° C) erhitzt sind. Die Heizgase wirken gleichzeitig als Spülmittel und nehmen bei ihrem Durchgang durch die Kohle die entweichenden Teerdämpfe und Schwelgase auf. Aus diesem Grunde sind diese Verfahren allgemein als Spülgasverfahren bekannt. Die Spülgasverfahren verarbeiten in der Hauptsache Braunkohlenbriketts. Der erste Ofen dieser Art ist der Schwelgenerator der Deutschen Erdöl A. G. in Rositz bei Altenburg. Weitaus mehr Bedeutung hat jedoch das Spülgasverfahren der Lurgi gefunden. Bei dem Spülgasverfahren der Lurgi wird die Rohkohle auf 6—8% Feuchtigkeit getrocknet und gleichzeitig im Mahltrockner auf Staubfeinheit zerkleinert. Der Kohlenstaub wird brikettiert und die Staubbriketts werden in dem Spülgasofen verschwelt, wobei zuerst eine Trocknung der Briketts auf 0% Wasser durchgeführt wird, der die eigentliche Schwelung folgt, während die nachfolgende Kühlung das Verfahren beschließt. Im allgemeinen kann eine Ausbeute von 6,5% Teer als Grenze der Schwelwürdigkeit angesehen werden.

Im ROLLE-Ofen wurde früher ausschließlich grubenfeuchte Rohkohle mit etwa 55% Wasser verschwelt, heute aber unter entsprechender Durchsatzsteigerung und Verbesserung der Koksqualität vorgetrocknete Kohle und Briketts mit nur 10—15% Wassergehalt. Im lotrechten Drehofen der Kohlenveredlung- und Schwelwerke A. G. wird entstaubte Trockenkohle unter ständiger Bewegung des Schwelgutes und daher bester Wärmeübertragung verarbeitet. In Schwelgeneratoren und einfachen Schachtschwelern werden Braunkohlenbriketts normaler oder besonderer Formung mittels heißer Generator- oder Verbrennungsgase verschwelt, wobei das Spülmittel die Dampf- und gasförmigen Schwelerzeugnisse mit sich führt. Der Spülgasofen für stückige Rohkohle der Lurgigesellschaft für Wärmetechnik weist vertikale, voneinander abgegrenzte Trocken- und Schwelzonen auf. In dem Kanal- oder Tunnelofen der Julius Pintsch A. G. ist eine horizontale Gliederung dieser Zonen vorgesehen.

Im Gegensatz zur Verschwelung der Braunkohle ist die Verkokung von Braunkohle erst seit 1927 als eine neue Richtung auf dem Gebiete der

Braunkohlenveredlung entwickelt worden. Wie die Steinkohlenverkokung in Gaswerken, so erstrebt auch die Braunkohlenverkokung neben der Erzeugung eines verwendungsfähigen Stückkokses eine möglichst hohe Ausbeute an Stadtgas, wobei die bituminösen Inhaltsstoffe des Rohgutes in Gas aufgespalten werden. Es werden hierbei jedoch keine nennenswerten Mengen an Teer gewonnen.

Diese Schwelung von Braunkohle wird seit mehr als 80 Jahren in Mitteldeutschland betrieben (16). Die Gewinnung von Braunkohlenbenzin erfolgt aus den bei der Schwelung sich bildenden Schwelgasen. Die aus den Schwelöfen abgesaugten Gase werden durch eine Reihe von Luft- und Wasserkühlern geleitet, um sie vom Teer zu befreien. Das in den Gasen enthaltene Leichtöl wird meist durch Waschen mit Paraffinöl oder auch auf elektrischem Wege oder mit aktiver Kohle gewonnen. Die Gewinnung von Braunkohlenbenzin in Schwelereien, die Rolle-Öfen zur Verschwelung benutzen, wird erst seit dem Jahre 1933 nach Vorschlägen von Bube und Heinze angewendet. Heute ist in jeder Braunkohlenschwelanlage eine Anlage zur Absorption von Leichtöl vorhanden. Das aus den Schwelgasen in Paraffinöl absorbierte Leichtöl wird daraus durch Destillation mit Wasserdampf gewonnen. Dieses so gewonnene Leichtöl kann nach einer chemischen Raffination direkt als Betriebsstoff verwendet werden. Auch aus dem bei der Verschwelung anfallenden Braunkohlenteer wird eine Leichtölfraktion gewonnen, welche auf die gleiche Weise verarbeitet wird. Der Braunkohlenschwelteer kann auf dem Wege der Destillation, der Krackung und der Hochdruckhydrierung weiterverarbeitet werden. Die Destillation erfolgt meist bei Unterdruck, während die Krackung mit Überdrücken von etwa 20 Atm. (s. Abschnitt „Krackung“) arbeitet. Bei der Destillation von Braunkohlenteer erhält man Leicht-, Mittel- und Schweröl. Man erhält dabei im Mittel etwa 8,5% leichte Motorbetriebsstoffe, etwa 4% Traktorenkraftstoffe, etwa 22% Treiböle und etwa 65,5% Heizöl.

In Deutschland (Altreich) wurden von den 1936/37 geförderten 161 Millionen Tonnen Rohbraunkohle rund 8,6 Millionen Tonnen (= 5,3% der deutschen Förderung) verschwelt. Dabei wurden 1936/37 über 600000 t Schwelteer und Leichtöl gewonnen (gegen rund 280000 t im Jahre 1935/36). Im Jahre 1936 waren 23 Schwelereien (Steinkohlenschwelereien sind nicht inbegriffen) in Betrieb, von denen 21 Braunkohle und Braunkohlenbriketts und eine Schiefer und Torf verschwelten. Eine Reihe weiterer Braunkohlenschwelereien, unter ihnen die zur Zeit größte Braunkohlenschwelerei, wurden seit dieser Zeit in Betrieb genommen.

## 3. Das Braunkohlenbenzin.

Die chemische Raffination von Braunkohlenbenzin erfolgt mit Schwefelsäure und Natronlauge und anschließender Destillation. Die Braunkohlenbenzine können jedoch auch durch sog. raffinierende Hydrierung (s. Abschnitt „Hydrierung“) unter Druck und mit Katalysatoren unter Schonung der die Klopffestigkeit bedingenden Bestandteile bei geringstem Verlust gereinigt werden (12 und 16). Raffiniert man das Braunkohlenbenzin nach dem Verfahren von ROSTIN (s. Abschnitt „Benzol"), so werden ebenfalls wie bei der Reinigung durch Hydrierung die Raffinationsverluste stark herabgesetzt. Bei der Raffination nach diesem Verfahren soll auch der unangenehme Geruch der Braunkohlenbenzine verschwinden (188).

Das Braunkohlenbenzin hat eine Wichte von 0,800; es enthält sowohl gesättigte als auch ungesättigte und aromatische Kohlenwasserstoffe, dann Naphtene, die zum Teil hydriert sind, und ist aus diesem Grunde sehr klopffest. Das Braunkohlenbenzin enthält im allgemeinen immer Schwefel, meist aber weniger als 0,5%.

## D. Flüssige Treibstoffe aus Steinkohlen (Steinkohlenschwelbenzin).

### 1. Die Steinkohlenschwelung.

Eine Erweiterung der Erzeugung von Treibstoffen ist durch die Schwelung der Steinkohle möglich. Die älteste Form der chemischen Aufarbeitung der Steinkohle ist die Hochtemperaturverkokung bei Temperaturen um 1000° C, die etwa 70% Koks, 25% Gas und 5% Teer und 1% Benzol liefert. Die Tieftemperaturverkokung bei Temperaturen bis etwa 500—600° C, die sog. Schwelung, liefert etwa 80% Koks, 10% Gas und 10% Teer. Der bei der Schwelung entstehende Koks verbrennt rauchlos, da er praktisch teerfrei ist, und besitzt einen Heizwert von 7500 WE/kg. Er läßt sich wegen seiner größeren Reaktionsfähigkeit für die Herstellung von Generatorgas auch in Kleingeneratoren und von Wassergas z. B. für die FISCHER-TROPSCH-Synthese verwenden. Der gegenüber dem bei der Hochtemperaturverkokung gewonnenen Teer in größeren Mengen anfallende Steinkohlenschwelteer (Urteer, Tieftemperaturteer) zeichnet sich durch einen höheren Ölanteil und geringeren Pechanteil aus. Dieser Schwelteer besteht im wesentlichen nur aus gesättigten und ungesättigten aliphatischen Kohlenwasserstoffen neben wenig Naphtenen. Aromatische Kohlenwasserstoffe, wie Benzol oder Naphtalin, enthält er nicht, wohl dagegen Phenole. Bei der üblichen Hochtemperaturverkokung wird zunächst der gleiche Urteer abgespalten, der daraufhin durch Überhitzung an bereits gebildetem Koks und an den heißen Ofenwänden zu Hochtemperaturteer, der fast ausschließlich aus aromatischen Kohlenwasserstoffverbindungen besteht, zersetzt wird. Der Vorteil der Schwelung liegt also einerseits in der höheren Ausbeute an Teer und der vorteilhaften Zusammensetzung des Schwelteers, dessen Pechgehalt geringer ist. Der Schwelteer läßt sich durch Hochdruckhydrierung in Benzin überführen. Die Teerausbeute steigt mit abnehmender Entgasungstemperatur an. In gleichem Maße nimmt auch der Wassergehalt des Steinkohlenschwelteers mit abnehmender Temperatur zu. Aus diesem Grunde geht man mit der Schweltemperatur so weit herunter, als es die Erzeugung eines stückfesten Schwelkokses zuläßt, also auf Temperaturen unterhalb 600° bis gegen 500° C. Gleichzeitig wird eine Wärmezersetzung der Teerdämpfe verhütet. Ganz allgemein sind für die Durchführung der Schwelung die Erzeugung eines in seiner mechanischen und chemischen Beschaffenheit einwandfreien und genügend sturz- und abriebfesten Schwelkokses und die Erzeugung eines einwandfreien Teeres von Bedeutung. Diese Bedingungen setzen naturgemäß eine Auswahl von Kohlen voraus, welche diese Forderungen erfüllen. Da die neueren Schwelanlagen mit ruhender Beschickung arbeiten, wird ein fast staubfreier Schwelteer erhalten. Dies erleichtert auch die Aufarbeitung durch Destillation. Bei der Destillation von Steinkohlenschwelteer gewinnt man Treiböl, Heizöl und Schwelteerpech und einen Anteil als Vergasertreibstoff verwendbaren Leichtöls. Das Leichtöl kann durch Behandlung mit Schwefelsäure und Nachwaschen mit Natronlauge gereinigt werden und man bekommt auf diese Weise einen besonders klopffesten Vergasertreibstoff. Weitere Mengen von Leichtöl können aus dem Gase gewonnen werden. Die bei der Destillation über 350° C siedende Restfraktion ist als Rohprodukt für die Hochdruckhydrierung zu verwenden. Ansonsten kann der vom Leichtöl befreite Schwelteer als Heizöl verwendet werden.

### *a) Das Schwelgas.*

Das Schwelgas kann zum Beheizen der Schwelöfen und als Flaschengas für den Kraftwagenbetrieb verwendet werden. An Schwelgasen entstehen bei der Steinkohlenschwelung nur etwa 100—150 m³ aus einer Tonne Steinkohle. Ihr Gehalt an Kohlenwasserstoffen ist aber zwei- bis dreimal so hoch als im Kokereigas, was auch in dem erheblich höheren Heizwert des Schwelgases von 7000—7500 WE/m³ gegenüber dem des Kokereigases von etwa 4500 WE/m³ zum Ausdruck kommt. Der Gehalt eines Schwelgases, welches durch Spülgasschwelung aus einer Gasflammkohle erhalten wurde, an Kohlenwasserstoffen ist folgender:

Tabelle 3. Gehalt des Steinkohlenschwelgases an Kohlenwasserstoffen.

| | Kohlenwasserstoffe im Steinkohlenschwelgas | | | | | | |
|---|---|---|---|---|---|---|---|
| | Methan | Äthan | Propan | Butan | Äthylen | Propylen | Butylen |
| kg/t Steinkohle .......... | 54 | 0,8 | 4,2 | 0,8 | 4,7 | 3,0 | 1,1 |
| Volumprozente des Gases.. | 51 | 0,4 | 1,4 | 0,2 | 2,5 | 1,0 | 0,3 |

Mit Ausnahme des Methans und des Äthans lassen sich die anderen Kohlenwasserstoffe bei 10—20 Atm. verflüssigen. Aus einer Tonne Kohle können etwa 15 kg dieses Flüssiggases (auch „Gasol" bezeichnet) gewonnen werden. Bei der Abscheidung dieses Flüssiggases aus dem Schwelgas geht sein Heizwert von 7000—7500 WE auf etwa 5200—5500 WE zurück.

**α) Gewinnung der flüssigen Anteile aus dem Schwelgas.** Die im Schwelgas enthaltenen Flüssiggase können durch Auswaschung mit Waschölen unter Druck, Adsorption mit Aktivkohle und durch Tiefkühlung gewonnen werden, wobei sie zuerst von ihrem Kohlensäure- und Schwefelwasserstoffgehalt befreit werden. Die Zusammensetzung eines z. B. durch Tiefkühlung aus Steinkohlenschwelgas gewonnenen Gasols zeigt Tab. 4. Die Gewinnung kann im allgemeinen auf ähnlichem Wege erfolgen wie die Gewinnung von Propan und Butan aus den Erdgasen, Synthesegasen, Krackgasen (s. Abschnitte „Erdgasbenzin“ und „Propan und Butan“).

Tabelle 4. Durchschnittliche Zusammensetzung des Gasols aus Steinkohlenschwelgas.

| | | |
|---|---|---|
| 25 Vol.-% | Äthylen | 36 Vol.-% Olefine |
| 11 Vol.-% | Propylen und höh. | |
| 43 Vol.-% | Äthan | 64 Vol.-% Methanhomologe |
| 21 Vol.-% | Propan u. höh. | |
| 100 Vol.-% | | 100 Vol.-% |

In gasförmigem Zustand:

| | |
|---|---|
| Mittleres Molekulargewicht .... | 34 |
| Litergewicht ................ | 1,45 g |
| Heizwert (red.) .............. | 16000—17000 WE/m³ |

In verflüssigtem Zustand:

| | |
|---|---|
| Litergewicht ................ | 0,50—0,55 kg |
| Heizwert .................... | etwa 11400 WE/kg |

### *b) Anwendung der Steinkohlenschwelung.*

Die Schwelung ist besonders für die nicht oder nur schlecht verkokbaren sog. Gas- und vor allem die sog. Gasflammkohlen, insbesondere solchen mit schlechten Backeigenschaften geeignet. Es sind dies gerade jene Kohlenarten, welche nicht ohne weiteres für die Hochtemperaturverkokung in Betracht kommen, weil sie meist einen rissigen und brüchigen Koks liefern. Das gilt vor allem für die schlechter backenden Kohlen des schlesischen, des sächsischen und des Saarreviers, die geringe Backfähigkeit besitzen. Daher kann die Schwelung besonders dort eingesetzt werden, wo die Verkokung keinen guten Koks ergibt. Allerdings sind die neu entwickelten Schwelverfahren zum Teil so anpassungsfähig, daß sie auf die Verarbeitung jeder Steinkohle zugeschnitten werden können, wobei entsprechende Maßnahmen natürlich schon beim Entwurf der Anlagen berücksichtigt werden müssen. Besonders für die Schwelung geeignet sind junge Steinkohlen mit einem hohen Gehalt an flüchtigen Bestandteilen, insbesondere wenn sie backende Eigenschaften besitzen.

Für die Schwelung bei Temperaturen von 500—550° C müssen besondere Maßnahmen in der baulichen Ausgestaltung der Schwelöfen zur gleichmäßigen Verteilung der verhältnismäßig niedrigen Temperaturen getroffen werden. Die Herstellung eines stückigen, abriebfesten Schwelkokses bedingt eine Schwelung feingemahlener Kohle in der

Ruhe und je nach der Backfähigkeit, unter Umständen auch in verdichtetem Zustand. Die niedrigen Schweltemperaturen machen mit Rücksicht auf die Durchsatzleistung der Öfen und ihre Wärmewirtschaftlichkeit die Verwendung einer Kohle zur Voraussetzung, deren Wassergehalt 6% nicht übersteigt.

## 2. Die verschiedenen Arten der Verkokung der Steinkohle.

Im allgemeinen ist nämlich die Art der Verkokung der Steinkohle eine Auswirkung der angewandten Temperatur und der Geschwindigkeit, mit der die Wärme die Beschickung durchdringt. Besonders der erstgenannte

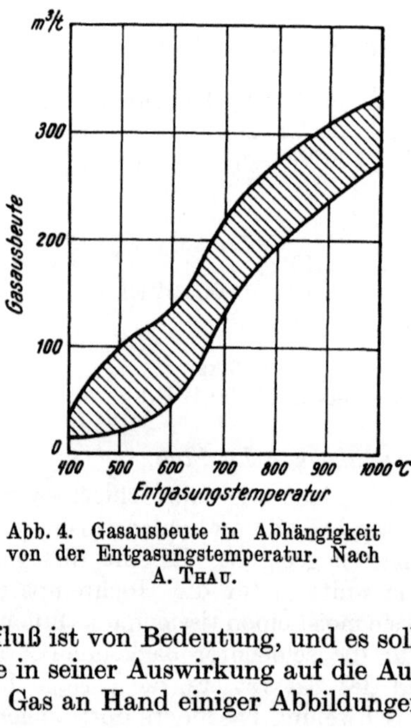


Abb. 4. Gasausbeute in Abhängigkeit von der Entgasungstemperatur. Nach A. THAU.

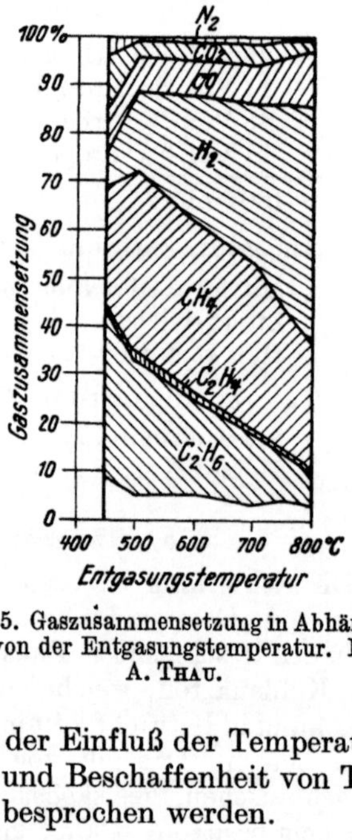


Abb. 5. Gaszusammensetzung in Abhängigkeit von der Entgasungstemperatur. Nach A. THAU.

Einfluß ist von Bedeutung, und es soll daher der Einfluß der Temperaturhöhe in seiner Auswirkung auf die Ausbeute und Beschaffenheit von Teer und Gas an Hand einiger Abbildungen kurz besprochen werden.

### *a) Einfluß der Temperatur auf Gasausbeute und Gaszusammensetzung.*

Die im Gaswerks- und Kokereibetrieb erhaltene hohe Gasausbeute ist im wesentlichen auf eine Wärmezersetzung der dampfförmigen Teerbestandteile bei hoher Temperatur zurückzuführen. Wird diese Zersetzung durch Anwendung niedrigerer Temperatur, z. B. durch Anwendung der für die Schwelung maßgebender Temperaturen, vermieden, so bleibt die Gasausbeute niedrig, wie dies aus dem in der Abb. 4 wiedergegebenen Schaubild hervorgeht. Die Abb. 4 zeigt die Gasausbeute in Abhängigkeit von der Entgasungstemperatur. Geologisch junge Kohlen nähern sich hinsichtlich ihrer Gasausbeute der oberen Kurve, die älteren Kohlen der unteren. Aus der Abb. 4 sieht man auch, daß die Höchstausbeute der

Kohle bei einer Schweltemperatur von 500° C etwa 100 m³ beträgt, und im wirklichen Betrieb kann man mit 110—120 m³ rechnen.

Die Gaszusammensetzung ändert sich in Abhängigkeit von der angewandten Temperatur ebenfalls beträchtlich mit der Ausbeute, wie man aus der Abb. 5 sieht. Bemerkenswert ist in der Abb. 5 der bei 500° C liegende Knick, der die eintretende Zersetzung und die dadurch hervorgerufene molekulare Umwandlung kennzeichnet. Der Gehalt an Kohlesäure und Kohlenoxyd verändert sich wenig, daneben nimmt der Wasserstoffgehalt mit steigender Temperatur stark zu auf Kosten des Methans. Eine Abnahme durch Wärmezersetzung zeigen auch Äthylen und Äthan.

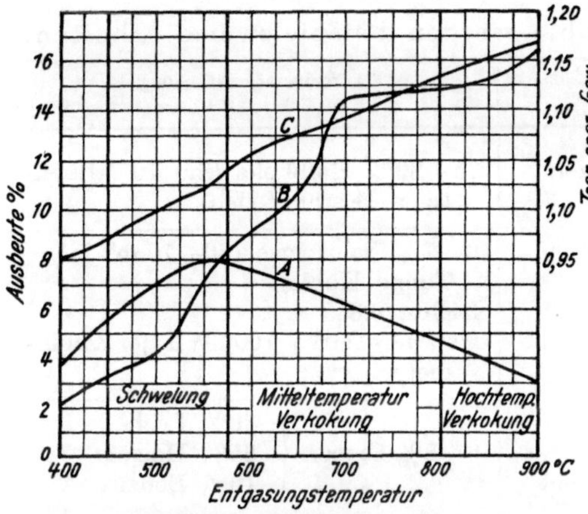


Abb. 6. Einfluß der Entgasungstemperatur auf die Teer- und Gasausbeute und das spezifische Gewicht des Teers. Nach A. Thau.

*A* Teer; *B* Gas; *C* spezifisches Gewicht des Teers.

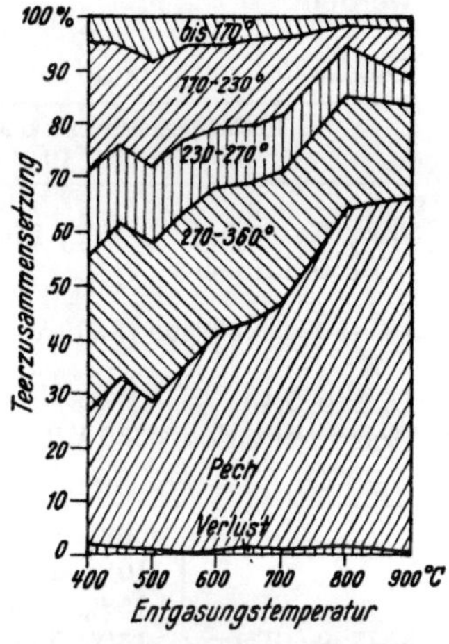


Abb. 7. Teerzusammensetzung in Abhängigkeit von der Entgasungstemperatur. Nach A. Thau.

*b) Einfluß der Temperatur auf Teerausbeute und Teerzusammensetzung.*

Über das Verhältnis zwischen Teer- und Gasausbeute in Abhängigkeit von der Entgasungstemperatur unterrichtet die Abb. 6, dessen Werte sich auf eine geologisch junge englische Gaskohle beziehen. Die Abb. 6 berücksichtigt gleichzeitig in der obersten Kurve das spezifische Gewicht des Teeres, das sich mit steigendem Pechgehalt erhöht und dessen Zunahme der Entgasungstemperatur entspricht. Gas- und Teerausbeute sind in der Abb. 6 in Prozenten aufgetragen, wobei sich beide Kurven bei etwa 550° C schneiden, und hinter diesem Schnittpunkt geht die Schwelung in die sog. Mitteltemperaturverkokung über, welche bei etwa 800° C in die normale Hochtemperaturentgasung übergeht. Der Einfluß der Entgasungstemperatur auf die Zusammensetzung des Teers ist aus der Abb. 7 zu ersehen. Man sieht aus der Abb. 7, daß die Ausbeute an Ölen bei etwa 500° C Entgasungstemperatur am günstigsten liegt und der Pechgehalt des Teers entsprechend am niedrigsten. Aus Abb. 6, in welcher die mengenmäßige Teerausbeute, und aus Abb. 7, in welcher die Beschaffenheit des bei etwa 500° C gewonnenen Schwelteers ersichtlich ist, ersieht man die Vorteile der Steinkohlenschwelung hinsichtlich der Teererzeugung.

Die Menge der bei der Steinkohlenschwelung erhaltenen Erzeugnisse kann im Vergleich zu der Verkokung aus der Tab. 5 ersehen werden. Die erhaltenen Tieftemperaturteere sind im allgemeinen durch einen hohen Gehalt an Phenolen gekennzeichnet, der bis zu 40% und mehr betragen kann. Enthält jedoch die Kohle wenig Sauerstoff, so ist naturgemäß der Phenolgehalt des aus solchen Kohlen erhaltenen Teers geringer. Der Teer kann nach Abtrennung des Leichtöls u. a. als Heizöl verwendet werden.

Tabelle 5. Aus Gasflammkohle werden beispielsweise erhalten:

| Hochtemperaturverkokung (1000—1100° C) | Tieftemperaturverkokung (450—500° C) |
|---|---|
| 75% Koks (mit 1—2% flüchtigen Bestandteilen) | 75—80% Halbkoks (mit 10% flüchtigen Bestandteilen) |
| 18—20% Koksgas (320 m³ je Tonne Kohle)<br>Dichte 0,45<br>Heizwert zirka 4500 WE je Kubikmeter | 6—7% Schwelgas (60—70 m³ je Tonne Kohle)<br>Dichte 0,8<br>Heizwert zirka 7000 WE je Kubikmeter |
| 3—3,5% Teer { 50% Pech, 10% Teerfettöl, 15% Anthrazenöl, 15% Naphtalinöl, 2% Leichtöl, 2% Rohanthrazen, 2% Naphtalin } | 6—8% Urteer { 30% Pech, 55% Heizöle, 10% Benzin } |
| 1,3% Leichtöl (aus dem Gas ausgewaschen) | 0,5—0,7% Rohbenzin (aus dem Gas) |
| 0,4% Ammoniak | Kein Ammoniak (d. h. Gewinnung nicht lohnend) |

## 3. Unterschied zwischen der Schwelung von Stein- und Braunkohle.

Die Steinkohlenschwelung unterscheidet sich von der Braunkohlenschwelung wesentlich. Technisch insofern, als bei der Erwärmung von Steinkohle auf 350—450° C ein plastischer Zustand eintritt, in dem die Kohle treibt oder bläht, was die Braunkohle nicht tut. Wirtschaftlich insofern, als der mengen- und wertmäßige Anfall der Schwelerzeugnisse verschieden ist. Bei der Schwelung der Braunkohle fallen 6—10% Schwelteer und 25% Schwelkoks (bezogen auf Rohbraunkohle mit 50% Wassergehalt) an. Das Schwelgas ist nur bei bestimmten Verfahren verwertbar; die erforderliche Kohlensäure- und Schwefelwasserstoffwäsche lohnt jedoch im allgemeinen die Gewinnung des Schwelgases nicht. Dasselbe gilt zum Teil von der Benzingewinnung. Träger der Wirtschaftlichkeit der Braunkohlenschwelung ist der Schwelteer; Schwelkoks tritt wegen seiner geringen Menge als Kostenträger weniger hervor. Die Braunkohlenschwelung ist also dann wirtschaftlich, wenn die Schwelteerausbeute möglichst hoch ist.

Bei der Steinkohlenschwelung fallen etwa 8—10% Teer, daneben aber 75—80% Schwelkoks und bis etwa 150 $m^3$ heizwertreiches Schwelgas an. Träger der Wirtschaftlichkeit der Steinkohlenschwelung ist der Schwelkoks, während der Schwelteer als Kostenträger demgegenüber von untergeordneter Bedeutung und Nebenerzeugnis ist.

Der Braunkohlen- und Steinkohlenschwelteer unterscheiden sich im Wasserstoffgehalt voneinander. Während der Braunkohlenschwelteer rund 10—11% Wasserstoff enthält, beträgt der Wasserstoffgehalt des Steinkohlenschwelteers 8—9%. Außerdem ist der Gehalt an Sauerstoffverbindungen (Phenolen) höher. Für die Hydrierung von Braunkohlenschwelteer (s. Abschnitt „Hydrierbenzin") werden etwa 1000 $m^3$ Wasserstoff je Tonne Benzin, für die Hydrierung von Steinkohlenschwelteer etwa 1500 $m^3$ je Tonne Benzin verbraucht.

## 4. Die Steinkohlenschwelung in Deutschland. Die verschiedenen Verfahren der Schwelung der Steinkohle.

In Deutschland waren Steinkohlenschwelanlagen infolge des Mangels an flüssigen Brennstoffen in der Nachkriegszeit von 1919—1925 bzw. 1929 (Drehofen auf der Zeche „Matthias Stinnes") in Betrieb; sie arbeiteten unter Bewegung des Schwelguts, hauptsächlich in Drehtrommeln. Die Schwelung der Steinkohle befindet sich jedoch seit 1935 in einem neuen Abschnitt der Entwicklung. Im Frühjahr 1936 wurde von der Mehrzahl der Ruhrzechen eine Vereinigung zum Studium der Steinkohlenschwelung (V. S. S.) gegründet, welche allerdings nach längerer Erprobung zweier verschiedener Verfahren (Berg & Co., Hinselmann G. m. b. H.) den Beschluß gefaßt hat, von der Errichtung einer gemeinschaftlichen Anlage vorläufig noch Abstand zu nehmen. Es soll nun ein weiterer Versuch mit einem neuen, nach dem Spülgassystem arbeitenden Schwelverfahren gemacht werden und zu diesem Zweck eine Versuchsanlage mit etwa 20 t Tagesleistung auf der Hoesch-Benzinanlage in Dortmund errichtet werden.

Unabhängig hiervon hat die Krupp-Zeche „Amalie" eine Betriebsanlage nach dem Krupp-Lurgi-Verfahren errichtet, welche eine Leistung von etwa 12000 t Schwelkoks jährlich aufweist; nach dem gleichen Verfahren ist auch im Saargebiet auf der Zeche „Heinitz" eine größere Versuchsanlage für eine tägliche Erzeugung von etwa 30 t Schwelkoks bereits seit Anfang 1936 in Betrieb. Weiter sind in Sachsen bei der Gewerkschaft „Deutschland" in Ölsnitz sowie bei der Gewerkschaft „Gottes Segen" in Lugau größere Versuchsanlagen nach Delkeskamp-Kollergas bzw. Krupp-Lurgi im Bau, ebenso eine größere Anlage nach Delkeskamp-Kollergas für etwa 80 t Tagesdurchsatz bei Beuthen. Weiter wurde im Mai 1937 von der Ballestrem-Gruppe die Castellengo

Abwehr Kohlenveredlung G. m. b. H. in Gleiwitz gegründet, über deren Pläne Einzelheiten jedoch nicht bekanntgeworden sind; schließlich hat auch die Schlesische Bergwerks- und Hütten A. G. in Beuthen den Bau einer größeren Schwelanlage beschlossen. Ganz allgemein läßt sich jedoch sagen, daß die in den letzten Jahren entwickelten Verfahren der Brennstofftechnik (Essen), Krupp-Lurgi (Essen), der Firma Ofenbau-Gesellschaft Berg & Co. m. b. H., Köln-Kalk, der Hinselmann Koksofenbau G. m. b. H., Essen, das Spülgasverfahren der Kollergas (Berlin) und der Lurgi (Frankfurt), das Otto-Verfahren der Firma Dr. Otto & Co. G. m. b. H., Bochum, das Delkeskamp-Verfahren und die Spülgasschwelverfahren nach Weber, von Pintsch und nach Weber-Pintsch zu der Annahme berechtigen, daß diese Verfahren die Schwelung der Steinkohle ermöglichen werden (261). Anlagen nach dem Verfahren der Brennstofftechnik G. m. b. H., dem Krupp-Lurgi-Verfahren, der Firma Berg & Co. und der Firma Hinselmann G. m. b. H., teils kleineren und größeren Maßstabes (zum Teil für Versuchszwecke) sind bereits errichtet oder in Errichtung begriffen (178). Das Rheinisch-Westfälische Kohlensyndikat hat einen ersten Schritt zur leichteren praktischen Anwendung der Steinkohlenschwelung insofern getan, als es im Februar 1936 beschloß, 500000 t Schwelkoks seinen Mitgliedern unter Anrechnung auf die Kohleverkaufsbeteiligung freizugeben. Es ist somit den Mitgliedszechen freigestellt, an Stelle von Steinkohle Schwelkoks auf den Markt zu bringen, wobei der Lieferungsanspruch unter den einzelnen Mitgliedszechen übertragbar ist.

Von den deutschen Steinkohlen eignen sich die Kohlen aus dem Saargebiet und aus Oberschlesien nicht für die Hochtemperaturverkokung, wohl aber für die Verschwelung. Im Ruhrgebiet finden sich schwelwürdige Kohlen im nördlichen Teil der Emscher und der Lippe.

## 5. Die Steinkohlenschwelung in England.

In England sind seit fast 50 Jahren schon Bestrebungen im Gange, einen rauchlosen Brennstoff mit Hilfe der Schwelung zu erzeugen. Die ersten englischen Schwelversuche gehen schon auf das Jahr 1656 zurück. Ein englisches Patent von 1781 umfaßte bereits die wesentlichen Merkmale der heute noch geltenden Schwelgrundsätze. Durch die um 1800 entstehende Leuchtgasindustrie trat jedoch die Schwelung in den Hintergrund, um erst mit wachsender Industrialisierung gegen Ende des vorigen Jahrhunderts aufzuleben. Th. Parker ermittelte bereits 1890 die Eigenschaften eines rauchlosen Brennstoffs („Coalite“) zur Behebung der Ruß- und Rauchplage in englischen Städten. Aber erst seit 1927 konnte das sog. „Coaliteverfahren“ im wirtschaftlichen Großbetrieb durchgeführt werden. „Coalite“ ist die englische Bezeichnung für den bei der Steinkohlenschwelung zurückbleibenden Schwelkoks, er ist rauchfrei, leicht entzündbar, von sehr großer Stückigkeit und Festigkeit. Der gewonnene Urteer wird von der Marine, das Schwelbenzin u. a. von der Luftfahrt abgenommen. Unter anderem befaßt sich die Low Temperature Carbonisation Ltd. seit 1928 mit der Steinkohlenschwelung zu rauchlosem Koks. Die Low Temperature Carbonisation Ltd. in London betreibt selbst vier Werke, von denen das erste Ende 1927 zu Barugh in Betrieb kam und seitdem ununterbrochen arbeitet. Eine Tochtergesellschaft unter dem Namen Doncaster Coalite Ltd. betreibt zu Askern in der Nähe von Doncaster ein Werk. Eine dritte Anlage wurde im Jahre 1931 in Greenwich für die South Metropolitan Gas Co. in London erbaut. Die Schwelanlage auf der Bolsover Colliery bei Chesterfield, deren Kohledurchsatz durch Erweiterungsbauten von 500 t auf 750 t erhöht wurde, ist nunmehr die größte aller in England bestehenden Schwelanlagen. Eine fünfte Anlage befindet sich in Südwales in Bau. Hierfür wurde eine besondere Tochtergesellschaft, die South Wales Coalite Co., gegründet, die auch eine eigene Kohlenzeche erworben hat. Die neue Anlage ist vorerst für einen täglichen Durchsatz von 500 t Kohle bemessen und soll Ende 1938 fertiggestellt sein. Weiters nahm die Modern Fuels Ltd., die mit Unterstützung des britischen Schatzamtes und des Nuffield-Trusts gegründet worden ist und welche die Anlagen der Coal and Allied Industries Ltd. in Seaham Harbour übernommen hat, am 25. April 1938 einen Teil ihrer neuen Schwelanlage, und zwar 24 Öfen in Betrieb. Die gesamte Anlage soll etwa 200 t Schwelkoks täglich erzeugen.

Die Beschaffenheit des nach dem Coaliteschwelverfahren (nach welchem Verfahren die Low Temperature Carbonisation arbeitet) erhaltenen Steinkohlenschwelbenzins ist folgende (178):

Wichte 0,763, Siedebeginn 44° C, Oktanzahl 86—92.

Siedeanalyse des gereinigten Schwelbenzins:

| Bis ° C | 60 | 70 | 80 | 90 | 100 | 110 | 120 | 130 | 140 | 150 | 153,3 |
|---|---|---|---|---|---|---|---|---|---|---|---|
| Volumanteile in % | 2 | 8 | 21 | 36 | 51 | 65 | 77 | 87 | 93 | 96,5 | 97 |

Destillationsrückstand 1%, Verlust 2%.

Der nach diesem Verfahren gewonnene Schwelteer wird seit 1936 in den Hydrieranlagen der Imperial Chemical Industries Ltd. nach dem Hochdruckhydrierverfahren in Benzin übergeführt.

Neben dem Coaliteverfahren wären noch die Schwelverfahren von Tozer, Illingworth, Lander, das Salermo-Schwelverfahren und das C. R. S.-Schwelverfahren des Coal Research Syndicate Ltd. zu nennen (178), ebenso das Schwelverfahren von Stanley Morgan, welches seit einigen Jahren im Durham-Kohlengebiet in einer Versuchsanlage betrieben wird (263). Das Moore-Verfahren der englischen Stellite Ltd. arbeitet mit einer Schweltemperatur von 650° C und ist schon mehr als eine Mitteltemperaturverkokung anzusprechen. Einige Anlagen nach diesem Verfahren sind auf englischen Gaswerken in Bau und Betrieb. Öfen nach dem Schwelverfahren von Salisbury-Jones und R. Nisbet werden von der British Smokeless and Oil Fuels Ltd. vertrieben. Wie eine Kokerei werden die Cellan-Jones-Schwelkoksöfen betrieben, von denen eine größere Zahl von Öfen auf der englischen Grube Seaham Harbour in Betrieb sind (265).

In England sind im Jahre 1937 von insgesamt 89,5 Millionen Gallonen gewonnenen Leichtölen etwa 1 Million Gallonen in Schwelereien und von insgesamt 97 Millionen Gallonen erzeugten Schwerölen 6 Millionen Gallonen in Schwelereien erzeugt worden.

Der Falmouth-Ausschuß, welcher in England zum Studium der Treibstoffbeschaffung eingesetzt wurde (s. Abschnitt „FISCHER-TROPSCH-Verfahren"), empfiehlt in seinem Gutachten der englischen Steinkohlenschwelindustrie die gleiche staatliche Hilfe (eine Zollbegünstigung von praktisch 8 d je Gallone) wie der Industrie, welche das durch Hydrierung erzeugte Produkt genießt, zu gewähren, darüber hinaus aber keine staatliche Finanzierung zum Zwecke der Errichtung weiterer derartiger Anlagen in Betracht zu ziehen.

## 6. Die Steinkohlenschwelung in Japan.

In *Japan* trachtet man auch die Schwelung zur Verbreiterung der Treibstoffbasis heranzuziehen. Nach dem japanischen Siebenjahresplan sollen 3% der Leichtkraftstoffe und 40% der Schwerkraftstoffe durch Schwelung von Kohle erzeugt werden. Nach einer Zusammenstellung der „Deutschen Bergwerks-Zeitung" beschäftigen sich folgende Firmen mit der Tieftemperaturdestillation:

1. Koreanische Kohlenindustrie A. G. (Chosen Sekitan Kogyo K. K.). Fabrik: Eisan, Provinz Kankyohokudo (Korea). Verarbeitungsmenge an Kohle: 150000 t. Kapital: 2,6 Millionen Yen. Verfahren: Lurgi. Fertigstellung der Fabrik: 1938.

2. Südsachalin Kohlenbergwerk und Eisenbahn A. G. (Minami Kabafuto Tanko Tetsudo K. K.). Fabrik: Horonai, Sachalin. Verarbeitungsmenge an Kohle: 100000 t. Augenblickliche Verarbeitungsmenge an Kohle: 50000 t. Kapital: 950000 Yen. Verfahren: Lurgi. Fertigstellung der Fabrik: April 1935.

3. Wanishi Eisenwerk der Firma Japanische Eisenwerke A. G. (Wanishi Seitetsu-Nippon Seitetsu K. K.). Fabrik: Muroran (Hokkaido). Verarbeitungsmenge an Kohle: 70000 t. Kapital: 900000 Yen. Verfahren: Wanishi. Fertigstellung der Fabrik: Februar 1936.

4. Ube Stickstoff-Industrie A. G. (Ube Chisso-Kogyo K. K.). Fabrik Ube. Verarbeitungsmenge an Kohle: 100000 t. Kapital: 2,6 Millionen Yen. Verfahren: Koppers. Fertigstellung der Fabrik: Juli 1934. Verarbeitungsmenge 50000 t; Oktober 1935 Verarbeitungsmenge 120000 t; 1937 Verarbeitungsmenge 240000 t.

Außerdem noch:

Japanische Trockendestillations-Industrie A. G. (Nippon Kanryu-Kogyo K. K.). Verarbeitungsmenge an Kohle 100000 t pro Jahr. Japanische Brennstoff-Industrie A. G. (Nippon Nenryo-Kogyo K. K.). Verarbeitungsmenge an Kohle: 100000 t pro Jahr. Jede der beiden Firmen beabsichtigt, eine Fabrik in Hokaido zu errichten. Die Toho Gas A. G. (Toho Gas K. K.) beabsichtigt ebenfalls in Nagoya eine Fabrik zu errichten, in der jährlich 100000 t Kohle verarbeitet werden sollen.

Benzin, das aus der Tieftemperaturverkokung der Kohle in Japan gewonnen wird, genießt zur Zeit eine Subvention von 43,88 Yen je 1000 l, die übrigen Erzeugnisse, soweit sie aus dem gleichen Prozeß hervorgehen, eine solche von 17,26 Yen je 1000 l. Die entsprechenden Sätze für Korea sind 43,7 bzw. 18,49 Yen je 1000 l.

## 7. Die Steinkohlenschwelung in anderen Ländern.

Von den im übrigen Ausland entwickelten Schwelverfahren ist der französische Scheibenschwelofen von ABDERHALDEN, von welchem sich Anlagen im Elsaß auf der Zeche „Saar" und „Mosel" für Kohlenschlamm und in Jugoslawien für feinkörnigen Ölschiefer befinden, zu erwähnen. Weiter hat die französische Compagnie Générale Industrielle in Carmaux einen Brikettschwelofen entwickelt (165).

## 8. Die Schwel- und Verkokungsverfahren „Kohle-in-Öl".

Bei der Schwelung der Kohle im allgemeinen und der Steinkohle im besonderen fällt meistens ein feinkörniger Koksrückstand an, der sich ohne weiteres verwerten läßt. Da das Hauptprodukt der Kohlenschwelung der Koks ist, hat die Kohlenschwelindustrie um so mehr Entwicklungsmöglichkeit, wenn der anfallende Koks in Stückform anfällt, da stückige Brennstoffe überall Absatz finden. Ein Schwelverfahren, welches stückige Brennstoffe liefert, ist das in Amerika entwickelte und in England erstmalig auf dem Eisen- und Stahlwerk Stewarts & Lloyds Co. Ltd. zu Corby angewandte Kohle-in-Öl-Verfahren (Coal-in-oil-process) (171) (Abb. 8). Das hauptsächliche Ziel dieser Schwelverfahren ist die Erzeugung eines festen Kokses aus nicht backenden Kohlen, daneben aber auch ein erhöhtes Ausbringen von Leichtölen. Das Verfahren arbeitet folgendermaßen:

Die Kohle gelangt aus der Aufbereitung *a* in den Mischer *b*, dem aus dem Behälter *c* gleichzeitig ein schweres Rückstands- oder Abfallöl oder Teer zugeführt wird. Die entstehende Paste wird dann in den Hochbehälter *d* und von hier über den Vorerhitzer *e* in eine Umlaufleitung über den Entgasungsofen *f* gedrückt. Die Entgasungsöfen haben eine 10 m lange und 3 m breite von unten beheizte Sohle; die etwa 1 m hohen Kammern werden durch Abzweigstutzen der Umlaufleitung, die durch die Gewölbe gesteckt und mit Schiebern versehen sind, beschickt. Nach der Entgasung wird der Koks herausgedrückt und abgelöscht. Die Öfen wurden von KNOWLES in Amerika ursprünglich für die Herstellung von Petrolkoks aus Erdölrückständen entwickelt, inzwischen aber auch für die Schwelung und Verkokung fester Brennstoffe angewandt.

Die in den Öfen *f* entstehenden Gase und Dämpfe werden mittels des Saugers *g* durch den innen mit Dicköl berieselten Luftkühler *h*, den Wasserkühler *i* und den Schlußkühler *j* angesaugt, dann durch eine an sich bekannte Leichtölabsorptionsanlage *k* gedrückt und durch die Leitung *l* den Brennern der Öfen *f* zugeführt, während das Überschußgas in dem Abzweig *m* zu anderweitiger Benutzung verfügbar ist. Das im Luftkühler *h* ausfallende und eingestäubte Dicköl wird durch die Leitung *n* dem Ölbehälter *c* zugeführt, während das im Wasserkühler *i* niedergeschlagene und im Schlußkühler *j* gesammelte Mittelöl in die Dubbs-Druckspaltanlage *o* gelangt, in der es auf Leichtöl verarbeitet wird, das gemeinsam mit dem in der Absorptionsanlage *k* gewonnenen Öl dem Sammelbehälter *p* zugeführt und anschließend in einer nicht gezeigten Anlage chemisch gereinigt wird. Außer Leuchtöl fallen in der Druckspaltanlage Rückstandsöl und Spaltgas an. Das Öl wird durch die Leitung *q* in den Unterteil des Luftkühlers *h* zurückgeführt und das Gas durch die Verbindungsleitung *r* in die Gasleitung von der Absorptionsanlage *k* gedrückt. Abb. 9 zeigt eine nach den Ergebnissen der Corby-Anlage

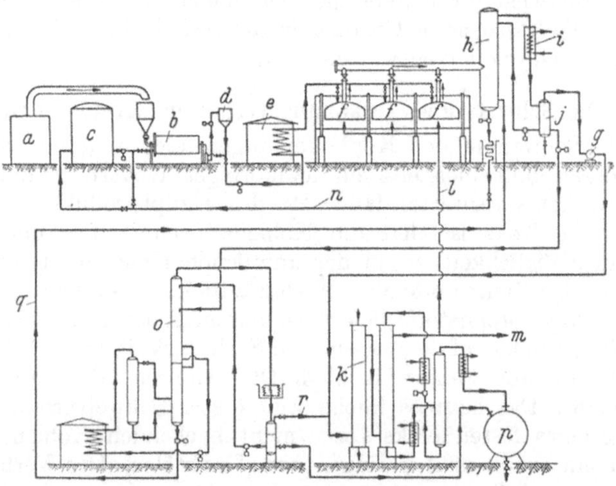


Abb. 8. Umlaufbild einer Schwel- und Verkokungsanlage „Kohle-in-Öl“.
*a* Kohlenaufbereitung; *b* Mischer für Öl und Kohle; *c* Ölbehälter; *d* Hochbehälter; *e* Vorerhitzer; *f* Entgasungsöfen; *g* Gassauger; *h* Luftkühler; *i* Wasserkühler; *j* Schlußkühler; *k* Leichtöl-Absorptionsanlage; *l* Brenner-Gasleitung; *m* Leitung für Überschußgas; *n* Dickölleitung; *o* Dubbs-Druckspaltanlage; *p* Leichtöl-Sammelbehälter; *q* Leitung für Rückstandöl; *r* Leitung für Spaltgas.

aufgestellte Stoffbilanz des Verfahrens. In dieser Anlage wird eine nichtbackende Steinkohle aus dem Nottingham-Revier mit 33% flüchtigen Bestandteilen durchgesetzt. 100 kg Kohle, die mit 50 kg Umlauföl und 50 kg Frischöl vermischt werden, ergeben bei der Hochtemperaturverkokung 70 kg Koks aus Kohle und 10 kg Koks aus dem Ölrückstand, der die Kohlenteilchen zu Stückkoks bindet. Aus der Kohle werden 20 kg, aus dem Öl 10 kg Gas gewonnen; hinzu kommen noch 5 kg Spaltgas, so daß nach Abzug von 2 kg als Leichtöl absorbierten Dämpfen 33 kg Gas verbleiben, die teilweise zur Beheizung der Verkokungsöfen und der Ölöfen der Spaltanlage dienen, während der Überschuß zu anderweitiger Verwendung verfügbar ist. Aus der Kohle werden 10 kg Teer und aus dem der Kohle zugesetzten Öl 80 kg Öl entbunden. Hiervon gehen 45 kg neben 5 kg Rückstandsöl der Druckspaltanlage in die Kohlenmischanlage zurück. 45 kg Mittelöl werden in der Druckspaltanlage behandelt, woraus 35 kg Leichtöl gewonnen werden, so daß einschließlich der durch Absorption aus dem Gas gewonnenen Ölmenge insgesamt 37 kg Leichtöl anfallen, die nach erfolgter Reinigung 30 kg Betriebsstoff entsprechen.

Das Verfahren liefert einen festen, stückigen Koks, der je nach der Höhe der Entgasungstemperatur als ein leicht verbrennlicher Hausbrandkoks oder als harter, engporiger Hüttenkoks anfällt und auf der englischen Anlage zusammen mit dem der Kokerei entstammenden Koks in die Hochöfen gelangt. Das Verfahren ist insofern bemerkenswert, als es einen Weg zeigt, z. B. aus Braunkohle Stückkoks zu erzeugen. In seinen Einzelteilen bietet das Verfahren nichts Neues; es stellt eine Vereinigung an sich bekannter und bewährter Einrichtungen dar. Man wird z. B. auf den Einbau der Krackanlage verzichten, wenn man das Mittelöl als solches gewinnen und in Form von Gasöl absetzen will. Soll in erster Linie Hüttenkoks und Gas erzeugt werden, wird man bei den höchstzulässigen Temperaturen arbeiten, damit die dampfförmigen Kohlenwasserstoffe eine starke Zersetzung erleiden; in diesem Falle werden nur Hüttenkoks, ein Gas mit hohem Heizwert und Benzol gewonnen, während das Öl im Kreislauf verbleibt und nach Bedarf durch Zusatzöl oder Teer ergänzt wird. Das Verfahren wurde von der H. A. Brassert & Co. Ltd. gemeinsam mit der Universal Oil Co. in Amerika entwickelt; die erstgenannte, in London ansässige Gesellschaft erbaute die Anlage auf dem Eisen- und Stahlwerk Stewarts & Lloyds Co. Ltd. zu Corby, während die Brennstofftechnik G. m. b. H. in Essen den Bau der Anlagen für das europäische Festland übernommen hat.

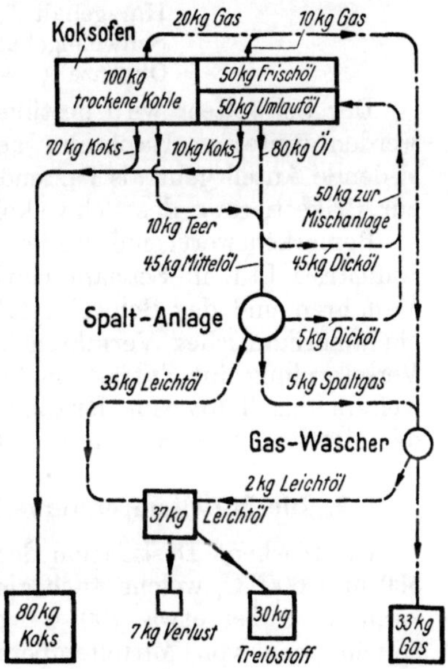

Abb. 9. Stoffbilanz des „Kohle-in-Öl“-Verfahrens.

Blümner (172) hat ein ähnliches Kohlenveredlungsverfahren ausgearbeitet. Neben Koks werden bei diesem Verfahren Leichtöl, Heizöl und Gas in geringer Menge erhalten. Zur Verwertung dieses Verfahrens wurde in England die Blümner Fuel Corporation gegründet. Außerdem haben u. a. die Coal and Allied Industries Ltd. und die Catalyst's Ltd., Hampton, gemeinsam Verfahren entwickelt.

Die National Coke & Oil Co. Ltd. hat ein anderes, mit „N. C. O.“-Schwelverfahren bezeichnetes ähnliches Kohle-in-Öl-Schwelverfahren ausgebildet, welches seit 1935 in einer technischen Anlage in Tipton bei Birmingham und in Erith bei London durchgeführt wird, wobei die Errichtung weiterer Schwelereien nach diesem Verfahren geplant ist. Die aus der Anlage in Tipton erhaltenen Schwelkoksbriketts kommen unter der Bezeichnung „Naco“ (National Coal) in den Handel. Man erhält nach diesem Verfahren je Tonne durchgesetzter Kohle 762 kg Schwelkoks, 77,9 kg Dieselöl und 56,8 kg Benzin. Das Benzin hat die Handelsbezeichnung „Napet“ (National Petroleum) erhalten und besitzt nach seiner Raffination folgende Eigenschaften:

Wichte 0,854—0,864
Siedebeginn 47° C
Destillat bis 100° C 23%
Destillat von 100—205° C 95%
Siedeende 210° C
Harzgehalt 7—12 mg
Schwefelgehalt 0,35%
Oktanzahl 84—86

Der Schwelteer wird destilliert und die bis 300° C siedenden Anteile werden weiter in Naphtalinwaschöl und Dieselöl getrennt, der höhersiedende Anteil geht als Pastenöl in den Betrieb zurück; das Pech dient zur Brikettierung des Schwelkokses.

Bemerkenswert sind weiter das seit 1935 bei der Coal and Allied Industries Ltd. in Seaham Harbour (Durham) in Anwendung stehende Verfahren und das Schwelverfahren der Catalyst's Ltd. und schließlich ein amerikanisches Verfahren von Hampton und Ryan, bei dem der Verschwelung eine Extraktion der Kohle bei 350—370° C vorausgeht (254), weiters das Thompson-Beeler-Verfahren, das „Meiro“-Verfahren und das Mitford-Verfahren (auch „Cannock-Process“ genannt) (262).

## 9. Die Mitteltemperaturverkokung (Koppers-Kohleverfahren).

Die trockene Destillation der Steinkohle bei Temperaturen zwischen 500 und 600° C, welche auch als Steinkohlenschwelung bezeichnet wird, kann auch bei etwa 700° C vorgenommen werden. In diesem Falle spricht man von Mitteltemperaturverkokung der Steinkohle. Diesem Zwecke dient ein Verkokungsverfahren, welches zuerst in Frankreich bei den Mines de Bruay (173) erprobt und in der Folge von der Firma Heinrich Koppers G. m. b. H. in Essen (174) ausgebildet worden ist („Koppers-Kohleverfahren“). Die Verkokung der Kohle, und zwar einer backenden Steinkohle, wird bei etwa 700° C vorgenommen in schmalen Horizontalkammeröfen mit einem neuartigen Beheizungssystem. Jede Kammer (250—350 mm breit) vermag bei einmaliger Beschickung am Tage 10—20 t Kohle in 24 Stunden durchzusetzen, wobei ein stückiger Brennstoff mit günstigen Eigenschaften, ferner als Nebenerzeugnisse Leichtöl und Teer und ein Gas von hohem Heizwert gewonnen wird. Je nach Art der verarbeiteten Kohle lassen sich aus 1 t Rohkohle hierbei 10—11 kg gereinigtes Leichtöl (Benzin-Benzol-Gemisch), sowie aus dem Teer 20—25 kg Dieselöl erzielen. Der in der Anlage der Mines de Bruay gewonnene Koks kommt in Frankreich unter dem Namen „Carbolux“ auf den Markt. Der anfallende Teer hat einen hohen Öl- und einen geringen Pechgehalt. Die Öle enthalten Phenole. Die von den Phenolen befreiten Teeröle finden z. B. als Dieselöle und Imprägnieröle Verwendung, das

Pech als Bindemittel für Briketts. Die in dieser Anlage gewonnenen leichten Öle (1—1,1% des verkokten Kohlengewichts) sind sehr klopffest und kommen in Frankreich unter der Bezeichnung „Carbonine“ auf den Markt. In Deutschland wurde dieses Verfahren auf der Zeche Barsinghausen bei Hannover Ende 1935 eingeführt. Es handelt sich in diesem Fall um eine normale Kokerei, die mit tieferer Temperatur betrieben wird und die durch eine besondere Drehofenanlage zur thermischen Vorbehandlung eines Teiles der Kohle ergänzt ist. Die Anlage besteht aus 29 Verbund-Kreisstromöfen für die tägliche Verarbeitung von 350 t Kohle. Aus dieser Kohlenmenge werden 280 t eines mit „Anthraco“ bezeichneten Kokses und rund 20 t Teer gewonnen, der nach dem ununterbrochenen Koppers-Verfahren aufgearbeitet wird.

Eine ähnliche Anlage für einen täglichen Kohlendurchsatz von 240 t Kohle wurde von der Didier-Werke A. G., Berlin, bereits im Jahre 1934 für die Pécser Kokswerke A. G., Pécs (Ungarn), erbaut.

Bestimmte Angaben über die Ausbeuten lassen sich nicht machen, weil die Temperaturgrenzen in Abhängigkeit von der Kohlebeschaffenheit von Fall zu Fall mit Rücksicht auf die gewünschten Eigenschaften des Kokses festgelegt werden. Eine gewisse Teerzersetzung läßt sich mit Rücksicht auf die Koksbeschaffenheit und die Durchsatzleistung der Öfen nicht vermeiden. Der erzeugte Teer ist je nach der angewandten Verkokungstemperatur ein mit aromatischen Kohlenwasserstoffen mehr oder weniger durchsetzter Schwelteer, und das Leichtöl enthält um so mehr Benzol, je höher die Entgasungstemperatur war. Es hängt also von der Verkokungstemperatur ab, ob der Teer hinsichtlich seiner Beschaffenheit dem Schwelteer oder dem normalen Steinkohlenteer nahekommt.

Von der Schwelung unterscheidet sich die Mitteltemperaturverkokung insbesondere durch die Anwendung von gemauerten Kammern, die mit Rücksicht auf die angewandte Entgasungstemperatur wesentlich schmäler gewählt werden müssen gegenüber den Hochtemperaturkammern. Damit tritt ein Unterschied der Mittel- und Hochtemperaturverkokung in den Vordergrund, denn bei den niedrigen Wandtemperaturen ist die Wärmeübertragung auf die Kohlenbeschickung so langsam, daß mit Rücksicht auf die Durchsatzleistung und auf den gleichmäßigen Bau des Koksgefüges eine verhältnismäßig geringe Kammerbreite Grundbedingung ist.

Das erwähnte Koppers-Verfahren ist das älteste und am weitesten verbreitete. Erwähnenswert sind jedoch noch die Verfahren von E. Roser und der Firma Carl Still G. m. b. H.

## E. Flüssige Treibstoffe aus Ölschiefern (Ölschieferbenzin, Schieferbenzin).

Eine große Bedeutung, insbesondere für die Zukunft, werden die Ölschiefer für die Versorgung der Länder, in welchen solche Ölschiefer vorkommen, mit bestimmten Produkten, für welche derzeit hauptsächlich Erdölprodukte verwendet werden (z. B. Imprägnieröl, Stauböl, Heizöl, Asphalt, Dachteer und Benzin), besitzen.

## 1. Eigenschaften der Ölschiefer.

Mit den Kohlen teilen die Ölschiefer die Beimengung von anorganischer Substanz. Der Wassergehalt der Ölschiefer übersteigt im allgemeinen nicht 20%, ähnlich wie bei den Steinkohlen, während der Wassergehalt der Braunkohle bis zu 60% beträgt. Die Ölschiefer haben aber zumeist beträchtlich mehr Asche als die Kohlen. Während der Aschegehalt (auf Trockensubstanz bezogen) bei Steinkohle zwischen 4—12%, bei Braunkohle zwischen 5—15% liegt, schwankt er bei den Schiefern zwischen 20 und 75% und mehr. Bei Steinkohle läßt sich durch rein mechanische Mittel eine weitgehende Verminderung der anorganischen Substanz erzielen, da ein großer Teil der Asche aus Nebengestein besteht. Bei Braunkohle, bei der bereits ein großer Teil der anorganischen Bestandteile in chemischer Bindung mit organischer Substanz vorliegt, müssen zur Anreicherung der organischen Substanz chemische Methoden, z. B. Behandeln mit Mineralsäure, herangezogen werden. Bei den Ölschiefern ist eine mechanische Trennung nicht möglich und die chemische hat wenig Aussicht auf Erfolg. Mit den Steinkohlen teilen die Ölschiefer die Eigenschaft, daß ihre organische Substanz mit den üblichen organischen Lösungsmitteln unter normalen Bedingungen nicht extrahiert werden kann, während bei der Braunkohle ein Teil der organischen Substanz, vor allem die Wachse und Harze, drucklos extrahierbar sind. Durch Extraktion bei höherer Temperatur unter Druck kann bei den Ölschiefern wie bei den Kohlen ein großer Teil der organischen Substanz in Lösung gebracht werden. Wie die Kohlen, so geben auch die Ölschiefer bei der Wärmebehandlung unter Zersetzung der organischen Stoffe Schwelprodukte. Die Ausbeuten, bezogen auf organische Substanz, sind hierbei höher als bei den Kohlen, so daß der Ölschiefer in dieser Beziehung eine Mittelstellung zwischen Kohle und Erdöl einnimmt.

## 2. Die Ölschiefervorkommen.

Zahlreiche Länder haben gewaltige Ölschiefervorkommen. In Amerika werden z. B. die Ölschieferablagerungen vornehmlich, in den Rocky-Mountains-Staaten, auf einen Rohölgehalt von 13 Billionen Tonnen geschätzt, eine Menge, die bei der heutigen Ölerzeugung für fast 100 Jahre ausreichen würde (19). Nach einem Bericht des Science Committee of the National Resources Committee geht hervor, daß in den Vereinigten Staaten mehr Treibstoff aus Ölschiefer gewonnen werden könne, als jemals aus den Ölfeldern des Landes herauszuholen sei.

In Estland werden die Ölschiefervorkommen, die sich auf eine Fläche von 2740 km² erstrecken, auf etwa 3,5 Milliarden Tonnen geschätzt, woraus etwa 700 Millionen Tonnen Rohöl gewonnen werden könnten (20).

In Frankreich werden die Ölschiefervorkommen von Autun in beachtlichem Ausmaß verwertet.

In Deutschland, wo der Ölschiefer verschiedene Namen führt, wie Fischschiefer, Stinkschiefer, Brenn- und Brandschiefer, Posidonienschiefer, haben die höffigen Ölschieferlager eine Verbreitung von Hunderten von Quadratkilometern. Einige von ihnen sind schon seit Jahrhunderten bekannt, aber niemals technisch-wirtschaftlich ausgewertet worden, z. B. das Vorkommen von St. Quirin am Tegernsee. Reiche Lager mit einer Ausdehnung von 150 $km^2$ finden sich in Württemberg, in der Nähe von Reutlingen. Dieser Ölschiefer hat einen Gehalt an Bitumen, das ist der Ölinhalt, von 1—30%. Ebenso ist die Mächtigkeit des Ölschiefergesteins Schwankungen von 1—30 m unterworfen. Zwischen den Schiefern kommen dünne Lagen einer schwarzen, muschelig brechenden Masse vor, die „Jet“ oder „Gagat“ genannt und zu Schmucksteinen verarbeitet wird. Der Ölschiefer von Württemberg läßt sich restlos verwerten, denn die Abbrände sind z. B. für Bausteine, für Herstellung von Zement und als Düngemittel wegen des Gehalts an Phosphorsäure und Kali verwertbar. Außerdem finden sich Ölschiefer im Fränkischen Jura, im Frankenwald, Thüringer Wald und Fichtelgebirge. Lange bekannt sind die Vorkommen von Messel bei Darmstadt, welche schon seit 1883 durch die Gewerkschaft Messel ausgebeutet werden. Aus etwa 10 Millionen Tonnen Ölschiefer wurden in den bereits vorhandenen 27 Schwelöfen bis Ende 1937 über 500000 t Rohöl gewonnen. Nach neueren Untersuchungen beträgt die Mächtigkeit der Ölschiefervorkommen von Messel teilweise bis 180 m. Die Posidonienschiefer von Schandelak bei Braunschweig bedecken ein Gebiet von rund 30 $km^2$ und erreichen Lagerstärken bis zu 30 m. In Norddeutschland treten verwertbare bituminöse Ablagerungen am nördlichen Teutoburger Wald, am Deuster, bei Bückeburg und bei Bentheim an der holländischen Grenze auf. Erwähnenswert sind noch die ölhaltigen Stinkkalke bei Häringen und die Mansfelder Mergelschiefer. Auch das Alpenvorland und die Alpen selbst sind reich an Ölschieferlagern, z. B. die Ichthyolkalke in den nördlichen Kalkalpen bei Garmisch, im Karwendelgebirge bei Mittenwald und isarabwärts zwischen Wallgau und Vorderriß. Das Gebiet am Königssee und im Steinernen Meer hat ölhöffige Vorkommen. In Österreich kommt bei Seefeld in Tirol Ölschiefer vor, welcher jedoch hauptsächlich für medizinische Zwecke verwertet wird (22).

In Südafrika wird Ölschiefer, dort „Torbanite“ genannt, seit mehreren Jahren verwertet.

In Australien sind Ölschiefervorkommen im Südosten des Erdteils in Neusüdwales in Newnes vorhanden.

Große Ölschiefervorkommen besitzt die Mandschurei. In Südamerika sind in Brasilien mehrere Ölschiefervorkommen gelegen (21). Für Italien spielen die asphalthaltigen Kalke auf Sizilien in der Nähe von Ragusa eine große Rolle (23).

### 3. Gewinnung von Öl aus den Ölschiefern.

Zur Gewinnung von Öl aus den Ölschiefern muß die organische Substanz möglichst vollständig von der Asche abgetrennt werden. Dies geschieht bisher ausschließlich durch Schwelen. Die Eigenschaften der dabei erhaltenen Produkte und die Ausbeuten sind außer vom Schwelverfahren von der Natur des Schiefers abhängig. So erhält man z. B. aus ölarmen Gesteinen, wie in Deutschland, Schweden und Italien, nur Ölausbeuten von etwa 5—6 Gew.-%. Schottische Ölschiefer geben etwa 8—10% Öl, estnische Schiefer bis 30%, australische bis 45%. Die aus technischen Apparaturen erzielbaren Ölausbeuten überschreiten im allgemeinen nicht wesentlich zwei Drittel der in den Schiefern enthaltenen organischen Substanz.

Da die Ölschieferindustrie in Estland am stärksten entwickelt ist, kann durch Schilderung der Verhältnisse in Estland der heutige Stand dieser Industrie am besten gekennzeichnet werden.

Der estländische Schiefer beginnt bei 200° C sich in seiner Farbe zu vertiefen, bei 350° C wird der Schiefer weich und bei 360° C setzt die Ölentwicklung ein, die bei 400—450° C am größten ist. Von 450—480° C verlangsamt sich die Ölentwicklung und bei 480° C ist die Schwelung praktisch beendet, und bei weiterer Temperaturerhöhung werden nur noch unbedeutende Öl- und Gasmengen gewonnen. Von 420—440° C verläuft der Prozeß unter Wärmeentwicklung.

Mit der Verschwelung des Ölschiefers befassen sich mehrere Unternehmungen, von denen jede eine eigene Ofenbauart verwendet, wobei teils Spülgas-, teils Drehöfen sowie Kanalöfen benutzt werden (20). Die verschiedenen Öfen unterscheiden sich hauptsächlich durch die Art der Wärmezufuhr. Im folgenden wird die Aufarbeitung der aus irgendeinem der Ofensysteme austretenden Öldämpfe geschildert.

Die aus dem Ofen austretenden Schweldämpfe werden fraktioniert kondensiert (Abb. 10). Sie treten mit etwa 470° C aus dem Ofen und strömen durch einen Vorkühler, in welchen sie durch versprühtes heißes Schweröl auf 300° C gekühlt werden. Aus den Vorkühlern gelangen sie in Kondensationsanlagen, und zwar zunächst in einen Luftkühler, wo die Dämpfe mit 300° C ein- und mit 230° C austreten. Hierbei wird Schweröl von der Wichte 1,020—1,050 ausgeschieden, das nach Passieren eines liegenden Nachkühlers *1* in einen Mischbehälter abfließt. Aus dem Luftkühler treten die Dämpfe in einen Wasserröhrenkühler *1*, den sie mit 150° C verlassen, wobei ein Mittelöl mit einer Wichte von 0,990 ausgeschieden wird. Das Mittelöl gelangt gleichwie das Schweröl in einen liegenden Nachkühler *2* und fließt, nachdem es im Wasserabscheider vom Wasser getrennt worden ist, durch den Nachkühler *2* ebenfalls in einen Mischbehälter, von wo es nach Abzug der wäßrigen Schicht in den Behälter für Mischöl gelangt. Die Dämpfe werden nun weiter durch ein Kühlsystem von vier Kühlern gezogen, wobei sie z. B. den Kühler *2* mit 60° C, den Kühler *3* mit 25° C und den Kühler *4* mit 15° C verlassen. Im Kühler *2* wird ein Leichtöl mit einer Wichte von etwa 0,850 ausgeschieden und durch einen Wasserabscheider einem Leichtölbehälter zugeführt. Die Leichtölfraktion enthält 40—50% Benzin, das in einer Destillationsanlage gewonnen wird. In den Kühlern *3* und *4* wird Benzin mit einer Wichte von 0,760 ausgeschieden und über einem Wasserabscheider einem Benzinbehälter zugeführt. Das den Kühler *4* verlassende Gas, welches noch 450 g/m³ Benzin enthält, wird nun der Tiefkühlanlage zugeführt. Die fraktionierte Kondensation der aus den Schwelöfen entweichenden Schwelgase ergibt also benzinfreie Öle, ein Rohbenzin und eine benzinhaltige Leichtölfraktion, die die etwa 18% des Gesamtöls ausmachen, aus welchen durch Destillation das Benzin gewonnen wird.

Das Gas wird weiter aus der Kondensationsanlage mittels eines Ventilators in die Tiefkühlanlage abgezogen (Abb. 11). Die Tiefkühlung des Gases erfolgt in zwei Stufen. In der ersten Stufe dient als Kühlflüssigkeit eine bis auf —15° C gekühlte Chlorkalziumlösung, die in zwei Kühlkolonnen den ihr entgegenströmenden, aus der Kondensationsanlage kommenden Gasstrom berieselt. Das niedergeschlagene Benzin fließt in Absetzvorlagen und von da in den Benzinbehälter. Die Chlorkalziumlösung fließt in einen Behälter und wird von da durch einen

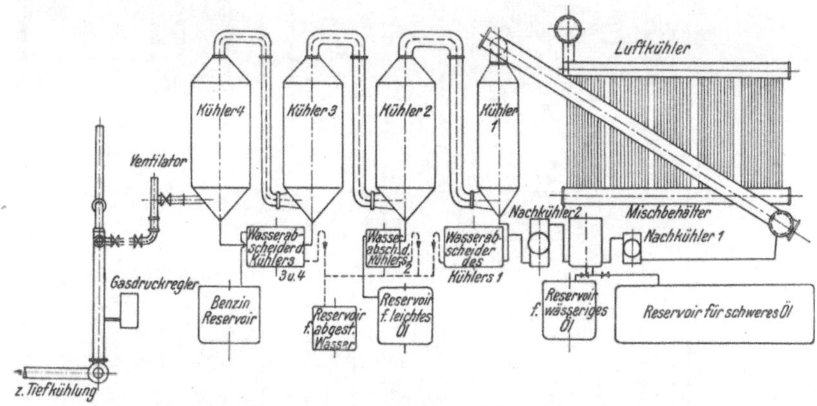


Abb. 10. Schema der Kondensationsanlage. Nach KELTSER (20).

Ammoniakverdampfer gepumpt, dort gekühlt und wieder den Kolonnen zugeleitet. Das Schwelgas, welches nach den Kolonnen nur mehr 100 bis 120 g Benzin im Kubikmeter enthält, strömt weiter durch drei Waschkolonnen $D_1$ bis $D_3$, in welchen bis auf —10 bis —12° C gekühltes Waschbenzin herunterrieselt, entgegen. Nach den Waschbenzinkolonnen gelangt das Gas in die zu den Feuerungen der Schwelöfen führende Gasleitung. Das Waschbenzin vollführt einen Kreislauf, indem es nach Durchgang durch die Kolonnen durch drei Tiefkühler $TK_1$—$TK_3$ gepumpt, dort gekühlt und daraufhin wieder den Kolonnen zugeführt wird.

Das mit Gasbenzin beladene Waschbenzin wird aus der entsprechenden Vorlage durch den Wärmeaustauscher *W. A.* in eine Destillationsanlage gepumpt, dort von den leichten Anteilen befreit und kehrt durch den Kühler $K_2$, den Wärmeaustauschern, den Waschbenzinvorlagen und Tiefkühlern $TK_1$ bis $TK_3$ in die Waschkolonnen zurück. Die aus der Destillationsanlage entweichenden Benzindämpfe werden im Wasserkühler $K_1$ und dem Tiefkühler $TK_4$ kondensiert. Die nichtkondensierten Benzine werden in die Gaszufuhrleitung geleitet und beginnen den Kreislauf der Kühlung von neuem.

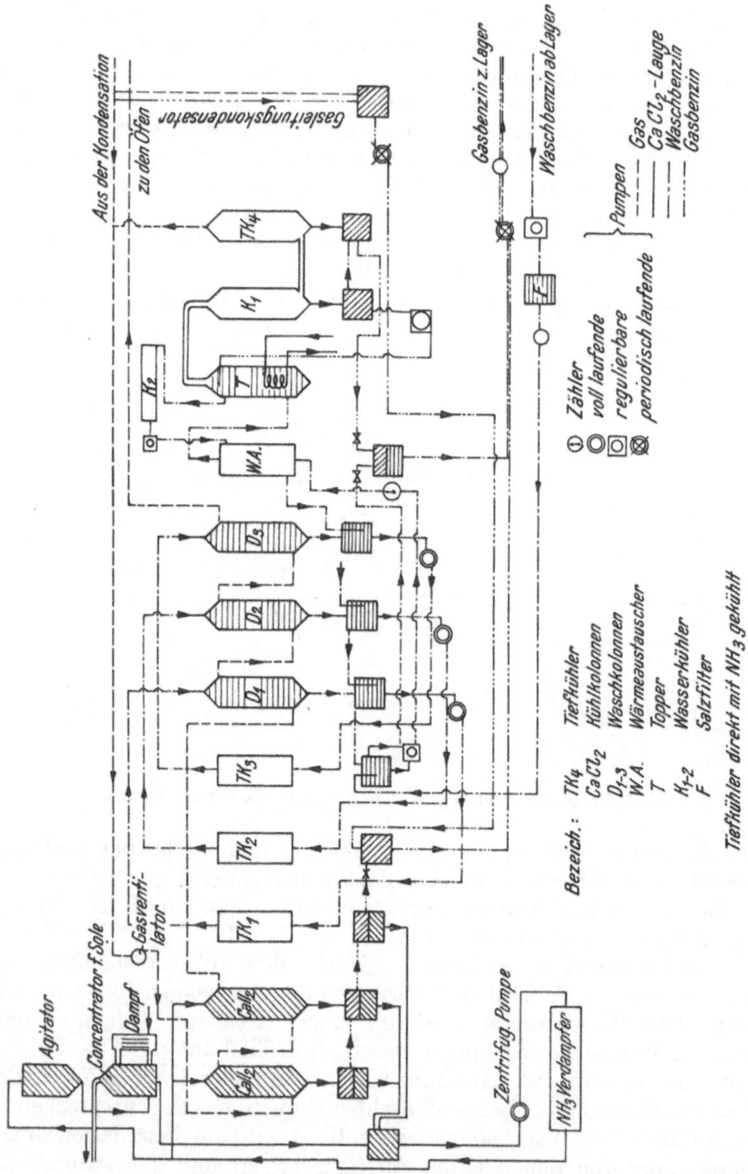


Abb. 11. Schema der Tiefkühlanlage. Nach KELTSER (20).

Das aus den Waschbenzinkolonnen zu den Ofenfeuerungen geleitete Gas (im Mittel 25 m³ je Tonne verschwelten Schiefers) enthält durchschnittlich nur noch 10 g Benzin im Kubikmeter, entsprechend etwa 0,125%, bezogen auf die gesamte Ölausbeute, oder auf Schiefer bezogen 0,025%.

Die oben beschriebene Tiefkühlanlage ist zuerst von der Eesti Kiviöli A. G. bei Errichtung eines 75-t-Ofens eingeführt worden. Heute haben sich auch die anderen estländischen Schieferölwerke solche Tiefkühlanlagen angelegt oder sind daran, solche zu bauen.

Bei der Verschwelung von Ölschiefer erhält man also Rohöl und Benzin. Das Benzin ist nach erfolgter Reinigung fertige Marktware. Aus dem Rohöl werden zur Zeit in Estland Imprägnieröl, Stauböl, Heizöl, Bitumenasphalte und Dachteere gewonnen.

## 4. Die Ölschieferindustrie in Estland.

Die estländische Ölschieferindustrie ist in aufsteigender Entwicklung begriffen und zeigt eine von Jahr zu Jahr steigende Förderung an Ölschiefer und damit steigende Produktion an Rohöl. Der Ölgehalt des Schiefers beträgt 27—30%.

Die estnischen Ölschiefervorkommen wurden bereits im Jahre 1864 durch einen russischen Geologen entdeckt. Sie sind aber erst nach dem Kriege in stärkerem Umfang ausgebeutet worden. Die Schätzungen der Fachleute über das Ausmaß dieser Ölschiefervorkommen gehen dahin, daß man sie auf 5 Milliarden Tonnen mit einem Ölgehalt von rund 1 Milliarde Tonnen beziffern kann. Die Vorkommen erstrecken sich entlang der Nordküste, etwa 130 km in West—Ost-Richtung und rund 30 km in Nord—Süd-Richtung. In der Nähe der Küste treten die Ölschiefervorkommen fast zutage, nach Süden senken sie sich je Kilometer um etwa 3 m. In abbauwürdiger Höhe von durchschnittlich 2,3 m enthalten die Vorkommen etwa zwei Drittel Schiefer und in den dazwischen liegenden Schichten ein Drittel Kalkstein. Der estländische Staat hat im Jahre 1920 mit der Errichtung des ersten Untertagebetriebes im Ölschieferbergbau begonnen; vorher wurde dort nur über Tage gefördert. Das Zentrum dieses Industriezweiges ist Kiviöli. Der estländische Ölschiefer wurde noch bis vor einigen Jahren in der Hauptsache ohne wesentliche Verarbeitung für die Heizzwecke der Staatsbahn und der Industrie des Landes verwendet. Heute werden infolge des Ausbaues der Verarbeitungsanlagen eine Reihe von Veredlungsprodukten, wie Heizöl, Benzin, Leuchtöl, Dieselöle, Bitumen, Asphaltemulsionen, Dachlacke und die verschiedenen Pechsorten, aus dem Schieferöl gewonnen.

Die Ölschieferförderung und die Gewinnung von Rohöl aus dieser Produktion Estlands haben sich in den letzten Jahren wie folgt entwickelt (in 1000 t):

| Im Jahre | Ölschieferförderung | Heizölgewinnung |
|---|---|---|
| 1933 | 496,9 | 37,6 |
| 1934 | 589 | 46,9 |
| 1935 | 604,2 | 47,3 |
| 1936 | 765,5 | 63,4 |
| 1937 | 1140 | 110 |

Der Anfall von Benzin aus der Verarbeitung von Rohöl hat in Estland im Jahre 1930 erst 106 t betragen; er stieg bis zum Jahre 1934 auf rund 6000 t, bis 1936 auf rund 8000 t, bis 1937 auf rund 13000 t.

Estlands Gesamtförderung an Brennschiefer stellte sich im Jahre 1938 schon auf 1471692 t. Auf die einzelnen Unternehmen verteilte sich die Produktion wie folgt:

| | Tonnen |
|---|---|
| 1. A. G. Erste Estländische Brennschieferindustrie vormals Staatliche Brennschieferindustrie | 588200 |
| 2. A. G. Eesti Kiviõli | 509971 |
| 3. A. G. Kutte-Joud | 136587 |
| 4. A. G. Eestimaa Olikonsortium | 100870 |
| 5. A. G. Port-Kunda | 70131 |
| 6. A. G. New Consolidated Gold Fields Ltd. | 65933 |
| | 1471692 |

Seit Anfang der Brennschieferindustrie Estlands im Jahre 1918 sind bis einschließlich 1938 insgesamt 9353786 t Brennschiefer gefördert worden, davon durch die Erste Estländische Brennschieferindustrie 5117491 t und von den übrigen fünf Unternehmen zusammen 4236295 t.

Von dem im Jahre 1938 geförderten Brennschiefer (1471692 t) wurden 768443 t von vier Unternehmen zur Ölgewinnung gebraucht, der Rest von 703249 t wurde als Heizstoff in Kraftwerken, in der Industrie, auf den Eisenbahnen Estlands verbraucht.

Aus den 768443 t Brennschiefer wurden insgesamt 140187 t Schieferrohöl gewonnen, und zwar nach den einzelnen Ölwerken wie folgt:

| | Tonnen |
|---|---|
| 1. A. G. Eesti Kiviõli | 65079 |
| 2. A. G. Erste Estländische Brennschieferindustrie | 48977 |
| 3. A. G. Eestimaa Olikonsortium | 15494 |
| 4. A. G. New Consolidated Gold Fields Ltd. | 10637 |
| | 140187 |

Die mittlere Ölausbeute für 1938, gerechnet auf den zur Verschwelung genommenen Rohschiefer, betrug 18,24% gegen 18,70% im Vorjahr (1937).

Im Jahre 1938 wurden in Estland zwei neue Schieferölwerke in Betrieb gesetzt, und zwar:

1. das dritte Ölwerk der Ersten Estländischen Brennschieferindustrie in Kohtla-Järve Ende Mai 1938; das Ölwerk, bestehend aus 16 vertikalen Schwelgeneratoren, besitzt eine Produktionsfähigkeit von zirka 40000 t Rohöl pro Jahr;

2. das zweite Ölwerk der A. G. Eestimaa Olikonsortium in Sillomäe im Dezember 1938, ein Tunnelofenwerk mit der jährlichen Produktionsfähigkeit von gleichfalls etwa 40000 t. Mit diesen Neuinbetriebsetzungen ist die Rohölproduktionsfähigkeit Estlands auf zirka 200000 t Schieferrohöl pro Jahr gestiegen.

Seit Anfang der Ölgewinnung in Estland bis einschließlich 1938 sind von allen Schieferölwerken Estlands zusammen 547782 t Rohöl produziert worden.

Von der Gesamtproduktion an Rohöl im Jahre 1938 von 140187 t sind 70155 t in Form von sowohl Rohöl als auch von Produkten der

Verarbeitung desselben (Heizöl, Imprägnieröle, Karbolineum, Benzin, Schwerbenzin, Bitumen usw.) exportiert und der Rest von 70032 t im Inland in Form von verschiedensten Produkten verbraucht worden.

In der Hauptsache ist an der estländischen Ölschieferindustrie der estländische Staat beteiligt. Den Gesetzen des estländischen Staates gemäß befinden sich die Bodenschätze im Besitz des Staates, der auf ihre Ausnutzung Konzessionen vergibt. Der Staat betreibt die Erste Estländische Ölschieferindustrie A. G., die ihren Betrieb in Kohtla hat und mit einem Grundkapital von 3 Millionen estländischen Kronen arbeitet. Die Verschwelung des geförderten Ölschiefers findet zur Zeit in zwei Fabriken statt, die über acht große Generatoren verfügen, welche pro Fabrik täglich etwa 500 t Ölschiefer verarbeiten. Im Mai 1938 ist, wie schon erwähnt, die dritte Schwelanlage der staatlichen Brennschieferwerke eröffnet worden. Die Anlage erzeugt 40000 t Öl im Jahr, und die Gesamterzeugung der staatlichen Brennschieferwerke im Jahr wird sich auf 70000 t Öl erstellen. In den staatlichen Gruben in Estland wurden gefördert: 1935 250000 t, 1936 365000 t und 1937 416000 t, während die Ölerzeugung entsprechend von 11800 t auf 22900 t und 30000 t gestiegen ist.

Deutschland ist an der A. G. Eesti Kiviöli (Estländische Steinöl A. G., Grundkapital 1,2 Millionen estländische Kronen) interessiert, welche Firma über feste Lieferungsverträge für den größten Teil ihrer Erzeugung nach Deutschland verfügt. Dieses Werk hat im Jahre 1937 rund 60000 t Rohöl erzeugen können. Täglich werden derzeit rund 1000 t Ölschiefer verarbeitet. In den Jahren 1926—1936 förderte dieses Werk 1,2 Millionen Tonnen Ölschiefer. Es verarbeitet den Ölschiefer in verschiedenen Fraktionen zu Schwer-, Mittel- und Leichtöl und zu Benzin. Die Benzinausbeute hat in den letzten Jahren 3000—4000 t betragen; sie soll nach der Inbetriebnahme der neuen Anlage rund 10000 t betragen. 1937 konnte dieses Werk auf ihr 15jähriges Bestehen zurückblicken.

England ist in der estländischen Ölschieferindustrie durch die New Consolidated Gold Fields Ltd. (Grundkapital 50000 estländische Kronen) beteiligt. Dieses Unternehmen, welches bisher nur eine Versuchsanlage betrieben hat, errichtet nun ein Werk. Außerdem hat die estländische Regierung der englischen Vanamiosa Oil Field Ltd. eine Konzession zur Ausnutzung der Schiefervorkommen in Vanamiosa bei Wesenberg gegeben.

Schwedisches Kapital ist in der Baltiska Olje A.-B. (Estländisches Ölkonsortium, Grundkapital 0,5 Millionen estländische Kronen) vertreten. Diese Gruppe hat bei Sillomäe-Tursomöe, 40 km von Narva entfernt, ein großes Werk errichtet.

Es bestehen außerdem noch einige Unternehmungen, welche lediglich Ölschiefer fördern zu dem Zweck, sich den Produktionsbedarf für ihre Produktionszwecke zu sichern.

Der Weltruf, den sich Estland durch den tatkräftigen Ausbau seiner Ölschieferindustrie erworben hat, zeigt sich darin, daß estnischen Werken die Prüfung bulgarischen, russischen, südafrikanischen und australischen Ölschiefers hinsichtlich der Schwelwürdigkeit übertragen wurde.

## 5. Die Ölschieferindustrie in Deutschland.

In Deutschland ist die Ölschieferindustrie nur wenig ausgebaut. Nach dem „Jahrbuch der Brennkrafttechnischen Gesellschaft“ (24) wurde im Jahre 1930 nur noch die Schieferschwelerei der zum I. G.-Konzern gehörigen Grube Messel bei Darmstadt mit einer jährlichen Ölausbeute von rund 16000 t betrieben, während die württembergische Schwelindustrie für Ölschiefer aus wirtschaftlichen Gründen wieder aufgegeben wurde. Nach neueren Meldungen sind Versuche mit der im Ruhrgebiet vorkommenden Ölkreide bei dem staatlichen estnischen Ölschieferwerk Kiviöli unternommen worden, wobei der Ölgehalt der Kreide mit 12—15% festgestellt worden ist. Es soll nun in Deutschland eine Destillationsanlage nach den Patenten der A. G. Kiviöli errichtet werden. In Österreich wird, wie schon angedeutet, Ölschiefer gewonnen. Allerdings wird das daraus gewonnene Öl nur für medizinische Zwecke verwendet. Dementsprechend betrug auch die Förderung an Ölschiefer in der Ostmark 1936 auch nur 300 t.

## 6. Die Ölschieferindustrie in Südafrika.

In Südafrika finden sich, wie schon erwähnt, im Bezirk Ermelo ziemlich ausgedehnte, von Steinkohle überlagerte Schichten von Ölschiefer, dort Torbanit genannt (25). Für ihre Verwertung wurde im Jahre 1934 die South African Torbanite Mining an Refining Co. Ltd. gegründet. Die Vorräte an diesem Torbanit im Ermelo-Bezirk sollen 7250000 t bei einer Flözstärke von 43 cm betragen. Aus dem Torbanite lassen sich 15—22% Öl gewinnen. Die Gesellschaft hat zwei sog. Salerni-Schwelöfen mit einem Tagesdurchsatz von je 75 t Torbanit seit Ende 1935 in Betrieb. Zur Verarbeitung des daraus gewonnenen Rohöls hat die Gesellschaft in Boksburg bei Johannesburg eine neuzeitliche Destillations- und Raffinationsanlage errichtet, die zugleich für die Verarbeitung von eingeführtem Erdöl eingerichtet ist.

## 7. Die Ölschieferindustrie in England.

In England wurden in Westcalder in Schottland 1937 1500000 t Ölschiefer gewonnen. Die Leichtölgewinnung in England aus der Schieferverarbeitung hat 1936 rund 6700000 Gallonen erreicht, gegen 10,2 Millionen Gallonen im Jahre 1935 und 14,3 Millionen Gallonen im Jahre 1934. Die Abnahme der Benzingewinnung aus Ölschiefer erklärt sich aus der steigenden Dieselölverwendung, die seit der Erhöhung des Zolls auf 8 d je Gallone zu verzeichnen ist. Der sog. Falmouth-Ausschuß, welcher in England zur Prüfung der Versorgung des Mutterlandes mit Mineralöl eingesetzt wurde, empfiehlt in seinem Gutachten die Förderung der schottischen Schieferölindustrie, deren Anfänge bis auf das Jahr 1850 zurückgehen. Die wirtschaftliche Lage der Ölschieferindustrie in Schottland hat sich durch die Einführung eines Zolls auf eingeführtes Benzin seit 1928, der 1931 zweimal erhöht wurde, gebessert. 1936 wurden 80000 t Treibstoffe durch Verschwelung der Ölschiefer gewonnen, wovon allerdings 41% des Öls als Dieselöl verwendet werden konnten. Im Jahre 1937 sind annähernd 31,5 Millionen Gallonen Rohöl aus dem schottischen Ölschiefer erzeugt worden, es ist dies um 1 Million Gallonen mehr als im Jahre 1936.

## 8. Die Ölschieferindustrie in Japan, Italien, Brasilien, Frankreich und Australien.

Japan besitzt in dem Ölschiefer, der die Kohle von Fushun in Mandschukuo überlagert, ein großes Ölvorkommen. Der Ölschiefer enthält 6—12% Öl und kann im Tagbau gewonnen werden. Seine Menge wird auf 3,5 Milliarden Tonnen geschätzt. Die jährliche Ölgewinnung beträgt etwa 150000 t Schieferöl. Die Südmandschurische Eisenbahngesellschaft hat schon 1936 mit dem Ausbau ihrer Ölschieferschwelanlagen in Fushun auf die doppelte Leistung begonnen, wobei auch die Gewinnung von Benzin aus dem rohen Schieferöl vorgesehen ist.

Italien besitzt in dem Vorkommen von asphalthaltigem Kalkstein auf Sizilien (in der Umgebung der Stadt Ragusa) ein Mineralvorkommen, das sich von den Ölschiefern dadurch unterscheidet, daß es sich bei diesem Asphaltstein lediglich um einen mit Bitumen durchtränkten Kalkstein handelt. Seit 1930 ist die Società Italiana Asfalti, Bitumi, Combustibili Liquide Derivate („ABCD"), die mit staatlicher Unterstützung arbeitet, einzig für den Abbau dieses Asphaltsteins berechtigt. Aus dem Asphaltstein lassen sich mit Hilfe des im Jahre 1918 von A. La Porta entwickelten Schwelverfahrens (26) nach seiner Angabe auch aus dem bitumenarmen Gestein flüssige Kohlenwasserstoffe gewinnen, die in ihren Eigenschaften durchaus den Erdölkohlenwasserstoffen ähnlich sind. Es genügt eine Destillation bei niederer Temperatur und gewöhnlichem Druck, um die Kohlenwasserstoffe aus dem Gestein auszuscheiden. Diese Destillation wird in hohen Schachtöfen ähnlich den Kalköfen ausgeführt, wobei der in dem Ofen verbrennende eine Teil soviel Wärme entwickelt, um die Verschwelung des übrigen Gutes zu bewirken. Seit 1931 hat die „ABCD" zwei Anlagen errichtet, die zusammen 50000 t Rohöl erzeugen können. Vom Staat werden 140 Lire Zuschuß je Tonne Rohöl geleistet. Das Vorkommen soll so groß sein, daß es bei einer Herstellung von jährlich 200000 t Rohöl 100 Jahre den Bedarf decken kann (23). Es hat nämlich eine wissenschaftliche Kommission die asphalthaltigen Gesteine bei Ragusa untersucht und dabei festgestellt, daß die für eine Destillation geeigneten Mengen Asphaltgestein auf schätzungsweise 230 Millionen Kubikmeter zu veranschlagen seien, bei einem durchschnittlichen Gehalt an Asphalt von etwa 20%. Ende 1938 waren in Italien mehr als 200 Wagen in Betrieb, welche mit Öl aus dem Schiefergestein von Ragusa betrieben wurden.

In Brasilien ist man ebenfalls daran, den Ölschiefer in zu errichtenden Anlagen vorerst kleinen Stils zu verwerten.

In Frankreich werden die Ölschiefer von Autun, die in 100 m Tiefe lagern für die Ölverarbeitung herangezogen. In Öfen, welche mit Schwelgas geheizt werden, wird der Schiefer geschwelt, wobei etwa 8% des Ausgangsmaterials an Ölen gewonnen werden. Neuerdings ist, wie schon erwähnt, die Fabrikation durch eine Dubbs-Krackanlage verbessert worden (s. Abschnitt „Krackbenzin“). 1936 wurden aus dem Schiefergestein von Autun 5535 t Rohöl und aus diesem wieder 4978 t Raffinate gewonnen. In Frankreich kommen außerdem bei Creveney beträchtliche Ölschieferschichten vor, zu deren Ausnutzung eine Gruppe von vier Destillationsöfen erstellt wurden. Diese haben im Jahre 1934 etwa acht Monate lang in Betrieb gestanden, wurden aber dann wegen Unwirtschaftlichkeit eingestellt. Die Ölschieferindustrie in Frankreich befindet sich auch sonst seit 1937 in lebhafter Entwicklung begriffen. Die von der Société de la Grande-Paroisse (Gruppe Georges Claude) neu errichtete Schwelanlage in Saint-Hilaire arbeitet nach einem besonderen Verfahren. Der stetig betriebene stehende Ofen ist in vier Zonen unterteilt:

a) Trocknung und Vorwärmung bis 200° C.

b) Schwelung bei 425—430° C.

c) Vergasung des im Schwelrückstand enthaltenen Kohlenstoffs durch Einführen von sauerstoffhaltigem Gas.

d) Kühlung des Rückstands vor dem Austragen.

Die drei ersten Zonen werden durch getrennte Gasströme beheizt, in die eigentliche Schwelzone wird ein Gemisch von Wasserdampf und neutralen Gasen eingeleitet, das vorher auf 430—450° C aufgeheizt wird. Hierzu wird das eigene Schwelgas benutzt, das in einem Röhrenofen unter Verwendung der in der Vergasungszone gebildeten Gase als Wärmequelle aufgeheizt wird. Auf diese Weise gelingt es, die Verschwelung des Ölschiefers ohne Aufwand von fremdem Brennstoff durchzuführen sowie nur 25—40 $m^3$/t Schwelgas der Kondensationsanlage zuführen zu müssen. In dem beschriebenen Ofen wird nur Schiefer mit einer Korngröße von 15—40 mm verschwelt, während für die Nutzbarmachung des Feinkorns von bis 15 mm, das etwa 12—15% der gesamten Schieferförderung ausmacht, ein Tellerofen mit Außenbeheizung nach Ab-der-Halden verwendet wird.

Neuerdings gewinnen die Ölschiefervorkommen in Frankreich im Gebiet von Nancy und Straßburg an Bedeutung, die von den Bergbauämtern von Nancy und Metz erforscht worden sind. Auf Grund dieser Arbeiten werden die in diesen Lagerstätten enthaltenen Ölvorräte auf etwa 10 Millionen Tonnen Rohöl geschätzt. Eine Ausbeutung in größerem Maßstab kommt aber vorderhand nicht in Frage, da der durchschnittliche Ölgehalt der Schiefer nur 4% beträgt. Über die bisher erforschten Vorkommen werden folgende Angaben gemacht:

| Vorkommen | Abbaufähige Menge in Millionen Tonnen | Ölgehalt in Prozent | Heizwert der Schiefer in WE je Kilogramm |
|---|---|---|---|
| Créveney ................ | 50 | 4 | 860 |
| Grimmonvilles............ | 30 | 4,2—5,9 | 1000—1050 |
| Montenoy-Sainte-Geneviève | 38 | 4,3—4,8 | 1000—1050 |
| Errouville................ | ? | 5,2—5,4 | 1100—1700 |

Auch in Australien geht man daran, die dortigen Ölschieferlager in erhöhtem Maß zu verwerten. So beabsichtigt die National Oil Pty.

Ltd., welcher die Ausbeutung der Ölschieferlager von Newnes übertragen ist, die volle Jahresproduktion von 10 Millionen Gallonen Treibstoff 1940 zu erreichen, wobei man die in Estland gebräuchlichen Retorten aufstellen will. Das gewonnene Schieferöl soll in einer Dubbs-Krackanlage mit einer Verarbeitung von täglich 1600 Faß Schieferöl zu Benzin gekrackt werden. Des weiteren wurde mit einem Kapital von 175000 Pfund in Sydney die E. and E. Australian Shale Oil Retorting Co. Ltd. zur Herstellung von Treibstoffen aus Kohle und Ölschiefern gegründet.

## F. Herstellung von flüssigen Treibstoffen durch Hochdruckhydrierung (Hydrierbenzin).

### 1. Weltvorräte an Kohle und Erdöl.

Die rasch fortschreitende und sich immer weiter ausbreitende Motorisierung stellt die Wirtschaft und Technik vor das Problem, die für den Antrieb von Motoren notwendigen Treibmittel und Schmierstoffe zu beschaffen. Da auch heute noch der überwiegende Teil der Treibstoffwirtschaft auf die Verwendung von aus dem Erdöl stammenden Treibstoffen abgestellt ist, hat man sich die Frage nach den Erdölvorräten in der Welt gestellt. Die amerikanische Ölfachleute GARFIAS und WHETSEL veröffentlichen von Zeit zu Zeit ihre Schätzungen der Erdölvorräte. Für den 1. Jänner 1937 ergibt sich nach GARFIAS und WHETSEL folgender Bestand:

| | Millionen Barrels |
|---|---|
| Vereinigte Staaten | 13038 |
| Rußland | 2830 |
| Irak | 2475 |
| Iran | 2150 |
| Venezuela | 1350 |
| Rumänien | 633 |
| Niederländisch-Indien | 450 |
| Mexiko | 420 |
| Kolumbien | 275 |
| Peru | 138 |
| Britisch-Indien | 111 |
| Argentinien | 92 |
| Trinidad | 91 |
| Übrige Länder | 375 |
| | 24426 |

Da im Jahre 1936 die Erdölgewinnung nahezu 1800 Millionen Barrels und 1937 2022 Millionen Barrels betragen hat, so bedeuten obige Zahlen, daß die derzeit bekannten Ölvorräte für einen Zeitraum von zehn bis zwölf Jahren ausreichen würden. Diese Fristen werden selbstverständlich durch das Erbohren neuer Ölquellen mehr oder weniger hinausgeschoben, so daß sich erhebliche Abweichungen ergeben. So hat das American Petroleum Institute die Angaben von GARFIAS und WHETSEL hinsichtlich der Erdölreserven der Vereinigten Staaten durch nachstehende Schätzungsziffern (in 1000 Faß) ergänzt:

| | |
|---|---|
| Reserven am 1. Jänner 1937 | 13036400 |
| Zusätzlich noch vor 1937 bekannte Reserven | 2792790 |
| Im Laufe des Jahres 1937 neuentdeckte Reserven | 928742 |
| Summe der Reserven | 16784932 |
| Rohölproduktion 1937 | 1277664 |
| Stand der Reserven am 1. Jänner 1938 | 15507268 |

Aus der nachfolgenden Zusammenstellung, welche die Entwicklung der amerikanischen Erdölreserven für die letzten vier Jahre zeigt, ergibt sich, daß die neuen Entdeckungen die Rohölgewinnung erheblich übersteigen.

| | Entdeckungen | Erzeugung (in Millionen Faß) | Reservensteigerung |
|---|---|---|---|
| 1935 | 1316 | 991 | + 325 |
| 1936 | 1089 | 1089 | — |
| 1937 | 1849 | 1264 | + 584 |
| 1938 (10 Monate) | 1573 | 1002 | + 571 |

Es ist aber weiter noch zu berücksichtigen, daß durch die heute üblichen Verfahren den ölhaltigen Feldern nur etwa 30—50% ihres Gehaltes an Erdöl entzogen werden und der Rest im Erdinnern zurückbleibt. Technische Neuerungen auf diesem Gebiete können also noch große Umwälzungen zur Folge haben. Im Gegensatz hierzu betragen nach einer statistischen Übersicht der Kohlenwirtschaft im Jahre 1936 die Weltvorräte an Steinkohlen 4,5 Billionen Tonnen, wovon etwa 17% in Europa lagern, und an Braunkohlen 2,9 Billionen Tonnen, wovon aber nur 3% auf Europa entfallen. Im Jahre 1936 belief sich die Förderung auf 1200 Millionen Tonnen Steinkohle und 244 Millionen Tonnen Braunkohle. An der Gesamtförderung der Steinkohle war Europa mit rund der Hälfte beteiligt, es baut somit seine geringeren Vorräte rascher ab. Nichtsdestoweniger würden die Vorräte, wenn die Förderung keine Erhöhung erfahren würde, in den westeuropäischen Staaten noch für 1500 Jahre ausreichen. Was nun die Kohlenvorräte in Deutschland (Altreich) betrifft, hat im Jahre 1935 die preußische geologische Landesanstalt Erhebungen über die sicheren und wahrscheinlichen Braunkohlenvorräte in allen Teilen des Altreichs angestellt. Das Ergebnis dieser Erhebungen stellt sich wie folgt dar:

| Tagebaukohle | Milliarden Tonnen | Tiefbaukohle | Milliarden Tonnen |
|---|---|---|---|
| Sichere Vorräte | 16,6 | Sichere Vorräte | 12,2 |
| Wahrscheinliche Vorräte | 1,1 | Wahrscheinliche Vorräte | 26,8 |
| | 17,7 | | 39,0 |

Der Gesamtvorrat an Braunkohle wurde zu rund 56,7 Milliarden Tonnen ermittelt. Die Braunkohlenvorräte würden bei einer Förderung von 140 Millionen Tonnen jährlich rund 400 Jahre bis zu ihrer Erschöpfung ausreichen. Durch den Anschluß Österreichs an Deutschland sind die

Vorräte an Steinkohle wenig, die Vorräte an Braunkohle aber mehr erhöht worden. Nach Angaben der österreichischen Bergbaubehörden betragen die sicheren Steinkohlenvorräte in Österreich 13, die wahrscheinlichen außerdem 18 Millionen Tonnen, während die sicheren Braunkohlenvorräte 608, die wahrscheinlichen 2330 Millionen Tonnen erreichen. Mit der Heimkehr Sudetendeutschlands ins Reich kehrt auch das größte Braunkohlengebiet Europas, das rund ein Viertel der gesamten europäischen Braunkohlenvorräte umfaßt, in die deutschen Grenzen zurück. Das wichtigste Becken ist das Dux-Brüxer Kohlenrevier. Es ist das größte Europas (ein Fünftel der Braunkohlenvorräte Europas) und hat einen sicheren Vorrat von 10,02 Milliarden Tonnen, wahrscheinlich enthält es insgesamt sogar 28,5 Milliarden Tonnen. Im westlichen Zipfel Böhmens liegt das Falkenau-Elbogener Revier, das bis in das Erzgebirge hineinragt. Bisher hat man hier Vorräte von 1,536 Milliarden Tonnen festgestellt; wahrscheinlich liegen hier aber weit mehr als drei Milliarden Tonnen. In der Umgebung Gödings befindet sich das Muttonitz-Ratischkowitzer Braunkohlenbecken, dessen Mächtigkeit man mit 118,2 Millionen Tonnen annimmt. Die übrigen Braunkohlenlager sind unbedeutend.

Auch die sudetendeutschen Steinkohlenvorkommen sind erheblich. Das Ostrau-Karwiner Kohlenrevier bildet einen Teil des oberschlesischen Steinkohlenbeckens. Seine sicheren Vorräte betragen 2,815 Milliarden Tonnen. Ansonsten sind noch einige kleinere Steinkohlenvorkommen bekannt.

Italien ist arm an Kohlenvorräten. Nach einer Bestandsaufnahme von 1925 beträgt in Italien der Gesamtkohlenvorrat 410 Millionen Tonnen.

## 2. Die Möglichkeiten zur Erhöhung der zur Verfügung stehenden Treibstoffmengen.

Es gibt nun zwei grundsätzliche Möglichkeiten zur Erhöhung der zur Verfügung stehenden Treibstoffmengen, die allerdings vielfach ineinandergreifen.

Die erste Möglichkeit umfaßt alle Maßnahmen, die geeignet sind, die verfügbaren Treibstoffmengen zu erhöhen, also eine direkte Maßnahme. Die zweite Möglichkeit umfaßt alle jene Vorkehrungen, durch welche eine bessere Ausnutzung der Kraftstoffe hervorgebracht werden kann, wodurch indirekt eine Erhöhung der verfügbaren Treibstoffmengen eintritt.

Die direkte Erhöhung der Treibstoffmengen kann erzielt werden:

a) durch bessere Ausnutzung der Erdöllager,

b) durch Erhöhung der Ausbeuten an Treibstoffen bei der Verarbeitung der Rohöle,

c) durch Heranziehung anderer Rohstoffe als Erdöl zur Gewinnung von Treibstoffen.

Zu a ist das Grundsätzliche darüber schon erwähnt worden. Zu b ist zu sagen, daß bereits die wichtigsten Maßnahmen zur Erhöhung der Ausbeute aus dem Erdöl, wie Krackung, Gewinnung von Naturgasbenzin, und noch zu besprechende Maßnahmen, wie z. B. Heranziehung der Krackgase zur Herstellung von Benzin, schon besprochen wurden oder noch werden. Der dritte Punkt, andere Rohstoffe als Erdöl zur Treibstoffgewinnung heranzuziehen, hat wohl die größte Bedeutung und ist am besten durch Heranziehung jenes Rohstoffs zu lösen, der noch lange Zeit zur Verfügung stehen wird, das ist die Kohle. Mit der Verwendung der Kohle als Rohstoffquelle besitzt man eine so umfassende und für so lange Zeit vorhandene Basis, daß man es ohneweiters wagen darf, auf diesem Fundament eine große Industrie aufzubauen.

## 3. Grundsätzliches hinsichtlich der Gewinnung von flüssigen Brennstoffen aus Kohle.

Die aus dem Erdöl gewonnenen Produkte bestehen hauptsächlich aus Kohlenstoff und Wasserstoff. Bei der Erforschung der Natur der

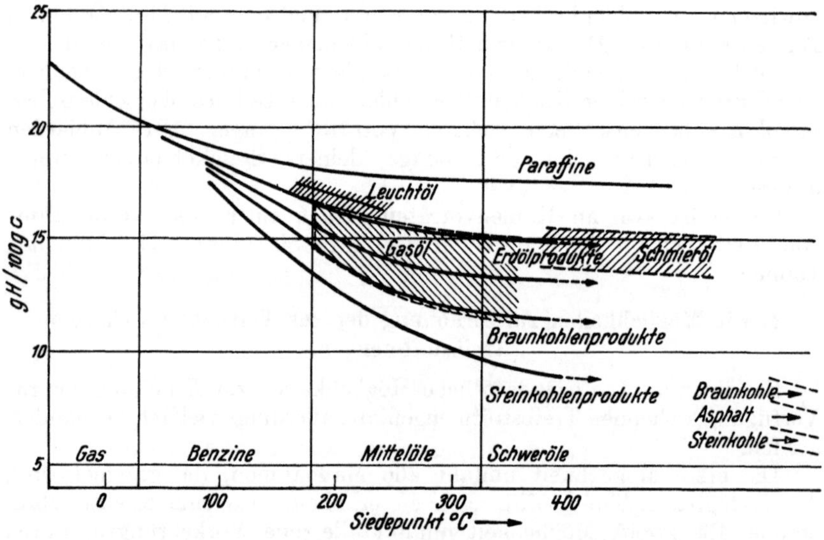


Abb. 12. Wasserstoffgehalt und Siedebereich. Nach M. Pier (47).

Kohlenwasserstoffe des Erdöls hat sich, wie ich schon früher erwähnte, die Erkenntnis ergeben, daß die bei der Verarbeitung des Erdöls durch Destillation aufeinanderfolgenden Fraktionen immer kohlenstoffreicher und wasserstoffärmer werden. In Abb. 12 und 13 sind die verschiedenen aus dem Erdöl gewonnenen Fertigprodukte und die Rohstoffe, aus denen sie erzeugt werden, hinsichtlich ihres Siedeverhaltens und ihres Wasserstoffgehalts eingeordnet (28). Auch die Kohle, sowohl Braunkohle als auch Steinkohle, ist eine Kohlenstoff-Wasserstoff-Verbindung, doch ist der Gehalt an Wasserstoff, wie man aus der Abb. 12 sieht, geringer als bei den aus Erdöl hergestellten Produkten. Die bituminösen Steinkohlen haben etwa folgende Zusammensetzung: 85,7% Kohlenstoff, 5,5% Wasserstoff und 8,8% andere Elemente, wie Sauerstoff, Schwefel und Stickstoff, so daß das Verhältnis von Kohlenstoff zu Wasserstoff sich auf etwa 15,6 stellt. Bei Braunkohle kann man rechnen mit 66,0% Kohlenstoff, 4,5% Wasserstoff und 29,5% anderen Elementen, entsprechend einem Verhältnis Kohlenstoff zu Wasserstoff in Höhe von 14,7, das sich von dem der Steinkohle nicht wesentlich unterscheidet. Zum Vergleich sei angeführt, daß normales, marktgängiges Benzin aus 85,3% Kohlenstoff und 14,7% Wasserstoff besteht ohne die Gegenwart weiterer Elemente. Das Verhältnis Kohlenstoff zu Wasserstoff beträgt hierbei nur 5,8, liegt also zwischen der Hälfte und einem Drittel der für die Kohle angegebenen Werte. Im allgemeinen sind Gasöl und Schmieröl um so wertvoller, je höher ihr Wasserstoffgehalt ist. Das Benzin bedarf zwar um so weniger einer Raffination, je mehr Wasserstoff es enthält, aber die motorischen Eigenschaften werden einerseits durch den Wasserstoffgehalt bestimmt, und zwar derart, daß, entgegen den Beziehungen beim Gasöl, mit zunehmendem Gehalt an wasserstoffarmen Kohlenwasserstoffen, also Aromaten, Naphtenen und Olefinen eine Verbesserung eintritt, anderseits durch die Konstitution derart, daß bei paraffinischen Produkten mit zunehmender Verzweigung der Paraffinkette eine Verbesserung der motorischen Eigenschaften eintritt. Es müßte nun möglich sein, für den Fall als es gelang, diesen in der Kohle fehlenden Wasserstoff an das Kohlenstoffmolekül oder an aus der Kohle stammende Produkte anzulagern, Verbindungen herzustellen, die den aus dem Erdöl stammenden Produkten gleichen oder ihnen zumindest ähnlich sind. In der Abb. 12 ist eine solche Wasserstoffanlagerung, die man allgemein als Hydrierung oder auch Kohleverflüssigung bezeichnet, durch Vertikalverschiebungen festgestellt. Eine Spaltung oder Krackung wieder entspricht einer Horizontalverschiebung. Soll z. B. aus Kohle Benzin hergestellt werden, so muß mehr Wasserstoff angelagert und ein größerer Weg zurückgelegt werden, als bei Gewinnung von z. B. Gasöl; im ersten Fall der Benzingewinnung hat also eine stärkere Spaltung stattzufinden; soll dagegen aus einem Braunkohlenschweröl Schmieröl hergestellt werden, so muß eine Spaltung vermieden und nur Wasserstoff angelagert werden.

Aus dem Schema erkennt man auch, daß bei den Produkten gleichen Siedebereichs, z. B. bei den Benzinen, die Unterschiede in der Höhe des Wasserstoffgehalts verhältnismäßig gering sind, bei den Mittelölen schwankt der Wasserstoffgehalt schon stärker, bis schließlich über die Schweröle bei den höchstmolekularen Stoffen große Unterschiede bestehen; es haben z. B. die Hartparaffine einen Wasserstoffgehalt von etwa 17 g auf 100 g Kohlenstoff, die Steinkohle dagegen nur etwa 6 g auf 100 g Kohlenstoff. Der Wasserstoffgehalt von handelstechnischen Erdölprodukten, wie Benzin, Leuchtöl und Schmieröl, ist begrenzt und durch verhältnismäßig kleine Felder darstellbar.

Außerdem dient der Wasserstoff, der gebraucht wird, um Kohlenstoff und Wasserstoff in das richtige Verhältnis zu bringen, noch zur Verdrängung der anderen unerwünschten Bestandteile der Kohle in Form von Verbindungen, und zwar Sauerstoff in Form von Wasser, Stickstoff als Ammoniak und Schwefel als Schwefelwasserstoff.

Aus dem Schema ist ersichtlich, daß eine Aufspaltung nur durch Wärmezufuhr von Kohle nicht genügt, um die Kohlemoleküle mit guter Ausbeute in Benzin umzuwandeln. Der eine Teil der entstehenden Spalt-

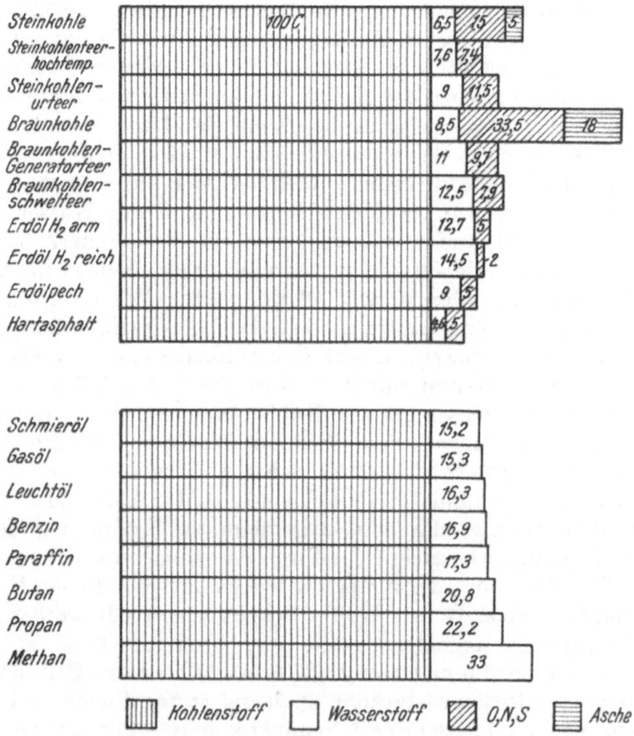


Abb. 13. Elementaranalysen. Nach M. PIER.

stücke ist reicher an Wasserstoff als die entstehende Kohle. Der größte Teil der Kohle verarmt an Wasserstoff und wird dadurch in Koks umgewandelt. Anderseits entstehen auch wasserstoffreiche Gase, welche ebenfalls der Kohle Wasserstoff entziehen und dadurch die Ausbeute an Wasserstoff verringern.

Die Umwandlung von Kohle in Benzin in wirtschaftlicher Weise ohne Gewinnung schwer absetzbarer Produkte ist nur durch einen Weg möglich, nämlich den, bei der Spaltung Wasserstoff zuzuführen, so daß dieser Wasserstoff nicht mehr dem Ausgangsprodukt unter Koksbildung zugeführt werden muß. Das ist möglich mit Wasserstoff unter hohem Druck in Gegenwart von Katalysatoren, welche die Wasserstoffanlagerung beschleunigen, ein Verfahren, das als katalytische Hochdruckhydrierung der I. G. Farbenindustrie bekanntgeworden ist. Bei diesem Verfahren hinterbleibt kein Kohlenrest, der an Wasserstoff verarmt und verkokt, weil die gespaltenen Moleküle rechtzeitig Wasserstoff aufnehmen, so daß die erste Umwandlung von Stein- und Braunkohle etwa auf den Linien der Abb. 12 erfolgt, die mit „Steinkohlen-“ und „Braunkohlenprodukte“ bezeichnet sind. Diese Produkte sind in ihren Eigenschaften ungefähr den Schwelprodukten der entsprechenden Kohlen ähnlich, ihre Ausbeute ist jedoch viel größer. Den für die Hydrierung von verschiedenenen Ausgangsstoffen nötigen Wasserstoff kann man übersichtlich aus Abb. 14 ersehen.

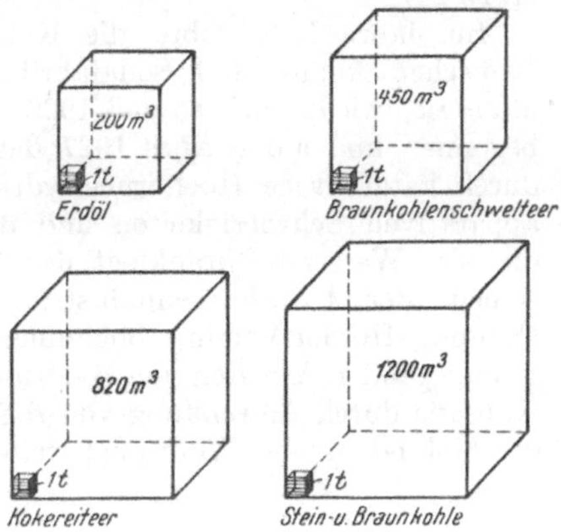


Abb. 14. Wasserstoffbedarf bei der Hydrierung verschiedener Ausgangsstoffe. Nach E. Galle (30).

## 4. Entwicklung der Hydrierung.

Die Entwicklung der Hydrierung ist kurz geschildert. Der erste, welcher sich mit der Hydrierung der Kohle beschäftigte, war der Franzose Berthelot. Es gelang ihm erstmalig im Jahre 1869, Kohle durch Erhitzen mit Jodwasserstoff unt erhohem Druck in flüssige Produkte umzuwandeln. Graham und Shatwell gelang es im Mining Research Laboratory der Universität Birmingham, bituminöse Kohlen in Gegenwart von Phenol ohne Anwendung eines Katalysators weitgehendst zu verflüssigen. Im Jahre 1926 erbaute dann die Fuel Research Station eine Anlage, in welcher täglich eine Tonne Kohle verarbeitet werden konnte. Prof. Bergius hat gemeinsam mit seinen Mitarbeitern vom Jahre 1910 ab in seinem Privatlaboratorium in Hannover versucht, unter Anwendung der damals noch neuen Methode der Hochdrucktechnik zunächst die schweren Bestandteile des Erdöls bei etwa 200 Atm. und bei Temperaturen zwischen 400 und 500° C in Benzin überzuführen, welche Versuche auch von Erfolg begleitet waren. Zu gleicher Zeit unternahm Bergius in seinem Laboratorium Untersuchungen über die Kohlenentstehung. Auf Grund seiner Arbeiten über die chemische Struktur der Kohle kam er zu dem Schluß, daß die Kohle ähnlich wie die schweren Erdölfraktionen in der Lage sein müßte, unter gewissen Bedingungen Wasserstoff aufzunehmen und sich dabei in Stoffe verwandeln würde, welche dem Erdöl verwandt sind. Der Versuch bestätigte in der Tat diese Überlegung, und Bergius fand im Sommer 1913, indem er die gleiche Hydriermethode anwandte, welche beim Öl Erfolg gebracht hatte, daß natürliche Kohle bei Drücken von etwa 200 Atm. und Temperaturen zwischen 400 und 500° C mit Wasserstoff unter Umwandlung in petroleumartige Produkte reagiert. Die Firma Goldschmidt A. G. holte darauf Prof. Bergius von Hannover nach Essen und stellte ihm, der bis dahin nur mit eigenen unzulänglichen Mitteln gearbeitet hatte, ein großes Versuchslaboratorium, reichliche Geldmittel und Mitarbeiter zur Verfügung. Diese Firma erwarb sich dadurch das Verdienst, das Bergin-Verfahren chemisch wie maschinentechnisch einführungsreif für den Großversuch in der ersten Kohlenverflüssigungsanlage in Mannheim-Rheinau (1916) gefördert zu haben. In dem darauf gebildeten Konsortium für Kohlechemie brachten Uneinigkeiten unter den Beteiligten die weiteren Arbeiten zum Erliegen, und zwar mit dem Austritt von GOLDSCHMIDT aus dem Konsortium (1923/24).

Im Jahre 1925 lebte die Kohleverflüssigung unter Dr. PIER der Badischen Anilin- und Sodafabrik, heute ein Glied der I. G. Farbenindustrie, wieder auf, so daß 1926 die Hydrieranlagen des Leunawerkes begonnen und am 1. April 1927 das sog. Leunabenzin unter C. KRAUCH durch katalytische Hochdruckhydrierung geliefert werden konnte. Die apparativen Schwierigkeiten und die Werkstoffkrankheiten, vor allem die sog. Wasserstoffkrankheit der Werkstoffe, wurden in gemeinsamer Arbeit der I. G. Farbenindustrie mit der deutschen Stahlindustrie (Krupp, Hörder-Verein, Bochumer Verein) restlos überwunden. Die grundlegenden Arbeiten von BERGIUS wurden dann von der I. G. Farbenindustrie durch Anwendung von sog. Katalysatoren (Oxyde und Sulfide des Molybdäns und Wolframs) weitergeführt und vervollkommnet.

## 5. Der Hydrierprozeß.

Die Hydrierung der Kohle erfolgt in zwei Stufen (Abb. 15). Die wasserfreie Kohle wird in der ersten Stufe mit Schweröl fein gemahlen. Häufig wird die Kohle vor der Hydrierung durch Waschung oder Flotation entascht; eine schon aschefreie Kohle kann durch Extraktion der Kohle mit Lösungsmitteln erhalten werden (s. Kapitel „Druckextraktion“). Dieser Kohlenpaste wird schon jetzt oder auch später der nötige Katalysator zugesetzt. Der Kohlenbrei mit 50—60% fester Kohle wird durch Hochdruckbreipumpen angesaugt und gemeinsam mit Wasserstoff bei 300 Atm. Druck in einem Wärmeaustauscher und einer Aufheizvorrichtung auf zirka 400° C erwärmt und in die Reaktionsöfen geführt. In diesen Öfen wird unter Ansteigen der Temperatur auf 460° C die Kohle in Mittelöl und Benzin und in eine geringe Menge gasförmiger Kohlenwasserstoffe abgebaut. Die Reaktionswärme wird abgeführt, um ein Ansteigen der Temperatur über 460° C zu vermeiden. Die Abführung der Reaktionswärme gelingt durch Einführung von kaltem Öl, Kohlenbrei oder Gas an geeigneten Stellen der Öfen. Die Reaktionsprodukte kommen in einen Heißabscheider, in dem sich die schweren, flüssig verbliebenen Öle, welche die Asche, Restkohle und den Katalysator enthalten, von den Gasen und leichten Ölen trennen. Die leichten Öle ziehen in Dampfform ab, werden in einem Wärmeaustauscher und Kühler gekühlt und in einem sog. Abstreifer von Wasserstoff und den gasförmigen Kohlenwasserstoffen getrennt. Das erhaltene Öl wird durch Destillation in Schweröl,

Mittelöl und Benzin getrennt. Das Schweröl wird zum Anreiben neuer Kohle verwendet, Mittelöl und Benzin stellen den Ölgewinn dar und werden für sich weiterverarbeitet, bzw. im Benzinofen weiterbehandelt. Das gewonnene, in kleinen Mengen anfallende Benzin wird meist mit Schwefelsäure gereinigt. Der abgetrennte Wasserstoff geht durch eine Drucköl wäsche zur Entfernung der gebildeten tiefsiedenden Kohlenwasserstoffe und wird nach Zumischung von frischem Wasserstoff im Kreislauf der Reaktion wieder zugeführt.

Der die festen Stoffe enthaltende, noch flüssig aus dem Heißabscheider abgezogene Rückstand wird mit einem Teil des Schweröls aus der Destillation verdünnt und dann geschleudert. Das im Schleuderrückstand enthaltene Öl wird durch Erhitzen unter Zusatz von Wasserdampf in einem Schwelofen abgetrennt. Das durch Schwelen, Schleudern und in der Destillation erhaltene Schweröl dient zum Anreiben neuer Kohle.

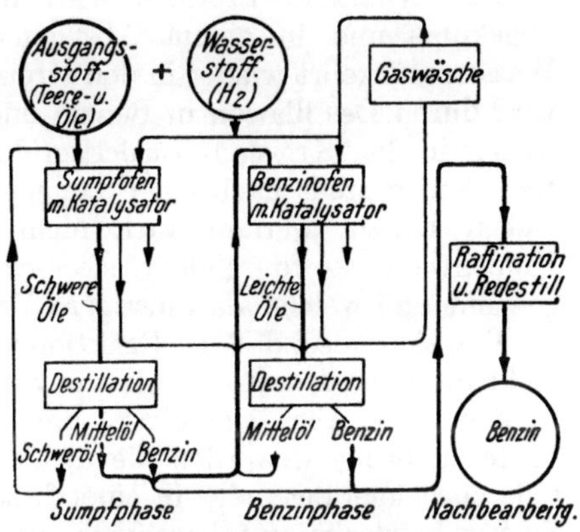


Abb. 15. Schema der Hydrierung.

Das bei der Hydrierung gewonnene Mittelöl wird in einer zweiten Arbeitsstufe im sog. Benzinofen über einem fest angeordneten Katalysator weiterbehandelt. Das im Sumpf- oder Kohleofen erhaltene Benzin kann für sich in üblicher Weise raffiniert werden, es kann jedoch auch gemeinsam mit dem Mittelöl im Benzinofen durch Druckhydrierung gereinigt werden. Das Mittelöl wird durch eine Hochdruckeinspritzpumpe über Wärmeaustauscher und Vorheizer in den Benzinofen gebracht, welcher mit stückigem Katalysator gefüllt ist. Bei etwa 300 Atm. und 400—420° C erfolgt die Umsetzung zu Benzin. Die Spaltung zu Benzin erfolgt in Gasphase bei 400—500° C bei einer ein Jahr überschreitenden Lebensdauer des Katalysators (31).

Zunächst wurde nur in der Gasphase gearbeitet, und es gelang schon im Jahre 1924 nach Auffindung von giftfesten Katalysatoren, Braunkohlenteer mit Wasserstoff unter 200 Atm. Druck bei etwa 450° C in einem Arbeitsgang in Benzin überzuführen. Bei der technischen Durchführung zeigte es sich jedoch, daß bei der direkten Benzingewinnung von Braunkohlenteer nur verhältnismäßig kleine Durchsätze möglich sind; außerdem konnte nur mit geringen Partialdrücken von Öl, also nur mit sehr großem Wasserstoffüberschuß gearbeitet werden, da sonst durch hochmolekulare, instabile Polymerisationsprodukte eine Schädigung des Katalysators eintrat. Es erwies sich daher als notwendig, die Reaktion der Benzinbildung aus hochmolekularen Ausgangsstoffen in zwei Stufen zu zerlegen, in die sog. Sumpfphase, in der Teere und schwere Öle in flüssigem Zustand oder Kohle in flüssigem Öl, suspendiert mit fein verteilten Katalysatoren in ein Zwischenprodukt, das Mittelöl, überführt werden, und die sog. Gasphase, in der dieses Mittelöl in Dampfform mit fest angeordnetem Katalysator in Benzin umgewandelt wird.

Beide Reaktionsstufen können jedoch auch zur Herstellung anderer Produkte herangezogen werden. Arbeitet man in der Sumpfphase bei niedriger Temperatur von etwa 400° C, so kann man schwere Öle unter schwacher Spaltung hydrieren und so z. B. Schmieröle verbessern. Arbeitet man in Gasphase bei niedriger Temperatur, so kann man Rohbenzin und Rohbenzol ohne Spaltung raffinieren oder Mittelöle unter schwacher Spaltung zu Leuchtöl hydrieren; bei höherer Temperatur, oberhalb etwa 500° C, erhält man wasserstoffarme, klopffeste Treibstoffe (47).

Das erhaltene Produkt wird im Wärmeaustauscher und Kühler abgekühlt und in einem Abstreifer vom Wasserstoff getrennt. Der Wasserstoff kehrt wieder in den Kreislauf zurück. Das Reaktionsprodukt wird durch Destillation in Benzin und Mittelöl zerlegt, das Mittelöl wird wieder in den Kreislauf zurückgeführt und weiter zu Benzin umgesetzt. Das Benzin stellt nach einer Laugenwäsche das fertige Autobenzin dar. Neben Benzin werden auch nicht unwesentliche Mengen gasförmige Kohlenwasserstoffe gebildet, sie enthalten Propan und Butan, die man gewinnt und welche als Flüssiggas Verwendung finden.

Man sieht also, daß die Reaktionen der katalytischen Druckhydrierung nicht in einem Durchsatz bis zur vollständigen Umsetzung durchgeführt werden. Um aber die Umsetzung doch bis zur größtmöglichen Ausbeute zu bringen, werden die nicht zu Endprodukten umgesetzten Anteile zurückgeführt oder in einer besonderen Reaktionsstufe verarbeitet. So wird bei der Sumpfphasehydrierung von Kohle das entstandene Schweröl zurückgeführt, wenn man Mittelöl neben wenig Sumpfphasebenzin herstellen will. Wird das Mittelöl zurückgeführt und das gebildete Schweröl aus dem Verfahren herausgezogen, so erhält man aus Kohle nur Schweröl als Ölgewinn und daneben Sumpfphasebenzin. Wenn man auch durch eine vollständige Rückführung des Mittelöls einen Rohstoff schon in der Sumpfphase vollständig in Benzin umwandeln könnte, so macht man doch von dieser Möglichkeit keinen Gebrauch, weil sich dann eine größere Vergasung ergibt, als wenn man das Mittelöl über fest angeordnetem Katalysator in Benzin überführt.

In ähnlicher Weise wird in der Gasphase der Umsatz der Mittelöle zu Benzin in einem Durchgang meist nicht über etwa 50—80% gesteigert und das nicht umgesetzte Mittelöl durch Destillation von Benzin abgetrennt und zurückgeführt. Dadurch wird neben einer leichteren Einstellbarkeit der Benzinsiedekurve (s. Abschnitt „Siedeverhalten") eine bessere Ausbeute bei höherer Raumzeitausbeute erzielt.

Alle Öle von mittlerem Siedebereich und darüber hinaus auch höhersiedende Ausgangsstoffe, z. B. Braunkohlenteer, werden über einem fest angeordneten Katalysator hydriert. Dabei gelangen die Katalysatoren in hoher Konzentration zur Anwendung, infolgedessen kann der Reaktionsablauf in besonders starkem Maß in jede gewünschte Richtung gelenkt werden. Man kann die Eigenschaften der Endprodukte beeinflussen, indem man die Spaltwirkung und die Hydrierwirkung durch Verwendung verschiedener Katalysatoren weitgehend verändert. So kann man z. B. selbst aus wasserstoffreichen Erdölen Benzin von gutem Klopfwert erhalten. Aus wasserstoffarmen Rohstoffen erhält man Benzine von einer Oktanzahl von 75. Durch Zusatz von Bleitetraäthyl kann die Oktanzahl dieser Benzine bis auf 100 erhöht werden.[1]

Die verwickelten physikalischen und chemischen Vorgänge bei der Hochdruckhydrierung lassen sich in der Hauptsache zerlegen in eine Aufspaltung des Kohlemoleküls durch Einwirkung von Wärme, sodann weiter in einen Auflösungs- und Hydriervorgang der entstandenen Bruchstücke. Ohne vorherige Aufspaltung des Kohlemoleküls ist seine Hydrierung nicht möglich. Durch Arbeiten im Gemisch mit Öl wird die Aufschließung und Auflösung der Kohle gefördert. Der Gesamtvorgang der sog. Kohleverflüssigung besteht also in einer Spaltung und einer Hydrierung der letzteren (193). Die Kohlehydrierung setzt bei den Zersetzungstemperaturen der Kohle ein, und die entstehenden Bruckstücke haben die Neigung, sehr leicht Wasserstoff anzulagern, gegebenenfalls unter weiterem Zerfall, oder sich mit ungesättigten Resten zu neuen Großmolekülen zusammenzulagern. Jedenfalls tritt mit zunehmender Sättigung mit Wasserstoff schließlich eine Stabilisierung ein, so daß dann ein weiterer Zerfall aufhört. Hierbei wirkt Erhöhung der Temperatur in Richtung der Erzeugung niedriger siedender Endprodukte. Bedenkt man, daß der gesamte „Kohleverflüssigungsprozeß" sich aus Spaltungs-, Extraktions- und Hydrierungsvorgängen zusammensetzt und aufbaut und diese drei Vorgänge aber wiederum den Verlauf jedes einzelnen beeinflussen, so kann man sich ein Bild machen von der großen Zahl der im Reaktionsofen sich abspielenden Vorgänge.

Bei der Benzinherstellung aus Teeren oder Kohlen, welche große Mengen Sauerstoff und Stickstoff und Schwefel enthalten, werden Produkte erzielt, die nur Spuren davon enthalten. Sowohl der Sauerstoff als auch der Stickstoff und Schwefel werden, an Wasserstoff gebunden, entfernt. Viel Mühe hat die Auffindung der sog. „schwefelfesten bzw. giftfesten" Katalysatoren für die Hydrierung durch die I. G. Farbenindustrie gekostet. Den Raktionsverlauf für die Bildung von Schwefelwasserstoff aus dem Schwefel der Ausgangsstoffe kann man sich nach GALLE und Mitarbeiter ungefähr folgendermaßen vorstellen (29, 30). Aus Molybdänsulfid mit Wasserstoff bei erhöhter Temperatur unter Druck zusammen dürfte sich der Wasserstoff an das Sulfid anlagern:

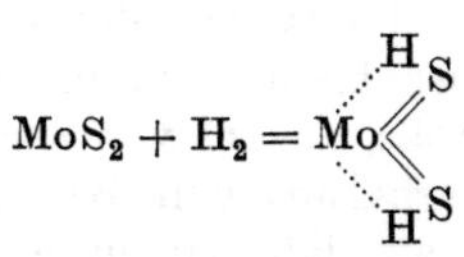


[1] Oktanzahl ist ein Maß für die Klopffestigkeit eines Kraftstoffes (s. Abschnitt „Klopffestigkeit").

Der Hydrierungsprozeß spielt sich dann im Sinne z. B. folgender Gleichungen ab:

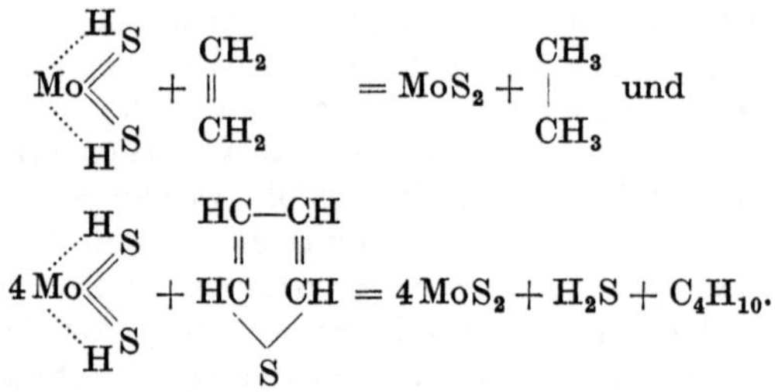

Aus dem Schwefel des Ausgangsstoffes entsteht also Schwefelwasserstoff, und der im Kreislaufgas angereicherte Schwefelwasserstoff wird bei der Entspannung entfernt. Dieser angenommene Reaktionsablauf wird durch die Ergebnisse im Großbetrieb bestätigt. Bemerkenswert ist, daß die Kohle bei der Hydrierung in den Leunawerken der I. G. Farbenindustrie zunächst in der ersten Phase (der Sumpfphase) mit Hilfe eines der Kohlenpaste beigemischten billigen Katalysators (der hauptsächlich aus Eisenoxyden bestehen soll), der, wenn er erschöpft ist, einfach weggeworfen wird, in etwa 70—80% ölige Bestandteile übergeführt wird. Man verwendet also in der ersten Phase einen billigen und anderen Katalysator als in der zweiten Phase. In der zweiten Phase wird mit Hilfe eines ruhenden, wertvollen und giftfesten Katalysators, der vorzugsweise aus Molybdänsulfid und Tonerde (auch Wolframsulfid soll verwendet werden) besteht und, wie schon erwähnt, gegen Schwefelverbindungen unempfindlich ist, das Mittelöl in Benzin übergeführt. Die Bindung der Verunreinigungen, besonders von Schwefel an Wasserstoff, durch Hydrierung kann zur verlustlosen Reinigung von verschiedenen Rohprodukten oder Destillaten verwendet werden. Schaltet man eine Spaltung der zu reinigenden Produkte aus, so kann die Hydrierung so geleitet werden, daß nur eine Reinigung z. B. von Krackbenzin, Schwelbenzin oder Rohbenzol stattfindet. Sauerstoff, Stickstoff und Schwefel werden dabei unter geringen sonstigen Verlusten an Wasserstoff gebunden entfernt.

### *a) Einfluß des Katalysators.*

In den ersten Jahren der Hochdruckhydrierung wurden betriebsmäßig sowohl für die Sumpfphase als auch für die Gasphase nur wenige Katalysatoren benutzt, die schon schwefelfest und vielseitig verwendbar waren. Die technische Forschungsarbeit der letzten Jahre hat die Kenntnis auf dem Gebiete dieser Katalysatoren wesentlich erweitert. Man verfügt heute über eine große Anzahl von spezifisch wirkenden Katalysatoren, bei denen das Verhältnis von Hydrier- und Spaltwirkung so gegeneinander abgestimmt ist, daß man unter gleichzeitiger Ausnutzung von Temperatur- und Druckeinflüssen die Reaktion jedem Ausgangsmaterial anpassen und in der jeweils gewünschten Richtung zu lenken vermag. Die Katalysatoren für die Spaltung hochmolekularer Rohstoffe in der Sumpfphase verhindern im wesentlichen nur die Abscheidung von Asphalten und Polymerisationsprodukten und ermöglichen so einen ununterbrochenen Ablauf der Reaktion.

Die Hydrierung in der Gasphase ist eine überwiegend am Katalysator verlaufende Reaktion. Dementsprechend ist die Beeinflußbarkeit des Reaktionsablaufs durch den in hoher Konzentration wirkenden, fest im Reaktionsraum angeordneten Katalysator sehr groß. Es gibt einige mehr oder weniger deutlich voneinander abgrenzbare Katalysatorgruppen, von denen besonders eine bei schwacher Spaltwirkung stark hydrierende und eine andere nur wenig hydrierende, aber stark spaltende sich herausheben. In der Gasphase und allgemein bei Verwendung von fest angeordnetem Katalysator werden gut raffinierte, stabile Endprodukte erhalten. Die große Beeinflußbarkeit des Reaktionsablaufs in der Gasphase zeigt sich auch darin, daß der Anteil unerwünschter Nebenprodukte, wie vor allem die Bildung gasförmiger Kohlenwasserstoffe, niedriger ist als bei der Sumpfphasehydrierung, bei der der Anteil der thermischen Spaltung größer ist. In dem Maße, in dem die katalytische Spaltung gegenüber der thermischen in den Vordergrund tritt, geht bei den entstandenen gasförmigen Kohlenwasserstoffen der Anteil von Methan und Äthan zugunsten von Propan und Butan zurück.

### *b) Einfluß der Temperatur.*

Von beherrschender Bedeutung für den Reaktionsablauf ist auch der Einfluß der Temperatur. Mit steigender Temperatur steigt einerseits die Reaktionsgeschwindigkeit der Hydrierung und besonders der Spaltung an, anderseits verlagert sich das Gleichgewicht für die Wasserstoffanlagerung und Abspaltung von Wasserstoff immer mehr in der Richtung der Abspaltung. Schon bei 200° C werden am Katalysator Olefindoppelbindungen aufhydriert. Bei Temperaturen um etwa 300° C wird in erster Linie raffiniert; es werden also Reaktionen durchgeführt, bei denen keine Spaltung der C-C-Bindung eintritt. Bei höherer Temperatur um 400° C wird je nach dem Katalysator der Ausgangsstoff stark aufhydriert. So wird einerseits Benzin mit nur geringer Gasbildung hergestellt, anderseits werden gute Leuchtöle und Schmieröle erzeugt oder asphalthaltige Urteere aufhydriert und raffiniert. Bei weiterer Steigerung der Temperatur auf 450° C wird bei zunehmender Spaltung aus hochsiedenden Ölen oder Kohle Mittelöl erhalten. Oberhalb 500° C gelingt es mit geeigneten Katalysatoren ohne Hydrierung zu spalten oder sogar Wasserstoff abzuspalten und Benzine mit hohem Aromatengehalt herzustellen. Die Temperaturen, bei denen diese Reaktionstypen verlaufen, können sich unter dem Einfluß von Katalysator und Druck weitgehend überschneiden.

### *c) Einfluß des Druckes.*

Der angewendete Druck ist ebenfalls von Bedeutung. Erhöhter Wasserstoffdruck bewirkt im allgemeinen stärkere Hydrierung. Er verhindert infolgedessen auch Abscheidungen wasserstoffarmer Produkte, so daß man die Möglichkeit hat, mit höheren Temperaturen zu arbeiten als bei niedrigem Druck. Im Endergebnis können die unter solchen Umständen entstandenen Öle und Benzine sogar wasserstoffärmer sein als bei niedrigen Wasserstoffdrücken. Man kommt durch Anwendung höherer Drücke zu höheren Reaktionsgeschwindigkeiten und kann deshalb in dem gleichen Reaktionsraum mehr Rohstoff umsetzen. Als Beispiel für die Wirkung des Drucks in der Sumpfphase kann angeführt werden, daß eine Verarbeitung älterer Steinkohlen oder hochmolekularer Asphalte, die bei 200—300 Atm. nur langsam vonstatten geht, bei wesentlich höheren Drücken, die auch bereits technisch angewendet werden, wie beispielsweise 700 Atm. und mehr, ohne Schwierigkeiten und mit einer für den Großbetrieb befriedigenden Geschwindigkeit verläuft. Bei Verwendung fest angeordneter Katalysatoren wird durch Anwendung verschiedener Wasserstoffdrücke die an sich schon gegebene spezifische Wirkung verschiedener Katalysatoren noch erweitert. Man hat etwa die Möglichkeit, Hydrierwirkungen bei stark verminderter Spaltung zu erzielen oder mit wenig hydrierenden Spaltkatalysatoren besondere Wirkungen, beispielsweise in Richtung klopffester Benzine, zu erreichen.

### *d) Eigenschaften der Hydrierprodukte.*

Ganz allgemein lehnen sich die Sumpfphaseprodukte in ihren Eigenschaften eng an die Ausgangsstoffe an und bestehen nur zu einem geringen Teil aus Benzin. Wie die angewendeten Rohstoffe, haben die erhaltenen Produkte aromatischen bis aliphatischen Charakter, je nachdem man von alten Steinkohlen, Teeren, Krackölen, asphalthaltigen Rohölen oder von wasserstoffreichen Erdölen ausgeht. Das in der Sumpfphase aus Erdölen gewonnene Mittelöl entspricht den durch Destillation hergestellten Gasölen, das aus Teeren gewonnene den Teermittelölen und das aus der Kohleverflüssigung etwa den beim Schwelen gewonnenen Anteilen gleichen Siedebereichs; nur sind die Hydrieröle freier von sauerstoff- und schwefelhaltigen Verunreinigungen. In der Sumpfphase arbeitet man im allgemeinen mit feinverteilten Katalysatoren, während in der Gasphase stückige, im Reaktionsraum fest angeordnete Katalysatoren Verwendung finden.

Bei der Hydrierung von Schmierölen werden asphaltfreie Schmierölfraktionen im flüssigen Zustand gemeinsam mit Wasserstoff über einem fest angeordneten Katalysator geleitet. Man geht im allgemeinen von Destillatschmierölen aus. Bei der Schmierölverbesserung durch Hydrierung tritt eine geringe Spaltung in niedriger siedende Produkte, Benzin und Gasöl, ein, die Hauptmenge ist ein Schmieröl mit flacherer Viskositätskurve und höherem Wasserstoffgehalt als das Ausgangsmaterial. Die behandelten Schmieröle haben eine etwas niedrigere Viskosität als das Ausgangsöl, da allgemein Schmieröle bei gleichem Molekulargewicht, jedoch höherem Wasserstoffgehalt niedrigere Viskosität besitzen.

Die Erkenntnis, daß Schmieröle mit wertvollen Schmiereigenschaften wasserstoffreich sind, hat die I. G. Farbenindustrie zu neuen synthetischen Verfahren zur Herstellung besonderer Schmieröle geführt. Ausgehend von dem Paraffin, das auch aus deutschen Rohstoffen, nämlich Erdöl und Braunkohle bzw. Braunkohlenteer gewonnen werden kann, erhält man durch Kondensation Zylinderöle. Auch die Standard Oil führt Schmieröle von geringerer Qualität durch Hydrierung in Schmieröle mit wertvollen Schmiereigenschaften über. Dieses Verfahren wird in Amerika schon seit einer Reihe von Jahren angewendet. Als Spezialerzeugnis wird auf ähnliche Weise der Stockpunktsverbesserer Paraflow hergestellt, der, in geringen Mengen, z. B. 1%, zugesetzt, den Stockpunkt eines Maschinenöls von z. B. 0° auf — 25° C erniedrigt.

Bei den in der Gasphase erhaltenen Benzinen ist der Charakter der Ausgangsstoffe ebenfalls noch klar erkennbar, wenn man unter gleichen Bedingungen mit dem gleichen stark hydrierenden und stark spaltenden Katalysator die verschiedenen Ausgangsstoffe hydriert; doch sind die Unterschiede nicht mehr so groß wie in der Sumpfphase. Wasserstoffarme Rohstoffe, wie etwa Steinkohle, geben Benzine mit sehr gutem Klopfwert. Auch wasserstoffreiche Rohstoffe geben Benzine, die trotz ihres hohen Wasserstoffgehalts einen befriedigenden Klopfwert aufweisen, weil sie viel Isoparaffine enthalten, welche eine gute Klopffestigkeit besitzen. Bei wasserstoffarmen Rohstoffen erreicht man bei Autobenzinen Oktanzahlen von über 75. Alle mit diesen Katalysatoren erzeugten Benzine haben eine Bleiempfindlichkeit, die sehr gut ist.[1] Man kann jedoch mit einem anderen Katalysator aus aromatischen Rohstoffen, wie Steinkohle, Kracköle, Extraktölen von Braunkohle und Erdölen, Benzine mit hohem Aromatengehalt in höchster Ausbeute erhalten. In der nachfolgenden Zusammenstellung ersieht man den Einfluß der Rohstoffe auf die Eigenschaften der Hydrierbenzine. Die in dieser Zusammenstellung aufgezählten Benzine wurden unter vergleichbaren Bedingungen aus den angegebenen Rohstoffen hergestellt (272).

| Ausgangsmittel aus | Motorenbenzin Spez. Gew. bei 15° C | Motorenbenzin Oktanzahl (Motor-Meth.)[2] |
|---|---|---|
| Paraffin | 0,680 | 45 |
| Erdöl, gemischtbasisch | 0,722 | 64 |
| Erdöl, asphaltbasisch | 0,728 | 67 |
| Schieferöl, asphaltisch | 0,732 | 66 |
| Schieferöl, paraffinisch | 0,712 | 65 |
| Braunkohlenschwelteer | 0,734 | 65 |
| Braunkohleverflüssigung | 0,736 | 66 |
| Erdölspaltrückstand | 0,745 | 74 |
| Steinkohleverflüssigung und Extrakt | 0,745 | 74 |
| Steinkohlenhochtemperaturteer | 0,748 | 75 |

Aus der Zusammenstellung sieht man, daß mit fallendem Wasserstoffgehalt der Ausgangsstoffe im allgemeinen das spezifische Gewicht und die Oktanzahl der Hydrierbenzine zunehmen.

[1] Vgl. Abschnitt „Bleitetraäthyl".
[2] Vgl. Abschnitt „Klopffestigkeit".

Die Hydrierung kann natürlich auch so geleitet werden, daß das Mittelöl nicht mehr hydriert wird. Es wird in diesem Fall in Leucht- und Gasöl zerlegt und jedes für sich verwendet. Das Mittelöl dient in diesem Fall meist als Treiböl für Dieselmotoren. In diesem Fall entfällt auch die zweite Stufe der Hydrierung.

*e) Unterschiede in der Hydrierung von Öl und von Stein- und Braunkohle.*

Die Hydrierung von Kohle unterscheidet sich von der Hydrierung von Öl insofern, als bei der Kohlehydrierung sog. Abschlamm gebildet wird, der aus nicht umgewandelter Kohle, der Kohlenasche, sowie einer bestimmten Menge hochsiedenden Öls besteht. Um dieses möglichst vollständig zu gewinnen, wird der Abschlamm zunächst geschleudert und darauf in Öfen besonderer Bauart verschwelt. Um den Abfall an Abschlamm möglichst einzuschränken, ist es vorteilhaft, die Kohle weitgehend zu entaschen, was bei Steinkohle in einfacher Weise, z. B. durch Schlämmen, geschehen kann. Bei aschereichen Kohlen wird oft ein Zuschlag von Stoffen, die durch Salzsäureabspaltung die Asche neutralisieren (z. B. Tetrachlorkohlenstoff oder Ammoniumchlorid), in Mengen von 1% der eingebrachten Kohle vorgenommen. Die überschüssige Salzsäure muß dann allerdings aus den Endprodukten durch Waschen mit einer Kalk-Öl-Emulsion ausgewaschen werden. Der Asche kann man sich auch dadurch entledigen, daß man der Hydrierung sehr aschereicher Kohle als erste Stufe eine Druckextraktion der Kohle (s. Abschnitt „Druckextraktion der Steinkohle") vorangehen läßt.

Das bei der Hydrierung erhaltene Benzin ist praktisch schwefelfrei und von guter Klopffestigkeit und besitzt einen Oktanwert von 70—75. Das wasserhelle Mittelöl kann direkt als Dieseltreibstoff verwendet werden.

Zur Hydrierung wird Wasserstoff gebraucht. Der Wasserstoff wird großtechnisch meist durch Reduktion von Wasser mit kohlehaltigen Verbindungen hergestellt. Je nach den örtlichen Verhältnissen werden Koks, Braunkohle oder Grude (Braunkohlenkoks) oder gasförmige Kohlenwasserstoffe, wie Erdgas, Abgase der Druckhydrierung, Krackgase, Kokereigas, ferner vergaste Öle verwendet. Man wird es zweckmäßigerweise vermeiden, teerreiche Kohlen direkt zur Energieerzeugung (für welche man bei der Hydrierung zur Erzeugung von Strom und Dampf auch Kohle benötigt) oder Wasserstoffherstellung heranzuziehen. Man wird solche Kohlen vielmehr erst schwelen und den Teer zur Erzeugung von Mineralölprodukten verwenden. Dieses Verfahren kann allerdings nur so weit angewendet werden, als Absatz für den entstehenden Koks vorhanden ist.

Die Steinkohle liefert bei der Schwelung verhältnismäßig wenig Urteer und dementsprechend große Mengen an Schwelkoks. Der erzeugte Urteer ist im Vergleich zum Braunkohlenschwelteer wasserstoffarm und verbraucht demgemäß bei der Hydrierung mehr Wasserstoff. Verwendet man den bei der Schwelung anfallenden Koks zur Wasserstoff- und Energieerzeugung für die anschließende Hydrierung des Teers, so bleibt ein

Koksüberschuß von ungefähr 10 t je Tonne gewonnenen Benzins, der anderweitig abgesetzt werden muß (47).

Bei Braunkohlen liegen die Verhältnisse meist viel günstiger; bei teerreichen Kohlen kann der Überschuß an Grudekoks bis auf etwa 1 t je Tonne Benzin herabsinken. In Anbetracht dieses geringen Grudeüberschusses und des verhältnismäßig geringen Wasserstoffverbrauchs bei der Hydrierung von Braunkohlenschwelteer kann die Schwelung und anschließende Teerhydrierung in besonderen Fällen günstiger sein als die direkte Hydrierung von Kohle. Dies gilt besonders dann, wenn der noch anfallende Grudekoks in benachbarten energieverbrauchenden Werken, wie Großkraftwerken oder Anlagen zur direkten Kohlehydrierung, an Stelle der bisher verfeuerten Braunkohle treten kann. Für teerarme Kohlen ist die unmittelbare Hydrierung der gegebene Weg zur Benzinherstellung. Allerdings verbrauchen die Schwelteere von Braunkohle und Steinkohle bei der Überführung in Benzin nur etwa die Hälfte an Wasserstoff als die Kohle selbst.

Faßt man nicht nur die Versorgung mit Treibstoffen, sondern auch die mit anderen Mineralölprodukten, wie Schmieröl und Paraffin, ins Auge, so kommt auch für teerreiche Braunkohlen in erster Linie die direkte Hydrierung in Frage, wenn größere Mengen an Paraffin und Schmieröl gewonnen werden sollen. Nur durch direkte Hydrierung kann man die in ihr enthaltenen wertvollen, hochmolekularen Bestandteile vollständig erfassen. Während der Braunkohle besondere Bedeutung für die Herstellung wasserstoffreicher Produkte zukommt, wird die Hydrierung der Steinkohle Bedeutung für die Gewinnung wasserstoffarmer Produkte erlangen (47).

Für die Hydrierung lassen sich an Stelle von Kohle jederzeit auch Erdöle und deren Fraktionen, insbesondere aber ihre Destillations- oder Krackrückstände verarbeiten. Aus der Abb. 12 ist ersichtlich, daß sich Erdölprodukte noch leichter zu Benzin verarbeiten lassen als z. B. Braunkohlenteer. Die aus Erdölrückständen durch Hydrierung in der ersten Stufe entstandenen Produkte zeigen große Ähnlichkeit mit den Destillationsprodukten (straight-run-Produkten) derselben Siedelage.

Auch die aus Ölschiefern gewonnenen Öle lassen sich vorteilhaft hydrieren. Versuche in dieser Richtung wurden z. B. von A. J. Petrick (32) hinsichtlich des aus dem Ölschiefer von Ermelo (Südafrika) gewonnenen Rohöls und auch von anderen (33, 34) unternommen.

Der bei der Schwelung von Steinkohlen (s. Abschnitt „Steinkohlenschwelbenzin") anfallende Schwelteer kann ebenfalls zur Hydrierung herangezogen werden; man erhält aus ihm etwa 80—90% Benzinkohlenwasserstoffe. H. Winter und Mitarbeiter (35, 36, 37) haben Versuche in dieser Richtung unternommen; sie stellten fest, daß der Schwelteer für die Gewinnung hoher Ausbeuten an Benzin, am besten bei Wasserstoffdrücken von 200 Atm. und Temperaturen etwas unter 500° C hydriert werden soll.

Braun- und Steinkohle können auch unter abgeänderten Bedingungen, z. B. bei niedrigerer Temperatur, hydriert werden. Das neugebildete Öl enthält dann viel, z. B. 50% oder mehr, Schweröl. Dieses Schweröl kann bei der Braunkohlehydrierung durch nochmalige Hydrierung mit festangeordneten Katalysatoren in Schmieröl übergeführt werden. Bei den Versuchen wurden etwa 20% der flüssigen Produkte als Maschinenöle erhalten. Diese Hydrierung mit festem Katalysator wird in Amerika von der Standard Oil Company of New Jersey in großem Maßstab zur Herstellung bester, wasserstoffreicher Schmieröle von flacher Temperaturviskositätskurve aus hochsiedenden Erdölfraktionen angewendet. Die aus Braunkohle erhaltenen Schmieröle sind gute Maschinenöle von mittlerer Viskosität, und durch Zusatz von Zylinderölen oder synthetischen Produkten kommt man zu Autoölen mit höherer Viskosität.

Neben dem Schmieröl erhält man je nach dem Bitumengehalt der Kohle wechselnde Mengen an Paraffin, das entweder als solches verwendet oder zur Herstellung von Fettsäuren oder Zylinderölen herangezogen werden kann.

### *f) Die Ausbeuten bei der Hydrierung.*

Beim Spalten auf flüssigen Rückstand, d. h. auf Heizöl statt auf Koks, vermindert sich die Benzinausbeute um mindestens ein Viertel. Bei der katalytischen Druckhydrierung hängen die Benzinausbeuten nur wenig vom Charakter des Ausgangsmaterials ab, während beim Spalten die Ausbeute an sich wesentlich niedriger ist und beim Übergang zu wasserstoffarmen Ölen hohen spezifischen Gewichts sehr stark abfällt.

Die bei der Hydrierung erzielbaren hohen Ausbeuten treten nicht allein bei der Benzingewinnung hervor; sie sind ein Kennzeichen jeder Anwendung des Hydrierverfahrens. So kann man bei milderen Reaktionsbedingungen, d. h. z. B. bei niedrigerer Temperatur als der zur Umwandlung von Mittelöl in Benzin erforderlichen, Krackbenzin oder Benzol raffinieren. Wendet man z. B. die Hydrierung auf die Raffination von Rohbenzol an, so wird eine Steigerung der Ausbeute an Motortreibstoffen einerseits dadurch erzielt, daß die bei den bisherigen Raffinationsmethoden großen Verluste vermieden werden, anderseits dadurch, daß auch noch höhersiedende Benzolfraktionen mit als Treibstoff verwendet werden können.

Eine Erweiterung dieses Raffinationsverfahrens stellt die katalytische Druckhydrierung von Gasölen oder Steinkohle- oder Braunkohlemittelölen zu Leuchtölen dar. Die Überführung dieser Öle in Leuchtöle besteht im wesentlichen in einer Wasserstoffanlagerung.

Auf die gleiche Weise wie Mittelöle, die durch Hydrierung von Braunkohle erhalten werden, zu Leuchtölen hydriert werden können, lassen sich durch Hydrierung von Braunkohle erhaltene Schweröle analog den Schmierölen aus Rohölen in Schmieröle überführen. Die Schmierölausbeute ist hierbei etwa ebenso hoch wie aus Erdölen; man erhält etwa 20% Maschinenöl in dem aus der Braunkohle gewonnenen Öl. Soll ein zäheres Öl gewonnen werden, so läßt sich jede höhere Viskosität erreichen durch Zugabe eines durch Aufbau (Kondensation), z. B. aus Paraffin (das ebenfalls bei der Braunkohleverflüssigung anfällt) erhaltenen hochmolekularen Schmieröls.

### g) *Anwendungsbereich der Hydrierung.*

Die Hydrierung kann weitgehend dem jeweiligen Bedarf, sowohl in der Verarbeitung der Rohstoffe als auch in der Gewinnung der Enderzeugnisse angepaßt werden. Man kann z. B. durch Veränderung des Druckes in der Sumpfphase den Bereich der in Frage kommenden Kohlearten stark verbreitern und in der Gasphase durch Austausch der Katalysatoren auch Benzine mit hoher Oktanzahl erzeugen.

Man kann als Rohstoff für die Hydrierung alle in Deutschland in Frage kommenden festen Rohstoffe, wie Steinkohle, Braunkohle, und auch flüssige Rohstoffe, wie Teere und Erdöle und die aus ihnen gewonnenen Produkte, verwenden. Außer den schon genannten Rohstoffen können noch Torf, Kohleextrakt, Pech, Ölschiefer, die Extraktions- und Krackprodukte der Erdöle als Ausgangsmaterial für die Hydrierung dienen. Eine Hydrieranlage kann ohneweiteres von einem Rohstoff auf den anderen umgestellt werden. Man kann mit Hilfe dieses Verfahrens Benzin, Dieseltreiböl, Schmieröl, Paraffin und Heizöl erzeugen. Die Hydrierung ermöglicht es, die wertvollen Eigenschaften der Rohstoffe weitgehendst auszunutzen, so daß es z. B. möglich ist, aus Braunkohle oder Braunkohlenteer die größtmögliche Menge Paraffin, Dieselöl und Schmieröl und aus der Steinkohle Heizöl und insbesondere ein klopffestes Benzin zu erzeugen. Man kann auch ältere kohlenstoffreiche Kohlen sowie Pech mit guter Ausbeute in Öle überführen. Das Hochdruckhydrierverfahren besitzt also eine große Anpassungsfähigkeit an die verschiedensten Ausgangsprodukte und hinsichtlich der gewünschten Eigenschaften der Endprodukte. Die Anpassung des Verfahrens an die verschiedenartigsten Endprodukte wird durch die Unterteilung der Hochdruckhydrierung in zwei verschiedene Arbeitsweisen erleichtert. Einmal verarbeitet man hochmolekulare asphaltreiche oder auch aschehaltige Rohstoffe in der Sumpfphase mit fein verteiltem, meist festem Katalysator. Zum anderen führt man die Hydrierung mit fest angeordnetem Katalysator, über den die Produkte in Dampfform oder auch flüssig gemeinsam mit Wasserstoff geleitet werden, durch. Da mit fest angeordnetem Katalysator die besten Wirkungen erreicht werden, sucht man seinen Anwendungsbereich zu erweitern.

## 6. Hydrierung in Deutschland.

Das Hydrierverfahren ist durch die Patente der International Hydrogenation Patents Limited mit dem Sitz im Haag geschützt, deren Teilhaber in Deutschland die I. G. Farbenindustrie, in Holland die Royal Dutch Shell Co., in England die Imperial Chemical Industries Ltd. (I. C. I.) und in Amerika die Standard Oil Co. ist.

Von allen Ländern der Welt ist Deutschland auf dem Gebiete der Hydrierung führend. Die führende Stellung des Landes zeigte sich nicht nur in der jahrzehntelangen Entwicklung und dem Ausbau des Verfahrens, sondern auch in der nachherigen Anwendung und Durchführung in der Praxis. Deutschland ist heute jenes Land, welches der Menge nach das meiste Benzin nach dem Hydrierverfahren herstellt. Wegbereiter auf dem Gebiet der Hydrierung war die I. G. Farbenindustrie. Bald nach Auffindung der schwefelfesten Hydrierkatalysatoren im Jahre 1925 wurde nach Versuchen in Öfen von 3 m³ Inhalt in Ludwigshafen-Oppau der Bau einer Anlage im Leunawerk beschlossen; im Oktober 1926 wurde der Bau begonnen und am 1. April 1927 die Fabrikation von Hydrierbenzin im Ammoniakwerk Merseburg in Gang gebracht. Seit dieser Zeit arbeitet die Anlage. Die Erzeugung des Leunawerkes hat im Laufe der letzten Jahre zugenommen, sie soll jetzt nach F. NEUWIRTH (38) 325000 t jährlich betragen. Das in dieser Anlage erzeugte, mit „Leunabenzin" bezeichnete Produkt, stammt zum überwiegenden Teil aus der Hydrierung von mitteldeutscher Braunkohle. Daneben werden zeitweise auch andere verfügbare Rohstoffe, wie Braunkohlenschwelteer, Steinkohlenteeröle, deutsches Rohöl, auf Benzin verarbeitet.

Durch die Verordnung des Reichswirtschaftsministers vom 28. September 1934 über die Bildung von Braunkohlenpflichtgemeinschaften, die am 1. Oktober 1934 in Kraft getreten ist, und auf Grund der ersten Durchführungsverordnung vom 23. Oktober 1934 wurde ein Gemeinschaftswerk der gesamten Braunkohlenindustrie mit dem Namen „Braunkohle-Benzin A. G." („Brabag") mit einem Aktienkapital von 100 Millionen Reichsmark ins Leben gerufen (54). An der Geldaufbringung der 100 Millionen Reichsmark wirkten sämtliche Mitglieder der Pflichtgemeinschaft der Braunkohlenindustrie mit, zu der alle Braunkohlenunternehmungen mit mehr als 400000 t Jahresproduktion an Rohbraunkohle gehören. Die von der „Brabag" 1936 bereits fertiggestellten Werke in Böhlen bei Leipzig und Magdeburg gehen von Braunkohlenschwelteer und Grudekoks aus, während das ebenfalls 1937 fertiggestellte Werk in Schwarzheide, das nach dem FISCHER-TROPSCH-Verfahren arbeitet, als Rohstoffe Braunkohlenbriketts und Rohkohle verwendet. Die Anlage in Böhlen ist für einen jährlichen Durchsatz von Schwelteer von 240000 t, die in Magdeburg von 200000 t und die in Zeitz von 320000 t vorgesehen. Anfang 1938 hat die „Brabag" zur Finanzierung der Erweiterung seiner bereits fertiggestellten Werke in Böhlen, Magdeburg und Schwarzheide auf Erzeugung von Dieselöl, Schmieröle und Paraffin sowie zur Errichtung einer vierten Anlage in Zeitz, das nach Fertigstellung gleichfalls auf der Grundlage von Braunkohlenschwelteer und Grudekoks arbeiten soll, eine Anleihe von 40 Millionen Reichsmark aufgelegt, die den ersten Abschnitt einer Anleihe von insgesamt bis zu 120 Millionen Reichsmark darstellt. Die „Brabag" hat 1937 bereits 320000 t Benzin hergestellt. Die Erzeugung für 1938 betrug 447000 t. An die im März 1938 ausgegebenen Obligationen von 40 Millionen Reichsmark im Rahmen des Anleihevorhabens von insgesamt 120 Millionen Reichsmark schloß sich im November 1938 die Ausgabe der zweiten Folge der 4,5%igen Teilschuldverschreibungen mit wiederum 40 Millionen Reichsmark an. Der zweite Anleiheerlös dient zur Konsolidierung und zum weiteren Anlagenaufbau und Werksausbau der schon in Produktion befindlichen Werke Böhlen, Magdeburg und Schwarzheide hinsichtlich der Aufnahme der Erzeugung von Dieselöl, Schmierstoffen und Paraffin.

Das im Bau befindliche vierte Werk bei Zeitz wird ebenso wie die Werke in Böhlen und Magdeburg auf Braunkohlenschwelteer und Grudekoks als Rohstoffbasis aufgebaut sein, während in Schwarzheide von Braunkohlenbriketts und Rohkohle ausgegangen wird. Weiter ist eine Erhöhung des Aktienkapitals um 25 Millionen auf 125 Millionen Reichsmark beabsichtigt. Das Jahr 1935 war für die Braunkohle-Benzin A. G. ein reines Baujahr, im Jahre 1936 wurde die Produktion teilweise aufgenommen, im Jahre 1937 waren die Werke Magdeburg und Böhlen erstmalig ein ganzes Jahr in Betrieb und die Produktion auf dem Werk Schwarzheide aufgenommen worden, welches Werk vorerst für eine Erzeugung von 200000 t Primärprodukte vorgesehen ist.

Im Jänner 1937 wurde die Union Rheinische Braunkohlen-Kraftstoff A. G. Köln mit einem Grundkapital von 45 Millionen Reichsmark von sieben Unternehmungen des rheinischen Braunkohlenbergbaues, und zwar von:

1. Rheinische A. G. für Braunkohlenbergbau und Brikettfabrikation;
2. Braunkohlen- und Brikettwerke Roddergrube A. G., Brühl;
3. Braunkohlenindustrie A. G. „Zukunft", Weisweiler bei Aachen;
4. Horremer Brikettfabrik G. m. b. H., Horrem, Bezirk Köln;
5. Braunkohlenbergwerk und Brikettfabrik Liblar G. m. b. H., Liblar;
6. Hubertus Braunkohlen A. G., Brüggen;
7. Vereinigungsgesellschaft rheinischer Braunkohlenbergwerke m. b. H., Köln,

gegründet. Gegenstand dieses Unternehmens ist die Gewinnung von Benzin und Dieselöl aus rheinischer Braunkohle nach dem I. G.-Hochdruckhydrierverfahren. Anfangs 1938 wurde von der Union Rheinische Braunkohlen-Kraftstoff A. G., Köln, bei Wesseling, südlich von Köln, der Bau einer Braunkohlenhydrieranlage in Angriff genommen. Als Rohstoff für die Hydrierung dient rheinische Braunkohle sowohl in Form getrockneter Rohkohle als auch von Briketts. Nach einer Mitteilung des Führers des rheinischen Braunkohlenbergbaues, Geheimrat Brecht, wird man bei dieser Anlage Drücke von 700 Atm. anwenden, ein Druck, der bisher noch nicht üblich war. Durch den höheren Druck wird man eine bessere Ausbeute erreichen. Außerdem gab die Gesellschaft 45 Millionen Reichsmark 5%ige Schuldverschreibungen aus.

Unter der Mitwirkung der I. G. Farbenindustrie wurde die „Hydro" G. m. b. H., Berlin-Ludwigshafen a. Rh., in die sog. Norddeutsche Hydrierwerke A. G., Pölitz in Pommern, mit einem Aktienkapital von 4 Millionen Reichsmark umgewandelt. Die Gesellschaft wird nach dem I. G.-Hochdruckverfahren arbeiten. In einer im Juli 1938 abgehaltenen außerordentlichen Hauptversammlung der Norddeutschen Hydrierwerke A. G. in Pölitz (Pommern) wurde der Name der Firma in Hydrierwerke Pölitz A. G. geändert und die Erhöhung des Aktienkapitals von bisher 4 Millionen Reichsmark auf jetzt 80 Millionen Reichsmark beschlossen, um den Ausbau des Werkes bei Pölitz (nördlich von Stettin) mit größter Beschleunigung durchführen zu können. Das Aktienkapital dieses Werkes übersteigt hiermit das der meisten Benzingesellschaften.

Die Hochdruckhydrierung der Steinkohle hat in Deutschland erst wesentlich später als die Braunkohlenhydrierung Anwendung gefunden, obwohl BERGIUS sich hauptsächlich mit der Hydrierung von Steinkohle befaßt hat. Auch bei der Hydrierung von Steinkohle in Gegenwart von Katalysatoren findet ein zweistufiges Verfahren (Sumpf- und Gasphase) Anwendung. Die näheren Bedingungen für diese Verfahren wurden an einer großen Versuchsanlage in Oppau mit einem täglichen Durchsatz von 20—21 t entwickelt und erprobt (47). Wesentlich ist hierbei eine sorgfältige Aufbereitung der Steinkohle zur Verringerung ihres Aschengehalts auf 5% oder noch weniger. Bei einem Ende 1934 mit Ruhr-Gasflammkohle durchgeführten Großversuch, der drei Monate dauerte, wurden bei 300 Atm. und 460° C pro Tonne Reinkohle 700 kg Öl bzw. 600 kg Benzin mit einer Oktanzahl von 66—68 erhalten. Die neben den Ölen gebildeten gasförmigen Kohlenwasserstoffe enthalten etwa 60 Gew.-% Methan und Äthan, sowie 40 Gew.-% Propan und Butan, die zweckmäßig abgetrennt und als Flüssiggase Verwendung finden, während das Methan und das Äthan in Wasserstoff umgesetzt werden, der in den Betrieb zurückkehrt.

Anfang 1938 wurde das erste Werk im Ruhrgebiet in Betrieb genommen, welches aus Steinkohle, und zwar Ruhrkohle, durch Hydrierung Benzin, Dieselöl und Heizöl herstellt. Es handelt sich hierbei um die zum Stinnes-Konzern gehörende Zeche Vereinigte Welheim der Ruhröl G. m. b. H., Bottrop. Es ist dieses Werk auch gleichzeitig die erste Treibstoffanlage, die im Rahmen des zweiten Vierjahresplanes die Produktion aufgenommen hat. Das Werk arbeitet nach dem I. G.-Hochdruckverfahren in Verbindung mit dem Steinkohlenextraktionsverfahren von POTT-BROCHE (s. Abschnitt „Druckextraktionsverfahren"). Eine Großanlage für die Steinkohlenhydrierung wird gegenwärtig durch die Gelsenberg-Benzin A. G. Gelsenkirchen, eine Gemeinschaftsgründung der Vereinigten Stahlwerke A. G., der Gelsenkirchner Bergwerks A. G., der August Thyssen-Hütte des Bochumer Vereins sowie des Dortmund-Hoerder Hüttenvereines, die zunächst mit einem Aktienkapital von 1 Million Reichsmark arbeitete, welches dann auf 50 Millionen Reichsmark erhöht wurde. Die Gesellschaft hat auch eine 5%ige Anleihe von 55 Millionen Reichsmark ausgegeben. Die projektierte Treibstoffanlage arbeitet nach dem Hochdruckhydrierverfahren und die Gesamtkosten der Anlage sind auf 125 Millionen Reichsmark veranschlagt. Die benötigten Kohlen- und Koksmengen werden von den Zechen der Muttergesellschaft geliefert.

Die Bergwerksgesellschaft „Hibernia" A. G. hat ihr Stickstoffwerk Scholven auf die Steinkohlenhydrierung nach dem I. G.-Hochdruckverfahren umgestellt und zu diesem Zweck im Sommer 1935 die Hydrierwerk Scholven A. G., Gelsenkirchen-Buer, mit einem Aktienkapital von 10 Millionen Reichsmark gegründet, welches Werk inzwischen den Betrieb aufgenommen hat. Außerdem wurden Darlehen im Betrage von 25 Millionen Reichsmark aufgenommen.

Welche Bedeutung die Hydrierung bisher in Deutschland schon erlangt hat, geht daraus hervor, daß im Jahre 1937 rund 90% der deutschen Benzinerzeugung, d. s. 800000—900000 t, aus eigenen Rohstoffen durch katalytische Hochdruckhydrierung hergestellt wurden.

## 7. Hydrierung in England.

Von allen anderen Staaten ist zuerst England Deutschlands Beispiel gefolgt. Der große englische Chemiekonzern, die Imperial Chemical Industries Ltd., hat im Oktober 1935 in Billingham in England die erste englische Hydrieranlage in Betrieb genommen. Die Anlage kostete 3 Millionen Pfund. Die Kapazität der Anlage beträgt 150000 t jährlich. Der für die Hydrierung notwendige Wasserstoff wird aus Wasserdampf und Koks oder aus den anfallenden gasförmigen Kohlenwasserstoffen hergestellt. An Stelle von Steinkohle wurden seit 1936 in steigendem Umfang Steinkohlenschwelteer und Kreosotöle als Rohstoff verarbeitet. Die Erzeugung dieses Werkes an flüssigen Motortreibstoffen betrug 1935 rund 50000 t, 1936 (das erste volle Erzeugungsjahr) etwa 112000 t und 1937 117000 t. Bis Ende 1937 war also die Erzeugungskapazität der Werke, die 150000 t beträgt, nicht voll ausgenutzt. Im Jahre 1937 wurden 5—6% der Gesamterzeugung an Benzin als sehr klopffestes Flugmotorenbenzin gewonnen. Die in dem Hydrierwerk in Billingham gewonnenen Benzine besitzen Oktanzahlen von 68 bis 87. Von den Nebenerzeugnissen findet vor allem Butan als verflüssigtes Gas im Haushalt Verwendung. Die Imperial Chemical Industries Ltd. beabsichtigt zunächst nicht, ihre Anlage zu vergrößern, schon deshalb nicht, weil eine schon im Jahre 1934 von der Regierung gewährte Zollgarantie im Oktober 1939 abläuft. Bemerkenswert ist, daß auf Grund der Präferential-Duty-Act die englische Regierung die Erzeugung dieser Anlage von der staatlichen Verbrauchsabgabe, die theoretisch 4, in Wirklichkeit aber 8 d je Gallone beträgt, befreit.

## 8. Hydrierung in Frankreich.

In Frankreich ist die Erzeugung von Hydrierbenzin mengenmäßig noch sehr gering. Die erste Hydrieranlage in Frankreich wurde Ende 1935 mit einem Kostenaufwand von 32,8 Millionen Francs von der Société des Carburants Synthétiques des Mines de Béthune im nordfranzösischen Kohlenrevier in Betrieb genommen. Die Anlage vermag 50 t Steinkohle im Tag zu verarbeiten und benutzt ein von F. Vallette, dem Chefingenieur dieser Gesellschaft, ausgearbeitetes Verfahren, das sich etwas in betrieblicher und konstruktiver Hinsicht von dem I. G.-Hochdruckverfahren unterscheidet (39). Die Fabrik in Béthune erzeugte 1936 im ganzen 2573 t und im ersten Halbjahr 1937 2073 t Benzin. Der in Béthune hergestellte Kraftstoff soll, mit gleichen Mengen Irakbenzin vermischt, ein gutes Flugmotorenbenzin sein. Zur Herstellung einer Tonne Benzin sind rund 5 t Kohle erforderlich; der Gestehungspreis pro Liter Benzin beträgt 4,1 Francs. Am 1. März 1936 wurde die zweite Hydrieranlage für Steinkohle von der Cie Française des Essences Synthétiques in Liévin eröffnet. Diese Anlage arbeitet nach dem Verfahren der „Société Nationale des Recherches" dem sog. „AUDIBERT-Verfahren". Dieses Verfahren arbeitet bei einem Druck von 300 Atm. und bei etwa 450° C in der flüssigen Phase, wogegen in der Dampfphase die Temperatur 500—550° C beträgt. Diese Anlage erzeugte vom 1. März bis Ende 1936 3548 t und für die ersten sechs Monate 1937 2720 t. Qualitativ soll das in Liévin gewonnene Benzin dieselben Eigenschaften wie das Benzin von Béthune haben. Die beiden Anlagen kamen unter erheblicher finanzieller Mithilfe des Office National des Combustibles liquides zustande. Die Werke von Liévin kosteten 47,5 Millionen Francs; man erzeugt dort eine Tonne Benzin aus 4,5—5 t Kohle; der Gestehungspreis pro Liter Benzin ist bei dieser Anlage mit 5,7 Francs erheblich höher. Für den Absatz der synthetischen Benzine ist insofern gesorgt, als die Inhaber von Sonder- und Generallizenzen für den Import und die Raffination von Mineralölen verpflichtet sind, beim Absatz der synthetischen Erzeugnisse mitzuwirken. Die Regierung kauft das synthetische Benzin von den Produzenten und verkauft es zwecks Beimischung zum Benzin an die Vertriebsfirmen. Die Société Chimique de la Grande Paroisses (Paris) will die Gewinnung von Schieferölen und deren Hydrierung in großem Maßstab aufnehmen und hat hierzu im Departement Alliér Kohlengruben und Schiefervorkommen gepachtet.

Im Wege des Verteidigungsprogramms der französischen Regierung wurde auf Vorschlag des Office National des Combustibles liquides mit dem Bau von drei Hydrieranlagen begonnen, die zusammen über eine Kapazität von 130000 t Treibstoff verfügen sollen. Die von der Compagnie Française de Raffinage in Donges erbaute Raffinerie wird in der Hauptsache Benzin für Flugmaschinen erzeugen. Die Kapazität dieses Betriebes wird 70000 t betragen. Der französische Staat ist an diesem Unternehmen beteiligt, das übrigens auch in Martigues eine Braunkohlenhydrieranlage mit einer Kapazität von 30000 t erstellt, die Braunkohle aus dem Departement Bouches-du-Rhone verarbeiten wird, während in der Hydrieranlage von Decazeville (30000 t Kapazität) Steinkohle verflüssigt werden soll. Weiter soll eine vierte Hydrieranlage in Pauillac an der Gironde errichtet werden.

## 9. Hydrierung in Italien, Jugoslawien und Ungarn.

In Italien wurde unter Mitwirkung der „Agip", einer halbstaatlichen Petroleumgesellschaft, der den italienischen Staatsbahnen angegliederten Petroleumgesellschaft „Aipa" und der Montecatini eine neue Gesellschaft mit dem Namen Azienda Nationale Idrogenazione Combustibili („Anic") mit 500 Millionen Lire Aktienkapital am 17. Februar 1936 gegründet. Diese Gesellschaft erzeugt Treib- und Schmierstoffe in erster Linie aus albanischem Erdöl, doch können auch sonstige Rohöle, Rückstände, Teere, Braunkohle und Schieferöle italienischer Herkunft verarbeitet werden. Das Produktionsprogramm sieht dabei eine Jahresmenge von 240000 t synthetischem Benzin, 60000 t Schmierstoffen und 14000 t Petroleum vor. Innerhalb der Gesamtproduktion von Benzin sollen

100000 t auf die Herstellung von klopffestem Benzin für die Luftwaffe entfallen. Die Anlagen wurden in Bari und Livorno errichtet. Die Anlage in Bari verarbeitet albanisches Rohöl, welches durch eine 80 km lange Leitung nach dem Hafen Crinvero am Adriatischen Meer und von dort nach Bari geleitet wird. In Albanien wird das Erdöl durch die „Aipa“ (Azienda Italiana Petroli Albania) im Erdölgebiet im Devoli-Tal bei Kuohoya gefördert; 1936 förderte diese Gesellschaft 33000 t, 1937 bereits 88000 t Rohöl. Das schwerflüssige albanische Rohöl wird durch Hydrierung in Benzin (auch Flugzeugbenzin) und Schmieröl übergeführt.

Das Werk in Livorno ist für die Verarbeitung italienischer Braunkohle gedacht und im September 1938 fiel in diesem Werk das erste synthetische Benzin an. Weiter ist in der Provinz Adrezzo ein weiteres Werk für die Gewinnung synthetischen Benzins und Paraffins geplant.

Nach einer amtlichen Verlautbarung hat die „Anic“ für das Jahr 1939 das folgende Produktionsprogramm aufgestellt. Die Anlagen in Bari müssen 80000 t gewöhnliches Benzin und 40000 t Leichtbenzin herstellen, während Livorno die Verpflichtung übernommen hat, mengenmäßig nicht hinter Bari zurückzustehen und außerdem zusätzlich 60000 t Schmieröle und 14000 t Paraffin zu erzeugen.

Nach dem Gesetz vom 11. Mai 1936 erhalten Unternehmungen, die italienische Kohle sowie asphalt- und bitumenhaltige Gesteine durch Hydrierung verarbeiten, Vergünstigungen in der Art, daß sie bei der Einfuhr der von ihnen benötigten Maschinen vom Zoll und der Umsatzsteuer sowie von der Einkommensteuer für einen gewissen Zeitabschnitt befreit werden. Der „Anic“ ist die Aktienkapitalabgabe erlassen worden gegen Übernahme der Verpflichtung, am Ende der vorgesehenen zehnjährigen Anlaufzeit einen Fonds zugunsten der Staatskasse von 25 Millionen Lire zu bilden. Italien ist hinsichtlich seiner Rohstoffe in einer besonders schwierigen Lage. Es verfügt weder über nennenswerte Erdöllagerstätten noch über ausreichende Kohlenvorkommen. Braunkohlenvorkommen wurden besonders in den Provinzen Toscana und Umbrien festgestellt.

In Jugoslawien bestehen Absichten, die Braunkohle zur Gewinnung synthetischer Treibstoffe heranzuziehen. Zu diesem Zweck sind auch die in Betracht kommenden jugoslawischen Braunkohlensorten im Leunawerk auf ihre Eignung zur Hydrierung untersucht worden.

Ungarn hat schon sehr frühzeitig seine Aufmerksamkeit der Kohlenhydrierung geschenkt. Die im Süden des Landes liegenden bedeutenden Kohlengruben enthalten Kohlen, deren Heizwert zwischen dem der deutschen Braun- und Steinkohle liegt. Diese Kohle ist für die Hydrierung sehr geeignet. Ungarn hat für die Verwertung dieser Kohlen ein Hydrierverfahren nach Prof. Varga entwickelt. Zur technischen Auswertung dieses Verfahrens wurde von der ungarischen Regierung und der Nikrokemia A. G. mit einem Kapital von einer Million Pengö die Ungarische Hydrobenzin A. G. gegründet und die in dem Stickstoffwerk Pét vorhandene Versuchsanlage übernommen. In der Versuchsfabrik wird heute schon täglich etwa ein Waggon an synthetischem Benzin erzeugt.

## 10. Hydrierung in Japan und Amerika.

Von den außereuropäischen Ländern ist Japan ein Land, welches ähnlich wie Deutschland und Italien um seine Rohstoffbasis kämpft. Japan hat sich in den letzten Jahren, weil seine natürlichen Erdölvorkommen bei weitem nicht den Bedarf decken können, der chemischen Verarbeitung der im eigenen Land in genügender Menge vorkommenden Kohle, unter anderem auch der Hydrierung zugewandt. Die japanische Regierung unterstützt diese Bestrebungen nicht nur in Japan selbst, sondern auch in Mandschukuo. Nach einem aus der „Deutschen Bergwerks-Zeitung" entnommenen Überblick sind folgende in Japan bereits errichtete und in Bau befindliche Anlagen vorhanden:

1. Koreanische Kohlenindustrie A. G. (Chosen Sekitan Kogyo K. K.), Fabrik: Agochi, Provinz Kangyokudo (Korea). Leistung: 50000 l. Kapital: 13,2 Millionen Yen. Verfahren: Marine Brennstoffinstitut. Fertigstellung der Anlage: Mai 1937. Die Leistung soll je nach dem Ergebnis bis auf 200 Millionen Liter gesteigert werden.

2. Südmandschurische Eisenbahn A. G. (Minami-Mansku Tetsudo K. K.). Fabrik: Fushun. Leistung: 20 Millionen Liter. Unternehmungsfonds: 12 Millionen Yen. Verfahren: Marine Brennstoffinstitut. Fertigstellung der Anlage: Juli 1938.

3. Mandschurische Verölungs-Industrie A. G. (Mansku Yuka Kogyo K. K.). Fabrik: Shiheigai, Mandschukuo. Verarbeitungsmenge an Kohle: 100000 t pro Jahr. Leistung: 11640000 l. Kapital: 2,5 Millionen Yen. Verfahren: Tieftemperaturteerhydrierung. Fertigstellung der Fabrik: Dezember 1937.

Der Stickstoffkonzern Ube Chisso Kobyo K. K. hat bereits vor einiger Zeit die Diani Ube Chisso Kobyo K. K. mit einem Anfangskapital von 12,5 Millionen Yen, welches auf 30 Millionen Yen erhöht wurde, gegründet. Allerdings ist noch nicht bekannt, nach welchem System dieses Unternehmen arbeiten soll. Japan hat zum Schutz seiner Kohleverflüssigungsindustrie die Einfuhrzölle auf Mineralöle um 10% erhöht und gewährt ihr außerdem Steuererleichterungen und staatliche Beihilfen. Außerdem ist durch Gesetz vom 10. August 1937 die Kaiserliche Brennstoffgesellschaft gegründet worden. Nach welchem Verfahren diese neue Gesellschaft synthethisches Benzin erzeugen soll, ist nicht bekannt. Im Jahre 1937 hat die japanische Regierung einen Siebenjahresplan für die Versorgung des Landes mit flüssigen Kraftstoffen ausgearbeitet und ihn zum Gesetz erhoben. Darnach sollen Japan und Mandschukuo zusammen im Jahre etwa 1 Milliarde Liter Benzin und Schweröl durch Hydrierung nach dem Verfahren von Fischer-Tropsch und durch Verschwelung erzeugen. Die Kosten der Durchführung dieses Planes sollen 775 Millionen Yen betragen, wovon durch die Kaiserliche Brennstoffgesellschaft allein 400 Millionen investiert werden sollen.

In Amerika hat die Hydrierung von Erdöldestillaten bisher praktische Anwendung gefunden. Die Standard Oil Co. of New Jersey hydriert seit 1928 Erdöl in zwei Anlagen mit einer Gesamtkapazität von 500000 t im Jahr (40—42). Es werden in diesen Anlagen Rohöle und Destillate unter wechselnden Bedingungen verarbeitet, wobei gute Schmieröle, namentlich ein neues Motorenöl, gute Leuchtöle und klopffeste Treibstoffe, insbesondere gutes Flugmotorenbenzin usw. gewonnen werden. Zunächst besteht bei der sehr entwickelten Erdölindustrie für die Vereinigten Staaten kein Anlaß, flüssige Brennstoffe aus Kohle herzustellen. In den letzten Jahren beginnt man jedoch der Hydrierung von Kohle Beachtung zu schenken, was aus der Tatsache hervorgeht, daß das staatliche Bureau of Mines in seiner Versuchsstation in Pittsburgh eine kleine Versuchsanlage mit einem Tagesdurchsatz von 75 bis 100 kg Kohle in Betrieb genommen hat (43).

Nach der Zeitschrift „Automotive Industries“ (215) ist die Erzeugung von Benzin nach dem Hochdruckhydrierverfahren die in Tab. 6 wiedergegebene:

Tabelle 6.

| Land | Ort | Firma | Rohstoffe | Jährliche Erzeugungsmenge in 1000 t/Jahr |
|---|---|---|---|---|
| Deutschland | Leuna | I. G. Farbenindustrie | Braunkohle und Teer | 350 |
| „ | Böhlen | Brabag | „ | 175 |
| „ | Magdeburg | „ | „ | 175 |
| „ | Scholven | Hibernia | Steinkohle | 125 |
| England | Billingham | Imperial Chem. Industries | Steinkohle und Teer | 150 |
| U. S. A. | Baton Rouge | Standard Oil | Mineralöl | 250 |
| „ „ „ | Bay Way | „ „ | „ | 250 |
| Italien | Bari | Anic | „ | 125 Benzin 30 Schmieröl |
| „ | Livorno | „ | „ | 125 Benzin 30 Schmieröl |

## G. Herstellung von flüssigen Treibstoffen nach dem Verfahren von FISCHER-TROPSCH.

### 1. Entwicklung der Synthese.

Bei der Hydrierung wird die Eigenart der chemischen Zusammensetzung der Kohle als hochmolekularer Kohlenwasserstoff ausgenutzt. Eine andere, immer mehr an Bedeutung gewinnende Form der Treibstoffsynthese baut die in den Treibstoffen enthaltenen Kohlenwasserstoffe aus einfachen gasförmigen Bausteinen des Kohlenstoffs und Wasserstoffs auf. Dieser Weg wurde von den beiden Forschern FRANZ FISCHER und H. TROPSCH in gemeinsamer Arbeit im Kaiser-Wilhelm-Institut für Kohlenforschung in Mülheim (Ruhr) beschritten und führte zu der bekannten Benzinsynthese aus Kohlenoxyd und Wasserstoff bei gewöhnlichem Druck. Die Grundlage zu dieser Synthese bildete eine von SABATIER schon 1902 gefundene Möglichkeit der Herstellung von Methan aus Kohlenoxyd und Wasserstoff mit Hilfe von Katalysatoren nach der Gleichung

$$CO + 3\,H_2 = CH_4 + H_2O + 59{,}6\ \text{WE (kcal)}.$$

Die von SABATIER angewendeten Katalysatoren Nickel bzw. Kobalt ermöglichten die Umsetzung bei Temperaturen von 230 bis 250° C. F. FISCHER und H. TROPSCH haben nun Katalysatoren gefunden, bei welchen die Umsetzung von Kohlenoxyd-Wasserstoff-Gemischen schon bei 180—190° C erfolgt. Bei diesen Temperaturen bilden sich an Stelle von Methan vorwiegend höhere Kohlenwasserstoffe. Bemerkenswert ist, daß bei erhöhtem Druck sich aus Kohlenoxyd und Wasserstoff Methylalkohol bildet. Die Benzinsynthese nach FISCHER und TROPSCH wird in vier Stufen durchgeführt:

Erste Stufe: Herstellung von Wassergas.
Zweite Stufe: Grobreinigung von Schwefel.
Dritte Stufe: Feinreinigung von Schwefel bis unter 0,2 g/cm$^3$.
Vierte Stufe: Synthese.

Das Wassergas wird aus Kohle und Wasserdampf in der bekannten Weise hergestellt. Das Wassergas wird praktisch vollkommen entschwefelt und dann den Syntheseanlagen zugeführt. Wegen der Herstellung aus Koksgas wird die Synthese auch als „Kogasinsynthese" bezeichnet und die bei der Synthese entstehenden Rohprodukte auch als „Kogasin" bezeichnet.

## 2. Der Syntheseprozeß.

Die Durchführung der Synthese sei an den schematischen Abb. 16 und 17 erläutert (138). Das die Gaserzeugeranlage *a* verlassende Wassergas tritt nach Durchlaufen eines Wäschers *b* in den Trockenreiniger *c* zur Entfernung der Schwefelwasserstoffe und von da in eine Anlage zur Entfernung des Schwefelkohlenstoffs *d*. In dieser Anlage wird der Schwefel bei etwa 250° C an eine besondere Reinigungsmasse gebunden. Nach erfolgter Reinigung sind ganz allgemein organische Schwefelverbindungen nur in Spuren nachweisbar. Das reine Gas wird nun in die mit einem Katalysator beschickten Katalysatoröfen *e* geleitet. Die Konstruktion dieser Katalysatoröfen war ein schwieriges Problem, da in diesen Öfen die Temperatur auf ganz wenige Grade genau konstant gehalten werden muß, obwohl in den Öfen bei der Umsetzung große Wärmemengen entstehen. Die Umsetzung zu Benzin findet bei 180—195° C nach folgendem Reaktionsmechanismus statt:

$$CO + 2\,H_2 = (CH_2) + H_2O + 44\ \text{WE (kcal)}$$
$$x\,CO + 2\,x\,H_2 = (CH_2)\,x + x\,H_2O + 44\,x\ \text{WE (kcal)}.$$

Es entstehen also aus Kohlenoxyd und Wasserstoff sog. $CH_2$-Radikale, die sich dann unter Bildung der verschiedensten aliphatischen Kohlenwasserstoffe aneinanderlagern. So entstehen dann die verschiedenen Bestandteile eines synthetischen Erdöls, das in seinem Charakter am nächsten dem des pensylvanischen Erdöls kommt.

Um die durch die Reaktion entstehende Wärmemenge, die Temperaturanstieg bewirken würde, abzuführen, sind die Kontakträume von zahl-

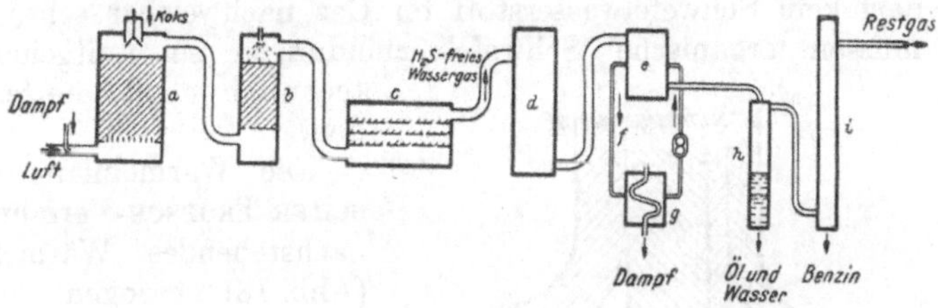


Abb. 16. Schema der Benzin-Synthese nach FISCHER-TROPSCH.

reichen Rohrschlangen durchzogen, in welchen Wasser umläuft. Der hierbei gebildete Dampf wird nach seiner Entspannung für die Destillation des gebildeten Kraftstoffs verwendet. Aus den Kontakträumen tritt ein Gas aus, welches aus nicht umgesetztem Synthesegas, das mit Kohlenwasserstoffdämpfen beladen ist, besteht. Zur Entfernung der gebildeten Kohlenwasserstoffe und des Wasserdampfs aus dem Restgas wird dieses in einem aus drei Stufen bestehenden, unmittelbar mit Wasser berieselten Kühler gekühlt und dabei die höhersiedenden Kohlenwasserstoffe abgeschieden. Die leichter siedenden Kohlenwasserstoffe werden aus dem nun gekühlten Gas durch Aktivkohle adsorbiert.

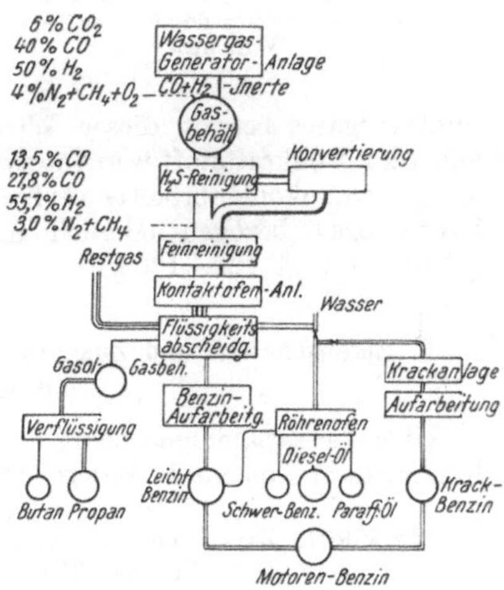


Abb. 17. Fließ-Schaubild der Benzin-Synthese nach FISCHER-TROPSCH.

Da bei einem einmaligen Durchgang durch den Kontaktofen nur eine Kontraktion (s. Gleichung) von etwa 60% stattfindet, war die Umsetzung im ersten Kontaktofen nur unvollständig. Aus diesem Grund wird das Restgas meist noch durch einen zweiten Kontaktofen geleitet (55), in welchem Benzin gebildet wird und damit verbunden eine weitere Volumkontraktion stattfindet. Nach der zweiten Synthesestufe, die im Schema nicht enthalten ist, werden die gebildeten Kohlenwasserstoffe wieder durch Kühlung und Adsorption aus dem nicht umgesetzten Gas abgeschieden. Das jetzt anfallende Restgas wird zu Heizzwecken verwendet.

Das für die Synthese verwendete Wassergas muß bestimmte Bedingungen hinsichtlich seiner Zusammensetzung erfüllen:

1. muß das Verhältnis von Kohlenoxyd und Wasserstoff 1 : 2 betragen;
2. muß der Gehalt an bei der Reaktion nicht beteiligten Gasen, wie Kohlensäure, Stickstoff, Methan, gering sein, zweckmäßig nicht höher als 15%;
3. darf kein Schwefelwasserstoff im Gas nachweisbar sein;
4. müssen organische Schwefelverbindungen so weitgehend wie technisch möglich entfernt werden.

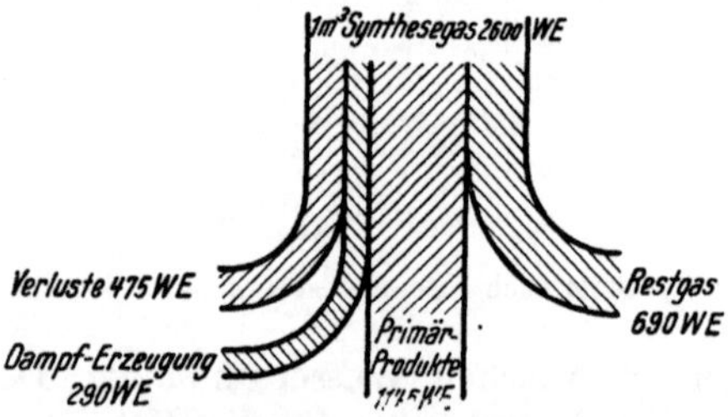


Ausbringung der Primärprodukte
bezogen auf eingesetzten Koks = 30,6% des Heizwerts
bezogen auf eingesetztes Sy-Gas = 44,0% des Heizwerts
Verbrauch /kg Primärprodukt: 4,9 kg Koks; 4,5 kg Kohle; 6,8 kg Braunkohlenbriketts.

Abb. 18. Wärmebilanz des FISCHER-TROPSCH-Verfahrens.

Die Wärmebilanz des FISCHER-TROPSCH-Verfahrens gibt nachstehendes Wärmeflußbild (Abb. 18) bezogen auf 1 m³ Synthesegas in seiner Aufteilung beim Durchgang durch die Kontaktkammer wieder (44). Aus diesem Bild ergibt sich, daß das Verfahren mit einem Wirkungsgrad von 30,6% arbeitet, wenn man den unteren Heizwert des Kogasins auf den des Ausgangskokses bezieht. Bezogen auf den Wärmeinhalt des Synthesegases beträgt dieser Wirkungsgrad 44%. Für die Erzeugung von 1 kg Rohkraftstoff werden etwa 4,9 kg Koks, 4,5 kg Steinkohle oder 6,8 kg Braunkohlenbriketts verbraucht. Die Ausbeute pro Kubikmeter Synthesegas (bezogen lediglich auf den Kohlenoxyd- und Wasserstoffgehalt) beträgt 120—130 g.

## 3. Eigenschaften und Zusammensetzung der beim Syntheseprozeß erhaltenen Produkte.

Über die Zusammensetzung des beim FISCHER-Verfahren anfallenden Rohkraftstoffs macht F. MARTIN (44) die in Tab. 7 enthaltenen Angaben.

Tabelle 7. Zusammensetzung der Roherzeugnisse des FISCHER-TROPSCH-Verfahrens.

| | In Prozenten | Gehalt an Olefinen |
|---|---|---|
| Gasförmige Kohlenwasserstoffe (Propan, Butan, Propylen, Butylen) | 8 | 50—55 |
| Leichtöl bis 200° C | 60 | 30—35 |
| Gasöl | 22 | 5—6 |
| Festes Paraffin, Schmelzpunkt 20—100° C | 10 | — |

Es ist nach diesem Verfahren möglich, das Verhältnis in der Menge der Reaktionsprodukte weitgehend zu verschieben. Man kann das Verfahren so leiten, daß mehr leichtsiedende Produkte oder mehr festes Paraffin oder mehr ungesättigte Verbindungen oder auch sauerstoffhaltige Verbindungen erhalten werden. So ist es z. B. möglich, die Synthese so zu leiten, daß die Hälfte der Ausbeute (die etwa 73% beträgt) in Form von festem Paraffin erhalten wird. Der Gehalt an ungesättigten Verbindungen läßt sich durch die Zusammensetzung des Ausgangsgases und die Art des Katalysators beeinflussen. Will man nämlich viel ungesättigte Verbindungen herstellen, dann arbeitet man vorteilhaft mit kohlenoxydreichen Gasgemischen (153).

Die bei gewöhnlichem Druck gasförmigen Kohlenwasserstoffe, Propan und Butan usw., die man zusammenfassend auch als Gasol bezeichnet, werden in einen Sammelgasbehälter geleitet und unter geringem Druck verflüssigt (s. Abschnitt „Propan und Butan").

Das nach diesem Verfahren hergestellte Benzin hat den Vorteil, vollkommen schwefelfrei zu sein; es sind aber nur die bis etwa 140° C siedenden Anteile noch halbwegs klopffest. Dieses Benzin besteht in der Hauptsache aus gesättigten und ungesättigten Kohlenwasserstoffen mit keinen oder nur wenig Seitenketten (s. Abschnitt „Klopffestigkeit"). Die Ursache der geringen Klopffestigkeit des nach diesem Verfahren gewonnenen Benzins liegt in der Tatsache, daß bei niederen Temperaturen gearbeitet wird, bei welchen hauptsächlich Paraffinkohlenwasserstoffe entstehen. Die Siedegrenzen der nach diesem Verfahren gewonnenen Produkte liegen zwischen 35 und 360° C. Die bis etwa 140° C siedende Benzinfraktion, welche in der Aktivkohleanlage anfällt, und deshalb auch kurz A-Kohle-Benzin genannt wird, ergibt, mit Alkohol und gegebenenfalls mit Benzol gemischt, einen klopffesten Treibstoff. Der über 140—160° C siedende Anteil, welcher die Schwerbenzin-, Petroleum- und Gasölfraktion enthält, beträgt etwa 60 Gew.-% des flüssigen Syntheseöls (130). Will man aus diesem Anteil auch Benzin gewinnen, so muß, ähnlich wie beim Erdöl, der Rückstand gekrackt werden. Als das am besten geeignete Krackverfahren hat sich für diesen Zweck das TVP-Krackverfahren erwiesen und die Gutehoffnungshütte Oberhausen A. G. hat mit der Inhaberin der Patente des TVP-Krackverfahrens ein Abkommen zwecks Errichtung von Krackanlagen nach diesem Verfahren geschlossen. Dieses Verfahren arbeitet nur in einer Dampfphase. Es sind bereits einige TVP-Anlagen zur Behandlung von FISCHER-Syntheseöl in Bau bzw. in Betrieb. Man kann in den TVP-Anlagen gleichzeitig die beim FISCHER-Verfahren anfallenden Gase Propylen und Butylen polymerisieren. Die im April 1937 in der TVP-Versuchsanlage in Texas City (U. S. A.) mit FISCHER-Syntheseöl durchgeführten Versuche ergaben bei gleichzeitigem Kracken und Polymerisieren ein Benzin mit der Oktanzahl von etwa 80.

Die in geringer Menge anfallenden gasförmigen Kohlenwasserstoffe, auch Gasole genannt, bestehen zu einem erheblichen Teil aus ungesättigten Kohlenwasserstoffen. Diese ungesättigten gasförmigen Kohlenwasserstoffe können mit geringen Kosten polymerisiert und damit in sehr klopffeste Benzine übergeführt werden.

Das bei dieser Synthese anfallende Gasöl ist ein sehr gutes Dieselöl und hat gute Zündeigenschaften (s. auch den Abschnitt „Dieselmotorenkraftstoffe").

Das nach diesem Verfahren entstehende feste Paraffin wird ebenfalls verwertet. Es kann durch Oxydation in Fettsäuren übergeführt werden, die sich z. B. auf Seifen verarbeiten lassen.

Bei der in den großtechnischen Anlagen meist üblichen zweistufigen Arbeitsweise verbleibt rund ein Drittel der Menge des Synthesegases als Restgas. Für 1000 t flüssiger Treibstoffe fallen 3,03 Millionen Kubikmeter Restgas mit einem oberen Heizwert von etwa 2580 WE und einem unteren Heizwert von 2300 WE an. Dieses Restgas wird an Stelle von Kokereigas zur Unterfeuerung der Entgasungsöfen oder auch u. a. zur Beheizung der Generatoren verwendet.

## 4. Rohstoffe und Katalysatoren.

Als Rohstoff für die Synthese kann Koks aller Art, insbesondere auch Schwelkoks verwendet werden. Die Möglichkeit der Verwendung von Koks als Rohstoff ist ein großer Vorteil, da Koks bei allen chemischen Verwertungsmethoden der Kohle in großer Menge anfällt und seine Verarbeitung meist schwierig ist. Neben Kohle können noch Torf, Torfkoks, Holz und überhaupt alle kohlenstoffhaltigen Materialien verwertet werden.

Für die technische Durchführung der Synthese sind sehr wirksame und langlebige Katalysatoren notwendig. Zahlreiche Versuche von F. FISCHER und seinen Mitarbeitern haben zu einer weitgehenden stofflichen Vereinfachung der Katalysatoren geführt und zu der Erkenntnis beigetragen, daß es bei Mehrstoffkatalysatoren mehr auf die physikalischen Eigenschaften und weniger auf die chemische Zusammensetzung des Katalysators ankommt. Als Katalysatoren können Mischkatalysatoren verwendet werden, welche entweder Eisen oder Nickel oder Kobalt als wirksame Metalle enthalten.

Die beschriebene Benzinsynthese kann auch zur Herstellung von Schmierölen dienen. Aus den ungesättigten Anteilen des Kogasins lassen sich Schmieröle gewinnen. Z. B. lassen sich aus gewissen engen Fraktionen Spezialöle mit hoher Zähigkeit herstellen. Die nach diesem Verfahren erhaltenen Automobilmotorenöle haben einen sehr tiefen Stockpunkt, welche Tatsache es ermöglicht, im Winter und Sommer mit ein und demselben Öl zu fahren.

## 5. Der Syntheseprozeß in Deutschland.

Erst gegen Ende des Jahres 1934 wurde die Überführung des FISCHER-TROPSCH-Verfahrens vom Laboratorium zum Großbetrieb von der Ruhrchemie in Angriff genommen. Heute sind eine Reihe von Anlagen nach diesem Verfahren in Produktion und es findet dieses Verfahren eine immer zunehmende Anwendung. Die Generallizenz für das FISCHER-TROPSCH-Verfahren besitzt die Ruhrchemie A. G., welche im Oktober 1927 gegründet wurde.

Am 28. Oktober 1935 wurde die Ruhrbenzin A. G. Oberhausen-Holten gegründet und von ihr der Bau einer Anlage zur Benzingewinnung mit zunächst 25000 t Erzeugungskapazität pro Jahr in Angriff genommen, und im August 1936 schon wurde die Rohbenzingewinnung teilweise aufgenommen.

Unter der Bezeichnung „Rheinpreußen G. m. b. H.", Homberg, Niederrhein, ist eine Gesellschaft gegründet worden, zu deren Teilhabern die Firma Franz Haniel & Co. m. b. H., Duisburg-Ruhrort, gehört und welche eine Anlage zur Gewinnung von Benzin nach dem FISCHER-TROPSCH-Verfahren mit zunächst 25000 t Jahreskapazität errichtet hat.

Weiter soll daran erinnert werden, daß das Werk in Schwarzheide der Braunkohlenbenzin A. G. nach dem Verfahren von FISCHER-TROPSCH arbeitet und als Rohstoffe Rohbraunkohle und Briketts verarbeitet.

Von der Friedrich Krupp A. G. in Essen ist am 5. Jänner 1937 unter der Firma Krupp Treibstoffwerk G. m. b. H. eine Gesellschaft mit dem Sitz in Essen mit 20 Millionen Reichsmark Stammkapital gegründet worden, deren Zweck es ist, Treibstoffe und Mineralöle insbesondere unter Anwendung des FISCHER-TROPSCH-Verfahrens in Verbindung mit der Steinkohlenschwelung zu gewinnen.

Die in Wanne-Eickel befindliche Anlage ist bereits in Betrieb, ebenso wie die nach dem KRUPP-LURGI-Verfahren arbeitende Großschwelanlage. Diese Schwelanlage ist der Fabrikation von synthetischen Steinkohlentreibstoffen vorgeschaltet, die nach dem FISCHER-TROPSCH-Verfahren erfolgt und in diesem Fall anstatt vom Hochtemperaturkoks vom Schwelkoks ausgeht. Zur Deckung eines Teils der Baukosten des Projekts gab die Krupp Treibstoffwerk G. m. b. H. mit Genehmigung des Reichs- und Preußischen Wirtschaftsministers eine 5%ige Hypothekaranleihe im Gesamtbetrag von 10 Millionen Reichsmark aus.

Von den Gräflich Schaffgottschen Werken ist eine mit 10 Millionen Reichsmark ausgestattete Gesellschaft mit dem Namen Schaffgottsche Benzin G. m. b. H. gegründet worden. Sie baut in Odertal eine Treibstoffsyntheseanlage, die Mitte 1939 in Betrieb kommen soll.

Der große deutsche Kalikonzern Wintershall A. G. hat die Mitteldeutsche Treibstoff- und Ölwerke A. G. mit dem Sitz in Kassel gegründet, welche 1936 mit dem Bau einer Anlage nach dem FISCHER-TROPSCH-Verfahren begann und diese Anlage, deren Kapazität nach dem Geschäftsbericht für das Jahr 1936 75000 t aufweisen wird, Ende 1938 vollendet. Die für diese Anlage notwendige Rohbraunkohle wird von den Anhaltischen Kohlenwerken bezogen. Ein Verfahren zur unmittelbaren Vergasung von Rohbraunkohle ist von der Wintershall A. G. selbst entwickelt worden. Das Braunkohlengas wird nach dem FISCHER-TROPSCH-Verfahren bei der Mitteldeutschen Treibstoff- und Ölwerke A. G. verarbeitet. Die Anlage befindet sich in Mitteldeutschland im Geiseltal. Eine Anlage für synthetische Treibstoffe, die die Wintershall A. G.

gemeinsam mit dem Klöckner-Konzern auf der Zeche Rauxel der Gewerkschaft Victor errichtet hat, wurde im Jahre 1937 in vollem Umfang in Gang gesetzt.

Außerdem wurde mit dem Sitz in Mücheln (Geiseltal) unter dem Namen Kator-Fabrik Lutzkendorf G. m. b. H. eine mit 1,5 Millionen Reichsmark Stammkapital ausgestattete Gesellschaft gegründet. Der Zweck des Unternehmens ist die Errichtung und der Betrieb einer Fabrik zur Herstellung von Katalysatoren für die Benzinsynthese nach FISCHER-TROPSCH, und zwar ausschließlich für den Bedarf zweier Gesellschaften im Rahmen der Lizenzverträge auf das FISCHER-TROPSCH-Verfahren. Die Wintershall hat sich an diesem Unternehmen beteiligt.

Die Chemischen Werke Essener Steinkohle in Essen wurden am 2. Jännar 1937 als Gemeinschaftsgründung der Essener Steinkohlenbergwerke A. G. in Essen und der Harpener Bergbau A. G. in Dortmund gegründet. Gegenstand der Unternehmung ist die Errichtung, der Erwerb und der Betrieb von Anlagen, die der Auswertung, Bearbeitung und Veredlung von Kohle und anderen Brennstoffen dienen, insbesondere mit dem Ziel der Erzeugung von Benzin und anderen Treibstoffen sowie die Verwertung aller in den Anlagen sonst gewonnenen Erzeugnisse und deren Vertrieb, weiter die Gründung und der Erwerb anderer Unternehmungen, die den gleichen oder ähnlichen Zwecken dienen, oder die Beteiligung daran, und zwar in der jeweils geeigneten Form. Eingeschlossen sind ferner der Erwerb und die Verwertung von allen solchen Verfahren und Schutzrechten, die mit dem Gegenstand der Unternehmung in irgendeinem Zusammenhang stehen. Das Grundkapital beträgt 12 Millionen Reichsmark. Die Firma hat außerdem eine 5%ige Teilschuldverschreibung im Betrage von 10 Millionen Reichsmark ausgegeben. Sie errichtet eine Anlage zur Benzingewinnung nach dem FISCHER-TROPSCH-Verfahren unter Verwendung von Koks und Koksofengas als Rohstoffe unter Vorsehung der Möglichkeit, das Verfahren allein auf die Verwendung von Koks abzustellen, sobald sich etwa für Koksofengas eine lohnendere Verwertung findet. Im ersten Ausbau des Werkes ist die alleinige Herstellung von klopffestem Benzin durch Verkrackung beabsichtigt. Es besteht die Möglichkeit, später auch Dieselöl herzustellen. Die Benzingewinnungsanlage wird in der Nähe der Zeche Monopol errichtet.

Die Hoesch-Köln Neuessen A. G. für Bergbau und Hüttenbetrieb, Dortmund, hat die ihr gehörende Bergwerksgesellschaft Trier m. b. H. in die Firma Hoesch-Benzin G. m. b. H. umgewandelt. Dieses neue Unternehmen, dessen Stammkapital 3 Millionen Reichsmark beträgt, hat zur Finanzierung des Baues einer Anlage zur Gewinnung von Benzin und Treiböl nach dem FISCHER-TROPSCH-Verfahren eine 5%ige Teilschuldverschreibung im Betrag von 24,5 Millionen Reichsmark ausgegeben.

### 6. Der Syntheseprozeß in Japan, Frankreich, Südafrika und England.

In Japan ist 1932 von der Mandschurischen Verölungs A. G. (Manshu Yuka K. K.) in Fushin eine nach dem FISCHER-TROPSCH-Verfahren arbeitende Fabrik mit einer Kapazität von 100 Millionen Liter und mit einem Kapital von 50 Millionen Yen ausgestattet, in Betrieb gekommen. Außerdem wird von der Mitsui Bergwerk A. G. (Mitsui Kozan K. K.), die mit 12 Millionen Yen Kapital ausgestattet ist, eine ebenfalls nach dem FISCHER-TROPSCH-Verfahren arbeitende Anlage in Omuda (Kyushu), die bis 50 Millionen Liter Benzin herstellen soll, errichtet. Die Anlage soll Mitte 1938 fertig sein.

Frankreich hat seit Juni 1937 eine Anlage der Gesellschaft Kuhlmann-Courrières in Harmes in Betrieb. Diese Anlage stellt täglich 50 t Benzin aus Kohlenoxyd und Wasserstoff her.

In Südafrika hat die Anglo-Transvaal Consolidated-Investment Company die Rechte für das FISCHER-TROPSCH-Verfahren erworben.

In England hat der Falmouth-Ausschuß, welcher zur Prüfung der Versorgungslage für Mineralöle im Kriegsfall eingesetzt wurde, ein Gutachten hinsichtlich der Verwendung des FISCHER-TROPSCH-Verfahrens für England erstattet. Der Ausschuß erklärte hierbei, daß im Hinblick auf die Herstellungsmöglichkeit von Dieselöl, Schmieröl, von ungesättigten Kohlenwasserstoffen und Benzin die Errichtung einer Anlage unerläßlich sei, um volle Klarheit über den Wert dieses Verfahrens für England zu erhalten. Im übrigen wurde von der Fuel Research Station eine Versuchsanlage mit einer Leistung von 10 l Kohlenwasserstoffen im Tag errichtet. Erwähnenswert ist, daß in England R. BINDLEY ein vom FISCHER-Verfahren etwas verschiedenes Verfahren ausgearbeitet hat, aus Kohlenoxyd und Wasserstoff Kohlenwasserstoffe herzustellen (181). Zur Auswertung dieses Verfahrens wurde die Robinson Bindlay Processes Ltd. in London gegründet. Das Verfahren wurde seit dem Jahre 1931 in dem Laboratorium des Gaswerks bei London entwickelt. Eine Anlage auf betriebsmäßiger Grundlage wurde für die Zeche W. Baird & Co. Ltd. bei Coatbridge in Glasgow errichtet.

Bei der Diskussion eines Vortrages von H. G. SHATWELL (175) sagte GROUNDS, daß am europäischen Kontinent derzeit acht Anlagen nach dem FISCHER-TROPSCH-Verfahren bestehen mit einer Produktion von zusammen 600000 t für 1938 und drei große Anlagen nach diesem Verfahren von der Firma Koppers (Essen) in Japan gebaut werden.

## 7. Staatliche Maßnahmen zur Förderung der Hydrierung und des Syntheseprozesses in den verschiedenen Ländern.

Die Erzeugung von synthetischem Benzin wird von einer Reihe von Staaten durch entsprechende Gesetze und Verordnungen gefördert.

Frankreich soll ein Verkaufskartell geschaffen haben, dem alle Firmen angehören müssen, welche Einfuhrgenehmigungen für das aus dem Erdöl gewonnene Benzin erhalten wollen. Dieses Kartell ist verpflichtet, von der Industrie, welche synthetische Treibstoffe herstellt, die gesamte Erzeugung zu den Gestehungskosten abzunehmen. Es wird damit der Unterschiedspreis zwischen dem synthetischen und dem Naturbenzin gleichmäßig auf die Verbraucherschaft der Kraftstoffe verteilt.

Der italienische Staat hat sich verpflichtet, das Kapital für die Kohleverflüssigungsindustrie angemessen zu verzinsen, um die Aktionäre der Anlagen zur Kohleverflüssigung vor den Nachteilen, die sich aus dem verhältnismäßig hohen Preis des synthetischen Benzins ergeben, zu schützen. Der italienische Staat verbürgt eine Mindestdividende von 6% und später von 8%, soweit die Anlagen jährlich mindestens 110000 t Benzin erzeugen.

Japan hat zum Schutz der Kohleverflüssigungsindustrie die Einfuhrzölle auf Mineralöl um 10% erhöht. Außerdem gewährt es der Kohleverflüssigungsindustrie Steuererleichterung und staatliche Beihilfe. Für Hydrierbenzin ist zur Zeit ein Zuschuß von 59,98 und für die übrigen Hydrierprodukte eine Beihilfe von 25,7 Yen je 1000 l vorgesehen.

In Ungarn werden Benzinsyntheseanlagen ebenfalls durch Steuererleichterungen geschützt.

In der ehemaligen Tschechoslowakischen Republik war das synthetische Benzin von allen Abgaben befreit.

In England werden der Kohleverflüssigungsindustrie Steuererleichterungen gewährt.

## 8. Gegenüberstellung von Hydrierung und Syntheseprozeß.

Eine Gegenüberstellung des I. G.-Hochdruckverfahrens und des Syntheseverfahrens von Fischer und Tropsch ergibt folgendes Bild. Das Hochdruckverfahren verwendet Temperaturen über 400° C und Drücke von etwa 200 Atm. und neuerdings 700 Atm. Beim Fischer-Tropsch-Verfahren sind Temperaturen von 200° C und überhaupt keine Überdrücke notwendig. Infolge der fehlenden Kompression sind die Katalysatoröfen beim Fischer-Tropsch-Verfahren verhältnismäßig groß, dafür entfallen aber die Maschinenhallen, in denen beim Hochdruckverfahren die Kompressoranlagen sich befinden. Beim Hochdruckverfahren wird die Kohlesubstanz mehr oder weniger schonend abgebaut; es wird mit Teeröl angepastete Kohle verwendet und in die Hochdruckapparatur hineingeschoben. Beim Fischer-Tropsch-Verfahren wird die Kohle oder der Koks zu Wassergas vergast und erst das Gas nach der nötigen Reinigung in flüssige Kohlenwasserstoffe übergeführt. Das Hochdruckverfahren arbeitet in zwei Stufen und verwendet giftfeste Katalysatoren in Form von Molybdänverbindungen. Beim Fischer-Tropsch-Verfahren werden nicht giftfeste Mischkatalysatoren benutzt, eine Voraussetzung für das Arbeiten bei niedriger Temperatur und gewöhnlichem Druck. Beim Hochdruckverfahren werden die in der Kohle vorhandenen großen Moleküle durch die Einwirkung des Wasserstoffs, der Wärme und des Drucks bis zur Größe des Benzinmoleküls zertrümmert, welche Erscheinung man wissenschaftlich als destruktive Hydrierung bezeichnet. Beim Fischer-Tropsch-Verfahren wird die Kohle durch die Vergasung in Kohlenoxyd und Wasserstoff zerlegt. Aus diesen ganz kleinen Molekülen entstehen im Katalysatorofen die schon erwähnten $CH_2$-Radikale, und aus diesen werden ebenfalls im Katalysatorofen durch

Aneinanderlagerung die Benzin- und Ölmoleküle aufgebaut. Einen solchen Vorgang nennt man wissenschaftlich eine Synthese, und aus diesem Grund wird das FISCHER-TROPSCH-Verfahren auch oft als synthetisches Verfahren, als Benzinsynthese bezeichnet. Der Charakter der entstehenden Produkte ist bei beiden Verfahren grundsätzlich verschieden. Beim Hochdruckhydrierverfahren geht man von der Kohle aus, bei der man weiß, daß sie weitgehend aus Verbindungen zyklischen Charakters besteht, und diesen Charakter findet man in dem Benzin wieder. Beim FISCHER-TROPSCH-Verfahren entstehen durch die Aneinanderreihung von $CH_2$-Radikalen Produkte der aliphatischen Reihe.

Ein weiterer Unterschied besteht auch insofern, als die Anlagen, welche das FISCHER-TROPSCH-Verfahren verwenden, in kleinen Einheiten, z. B. von 30000 bis 40000 t Jahresleistung, gebaut werden und auch rasch installiert werden können, da im wesentlichen nur Eisenbleche erforderlich sind, aber keine Spezialstähle. Das ergibt sich aus der Tatsache, daß nur niedrige Temperatur und gar keine Drücke erforderlich sind (135). Jedenfalls wird für das Nebeneinanderbestehen beider Verfahren in der Industrie in der Zukunft die Tatsache wichtig sein, daß jedes Verfahren Produkte verschiedenen chemischen Charakters erzeugt.

Die beim FISCHER-TROPSCH-Verfahren erhaltenen Produkte werden durch Spalten der schweren Anteile oder durch Mischung mit Benzol oder klopfverbessernden Zusätzen oder dgl. auf einen handelsüblichen Klopfwert gebracht. Bei der Hochdruckhydrierung erhält man meist direkt Benzine mit gutem Klopfwert. Das beim FISCHER-TROPSCH-Verfahren anfallende Gasöl hat paraffinischen Charakter und dementsprechend eine gute Zündfähigkeit.

Während die FISCHER-TROPSCH-Synthese ihre Produkte auf dem Weg der Umsetzung des Ausgangsmaterials im Wassergas gewinnt und daher aus den verschiedensten Ausgangsstoffen stets gleiche Endprodukte entstehen, werden bei dem Hochdruckhydrierverfahren unter weitgehender Erhaltung oder regelbarer Änderung der Struktur des Ausgangsstoffs Benzin und andere Mineralölprodukte erhalten.

Beim FISCHER-TROPSCH-Verfahren verläuft die Reaktion unter großer Wärmetönung, die etwa ein Fünftel der Verbrennungswärme des Wassergases beträgt. Da man die Reaktionswärme zum Teil zur Dampferzeugung nutzbar machen kann, ist der Energiebedarf des eigentlichen Syntheseverfahrens verhältnismäßig gering. Die Hochdruckhydrierung arbeitet bei höheren Temperaturen und Drücken und hat daher einen höheren Energiebedarf.

Das Hochdruckhydrierverfahren kann feste und flüssige wasserstoffarme und wasserstoffreiche Stoffe, wie Stein- und Braunkohle, und daraus gewonnene Produkte, wie Teere, ferner Extrakte, die z. B. nach POTT und BROCHE gewonnen werden, sowie Schieferöle, Spaltrückstände u. dgl. verarbeiten. So kann man aus Kohlen oder Asphalten in einem Arbeitsgang neben Benzin Heizöle herstellen. Das Hydrierverfahren bietet also eine vielseitige Möglichkeit des Einsatzes von Rohstoffen. Die Produktion auf jede dieser Grundlagen ist weitgehend steuerbar, hinsichtlich der zu erzeugenden Menge an Benzin und Dieselkraftstoffen. Das FISCHER-TROPSCH-Verfahren geht in erster Linie von festen Brennstoffen aus, die in Wassergas umgewandelt werden. Als Rohstoff kann es Koks aller Art verwenden, insbesondere den mit der weiteren Verbreitung der Schwelverfahren anfallenden Schwelkoks, dessen wirtschaftliche Unterbringung ein Problem von größter Bedeutung ist.

## H. Herstellung von flüssigen Treibstoffen durch Polymerisation (Polymerisationsbenzin, Polymergasoline).

### 1. Grundlagen.

In den letzten Jahren sind neue Verfahren zur Herstellung von sehr klopffesten Benzinen in den Vordergrund des Interesses gerückt. Zuerst sind die Benzine, wie schon erwähnt, durch Destillation, später durch Kracken erzeugt worden. Das Verhältnis in der Erzeugung von Destillations- und Krackbenzin verschiebt sich von Jahr zu Jahr zugunsten des Krackbenzins. Während z. B. im Jahre 1920 das Verhältnis von Krackbenzin zu Destillationsbenzin noch 1 : 7 war, verschob sich im Jahre 1935 das Verhältnis grundlegend zu 1 : 1,06, d. h. Krackbenzin wird fast ebensoviel erzeugt wie Destillationsbenzin. Bei der Krackung von Mineralölprodukten entstehen, wie schon erwähnt, Gase, die man als Krackgase bezeichnet. Je klopffester das beim Kracken anfallende Krackbenzin sein soll, desto größere Mengen Krackgase entstehen. Die Menge der sich bildenden Krackgase ist außerdem von der Art des verwendeten Krackverfahrens abhängig. Beim Kracken in der flüssig-dampfförmigen Phase unter Druck werden weniger gasförmige Produkte erhalten als beim Kracken in reiner Dampfphase, in welch letztgenanntem Fall auch der Gehalt der Gase an ungesättigten Kohlenwasserstoffen hoch ist. Folgende Durchschnittszahlen, beim Kracken von Gasölen erhalten, kennzeichnen die beiden Arbeitsweisen bezüglich der Beschaffenheit der Krackgase:

Tabelle 8. Zusammensetzung der Krackgase in Abhängigkeit vom Krackverfahren.

| Bestandteile der Krackgase | | Kracken in Dampfphase | | Kracken in Flüssig-Dampfphase | |
|---|---|---|---|---|---|
| | | 25—30 Gew.-% | | 15 Gew.-% | |
| Gehalt an gasförmigen Kohlenwasserstoffen Vol.-% | | | | | |
| Paraffinkohlenwasserstoffe | Methan und Wasserstoff | 31,2 | | 45 | |
| | Äthan | 12,4 | | 17,7 | |
| | Propan | 4,7 | | 11,0 | |
| | Butan | 3,0 | | 5,4 | |
| Ungesättigte Kohlenwasserstoffe | Äthylen | 23,0 | 46,7 | 3,7 | 16,4 |
| | Propylen | 15,7 | | 9,1 | |
| | Butylen | 8,0 | | 3,6 | |
| Butadien $C_4H_6$ | | 1 | | 4,1 | |

Die Krackgase bestehen also zu 50—70 Vol.-% aus Kohlenwasserstoffen mit zwei oder mehr Kohlenstoffatomen und ihr Gehalt an reaktionsfähigen Kohlenwasserstoffen ist mit 16 bzw. 47 Vol.-% besonders groß. Es ist daher verständlich, daß solche besonders olefinreiche Gase zuerst chemische Verwertung gefunden haben. Zunächst wurden die Krackgase zum Heizen verwendet, heute jedoch werden sie zur Erzeugung von klopffestem Benzin, sog. Polymerisationsbenzin (Polymergasoline) herangezogen. Unter Polymerisation wird die Vereinigung zweier oder mehrerer gleichartiger organischer Verbindungen, z. B. Kohlenwasserstoffen, zumeist geringer Kohlenstoffzahl zu Komplexen mit höherer Kohlenstoffzahl verstanden. Polymerisation ist somit das Gegenteil von Kracken, welches eine Aufspaltung einer Verbindung von größerer Kohlenstoffzahl zu zwei oder mehreren Verbindungen geringerer Kohlenstoffzahl darstellt. Beim Kracken werden also hochsiedende Kohlenwasserstoffe in tiefsiedende Kohlenwasserstoffe umgewandelt, beim Polymerisieren können z. B. bei gewöhnlicher Temperatur gasförmige Kohlenwasserstoffe in höhersiedende Kohlenwasserstoffe von Benzincharakter umgewandelt werden. Im vorliegenden Fall werden also flüssige Kohlenwasserstoffe aus ungesättigten Kohlenwasserstoffen durch Polymerisation gewonnen. Zur Polymerisation geeignet sind die ungesättigten Kohlenwasserstoffe, liegen gesättigte Kohlenwasserstoffe vor, so müssen sie vorerst thermisch zersetzt werden, bei welcher Wärmebehandlung sich u. a. auch ungesättigte Kohlenwasserstoffe bilden.

## 2. Die Polymerisationsverfahren.

Die Verfahren zur Herstellung von Treibstoffen aus Erdölgasen lassen sich nach A. E. Dunstan und D. A. Howes folgendermaßen einteilen, je nachdem Gase mit vorwiegend gesättigten oder ungesättigten Kohlenwasserstoffen oder beiden vorliegen.

A. Verfahren, welche anwendbar sind auf gesättigte und ungesättigte Gase.

1. Thermische Zersetzung oder Pyrolyse der Gase bei hoher Temperatur (über 600° C) und niedrigem Druck unter Bildung von vorwiegend aromatischen Kohlenwasserstoffen.

2. Behandlung der Gase bei tiefer Temperatur und hohem Druck, wobei die gesättigten Kohlenwasserstoffe in geringem Umfang zu ungesättigten Kohlenwasserstoffen zersetzt werden und die gebildeten ungesättigten Kohlenwasserstoffe polymerisiert werden, während die schon vorhandenen ungesättigten Kohlenwasserstoffe nur polymerisiert und kondensiert werden. Unter Kondensation versteht man das Zusammentreten zweier oder mehrerer Moleküle gleichartiger oder verschiedener organischer Substanzen zu einem einzigen Molekül durch Verknüpfung von Kohlenstoffatomen. Bei gleichartigen Molekülen findet Wasseraustritt statt (sonst ist es eine Polymerisation), bei ungleichartigen Molekülen erfolgt die Kondensation mit oder ohne Wasseraustritt.

B. Verfahren, die auf gesättigte Kohlenwasserstoffe anwendbar sind.

1. Aufspalten durch Wärmebehandlung zu ungesättigten Kohlenwasserstoffen und anschließend Polymerisation.

2. Dehydrieren, d. h. Entfernen von Wasserstoff zu ungesättigten Kohlenwasserstoffen mit anschließender Polymerisation.

C. Verfahren, welche nur auf ungesättigte Gase anwendbar sind.

1. Polymerisation mit Hilfe von Katalysatoren.

2. Polymerisation mit Hilfe von Schwefelsäure.

Schließlich sind noch Verfahren zu erwähnen, bei denen gesättigte mit ungesättigten Kohlenwasserstoffen kondensiert werden, sog. Alkylierungsverfahren. Bei der oben wiedergegebenen Einteilung wird unter hohem Druck ein solcher über 20 Atm. und unter hoher Temperatur eine solche über 600° C verstanden.

Alle oben genannten Möglichkeiten der Herstellung von flüssigen klopffesten Benzinen lassen sich auf zwei Grundverfahren vereinfachen, und zwar auf die katalytischen und thermischen Polymerisationsverfahren.

Tatsächlich werden gegenwärtig in der Praxis drei verschiedene Polymerisationsverfahren (von drei verschiedenen Firmen stammend) angewendet (52).

1. Der thermische Prozeß oder „Unitary-Thermal"-Verfahren der Phillipps Petroleum Co., der bei 510—525° C und Drücken von 70 bis 210 Atm. hauptsächlich die aus dem Naturgasolin stammende Butanfraktion verarbeitet und ein Benzin von der Oktanzahl 79 liefert (48).

2. Der mit Phosphorsäure als Katalysator arbeitende Prozeß der Universal Oil Products Co., welcher bei 200—260° C und mit 14 Atm. Druck arbeitet. Bei diesem Verfahren werden aus 1 m$^3$ Destillationsgas mit z. B. einem Gehalt von 37% Propylen und Butylen etwa 590 g Benzin gewonnen. Die Oktanzahl des auf diese Weise erhaltenen Benzins schwankt zwischen 80 und 85.

Bei der Polymerisation mit Katalysatoren kommt olefinreiches Spaltgas bereits unter einem Druck von 7 bis 14 Atm. in den Röhrenerhitzerofen der Polymerisationslage (Abb. 19). Vor Eintritt in den Ofen wird Wasser hinzugefügt (176, 177). Das erhitzte Gas-Wasserdampf-Gemisch verläßt den Ofen mit etwa 500° C, tritt in die vier hintereinander geschalteten Katalysatortürme ein, in denen eine mittlere Temperatur von 200 bis 260° C herrscht. Diese Katalysatortürme sind mit körnigen, porösen, festen Massen gefüllt, deren Oberfläche mit Orthophosphorsäure bedeckt ist. Jeder der Katalysatortürme ist abschaltbar, so daß die Katalysatormasse an Ort und Stelle regeneriert werden kann. Die polymerisierten Gase nebst den nicht umgesetzten Gasanteilen gelangen durch einen Kühler zu einem Abscheider, wo eine Trennung von Flüssigkeit und Gas stattfindet. Oben entweichen olefinarme Gase und aus dem unteren Teil wird das gebildete Polymerbenzin abgezogen. Das Polymerisationsbenzin wird in eine Stabilisierkolonne gepumpt, wo das Benzin entgast wird. Das entgaste Polymerbenzin wird unten aus der Kolonne abgezogen und gekühlt, während das Gas entweicht. Wenn ungefähr

180 l Polymerbenzin je 1 kg Katalysatormasse erzeugt worden sind, wird der Katalysator in einem der Türme durch bestimmte Mengen Luft auf seine ursprüngliche Aktivität regeneriert.

Man nimmt an, daß die Polymerisation bei diesem Verfahren auf dem Umweg über die Phosphorsäureester vor sich geht. So haben z. B. die Versuche von IPATIEFF (49) ergeben, daß sich z. B. Propylen in Gegenwart flüssiger Phosphorsäure schon bei 125° C sehr leicht in Hexylen verwandeln läßt, und zwar nach der Gleichung $2\,C_3H_6 = C_6H_{12}$. Dabei entsteht zunächst ein Phosphorsäureester, der aber sofort wieder unter Rückbildung von freier Phosphorsäure zerfällt. Die Versuche haben weiter ergeben, daß ein einziges Molekül Phosphorsäure, ohne an Wirksamkeit zu verlieren, mehr als 100 Moleküle Propylen zu polymerisieren vermag. In der gleichen Weise reagieren auch höhere ungesättigte Kohlenwasserstoffe Olefinkohlenwasserstoffe) teils untereinander, teils mit den neu gebildeten polymeren Verbindungen, so daß auf diesem Weg die verschiedensten Olefinkohlenwasserstoffe erhalten werden können, die alle die chemische Zusammensetzung $C_nH_{2n}$ haben und zwischen 40 und 230° C sieden. Arbeitet man bei höherem Druck, höherer Temperatur und längerer Berührungsdauer der zu polymerisierenden Kohlenwasserstoffe mit dem Katalysator, so bilden sich außer Olefinen durch Nebenreaktionen auch noch aromatische, Naphten- und Paraffinkohlenwasserstoffe. Man ist also in der Lage, die chemische Zusammensetzung und damit auch die Klopffestigkeit des zu erzeugenden Benzins mehr oder weniger zu beeinflussen.

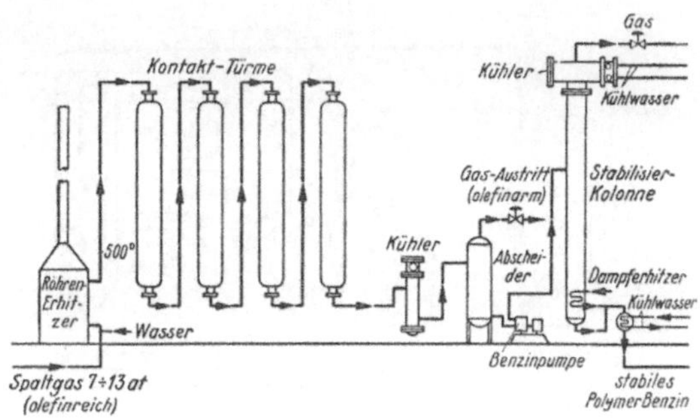


Abb. 19. Polymerisation mit Katalyten. Nach R. HEINZE (176).

3. Das thermische Verfahren der Pure Oil Co. Dieses Verfahren hat keine fest umrissenen Arbeitsbedingungen, sondern paßt Druck und Temperatur dem Charakter des Ausgangsmaterials und den gewünschten Eigenschaften des Endprodukts an. Z. B. werden bei Verarbeitung von Gasen mit Paraffincharakter diese gesättigten Kohlenwasserstoffe zunächst gekrackt und die entstehenden ungesättigten Kohlenwasserstoffe in einer besonderen Stufe der Polymerisation unterworfen. Meist werden die paraffinischen und olefinischen Gase bei Temperaturen zwischen 480 und 540° C und Drücken von 42 bis 56 Atm. polymerisiert und diese Arbeitsstufe als Primärpolymerisation unter hohem Druck und tiefer Temperatur bezeichnet; die paraffinischen Gase aus dieser Operation werden dann bei etwa 700° C gekrackt und dann bei Temperaturen zwischen 620 und 700° C und 3,5 und 5,5 Atm. polymerisiert. Das erhaltene

Polymerisationsbenzin hat eine Oktanzahl von 78 bis 85. Es wird z. B. in einer einstufigen Anlage für Druckwärmepolymerisation ohne Katalysator nach Vorschlägen der Alco Products Inc. und The M. W. Kellog Co. (176) Spaltgas aus einer Gyro-Krackanlage bei höheren Drücken von 42 bis 56 Atm. und bei niedrigen Temperaturen von 460 bis 540° C polymerisiert (Abb. 20). Das aus der Spaltanlage entweichende olefinhaltige Spaltgas wird verdichtet und über einem Kühler einem Druckbehälter zugeführt. Die durch Druck verflüssigten Kohlenwasserstoffe werden durch eine Pumpe, die nichtverflüssigten Gase durch einen Kompressor einem Röhrenerhitzer zugeleitet, dem eine Rohrschlange als Reaktionsraum nachgeschaltet ist; dieser Reaktionsraum wird gekühlt, um die Reaktionswärme abzuleiten. Das noch heiße Reaktionsgut wird mit kaltem Öl abgekühlt und die Reaktion unterbrochen. In einem Rückstandsabscheider werden schwerere Öle abgeschieden und in einer Rückstandsaufbereitung fraktioniert. Gas- und dampfförmige leichte Polymerisate gehen durch einen Kühler zu einem Sammelbehälter, aus dem Gase in eine Absorptionsanlage abgeleitet werden. Aus dem Sammelbehälter werden die Polymerisate entweder als Rücklauf nach dem Rückstandsabscheider zurückgepumpt oder der Abschreckvorrichtung zugeführt oder durch Wärmeaustauscher nach einer Stabilisieranlage geleitet. Hier wird das Polymerisationsbenzin von Gasen befreit, die über einem Kühler nach einem Sammelbehälter und von hier, soweit gasförmig, nach dem Röhrenerhitzer zurückgeführt oder, soweit verflüssigt, mittels Pumpe als Dephlegmat wieder in die Stabilisierkolonne zurückgedrückt werden. An derem unteren Ende wird das Polymerisationsbenzin abgeleitet und zuletzt in einem Schlußerhitzer nachbehandelt, um nach Wärmeaustausch und Kühlung die Polymerisationsanlage zu verlassen. Eine solche Anlage befindet sich seit mehreren Jahren schon auf der Alamo-Raffinerie der Phillipps Petroleum Co. in Borger, Texas, mit einer täglichen Erzeugung von 115 t Polymerbenzin in Betrieb. Geht man z. B. von Stabilisiergasen mit 15—35 Vol.-% Propylen und Butylen aus, werden Ausbeuten über 112 kg Polymerbenzin aus 100 m³ Gas erzielt. Wenn als Ausgangsmaterial die Propan- und Butanfraktion aus Stabilisierkolonnen verwandt wird, werden 50—60 Gew.-% Polymerbenzin gewonnen.

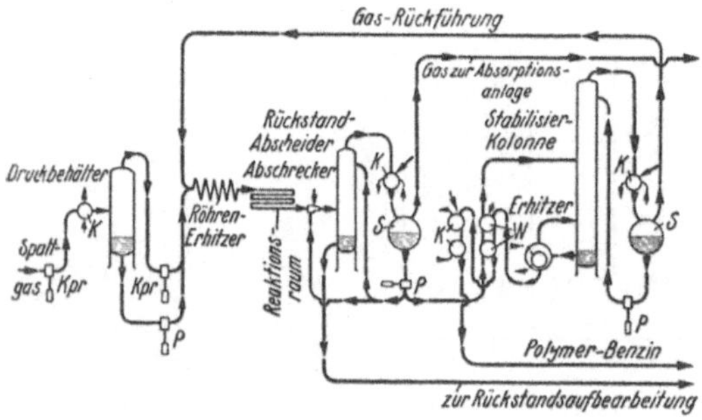


Abb. 20. Polymerisation von Spaltgas aus einer Gyro-Spaltanlage (Dampfphase) bei hohem Druck 42—56 Atm. und bei hoher Temperatur 480 + 540° C. Nach R. HEINZE (176).

*Kpr* = Kompressor; *K* = Kühler; *P* = Pumpe; *S* = Sammelbehälter; *W* = Wärmeaustauscher.

Man kann jedoch auch in mehreren Stufen arbeiten. Als Beispiel sei ein dreistufiges Polymerisationsverfahren nach den Vorschlägen der Alco Products Inc. und der Pure Oil Co. genannt (Abb. 21). Nach diesem Verfahren können sowohl Destillationsgase, Flüssiggase als auch Erdgase behandelt werden. Flüssiggase sowie nichtkondensierbare Gase werden aus einer Stabilisieranlage polymerisiert, die am Ende einer Ölspaltanlage steht. Die drei Verfahrensstufen bestehen:

1. in einer primären Polymerisation der Flüssiggase,
2. in einer Gasspaltanlage der Gase aus der Stufe 1 und
3. in einer sekundären Polymerisation gasförmiger Ausgangs- und Zwischenprodukte.

Die schweren hochpolymerisierten Rückstände aus den Rückstandsabscheidern 1 bis 3 werden gemeinsam nach einer Rückstandsfraktionieranlage geleitet. Im übrigen entspricht die Anordnung innerhalb jeder einzelnen Stufe dem in Abb. 20 wiedergegebenen Schema. Es wird bei Temperaturen von 480 bis 540° C unter Drücken von 42 bis 56 Atm. in den Röhrenerhitzern gearbeitet. Die Temperatur in dem Gasspalter R II beträgt 590 bis 700° C. Das erhaltene Polymerisationsbenzin hat Oktanzahlen von 100 und besteht zu 95% aus Aromaten. Das aus der zweiten Stufe entweichende Restgas enthält über 40% Wasserstoff. Es werden folgende Ausbeuten an Benzin mit Oktanzahlen 91—94 angegeben:

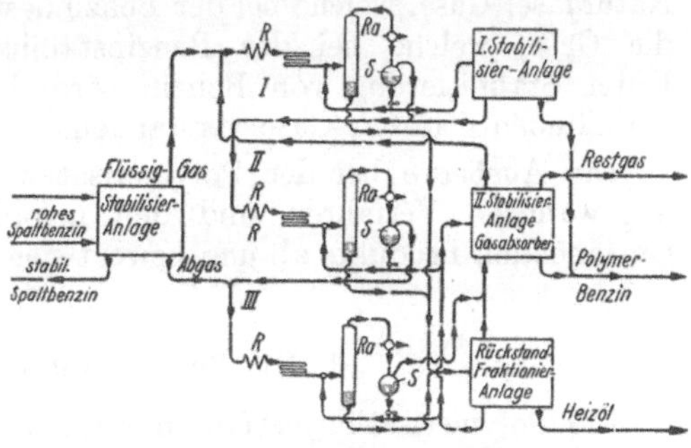


Abb. 21. Polymerisation in drei Stufen: *I* primäre Polymerisation; *II* Gas-Pyrolyse; *III* sekundäre Polymerisation. Nach R. HEINZE (176).
*R* = Röhrenerhitzer mit Reaktionsraum und Abschrecker; *Ra* = Rückstandabscheider; *S* = Sammelbehälter.

Aus Spaltgas der Dampfphasenspaltung 67 l Polymerisationsbenzin je 100 m³.

Aus Stabilisiergasen und Flüssiggasen 147 l Polymerisationsbenzin je 100 m³.

Aus Flüssiggasfraktion 60,3 l Polymerisationsbenzin je 100 m³.

Diese letztgenannte Fraktion wird aus Spaltgasen einer Dampfphasenanlage gewonnen, wenn man die gesättigten Kohlenwasserstoffe mit niedrigem Molekulargewicht vorher in geeigneter Weise entfernt. Die erste Anlage nach dem Mehrstufenverfahren wurde in Toledo, Ohio, auf einer Raffinerie mit einer Gyro-Krackanlage der Pure Oil Co. gebaut. Eine weitere Anlage der Alco Products Inc. befindet sich auf einer Raffinerie der Texas Co. in Shreveport, La.

Die thermische Behandlung gesättigter Kohlenwasserstoffe zur Gewinnung ungesättigter Kohlenwasserstoffe erfolgt z. B. bei Propan-Butan-Gemischen, welche zumeist vorliegen bei 750—900° C bei einem

Druck bis zu 2 Atm. Es wird bei dieser Behandlung hauptsächlich Äthylen erhalten. Für die Gewinnung von Propylen und Butylen kann auch sog. Dehydrierung mit Hilfe von Katalysatoren (Molybdänoxyd, Mischungen von Zinkoxyd und Magnesiumoxyd) angewandt werden.

Bei der Polymerisation ungesättigter Kohlenwasserstoffe entstehen viel aromatische Kohlenwasserstoffe, wie Benzol, Toluol und Xylol, je nach den Bedingungen, bei welchen die Polymerisation vorgenommen wird. Bei etwa 500° C und 40—70 Atm. Druck entstehen etwa 25% Aromate, während bei Temperaturen über 600° C und Drucken unter 20 Atm. der Aromatengehalt auf 60—80% ansteigt. Dementsprechend ist auch die Klopffestigkeit des entstehenden Produkts sehr groß.

Nach dem Polymerisationsverfahren werden heute nicht nur die bei der Krackung von hochsiedenden Ölen entstehenden Gase, sondern auch Naturgase, Gase, welche bei der Benzindestillation entstehen, und ebenso die Gase, welche bei der Benzinstabilisierung entstehen, behandelt. Unter Stabilisierung von Benzin wird die Entfernung der im Benzin enthaltenen gelösten Gase verstanden.

Die Ausbeute bei der Polymerisation hängt naturgemäß von dem angewandten Verfahren und den geforderten Eigenschaften des zu gewinnenden Produkts ab und bewegt sich zwischen 75 und 90%.

### 3. Die Polymerisationsanlagen.

Die Polymerisationsverfahren werden hauptsächlich in Amerika angewendet. Man war in Amerika bemüht, die zahlreichen Patente hinsichtlich dieser Verfahren unter gleichzeitigem Austausch der Erfahrungen im Interesse der Entwicklung der Polymerisationsverfahren unter einem Nenner zu bringen. Aus diesem Grund haben sich unter Führung der Phillipps Petroleum Company im September 1935 die folgenden fünf Gesellschaften zu einer Arbeitsgruppe unter dem Namen Polymerisation Process Corporation zusammengeschlossen und die M. W. Kellogg Company, New York, als Lizenzagentin eingeschaltet:

Standard Oil Co. of Indiana.
Phillipps Petroleum Co.
Standard Oil Development Co. (of New Jersey).
The Texas Co.
The M. W. Kellogg Co.

Die Alco Products Inc. und The Pure Oil Company wieder haben sich zu einer anderen Arbeitsgruppe zusammengeschlossen. Damit ist ein Anfang zu fortschrittlicher Gemeinschaftsarbeit gemacht.

In den letzten Jahren hat diese neue Arbeitsweise zur Herstellung von Benzin umfangreiche Anwendung gefunden. Eingeführt wurden diese Verfahren in die Praxis erst im Jahre 1935. Nach dem Verfahren der Phillipps Petroleum Co. bzw. der heutigen Polymerisation Process Corporation arbeiten folgende Anlagen in Amerika:

| | Tägliche Leistungsfähigkeit |
|---|---|
| Atlantic Refining Co., Altreco, Tex. ......... | 1100 Barrel |
| Atlantic Refining Co., Point Breeze, Pa....... | 1800 „ |
| Humble Oil & Refining Co., Bayton, Tex. .... | 3200 „ |
| Phillipps Petroleum Co., Borger, Tex. ........ | 3500 „ |
| Phillipps Petroleum Co., Kansas City, Kans. .. | 500 „ |

Nach dem Verfahren der Universal Oil Products Co. arbeiten folgende Anlagen in Amerika:

Pan American Refining Corp., Texas City, Tex.
Shamrock Oil & Gas Corporation, Moore Country, Tex.
Shell Petroleum Corporation. East Chicago, Ind.
Sinclair Refining Company, Markus Hook, Pa.
Texas Company, Lockport, Ill.
Texas Company, Port Arthur, Tex.
Wilshire Oil Company, Inc., Santa Fe Springs, Calif. (50).

Anlagen außerhalb Amerikas:

Anglo Iranian Oil Company, Ltd., Abadan, Iran.
De Bataafsche Petroleum Maatschappij (Shell), Curaçao, Holländisch-Westindien.
De Bataafsche Petroleum Maatschappij, Pernis, Holland.
Maschinoimport, U. d. S. S. R., Rußland.
Petroleum Block Societate Anonima Romana, Ltd., Point à Pierre, Trinidad, Britisch-Westindien.

Nach dem Verfahren der Alco Products Company, Inc. Pure Oil Company arbeiten folgende Anlagen in Amerika:

| | Tägliche Leistungsfähigkeit |
|---|---|
| Atlas Pipe Line Company, Shreveport, La .... | 600 Barrel |

und außerdem folgende Anlagen außerhalb Amerikas:

| | |
|---|---|
| Imperial Japanese Navy, Yokuyama, Japan ... | 200 Barrel |
| Anglo-Iranian Company, Ltd., Abadan, Iran .. | 600 „ |
| Yacimientos Petroliferes Fiscales, La Plata, Argentinien ........ | 600 „ |
| Tide Water Association Oil Company, Avon, Californien ........ | 800 „ |

Die Übersicht über die bestehenden bzw. in Auftrag gegebenen Anlagen zeigt die Bedeutung der Polymerisationsverfahren deutlich auf, um so mehr, als berücksichtigt werden muß, daß dieses Verfahren erst 1935 in die Praxis eingeführt wurde.

Nach dem Stand vom 1. August 1937 werden jährlich über 11315000 Faß Benzin von 76 bis 100 Oktanwert erzeugt. Ch. Berthelot schätzte in einem Vortrag auf dem zehnten Internationalen Kongreß für Chemie für Ende 1938 die Erzeugung von Polymerisationsbenzin auf 1 Million Tonnen.

Der wirtschaftliche Wert der Polymerisationsverfahren kann aus der Tatsache ersehen werden, daß in den Vereinigten Staaten jährlich etwa 8,5 Milliarden Kubikmeter Spaltgase und weitere große Mengen von Raffinationsgasen zur Verfügung stehen, aus denen mehr als 5 Millionen Tonnen Polymerisationsbenzin gewonnen werden können. Darüber hinaus ist es möglich, die Erdgase, deren Gewinnung im Jahre 1935 über 53 Milliarden Kubikmeter erreichte, für die Benzingewinnung nach diesem Verfahren nutzbar zu machen.

## 4. Das Isooktan.

Heute ist man in Amerika besonders bemüht, *Isooktan* mit der Oktanzahl 100 aus den Krackgasen herzustellen. Als Rohmaterial dient eine Fraktion, die hauptsächlich Butan und Butylene enthält und aus der Stabilisationsanlage für Krackbenzin stammt, welche ein Krackbenzin von gewünschtem Dampfdruck liefert. Durch sog. auswählende oder selektive katalytische Polymerisation der Isobutylene wird eine Mischung von 2,2,4-Trimethylpenten-3 und 2,2,4-Trimethylpenten-4 erhalten, die technisch mit „Diisobuten" bezeichnet wird und einen Oktanwert von 84 besitzt. Durch milde Hydrierung der Trimethylpentene entsteht nun das 2,2,4-Trimethylpentan oder das Isooktan mit der Oktanzahl 100 und andere Isooktane. Es gibt 18 verschiedene Isooktane, von denen jedes eine eigene Oktanzahl hat. Z. B. wird technisches Isooktan durch die Standard Oil Development Co. in Baton Rouge (La) durch Hydrierung von Diisobutylen in zwei Stufen bei etwa 200 Atm. Druck hergestellt. Der benötigte Wasserstoff wird durch Spaltung von gasförmigen Kohlenwasserstoffen gewonnen. Da die Hydrierung unter Wärmeentwicklung verläuft, werden zur Kühlung frische Gase eingeleitet. Um ein genügend flüchtiges Motorenbenzin aus den Isooktanen, welche zwischen 93 und 127° C sieden, zu erhalten, ist der Zusatz eines leichtsiedenden Kohlenwasserstoffs erforderlich. Dieser leichte Kohlenwasserstoff steht in Form von Isopentan, welches selbst eine Oktanzahl von 91 besitzt, in größeren Mengen zur Verfügung. Durch Zusatz von Bleitetraäthyl kann die Oktanzahl dann auf 100 erhöht werden.

Isooktan wird bereits nach mehreren Verfahren in technischem Ausmaß hergestellt. Als Ausgangsstoff für die Isooktangewinnung dient die sog. B.-B.-Fraktion (Butan-Buten-Fraktion) des Stabilisatorgases von Krackanlagen. Diese Fraktion enthält etwa 15% Isobuten, 30% n-Buten und 55% n- und i-Butane.

Nach der Arbeitsweise der Universal Oil Products Co. (273, 274) (Selektiv Catalytical Polymerisation) wird der Ausgangsstoff in einem Ätznatronwäscher von den vorhandenen Schwefelverbindungen befreit und nach Erhitzung auf etwa 177° C bei einem Druck von etwa 42 Atm. über einen festen Phosphorsäurekatalysator geschickt. Die frei werdende Reaktionswärme wird durch äußere Ölkühlung abgeführt. Das erhaltene Polymerisationsprodukt wird stabilisiert und in die Isooktene und die Dodecene, die als Nebenprodukt in einer Ausbeute von etwa 15% des Polymerisats anfallen, fraktioniert. Die Ausbeute an Polymerisationsprodukt beträgt etwa 30% der eingesetzten B.-B.-Fraktion, wenn das

Verhältnis Isobuten zu Buten im Ausgangsgas 1 : 1 beträgt. Die zwischen 90 und 130° C siedende Isooktenfraktion wird durch milde Hydrierung in Isooktane der Oktanzahl 90—100 umgewandelt. Die Ausbeute an Isookten bei der Polymerisation ist von dem Buten-Isobuten-Anteil der B.-B.-Fraktion, die Klopffestigkeit des Enderzeugnisses Isooktan von dem Mischungsverhältnis n-Buten : i-Buten abhängig.

Das von der Shell Development Co. entwickelte Verfahren (275) der Schwefelsäurepolymerisation der B.-B.-Fraktion arbeitet entweder bei 20—35° C (Kaltsäureprozeß) oder bei 80—90° C (Heißsäureprozeß) mit einer Schwefelsäurekonzentration von 60 bis 70%. Die verflüssigte B.-B.-Fraktion der Spaltgase wird im Gegenstrom mit der Säure zusammengeführt. Bei niedrigen Temperaturen wird nur das Isobuten selektiv von der Säure absorbiert. Die mit etwa 90% des vorhandenen Isobutens beladene Säurephase wird abgetrennt und zur Polymerisation durch eine auf 100° C erhitzte Rohrschlange geleitet. Die Reaktion ist bereits nach einer Minute beendet. Reaktionsprodukt und Säure trennen sich in zwei Schichten, das Polymerisationsprodukt wird gewaschen und destilliert, die Säure kehrt in den Prozeß zurück. 75% des Polymerisationsprodukts bestehen aus Diisobutylen (Isookten), die restlichen 25% aus Triisobutylen (Dodecen). Durch anschließende Hydrierung wird das Isookten in Isooktan übergeführt. Etwa 67% des im Ausgangsgas enthaltenen Isobutens werden in Isooktan umgewandelt.

Verwendet man zur Absorption der Buten-Butan-Fraktion heiße Säure, so wird auch ein Teil des n-Butens absorbiert, das mit dem i-Buten zu Polymeren reagiert. Die Bildung des Dodecens wird weitgehend zurückgedrängt. Das Polymerisationsprodukt besteht zu 85—90% aus Isooktenen. Das mit Lauge gewaschene und redestillierte Polymerisationsprodukt ergibt nach der Hydrierung ein nahezu ebenso klopffestes Benzin wie das der Kaltsäurebehandlung. Durch das Heißsäureverfahren wird eine wesentlich höhere Ausbeute an Isooktan erhalten als durch den Kaltsäureprozeß. Die Oktanzahl des Enderzeugnisses ist in beiden Fällen etwa 100.

Die große Bedeutung, welche dem Isooktan zukommt, läßt sich daraus ersehen, daß Ende 1937 etwa 45 Millionen Barrels Isooktan (1 Barrel = = 159 l) erzeugt wurden.

Der Vorteil der Verwendung von Isooktan liegt in dem geringeren Verbrauch. Der spezifische Verbrauch eines Treibstoffs mit der Oktanzahl 87 bewegt sich zur Zeit etwa zwischen 217 und 227 g pro PSh, während mit einem Kraftstoff mit der Oktanzahl 100 bei einem Kompressionsverhältnis 1 : 8 der spezifische Verbrauch bei etwa 173 g pro PSh liegt.

Nach G. Egloff könnten über 1000 Millionen Gallonen (1 Gallone = = 3,78 l) Isooktankohlenwasserstoffe aus den in den Vereinigten Staaten erzeugten Gasmengen hergestellt werden. Die katalytische Herstellung von Isooktenen aus Isobutylenen und n-Butan und die anschließende Hydrierung zu Isooktanen wird heute in allen großen Raffinerien der Welt ausgeführt.

Isooktan kann jedoch nach Beobachtungen von V. N. Ipatieff, V. I. Komarewsky (51) mit Hilfe der Hydropolymerisation gewonnen werden. Unter Hydropolymerisation versteht man die Erscheinung, daß Olefine bei Behandlung mit Wasserstoff in Gegenwart von Hydrierungs- und Polymerisationskatalysatoren (wie Zink-, Magnesium- oder Aluminiumchlorid) nicht nur hydriert, sondern gleichzeitig auch polymerisiert werden. Die beiden Forscher erhielten bei 80 Atm. und 250—300° C aus Isobutylenen verschiedene Isooktane, darunter auch 2,2,4-Trimethylpentan.

Erwähnenswert ist, daß auch die Hydrierung imstande ist, Benzin mit hohen Oktanzahlen zu erzeugen, wenn man nach folgenden Gesichtspunkten arbeitet:

1. Durch Dehydrierung bei Gegenwart neuartiger, selektivvr Katalysatoren läßt sich bei niederen Temperaturen ein schwefel- und olefinfreies Benzin der Oktanzahl 75—78 gewinnen, das sich durch Zusatz von Bleitetraäthyl auf die Oktanzahl 100 bringen läßt.

2. Durch Hydrierung bei höheren Temperaturen läßt sich ein Benzin, das viel Aromaten enthält, der Oktanzahl 81—87 gewinnen.

### 5. Die Bedeutung der Polymerisationsverfahren.

Die Polymerisationsverfahren sind für die Zukunft von großer technischer Wichtigkeit, weil hierbei Benzin mit hoher Klopffestigkeit erzeugt wird. Die Steigerung der Geschwindigkeit der Automobile und insbesondere der Flugzeuge erfordert zwangsläufig Treibstoffe mit hoher Klopffestigkeit, demnach mit hoher Oktanzahl. Die Anforderungen an Automobilmotorentreibstoffe hinsichtlich der Klopffestigkeit lassen sich durch Treibstoffe mit unter 75 liegenden Oktanzahlen befriedigen. Für Flugzeuge jedoch sind Treibstoffe mit einer Oktanzahl von 95 bis 100 erwünscht und für militärische Zwecke sehr wichtig. Die amerikanische Armee und Kriegsmarine hat z. B. für ihren Gebrauch für ihre Treibstoffe eine Oktanzahl von 100 festgesetzt. Für 1937 allein wurden oder werden etwa 50—60 Millionen Gallonen Treibstoffe mit diesem Oktanwert benötigt. Bei Flugzeugen steigt nämlich die Leistung und das Ladevermögen bei Verwendung eines Treibmittels mit der Oktanzahl von 100 um 20—30% gegenüber einem Treibmittel mit einer Oktanzahl von z. B. 87.

## I. Das Motorenbenzol.

### 1. Entwicklung der Verwendung.

In den letzten Jahrzehnten hat sich ein anderes Produkt vom notdürftig verwerteten Abfallprodukt zu einem wichtigen Kraftstoff entwickelt. Es ist dies das Benzol. Im Jahre 1910 kan man auf den Gedanken, Benzol als Benzinersatz zu verwenden. Zunächst nur mit geringem Erfolg. Benzol sprang mit den damaligen ungeeigneten Vergasern viel schwerer an als das vor dem Krieg außerordentlich leicht siedende Benzin. Es traten Verrußungen, Ventilverpichungen und andere Motorschäden auf. Man war daher der Meinung, daß das Benzol bestenfalls als schlechtes Streckungsmittel für Benzin, nicht aber als vollwertiger Kraftstoff geeignet sei. Allerdings ergaben schon damals wissenschaftliche Untersuchungen, daß die Verwendung von Benzol einen überraschend weichen Lauf des Motors zur Folge hat und hinsichtlich des Verbrauchs dem Benzin überlegen ist. Man beging in dieser Zeit zwei Fehler: Man glaubte zunächst ein besonders niedersiedendes Benzol verwenden zu müssen und man legte zweitens keinen besonderen Wert auf die chemische Reinigung des Benzols, in der Meinung, daß die Verunreinigungen des Benzols ja doch verbrannt würden. In der Kraftstoffnot der Kriegs- und Nachkriegszeit stellte sich das Benzol unter den vorhandenen Kraftstoffen als der beste Kraftstoff heraus. Der, wie schon früher angedeutet, außerordentlich gestiegene Weltverbrauch hatte eine empfindliche Verschlechterung der Benzine hervorgerufen. Es wurden immer mehr höhersiedende Anteile aus dem Petroleum dem Benzin zugemischt, und jetzt ergab sich, daß das Motorenbenzol noch flüchtiger war als das beste Fliegerbenzin. Forschungsarbeiten seitens des Benzolverbandes, welcher 1918 als Verkaufs- und Interessenvereinigung gegründet wurde, haben schließlich die Bedingungen festgestellt, welcher Benzol hinsichtlich seiner Reinheit und sonstigen Eigenschaften entsprechen muß, um einwandfrei im Motor zu arbeiten.

## 2. Gewinnung von Benzol aus Steinkohlengasen.

Benzol wird hauptsächlich aus den Steinkohlengasen gewonnen, welche bei der Verkokung von Steinkohlen erhalten werden. Verkokung nennt man das Erhitzen von natürlichen festen Brennstoffen, insbesondere der Steinkohle unter Luftabschluß (trockene Destillation). Die Kohle wird hierbei in luftdicht abgeschlossenen Kammern aus feuerfestem Material durch Beheizung der Seitenwände bei heller Rotglut destilliert, wobei die durch die Zersetzung der Steinkohle entstehenden Rohgase abgesaugt und verarbeitet werden, während der Koks als fester Rückstand in den Kammern zurückbleibt, ausgedrückt, gelöscht wird und zur Verladung gelangt. Die Benzolkohlenwasserstoffe im Steinkohlengas entstehen bei der Verkokung der Kohle in erster Linie aus dem Phenol, welches in den primären Zersetzungsprodukten der Kohle enthalten ist, durch Reduktion und Entalkylierung. Für das Ausbringen an Benzol sind die Bedingungen, unter denen die Kohle verkokt wird, und die Zusammensetzung der Kohle in erster Linie von Einfluß. Der Gehalt des Steinkohlengases an Benzolkohlenwasserstoffen beträgt etwa 25—30 g/m³. In den Kokereien wird dieser Prozeß durchgeführt, um möglichst große Koksmengen für die Hüttenindustrie zu bekommen; das Gas und die in ihm enthaltenen Verbindungen, darunter auch Benzol, fallen dabei als Nebenprodukte an. In den Gasanstalten sucht man eine möglichst große Menge Gas zu erhalten, der Koks ist Nebenerzeugnis. Es ist jedoch bemerkenswert, daß die deutschen Gaswerke in der Nachkriegszeit ihren Betrieb mehr und mehr dem der Zechenkokereien angeglichen haben, um neben gutem normgerechtem Gas auch einen dem Zechenkoks gleichartigen Gaskoks liefern zu können. So entstanden in vielen Städten sog. Gaskokereien mit Kammeröfen.

Für die Gewinnung der Nebenprodukte werden die aus der Kokskammer abziehenden Destillationsgase zuerst durch Teervorlagen geführt, wobei sich hauptsächlich Dickteer abscheidet. Das Rohgas wird dann durch Kühler und Teerscheider gesaugt, wobei sich die Hauptmenge des in dem Rohgas enthaltenen Teers und Ammoniaks abscheidet. Das Gas, welches noch Ammoniak enthält, wird hierauf in hintereinander geschalteten Wäschern ausgewaschen.

Die Gewinnung von Benzol erfolgt hauptsächlich auch heute noch nach dem von Brunck im Anfang der Kokereientwicklung angegebenen Verfahren. Zum ersten Male wurde Benzol aus Kokereigasen im Jahre 1887 auf der Zeche Kaiserstuhl bei Dortmund gewonnen und dort die erste Benzolfabrik errichtet. Diese Anlage war noch auf eine unterbrochene Betriebsweise zugeschnitten. Die heute ausschließlich angewandte stetige Betriebsweise, gekennzeichnet durch einen ununterbrochenen Waschölkreislauf, stammt von Carl Still, der dieses Verfahren am Ende der Neunzigerjahre erfolgreich einführte, das dann von allen anderen Benzolfabrikerbauern übernommen wurde, so daß die Grundlagen dieses Gewinnungsverfahrens in allen Fällen die gleichen sind und nur im Auf- und Zusammenbau der Anlagen Unterschiede hervortreten. Das aus den Ammoniaksättigern kommende Gas wird stark abgekühlt, von seinem Wasserballast befreit und in hohen Rieseltürmen im Gegenstrom mit Waschöl (Steinkohlenteeröl, bei dem bis 300° C 90% überdestillieren) das Benzol absorbiert. Ist die Absorptionsfähigkeit des Waschöls erschöpft, so wird es destilliert, wobei das Benzol als Roherzeugnis abgetrieben wird, während das Waschöl wieder in den Absorptionsprozeß zurückgeführt wird. Das Waschöl reichert sich dabei allmählich mit Naphtalin und teerartigen Produkten, die ebenfalls im Rohgas enthalten sind, an; übersteigt der Gehalt an solchen Verunreinigungen einen gewissen Grad, so ist es nicht mehr gebrauchsfähig und muß dann durch Umdestillieren regeneriert werden.

### *a) Absorption mit Steinkohlenteeröl und anderen Waschölen.*

Zur Absorption des Benzols wird in den meisten Fällen, wie schon erwähnt, ein hochsiedendes Steinkohlenteeröl verwendet, von dessen günstiger Beschaffenheit die Benzolausbeute jeder Anlage in erster Linie abhängig ist. In England verwendet man zu dem gleichen Zweck fast ausschließlich eine Erdölfraktion, und zwar Gasöl oder Spindelöl, das zum Unterschied von Teeröl leichter als Wasser ist und als besonderen Vorzug kein Naphtalin enthält. Diese Eigenschaft teilt es mit dem für die gleichen Zwecke verwendeten, bei der Destillation von Braunkohlenschwelteer erhaltenen Paraffinölfraktion, die in Deutschland unter dem Handelsnamen „Riwasol“ zur Benzolgewinnung Verwendung findet, nachdem umfangreiche Versuche, die in dem Gaswerk Halle (Saale) durchgeführt worden waren, seine Anwendbarkeit erwiesen haben. Das

Teerwaschöl hat die Neigung, im Gebrauch zu verdicken, wodurch seine Absorptionsfähigkeit allmählich herabgesetzt wird, so daß es zeitweise erneuert werden muß. Auf manchen Anlagen zieht man das gesamte Waschöl aus dem Betrieb und ersetzt es vollkommen durch frisches, auf anderen wird in regelmäßigen Zeitabständen nur ein Teil herausgezogen und eine entsprechende Frischölmenge zugesetzt. Das Öl wird in eigenen Regenerieranlagen, z. B. der von WEINDEL, wieder verwendungsfähig gemacht, wobei ein Pechrückstand verbleibt, der hinsichtlich seiner Beschaffenheit normalem Teerpech entspricht. Die bei der Regenerierung und auch sonst auftretenden Waschölverluste werden in der Weise ausgeglichen, daß man dem der Regenerieranlage zugeführten Waschöl eine entsprechende Teermenge beimengt.

Um eine nochmalige Destillation des aus dem Waschöl gewonnenen Rohbenzols zu vermeiden, hat man Verfahren entwickelt, welche unmittelbar aus dem Waschöl Rohbenzol, welches nicht nochmals destilliert werden muß, erzeugen, z. B. das Verfahren der Firma Dr. Otto.

Zum Abtreiben des Benzols aus dem Waschöl benutzt man allgemein Wasserdampf als Wärmeträger, um die Trennung von Waschöl zu bewirken. Der Wasserdampf übt nun eine mechanische Wirkung bei der Destillation aus, welche darin zum Ausdruck kommt, als er aus dem benzolbeladenen Waschöl Anteile aus dem Waschöl mitreißt, die in das Rohbenzol gelangen. Außerdem wird ein Teil des Wasserdampfs vom Waschöl kondensiert und es bilden sich Emulsionen von Waschöl und Wasser, wodurch die Absorptionswirkung des Waschöls vermindert wird. Die Firma Pintsch baut nun Anlagen, welche das Benzol nicht mit Wasserdampf, sondern das mit Benzol angereicherte Waschöl einer mittelbaren Wärmebehandlung unterzieht und gleichzeitig die abgetriebenen Dämpfe so scharf trennt, daß erstens ein markfähiges Motorenbenzol anfällt, das meist nur noch mit Lauge behandelt zu werden braucht, und zweitens die für Deutschland vorgeschriebene Trennung des Toluols vom Benzol erreicht. Die Erhitzung des mit Benzol angereicherten Waschöls erfolgt ähnlich wie bei der Aufarbeitung von Erdöl in einem Röhrenerhitzer mit Gas, mit gespanntem Dampf oder auch durch Abwärme. Das gewonnene Benzol muß allerdings mit einem neue Harzbildung hintanhaltenden Inhibiter (s. Abschnitt „Harzgehalt") versetzt werden.

Neben der Gewinnung des Rohbenzols mit Wasserdampf aus dem gesättigten Waschöl hat sich noch ein besonderes Verfahren entwickelt: das sog. Vakuumverfahren von RASCHIG (249), Bauart KOPPER (250). Bei diesem Verfahren wird gesättigtes Waschöl nach einer Vorwärmung unter Vakuum mittels mittelbarem Dampf auf 140° C erhitzt und das Benzol auf diese Weise abgetrieben. Da kein Wasserdampf auf das Waschöl einwirkt, ist das übergehende Rohbenzol wasser- und naphtalinfrei, so daß es unmittelbar gereinigt werden kann.

Die Absorption des Benzols durch Flüssigkeiten (Benzolwaschöl u. dgl.) ist ein rein physikalisch-chemischer Vorgang und gehorcht dem HENRY-DALTONschen Gesetz. Wenn der Dampf einer niedrigsiedenden Flüssigkeit (z. B. Benzol) mit einem höhersiedenden Öl in Berührung kommt, so wird die niedrigsiedende Flüssigkeit durch die im Öl vorhandenen Molekularkräfte mechanisch festgehalten. Ist nun eine gewisse Sättigung mit Benzol eingetreten, dann verdampfen auch wieder gewisse Teile des Benzols in das Gas, so daß ein Gleichgewichtszustand eintritt, der für jede Temperatur verschieden ist. Das Öl nimmt also bis zur Sättigung Benzol auf. Weiters ist die Konzentration des Benzols im Öl proportional dem Druck. Auch sind nach dem DALTONschen Gesetz bei einem Gasgemisch (wie z. B. Benzol, Toluol und Xylol) die im Öl gelösten Anteile dem Partialdruck der einzelnen Bestandteile gerade proportional. Von Bedeutung für die Absorption ist das Gesetz von RAOULT, das besagt, daß der Dampfdruck einer Flüssigkeit durch einen noch gelösten Stoff herabgesetzt wird. Diese Verminderung des Dampfdrucks steht im geraden Verhältnis zu dem Molekulargewicht des gelösten Stoffs.

Das Waschölverfahren ist in den letzten Jahren durch die Firma Jul. Pintsch, Berlin, sehr vervollkommt worden (56—59); durch Anwendung eines Röhrenerhitzers für die Destillation (ähnlich wie bei der modernen Erdölaufarbeitung) des mit Benzol beladenen Waschöls wird dadurch dessen Verdickung vermieden und auch eine schärfere Fraktionierung erreicht. Auf diese Weise erhält man ein Benzol, welches weder raffiniert noch redestilliert werden muß. Eine Anlage nach dieser Methode ist z. B. seit 1935 im Gaswerk Ratibor in Betrieb. Mitte 1938 waren sieben Anlagen in Betrieb und neun Anlagen nach diesem Verfahren in Bau.

In England findet immer mehr Gasöl an Stelle von Steinkohlenteeröl für die Benzolabsorption Verwendung (55). Nachteile bei dieser Art der Benzolgewinnung sind die öfters notwendige Auswechslung des Waschöls und die unvermeidbare Verunreinigung des aus dem Waschöl destillierten Rohbenzols durch Waschölbestandteile, welche die nachträglicheReinigung erschwert und verteuert. Um diese Nachteile zu vermeiden, ging man in der Nachkriegszeit auf eine Adsorption des Benzols durch feste Stoffe über. Es waren jedoch bis zum einwandfreien Arbeiten dieser Adsorptionsverfahren viele Schwierigkeiten zu überwinden und man brauchte über zehn Jahre, bis man zu den heute erreichbaren wirtschaftlichen Ergebnissn gelangte.

### *b) Adsorption mit festen Stoffen (aktiver Kohle).*

Die Adsorption des Benzols mit aktiver Kohle an Stelle von Waschöl (s. auch Gewinnung von Erdgasbenzin aus nassen Erdgasen) fand bereits im Jahre 1921 auf einigen Gaswerken Eingang, und zwar galt dabei als besonderer Anreiz die Reinheit des gewonnenen Benzols, welches ohne chemische Nachbehandlung als Motorenbetriebsstoff verwendet werden kann. Zuerst zeigte sich, daß die aktive Kohle nach kurzer Betriebsdauer in ihrer Adsorptionswirkung nachließ, wodurch sich der Betrieb verteuerte. Die im Jahre 1923 eingeführte BAYERsche T-Kohle erschöpfte sich nicht so rasch, trotzdem betrug der Verbrauch an aktiver Kohle immer noch 6—10 kg je 1000 kg erzeugtem Benzol.

Nach dem Kriege wurde nun die ursprünglich unter dem Namen Bayer-Verfahren (236) bekanntgewordene Benzolgewinnung mit aktiver Kohle von der Carbo-Union, Frankfurt am Main, weiterentwickelt und für die großtechnische Einführung reif gemacht. Es wurde dabei als Ursache des schnellen Rückgangs der Adsorptionswirkung die Polymerisation der im Gas enthaltenen Diolefine zu festen Stoffen festgestellt. Es dürfen außerdem nur entschwefelte Gase zur Adsorption kommen, da Schwefelwasserstoff an Aktivkohle zu Schwefel oxydiert und dadurch die Aktivität der Kohle herabgesetzt wird. Das Gas muß weiter von Naphtalin, Ammoniakresten, von Teer und von verharzenden Kohlenwasserstoffen, ferner von organischem Schwefel, Blausäure und Stickoxyden befreit werden. Meist wird zur Einhaltung eines wirtschaftlich tragbaren Aktivkohleverbrauchs ein Gas mit höchstens 1 g/100 $m^3$ Schwefelwasserstoff verarbeitet. Es wird deshalb die Benzolanlage hinter die Schwefelanlage geschaltet. Das Verfahren der Benzolentfernung mit aktiver Kohle beschränkt sich deshalb vornehmlich auf Gaswerke.

Eine Anlage zur Adsorption von Benzol mit Aktivkohle arbeitet folgendermaßen: Das Gas geht durch eines von zwei Kohlenfiltern, welches das Benzol aufnimmt, so daß das Gas benzolfrei austritt. Während dieser Zeit wird das andere, mit Benzol gesättigte Filter wieder von diesem befreit und das Benzol abgeschieden. Dies geschieht meist so, daß das Filter zunächst mit Hilfe eines eingebauten Heizkörpers auf 100—120° C vorgewärmt und dann das Benzol mit Wasserdampf in den Kühler gespült wird. Die nierdergeschlagenen Dämpfe, also Benzol und Wasser, werden in einem Abscheider getrennt. Nach dem Ausdämpfen kann das Filter sofort wieder benutzt werden. Gasrichtung und Ausdämpfrichtung sind dabei entgegengesetzt. Dadurch erreicht man, daß die schweren Kohlenwasserstoffe sich im unteren Teil des Filters absetzen und beim Ausdampfen durch die sich zunächst niederschlagenden leichter siedenden Benzoldämpfe ausgespült werden. Weiter kommt so das Gas zuletzt mit der oberen Kohlenschicht in Berührung, die beim Ausdämpfen am besten vom Benzol befreit wird und demgemäß die leichtest siedenden Kohlenwasserstoffe festhält. Die Sättigung des Kohlefilters erkennt man daran, daß an ein Filter ein Gasbrenner angeschlossen wird, der im Augenblick der Sättigung des Filters aufleuchtet. Es sind besondere Brenner konstruiert worden, welche schon eine Benzolmenge von 0,00005—0,00008 Volumprozenten erkennen lassen.

In Deutschland führten die Untersuchungen hinsichtlich der Verwendung von Aktivkohle zur Entwicklung eines Verfahrens, des Benzorbon-Verfahrens, dessen Name von der Verwendung der Benzorbon-Aktivkohle herrührt. Die Betriebsweise des Benzorbonsverfahrens besteht analog dem schon geschilderten Verfahren, daß die im Gas enthaltenen Dämpfe der Benzolkohlenwasserstoffe, nach erfolgter Reinigung, an körniger Benzorbon-Kohle adsorbiert und dann von der Kohle durch Einwirkung von Wasserdampf abgetrennt werden.

Das nach diesem Verfahren erhaltene Benzol ist farblos oder schwach gelb gefärbt; aktiver Schwefel (s. Abschnitt „Korrosion“) ist nicht darin enthalten, jedoch 0,04—1% Naphtalin und 0,2—0,5% Schwefelkohlenstoff (nur in Ausnahmefällen bei Verkokung schwefelreicher Kohlen etwas mehr); ferner 5—12% ungesättigte Kohlenwasserstoffe (237). Ein solches Benzol kann auf Grund der praktischen Erfahrungen unbedenklich als Motorenbenzol benutzt werden, wenn es nicht zu lange lagert. Sonst tritt in geringem Maße Harzbildung ein, die durch besondere Schutzmaßnahmen verhindert werden können. Soll der Gehalt an Naphtalin und anorganischem Schwefel herabgesetzt werden, so geschieht dies durch eine einfache selektive Kondensation, welche direkt in Verbindungen mit der Ausdämpfung der Benzorbon-Kohle durchgeführt wird.

Die Lagerbeständigkeit des Benzols kann durch Mittel, welche die Harzbildung verzögern, verbessert werden (s. auch Abschnitt „Harzgehalt"). Diese Mittel werden in größtem Maßstab in Amerika und England für Motorenbenzol und Spaltbenzin benutzt. Damit ist man in der Lage, die im Benzol enthaltenen ungesättigten Kohlenwasserstoffe, die eine gute Klopffestigkeit besitzen, vor Verharzung zu bewahren. Die Verharzung ungesättigter Kohlenwasserstoffe ist nach Untersuchungen von STAUDINGER (238) ein Polymerisationsvorgang, der durch Sauerstoff unter Bildung von Peroxyden katalytisch beschleunigt wird. Durch Zugabe von kleinen Mengen (in der Regel 0,01—0,04%) eines leichtoxydierbaren, flüchtigen, nicht färbenden Stoffs wird die Polymerisation verhindert. Als solche die Harzbildung verhindernden Stoffe werden in erster Linie Hydroxyl- und Aminoverbindungen des Benzols benutzt.

Während dieses Verfahren bei nach dem Waschölverfahren gewonnenen Benzolen infolge des Vorhandenseins von Anteilen, welche die die Harzbildung verhindernden Stoffe vergiften (z. B. Phenole und Pyridine), die aus dem Waschöl stammen, erst nach Raffination des Waschölbenzols benutzt werden kann, läßt sich das nach dem Aktivkohleverfahren gewonnene Benzol unmittelbar durch Zusatz von die Harzbildung verhindernden Stoffen beständig machen.

Die erste Anlage nach dem verbesserten Verfahren mit Aktivkohle wurde bei der Gas Light and Coke Company, London, errichtet mit einer Tagesleistung von 2000 kg. Die guten Ergebnisse dieser Anlage haben dann zum Bau einer Großanlage für die Kokerei Beckton der gleichen Gesellschaft geführt, welche Anlage im Sommer 1932 in Betrieb genommen wurde. Diese Anlage leistet täglich 80 t Benzol. In den Anlagen nach diesem Verfahren ist es gelungen, 150 kg Benzol mit 1 kg aktiver Kohle und darüber zu erzeugen. In Deutschland standen am 1. Oktober 1937 solche Anlagen bereits bei 36 Gaswerken in Betrieb. Die größte dieser Anlagen in Deutschland befindet sich im Gaswerk Charlottenburg (60); sie besitzt eine Tagesleistung von 6,2 t Benzol. Auch das Gaswerk Budapest gewinnt das Benzol aus dem Steinkohlengas durch aktive Kohle.

Das durch Adsorption mit Aktivkohle gewonnene Benzol hat eine wasserhelle bis blaßgelbe Farbe und kann ohne nachfolgende chemische Reinigung nach Zusatz eines Inhibiters (s. Abschnitt „Harzbildung") als Motorentreibstoff verwendet werden. Das nach dem Aktivkohleverfahren gewonnene Benzol weist im Gegensatz zum Benzol, welches nach dem Waschölverfahren gewonnen wird, stets einen höheren Harzgehalt auf. Der Harzgehalt im Waschölbenzol ist niedrig, weil es stets geringe Mengen Waschöl enthält, das als Schutzmittel gegen Verharzung wirkt (63).

An Stelle von Aktivkohle ist auch Silikagel zur Adsorption von Benzol vorgeschlagen worden. Silikagel nimmt jedoch im Gegensatz zur Aktivkohle Feuchtigkeit aus dem Gas auf, und zwar so stark, daß es zur Gastrocknung verwendet werden kann.

*c) Gewinnung durch Tiefkühlung.*

Erwähnenswert ist, daß die Lindes Eismaschinen A. G. ein Verfahren entwickelt hat, durch Verdichtung und Tiefkühlung aus Gasen, die frei von Ammoniak und Teer sind, Benzol und Naphtalin vollkommen auszuscheiden. Dieses Verfahren wird auf der Kokerei der Soc. Metallurgique Sambre et Moselle, Montigny, angewendet. Die für die Durchführung des Verfahrens erforderliche Kälte kann auf verschiedene Weise erzeugt werden. Man kann dazu ein Kältemittel, z. B. Ammoniak, verwenden, oder aber auch das Gas selbst zur Kälteerzeugung heranziehen (Prinzip der Luftverflüssigung) (264).

*d) Das Restgas.*

Das von Benzol befreite Gas wird als Heiz-, Licht- oder Ferngas weiterverwendet. Vor der Abgabe als Stadtgas wird es meist durch Überleiten über Raseneisenerz oder LUXscher Masse oder nach anderen Methoden von Schwefelwasserstoff und Zyanwasserstoff befreit.

### 3. Die Reinigung des Rohbenzols.

Das aus den meisten Anlagen anfallende Benzol muß in den meisten Fällen vor der Verwendung für den Motorenbetrieb erst gereinigt werden. Für diese Reinigung gibt es eine Reihe von Verfahren, die sich in der Praxis auch bewährt haben. Man kann grundsätzlich drei verschiedene Reinigungsarten unterscheiden:

1. vollständige Entfernung aller ungesättigten Verbindungen,
2. Entfernung nur der harzbildenden Ungesättigten,
3. Verhinderung der Harzbildung ohne Entfernung der ungesättigten Verbindungen.

Die Reinigung des Rohbenzols erfolgte früher meist durch konzentrierte Schwefelsäure (65—66 Bé), um die im Benzol enthaltenen harzbildenden Körper zu entfernen. Bei dieser Reinigungsart werden auch die im Rohbenzol enthaltenen ungesättigten Kohlenwasserstoffe zum größten Teil vernichtet, so daß die Reinigungsverluste 7—9% betragen. Zur Herabsetzung dieser hohen Waschverluste haben die im Benzolverband vereinigten Werke ein Verfahren ausgearbeitet, das darin besteht, daß an Stelle von konzentrierter Schwefelsäure eine nur 80%ige Schwefelsäure (61 Bé) zur Waschung (etwa 5%) verwendet wird. Allerdings ist es bei diesen Waschverfahren notwendig, daß Spuren von Schwefelsäureestern und ähnlichen Verbindungen, welche als Polymerisationsbeschleuniger wirken und damit die Lagerbeständigkeit des gereinigten Benzols herabsetzen, zu entfernen. Durch eine Behandlung der Benzoldämpfe mit heißer Natronlauge können diese störenden Körper entfernt werden. Diese Behandlung hat auch gleichzeitig die Entfernung von sog. aktivem Schwefel zur Folge, was ebenfalls von Vorteil ist. Die Reinigungsverluste nach diesem Verfahren betragen etwa 4—5%.

Bei dieser Reinigungsart werden Pyridin und Phenole, welche im Benzol enthalten sind, zerstört. Um diese Stoffe zu gewinnen, kann man wie folgt waschen: Verdünnte Lauge (zur Entfernung und nachherigen Gewinnung von Phenol) — Wasser — verdünnte Säure (zur Entfernung und nachheriger Gewinnung von Pyridin) — Wasser — konzentrierte Säure (zur Reinigung von Benzol) — Lauge — Wasser. Die Menge der anzuwendenden Schwefelsäure richtet sich nach der Zusammensetzung des Rohbenzols, meist werden fünf Volumprozente angewendet.

Zur Bestimmung des Reinheitsgrades des so gereinigten Benzols werden 5 cm³ des zu untersuchenden Benzols mit 5 cm³ einer Schwefelsäure von der Dichte 1,84, die 95% Schwefelsäure enthält, in einem 15 cm³ fassenden Fläschchen mit Glasstöpsel fünf Minuten lang geschüttelt und dann zwei Minuten stehengelassen. Die Färbung dieser Lösung wird mit der Färbung einer Vergleichslösung, welche man sich durch Lösen von 3 g Kaliumbichromat in 1 l 50%iger Schwefelsäure herstellt, verglichen. Eine Schwefelsäurereaktion 3 bedeutet, daß die Benzol-Schwefelsäure-Mischung die gleiche Färbung besitzt wie die einer Lösung von 3 g Kaliumbichromat in 1 l 50%iger Schwefelsäure; die Säurereaktion 1 entspricht einer Lösung von 1 g Kaliumbichromat in 1 l 50%iger Schwefelsäure.

Eine andere mildere Art der Benzolreinigung und gleichzeitiges Aufbereitungsverfahren für die Schwefelsäure ist mit Hilfe des „Ufer"-Verfahrens zu erzielen. Das Ufer-Verfahren wird folgendermaßen ausgeführt: Das Rohbenzol wird je nach seiner Zusammensetzung mit einer Schwefelsäure von 59 bis 62° Bé gewaschen, indem man unter Rühren die Säure allmählich zum Benzol zufließen läßt. Nach ungefähr einer halben Stunde, in welcher Zeit die Temperatur auf 50° gestiegen sein soll, wird unter weiterem Rühren eine gleiche Raummenge Wasser wie Säure zugegeben und das Rühren dann noch einige Zeit fortgesetzt und dann absitzen gelassen. Durch die plötzliche Zufuhr von Wasser wird die polymerisierende Wirkung der Schwefelsäure unterbrochen und so weitere Verluste vermieden. Die erhaltene verdünnte Schwefelsäure enthält nur wenig Harze. Das gewonnene Benzol entspricht den Vorschriften des Benzolverbandes. Die Schwefelsäure wird bis zu 95% zurückgewonnen.

In England wurde das sog. Instill-Raffinationsverfahren ausgearbeitet. Die Gutehoffnungshütte übernahm nach eingehender Überprüfung dieses Verfahrens das Instill-Verfahren sowohl für die eigenen Benzolbetriebe als auch für andere Benzolhersteller. Beim Instill-Verfahren dient als Waschmittel ein Gemisch von Ferrisulfat und Bleicherde. Nach dem Instill-Verfahren sollen die im Rohbenzol enthaltenen ungesättigten Kohlenwasserstoffe erhalten bleiben und der aktive Schwefel, dessen vollständige Entfernung wichtig ist, zerstört werden. Die Waschverluste nach diesem Verfahren sollen sich im Dauerbetrieb auf 3,5% stellen.

In Amerika wieder ist eine Reinigungsmethode mit Hilfe von Kieselsäuregel eingeführt. Das Verfahren beruht im Wesen darauf, daß das Benzol mit einer geringen, etwa 0,1% betragenden konzentrierten Schwefelsäure (66° Bé) vollkommen entwässert und durch Zusatz von weiterer Schwefelsäure (etwa 0,2%) schwach gewaschen wird. Nach Entfernung der dabei entstehenden harzigen Ausscheidungen wird das Benzol durch einen mit Kieselsäuregel beschickten Behälter hindurchgedrückt, wobei das Gel die harzbildenden Verbindungen aufnimmt.

Wie schon beim Hydrieren erwähnt, kann Benzol auch durch Hydrierung raffiniert werden (62).

Es gibt eine Reihe anderer Verfahren zur Reinigung von Benzol. Die Schwefelverbindungen des Rohbenzols, in erster Linie Schwefelkohlenstoff und Thiophen, können für sich entfernt werden, wodurch die Reinigung des Benzols vereinfacht wird. Schwefelkohlenstoff unterscheidet sich vom Benzol u. a. durch seinen niedrigen, bei 46° C liegenden Siedepunkt. Von dieser Möglichkeit hat die Woodall-Duckham Co. in England durch Anwendung des Barbet-Verfahrens auf mehreren Anlagen Gebrauch gemacht. Die zu diesem Zweck entwickelte Anlage entfernt den Schwefelkohlenstoff aus dem Rohbenzol bis unter 0,1%. Gleichzeitig mit dem Schwefelkohlenstoff wird ein leicht siedender Benzolvorlauf abgetrieben, dessen Menge etwa dem Gehalt des Rohbenzols an Schwefelkohlenstoff entspricht. Beispielsweise wird bei einem Gehalt des Rohbenzols an Schwefelkohlenstoff von 0,6% dieses mit 0,6% des behandelten Benzols abgetrieben. Eine solche Anlage wurde auch in Verbindung mit einer Aktivkohlebenzolgewinnung auf dem Gaswerk Beckton in London eingebaut, wo täglich 70 t Rohbenzol in dieser Weise behandelt werden. Der Gehalt an Schwefelkohlenstoff wird dabei von 1,25% auf weniger als 0,01% herabgesetzt und die Rohbenzolmenge um etwa 4% verringert. Durch diese Maßnahme verringerte sich bei der Reinigung des Benzols der Verbrauch an Schwefelsäure um 41%, der Sodaverbrauch um 87,5%, und die Ausbeute an Motorenbenzol erhöhte sich um 7%.

Ein ganz abweichendes Verfahren der Benzolreinigung stammt von Rostin. Dieses Verfahren beruht darauf, daß z. B. Rohbenzol in Dampfform zusammen mit Wasserdampf und Brenngasen (Stadtgas oder Wassergas) nach Erhitzung auf eine Temperatur von ungefähr 370° C über einen Eisenkontakt geleitet wird. An diesem Eisenkontakt (feinkörniges Minetteerz), das vor der Inbetriebnahme mit Gas reduziert wurde, vollzieht sich neben der Umwandlung von Kohlenoxyd in Kohlensäure und Wasserstoff die Aufspaltung des organisch gebundenen Schwefels zu Schwefelwasserstoff. Ferner werden die unbeständigen und ungesättigten Kohlenwasserstoffe teilweise durch Wasserstoffanlagerung gesättigt und stabilisiert. Dabei wird eine Veredlung des Benzols erzielt. Seit

Jänner 1938 ist eine Großanlage im Gaswerk Mariendorf zur Erprobung dieses Verfahrens in Betrieb. Das Verfahren von Rostin macht das bisher übliche Raffinationsverfahren mit Schwefelsäure überflüssig und hat den Vorteil, daß ein Verlust an Benzol nicht eintritt. Es ist die Ausbeute an Motorenbenzol bei der Benzolreinigung nach Rostin um rund 11% größer als bei der üblichen Schwefelsäurereinigung (188).

Niggemann (277) hat vorgeschlagen, die Reinigung von Rohbenzol ohne Chemikalien nur mit Hilfe von höherem Druck und höherer Temperatur zu bewerkstelligen. Nach diesem Verfahren wird das Rohbenzol zunächst von Pyridin durch Waschen mit verdünnter Schwefelsäure (30° Bé) befreit, da sich gezeigt hat, daß die Anwesenheit von Pyridin im fertigen Motorenbenzol seine Lagerfähigkeit erheblich beeinträchtigt. Nachdem das Rohbenzol durch Waschen mit Natronlauge und Wasser von allen Säureresten befreit worden ist, wird es in einen Autoklaven auf ungefähr 225° C bei einem Druck von 20 bis 25 Atm. erhitzt. Nach dem Erreichen der Höchsttemperatur wird das Heizmittel (überhitzter Dampf) abgestellt und das Rohbenzol noch etwa vier Stunden im Autoklaven belassen. Die beschriebene Vorschrift läßt sich nicht auf alle Rohbenzole anwenden, sondern es sind für jedes Rohbenzol die jeweils günstigsten Bedingungen im Laboratoriums- und Großversuch zu ermitteln. Nachher wird das Benzol aus dem Autoklaven abgeblasen und die Benzoldämpfe sofort auf 80—90° C abgekühlt und destilliert. Allerdings ist nicht jedes Rohbenzol für die Reinigung nach diesem Verfahren geeignet.

## 4. Verfahren zur Erhöhung der Benzolausbeute.

Bei der Verkokung der Kohle im Wege der trockenen Destillation liefern 100 kg Kohle etwa 80 kg Koks, 30 m³ Rohgas, 3 kg Rohteer, 1 kg Benzol usw. Nach Reerink (64) hat sich jedoch während der letzten zehn Jahre die Ausbeute an Benzol im Altreich von 0,90% auf 1,175% erhöht. Diese Erhöhung der Benzolausbeute wurde durch verschiedene technische Maßnahmen, die insbesondere eine Beeinflussung des Weges der Destillationsgase im Koksofen anstrebten, erreicht. Bei der Verkokung der Steinkohle in Kammern werden die gebildeten Gase von der heißen Außenwand der Kammern zum Teil zersetzt. Diese Zersetzung der gebildeten Gase kann nun z. B. durch das Innenabsaugverfahren zum Teil vermieden werden. Das Wesen dieses Verfahrens besteht darin, daß die in der Mitte der Verkokungskammern (wo die niederste Temperatur herrscht) sich bildenden Gase vor Berührung mit den heißen Außenwänden der Kammer geschützt werden, indem man sie auf kürzestem Weg nach außen, getrennt von den an den Außenwänden der Kammer sich bildenden Gasen, ableitet. Von den bisher vorgeschlagenen Innenabsaugungsverfahren hat bisher nur das sog. Still-Verfahren praktische Bedeutung gewonnen.

Bei dem Still-Verfahren handelt es sich um eine Innenabsaugung der aus dem Koksofen entweichenden Rohgase, ohne daß die sonstige Arbeitsweise der Öfen oder der Beheizung geändert wird. Es wird deshalb auch wie bisher mit den Öfen Hochofen-, Gießerei- und Hausbrandkoks gewonnen. Das STILL-Verfahren geht von der Tatsache aus, daß in einer Ofenbeschickung drei ziemlich scharf getrennte Zonen zu unterscheiden sind:

1. in der Mitte die Zone unverkokter Kohle mit einer Temperatur von etwa 100° C;

2. die plastische Zone oder Teernaht mit einer Temperatur von etwa 350—500° C, die in einer Breite von 20—50 mm die unverkokte Kohle umschließt;

3. die außerhalb der Teernaht befindliche, den Heizwänden anliegende Kokszone mit einer Temperatur von 900—1100° C.

Bei der bisher üblichen Art der Verkokung nehmen nun erfahrungsgemäß die Destillationsgase ihren Weg fast ausschließlich durch die heiße Kokszone und werden hier weitgehend zersetzt. Bei dem STILL-Verfahren ziehen die Destillationserzeugnisse während der längsten Zeitdauer der Verkokung unzersetzt durch die verhältnismäßig kühle Kohle ab. Durch die Schonung der Destillationserzeugnisse wird eine größere Ausbeute an Benzol und Teer erhalten und außerdem besitzt der Teer eine günstigere Zusammensetzung. Diesem Mehr an Benzol und Teer steht auf der anderen Seite ein Minus an Koks, Gas und Bildungswasser gegenüber.

Die wesentlichen Merkmale der technischen Lösung des STILL-Verfahrens der Innenabsaugung bestehen in folgendem:

Von der Ofendecke aus werden in den Kohlekuchen unmittelbar nach dem Einfüllen 10—12 senkrechte, in der Mittelebene der Beschickung verlaufende Löcher gestoßen. In diese Löcher werden, ebenfalls von der Ofendecke aus, sog. Absaugrohre in die Kohle eingeführt. Die Absaugrohre sind mit einer jedem Ofen gemeinsamen Sammelleitung verbunden, die Sammelleitungen aller Öfen stehen ihrerseits wieder mit der sog. I-Vorlage (Vorlage für Innengase und Innenteer) in Verbindung. Gleichzeitig ist der über der Kohlenoberfläche vorhandene Gassammelraum in üblicher Weise durch ein Deckensteigrohr an eine zweite Vorlage, die A-Vorlage (Vorlage für Außengase) angeschlossen. Diese Einrichtung erlaubt es je nach der Art der Kohle oder nach Lage der wirtschaftlichen Verhältnisse, auf dem Markt der Nebenprodukte der Steinkohlenverkokung entweder das gesamte Destillationsgas oder einen bestimmten Teil desselben unzersetzt durch die kühle Kohle aus dem Ofen abzusaugen. Dabei können die nicht durch die Innenvorlage abzuführenden Teile der Destillationsgase (d. h. die Außengase mit dem Außenteer) durch das Steigrohr in die A-Vorlage abgezogen werden (235, 65).

In der geschilderten Ausführung stehen z. B. seit dem Jahre 1930 die Kokereianlage Wolfsbank und seit Anfang 1932 die Kokereianlage Achenbach ununterbrochen in Großbetrieb.

Solche STILL-Koksöfen sind z. B. auch noch auf der Zentralkokerei Nordstern in Horst-Emscher vorhanden. Auf der Zentralkokerei „Prosper“ der Rheinischen Stahlwerke erfolgt die Innenabsaugung durch die Kammertüren, und zwar mit Hilfe einer Anzahl von Kanälen, die von der senkrechten Mittellinie der Türinnenfläche nach außen führen und dort an ein außerhalb der Tür liegendes senkrechtes Sammelrohr angeschlossen sind. In diesem Falle sind also keine Kanäle oder Saugrohre vorhanden, welche in die Kohlebeschickung führen. Auf der genannten Kokerei sind drei Koksofengruppen mit zusammen 135 Öfen mit dieser Innenabsaugung versehen, und die vorhandenen weiteren drei Ofengruppen werden jetzt ebenfalls wie die anderen ausgerüstet. Die in den (mit den Kanälen der Tür abgesaugten) Innengasen enthaltenen Wertstoffe werden in einer besonderen kleinen Nebenproduktenanlage gewonnen. Bei einem täglichen Durchsatz an trockener Kohle von 2800 t mit 23% flüchtigen Bestandteilen werden pro Tag 8—9 t Schwelöl (frei von Naphtalin und Pech) und 1,4 t leichte Kohlenwasserstoffe gewonnen. Die leichten Kohlenwasserstoffe bestehen zu einem Drittel aus Nichtaromaten. Bemerkenswert ist, daß Hydrierversuche bei der I. G. Farbenindustrie A. G. des bei der Innenabsaugung erhaltenen Schwelöls 72,5% schwach gelb gefärbtes Dieselöl und 22% klopffestes Benzin ergaben. Rund ein Siebentel der betriebenen Koksöfen haben heute besondere Absaugevorrichtungen.

Bei diesem Verfahren der Innenabsaugung werden auch Kohlenwasserstoffe erhalten, welche niedriger sieden als Benzol und zum Teil bei gewöhnlicher Temperatur dampfförmig sind. Diese aber bei verhältnismäßig niedrigem Druck verdichtbaren Kohlenwasserstoffe werden auch mit „Gasol" bezeichnet. Um aus diesen Gasen das Gasol gemeinsam mit Benzol zu gewinnen, wird das Gas verdichtet (z. B. 9 Atm. nach Still), und die Auswaschung erfolgt unter Druck.

Je nach der Art der Kohle werden bei dem Still-Verfahren der Innenabsaugung 30—40% mehr Benzol (mit 10—14% Paraffinkohlenwasserstoffen) und 10—20% mehr Teer gewonnen als bei dem üblichen Verkokungsverfahren. Die Wichte des gewonnenen Benzols liegt bei 0,85.

Außer der genannten Steigerung der Benzol- und Benzinausbeute ergeben sich bei dem Still-Verfahren als Folge der Innenabsaugung noch einige andere vorteilhafte Auswirkungen, unter anderem eine 10—15%ige Steigerung des Durchsatzes der Öfen bei sonst gleichen Betriebsbedingungen, eine 7—10%ige Ersparnis an Heizgas. Ferner als Folge der geänderten Führung der Gase durch das neue Absaugverfahren eine merkliche Verbesserung der Koksqualität, besonders bei schlechtbackenden Kohlen (Oberschlesien, Sachsen, Saargebiet).

Es gibt noch eine Reihe anderer Verfahren (welche vorgeschlagen wurden und auch zum Teil praktisch angewendet werden), z. B. das Verfahren von Goldschmidt und Stöter-Tillmann (247) u. a. (248), um die Ausbeute an Benzol durch Einbau eines Deckenkanals in den Ofenkopf zu erhöhen. Dieser gleicht die Druckunterschiede in der Kammer aus, verhindert damit Verluste durch Übertritt von Rohgas in die Heizzüge und führt zu einer weiteren schonenden Krackung des Teers zu Benzolkohlenwasserstoffen. Diesem Verfahren kommt vor allem in den Fällen Bedeutung zu, wenn in kurzgarenden Öfen rasch große Gasmengen entwickelt und abgesaugt werden müssen.

Allerdings ist zu bedenken, daß der bei der Innenabsaugung sich ergebende Teer nicht wie der bei der normalen Hochtemperaturverkokung gewonnene Teer als Rohstoff für die Herstellung der aromatischen Verarbeitungsprodukte verwendet werden kann. Der Hochtemperaturteer ist aber die einzige deutsche Rohstoffquelle für diese Produkte, und es würde daher ein allgemeiner Übergang zur Innenabsaugung unzweckmäßige Strukturwandlungen im Nebenproduktenanfall mit sich bringen.

## 5. Eigenschaften des Motorenbenzols.

Das gereinigte Motorenbenzol hat im Vergleich zu Benzin verschiedene Eigenschaften. Zunächst ist zu bemerken, daß das Benzol in der Kokerei nicht in reinem Zustand, sondern meist in Gemisch mit seinen Homologen Toluol und Xylol anfällt, welche Kohlenwasserstoffe wegen ihrer höheren Kältefestigkeit und wegen ihres höheren Wasserstoffgehalts im Motor sich günstiger verhalten.

Die wichtigsten Inhaltsstoffe des gereinigten Benzols sind allgemein 45—70% Toluol, 10—20% Xylole, 5—10% höhere Benzolkohlenwasserstoffe (Polyalkylbenzole) und als Rest 2—10% aliphatische Kohlenwasserstoffe, vor allem olefinische und Grenzkohlenwasserstoffe; ferner Zyklopentadien, Schwefelkohlenstoff, Thiophen, Pyridinbasen u. a. m. Die Mengenanteile dieser Stoffe werden weitgehend beeinflußt von der Art der Kohle, den Entgasungsbedingungen und der Bauart sowie Betriebsweise der Entgasungsöfen.

Die Wichte (spezifisches Gewicht) liegt höher als bei Benzin und schwankt zwischen 0,870 und 0,880. Benzol ist sehr klopffest. Man kann mit unvermischtem Motorenbenzol Motoren mit Verdichtungsgraden bis 1 : 11 klopffrei verbrennen. Derartige hohe Verdichtungsgrade liegen so weit über dem heutigen Niveau, daß man die große Klopffestigkeit unvermischten Benzols gar nicht voll ausnutzen kann. Diese Tatsache hat zwangsläufig zur Einführung von Gemischen geführt, und im Jahre 1924 ging der Benzol-Verband dazu über, Benzol mit Benzin zu vermischen. In Mischungen mit anderen Treibstoffen, in erster Linie mit klopffreudigem Benzin, bleibt die Klopffestigkeit des Benzols in entsprechendem Maß erhalten. Die großen Brennstoffirmen bringen heute solche Benzin-Benzol-Gemische z. B. unter dem Namen „B. V.-Aral“ (das also 1924 zum erstenmal auf dem Markt erschien) in den Handel. Der Erstarrungspunkt des reinen Benzols liegt bei 6° C. Je größer also der Benzolgehalt eines Treibstoffs ist, desto leichter kann naturgemäß das im Gemisch enthaltene Benzol in der Kälte auskristallisieren. Zur Herabsetzung des Kristallisationspunkts wird daher speziell bei Treibstoffen für Flugmotoren gerne Xylol zugesetzt, welches die Temperatur, bei der die ersten Benzolkristalle erscheinen, herabsetzt. Im Land Österreich wurde und wird derzeit für Mischungszwecke ein Benzol verwendet, welches bis 100° C restlos destilliert. Benzol hat, bezogen auf die Gewichtseinheit (WE/kg), einen Heizwert von 9700 WE/kg; er ist niedriger als der eines Durchschnittsbenzins. Bezieht man den Heizwert von Benzol auf die Raumeinheit, so ist der Heizwert von Benzol höher als der des Benzins, und zwar 8550 WE/l gegenüber 7500—7800 WE/l von Benzin.

Das heute in den Handel für Mischungszwecke kommende Benzol entspricht bestimmten Mindestanforderungen hinsichtlich seiner Flüchtigkeit, Reinheit, Klopffestigkeit, Lagerbeständigkeit, Korrosionsfreiheit und Kältebeständigkeit. Alle größeren Hersteller von Motorenbenzol, insbesondere die, welche dem Benzolverband angehören, halten diese Mindestanforderungen ein, so daß der Verbraucher immer ein brauchbares Produkt in der Hand hat.

Der hauptsächlichste Wert des Benzols liegt in seiner klopfverbessernden Wirkung bei Zusatz zu weniger klopffestem Benzin. Im Benzol hat man also ein Mittel in der Hand, die Klopffestigkeit des Benzins in bestimmtem, genau zu regulierendem Ausmaß einzustellen. Die klopfverbessernde Wirkung des Benzols ist in seiner chemischen Zusammensetzung begründet. Das Benzol ist nämlich durch einen aus CH-Gruppen gebildeten festen Ring zusammengesetzt, welcher erst durch höheren Druck und höhere Temperatur schwieriger in Wasserstoff und Kohlenstoff gespalten wird als das Benzin, welches aus den nur lose kettenartig miteinander verbundenen $CH_2$-Gruppen besteht und daher durch Druck und höhere Temperatur leicht gespalten wird. In Deutschland enthalten bereits etwa 40% aller verbrauchten Motortreibmittel zugesetztes Benzol. Man trachtet daher auch die Gaswerke in verstärktem Maß zur Benzolerzeugung heranzuziehen, und das Reichswirtschaftsministerium hat im Frühjahr 1936 die Benzolgewinnung in allen Gaswerken mit einer Jahreserzeugung bis herab zu 2,5 Millionen Kubikmeter als wünschenswert bezeichnet.

## 6. Benzolerzeugung, Maßnahmen zu ihrer Erhöhung und Bewirtschaftung.

Die Benzolerzeugung der Welt nimmt demgemäß von Jahr zu Jahr zu.

Benzolerzeugung der wichtigsten Länder (in Tonnen).

| | 1932 | 1933 | 1934 | 1935 | 1936 |
|---|---|---|---|---|---|
| Deutschland | 207500 | 253000 | 300000 | } 400000 | 420000 |
| Saarbezirk | 28000 | 30000 | 36000 | | |
| Vereinigte Staaten | 270000 | 206000 | 269000 | 385800 | 587400 |
| Großbritannien | 118500 | 119000 | 168000 | 184000 | 258800 |
| Frankreich | 68200 | 74200 | 74600 | 74600 | 75000 |
| Belgien | 34000 | 37000 | 36500 | 41000 | 45000 |
| Niederlande | 21500 | 23000 | 26500 | 27200 | 29300 |
| Polen | 17000 | 18000 | 22300 | 23700 | 26900 |
| Tschechoslowakei (ehemal.) | 14000 | 14000 | 15000 | 16800 | 20000 |
| Italien | 5000 | 5700 | 6600 | 8000 | 8500 |
| Spanien | 3300 | 3200 | 4000 | 5500 | 3000 |
| Japan | 19500 | 26000 | 26000 | 26000 | 3200 |
| | 806500 | 809100 | 980700 | 1192600 | 1506500 |

Nach der vorstehenden Tabelle betrug die Weltproduktion an Benzol 1936 schon über 1,5 Millionen Tonnen. Die beiden größten Benzolerzeuger sind Amerika und Deutschland. Diese Produktionszahlen entstammen einem Jahresbericht des Comité de l'Union Française des Producteurs de Benzol. Genaue Ziffern über die Benzolerzeugung in den einzelnen Ländern sind nicht erhältlich. Die angegebenen Ziffern geben jedoch ein Bild über die zunehmende Benzolerzeugung. In Deutschland wurden 1937 485000 t und 1938 rund 540000 t Benzol erzeugt.

Es ist verständlich, daß eine Reihe von Ländern bestrebt ist, die Benzolerzeugung zu heben. So hat z. B. Italien in einem Gesetz aus dem Jahre 1923 verordnet, daß sämtliche Gaswerke mit einer Jahreserzeugung von mehr als 1 Million Kubikmeter Gas das in ihm enthaltene Benzol gewinnen müssen. Zwei Jahre später wurde diese Grenze auf 2 Millionen Kubikmeter erhöht. Der Heizwert des von Benzol befreiten Gases braucht seitdem nicht mehr als 4500 WE/m$^3$ betragen. Mit Wirkung vom 1. Jänner 1939 ist die Verkaufssteuer für Benzol in Italien durch ein am 19. Jänner veröffentlichtes Dekret aufgehoben worden.

Deutschland hat eine besondere Bewirtschaftung der leichten Steinkohlenteeröle eingeführt. Auf Grund der Anordnung Nr. 10 der Überwachungsstelle für Mineralöl vom 20. April 1937 darf das im Inland erzeugte Benzol erst dann abgegeben oder verwendet werden, wenn das darin enthaltene Toluol herausgezogen ist; dasselbe gilt für das aus dem Ausland eingeführte Toluol. Die Benzolerzeuger können von der Überwachungsstelle für Mineralöl verpflichtet werden, monatlich in Höhe von bis zu 10% ihrer Ablieferungen von Motorenbenzol 90%iges Handelsbenzol für chemische oder technische Zwecke an Verbraucher zu liefern, die zum zollfreien Bezug leichter Steinkohlenteeröle oder zum steuerfreien Bezug leichter Steinkohlenteeröle berechtigt sind. Durch Anordnung Nr. 10a vom 9. Jänner 1939 ist der Geltungsbereich der Anordnung Nr. 10 der Überwachungsstelle für Mineralöl auf das Land Österreich und die sudetendeutschen Gebiete ausgedehnt worden.

## 7. Benzolerzeugung auf synthetischem Weg.

Benzol läßt sich auch auf künstlichem Weg erzeugen. F. Fischer und Mitarbeiter (66) haben, ausgehend vom Methan, neue zur Benzolsynthese führende Wege gefunden und F. Fischer und Pichler (67) gelang es, durch kurzes und kräftiges Erhitzen des Methans auf über 1000° C, Benzol zu erzeugen. Nach F. Fischer und Peters (68) kann durch Einwirkung hochgespannter Wechselströme in Entladungsröhren bei einem Druck von etwa 50 mm Wassersäule auf methanhaltiges Koksofengas Acethylen gewonnen werden, welches auf thermischem Weg oder auch mit Hilfe von Katalysatoren in Benzolkohlenwasserstoffe überführt werden kann. Nachdem von der Ruhrchemie A. G. in Oberhausen-Holten eine Versuchsanlage errichtet worden war und die technischen Schwierigkeiten zur Einführung überwunden werden konnten, rechnet man mit der Einführung dse Verfahrens in den Großbetrieb.

# J. Druckextraktion von Steinkohle.

## 1. Verfahren von Pott und Broche.

Zu den bisher genannten Methoden für die Heranziehung der Steinkohle zur verstärkten Aufbringung von Treibstoffen gesellt sich eine neue, die von den schon erwähnten Verarbeitungsmethoden abweicht. Es ist bekannt, daß sich aus jeder Kohle mit organischen Lösungsmitteln gewisse Bestandteile lösen lassen, die man mit dem Sammelnamen Bitumen bezeichnet. Allerdings ist es nicht möglich, die Kohle vollkommen in Lösung zu bringen. Die beiden Kohlenchemiker Pott und Broche haben nun in der chemischen Versuchsanstalt der Zeche Matthias Stinnes in Essen ein Verfahren ausgearbeitet, nach welchem unter Anwendung von Lösungsmittelgemischen, wie Tetralin-Phenol oder Tetralin-Naphtalin-Phenol, aus Steinkohlen Extraktmengen bis zu 80 Gew.-%, aus Braunkohlen bis zu 94 Gew.-% erhalten werden. Diese Kohlenextrakte enthalten nur etwa 0,1% Asche und haben einen Heizwert von 8600 WE. Das Verfahren ist in Gemeinschaft mit der I. G. Farbenindustrie A. G. zur Betriebsreife entwickelt worden (69, 70). Zu diesem Zweck wird die bis auf 1—2 mm Korngröße zerkleinerte Kohle unter ganz bestimmten Reaktionsbedingungen in dem Lösungsmittelgemisch aufgeschwemmt und unter Druck behandelt, wobei die Kohlensubstanz in schonendster Weise abgebaut und mit geringem, dem Tetralin entstammendem Wasserstoff teilweise hydriert wird. Die auf diese Weise erhaltenen Extrakte lassen sich nunmehr von den nicht in Lösung gebrachten Rückständen bequem trennen. Als Rückstand hinterbleibt eine Kohle mit einem Aschegehalt von 25 bis 30% bei einem Aschegehalt der Ausgangskohle von 5%. Durch Destillation wird der Extrakt von dem Lösungsmittel getrennt. Der Extrakt ist wegen seines hohen Wasserstoffgehalts und demnach seines geringen Wasserstoffverbrauchs ein für die Hydrierung besonders geeignetes Ausgangsprodukt. Bei Hydrierung dieses Extrakts wird ein Benzin gewonnen, dessen Oktanzahl zwischen 80 und 90 liegt und welches eine Wichte von 0,80 bis 0,85 (gegenüber 0,87 von Motorenbenzol) besitzt.

Die große Ausbeute an Extrakt ist dadurch möglich geworden, daß auf Grund jahrelanger und umfangreicher Versuche das Extraktionsverfahren so gestaltet wurde, daß die Druckextraktion in mehreren Stufen bei immer höherer, jeweils bei unmittelbar unter der Zersetzungstemperatur der behandelten Kohle liegenden Temperaturen erfolgt, dabei kommen Temperaturen von 280 bis 400° C in Betracht. Die Höchsttemperatur zur Sicherung der größten Ausbeute ist für jede Kohle verschieden, bei Gasflammkohle z. B. zwischen 410 und 415° C. Da die Zersetzungstemperaturen auch für die einzelnen Kohlesorten mit zunehmender Extraktion ansteigen, so ergibt sich ein stufenweises Arbeiten mit steigenden Extraktionstemperaturen. Umfangreiche Versuche haben ergeben, daß die besten Extraktausbeuten nur dann erhalten werden, wenn bei jeder Stufe die Temperatur so eingestellt wird, daß die Zersetzungstemperatur erreicht wird; anderseits darf dieser Punkt auch nicht überschritten werden, da sonst infolge beginnender Verkokung die Extraktausbeute stark zurückgeht. Die Höchsttemperaturen liegen nach den Veröffentlichungen über das Verfahren bei 380—410° C.

Die Druckextraktion unterscheidet sich von der Schwelung dadurch, daß einerseits durch die Anwendung des Öls eine weitaus bessere und schnellere Durchwärmung der Kohle erreicht wird, anderseits aber die Zersetzungsprodukte durch ihre Auflösung im Öl schneller vom Ort ihrer Entstehung fortgeführt und vor weiterer Zersetzung bewahrt bleiben. Auch bei der Extraktion ist eine Gasabspaltung zu beobachten, welche zeigt, daß es bei der Extraktion der Kohle nicht ohne eine merkliche Zersetzung abgeht. F. MOEHRLE (193) hat daher die Druckextraktion der Kohle auch als äußerst schonende Schwelung in Gegenwart von Öl bezeichnet.

Bei der Extraktion der Kohle spielen nach F. MOEHRLE (193) drei Teilvorgänge mit, und zwar die Aufspaltung der Kohle durch Wärmeeinwirkung (Schwelung), die aufschließende Lösung des auseinanderbrechenden Kohlemoleküls durch das Öl und die teilweise Hydrierung der bei der Aufspaltung des Kohlemoleküls auftretenden Spalt- und Zersetzungsprodukte. Die reine Schwelung und die Hochdruckhydrierung unterscheiden sich von der Druckextraktion in der Hauptsache durch die Verschiedenheit des Verhältnisses, in dem die drei Vorgänge nebeneinander stattfinden. Bei der Druckextraktion der Kohle steht die schonende Wärmezersetzung im Extraktionsöl und die Aufschließung neben der Lösung im Vordergrund, während die Hydrierung nur im geringen Maß am Gesamtvorgang beteiligt ist.

Als brauchbarste Lösungsmittel haben sich Gemische aus 50% Tetralin und 50% Phenolen und solche aus 40% Tetralin, 20% Phenolen und 40% Naphtalin erwiesen. Die Lösungsmittel werden im Verhältnis 1 : 1 der Kohle verwendet, wodurch sich eine homogene und leicht filtrierbare Kohlenlösung ergibt.

Die so erhaltenen Extrakte sind pechähnlich glänzende Massen von muscheligem Bruch, die nach BROCHE (70) einen Aschengehalt bis zu 0,1%, einen Heizwert von 8600 WE/kg, einen Gehalt an Kohlenstoff von 88,6%, an Wasserstoff von 5,8% und an Schwefel von 0,47% und einen Schmelzpunkt von rund 270° C haben.

Die Versuche, durch Extraktion von Kohlen einen praktisch aschefreien Rohstoff für die Hochdruckhydrierung zu erhalten, wurden schon 1926 unternommen. Die grundlegenden Versuche waren bis zum Juni 1927 bereits beendet, so daß im Juli 1927 das erste grundlegende Patent über diese neuartige Kohlenextraktion eingereicht werden konnte. In den folgenden Jahren wurde das Verfahren in umfangreichen Laboratoriumsarbeiten weiterentwickelt und vervollständigt. Ende 1934 wurde eine Versuchsanlage mit einer jährlichen Erzeugung von 1000 t Extrakt auf der Zeche Matthias Stinnes I/II errichtet und zu Beginn des Jahres 1935 in Betrieb genommen. Die Ergebnisse dieser Versuchsanlage waren so günstig, daß im Herbst 1935 der Entschluß zur Errichtung einer Großanlage gefaßt wurde. Das Werk wurde im März 1938 in Bottropp auf dem Gelände der Zeche Welheim der Ruhröl G. m. b. H. nach einjähriger

Bauzeit in Betrieb genommen. Diese Hydrieranlage verwendet den nach dem Pott-Broche-Verfahren gewonnenen Extrakt als Rohstoff und hydriert ihn bei dem sehr hohen Druck von 700 Atm., welcher Druck bisher nur in diesem Werk angewendet wird. In dieser Anlage wird klopffestes Benzin, mit hohem Aromatengehalt, Dieselöl und Heizöl hergestellt und hat den Charakter einer Großversuchsanlage. Der Anfall der verschiedenen Produkte läßt sich je nach der Marktlage und Bedarf durch Veränderung des Katalysators, der Temperatur und sonstigen Versuchsbedingungen entweder nach der Benzin- oder nach der Schwerölseite hin weitgehend verschieben. An Stelle von nach dem Pott-Broche-Verfahren gewonnenem Steinkohlenextrakt lassen sich auch Hart- und Weichpech, Pechdestillate u. dgl. hydrieren.

### 2. Verfahren von Uhde.

Auf ähnlicher Grundlage arbeitet das Uhde-Verfahren der Firma Uhde (Essen). Als Lösungsmittel werden Teeröle verwendet, und zwar je nach der Kohlenbeschaffenheit. 0,65—1,2 kg Lösungsmittel je Kilogramm Kohle und als Wasserstoffquelle wird nicht Tetralin, sondern komprimierter Wasserstoff oder Koksofengas verwendet. Dieses Verfahren unterscheidet sich von dem soeben besprochenen, namentlich dadurch, daß die Druckextraktion in Gegenwart von Wasserstoff ausgeführt wird, wodurch man Extrakte mit höherem Wasserstoffgehalt bekommt. Gearbeitet wird bei Temperaturen von 390 bis 410° C und unter einem Druck von 400 Atm. Darnach werden Gas, Wasser und Leichtöl entfernt, und die zurückbleibende Masse wird in Schleudern oder Druckfiltern behandelt, um feste und flüssige Stoffe zu trennen. Der flüssige Anteil wird einer Destillation unterworfen, bei der er in Bitumen und Lösungsmittel zerlegt wird und Reinkohle als Rückstand gewonnen wird. Das Bitumen enthält verhältnismäßig viel Wasserstoff und kann in Treiböl überführt werden. Braunkohle ergibt eine Ausbeute von 70 bis 75, Steinkohle von 80 bis 85%, bezogen auf Reinkohle (71—75). Zur weiteren Ausarbeitung des Uhde-Verfahrens wurde im Mai 1936 eine Studiengesellschaft gegründet, an der sich die Mehrzahl der Ruhrzechen beteiligt haben.

## K. Der Äthylalkohol (Äthanol, Spiritus).

Die letzten zwei Jahrzehnte haben einem anderen Treibstoff zu einer seinem Charakter entsprechenden Bedeutung verholfen. Es ist dies der Spiritus, der einzige Kraftstoff mit einheitlicher chemischer Zusammensetzung. Den reinen Spiritus oder Äthylalkohol ($CH_3CH_2OH$), kommen folgende physikalische Konstanten zu:

| | |
|---|---|
| Molekulargewicht | 46,05 |
| Wichte (spez. Gewicht) bei 20° C/4° C | 0,7894 |
| „ „ „ „ 15° C/4° C | 0,7942 |
| Brechungsexponent | 1,3619 bei 20° C |
| Siedepunkt | 78,32° C |
| Flammpunkt | 12° C |

| | | |
|---|---|---|
| Dampfdruck bei | 0° C | 12 mm Hg |
| „ „ | 20° C | 44 „ „ |
| „ „ | 80° C | 812,91 mm Hg |
| „ „ | 100° C | 1697,55 mm Hg |
| „ „ | 1500° C | 7318 mm Hg |
| Spezifische Wärme bei | 0° C | 0,548 |
| „ „ „ | 80° C | 0,769 |
| Verdampfungswärme WE/g nach YOUNG bei | 0° C | 220,9 |
| „ „ „ „ „ | 40° C | 218,7 |
| „ „ „ „ „ | 80° C | 206,4 |

In der ersten Zeit ist die Einführung des Spiritus als Treibstoff auf große Schwierigkeiten gestoßen. Diese Schwierigkeiten wurden aber durch den Umstand, daß wasserfreier Spiritus mit Benzin oder Motorenbenzol oder beiden gemischt werden kann, vollkommen beseitigt. Bahnbrechend auf dem Gebiete der Verwendung von Spiritus als Treibstoff war Schweden, in welchem Land die Verwendung von sog. Sulfitsprit, der aus Sulfitablaugen hergestellt wurde, noch während des Krieges ausgebaut wurde. An zweiter Stelle standen Frankreich und Ungarn. Die meisten anderen europäischen Länder, wie Deutschland, die Tschechoslowakei usw., folgten. Der Absatz von Spiritus hatte demgemäß auch in den letzten zwei Jahrzehnten auch eine völlige Umschichtung erfahren. Während in der Vorkriegszeit die hauptsächliche Absatzquote der Trinkspiritus war, ist dieser Absatz stark zurückgegangen, und es hat der Absatz von Motorspiritus außerordentlich stark zugenommen.

## 1. Herstellung.

Es gibt zahlreiche Wege zur Herstellung von Spiritus. Er kann grundsätzlich aus jedem stärkehaltigen Material, wie Kartoffeln, Früchten usw., hergestellt werden.

### *a) Herstellung von Spiritus aus stärkehaltigem Material und aus Zellulose (Holzverzuckerung).*

Alkohol wurde ursprünglich nur in den Korn-, Obst- und Kartoffelbrennereien erzeugt. Diese Herstellungsverfahren beruhen sämtlich darauf, daß man die in den Rohstoffen enthaltenen natürlichen Zucker durch Hefe in Alkohol und Kohlensäure zerlegen läßt oder mittels Fermente die Stärke in diesen Körpern in Zucker überführt, den man dann in derselben Weise verarbeitet. Wirtschaftlich lohnend ist zur Erzeugung größerer Mengen Alkohol lediglich die Kartoffelbrennerei, wenngleich sie gegen industrielle Verfahren nur dadurch aufkommen kann, daß sie ein für die auf arme Böden angewiesenen Betriebe wertvolles Nebenerzeugnis, die Schlempe, liefert. Diese ist das eigentliche Haupterzeugnis und dient als Viehfutter in den Zeiten des Frischfuttermangels. Außer Kartoffeln kann man noch sonstige stärkemehlhaltige Rohstoffe oder Abfälle, wie Gerste, Roggen, Weizen, Hafer, Mais, Reis, Sisal, Manioka, und zuckerhaltige Rohstoffe oder Abfälle, wie Zuckerrüben, Zuckerrohr, zuckerhaltige Früchte, Wurzeln, Blüten, und zuckerhaltige Abfälle, die man bei der Verarbeitung von Zuckerrohr und Zuckerrüben auf Zucker erhält, wie Melasse, für die Alkoholherstellung verwenden. Jedoch ist die Herstellung von Alkohol aus den genannten Produkten meist unwirtschaftlich. Seit langem hat man deshalb schon versucht, Alkohol aus zellulosehaltigen Stoffen zu gewinnen. Als billigster Rohstoff bot sich das Holz in irgendeiner Form seines Vorkommens.

Grundsätzlich muß bei der Umwandlung (Hydrolyse) von Holzzellulose in Zucker (Holzverzuckerung) folgende, in den Einzelheiten keineswegs völlig geklärte Gleichung erfüllt sein:

$$C_6H_{10}O_5 + H_2O = C_6H_{12}O_6.$$

Für die Umwandlung des Zuckers in Alkohol gilt dann ferner:

$$C_6H_{12}O_6 = 2\,C_2H_5OH + 2\,CO_2.$$

Theoretisch erhält man dabei aus 1 kg trockener Zellulose 0,57 kg Alkohol (100%ig). Die nachfolgende Tabelle 9 gibt uns die Zusammensetzung der Holztrockensubstanz an in ihr enthaltenen verschiedenen Bestandteilen an.

Tabelle 9. Zusammensetzung der Holztrockensubstanz.

| Bestandteile | Fichtenholz[1] in Prozent | Buchenholz[2] in Prozent |
|---|---|---|
| Zellulose | 41,0 | 42,5 |
| Hemizellulose | | |
| Hexosane | 19,0 | 5,6 |
| Pentosane | 5,3 | 23,7 |
| Azetyl | 1,4 | 3,9 |
| Lignin | 28,0 | 20,8 |
| Sonstige Bestandteile (Harze, Asche, Protein usw.) | 4,8 | 3,0 |
| | 100,0 | 100,0 |

Das Problem der Überführung der Holzzellulose in Zucker oder zuckerähnliche Stoffe, welches die Chemiker seit mehr als 100 Jahren beschäftigte, ist heute aus dem Zustand der Versuche in den des industriellen Großbetriebs getreten. Damit ist auch das Holz der Wälder ein Rohstofflieferant für die Versorgung der Länder mit flüssigen Treibstoffen geworden. Es sind im wesentlichen drei Verfahren, welche heute in der Praxis für die Verzuckerung angewendet werden, es sind dies das Stettiner Kriegsverfahren, das SCHOLLER-Tornesch-Verfahren und das BERGIUS-Rheinau-Verfahren.

$\alpha$) **Das Stettiner Verfahren.** Das Stettiner Verfahren wendete zur Verzuckerung des Holzes verdünnte Säuren an. Die Anlage in Stettin, welche nach diesem Verfahren arbeitete, erzeugte von August 1918 bis

[1] Nach HÄGGLUND, Svensk Chem. Tidskr. 1933, S. 123.
[2] Nach RUNKEL und LANGE, Zellulosechemie 1931, S. 185.

September 1919 insgesamt 300 t Zucker und verarbeitete diesen auf Spiritus. Die Ausbeute betrug nur 6 l Spiritus auf 100 kg Holztrockensubstanz. 1919 mußte der Betrieb wegen Unwirtschaftlichkeit eingestellt werden (78).

*β*) **Das Verfahren von Scholler.** Das SCHOLLER-Tornesch-Verfahren, welches auch Verfahren zur Verzuckerung des Holzes durch Druckperkolation heißt, verzuckert die Zellulose des Holzes mit verdünnten Säuren. Wird bei einer Temperatur von 120 bis 190° C eine stark verdünnte Schwefelsäure in zellulosehaltige Stoffe, z. B. Holz, eingeleitet, so wird die Zellulose abgebaut. Zunächst bildet sich Zucker, bei weiterer Säureeinwirkung wird jedoch der Zucker noch in Zersetzungsprodukte zerlegt. SCHOLLER hatte nun erkannt, daß die Ausbeute an Zucker und damit die Wirtschaftlichkeit des Verfahrens steigen, wenn man fortlaufend den gebildeten Zucker aus dem Reaktionsbehälter entfernt und so dem zersetzenden Einfluß der sauren Druckerhitzung entzieht. Wichtig ist dabei, daß die erforderlichen Mengen an Säure so gering sind, daß die angewandte Menge unbedenklich verlorengegeben werden kann.

Der Vorgang der Holzverzuckerung mit verdünnter Säure nach dem SCHOLLER-Verfahren verläuft folgendermaßen (79): Von dem Lager für zerkleinertes Holz wird durch ein Becherwerk das Holzmaterial zu den Aufschlußgefäßen, sog. Perkolatoren, gebracht (Abb. 22). Es eignen sich Sägespäne, Maschinen- und Handhobelspäne, Raspelspäne und Siebspäne für die Verarbeitung. Der Perkolator hat einen Rauminhalt von etwa 50 m³ und ist in der Lage, je nach der Feuchtigkeit des Holzes 12—18 t Späne entsprechend rund 10 t Holztrockensubstanz in sich aufzunehmen. Das Holz wird zunächst lose von oben in den Behälter geschüttet. Nach Füllung wird der Perkolator verschlossen und die Füllung durch einen Dampfstoß zusammengepreßt. Die im Dampf enthaltene Wärme geht nur zum geringsten Teil verloren, da der Dampf größtenteils kondensiert und seinen Wärmeinhalt an die Füllung abgibt. Der Rest des Dampfes wird abgeblasen. Mit 2—4 Füllungen ist der Perkolator für die Verzuckerung betriebsbereit. Nach Beendigung der Füllperiode wird die Füllung auf Prozeßanfangstemperatur aufgeheizt. Von oben nach unten wird nun warme 0,4%ige Schwefelsäure bei etwa 10 Atm. in den Perkolator schubweise eingelassen und die Reaktionstemperatur wird nach jedem Schub etwas erhöht, bis schließlich bei einer Endtemperatur von rund 190° C die letzten Reste von Zellulose verzuckert sind. Die aus den Perkolatoren austretenden Zuckerlösungen werden entspannt und durch Wärmeaustauscher zur Vorwärmung von kalter Säuremenge verwendet. Die gekühlte, etwa 4% Zucker enthaltende Würze wird in Klärbottiche geleitet, in welchen die Schwefelsäure durch Zusatz von Kreide oder Ätzkalk neutralisiert wird. Die Würze, die zu Beginn des Prozesses anfällt, wird vor der Neutralisation und Kühlung einige Stunden auf einer Temperatur von rund 100° C gehalten, da die ersten Anteile zum Teil höhere Zuckerarten enthalten, die durch weitere Säureeinwirkung noch auf Traubenzucker abgebaut werden können. Der bei der Neutralisation gebildete Gips wird in Filterpressen abgeschieden.

Die filtrierte Zuckerwürze kann unter Zusatz von Nährstoffen (stickstoffhaltiger Nährstoffe, wie Ammoniumsulfat oder Ammoniak und Phosphate) für Herstellung von Futterhefe verwendet werden oder auf Alkohol vergoren werden. Als Nebenprodukt wird Lignin mit einem

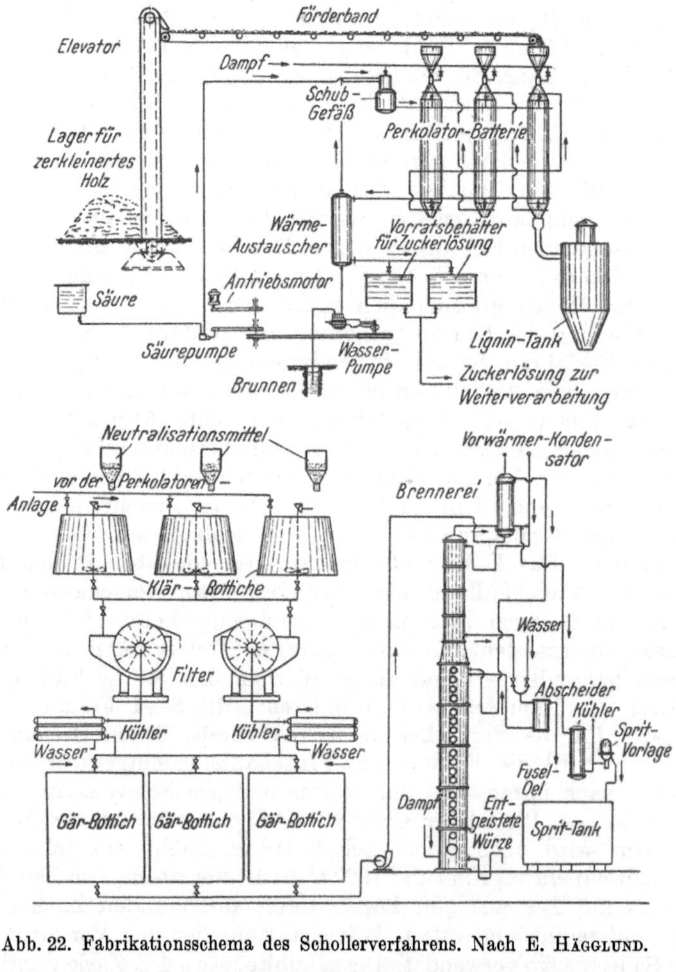


Abb. 22. Fabrikationsschema des Schollerverfahrens. Nach E. Hägglund.

Wassergehalt von 50% gewonnen. Es wird derzeit noch unter den betriebseigenen Kesseln verbrannt. Außerdem können noch Gerbstoffe, Harze, Terpentine, Glukose, Pentosen, Furfurol, Essigsäure, Ameisensäure und andere Produkte gewonnen werden, deren Gewinnung wird aber bisher nicht vorgenommen.

Nach dem Scholler-Verfahren werden etwa 75—80% der theoretisch möglichen Ausbeute an vergärbarem Zucker erhalten. Man erhält aus 100 kg Nadelholzabfällen, gerechnet als Holztrockenstoff, 50—55 kg reduzierenden Zucker bzw. 40 kg vergärbaren Zucker und durch Weiterverarbeitung 24 l Alkohol oder auch 12 kg Eiweiß in Form von 50%iger Futterhefe. Der etwa 20—25% betragende Verlust ist darauf zurückzuführen, daß beim Arbeiten mit verdünnten Säuren neben der Zuckerbildung auch eine Zuckerzersetzung eintritt. Das SCHOLLER-Verfahren wurde in den Jahren 1928—1934 in Tornesch so weit entwickelt, daß man das Verfahren ins Große übertragen konnte. Im Sommer 1934 wurde in Tornesch ein Perkolator von 50 $m^3$ Inhalt aufgestellt und die Anlage in Tornesch dadurch auf eine Leistung von über 100000 l Spiritus monatlich gebracht, welche Erzeugung in der Zwischenzeit sich wohl schon erhöht haben dürfte.

Eine zweite Anlage, die im Vergleich zu der Anlage in Tornesch die gleiche Leistung besitzt, wurde in Dessau im Sommer 1936 in Betrieb genommen. In dieser Anlage befinden sich acht Perkolatoren von je 50 $m^3$ Inhalt, die täglich 60—80 t Holztrockenstoff verarbeiten, und jährlich werden etwa 50000 hl Spiritus erzeugt.

Eine dritte Anlage, ebenfalls von 40000 bis 50000 hl Spirituserzeugung mit sechs Perkolatoren zu 50 $m^3$ Inhalt ist in Holzminden im Bau und wird wohl schon die Arbeit aufgenommen haben. Während die beiden ersten Anlagen hauptsächlich Fichtenholz verarbeiten, steht für die Anlage in Holzminden größtenteils Buchenholz zur Verfügung, welches im Weserwaldgebiet überwiegt. Die Jahreserzeugung an Spiritus auf der Grundlage des SCHOLLER-Verfahrens betrug im Jahre 1937 über 10000 t Zucker in Lösung, woraus sich über 50000 hl Alkohol ergeben.

$\gamma$) **Das BERGIUS-Rheinau-Verfahren.** Die Mißerfolge, welche sich zuerst mit der verdünnten Säure zeigten, hatten zur Ursache, daß sich die Verzuckerung der Zellulose mit konzentrierter Säure, die erstmalig von BRACANNOT 1819 angewandt wurde, wieder aufgenommen wurde. Seit 1916 haben HÄGGLUND, BERGIUS und KOCH, auf den Arbeiten von WILLSTÄTTER und ZECHMEISTER aufbauend (76), die Verzuckerung mit überkonzentrierter Säure durchgeführt und das sog. BERGIUS-Rheinau-Verfahren ausgearbeitet. Dieses Verfahren wurde schon in den Jahren 1927 und 1928 in einer Versuchsanlage in Genf durchgeführt.

Die Verzuckerung des Holzes nach dem BERGIUS-Rheinau-Verfahren verläuft ungefähr folgendermaßen: Das Holz, welches aus irgendeinem Abfall- und Brennholz bestehen kann, wird in Hackmaschinen zerkleinert so, daß die Späne etwas gröber sind als gewöhnliche Sägespäne. Sie werden in einem Rotierofen mit Abgasen der Dampfkessel auf 5—10% Wassergehalt getrocknet und dann zur Diffusionsbatterie befördert. Diese besteht aus eisernen Behältern, welche mit einer speziellen Ausmauerung versehen sind (Abb. 23). Bei der Einfüllung wird das Holz mit Salzsäure-Zucker-Lösung von dem nächst vorher eingeschalteten Diffuseur gemischt (77). Mit dieser Mischung wird der Diffuseur beschickt. Die hochkonzentrierte Salzsäure von etwa 40% Chlorwasserstoffgehalt wird auf einen Diffuseur gebracht, in welchem das Holz nur noch geringe Mengen unverzuckerte Zellulose enthält. Am Ende der

Batterie ist daher nur ein zellulosefreier Rückstand, das Lignin, das durch Auswaschen von Salzsäure befreit wird. Von dem ersten Diffuseur wird nach einer gewissen Zeit Zuckerlösung abgezogen. Die Zuckerkonzentration dieser Lösung beträgt meist über 30 g in 100 cm³ Lösung. In dem Maße, wie die Zuckerkonzentration steigt, fällt die Chlorwasserstoffkonzentration. Diese Tatsache hat ihren Grund darin, daß das Lignin einen Teil des Chlorwasserstoffs absorbiert. Allerdings geht beim Waschen dieser Chlorwasserstoff wieder in Lösung. Schon 30%ige Salzsäure kann fast allen Chlorwasserstoff dem Lignin entziehen.

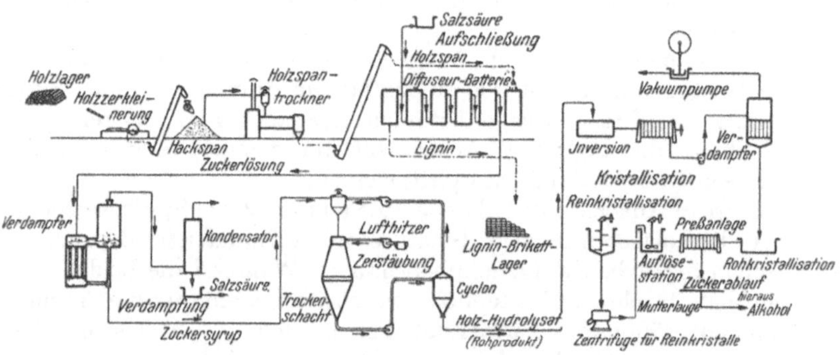


Abb. 23. Schematische Darstellung der Fabrikation von Holzzucker nach dem Rheinauverfahren. Nach E. HÄGGLUND.

Die Hauptmenge der Salzsäure der Zuckerlösung wird durch Vakuumverdampfung abdestilliert. Allerdings kann man nicht die ganze Salzsäure auf diese Weise zurückgewinnen. In dem Zuckersirup bleiben etwa 10—20% des Zuckergewichts an Chlorwasserstoff zurück. Dieser Anteil kann zum größten Teil durch Einblasen des Sirups in fein verteilter Form in einem Strom von Heißluft von 135 bis 145° C entfernt und wieder gewonnen werden. Diese Wiedergewinnung der verwendeten Salzsäure ist für die Wirtschaftlichkeit des Verfahrens von ausschlaggebender Bedeutung. Der Holzzucker fällt dabei als trockenes Pulver von 1 bis 2% Chlorwasserstoffgehalt an.

Die chemische Aufschließung, welche die Holzzellulose durch die kalte hochkonzentrierte Salzsäure erfährt, führt in den Diffuseuren zu monomeren Zuckern, die dann aber im weiteren Verlauf des Verfahrens, insbesondere beim Verdampfen und Trocknen zu niedrig polymeren Kohlehydraten rückgebildet werden; durch kurzes Erhitzen des in Wasser gelösten festen Zerstäubungsgutes unter Druck bei 125—128° C werden in praktisch quantitativer Ausbeute wieder die monomeren Zucker erhalten, wobei die geringen im Zerstäubungsprodukt enthaltenen Salzsäuremengen zur Hydrolyse genügen. Nach Neutralisation mit Kalk und Filtration ist die Zuckerwürze fertig und kann auf Alkohol oder Futterhefe weiterverarbeitet werden.

Da keinerlei Zuckerzersetzungen zu beobachten sind, werden nahezu die theoretisch möglichen Ausbeuten an Zucker erhalten. Der Holzzucker kann als Futter verwendet werden.

Wesentlich und kennzeichnend für das Rheinau-Verfahren ist, daß der Zucker in fester Form anfällt und daher bequem befördert werden kann.

Schon seit einer Reihe von Jahren betreibt die Deutsche Bergin A. G. für Holzhydrolyse in Heidelberg mit ihren beiden Fabriken in Rheinau, dem Rohwerk für Holzzucker und dem Werk für die Verarbeitung auf Sprit und Hefe, die Holzverzuckerung. Allerdings konnte eine besondere Zunahme der Erzeugung bisher nicht erreicht werden, und es war seit dem Jahre 1932 schon die dritte Kapitalauffüllung notwendig geworden. Daraus ergibt sich wohl, daß die Wirtschaftlichkeit des Rheinauer Holzverzuckerungsverfahrens davon abhängt, daß die Säurewiedergewinnung apparaturtechnisch gemeistert und wirtschaftlich gestaltet wird. Das Reich hat zur Bestreitung des Aufwands und zur Milderung der Verluste Zuwendungen in der Höhe von etwa 1 Million Reichsmark gemacht.

Als erste Großanlage nach dem Bergius-Rheinau-Verfahren ist eine solche von 30000 t Holztrockenstoffverarbeitung pro Jahr in Regensburg vorgesehen. Im Juni 1937 wurde mit 1,5 Millionen Reichsmark Aktienkapital eine mit Süddeutsche Holzverzuckerungswerke A. G., Regensburg, bezeichnete Gesellschaft gegründet worden, welche eine Anlage zur Holzverzuckerung bauen soll. Im Juli 1938 wurde der Grundstein zum Holzzuckerwerk in Regensburg-Schnabelweis gelegt. Das Werk soll jährlich bis zu 300000 Raummeter Holz verarbeiten und voraussichtlich am 1. Juli 1939 in Betrieb genommen werden.

Ganz allgemein sind im Rahmen des Vierjahresplans die chemischen Holzverzuckerungsverfahren studiert worden, und zwar sowohl die Herstellung von Zucker nach Bergius als auch nach Scholler. Für jedes dieser Verfahren sind je zehn Betriebe in Errichtung begriffen, die einen Gesamtaufwand von 80 Millionen Reichsmark erfordern werden.

$\delta$) **Sonstige Verfahren.** Erwähnenswert wären noch einige in Entwicklung begriffene Holzverzuckerungsverfahren; es sind dies das Darboven-Verfahren, das Flußsäureverfahren von Hoch und Bohunek und das Mitterbiller-Verfahren (80). Praktische Bedeutung haben diese Verfahren bis heute nicht erlangt. Hinsichtlich des Verfahrens von Hoch und Bohunek ist zu erwähnen, daß bereits eine Versuchsanlage unter finanzieller Unterstützung des Ausschusses für Technik in der Forstwirtschaft bzw. der Reichsstelle für Wirtschaftsausbau von der Maschinenfabrik Weigelwerk, Neiße-Neuland, in den Räumen der Chemischen Fabrik Heufeld (Oberbayern) erstellt und ein halbes Jahr von den Erfindern in Betrieb gehalten wurde (137).

Die deutsche Reichsbahn unterstützt die Herstellung von Holzzucker insofern, als sie eine Frachterleichterung für Abfallholz, wenn sie u. a. für Zwecke der Holzverzuckerung bestimmt sind, gewährt. Die Frachtermäßigung beträgt für Entfernungen über 51 km 20%, für Entfernungen von 1 bis 51 km gelten Sonderfrachtsätze.

Die Erzeugung an Holzzucker in Deutschland betrug nach SCHOLLER im Jahre 1937 10000 t, 1938 wird sie 15000 t erreichen.

### b) *Erzeugung von Alkohol aus Sulfitablaugen.*

Beim Aufschluß des Holzes durch Kalziumbisulfitlauge zur Erzeugung von Zellstoff fällt eine mit Sulfitablauge bezeichnete Lauge an. Diese Ablauge wird heute fast ausschließlich zur Herstellung von Spiritus verwendet.

Zum erstenmal wurde industriell Spiritus in dem holzreichen Schweden aus der Sulfitablauge gewonnen. Die erste Fabrik wurde auf Anregung des Großindustriellen LJUNDBERG in Skutskär errichtet. Ungefähr gleichzeitig und unabhängig hat H. WALLIN nach einem in Schweden patentierten Verfahren eine Versuchsanlage in Köpmanholmen angelegt. Beide Unternehmungen einigten sich in der Aktiebolaget Ethyl, die dann zunächst zwei neue Fabriken in Kvarnsveden und Bergvik errichtete. Im Laufe der nächsten Jahre wurden dann weitere Fabriken in Schweden, Finnland, Deutschland, Schweiz, Tschechoslowakei gebaut. In Deutschland mußten erst steuertechnische und sonstige gesetzliche Hindernisse beseitigt werden, ehe die Spiritusfabrikation in Gang kommen konnte.

Die Herstellung von Alkohol aus Sulfitablaugen geht meist folgendermaßen vor sich: Die Sulfitablaugen werden zunächst mit einer Mischung von frisch gelöschtem Kalk und feinst gepulvertem Kalkstein neutralisiert. Der Kalkstein bewirkt, daß die Lauge klar wird, denn für das Wachstum der Hefe und für die Vergärung muß die Lauge absolut klar sein. Man verfährt meist so, daß man die Lauge in hohe, etwa 100 $m^3$ fassende Türme aus armiertem Beton einpumpt, und während man von unten Luft durch einen Kompressor eintreibt, zunächst die erforderliche Menge gelöschten Kalk zugibt, dann nach etwa einer halben Stunde das Kalksteinmehl so lange, bis die Neutralisation beendet ist. Dann läßt man die Flüssigkeit einige Stunden stehen. Der abgesetzte Schlamm wird zweckmäßig mehrere Male verwendet, um seinen Gehalt an Kalziumkarbonat möglichst auszunutzen. Die neutralisierte Lauge wird dann in Bassins abgezogen, in denen sie sich im Laufe einiger Stunden völlig klärt. Man läßt die Sulfitablauge jetzt über ein luftgekühltes Gradierwerk. Man erreicht dadurch, daß größere Mengen Wasser verdampfen und damit eine Erhöhung der Zuckerkonzentration eintritt. Man kann jedoch auch die Lauge mit einer Serie von Kühlelementen kühlen, welche Kühlung wieder den Vorteil hat, die Gärungstemperatur genau einstellen zu können. Eine Kombination beider Verfahren, der direkten und indirekten Kühlung ist aber auch sehr vorteilhaft. Die Lauge wird nun in den Gärbottichen mit einer speziell herangezüchteten Hefe, welche gegen die Sulfitmaische entsprechend widerstandsfähig ist, versetzt. Als Nährstoffe für die Hefe setzt man ein Gemisch von Ammoniumsulfat und Kalziumphosphat oder aber BAUERschen Hefeextrakt zu. Eine Lüftung der Maische ist nicht erforderlich. Während der Gärung wird die

Lauge immer heller, weil die bei der Neutralisation entstandenen dunkel gefärbten Oxydationsprodukte reduziert werden. Die Temperatur wird bei Beginn der Gärung auf 29—30° C eingestellt. Sie ist am Schluß der Gärung, nach 70—80 Stunden, auf 28—29° C gesunken. Der durchschnittliche Gehalt an Alkohol der vergärten Ablauge beträgt 1 Vol.-% bis 1,4 Vol.-%. Die Höhe des Alkoholgehalts hängt hauptsächlich von der Sulfitkochung ab, ferner von der Neutralisation und der Gärführung.

Zur Destillation der Maische wird entweder der Apparat der Gebrüder Avenarius oder der kontinuierlich arbeitende Destillier- und Rektifizierapparat der Maschinenbau A. G., Golzern-Grimma, verwendet. Im letztgenannten Apparat wird schon der größte Teil der Vorlaufprodukte und ein Teil der Nachlaufprodukte bereits von der eigentlichen Rektifikation abgeschieden. Der auf diese Weise erhaltene Rohsprit enthält noch Methylalkohol, Azetaldehyd, Fuselöl und Spuren von Azeton und Borneol.

Die Kosten der Sulfitspirituserzeugung hängen hauptsächlich von dem Dampfverbrauch ab, welcher infolge der großen Verdünnung des Alkohols in der Maische für 1 l sehr groß ist. Trotzdem ist der aus Sulfitablaugen hergestellte Spiritus, weil er aus einem Abfallprodukt der Papierindustrie hergestellt wird, der billigste bis jetzt erzeugte Alkohol.

Im Durchschnitt werden aus 1 $m^3$ Sulfitablauge etwa 10 l 100%iger Alkohol gewonnen. Nach Hägglund fallen pro Tonne Sulfitzellstoff unter Berücksichtigung der Verluste etwa 3,35 $m^3$ Maische an. Auf 1 t Zellstoff dürften rund 300 kg Kohlenhydrate in der Lauge entfallen, wovon aber (nach schwankenden Angaben) nur 45—50% vergärbar sind. Auf 1 t Zellstoff erhält man demnach etwa 45 l Alkohol.

In Deutschland werden durch Vergärung des Zuckers der Sulfitablaugen jährlich etwa 700000 hl Spiritus erzeugt. Heute wird der Zuckergehalt der Sulfitablaugen in den fast allen deutschen Zellstoffwerken angegliederten Sulfitspiritusfabriken zu Alkohol verarbeitet. Der jährliche Anfall an solchen Ablaugen im Altreich beträgt rund 14 Millionen Kubikmeter. Jährlich werden von der deutschen Sulfitzellstoffindustrie etwa 700000 hl Spiritus erzeugt, die Zellstoffindustrie ist also in der Lage, ein Viertel der für Treibstoff benötigten Spritmenge zu liefern.

Erwähnenswert ist, daß durch diese Verwertung der Sulfitablaugen aber nur 2% der Trockensubstanz der Ablauge verwertet und derzeit im großen und ganzen alle übrigen in der Sulfitablauge vorhandenen Stoffe verlorengehen.

### *c) Herstellung von Alkohol aus Azetylen.*

Mit Hilfe eines Nickelkatalysators und schwefelsaurer Quecksilbersalze kann man Azetylen über das Zwischenerzeugnis Azetaldehyd in Äthylalkohol überführen (81):

$$C_2H_2 + H_2O = CH_3COH,$$

$$CH_3COH + H_2 = C_2H_5OH + 360\,\text{WE (cal)}.$$

Das Azetylen kann hierbei aus Kalziumkarbid, welches aus Kohle und Kalk im elektrischen Ofen herstellbar ist, gewonnen werden. Die Herstellung von 1 t Kalziumkarbid erfordert rund 4000 kWh elektrischer Energie, 700 kg Kohlen und 1000 kg Kalk. Erhält man überdies 1 $m^3$ Wasserstoff für acht Pfennig, so kann man den reinen Alkohol mit 24 Pfennig pro Liter erzeugen.

In den Jahren 1914—1917 sind in Griesheim, Höchst, Burghausen, Knappsack und Leverkusen Aldehydfabriken errichtet worden und 1931 eine weitere Anlage in Waldshut a. Rh. Ebenso existieren Fabriken in der Schweiz (Visp), Frankreich (Bosel) und Italien (Villa Dossala). In den Jahren 1919—1924 wurde von der Dr. Wacker G. m. b. H. im Werk Burghausen die Reduktion von Azetaldehyd zu Äthylalkohol mit Wasserstoff durchgeführt (82).

Die Dr. Alexander Wacker Gesellschaft für elektrochemische Industrie G. m. b. H. in München errichtet auf dem Gelände ihres Ferro-Werks in Halle Fabrikanlagen zur Erzeugung von Spiritus aus Azetylen. Die Anlagen sollen für eine Jahresproduktion von 250000 hl Spiritus eingerichtet werden.

### *d) Herstellung von Alkohol aus Äthylen.*

Aus Äthylen kann ebenfalls mit Hilfe von Schwefelsäure Alkohol hergestellt werden, und zwar nach folgenden Reaktionsgleichungen:

$$C_2H_4 + H_2SO_4 = C_2H_5OSO_3H,$$

$$C_2H_5OSO_3H + H_2O = C_2H_5OH + H_2SO_4.$$

Es bildet sich also aus Äthylen und Schwefelsäure zuerst Äthylschwefelsäure, die dann mit Wasser in Alkohol und Schwefelsäure umgesetzt wird. Aus 14 kg Äthylen soll man mittels 100 kg heißer konzentrierter Schwefelsäure 18 kg Alkohol (100%) erhalten. Lohnend scheint das Verfahren besonders dann zu sein, wenn man statt mit Wasserdampf die Umwandlung der Äthylschwefelsäure (welcher Vorgang auch in der organischen Chemie als „Verseifung“ bezeichnet wird) mit Ammoniak vornimmt und gleichzeitig dabei Ammoniumsulfat gewinnt. Auf diese Weise z. B. erzeugt die Compagnie des Mines de Béthune aus Koksofengasen Alkohol. Das Koksofengas enthält 1—2% Äthylen. Das Äthylen läßt sich aus dem Koksofengas durch bloßes Auswaschen mit konzentrierter Schwefelsäure in der Kälte dem Gas entziehen. Man erhält Äthylschwefelsäure (s. obige Gleichung), aus welcher unter Zugabe von Wasserdampf Äthylalkohol und bei Zugabe von weniger Wasserdampf Äthyläther abgetrieben wird. Die verdünnte Schwefelsäure bleibt zurück und kann nach der Konzentration von neuem verwendet werden. Mit dem aus dem Äthylen der Koksofengase gewonnenen Alkohol könnte der ganze Weltbedarf an Alkohol gedeckt werden. So sinnreich aber und bemerkenswert auch dieses Verfahren ist, so ist ihm durch die im Großbetrieb eingeführte Herstellung von Methylalkohol (s. Abschnitt „Methylalkohol“) ein Wettbewerb entstanden, welcher die Aussichten für ihre Verwirklichung in wirtschaftlicher Hinsicht verschlechtert.

Äthylen ist weiter in den beim Kracken von hochsiedenden Ölen entstehenden Krackgasen und in dem beim Stabilisieren von Krackbenzin entwickelten sog. Stabilisatorgas in beträchtlichen Mengen enthalten. In den Vereinigten Staaten hat die Erzeugung von Äthylalkohol aus Krackgasen im Jahre 1936 über zehn Gallonen betragen, und etwa 10% des Gesamtverbrauchs an Alkohol wird dort aus dem Äthylen von Dampfphasenkrackgas hergestellt. Nach G. EGLOFF (83) beträgt gegenwärtig die Erzeugung von Äthylalkohol aus Spaltgasen über 635 Millionen Liter jährlich. Der Äthylalkohol kann dabei zu einem Preis hergestellt werden, der ihn mit dem aus Getreide oder Melasse erzeugten Alkohol wettbewerbsfähig macht, und zwar zu 8 Reichsmark /100 l Alkohol. Die Herstellung von Äthylalkohol aus Äthylen würde in den Ländern, in welchen viel Krackgas anfällt, die Alkoholgewinnung durch Gärung schon verdrängt haben, wenn nicht der Staat die Ausdehnung dieser Industrie im Interesse der Landwirtschaft verdrängt hätte.

Synthetischer Alkohol wird in Frankreich auf einer Zeche aus dem im Koksofengas enthaltenem Äthylen in einer Menge von 2 bis 3 t pro Tag hergestellt.

## 2. Entwässerung von Alkohol.

### *a) Grundlegendes.*

Bei den meisten Herstellungsverfahren von Alkohol fällt wasserhaltiger Alkohol an. Der wäßrige Alkohol löst sich jedoch nicht in Benzin- bzw. Benzolkohlenwasserstoffen auf. Die Löslichkeitsverhältnisse zwischen Kohlenwasserstoffen und Alkohol werden nämlich durch das Vorhandensein von Wasser stark beeinflußt. Nur absoluter, also 100%iger Alkohol ist mit Benzin oder Benzol und Benzin und Benzol auch bei niedrigen Temperaturen in allen Verhältnissen mischbar. Die Anwesenheit von Wasser ist in um so größerem Maße möglich, je höher einerseits der Gehalt an Alkohol und je höher der Gehalt an aromatischen Kohlenwasserstoffen im Kohlenwasserstoffanteil des Gemisches und je höher die Temperatur des Gemisches ist. Diese Tatsache hat auch technische Bedeutung. Beim Zutanken von unvermischtem Benzin zu Alkoholgemisch muß auf diese Tatsache geachtet werden, weil beim Mischen von Benzin zu Alkoholgemisch der Alkoholgehalt so gering werden kann, daß schon Spuren von Wasser eine Entmischung herbeiführen können. Die Fähigkeit der Alkoholgemische, Wasser zu lösen, führt dazu, daß bei erstmaliger Verwendung des Gemisches das Wasser der Schlammsäcke von Tanks und Zapfstellen usw. gelöst wird und dadurch Entmischung eintreten kann. Außerdem löst sich der an den Wandungen der Brennstoffbehälter anhaftende Rost und Schmutz los, und es kann so zu Verstopfungen der Filter und Brennstoffdüsen kommen, die eine Störung der Brennstoffzufuhr zur Folge haben.

Der Alkohol bildet mit Wasser ein azeotropisches Gemisch,[1] welches aus 95,57% Alkohol und 4,43% Wasser zusammengesetzt ist und bei

---

[1] Unter azeotropischen Gemischen versteht man konstant siedende Gemische, die durch einfache Destillation nicht zu trennen sind. Sie sind dadurch gekennzeichnet, daß ihr Siedepunkt niedriger oder höher liegt als derjenige jedes einzelnen Bestandteiles.

78,15° C siedet, gegenüber 78,32° C bei reinem wasserfreiem Äthylalkohol. Es ist also auf dem Weg normaler Destillation nicht möglich, wasserfreien Alkohol zu erzeugen. Da der Alkohol allein nur in Spezialmotoren als Treibstoff verwendet werden kann, so wird er daher überall, wie bekannt, nur in Mischung mit Benzin oder Benzol oder beiden verwendet. Es ist aber nur wasserfreier Alkohol, wie schon erwähnt, mit Benzin oder Benzol oder beiden in allen Verhältnissen mischbar. Für die Verwendung von Alkohol als Zusatzkraftstoff kommt also nur der wasserfreie Alkohol in Frage.

Die Herstellung von wasserfreiem Alkohol ist, da sie eine Reinigung im Sinne des § 1 des Gesetzes über das Branntweinmonopol vom 8. April 1922 darstellt, durch das Gesetz über das Branntweinmonopol der Reichsmonopolverwaltung für Branntwein vorbehalten (260). Die Entwässerung des Alkohols wird in eigenen Anlagen durchgeführt. Es gibt zahlreiche Verfahren zur Entwässerung von Alkohol. Man kann die Entwässerungsverfahren von Alkohol in zwei Gruppen einteilen. Die eine Gruppe von Verfahren benutzt die wasserbindende Eigenschaft von Salzen und die andere den Azeotropismus. Die ersteren Verfahren sind einfacher in der Anlage, aber auch weniger ergiebig, die letzteren Verfahren setzen ein umfangreicheres und verwickeltes Zubehör voraus, ermöglichen jedoch eine bessere Ausnutzung. Von den Entwässerungsverfahren sind folgende die wichtigsten:

1. Das Verfahren der Firma E. Merck mit Kalziumoxyd unter Druck.
2. Das Verfahren der Firma Distilleries des Deux-Sèvres in Melle auf azeotropischem Weg mittels Benzin oder Benzol.
3. Das Verfahren der deutschen Reichsmonopolverwaltung auf azeotropischem Weg mittels Trichloräthylen (Drawinol).
4. Das Verfahren der Firma E. Merck auf azeotropischem Weg unter Anwendung von Druck.
5. Das Verfahren der Firma Hiag-Verein, Holzverkohlungsindustrie A. G. mit Hilfe wasserfreier alkoholischer Lösungen eines Gemisches von essigsaurem Kalium oder essigsaurem Natrium.

### *b) Entwässerungsverfahren mit Kalk unter Druck (nach Merck) und mit Gips (I. G. Farbenindustrie A. G.).*

Das Verfahren der Entwässerung mit Kalziumoxyd beruht darauf, daß der Kalk nach der Gleichung $CaO + H_2O = Ca(OH)_2$ das im Spiritus enthaltene Wasser bindet und ihn dadurch entwässert. Das Verfahren arbeitet unter Druck, um die Destillationstemperatur zu erhöhen, weil bei höheren Arbeitstemperaturen weniger Alkohol vom Kalk zurückgehalten wird. Dieses Verfahren hat sich in einer großen Anzahl von Sulfitspiritusfabriken eingeführt, weil dieses Verfahren den Vorzug hat, daß die im Rohspiritus sonst noch enthaltenen Verunreinigungen den Entwässerungsvorgang nicht stören. Nach diesem Verfahren werden jährlich etwa 140000 hl entwässerter Spiritus hergestellt. Das Kalk-Druck-Verfahren hat, wie alle Kalkverfahren, den Nachteil, daß der zur Wasserentziehung verwendete Kalk nicht wieder benutzt werden kann und die weitere Verwendung oder Beseitigung der anfallenden Mengen gebrauchten Kalkes Schwierigkeiten mit sich bringt. Statt Kalk kann auch Gips als Entwässerungsmittel verwendet werden. Das Verfahren gründet sich auf die Erscheinung, daß bei 160° C entwässerter Gips mit großer Geschwindigkeit, ohne zu erhärten, Wasser bindet, wobei er in das Semihydrat $CaSO_4 + {}^1/_2H_2O$ übergeht, welches bei Temperaturen bis 110° C kein Wasser abgibt. Es wird bewußt vermieden, die höchste Hydratstufe des Kalziumsulfats ($CaSO_4 \cdot 2\,H_2O$) zu erreichen, da hierbei das Kalziumsulfat zu festen Massen abbindet und das Wasser bereits unter 100° C abzugeben beginnt. Das in Abb. 24 dargestellte Verfahren stammt von der I. G. Farbenindustrie A. G., und diese Firma entwässert im Auftrag der Reichsmonopolverwaltung Alkohol in einer Anlage mit 200000 hl jährlicher Leistungsfähigkeit. Das Verfahren vollzieht sich in der in Abb. 24 erläuterten Weise (260).

Die Verfahren, welche eine Entwässerung des Alkohols auf azeotropischem Weg erreichen, beruhen auf der Zugabe einer Flüssigkeit, wie z. B. Benzol oder ein Gemisch von Benzin und Benzol oder Trichloräthylen zu der Alkohol-Wasser-Mischung, die mit dem Alkohol und Wasser ein sog. ternäres Gemisch bildet bzw. bilden, dessen Siedepunkt niedriger ist als der des niedrigst siedenden Körpers, also niedriger als der Siedepunkt des Alkohols ist. Die nachfolgende Tab. 10 zeigt uns die im System Alkohol-Wasser-Benzol auftretenden binären und ternären Gemische mit ihrem Siedepunkt und ihrer Zusammensetzung.

Tabelle 10.

| | Gewichtsprozent Äthylalkohol | Gewichtsprozent Benzol | Gewichtsprozent Wasser | Siedepunkt Grad C |
|---|---|---|---|---|
| *Binäre Gemische* | | | | |
| Äthylalkohol-Wasser | 95,57 | — | 4,43 | 78,15 |
| Benzol-Wasser | — | 91,17 | 8,83 | 69,25 |
| Äthylalkohol-Benzol | 32,4 | 67,6 | — | 68,25 |
| *Ternäres Gemisch* | | | | |
| Äthylalkohol-Benzol-Wasser | 18,5 | 74,1 | 7,4 | 64,85 |

Aus der Tab. 10 sieht man, daß das ternäre Gemisch von Benzol-Wasser-Äthylalkohol den niedrigsten Siedepunkt hat, also beim Destillieren zuerst als Vorlauf übergeht. Da das ternäre Gemisch aus 7,4% Wasser besteht, so wird das Wasser so lange dem wäßrigen Alkohol entzogen, bis kein Wasser mehr vorhanden ist. Darauf geht dann das binäre Gemisch von Alkohol und Benzol vom Siedepunkt 68,25° C über. Der verbleibende Destillationsrückstand ist wasserfreier Alkohl vom Siedepunkt 78,32° C. Bemerkenswert ist, daß der Spiritus höchstens 20% Wasser enthalten darf, ehe ihm das Benzol zur Entwässerung zugeführt werden kann. Statt Benzol kann auch eine Benzinfraktion mit den Siedegrenzen 100—101° C, aus welchen ein bei 70° C siedendes ternäres

Gemisch entsteht, oder auch ein Gemisch von 65 Vol.-% Benzol und 35 Vol.-% Benzin vom Siedepunkt 100—101° C (Abb. 25) oder auch Trichloräthylen, in stabilisiertem Zustand auch „Drawinol“ genannt, verwendet werden. Die deutsche Reichsmonopolverwaltung verwendet Trichloräthylen als Wasserentziehungsmittel. Man erzielt bei diesem Verfahren gleichzeitig eine Abscheidung der Vorläufe.

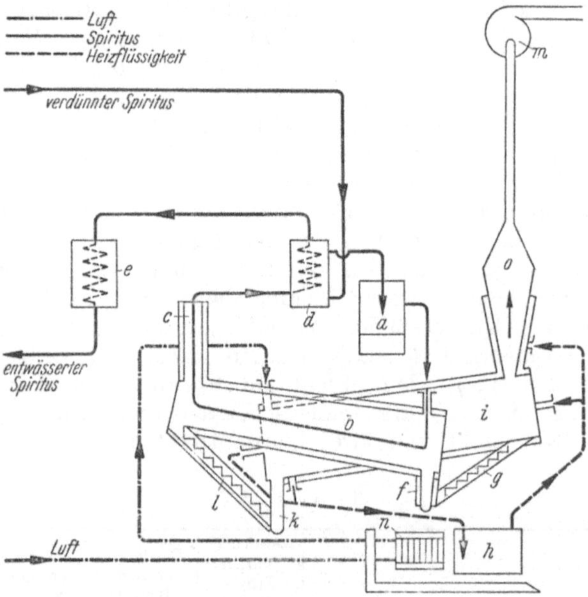


Abb. 24. Anlage zur Entwässerung von Spiritus mit Kalziumsulfat. Nach R. Fritzweiler (260).

(Verfahren der I. G. Farbenindustrie A. G.)

Die Spiritusdämpfe aus dem Verdampfer *a* durchlaufen die Entwässerungsgrommel *b* von unten nach oben unter Abgabe ihres Wassers, und zwar mit einer solchen Geschwindigkeit, daß sie nur einige Sekunden mit dem gebrannten Gips in Berührung kommen; die Dämpfe verlassen die Trommel durch das Filter *c* über den Wärmeaustauscher *d* und den Kühler *e*, in denen sie verdichtet und gekühlt werden. Der gebrannte Gips wird in der Entwässerungstrommel *b* durch einen Rüher mit sechs axialparallelen Blattflügeln durchwirbelt und durch die Neigung der Trommel nach dem Schacht *f* vorgeschoben. Die Schnecke *g* führt das Gips-Halbhydrat in die durch den Verdampfer *h* mit Hilfe einer konstant siedenden Flüssigkeit auf 175 bis 185° beheizte Gipsentwässerungstrommel *i*. Der entwässerte Gips tritt alsdann durch den Schacht *k* über die Schnecke *l* wieder in die Alkoholentwässerungstrommel *b* ein. Die aus dem Gips-Halbhydrat ausgetriebenen Wasserdämpfe werden durch heiße Spülluft entfernt, die von dem Lüfter *m* über den Lufterhitzer *n* und die Gipsentwässerungstrommel *i* gesaugt wird. Als Staubabscheider ist das Gefäß *o* zwischengeschaltet.

### c) *Entwässerungsverfahren der Usines de Melle.*

Bei dem Entwässerungsverfahren der Usines de Melle (Distilleries des Deux-Sèvres), Frankreich, wird als Wasserentziehungsmittel ein Benzin-Benzol-Gemisch (35 Raumteile eines von 100 bis 101° C siedenden Benzins und 65 Raumteile Benzol) verwendet. In Abb. 25 ist das Schema einer derartigen Anlage wiedergegeben. Die Reichsmonopolverwaltung besitzt eine nach diesem Verfahren arbeitende Anlage mit einer jährlichen

Leistungsfähigkeit von 104000 hl. Außerdem stellen zwei Laugenbrennereien jährlich etwa 100000 hl entwässerten Spiritus auf diesem Weg her (260).

### *d) Druckentwässerungsverfahren (Verfahren nach E. Merck).*

Diese konstant siedenden Gemische verändern ihre Zusammensetzung bei Anwendung von Druck. Der Wassergehalt des ternären Gemisches steigt bei einem Arbeitsdruck von 10 Atm. von 7,4% auf etwa 18%, also um mehr als das Doppelte an. Diese Tatsache macht sich das azeotrope Druckverfahren von Merck zunutze. Abb. 28 zeigt die Anordnung, wie sie im Großbetrieb Verwendung findet (260).

Dadurch, daß die Entwässerungssäule unter Druck betrieben wird, sind auch die Bedingungen für eine besonders günstige Wärmewirtschaft gegeben, indem das aus dem geschlossenen Heizkörper der Drucksäule austretende Kondenswasser zur Erzeugung des Rückflusses in den Druckverdichter hineingeführt wird. Das Dreistoff-Dampf-Gemisch, welches mit einer Temperatur von ungefähr 144° aus der Drucksäule entweicht, wird dadurch zur Verflüssigung gebracht, daß es seine latente Wärme an das über 100° C heiße Kondenswasser aus dem Heizkörper der Drucksäule abgibt; dieses wird verdampft und dabei in Niederdruckdampf verwandelt, welcher für die Beheizung der Säulen *l* oder *p* wieder verwendet wird.

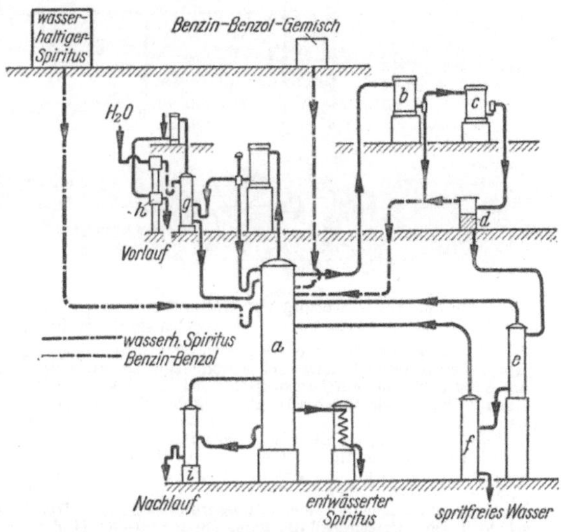


Abb. 25. Anlage zur azeotropischen Entwässerung von Spiritus mit einem Benzin-Benzol-Gemisch. Nach R. Fritzweiler (260).
(Verfahren der Usines de Melle.)
In der Säule *a*, der laufend der zu entwässernde Spiritus und das Benzin-Benzol-Gemisch zufließen, bildet sich im oberen Teil das azeotropische Gemisch, das in zwei Verdichtern *b* und *c* verflüssigt wird. Ein Teil geht als Rücklauf in die Säule zurück, der Hauptteil trennt sich im Abscheidungsgefäß *d* in zwei Schichten. Die obere, in erster Linie Benzin-Benzol enthaltende Schicht wird wieder in die Säule zurückgeleitet, um dort von neuem Wasser aufzunehmen. Die untere Schicht enthält das dem Spiritus entzogene Wasser und kleine Mengen an Benzin-Benzol und Spiritus. In den beiden Säulen *e* und *f* werden das Benzin-Benzol-Gemisch und der Spiritus herausdestilliert und wieder der Säule *a* zugeführt. Die im Rohspiritus enthaltenen leichtflüchtigen Bestandteile werden am Kopf der Säule *a* abgezogen und in der Säule *g* und der Waschsäule *h* vom Spiritus und vom Benzin-Benzol getrennt. Die schwersiedenden Bestandteile werden im unteren Teil der Entwässerungssäule *a* abgezogen und in der Säule *i* aufgearbeitet.

Aus der Beschreibung dieses Verfahrens ersieht man, daß der Aufbau der Entwässerungsanlage recht umfangreich und die Arbeitsweise nicht einfach ist. Es ist ferner bei der Verwendung von Benzin-Benzol als

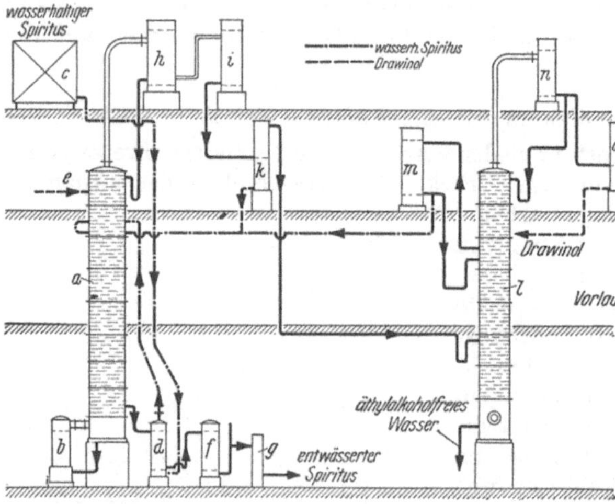


Abb. 26. Entwässerung von Spiritus mit Trichloräthylen. Nach R. FRITZWEILER (260). (Drawinolverfahren.)

Die Entwässerungssäule *a* ist mit etwa 60 Glockenböden ausgestattet und wird mittelbar durch den Röhrenheizkörper *b* beheizt. Diese Bodenzahl ist erforderlich, um bei geringstem Rücklauf einerseits am Kopf der Säule ein Dreistoff-Gemisch mit höchstem Wassergehalt und anderseits an ihrem Fuß einen trichloräthylenfreien absoluten Alkohol abziehen zu können. — Der zu entwässernde Rohspiritus wird aus dem Vorratsgefäß *c* über den Vorwärmer *d* der Entwässerungssäule *a* zugeführt. Nachdem die Säule einmalig mit einer hinreichenden Menge von Drawinol durch den Stutzen *e* gefüllt worden ist, wird Drawinol stetig durch den gleichen Stutzen in einer Menge von 0,06 l je Hektoliter erzeugtem wasserfreien Spiritus zum Ersatz der durch die Verdampfung entstehenden Verluste zugeführt. Am Fuß der Säule wird über den Vorwärmer *d* und den Kühler *f* der fertige wasserfreie Spiritus durch die Vorlage *g* abgezogen. In der Entwässerungssäule sind drei Phasen des Destillationsverlaufs zu unterscheiden. Im obersten Teil der Säule (Boden 60—31) findet die Entwässerung des auf den 41. Boden eingeführten Rohspiritus statt. Auf den Böden befindet sich das aus Äthylalkohol, Wasser und Drawinol zusammengesetzte Dreistoff-Gemisch. Die Entwässerung ist praktisch auf dem 31. Boden beendet. Vom Boden 30 ab setzt die Trennung des Äthylalkohols vom Drawinol ein. Das Flüssigkeitsgemisch auf diesen Böden besteht aus dem Zweistoff-Gemisch Äthylalkohol-Drawinol. Auf dem 5. Boden ist alsdann der Äthylalkohol praktisch drawinol- und wasserfrei, so daß vom 5. bis 1. Boden Äthylalkohol allein destilliert. Die am Kopf der Entwässerungssäule *a* abgezogenen Dämpfe des Dreistoff-Gemischs, die das Wasser des Rohspiritus mit sich führen, werden in dem Verdichter *h* verdichtet und in dem Kühler *i* auf etwa 45° herabgekühlt. Ein Teil des Kondensats läuft von dem Verdichter *h* als Rücklauf der Säule *a* wieder zu. Das Destillat wird aus dem Kühler *i* in den Abscheider *k*, ein zylindrisches, mit Schaugläsern versehenes Gefäß, geleitet. Hier scheidet es sich in die beiden Schichten vorgenannter Zusammensetzung, von denen die untere, hauptsächlich aus Drawinol bestehende, der Entwässerungssäule *a* wieder zugeführt wird. Die obere Schicht, die den Hauptteil des aus dem Rohspiritus abgeschiedenen Wassers und nebenher etwas Äthylalkohol und Drawinol sowie Methylalkohol und andere Vorläufe enthält, wird zur Abscheidung des Wassers der Rektifiziersäule *l* zugeleitet, deren Durchmesser um vier Fünftel kleiner ist als der der Säule *a*, die aber mit einer gleichen Anzahl von Glockenböden ausgestattet ist. Der Destillationsverlauf in dieser Säule spielt sich ebenfalls in drei Phasen ab. Auf den untersten zehn Böden werden dem Wasser aus der oberen Schicht von *k* die letzten Reste Alkohol entzogen; das äthylalkoholfreie Wasser fließt unten aus der Apparatur ab. Im mittleren Drittel der Säule wird der wäßrige Äthylalkohol bei Gegenwart von etwas Drawinol verstärkt. Im oberen Drittel findet die Abscheidung der Vorläufe des Rohspiritus, die vom Kopf der Säule *a* zusammen mit dem Dreistoff-Gemisch bzw. mit der wasserreichen Schicht aus dem Abscheider *k* in die Säule *l* gelangt sind, auf azeotropischer Grundlage statt. Diesem Destillationsverlauf entsprechend wird zwischen dem oberen und mittleren Drittel der Säule auf der 94 Gew.-% verstärkte Äthylalkohol zusammen mit etwas Drawinol über den Verdichter *m* abgezogen und nach der Säule *a* zur Entwässerung geleitet. Ein Teil des Kondensats fließt aus dem Verdichter *m* nach der Säule *l* zurück. Am Kopf der Säule *l* werden die Vorläufe zusammen mit etwas Drawinol, insbesondere das Zweistoff-Gemisch Methylalkohol-Drawinol, abgeführt, im Verdichter *n* verdichtet und aus der Apparatur abgezogen. Ein Teil läuft als Rücklauf der Säule wieder zu. Das abgezogene Vorlaufgemisch wird mit Wasser in dem Abscheider *o* gewaschen. Hierbei trennt sich das Drawinol von den Vorläufen und wird erneut dem Arbeitsgang zugeführt.

Entziehungsmittel eine Kühlung des Dreistoff-Gemisches auf 15° C erforderlich, um eine ausreichende Trennung des Entziehungsmittels vom

Wasser zu erreichen. Diese Notwendigkeit steht der Verwendung des Verfahrens in tropischen Ländern im Weg.

Die Reichsmonopolverwaltung besitzt eine Anlage nach diesem Verfahren, die eine Herstellungsmöglichkeit von 110000 hl jährlich hat (260).

### e) *Entwässerung mit Trichloräthylen (Drawinolverfahren).*

Man kann an Stelle von Benzol-Benzol-Gemisch ein von der Firma Dr. Alexander Wacker, Gesellschaft für elektrochemische Industrie G. m. b. H. in München, besonders stabilisiertes Trichloräthylen ver-

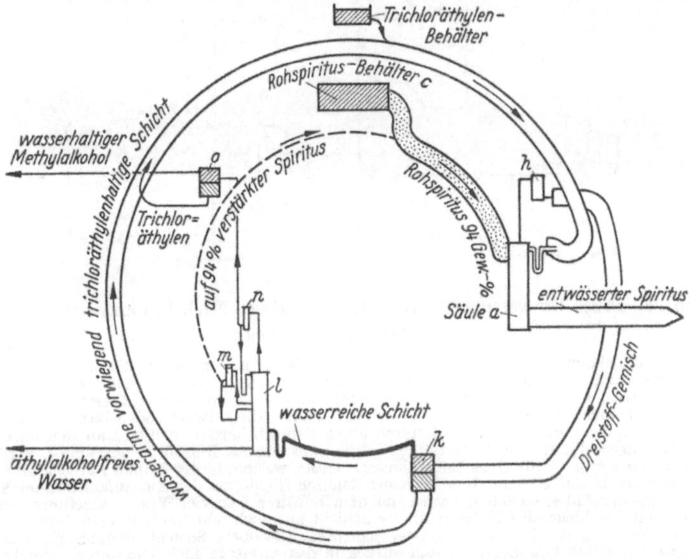


Abb. 27. Kreislauf der Stoffe beim Drawinolverfahren. Nach R. FRITZWEILER (260). Die eingezeichneten Apparaturen entsprechen denen in Abb. 26.

wenden, welches, wenn es für die Spiritusentwässerung verwendet wird, auch als „Drawinol" bezeichnet wird. Die Verwertung dieses Verfahrens für das Ausland besitzt die Firma E. Merck in Darmstadt.

Das Trichloräthylen siedet mit Äthylalkohol und Wasser azeotropisch bei dem Siedepunkt

67,2° in der Zusammensetzung,
69,4 Raum-% Trichloräthylen,
6,8 Raum-% Wasser,
23,8 Raum-% Äthylalkohol.

Dieses Dreistoff-Gemisch trennt sich in zwei Schichten, von denen die obere aus

0,8 Raum-% Trichloräthylen,
5,0 Raum-% Wasser,
7,2 Raum-% Äthylalkohol

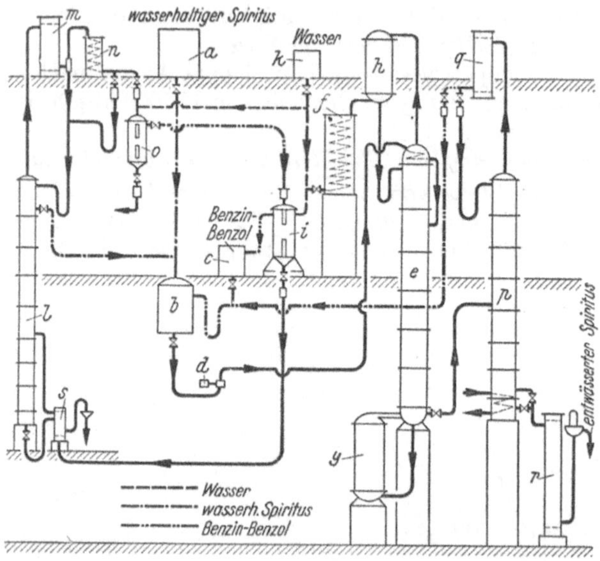


Abb. 28. Druck-Entwässerungsverfahren für Spiritus. Nach R. FRITZWEILER (260). (Verfahren von E. MERCK.)

Der Rohspiritus gelangt vom Behälter *a* in das Ansatzgefäß *b*, in dem er mit der erforderlichen Menge Benzin-Benzol aus dem Behälter *c* gemischt wird. Mit Hilfe der Kreiselpumpe *d* wird die Mischung in das obere Drittel der Entwässerungssäule *e* gepumpt und dabei im Oberteil dieser Säule durch eine geschlossene Schlange geleitet, wobei eine Vorwärmung durch die entweichenden Dämpfe des Dreistoff-Gemischs stattfindet. Die Wärme wird durch einen dampfbeheizten Erhitzer an den entwässerten Spiritus übertragen, der sich im Unterteil der Säule *e* ansammelt. Heizkörper *g*, Säule *e*, Verdichter *h* und Kühler *f* stehen mit Hilfe eines Entspannungsventils, welches hinter Kühler *f* geschaltet ist, unter einem Arbeitsdruck von 10 Atm. Das Dreistoff-Gemisch fließt von der Auslaufglocke (am Kühler *f*) nach dem Scheidegefäß *i*, nachdem vorher aus dem Behälter *k* so viel Wasser zugeführt worden ist, daß die sich im Scheidegefäß *i* bildende untere Schicht nur noch sehr wenig Benzin-Benzol in Lösung enthält. Im Scheidegefäß *i* bilden sich zwei Schichten. Die obere Schicht, hauptsächlich aus einem Benzol-Benzin-Gemisch bestehend, gelangt zurück in das Ansatzgefäß *b*. Die untere Schicht, welche infolge Verdünnung des Dreistoff-Gemischs mit Wasser fast nur aus wäßrigem Spiritus besteht, gelangt in die Verstärkungssäule *l*. Sie läuft dabei über den Vorwärmer *s*, der mit dem heißen Abwasser der Verstärkungssäule bedient wird. Das in der Säule *l* aufsteigende Dampfgemisch enthält neben Wasserdämpfen noch Dämpfe von Spiritus, Methanol und Benzol-Benzin, letzteres in solchen Mengen, daß sich das Dreistoff-Gemisch Methanol-Benzin-Benzol bilden kann. Auf dem Weg nach dem Kopf der Säule werden die Spiritusdämpfe verstärkt und in *flüssiger* Form mit 94 Gew.-% aus dem oberen Teil entnommen und in das geschlossene Ansatzgefäß *b* zurückgeleitet. Da das Dreistoff-Gemisch Methanol-Benzin-Benzol bei ungefähr 58° C siedet, so geht es ohne wesentliche Verflüssigung durch den auf den obersten Böden der Säule *l* vorhandenen Spiritus von 94 Gew.-%, gelangt in den Verflüssiger *m* und schließlich in den Kühler *n*, in denen Verflüssigung und Abkühlung eintritt. Das Destillat des Kühlers *n* wird einem Scheidegefäß *o* zugeführt, nachdem ihm vorher so viel Wasser beigemischt worden ist, daß abermals eine Schichtung eintritt in ein Benzol-Benzin-Gemisch, das oben schwimmt, und in wäßrige Methanollösung, die sich unten befindet; letztere enthält noch den vom Rohspiritus mitgebrachten Aldehyd, ebenso Essigäther und andere leichter als Äthylalkohol siedende Bestandteile des Rohspiritus, aber auch höher siedende Begleitstoffe, da sie in Form von azeotropen Gemischen mit Niedrigstsiedepunkt unter den obwaltenden Arbeitsverhältnissen zum Teil mit in den Vorlauf übertreten. Das aus dem Scheidegefäß *o* unten austretende wäßrige Methanol kann durch gewöhnliche Rektifikation aufgearbeitet werden. Bei der Druckentwässerung sammelt sich in dem Kopf der Säule *e* das Dreistoff-Gemisch an, während sich in dem Unterteil der wasserfreie Alkohol vorfindet. Auf den unterhalb der Spirituseintrittstelle liegenden Böden befinden sich Alkohol-Benzin-Benzol-Lösungen; die ersten Böden unterhalb der Eintrittstelle enthalten auch noch Wasser, dessen Maß von Boden zu Boden abnimmt. Es folgen dann — nach unten — Böden, die nur Mischungen von Spiritus mit Benzin-Benzol führen, und zwar mit abnehmendem Gehalt des letzteren. Der endlich am Fuß der Säule mit Hilfe eines selbsttätig wirkenden Ventils austretende Alkohol kann, wenn man die Bödenanzahl genügend groß nimmt, völlig frei von Entziehungsmitteln erhalten werden. Bei dem Merckschen Verfahren wird aber von der völligen Befreiung des wasserfreien Alkohols von Benzin-Benzol an dieser Stelle abgesehen, um die Bedienung der Anlage zu erleichtern. Der aus dem Unterteil der Säule *e* entnommene, noch etwas Benzin-Benzol enthaltende wasserfreie Alkohol gelangt unter eigenem Druck in die Schlußsäule *p*. Auf dem Weg von der Eintrittstelle bis zur Austrittstelle am Fuß dieser und die untere aus

68,6 Raum-% Trichloräthylen,
1,8 Raum-% Wasser,
16,6 Raum-% Äthylalkohol

besteht. Das im Dreistoff-Gemisch vorhandene Wasser, das aus dem zu entwässernden Äthylalkohol herrührt, findet sich demnach hauptsächlich in der oberen Schicht wieder, so daß nur diese Schicht zur Wiedergewinnung des darin enthaltenen Äthylalkohols und Trichloräthylens bzw. zur Ausscheidung des Wassers weiterverarbeitet zu werden braucht. Die Auswertung dieser Vorgänge führt zur apparitiven Anordnung nach Abb. 26. Der Kreislauf bei diesem Verfahren ist in Abb. 27 dargestellt.

Von Bedeutung bei diesem Verfahren sind die geringe Verdampfungswärme und die Nichtbrennbarkeit des Trichloräthylens. Dadurch wird der Verbrauch an Dampf und die Feuergefährlichkeit dieser Betriebe herabgesetzt.

Die Reichsmonopolverwaltung stellt zur Zeit in eigenen Betrieben wasserfreien Spiritus nur nach dem Drawinolverfahren her, und zwar in neun Betrieben, die eine Leistungsfähigkeit von 1809000 hl jährlich haben. Außerdem arbeiten für die Reichsmonopolverwaltung drei Betriebe nach diesem Verfahren in Lohn mit einer Leistungsfähigkeit von 361800 hl jährlich, und schließlich erzeugen noch 13 Laugenbrennereien nach dem Drawinolverfahren entwässerten Spiritus, dessen Mengen im Betriebsjahr 1936/37 über 300000 hl betragen haben.

### *f) Entwässerung mit Kalium-Natriumazetat (Verfahren der Hiag).*

Die Hiag benutzt die entwässernde Wirkung von Salz- oder Salzgemischen zur Herstellung von wasserfreiem Alkohol und verwendet ein wasserfreies Gemisch von 70% Kaliumazetat und 30% Natriumazetat, welches in wasserfreiem Alkohol gelöst oder suspendiert zur Anwendung gelangt. Der zu entwässernde Spiritus muß jedoch vorher von Azetaldehyd, Furfurol und anderen Vorlauf- und Nachlaufprodukten entfernt werden. In Abb. 29 ist eine nach diesem Verfahren arbeitende Entwässerungsanlage, wie sie der Hiag-Verein, Holzverkokungsindustrie G. m. b. H., Frankfurt a. M., ausgebildet hat, dargestellt (260). Nach diesem Verfahren arbeiten in Deutschland einige Betriebe mit einer Leistungsfähigkeit von 132000 hl. Nach den Angaben der Firma findet das Verfahren in 65 in allen Erdteilen verstreuten Anlagen mit einer täglichen Leistung von 14890 hl entwässerten Spiritus Anwendung.

### *g) Beschaffenheit des entwässerten Alkohols.*

Der auf eine der angegebenen Art und Weise hergestellte absolute Alkohol (wie man den entwässerten Alkohol auch noch bezeichnet) muß

Säule gibt der entwässerte Alkohol die letzten Reste Benzin-Benzol in Form des Zweistoff-Gemischs über den Weg des Verflüssigers und Kühlers *q* ab. Das Destillat gelangt aus dem Kühler *q* durch einen Stellhahn in das geschlossene Ansatzgefäß *b* und damit zurück in den Kreislauf. Der entwässerte Alkohol wird dem Unterteil der Säule *p* im flüssigen oder dampfförmigen Zustand entnommen und zur Abkühlung in den Kühler *r* geleitet, aus dem er in die Lagergefäße abfließt. Durch eine weitere Destillation kann ein chemisch reiner entwässerter Alkohol für medizinische Zwecke hergestellt werden.

in Deutschland hinsichtlich seiner Beschaffenheit bestimmten Bedingungen genügen.

1. Weingeiststärke. Bei einer beispielsweisen Zusammensetzung des Kraftspiritus aus 65% Äthylalkohol, 35% Methanolgemisch muß die Weingeiststärke nach der Spindelanzeige mindestens 98% betragen.

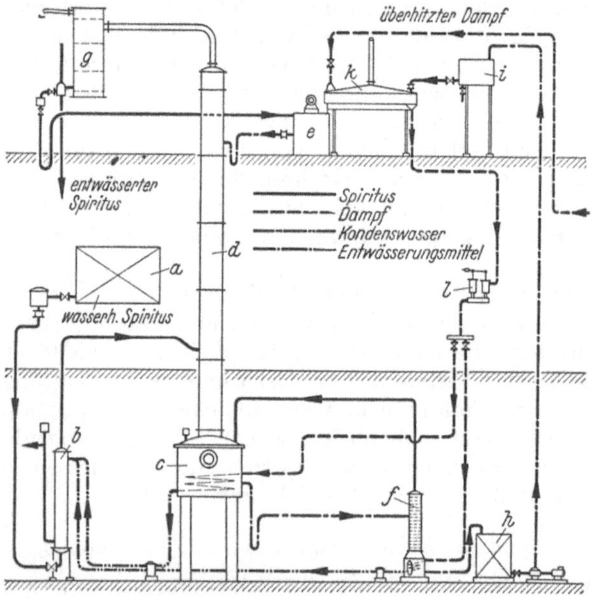


Abb. 29. Anlage zur Entwässerung von Spiritus mit Kalium-Natriumazetat. Nach R. FRITZWEILER (260).

(Verfahren der Hiag.)

Der zu entwässernde Spiritus läuft aus dem Behälter *a* über den Vorwärmer *b* der Blase *c* zu. Er wird hier verdampft und tritt in die aufgesetzte Raschigringsäule *d* ein. Den Spritdämpfen entgegen läuft aus dem Rührwerksbehälter *e* das Salzgemisch in alkoholischer Lösung und bindet das gesamte Wasser. In der Nachreinigungskolonne *f* werden die letzten Spiritusreste aus dem Salzwassergemisch entfernt und in die Blase zurückgeleitet. Der wasserfreie Alkohol wird am Kopf der Säule *d* abgezogen und im Verdichter *g* verflüssigt. Die Salzlösung tritt aus der Nachreinigung über die Behälter *h* und *i* in den Verdampfer *k*, wo sie bei einer Temperatur von 300° von dem aufgenommenen Wasser befreit wird. Das getrocknete Salz gelangt dann wieder über das Rührwerk *e* zur Säule *d*. Die Beheizung der ganzen Anlage erfolgt durch überhitzten Dampf, der seine Überhitzungswärme im Verdampfer abgibt. Hierauf wird der Dampf den beiden Kolonnen über einen Druckminderer *l* zugeleitet.

Die Spindelanzeige wird mit der Weingeistspindel, welche die Weingeiststärken von 90 bis 100 Gew.-% und den dazu gehörigen Tafeln ermittelt. Die Weingeistspindel soll deswegen nur 98% betragen, weil das zugemischte Methanol eine höhere Dichte hat als der Äthylalkohol allein. Die Herabsetzung der Spindelanzeige beruht also nicht etwa auf einem erhöhten Wassergehalt.

2. Glührückstand. Der Glührückstand darf nicht mehr als 0,005 g in 1000 g des durch einen Glasfiltertiegel 1 G 3 filtrierten Kraftspiritus betragen.

3. Chlorbestimmung. Der Chlorgehalt des Kraftspiritus darf nicht mehr als 0,001 g in 1000 $cm^3$ betragen.

4. Säurezahl. Die Säurezahl des Kraftspiritus darf 1,5 mg nicht überschreiten, wobei als Säurezahl die in 100 $cm^3$ gefundene Säuremenge berechnet auf Milligramm Essigsäure verstanden wird.

## 3. Der Beimischungszwang von Alkohol.

Die Verwendung des Alkohols als Zusatztreibstoff ist naturgemäß durch den hohen Preis des Alkohols sehr behindert. Aus diesem Grund hat man seinen Absatz in den meisten Ländern nicht dem freien Wettbewerb überlassen, sondern vielmehr durch gesetzgeberische Maßnahmen gesichert. In folgendem soll eine kurze Zusammenstellung dieser gesetzgeberischen Maßnahmen gegeben werden.

### *a) In Deutschland (Altreich), Protektorat Böhmen und Mähren, Ungarn und Italien.*

In Deutschland (Altreich) hat die seit 1. August 1930 bestehende Spiritusbezugspflicht eine Reihe von Wandlungen durchgemacht, wie man aus der nächstfolgenden Tab. 11 ersieht.

Tabelle 11.

| Gültigkeitsdauer | Insgesamt in Prozent der Kraftstoffmenge | Davon entfallen auf (in Prozent) | | |
|---|---|---|---|---|
| | | Äthylalkohol | Methylalkohol | höhere synth. Alkohole |
| ab 1. VIII. 1930 ...... | 2,5 | 100,0 | — | — |
| ab 1. IV. 1931 ....... | 3,5 | 100,0 | — | — |
| ab 1. X. 1931 ........ | 6,0 | 100,0 | — | — |
| ab 1. X. 1932 ........ | 10,0 | 100,0 | — | — |
| ab 1. I. 1936 ......... | 10,0 | 90,0 | 10,0[1] | — |
| ab 1. VI. 1936 ....... | 10,0 | 80,0 | 20,0 | — |
| ab 1. V. 1937......... | 10,0 | 66,67 | 33,33 | — |
| ab 1. X. 1937 ........ | 8,5 | 66,67 | 33,33 | — |
| ab 1. IV. 1938 ....... | 6,9 | 65,0 | 20,0 | 15,0 |
| ab 1. IX. 1938 ....... | 8,2 | 85,0 | 15,0 | — |
| ab 1. V. 1939 ........ | 3,2 | 85,0 | 15,0 | — |

In Deutschland ist die gesetzliche Bezugspflicht auf Grund der Verordnung über den Bezug von Spiritus zu Treibstoffzwecken vom 4. Juli 1930 mit Wirkung vom 1. August 1930 in Kraft gesetzt worden und hat dann im Lauf der Jahre die in der Tab. 11 angeführten Veränderungen hinsichtlich der Höhe der Bezugspflicht und der Zusammensetzung des Treibstoffspiritus erfahren. Diese Verordnung besagte, daß, wer Treibstoffe aus dem Zollausland einführt oder im Zollinland herstellt, ver-

[1] Eine Beimischung von Methylalkohol war seit November 1935 mit einem Maximalbeimischungssatz von 15% vorgesehen; ab 1. Jänner 1936 wurde der Beimischungssatz auf 10% festgesetzt.

pflichtet ist, von der Reichsmonopolverwaltung für Branntwein eine Menge Spiritus zu beziehen, die 4% des Eigengewichtes der eingeführten oder im Zollinland hergestellten Treibstoffmenge entspricht, wenn der Treibstoffspirituspreis 70 Reichsmark je Hektoliter beträgt. Die Spirituspflichtmenge erhöht oder ermäßigt sich für je 10,— Reichsmark, um die der Treibstoffspirituspreis niedriger oder höher als 70 Reichsmark ist, um 1% der Treibstoffmenge. Die sich hernach ergebende Pflichtmenge erhöht sich um 4% der Treibstoffmenge, wenn der durchschnittliche Branntweingrundpreis nicht mehr als 48,30 Reichsmark beträgt. Treibstoffe im Sinne dieser Verordnung sind die Mineralöle der Nr. 239 des Zolltarifs mit Ausnahme derjenigen, deren Dichte bei 15° C mehr als 0,830 beträgt, ferner der teerartigen, paraffinhaltigen und im Wasser nicht untersinkenden, pechartigen Rückstände von der Destillation der Mineralöle sowie des Harzöls, ferner die leichten Steinkohlenteeröle einschließlich der ölartigen Destillate aus Steinkohlenteerölen, z. B. Benzol, Cumol, Toluol, Xylol; auch Asphaltnaphta und sog. Kohlenwasserstoff. Die Anordnung des Reichsministers der Finanzen vom 10. September 1937 entsprechend der Fassung des Mineralölsteuergesetzes vom 10. August 1937 regelt neu den in § 2 der Verordnung über den Bezug von Spiritus zu Treibstoffzwecken vom 4. Juli 1930 festgelegten Begriff der Treibstoffe, welche unter die Spiritusbezugspflicht fallen. Treibstoffe im Sinne dieser Verordnung sind:

1. die Mineralöle der Nr. 239 des Zolltarifs mit Ausnahme derjenigen, deren Dichte bei 15° C mehr als 0,830 beträgt, und derjenigen, bei deren fraktionierter Destillation bis 200° C nicht mehr als 15 Raumteile von 100 übergehen, ferner die teerartigen, paraffinhaltigen und im Wasser nicht untersinkenden pechartigen Rückstände von der Destillation der Mineralöle sowie des Harzöls;

2. die leichten Steinkohlenteeröle einschließlich der ölartigen Destillate aus Steinkohlenteerölen, z. B. Benzol, Cumol, Toluol, Xylol; auch Asphaltnaphta und sog. Kohlenwasserstoff;

3. die bei der Aufarbeitung von Altölen gewonnenen Gemische von Mineralölen der vorerwähnten Nummern 1 und 2 miteinander oder mit anderen Stoffen.

Für Leuchtöl (Petroleum) wurde die Pflichtbezugsmenge in der Zeit vom 1. Oktober 1932 bis zum 31. Mai 1936 auf 6% herabgesetzt; ab 1. Juni 1936 ist das Leuchtöl, d. i. Mineralöl der Nr. 239 des Zolltarifs, mit einer Dichte bei 15° von mehr als 0,785, aber nicht mehr als 0,830, gemäß der Verordnung vom 6. Mai 1936 von der Spiritusbeimischung völlig befreit.

Seit Anfang 1936 ist die Beimischung von Spiritus zu Treibstoffen zugunsten des synthetisch hergestellten Methylalkohols mehrfachen grundlegenden Wandlungen unterzogen worden. Um der anwachsenden Produktion von Methylalkohol eine gesicherte Absatzgrundlage zu verschaffen, wurde ab 1. Jänner 1936 angeordnet, daß der Treibstoffspiritus aus neun Teilen Äthyl- und einem Teil Methylalkohol bestehen müsse; die Zusammensetzung des Treibstoffspiritus nahm dann die in der Tab. 11 verzeichnete Entwicklung. In der Zeit vom 1. August 1936 bis 1. Mai 1937 durfte Benzol als Kraftstoff mit Ausnahme von Flugbenzol und solchem, das von Erzeugern mit einer maximalen Jahresproduktion von 600 t gewonnen wird, nur noch mit 10 Gew.-% Methylalkohol versetzt abgegeben werden.

Im Zuge der Neuregelung der Zusammensetzung der Kraftstoffe wurde die bisherige Verordnung über den Bezug von Spiritus zu Treibstoffzwecken vom 4. Juli 1930 und die Bekanntmachung der Reichsmonopolverwaltung vom 31. August 1938 durch die Anordnung vom 12. April 1939 (Reichsgesetzblatt I, S. 802) geändert, wodurch die Verordnung vom 4. Juli 1930 mit Wirkung vom 30. April 1939 außer Kraft tritt. In ihren Geltungsbereich ist auch die Ostmark, das Sudetenland und das Memelland einbezogen. Für die dem deutschen Wirtschaftsraum angeschlossenen Protektoratsgebiete Mähren und Böhmen gilt die Verordnung nicht. Wesentlich an der neuen Verordnung ist die Herabsetzung der Spiritusbezugspflicht mit Wirkung vom 1. Mai 1939 von 8,2% auf 3,2%. Durch die Schaffung von zwei Zonen, einer nördlichen Zone, in welcher spiritushaltiger Kraftstoff vertrieben wird, und einer südlichen Zone, in welcher nur Kraftstoffe ohne Spirituszusatz auf den Markt kommen, wurde der Spiritusabsatz neu geregelt. In der spritfreien Zone, zu der auch die Ostmark und das Sudetenland gehören, wird die Spiritusmenge entsprechend der Spiritusbezugspflicht von 3,2% zu einem Ablösungsbetrag abgelöst, der sich nach der Bekanntmachung der Reichsmonopolverwaltung für Branntwein vom 27. April 1939 („Deutscher Reichsanzeiger und Preußischer Staatsanzeiger" Nr. 96 und 98 vom 29. April 1939) zu 45,90 Reichsmark abzüglich 27,50 Reichsmark = 18,40 Reichsmark je Hektoliter Weingeist errechnet. In der Spritzone wird auf Grund dieser Regelung der Kraftstoffspiritus entsprechend der Bezugspflicht von 3,2% zu 45,90 Reichsmark je Hektoliter Weingeist und die darüber hinausgehende zur Erfüllung der Beimischung von 13 Gew.-% Kraftspiritus erforderliche Menge zum Einlösungsbetrag von 27,50 Reichmark je Hektoliter Weingeist bezogen.

Die Bestimmungen des bisherigen § 5 der Verordnung haben durch den Fortfall der Auflage, daß der Kraftspirituspreis die Gestehungskosten des Spiritus für die Reichsmonopolverwaltung einschließlich der Kosten für die Methanolbeimischung nicht überschreiten darf, eine Änderung erfahren. Es wird lediglich bestimmt, daß der Kraftspirituspreis von der Reichsmonopolverwaltung für Branntwein festgesetzt und bekanntgemacht wird.

Unter Kraftstoffe im Sinne dieser Verordnung sind die im § 1, Absatz 2, des Mineralölsteuergesetzes vom 22. März 1939 (Reichsgesetzblatt I, S. 566) genannten Mineralöle mit Ausnahme von Petroleum zu verstehen. Als Petroleum gelten Mineralöle der Nr. 239 des Zolltarifs mit einer Dichte bei 15° C von mehr als 0,785, aber nicht mehr als 0,830, die einen Entflammungspunkt von 25° Abel oder darüber haben und bei deren fraktionierter Destillation im gläsernen Englerschen Apparat bis 150° C nicht mehr als 10 Raumteile, bis 185° C nicht mehr als 50 Raumteile und bis 240° C nicht mehr als 95 Raumteile von 100 übergehen.

Der Kraftstoffspiritus kann nach Wahl der Reichsmonopolverwaltung als absoluter Alkohol (mindestens 99,6%) oder als ein Gemisch von Motoren-Äthanol und Motoren-Methanol geliefert werden. Im letzteren Fall darf auf zwei Teile Motoren-Äthanol nicht mehr als ein Teil Motoren-Methanol entfallen.

Unter dem Namen „Monopolin" darf auf Grund dieser Verordnung ein Kraftstoffgemisch nur mit Genehmigung der Reichsmonopolverwaltung in den Handel gebracht werden.

Man ersieht aus der Tab. 11, daß ab Ende 1935 Methylalkohol für Mischungszwecke verwendet wird, und zwar auf Kosten des Äthylalkohols. Die Ursache der immer geringeren Heranziehung von Äthylalkohol für Beimischungszwecke liegt in der verringerten Erzeugung von Alkohol aus landwirtschaftlichen Produkten. Diese Produkte werden zur Verringerung des Devisenbedarfs für Ernährungszwecke eingesetzt.

Der Abgabenpreis der Reichsmonopolverwaltung für Branntwein für Treibspiritus war seit der Einführung des Beimischungszwangs verschiedenen Schwankungen unterworfen. Er betrug in der Zeit vom:

| | | | | | | |
|---|---|---|---|---|---|---|
| 1. VIII. 1930 | bis zum | 31. III. 1931 .... | RM 80,— | je | Hektoliter | Weingeist |
| 1. IV. 1931 | „ „ | 30. IX. 1931 .... | „ 70,— | „ | „ | „ |
| 1. X. 1931 | „ „ | 31. XII. 1935 .... | „ 50,— | „ | „ | „ |
| 1. I. 1936 | „ „ | 31. V. 1936 .... | „ 47,50 | „ | „ | „ |
| 1. VI. 1936 | „ „ | 30. IX. 1936 .... | „ 44,50 | „ | „ | „ |
| 1. X. 1936 | „ „ | 30. IV. 1937 .... | „ 42,50 | „ | „ | „ |
| 1. V. 1937 | „ „ | 30. VI. 1937 .... | „ 40,— | „ | „ | „ |
| 1. VII. 1937 | „ „ | 30. III. 1938 .... | „ 39,25 | „ | „ | „ |
| 1. IV. 1938 | „ „ | 1. IX. 1938 .... | „ 44,20 | „ | „ | „ |
| 1. IX. 1938 | „ „ | 30. IV. 1939 .... | „ 44,20 | „ | „ | „ |
| 1. V. 1939 | ........ | ................ | „ 45,90 | „ | „ | „ |

Die ab 1. Jänner 1936 in Kraft gesetzten Preisverbilligungen waren ausschließlich eine Rückwirkung der Einführung der Methanolbeigabe, denn das Methanol ist billiger als das Äthanol.

Aus der nachfolgenden deutschen Branntweinstatistik ergibt sich, aus welchen Quellen der erzeugte Alkohol herrührt. In der Erzeugung steht der aus Kartoffeln gewonnene Alkohol an erster Stelle. So beträgt das Aufkommen aus Kartoffeln im Betriebsjahr 1937/38 rund 2580000 hl Weingeist gegenüber der übrigen Erzeugung zuzüglich der Einfuhr mit rund 1596000 hl Weingeist. Eine größere Erzeugungsziffer besitzen noch die Monopolbrennereien (sie verarbeiten nur Stoffe, aus denen vor 1914 Branntwein gewerblich nicht gewonnen worden ist) und die Melassebrennereien (reine Melasse- und Lufthefebrennereien); weiter ist bemerkenswert die nicht unerhebliche Einfuhr der Reichsmonopolverwaltung.

Die deutsche Branntweinstatistik für das Betriebsjahr 1937/38 unter dem Gesichtspunkt der Verwendung des Sprits zur Vermischung mit Mineralölen.

**Gesamtzugang einschließlich Einfuhr.**

| | | |
|---|---|---|
| 1912/13 | 3753265 hl | Weingeist[1] |
| 1934/35 | 3758730 „ | „ |
| 1935/36 | 3628523 „ | „ |
| 1936/37 | 3709129 „ | „ |
| 1937/38 | 4264319 „ | „ [2] |

**Die Einfuhr der Reichsmonopolverwaltung.**

| | | |
|---|---|---|
| 1934/35 | 193158 hl | Weingeist |
| 1935/36 | 107311 „ | „ |
| 1936/37 | 167989 „ | „ |
| 1937/38 | 183140 „ | „ |

**Erzeugung in landwirtschaftlichen Brennereien, hauptsächlich aus Kartoffeln.**

| | | |
|---|---|---|
| 1934/35 | 2504407 hl | Weingeist |
| 1935/36 | 2403646 „ | „ |
| 1936/37 | 2345878 „ | „ |
| 1937/38 | 2580190 „ | „ |

**Erzeugung in Monopolbrennereien.**

| | | |
|---|---|---|
| 1934/35 | 559554 hl | Weingeist |
| 1935/36 | 650188 „ | „ |
| 1936/37 | 750252 „ | „ |
| 1937/38 | 815308 „ | „ |

**Erzeugung aus Melasse.**

| | | |
|---|---|---|
| 1934/35 | 440984 hl | Weingeist |
| 1935/36 | 405900 „ | „ |
| 1936/37 | 422177 „ | „ |
| 1937/38 | 597824 „ | „ |

**Gesamtabsatz.**

| | | |
|---|---|---|
| 1934/35 | 3863740 hl | Weingeist |
| 1935/36 | 3895327 „ | „ |
| 1936/37 | 4028471 „ | „ |
| 1937/38 | 4599108 „ | „ |

**Treibstoffspiritus (Kraftspiritus) ohne Methanol.**

| | | | |
|---|---|---|---|
| 1934/35 | 2203775 hl | = 57% | des Gesamtabsatzes |
| 1935/36 | 2099534 „ | = 54% | „ „ |
| 1936/37 | 1823150 „ | = 45% | „ „ |
| 1937/38 | 1594939 „ | = 32,5% | „ „ |

Erwähnenswert ist, daß man in Deutschland ganz allgemein hinsichtlich der Alkoholerzeugungsstätten, die den Namen Brennereien führen, auf Grund des Gesetzes über das Branntweinmonopol vom 8. April 1922 zwischen Monopol- und Eigenbrennereien unterscheidet. Zu den Monopolbrennereien gehören die Brennereien, die von der Reichsmonopolverwaltung betrieben werden, und die Brennereien, welche Alkohol aus Zellstoffablaugen und Zellstoffen, aus Kalziumkarbid oder aus anderen Stoffen herstellen, aus denen Alkohol im Monopolgebiet vor dem 1. Oktober 1914 gewerblich nicht gewonnen worden ist. Die Eigenbrennereien werden eingeteilt in landwirtschaftliche, gewerbliche und Obstbrennereien. Die Monopolbrennereien sind Großbetriebe, die Eigenbrennereien Eigenbetriebe. Im Jahre 1934/35 z. B. erzeugten die vorhandenen 32 Monopolbrennereien allein 17% des gesamten erzeugten Alkohols, gegenüber den restlichen 83%, die aber auf 38,975 Eigenbrennereien entfielen. Die Eigenbrennereien teilt man in landwirtschaftliche, gewerbliche und Obstbrennereien ein. Die große Zahl der Eigenbrennereien hat den Zweck, die landwirtschaftliche Gütererzeugung zu schützen

[1] Die Vorkriegszahlen stellen die Gesamterzeugung dar.

[2] Die Zahlen für 1937/38 sind vorläufige; die noch eintretenden Änderungen sind jedoch unbedeutend und ohne jeden Einfluß.

und Güter, die infolge schlechter Wiesen- und Bodenverhältnisse Mangel an wirtschaftseigenem Winter-Eiweißfutter haben, dieses Futter auf dem Weg über die Kartoffel, auf deren Anbau die geringen Boden angewiesen sind, zur Verfügung stellt.

Das deutsche Branntweinmonopol umfaßt:

1. in beschränktem Umfang die Herstellung von Branntwein;
2. die Reinigung von Branntwein;
3. die Übernahme des in privaten Brennereien hergestellten Branntweins;
4. die Branntweinverwertung und den Branntweinhandel;
5. die Einfuhr von Branntwein.

Bemerkenswert hierbei ist, daß für alle in Ziffern 1—5 angeführten Obliegenheiten des Monopols zahlreiche Ausnahmen vorgesehen sind, welche die Wirkung des Monopols stark beeinflussen. Organisatorisch gesehen, kann das Branntweinmonopol in Deutschland als Großhandelsmonopol bezeichnet werden. Die Erzeugung von Branntwein ist durch das „Brennrecht" kontingentiert. Die Reichsmonopolverwaltung kann die für ein Berichtsjahr geltenden Brennrechtsmengen um bestimmte Anteile erhöhen oder kürzen. Stellt eine Brennerei mehr Branntwein her, als ihr nach ihrem Brennrecht zukommt, so unterliegt die Mehrproduktion besonderen Steuerzuschlägen oder Preisabzügen, wodurch eine Mehrherstellung im allgemeinen unlohnend wird. Der im deutschen Monopolgebiet hergestellte Branntwein ist grundsätzlich an die Monopolverwaltung abzuliefern. Ausnahmen bestehen nur noch für Edelbranntweine aus Korn, Steinobst, Wein und Beeren.

In Deutschland ist auf Grund der Bekanntmachung zur Verordnung über den Bezug von Kraftspiritus vom 12. April 1939 (Reichsgesetzblatt 1939, I, S. 802) der von der Reichsmonopolverwaltung gelieferte Kraftspiritus, soweit diese nicht im Einzelfall Ausnahmen zuläßt, zu fertigen Kraftstoffen der folgenden Zusammensetzung zu verarbeiten:

1. 13 Gew.-% Kraftspiritus, Restmenge Benzin.

Falls der Oktanwert von 74 nicht erreicht wird, ist Benzol in der zum Erreichen dieser Oktanzahl erforderlichen Menge zuzusetzen; dieser Zusatz darf jedoch 10 Gew.-% der Benzinmenge nicht überschreiten (vgl. auch Anordnung Nr. 22 der Überwachungsstelle für Mineralöl vom 12. April 1939).

2. Die Kraftstoffe dürfen sich bei Temperaturen bis zu — 30° C nicht entmischen.

3. Bei Zugabe von 0,1 cm³ Wasser zu 100 cm³ Kraftstoff bei — 5° C darf keine Trübung auftreten.

4. Die Kraftstoffe dürfen nur für motorische Zwecke abgegeben und verkauft werden.

5. Eine nachträgliche Änderung in der Zusammensetzung der fertiggestellten Kraftstoffe ist verboten.

6. Für die Abgabe der so zusammengesetzten Kraftstoffe zum Verbrauch gelten, soweit die Reichsmonopolverwaltung für Branntwein nicht im Einzelfall Ausnahmen zuläßt, die Bestimmungen des § 2, Absatz 2,

der Anordnung Nr. 22 der Überwachungsstelle für Mineralöl vom 12. April 1939.

Der § 2, Absatz 2, dieser Anordnung bestimmt, daß das Fahrbenzin N (so wird der spiritushaltige Kraftstoff bezeichnet) nur in Ostpreußen und in den nördlich folgender Linie liegenden Bezirken zugelassen ist: Reichsstraße Nr. 65 von der holländischen Grenze bei Bentheim bis zur Kreuzung mit der Reichsstraße Nr. 1 vor Braunschweig, Reichsstraße Nr. 1 bis Helmstedt, von dort Reichsautobahn über Berliner Ring (Südtangente) bis Frankfurt a. d. O., Reichsstraße Nr. 167 bis Schwiebus, Reichsstraße Nr. 97 bis zur polnischen Grenze bei Tirschtiegel. Zapfstellen, die in den von der Grenzlinie berührten Orten und an den die Grenzlinie darstellenden Straßen liegen, gehören zu dem Bezirk, in dem das Fahrbenzin N zugelassen ist.

Das Benzin-Spiritus-Gemisch wird also entweder in der Zusammensetzung 87 Teile Benzin und 13 Teile Spiritus oder, unter Berücksichtigung der höchstzulässigen Benzolbeimischung, in einer Zusammensetzung von 13 Teilen Kraftstoffspiritus, 78,3 Teilen Benzin und 8,7 Teilen Benzol auf den Markt kommen. Die 8,7 Teile Benzol stellen 10 Gew.-% der im normalen Benzin-Spiritus-Gemisch enthaltenen 87 Teile Benzin dar.

Einer Statistik der Reichsmonopolverwaltung für Branntwein zufolge wurden in den letzten Betriebsjahren (mit Oktober beginnend) folgende Mengen an Branntwein für Treibstoffzwecke verbraucht (alles berechnet auf 100-teiligen Weingeist):

| | | | |
|---|---|---|---|
| 1929/30 | 235135 hl | 1934/35 | 2203775 hl |
| 1930/31 | 508519 „ | 1935/36 | 2099534 „ |
| 1931/32 | 1165598 „ | 1936/37 | 1823150 „ |
| 1932/33 | 1571572 „ | 1937/38 | 1595000 „ |
| 1933/34 | 2081729 „ | | |

An Methanol wurde für Beimischungszwecke 1935/36 274860 hl und 1936/37 653.121 hl verbraucht.

In der ehemaligen Tschechoslowakei müssen laut Gesetzessammlung vom 19. Juli 1935, Nr. 154, alle Mineralöle mit einer Dichte unter 0,810 mit 20 Teilen Spiritus gemischt werden (in 100 Teilen der Mischung müssen 20 Teile Äthyl- bzw. Methylalkohol und 80 Teile Mineralöl bis zu 0,810 Dichte enthalten sein). Diese Mischung muß auf bestimmte Weise gefärbt werden, um Verfälschungen leichter zu erkennen.

Aber schon im Jahre 1932 war für den Betrieb ein alkoholhaltiges, mit „Dynalkol“ bezeichnetes Benzin-Benzol-Alkohol-Gemisch vorgeschrieben. Der Verbrauch der Tschechoslowakei an Spiritus seit 1932 war nebenstehender.

Tabelle 12. Der tschechoslowakische Motorspiritusverbrauch 1932—1936.

| Kampagnejahr | Menge in hl |
|---|---|
| 1932/33 | 583000 |
| 1933/34 | 560596 |
| 1934/35 | 563168 |
| 1935/36 | 614000 |

In Ungarn wurde mit Dekret vom 23. Juli 1929 die zwangsweise Beimischung von Spiritus zu allen Benzinsorten von der Dichte 0,735 bis 0,775 im

Verhältnis 20 : 80 verfügt. Das Spiritus-Benzin-Gemisch führt die Bezeichnung „Motalko". 1937 wurden 133600 hl Treibsprit verbraucht gegen 121000 hl im Jahre 1936.

In Italien, wo als Gegenmaßnahme für die Sanktionen ein Beimischungszwang von 20% zu Benzin verfügt wurde, ist dieser Zwang Anfang 1938 aufgehoben und am 21. Oktober 1938 im Verhältnis von 12 Volumteilen Alkohol zu 88 Volumteilen Benzin wieder aufgenommen worden. Die Erzeugung von absolutem Alkohol ist in Italien von 413000 hl im Jahre 1934 auf 1049000 hl im Jahre 1936 gestiegen, wovon der größte Teil aus Zuckerrüben, Wein, Melasse und Zucker hergestellt wird. Man versucht in Italien durch Anbau von Sorghum-Gras, welches in Süditalien gut gedeiht, die Menge des zur Verfügung stehenden Alkohols zu erhöhen. Der ganze Sorghum-Anbau und die Sorghum-Ausnutzung sind durch ein Dekret des Finanzministers in einen fiskalischen Ausnahmezustand versetzt worden. Der Kraftstoffalkohol aus Sorghum ist für das laufende Produktionsjahr von jeder Steuer befreit. Zur Prüfung der in Italien gegebenen Möglichkeiten für die Erzeugung und Verwendung von Ersatzkraftstoffen wurde am 28. Jänner 1936 durch Parlamentsbeschluß das „Comitato Tecnico Corporativo per i Combustibili liquidi" geschaffen, welches sich in erster Linie für eine Steigerung der Erzeugung von Äthylalkohol einsetzt. In Porto in der Nähe von Rom hat Mussolini am dritten Jahrestag des Sanktionsbeginns den Grundstein zum Bau einer Fabrik gegeben, in der Treibstoffalkohol aus der Sorghopflanze gewonnen werden soll.

### *b) In Frankreich.*

In Frankreich ist im Oktober 1935 die Spiritusabnahmepflicht von 10 auf 15% für die eingeführte Benzinmenge verfügt worden. Diese Abnahmepflicht wurde dann auf 10% und ab 1. Jänner 1938 gar auf 5% erniedrigt. Auf Grund einer Weisung der französischen Zollbehörden sind Alkoholgemische mit 5 g Rhodamin B je Hektoliter Gemisch zu färben. In Frankreich wurden 1935/36 4160000 hl Alkohol für Treibstoffzwecke geliefert, 1936/37 nur noch wegen der schlechteren Ernte 2500000 hl, und 1938 wird der Alkoholzuschuß auf 1500000 hl geschätzt. Die Gesamtproduktion Frankreichs an Spiritus beziffert sich während der am 31. August 1938 abgeschlossenen Kampagne auf 3542921 hl gegen 3973070 hl im Jahre 1936/37. Es ist vorgeschlagen worden, Futtermais in großem Umfang zur Herstellung von Treibspiritus heranzuziehen. Der Ertrag eines Hektars könne 36 hl Alkohol ergeben. Bemerkenswert ist, daß in Frankreich schon frühzeitig der Beimischungszwang verfügt wurde. Schon im Gesetz vom 1. März 1923 wurden die Importeure von Benzin, Petroleum oder Benzol verpflichtet, dem Staat jeden Monat eine Menge Alkohol abzunehmen, die mindestens 10% der im Vormonat verzollten Benzinmenge entspricht. Die Beimischungsquote wurde allerdings je nach der vorhandenen Spiritusmenge, von Jahr zu Jahr neu festgesetzt und beträgt ab 1. Jänner 1938 nur 5%.

### c) *In Polen, Schweden, Litauen und Lettland.*

In Polen wurde das Problem der Beimischung durch einen am 27. Jänner 1933 unterzeichneten, fünf Jahre gültigen Vertrag der polnischen Monopolverwaltung und der polnischen Mineralölindustrie gelöst. In dem Vertrag verpflichteten sich die Mineralölfirmen, eine bestimmte Menge (etwa 9% des Inlandsabsatzes an Benzin) für Mischungszwecke zu übernehmen.

In Schweden wird von Vierteljahr zu Vierteljahr oder Halbjahr zu Halbjahr die beizumischende Spiritusmenge verordnet. Sie beträgt für das erste Quartal 1939 mindestens 2% der eingeführten bzw. hergestellten Benzinmengen (gegen 2,8% bzw. 2,2% im ersten bzw. zweiten Halbjahr 1938). Die Alkoholmischung führt die Bezeichnung „Lättbentyl" und der beigemischte Alkohol wird hauptsächlich aus Sulfitablaugen gewonnen.

In Litauen bestimmte das Gesetz, daß vom 31. März 1936 der Beimischungssatz 25% beträgt.

In Lettland wurde ab 16. August 1938 eine Beimischung von 25% Alkohol zu Benzin verfügt. Damit ist der erstmalig 1934 eingeführte Beimischungszwang, welcher im Sommer 1937 wegen Mangels an Spiritus wieder aufgehoben wurde, erneut in Kraft getreten.

### d) *In anderen europäischen und außereuropäischen Ländern.*

In vielen europäischen und außereuropäischen Ländern, wie Schweiz, Jugoslawien, Irland, Türkei, Finnland, Bulgarien, England, Kanada, Rußland, Mandschurei, Brasilien, Britisch-Indien, bestehen entweder Bestrebungen zur Einführung eines Beimischungszwangs oder man versucht dem Spiritus einen Absatz als Zusatztreibstoff zu verschaffen. In Großbritannien beispielsweise, welches keine Zwangsmaßnahmen verfügt hat, hat sich der Verbrauch dennoch sehr stark erhöht. Der Treibstoffspiritusverbrauch in England hat sich von 18300 Gallonen im Fiskaljahr 1930/31 bis auf 6,37 Millionen Gallonen im Fiskaljahr 1937/38 erhöht. Um entsprechende Mittel für Aufrüstungszwecke zu bekommen, wurde allerdings die Steuer auf Benzin- und Schweröle von 8 auf 9 d je Gallone erhöht. Bei dieser Gelegenheit wurde erstmalig auch der Kraftspiritus, der bisher steuerfrei war, dem obgenannten Steuersatz unterworfen. Da aber der bisher gezahlte Bonus von $8^3/_4$ d je Gallone beim Kraftspiritus bleibt, hat dieser immer noch einen preislichen Vorsprung vor dem Benzin. Auf diese Weise will die englische Regierung die Herstellung von Kraftspiritus aus wehrwirtschaftlichen Gründen schützen und erhöhen. Allerdings wird der Kraftspiritus in England in der Hauptsache aus ausländischer eingeführter Zuckerrohrmelasse, die aus Westindien, Java, Sumatra und den Philippinen stammt, hergestellt.

Von den außereuropäischen Ländern hat Japan einen Beimischungszwang verfügt, der ab 1. Juli 1938 5% und ab September 10% für ein Viertel des im Inland erzeugten Benzins beträgt. In Japan hat man der Erzeugung von Alkohol auf Grund seines Siebenjahresplans besondere

Bedeutung gegeben. Der Alkohol soll nicht, wie früher vorgesehen, aus Rohrzucker, sondern aus Kartoffeln gewonnen werden. Zu diesem Zweck sollen die Kartoffelpflanzungen auf Neuland vorgenommen werden, das durch Aufschüttungen an den Ufern der Insel Quelpart, die der Südspitze von Korea am Eingang der Straße zum Japanischen Meer vorgelagert ist, gewonnen wird.

In Amerika hat man den Plan, den Überschuß von landwirtschaftlichen Produkten in zahlreichen großen Fabriken zu Alkohol zu verarbeiten. In Atkinson im Staat Kansas ist die erste Fabrik zur Erzeugung von täglich 40 t Alkohol errichtet worden. Die Anlage verarbeitet Gerste, Roggen, Mais und Hirse.

## 4. Eigenschaften des Alkohols.

Ähnlich wie beim Benzol liegt der große Wert des Alkohols in seiner Klopffestigkeit. Nach Christensen (84) beträgt die klopfverbessernde Wirkung des Alkohols etwa 0,9 Oktanzahl (bis 1,5) je 1% zugesetzten Alkohols bei Benzinen mit einer Oktanzahl von 60 bis 70.

Nach eingehenden Beobachtungen steigt die Leistung des Motors zwischen 65 und 85 Oktanzahl um 1% für jede Erhöhung der Oktanzahl um 1. Nach A. R. Ogsten (182) wieder bewirkt in diesem Intervall ein Zusatz von 1% Alkohol eine Oktanzahlsteigerung um 0,7. Wenn also auch der Heizwert eines Gemisches mit z. B. 15% Alkohol um etwa 6% sinkt, so beträgt die Steigerung der Oktanzahl etwa 10%, d. h., der Verlust wird mehr als ausgeglichen. Im Vergleich zu Benzin ist der spezifische Brennstoffverbrauch für alkoholhaltige Benzine größer bei sparsamer Einstellung, kleiner bei Betrieb mit reicherer Einstellung.

Alkoholhaltige Gemische müssen sach- und sinngemäß zusammengesetzt sein, um den Anforderungen, die man an sie nach dem heutigen Stand der Technik zu stellen berechtigt ist, zu genügen. Es werden zumeist Gemische von Benzin mit 10—20% Alkohol verwendet, die einen mehr oder weniger großen Zusatz Benzol enthalten können. Es ist jedoch nicht sehr zweckmäßig, Gemische aus Benzol und Alkohol für den Motorenbetrieb zu verwenden, weil einerseits die hohe Klopffestigkeit des Benzols und Alkohols in seinem Gemisch bei den heutigen Motoren nicht voll ausgenutzt werden kann und anderseits in den meisten Fällen die Düse ausgewechselt werden muß. Bei einem Zusatz bis zu etwa 20% Alkohol zu Benzin sind in der Regel keinerlei Veränderungen am Motor vorzunehmen.

Bei erstmaliger Verwendung von alkoholhaltigen Gemischen zeigen sich in den Brennstoffleitungen Störungen. Diese Erscheinung ist darauf zurückzuführen, daß der Aklkohol die vom Betrieb mit alkoholfreien Kraftstoffen herrührenden Rost-, Schmutz- und Harzbestandteile im Tank ablöst, die dann in die Brennstoffleitungen gelangen und zu Verstopfungen der Siebe führen können. Sobald die Reinigung der Tanks beendet ist, sind Verstopfungen der Siebe, die durch rechtzeitiges regelmäßiges Säubern leicht vermieden werden können, nicht mehr festzustellen.

## L. Der Methylalkohol (Methanol).

Hauptsächlich in Italien und Deutschland ist neben dem Äthylalkohol als Zusatztreibstoff in den letzten Jahren der Methylalkohol (Methanol) getreten.

Der Methylalkohol ist der niedrigst siedende Alkohol und leitet sich von dem niedrigsten paraffinischen Kohlenwasserstoff, dem Methan, ab, indem ein Wasserstoff durch eine Hydroxylgruppe (OH-Gruppe) ersetzt wird. Der Methylalkohol wurde früher bei der Verkohlung (der trockenen Destillation) des Holzes gewonnen; er bildet hierbei den Hauptbestandteil des Holzgeistes (80%). Da nur geringe Mengen anfielen, kam eine motorische Verwendung nicht in Frage. Erst nach dem Krieg gelang es, das Methanol (im Jahre 1923) aus Kohlenoxyd und Wasserstoff zu erzeugen. Seit dieser Zeit wurde das Methanol immer mehr als Treibstoffzusatz herangezogen.

Methanol kann auf folgenden Wegen gewonnen werden:

1. aus dem bei der trockenen Destillation des Holzes erhaltenen Rohholzessig;
2. aus Lignin;
3. aus Formiaten durch thermische Zersetzung;
4. durch Synthese, und zwar
   a) aus Methan über Methylchlorid, das verseift wird;
   b) aus Kohlenoxyd oder Kohlendioxyd durch katalytische Druckhydrierung.

Von diesen Verfahren haben technische Bedeutung bisher nur 1 und 4b erlangt, wobei das synthetische Verfahren das wichtigste ist.

Die Methanolsynthese aus Kohlenoxyd und Wasserstoff hat ihren Ausgang von der Beobachtung genommen, daß Gemische von Kohlenoxyd und Wasserstoff bei erhöhten Temperaturen und Drücken in Gegenwart von Katalysatoren nicht Methan liefern, sondern ein Gemisch von Kohlenwasserstoffen, Alkoholen, Aldehyden, Ketonen und Säuren. Im Jahre 1923 ist es dann der Badischen Anilin- und Sodafabrik gelungen, Methanol als Hauptprodukt bzw. als einziges Produkt der Kohlenoxyd-Wasserstoff-Katalyse im Großbetrieb zu erhalten. Hierbei war neben einem höheren Anteil von Wasserstoff im Gas gegenüber den früheren Arbeiten vor allem eine weitgehende Fernhaltung von Eisen wichtig, und zwar sowohl im Katalysator wie in der Apparatur, und hinsichtlich des Gases Fernhaltung oder Befreiung von Eisenkarbonyl. Als Kontaktmassen haben sich vor allem Mischkatalysatoren, insbesondere ein Zinkoxyd-Chromoxyd-Kontakt, bewährt.

$$CO + 2\,H_2 \rightleftarrows CH_3OH + 23\ \text{WE}.$$

Die Reaktion verläuft unter Wärmeentwicklung, wie man aus der Gleichung sieht. Die günstigsten Temperaturen für die Synthese dürften zwischen 280 und 400° C liegen, die gebräuchlichsten Drücke zwischen 150 und 250 Atm.

In dem Ausgangsgemisch kann Kohlenoxyd ganz oder teilweise durch Kohlendioxyd ersetzt sein. Dagegen ist die Gegenwart größerer

Mengen von Methan oder Stickstoff nicht erwünscht. Das Ausgangsgasgemisch, zweckmäßig 1 Vol. CO + 2 Vol. $H_2$, kann aus technischem Wassergas oder auch aus Generator- bzw. Doppelgas erhalten werden, die zunächst einer Reinigung, etwa bis zu einem Reinheitsgrad von 96% Kohlenoxyd + Wasserstoff, unterworfen werden.

Bei billigen Strompreisen kann auch elektrolytisch gewonnener Wasserstoff für die Methanolsynthese verwendet werden; der bei der Elektrolyse anfallende Sauerstoff dient zur Gewinnung des erforderlichen Kohlenoxyds aus Koks in Spezialgeneratoren.

Da Eisen im allgemeinen katalytisch auf das Gasgemisch von Kohlenoxyd und Wasserstoff im Sinn der Bildung von Methan wirkt und außerdem auch zur Bildung von flüchtigem Eisenkarbonyl Anlaß gibt, muß man es nach Möglichkeit in den Teilen der Apparatur ausschließen, in denen diese bei erhöhter Temperatur in Berührung mit dem Gasgemisch kommt. Ähnliches gilt für Nickel. Man verwendet daher hier Apparaturen aus Kupfer, Aluminium, Chrom oder derartige Metalle enthaltende Legierungen bzw. hochlegierte Spezialstähle. Auch ist die Anwesenheit von Schwefel- bzw. Schwefelverbindungen in dem Ausgangsgemisch möglichst zu vermeiden, wenn auch die Reinigung des letzteren vom Schwefel wohl nicht weitergetrieben zu werden braucht als die des Leuchtgases.

Das gereinigte Ausgangsgasgemisch wird aus einem Gasometer bei gewöhnlichem Druck einem Hochdruckkompressor zugeführt, der es auf den erforderlichen Druck von etwa 200 Atm. bringt. Nach Abtrennung von Ölteilchen (aus dem Kompressor) und Beseitigung des Eisenkarbonyls (z. B. mit Aktivkohle oder durch katalytische Spaltung in Eisen und Kohlenoxyd) wird es in vorgewärmtem Zustand in die gestreckt zylindrischen Reaktionsgefäße eingeleitet, durchströmt hier zunächst den schmalen Raum zwischen der Innenwandung und einer den Katalysator enthaltenden Kartusche und dann den Kontakt selbst und tritt nach erfolgter Reaktion, unter Abgabe eines Teils seiner Wärme in einem nachgeschalteten Austauscher, in einen Kühler ein, in dem das Methanol unter Druck verflüssigt wird. Das methanolfreie Restgas wird wieder in den Fabrikationsprozeß zurückgeleitet, wobei sich anreichernde schädliche Beimengungen (Methan, Stickstoff usw.) von Zeit zu Zeit abgeblasen werden müssen. Ohne Rückführung des Endgases kann auch gearbeitet werden, wenn man mehrere, z. B. drei, in der Größe abgestimmte Reaktionsbomben hintereinander schaltet, wobei man die geringen Mengen Restgas zweckmäßig in den Gasometer zurückleitet.

Bei der Synthese von Methanol muß man in erster Linie auf die Beseitigung der großen Reaktionswärme (ähnlich wie beim Fischer-Tropsch-Verfahren) schauen, um eine hohe Konzentration des Methanols in den Gasen zu erhalten. Weitere Bedingungen, deren Einhaltung für gute Ausbeuten notwendig sind, sind Einhalten bestimmter enger Temperaturgrenzen, Einhalten von hohen Gasgeschwindigkeiten und Vermeidung von Nebenreaktionen.

Durch Veränderung der Katalysatoren ist man in der Lage, die Reaktion so zu lenken, daß z. B. höhere Alkohole, wie Äthyl-, Propyl-, Isopropyl-, Buthyl- und Isobuthylalkohol, erhalten werden. Bei Anwendung von Katalysatoren, die aus Zinkoxyd bestehen, welches mit Kaliumoxyd bzw. Kaliumkarbonat getränkt ist, erhält man bei Anwendung eines Wasserstoffüberschusses außer Methanol größere Mengen von höheren Alkoholen und nur sehr kleine Mengen von Ketonen, Aldehyden, Säuren usw. G. NATTA (86) hat ein Verfahren entwickelt, um höhere Alkohole aus Wassergas herzustellen. Es beruht auf der Verwendung von Katalysatoren, welche aus Zinkoxyd und Kaliumsalzen von Fettsäuren bestehen. Die höheren Alkohole zeigen aber die Eigenschaft, in Benzin in jedem Verhältnis löslich zu sein, und außerdem noch die, die an und für sich geringe Löslichkeit des Methanols in Benzin zu vergrößern. Denn eine der größten Schwierigkeiten für die Anwendung des Methanols zur Herstellung von Treibstoffgemischen war seine zu geringe Löslichkeit in den meisten Benzinen. Um das Methanol mit dem gewöhnlichen Benzin in jedem Verhältnis mischen zu können, muß man eine dritte Flüssigkeit hinzufügen, welche die Rolle eines Bindemittels spielt. Die besten Bindemittel sind nun die Buthyl-, Amyl- und Hexylalkohole.

Erwähnenswert ist, daß das Methanol in Amerika im Großbetrieb auch durch Oxydation von Methan (Erdgas) gewonnen wird.

Auch in der Erzeugung von Methanol ist Deutschland immer führend gewesen. Im Jänner 1923 gelang die erste Herstellung von Methanol der I. G. Farbenindustrie in Ludwigshafen. Am 29. Mai 1923 besetzten die Franzosen das Werk. In vier Wochen darauf lief die Produktion in Leuna an. Heute wird in Deutschland das Methanol immer mehr an Stelle von Äthanol, aber noch immer gemeinsam mit ihm als Zusatztreibstoff für Benzin verwendet. Der Absatz an Methanol in Deutschland auf dem Weg über die Beimischung zum Kraftstoffspiritus ist aus der folgenden Zusammenstellung ersichtlich.

Methanolzusatz zum Treibstoffspiritus seit 1. Jänner 1936.

| | | | | | | | | | | |
|---|---|---|---|---|---|---|---|---|---|---|
| 1935/36 | 274860 hl, | ab | 1. I. | 1936 | 10 | Teile | auf | 90 | Teile | Sprit, |
| | | „ | 1. VI. | 1936 | 20 | „ | „ | 80 | „ | „ , |
| 1936/37 | 653121 hl, | „ | 1. V. | 1937 | $33^1/_3$ | „ | „ | $66^2/_3$ | „ | „ , |
| 1937/38 | 749106 hl, | „ | 1. IV. | 1938 | 35[1] | „ | „ | 65 | „ | „ , |
| | | „ | 1. IX. | 1938 | 15 | „ | „ | 85 | „ | „ . |

Das nächstwichtige Herstellungsland für Methanol ist Italien. Dort bestehen derzeit drei Anlagen, die Methanol aus Kohlenoxyd und Wasserstoff erzeugen (86). Zwei Anlagen, eine in Sardinien und eine größere in Meran, arbeiten nach dem Verfahren von G. NATTA und eine dritte Anlage bei Terni arbeitet nach dem Verfahren von CASALE.

In England wird Methanol von der Imperial Chemical Industries hergestellt. Die Erzeugung von synthetischem Methanol betrug 1935 rund 9657 t gegen 8653 t im Jahre 1934.

[1] Die 35 Teile bestanden zu 20 Teilen aus Methanol und zu 15 Teilen aus höheren Alkoholen (Lösungsvermittler).

In Japan ist seit Ende 1933 die synthetische Herstellung von Methanol von zwei Firmen aufgenommen worden.

In den Vereinigten Staaten wurden 1934 12,5 Millionen Gallonen und 1937 31,81 Millionen Gallonen synthetisches Methanol gewonnen. Allerdings wird dieses erzeugte Methanol nicht als Zusatztreibstoff, sondern als Frostschutzmittel für Autokühler, für die Kunstharzerzeugung usw. verwendet. In Amerika wird das Methanol auch durch Oxydation des im Naturgas enthaltenen Methans gewonnen. Nach COOPER und WIEZEVICH (87) geht in Gegenwart von weniger als 10% Sauerstoff die Oxydation von Methan bei 210 Atm. Druck und 400° C vor sich.

## M. Andere Alkohole und Äther, insbesondere Isopropyläther.

Andere höhere Alkohole bis zum Zetylalkohol sind aus Krackgasen hergestellt worden. Gegenwärtig sind die wichtigsten hergestellten Alkohole aus Krackgasen der Äthyl-, Isopropyl-, die Butyl- und die Amylalkohole. G. EGLOFF hat berechnet, daß sich aus den ungesättigten Kohlenwasserstoffen, die sich jährlich in den in der ganzen Welt aus den Krackbetrieben gewonnenen Gasen vorfinden (unter Zugrundelegung eines Gehalts von 6% Äthylen, 13,3% Propylen und Butylenen) etwa folgende Mengen (aus 440 Milliarden Kubikfuß Krackgas) an verschiedenen Alkoholen:

Äthylalkohol 468558000 Gallonen,
Propylalkohol 1358189000 Gallonen,
Butylalkohol 902775000 Gallonen,

gewonnen werden könnten. Alle die Alkohole sind sehr klopffest und deshalb als Zusatztreibstoff sehr gut zu verwenden. Isopropylalkohol wird aus propylenhaltigen Abgasen durch Absorption von Propylen in Schwefelsäure und nachheriger Hydrolyse der erhaltenen Alkylschwefelsäure gewonnen. Schon seit Jahren erzeugt z. B. die Standard Oil of New Jersey Isopropyl- und höhere Alkohole aus den Abgasen der Ölraffinierie in Bayway.

Von den Äthern scheint der *Isopropyläther* wegen seiner breiten Rohstoffgrundlage (Propylen bzw. Propan) die größten Aussichten zu haben. Er ist ein ausgezeichnetes Antiklopfmittel (Oktanzahl 101) und kann im Gemisch mit gewöhnlichem Fliegerbenzin Treibstoffe mit einer Oktanzahl von 100 ergeben. Von Nachteil ist jedoch der geringe Heizwert (etwa 8750 WE/kg), der um 19—20% geringer ist als der Heizwert von Isooktan, und seine Mischbarkeit mit Wasser (s. Abschnitt „Wasserlöslichkeit").

Der Isopropyläther wird aus Propylen nach folgendem Schema erzeugt:

$$C_3H_6 \xrightarrow[+\,H_2O]{H_2SO_4} i\text{—}C_3H_7OH,$$

$$2\,i\text{—}C_3H_7OH \xrightarrow[-\,H_2O]{H_2SO_4} (i\text{—}C_3H_7)_2O.$$

Zu diesem Zweck wird das Propylen bei Raumtemperatur in 75 bis 80%iger Schwefelsäure unter Druck absorbiert und bei erhöhter Temperatur zu Isopropyläther umgesetzt nach obiger Gleichung. Neben Propylen kann auch Isopropylalkohol als Ausgangsstoff für die Gewinnung von Diisopropyläther dienen.

Nach G. Egloff könnten in den Raffinerien der Welt etwa 420 Millionen Gallonen Isopropyläther hergestellt werden.

Die wesentlichsten physikalischen Daten sind: Siedepunkt bei 700 mm Hg 67,9° C, Wichte bei 20° C 0,725, Dampfdruck nach Reid bei 37,8° C (100° F) 0,38.

## N. Eigenschaften von Äthyl- und Methylalkohol im Vergleich zu Benzin.

Im folgenden sollen in kurzem die Eigenschaften von Äthyl- und Methylalkohol im Vergleich zu Benzin nach einer von W. Wilke (85) zusammengestellten Darstellung gezeigt werden, wobei bemerkt werden soll, daß die Zahlen nur für reinen Methanolbetrieb gelten.

### 1. Der Heizwert, Gemischheizwert und Luftbedarf.

Das Methanol hat von allen flüssigen Kraftstoffen den niedrigsten Heizwert; sein oberer Heizwert beträgt 5425 WE/kg und sein unterer Heizwert 4767 WE/kg und 4026 WE/l, gegenüber von 5280 WE/l bei Äthylalkohol und 7770 WE/l bei Benzin. Mit Benzin verglichen ist also sein Heizwert um etwa 45% geringer. Aber man verkauft die Treibstoffe in Litern und nicht in Kilogramm. Wegen des größeren spezifischen Gewichts (0,796) des Methanols wird das Verhältnis des unteren Heizwerts von Benzin und Methanol etwas größer (Abb. 30).

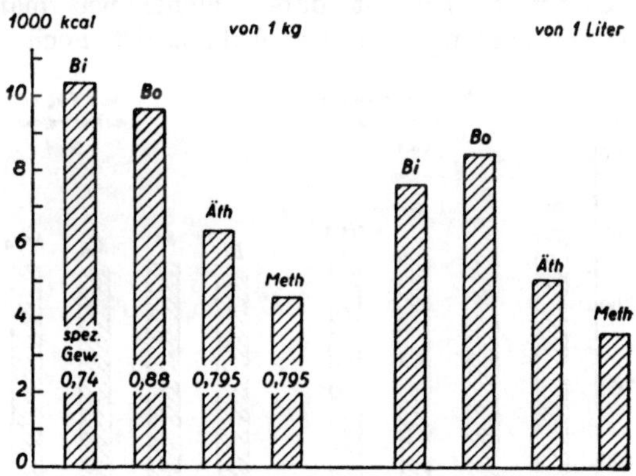

Abb. 30. Unterer Heizwert der Kraftstoffe. Nach W. Wilke (85).

Mit dem Heizwert hängt der Luftbedarf der Kraftstoffe zusammen. 1 kg Benzin benötigt theoretisch eine Luftmenge von 14,8 kg, 1 kg Methanol dagegen nur 6,33 kg und 1 kg Äthylalkohol nur 9,9 kg Luft. Man erkennt, daß der Heizwert eines Treibstoffs an sich für die Leistung keine Rolle spielt, da die von einem Motor mit verschiedenen Kraftstoffen, sonst aber unter gleichen Bedingungen abgegebene Leistung keineswegs allein von dem Heizwert des Kraftstoffs abhängig ist, sondern vor allem von dem Heizwert des Kraftstoff-Luft-Gemisches, dem sog.

Gemischheizwert. Der Grund für die Bedeutung des Gemischheizwerts ist in der Tatsache zu suchen, daß der Motor ja nicht Kraftstoff, sondern ein Kraftstoff-Luft-Gemisch ansaugt und die erzielbare Leistung mithin vom Energieinhalt des Liters Kraftstoff-Luft-Gemisch abhängig ist. Dies zeigt deutlich die rechte Seite der Abb. 31, wo der Luftbedarf für 10000 WE jedes Kraftstoffs angegeben ist. Daraus ersieht man, daß praktisch der Luftbedarf für die gleiche Kalorienzahl der gleiche ist. Die Gemischheizwerte sind in Abb. 32 für die verschiedenen Kraftstoffe verzeichnet. Für 1 m³ Kraftstoff-Luft-Gemisch (Abbildung 32 links) sind sie weitgehend die gleichen. Es hat 1 m³ Gemisch den Heizwert von rund 800 WE, bezogen auf gleiche Temperatur und gleichen Gesamtdruck. Ein geringerer Heizwert des Kraftstoffs bedingt daher nicht, wie man vielfach annimmt, eine Minderleistung. In der Abb. 32 ist noch der Gemischtheizwert dargestellt, der an 1 kg Luft gebunden ist. Der Gemischheizwert von 1 kg Luft, die den zur Verbrennung theoretisch nötigen Kraftstoff aufgenommen hat, beträgt ungefähr 700 WE. Diese Tatsache ist auch die Erklärung dafür, daß man mit so heizwertarmen Kraftstoffen, wie Methanol und Äthanol, größte Motorleistungen erzielen kann, wofür der Rennwagenbetrieb ein Beispiel ist.

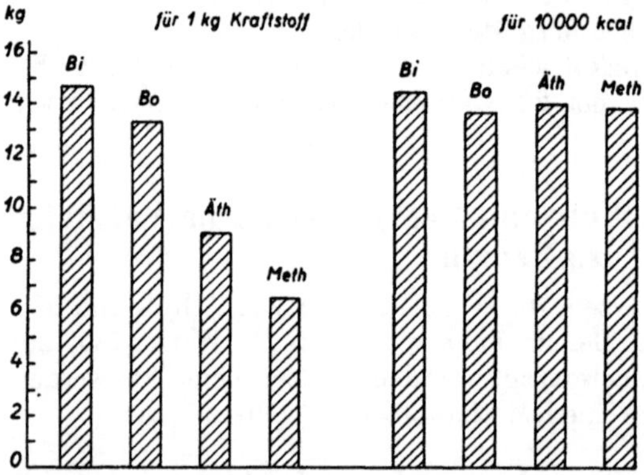

Abb. 31. Luftbedarf der Kraftstoffe. Nach W. Wilke (85).

Abb. 32. Heizwerte der Kraftstoff-Luft-Gemische. Nach W. Wilke (85).

Allerdings ist das Volumen, z. B. des Methanols, das man verbrennen muß, um eine bestimmte Leistung von einem Motor zu gewinnen, wegen seiner kleineren Verbrennungswärme, je nach dem Kompressionsverhältnis, um 50—90% höher als dasjenige des Benzins. Nur bei Mischungen von Benzin mit Alkohol (Äthyl- oder Methylalkohol oder beide), die nicht mehr als etwa 20% Alkohol enthalten, ist der volumetrische Verbrauch von Brennstoff nicht größer als bei reinem Benzin. Mischungen mit sehr hohem Methanolgehalt (mehr als 50%) verwendet man gern bei Autorennen, wo der Verbrauch nicht die Rolle spielt wie die Leistung, welche der Motor hergeben soll.

### 2. Die Verdampfungswärme und Sättigungsverhältnisse.

Ein wesentlicher Unterschied zeigt sich jedoch in der Verdampfungswärme der verschiedenen Kraftstoffe; dieser Unterschied wirkt sich in der Ladung des Motors aus. In Abb. 33 ist die Verdampfungswärme der einzelnen Kraftstoffe ersichtlich. Benzin hat eine solche von etwa 80 WE/kg, während Methanol die hohe Verdampfungswärme von rund 265 WE/kg hat. Neben Wasser hat Methanol eine der höchsten Verdampfungswärmen. Die Verdampfungswärme von Methanol ist also dreimal so hoch wie die von Benzin. Dieses Verhältnis verschiebt sich noch stärker, wenn man die Verdampfungswärmen auf gleiche Kalorienzahl, wie es in der Abb. 33 rechts für 10000 WE gerechnet ist; hier wird das Verhältnis rund 1 : 7, nämlich 80 WE zu 570 WE.

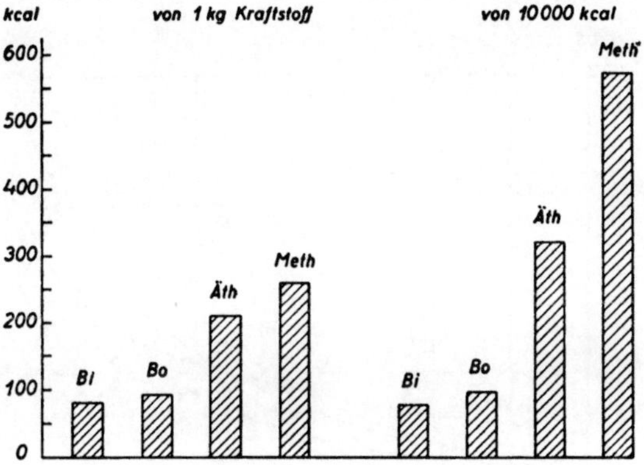


Abb. 33. Verdampfungswärme der Kraftstoffe. Nach W. Wilke (85).

Diese hohe Verdampfungswärme bedingt eine starke Abkühlung der angesaugten Luft bzw. des Kraftstoff-Luft-Gemisches. Aus Abb. 34 sehen wir, welche Abkühlung rein rechnungsmäßig das theoretische Brennstoffgemisch erfährt, wenn der Kraftstoff vollkommen verdampft und die hierzu nötige Wärme nur aus dem Gemisch gewonnen wird. Die Abkühlung des Gemisches ist bei Methanol am größten; bei Benzin beträgt sie 20° C, bei Methanol hingegen rund 125° C im theoretischen Brenngemisch. Die Verdampfungswärme kann aber nur zum geringsten Teil

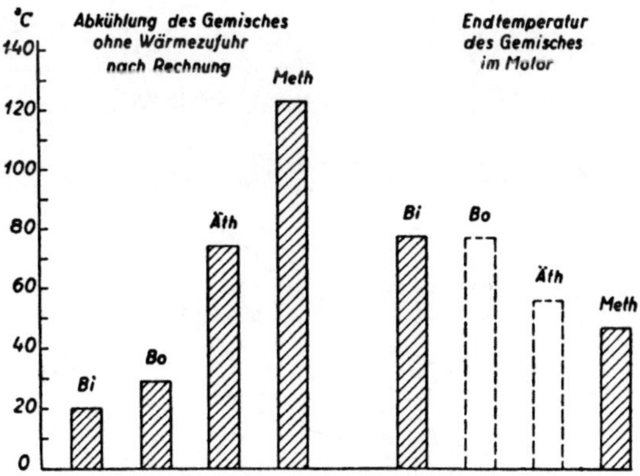


Abb. 34. Einfluß der Verdampfungswärme. Nach W. Wilke (85).

aus dem Gemisch gedeckt werden, der größere Teil wird jedoch aus anderen Wärmequellen gedeckt, und zwar in der Hauptsache von den warmen Zylinderwänden. Durch die Abkühlung des Luft-Methanol-Gemisches z. B. erhält der Motor mehr Ladung, und dies ist die Erklärung dafür, daß bei manchen Kraftstoffen mit niederen Heizwerten unter Umständen eine größere Leistung gewonnen wird als mit Benzin. Aus der Verdampfungswärme erklärt sich auch der geringere Verbrauch an Kalorien, der bei Äthanol und Methanol vorhanden ist. Die Angaben über Heizwerte werden auf den flüssigen Zustand des Kraftstoffs bezogen. Bei den benzinähnlichen Kohlenwasserstoffen, die praktisch gleiche Heizwerte und gleiche Verdampfungswärmen besitzen, macht es beim Vergleich keinen Unterschied, ob diese Heizwerte auf flüssigen oder dampfförmigen Zustand bezogen werden. Die Verdampfungswärme beträgt hier etwa 0,8 des Heizwerts. Ganz anders ist es z. B. bei Methanol. Hier beträgt die Verdampfungswärme 6% des Heizwerts, und da die Verdampfungswärme von außen durch die Ansaugluft bzw. durch die Zylinderwandungen gedeckt wird, so kommt dieser Mehrbetrag der Ausnutzung des Kraftstoffs zugute.

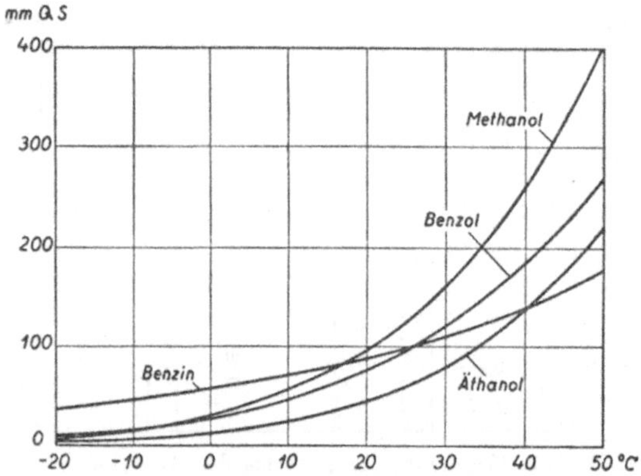

Abb. 35. Sättigungsdrucke der Kraftstoffe. Nach W. WILKE (85).

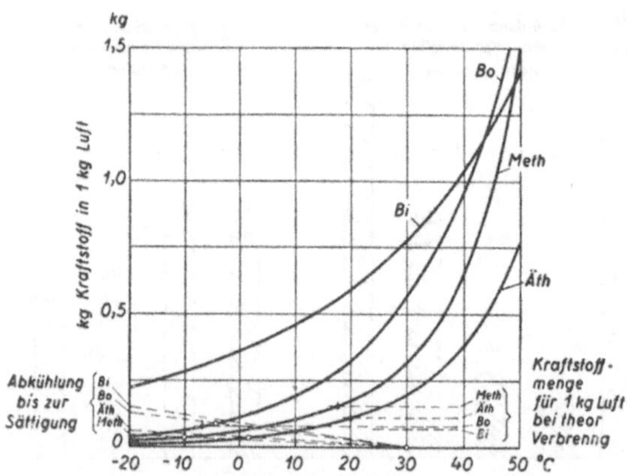

Abb. 36. Kraftstoffaufnahme von 1 kg Luft. Nach W. WILKE (85).

Die hohe Verdampfungswärme der Alkohole hat zur Folge, daß sie auch in Gemischen mit Benzin und Benzol nicht nur die Gemischtemperatur, sondern auch die Abgastemperaturen erniedrigt. Aus diesem Grund vertragen die Alkoholgemische im allgemeinen eine größere Vorwärmung. Bei brennstoffreicheren Einstellungen kann die Vorwärmung geringer sein, sie darf aber anderseits nicht über ein gewisses Maß hinausgehen, da sonst ein Leistungsabfall eintritt und sich dann, damit verbunden, ein Mehrverbrauch an Alkoholgemisch zeigt.

Die Dampfspannungskurven, die in Abb. 35 dargestellt sind, erklären uns des näheren die Verhältnisse. Sie ermöglichen uns zu bestimmen, welche Mengen an Kraftstoff die Luft bei verschiedener Temperatur dampfförmig aufzunehmen vermag. Bei 20° C z. B. hat Methanol einen Dampfdruck von 100 mm Hg. In einem Raum, der unter einem Druck von 700 mm Hg steht, hat die Luft demnach einen Partialdruck von 600 mm Hg. Nimmt man z. B. den Raum so groß an, daß in ihm bei dem genannten Teildruck der Luft 600 mm Hg die Luftmenge von 1 kg enthalten ist, so faßt er eine Methanolmenge von 0,176 kg. Bei höherer Temperatur nimmt 1 kg Luft mehr Methanol auf, bei tieferer Temperatur weniger. In Abb. 36 ist gezeigt, wieviel Kraftstoff in 1 kg Luft bei verschiedener Temperatur dampfförmig aufgenommen werden kann. Man sieht, daß bei 20° C 0,59 kg Benzin 0,33 kg Benzol, 0,18 kg Methanol und 0,11 kg Äthanol aufgenommen werden; die aufgenommenen Mengen an Methanol und Äthanol sind also weit kleiner als die an Benzin bzw. Benzol.

Allerdings kann aus diesen Zahlen noch kein auf die Verbrennung gehender Schluß gezogen werden. Man muß diese bei Sättigung aufnehmbaren Mengen mit denen vergleichen, die von der gleichen Luftmenge zur Verbrennung, z. B. beim Luftverhältnis $\lambda = 1$, benötigt werden. Diese sind von der Temperatur unabhängig und betragen für Benzin 0,068 kg, für Benzol 0,075 kg, für Äthanol 0,111 kg und für Methanol 0,155 kg. Sie sind auf der Abb. 36 durch die gestrichelten Linien wiedergegeben. Die Schnittpunkte dieser Linien mit den Kurven geben für jeden Kraftstoff die Temperatur an, unterhalb der ein theoretisches Brennstoff-Luft-Gemisch nicht mehr möglich ist, da hier die Sättigung liegt. Diese Temperatur liegt für Benzin weit unter — 20° C, für Benzol ungefähr bei — 6° C, für Methanol bei + 17° C und für Äthanol bei + 20° C. Trockene Brennstoff-Luft-Gemische sind also nur oberhalb dieser Temperaturen möglich.

In der Abb. 36 ist noch als Beispiel eingezeichnet, bis zu welcher Temperatur sich die Ansaugluft infolge der Verdampfung abkühlen könnte, wenn die Verdampfungswärme nur aus der Luft entnommen würde. Hat z. B. die Luft anfänglich eine Temperatur von 30° C, so würde sie sich bei Benzol bis auf ungefähr — 4° C, bei Methanol auf ungefähr — 10° C abkühlen. Bei diesen Temperaturen würde dann jeweils die Luft bzw. das Gemisch gesättigt sein. Eine weitere Verdampfung könnte nicht stattfinden und damit auch keine weitere Abkühlung. Diese Abkühlungen treten aber in der Praxis nicht auf.

Stellt man die gleiche Betrachtung für einen bestimmten Raum, ein bestimmtes Zylindervolumen an, so bekommt man folgendes, in Abb. 37 wiedergegebenes Bild. Man sieht, daß die Kraftstoffe auch jetzt wieder die Reihenfolge Benzin, Benzol, Methanol und Äthanol einnehmen. Die theoretischen Mengen sind hier nicht eingezeichnet, da sie bei dieser Darstellung als veränderlich mit der Temperatur erscheinen würden.

In Abb. 38 sind in einer Säulendarstellung die Verhältnisse für + 20° C und für 0° C gekennzeichnet. Die schwarzen Säulen geben die Menge an, die 1 m³ Gemisch aufnehmen kann, die hellen Säulen die Mengen, die zur vollkommenen Verbrennung des Luftgemisches notwendig sind.

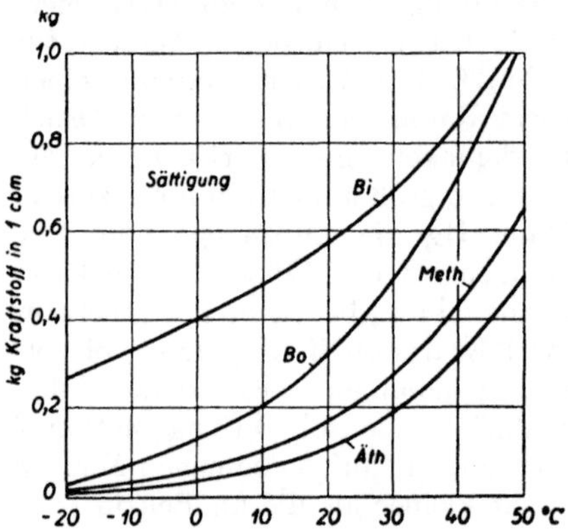


Abb. 37. Kraftstoffaufname von 1 m³ Raum. Nach W. Wilke (85).

Bei 20° C nimmt die Luft an Benzin rund das Achtfache, an Benzol das Vierfache der theoretisch notwendigen Kraftstoffmenge auf, an Äthanol und Methanol dagegen nur gerade die theoretische Menge. Auch hier sieht man, daß ein Brenngemisch von Äthanol und Methanol unterhalb von ungefähr 20° C nicht möglich ist. In der linken Darstellung kommt das klar zum Ausdruck. Man ersieht daraus, daß das Verhältnis für Benzol schon knapp wird und daß auch für Benzin die Überlegenheit schon weitgehend eingeschränkt ist. Bei Methanol nimmt die Luft nur rund ein Drittel der theoretisch erforderlichen Kraftstoffmenge auf.

Die Verdampfungsverhältnisse werden jedoch noch durch die Verhältnisse hinsichtlich der Verdunstungsgeschwindigkeit ergänzt. Beide sind für das Anlassen der Motoren von Wichtigkeit. Die Verdunstungsgeschwindigkeit wird dargestellt durch die Gleichung $u = \text{konst.}\ \frac{dp}{dt}$, in der $p$ den Druck des Kraftstoffs und $t$ die Zeit bedeutet. Anderseits ist nun $u = \text{konst.}\ (p_s - p)$, wobei $p_s$ den Sättigungsdruck bei der betrachteten Temperatur und $p$ den augenblicklichen Druck des Kraftstoffs darstellt. Je mehr der Druck des Kraftstoffs dem Sättigungsdruck nahekommt, um so geringer wird demnach die Verdunstungsgeschwindigkeit. Die zur Verdunstung einer bestimmten Kraftstoffmenge nötige Zeit ergibt sich aus den obigen Gleichungen zu

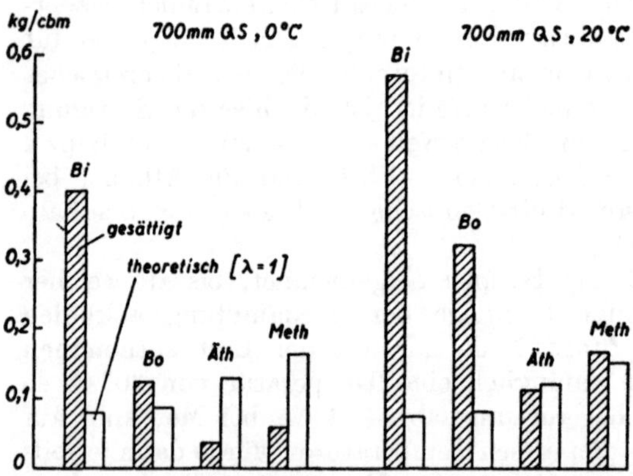


Abb. 38. Kraftstoff in 1 m³ Gemisch. Nach W. Wilke (85).

$$t = k \log \frac{1}{1 - \frac{p_g}{p_s}},$$

sie ist in Abb. 39 ganz allgemein dargestellt. $p_g$ bedeutet den Enddruck der Verdunstung. Da jedoch die Konstante $k$ sowohl für Benzin als auch für alle anderen Kraftstoffe unbekannt ist, lassen sich diese Beziehungen nicht quantitativ verfolgen. Für die Konstante $k$ dürfte jedoch das Molekulargewicht von Wichtigkeit sein, je größer es ist, desto kleiner ist das Volumen von 1 kg Brennstoffdampf und desto leichter kann die Dampfbildung vor sich gehen. Bei Methanol ist das Molekulargewicht das kleinste von allen vier betrachteten Kraftstoffen. Man sieht also, daß die Verdunstungszeit um so größer ist, je näher $p_g$ an $p_s$ herankommt und daß sie für $p_g = p_s$ unendlich groß wird. Aus dem früher Gesagten ersieht man jedoch, daß bei normaler Temperatur im Methanol-Luft-Gemisch praktisch $p_g = p_s$ ist; es geht also die Verdunstung des Methanols bedeutend langsamer vor sich als die von Benzin, wo nur rund der achte Teil der Sättigungsmenge aufgenommen zu werden braucht, da $p_g = {}^1/_8\, p_s$ ist. Die Verhältnisse stellen sich für Methanol noch ungünstiger dar, wenn man bedenkt, daß für 1 kg Benzin rund 14,8 kg Luft zur Verbrennung notwendig sind, für 1 kg Methanol aber nur rund 6,3 kg Luft; das Benzin hat also noch den Vorteil, eine viel größere Luftmenge zur Verfügung zu haben als das Methanol.

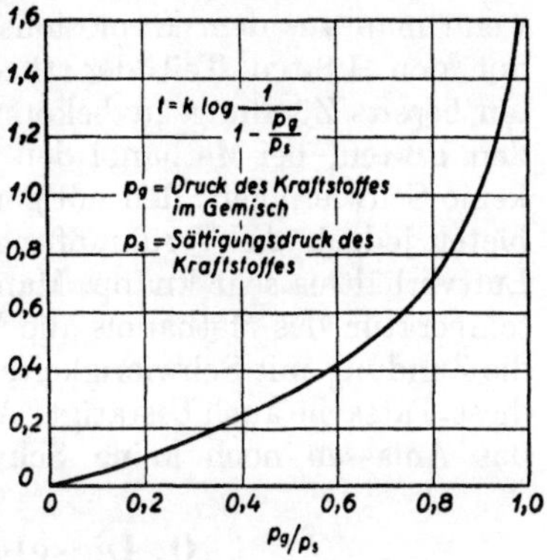


Abb. 39. Verdunstungszeit. Nach W. WILKE (85).

## 3. Die Explosionsgrenzen.

Für das Anlassen weiter von Bedeutung sind die unteren Explosionsgrenzen. Sie sind sehr von äußeren Umständen abhängig. In der Hauptsache sind dies Gestalt, Größe und Material des Verbrennungsraums, ferner sind die Wirbelung und die Lage der Zündkerzen von Wichtigkeit. In Abb. 40 sind die Werte für die unteren Explosionsgrenzen für die wichtigsten Kraftstoffe nach einheitlichen Gesichtspunkten dargestellt. Links sind sie gezeigt in Abhängigkeit vom Luftverhältnis $\lambda = L : L_0$, wobei $L$ die vorhandene Luftmenge, bezogen auf 1 kg Kraftstoff, $L_0$ die zur

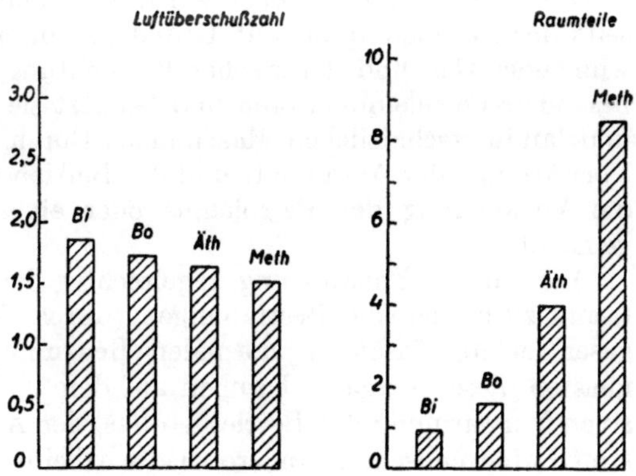


Abb. 40. Explosionsgrenze der Kraftstoffe. Nach W. WILKE (85).

Verbrennung theoretisch nötige Luftmenge ist. Rechts sind die Explosionsgrenzen dargestellt in Abhängigkeit vom Raumanteil des Kraftstoffs im Gemisch. Aus der linken Seite der Abb. 40 sieht man, daß bei Benzin das 1·8-fache der theoretischen Luftmenge vorhanden sein darf, wenn man aus dem Explosionsbereich herauskommt, d. h. man braucht nur den 1·8-ten Teil der theoretischen Brennstoffmenge einzuführen, um bereits Zündung zu bekommen; bei Benzol den 1·7-ten, bei Äthanol den 1·6-ten, bei Methanol den 1·5-ten Teil. Bei Benzin besteht meistens keine Schwierigkeit, den nötigen Kraftstoff zu verdampfen, bei Methanol bietet jedoch die Verdampfung Schwierigkeiten und außerdem ist das Luftverhältnis sehr knapp. Man sieht also, daß trotz der niedrigen Siedetemperatur des Methanols die Verdampfung und Gemischbildung sowie die Zündung mit Schwierigkeiten verbunden sind. In der Praxis hat sich diese Tatsache auch bestätigt. Allerdings macht bei normaler Temperatur das Anlassen noch keine Schwierigkeiten.

## O. Dieselmotorentreibstoffe.

### 1. Entwicklung der Verwendung.

Die Krackverfahren verarbeiten, wie schon erwähnt, die schweren Erdölfraktionen in leichte von Benzincharakter. Man versuchte auf anderem Wege die schweren Erdölfraktionen, wie Petroleum und Gasöl, zum direkten Antrieb von Vergasermotoren zu verwenden. Diese Bestrebungen traten sofort auf, als der Benzinpreis infolge dauernd steigernder Nachfrage und immer größer werdender Zollbelastung anzog und anderseits der Petroleumpreis auf Grund der immer mehr an Bedeutung gewinnenden Gas- und elektrischen Beleuchtung niedriger wurde. Man baute besondere Petroleummotoren und benutzt sie zum Antrieb von Traktoren und landwirtschaftlichen Maschinen. Durch niedrige Verdichtung, gute Vorwärmung der Ansaugluft und des Betriebsstoff-Luft-Gemisches wurde die Verwendung des Petroleums oder eines leichten Gasöles möglich gemacht.

Von dieser Entwicklung regelrechter Petroleummotoren streng getrennt zu halten sind Bestrebungen, durch Verwendung besonderer Vergaser leichte Gasöle in normalen Benzinmotoren zu verwenden. Die meisten dieser Vergaser beruhen auf dem Prinzip einer möglichst intensiven Vorwärmung des Betriebsstoffes, der Ansaugluft und des Betriebsstoff-Luft-Gemisches. Andere wieder arbeiten nach dem Prinzip, die Vorwärmung durch starke Steigerung der Luftgeschwindigkeit zu ersetzen, indem die Querschnittsfläche des Ansaugrohres auf etwa die Hälfte verkleinert wird, um so einen genügend feinen Brennstoffnebel in den Zylinder zu bekommen. Doch besitzen alle mit sog. Schweröl- oder Rohölvergaser arbeitende Motoren viele Nachteile.

Am besten jedoch ist es, die Gasöle in eigens dazu gebauten Motoren, den sog. Dieselmotoren, zu verbrennen. In derselben Zeit, in der die Vergasermotoren geschaffen wurden, erblickten auch die Dieselmotoren das Licht. 1937 waren es 40 Jahre, daß die M. A. N. in Augsburg den ersten

Dieselmotor baute. Trotzdem die Dieselmotoren recht bald zu betriebssicheren Maschinen entwickelt wurden, nahm das Verkehrswesen zunächst keinerlei Notiz von ihnen, so daß ihre Verwendung auf stationäre Anlagen beschränkt blieb. Erst um das Jahr 1908 begann man damit, Dieselmotoren als Antriebsmaschinen in Schiffe einzubauen. Nach anfänglicher langsamer Entwicklung stieg die Verwendung der Dieselmotoren im Schiffsantrieb in den letzten Jahren gewaltig an. 40% aller ölbeheizten Schiffe (bezogen auf den Tonnengehalt) wurden im Jahre 1936 von Dieselmotoren betrieben, wobei im Jahre 1936 50% aller Schiffe (bezogen auf ihren Tonnengehalt) mit Öl betrieben wurden. Nach dem Kriege bemühte man sich durch Steigerung der Umdrehungszahl der Dieselmotoren, sie auch in Fahrzeuge einzubauen.

Eine weitere aussichtsreiche Verwendung des Dieselbetriebs ergibt sich aus der Verwendung im Dieselschnelltriebwagen. Im Mai 1933 eröffnete die Deutsche Reichsbahn zwischen Berlin und Hamburg einen Schnellverkehr mit einem dieselelektrischen Triebwagen, welcher die 287 km lange Strecke in zwei Stunden und 17 Minuten zurücklegte. Um diese kurze Fahrzeit zu erzielen, war die Einhaltung einer Höchstgeschwindigkeit von 160 km/h und eine durchschnittliche Reisegeschwindigkeit von 125 km/h erforderlich. Das hierzu verwendete Fahrzeug, ein zweiteiliger dieselelektrischer Schnelltriebwagen, ist als der „Fliegende Hamburger“ in der ganzen Welt bekanntgeworden und stellt den Anfang einer neuzeitlichen Entwicklung auf dem Gebiete des Eisenbahnschnellverkehrs dar. Denn schon im Jahre 1934 wurden im europäischen Ausland und 1935 in den Vereinigten Staaten ein Dieselschnellverkehrsdienst eingerichtet. Mehrgliedrige Schnelltriebwagen auf Fernstrecken mit planmäßigen Geschwindigkeiten über 120 km/h werden in Europa außer bei den deutschen Eisenbahnen z. B. bei der Nationalen Gesellschaft der Belgischen Eisenbahnen, bei den Dänischen Staatsbahnen, den Niederländischen Eisenbahnen und den Italienischen Staatsbahnen usw. sehr erfolgreich eingesetzt.

Der Dieselmotor wird für Fahrzeugmotoren im zunehmenden Ausmaß verwendet. Der Dieselmotor unterscheidet sich, wie bekannt, in der Betriebsführung wesentlich vom Vergaser- oder Otto-Motor. Der Dieselmotor saugt reine Luft an, verdichtet diese sehr stark, so daß sie erglüht. Am Ende der Verdichtung wird der Kraftstoff eingespritzt, der sich in der glühenden Luft von selber entzündet. Während das Gemisch im Otto-Motor durch eine Fremdzündung zur Entflammung gebracht wird, entzündet sich der Kraftstoff beim Dieselmotor von selbst. Während man beim Otto-Motor praktisch alles tut, um eine Selbstentzündung zu vermeiden, erstrebt man sie beim Dieselmotor. Im Dieselmotor wird die Luft im Verhältnis 1 : 12 bis 1 : 18 verdichtet. Wird der verdichteten Luft eine bestimmte Wärmemenge in Form einer bestimmten Brennstoffmenge zugeführt, so steigt naturgemäß der Druck bei der Dieselmaschine höher an als bei der Vergasermaschine. Gerade dieser Druckanstieg aber ist für die Größe der Arbeit, welche der Motor abgibt, maßgebend. Man kann also beim Dieselmotor mit der gleichen Brennstoffmenge mehr Arbeit herausholen als beim OTTO-Motor. Der spezifische Verbrauch der Dieselmaschine liegt etwa 20—25% niedriger als bei der Vergasermaschine bei Volleistung. Wird aber der Motor, wie es meistens der Fall ist, nicht voll belastet, so verändern sich die Verhältnisse noch mehr zugunsten der Dieselmotoren, denn den geringsten Verbrauch an Kraftstoff, gemessen in Gramm je PS-Stunde, hat der Dieselmotor bei rund drei Viertel Belastung, während beim OTTO-Motor der niedrigste Kraftstoffverbrauch bei etwa Volllast liegt und sich bei jeder Drosselstellung verschlechtert (Abb. 41). Infolge des hohen Luftüberschusses bei der Verbrennung sind die Auspuffgase des Dieselmotors praktisch frei von Kohlenoxyd.

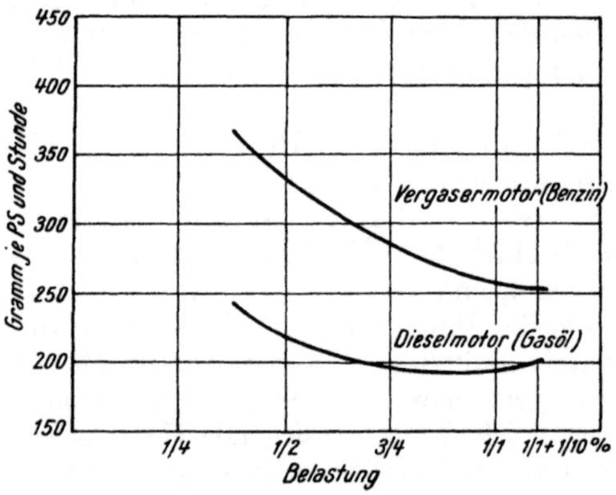


Abb. 41. Brennstoffvergleich zwischen Vergasermotor und Dieselmotor.

**2. Die Dieselmotortreibstoffe.**

Bei Dieselmotortreibstoffen gelten einfachere Vorschriften hinsichtlich ihrer Lagerung als bei Benzin und Benzol, weil die Dieselmotortreibstoffe schwer entzündbare Gase bilden.

Dafür muß allerdings der Dieselmotor, da man mit höheren Drucken arbeitet, stärker gebaut werden, ist also in der Anschaffung teurer als der OTTO-Motor. Der deutsche Lastwagenbau geht heute immer mehr zum Dieselmotor über, und bei den Viertonnenwagen beherrscht der Dieselmotor bereits das Feld.

Die wichtigsten Betriebsstoffe für den Dieselmotor sind heute das Gasöl und das Dieselöl, welche auch manchmal fälschlich als Rohöl bezeichnet werden. Eine genaue Definition dieser beiden Erdölprodukte läßt sich nicht geben. Für Gasöl ist charakteristisch, daß es ein reines Destillat ist mit einer Viskosität von 2° E bei 20° C; der Destillationsrückstand (s. Abschnitt „Siedeverhalten") oberhalb 350° C ist selten mehr als 10%. Dieselöl hingegen ist ein Rückstandöl, häufig aber auch ein Gemisch von Rückstandöl und schwererem Destillat; seine Viskosität schwankt je nach der Bearbeitungsart und Provenienz des Rohöls zwischen 2 und 10° E bei 20° C; sein Destillationsrückstand oberhalb 350° C schwankt, je nachdem, ob es mit schweren Destillaten vermischt ist oder nicht, meistens zwischen 20 und 50%. Ob ein Gasöl oder ein Dieselöl vorliegt, kann nur durch Destillation entschieden werden. Die Wichte kann ebenso wie bei Benzinen nicht zur Beantwortung dieser Frage herangezogen werden, da es zu stark von dem Aufbau abhängig ist. So kann z. B. ein wasserstoffreiches Öl mit rund 50% Destillationsrückstand eine Wichte von 0,89 haben, während wasserstoffarme mit einem Destillationsrückstand von 5 bis 10% Wichten über 0,9 haben. Der Unterausschuß D II der

American Society for Testing Materials (ASTM) wieder unterscheidet fünf Klassen von Dieselkraftstoffen, bezeichnet mit 1—D und 3—D bis 6—D. Klasse 1—D wird für Dieselmaschinen mit direkter Einspritzung und hoher Umdrehungszahl verwendet (n> 1000), Klasse 3—D betrifft Dieselmaschinen mit direkter Einspritzung und mittlerer Geschwindigkeit von 500 bis 1000 U/min, Klasse 4—D, betrifft Zwei- und Viertaktdieselmotoren mit Lufteinspritzung und weniger als 500 U/min oder auch Maschinen mit direkter Einspritzung bei Zylinderdurchmessern über 16 Zoll und unter 240 U/min mit Heizvorrichtungen. Die Klassen 5—D und 6—D beziehen sich auf Langsamläufer. Die British Standard Institution unterscheidet nur drei Klassen von Dieselkraftstoffen: Klasse A für Fahrzeugdieselmotoren und ähnliche hochleistungsfähige Motorbauten mit kleinen Zylindern und mehr als 800 U/min, Klasse B für Maschinen mit mittlerer Drehzahl und Leistung nicht unter 25 PS/Zylinder, z. B. für industrielle ortsfeste Maschinen und für Haupt- und Hilfsmaschinen der Marine und Klasse C für große langsam laufende Dieselmaschinen mit Vorrichtungen zur Vorwärmung und Reinigung des Kraftstoffes (278).

Ähnlich wie bei Vergasertreibstoffen die Klopffestigkeit wichtig ist, ist für Dieselmotortreibstoffe seine Zündwilligkeit von Bedeutung. Die Zündwilligkeit ist aus den sich in der Maschine abspielenden Vorgängen gekennzeichnet durch den Zündverzug, das ist der Zeitabstand vom Eintritt des Brennstoffes in den Zylinder beim Eröffnen des Einspritzventils bis zu seiner Entzündung, die sich durch eine plötzliche Drucksteigerung bemerkbar macht (s. Abschnitt „Klopffestigkeit"). Der Zündverzug wird mit Hilfe der sog. Cetenzahl gemessen. Je höher die Cetenzahl, um so besser ist der Zündverzug. Heute verlangt man für ein brauchbares Fahrzeugdieselöl eine Cetenzahl von mindestens 40. Die Cetenwerte der Gasöle liegen etwa zwischen 60 und 70.

Beim Dieselmotor ist zum Unterschied vom OTTO-Motor die Gemischbildung vor allem wegen der Kürze der verfügbaren Zeit etwas schwieriger. Die Mischung von Kraftstoff und Luft wird durch folgende Einflüsse bestimmt:

1. durch den zeitlichen Ablauf der Zuteilung des Kraftstoffes an die Luft;
2. durch die räumliche Verteilung und
3. durch die Auflösung des Kraftstoffes.

Beim Dieselmotor gehen Mischung von Brennstoff und Luft und Verbrennung ineinander über. Die Verteilung des Kraftstoffes ist bedingt durch die Art der Einspritzung, durch die Luftbewegung während der Gemischbildung und durch die Verbrennung. Für den schnellaufenden Dieselmotor hat die Luftbewegung eine erhöhte Bedeutung. Da es beim Dieselmotor, zum Unterschied vom OTTO-Motor, nicht möglich ist, Luft und Kraftstoff annähernd vollkommen zu mischen, ist man gezwungen, den Dieselmotor mit mehr oder minder hohem Luftüberschuß zu betreiben, weil sonst die Güte der Verbrennung darunter leidet.

Beim OTTO-Motor tritt die Bedeutung des oben erwähnten ersten und dritten Einflusses zurück. Für die Zuteilung des Kraftstoffes an die Luft steht beim Vergaser-Viertaktmotor der ganze Saughub zur Verfügung. Die Auflösung bzw. Verdampfung ist wegen der verhältnismäßig niedrigen Siedetemperatur des Kraftstoffes und wegen der langen Gemischbildungszeit meist ausreichend. Mehr Schwierigkeiten macht dagegen beim OTTO-Motor die gleichmäßige Verteilung des Gemisches auf die Zylinder.

Beim Dieselmotor muß jedoch ein grundsätzlicher Unterschied zwischen den langsam laufenden, beinahe jedes Teeröl fressenden Großdieseln und den schnellaufenden Kleindieseln, einschließlich der Fahrzeugdiesel, gemacht werden. Die Großdiesel beanspruchen allerdings von dem Gesamtbedarf jedoch nur einen kleinen Anteil, etwa rund 100000 t.

### a) *Gasöl.*

Wie schon eingangs erwähnt, ist das Gasöl diejenige Fraktion, welche bei der Aufarbeitung des Rohöls durch Destillation bei Atmosphärendruck nach dem Petroleum anfällt. Diese Gasölfraktion wird fast nie einer Raffination unterzogen, sondern gelangt als solches für den Dieselbetrieb zur Verwendung.

Am besten für den Dieselbetrieb sind Gasöle mit paraffinischem Charakter geeignet. Doch auch aus Gasölen mit viel aromatischen Kohlenwasserstoffen lassen sich durch Behandlung mit flüssiger schwefliger Säure sehr gute Dieselöle gewinnen. Die dabei erhaltenen aromatischen Extrakte stellen ein gutes Ausgangsmaterial zum Kracken dar und man erhält daraus sehr klopffeste Benzine (127).

### b) *Dieselöle aus Hydrierprozeß.*

Ebenso wie man aus Erdöl gute Dieselöle gewinnt, kann man durch Hydrierung, z. B. aus mitteldeutscher Braunkohle, Dieselöle gewinnen. Die bei der Hydrierung von Steinkohle erhaltenen Mittelöle, die sehr wasserstoffarm sind, können nur in langsam laufenden Dieselmotoren verwendet werden; durch weitere milde Hydrierung in der Gasphase läßt sich jedoch der Wasserstoffgehalt erhöhen, wodurch gute Dieselkraftstoffe erzielt werden.

### c) *Kogasin II und Mischungen aus Kogasin II und Steinkohlenteeröl.*

Auch das Treibstoffsyntheseverfahren nach FISCHER-TROPSCH liefert ein als Kogasin II bezeichnetes Dieselöl. Dieses Kogasin II ist ein vorzügliches Dieselöl und hat so gute Zündeigenschaften, daß seine Verwendung im unvermischten Zustand fast zu schade ist. Die Cetenzahl dieses Dieselöls beträgt weit über 100. Seine Eigenschaften sind z. B. folgende:

| | |
|---|---|
| Viskosität bei 20° C | 1,21 Englergrade |
| Zündpunkt im Sauerstoffstrom | 230° C |
| Unterer Heizwert | 10,600 WE/kg |
| Kohlenstoffgehalt | 85,23% |
| Wasserstoffgehalt | 14,70% |
| Wichte | 0,767 kg/l |

Aus den angeführten physikalischen und chemischen Eigenschaften des Kogasin II ist seine Überlegenheit ohne weiteres zu erkennen. An dem hohen Wasserstoffgehalt von 14,7% (gegenüber etwa 12,50% bei Markengasöl), der sich in der außerordentlich geringen Wichte des Kogasin II ausdrückt, ist die rein paraffinische Struktur deutlich erkennbar. Kogasin II ist ein synthetischer Dieselkraftstoff, welcher, ähnlich wie das Polymerbenzin, in seinen motorischen Eigenschaften die aus natürlichen Produkten weit übertrifft. Kogasin II wird als Zusatzstoff voraussichtlich die gleiche Rolle übernehmen, wie das Polymerisationsbenzin sie unter den Leichtkraftstoffen schon heute spielt. Versuche, welche z. B. von der Westfälischen Berggewerkschaftskasse in Bochum in ihrem Maschinenlaboratorium ausgeführt wurden, ergaben, daß Gemische von Kogasin II und Teerölen ohne weiteres für den Dieselmotorenbetrieb geeignet sind. Bei Gemischen von Teeröl mit 25% Kogasin II und darüber springt der Motor auch in kaltem Zustand an, wogegen bei Verwendung ärmerer Gemische der Motor zunächst mit Kogasin II heißgefahren und dann auf Gemisch umgestellt werden muß.

Die Tauglichmachung von Motoren für Steinkohlenteeröl als Treibmittel ist von großer Bedeutung, da dieses Produkt infolge der großen Vorräte der Welt und auch von Deutschland an Steinkohle in unerschöpflichen Mengen zur Verfügung steht.

Die Mischung von Steinkohlenteer mit Kogasin II kann dabei auf verschiedene Weise erfolgen. Nach F. Müller und W. Demann (257) erfolgt hierbei die Zerlegung des Teers nicht wie üblich durch Destillation, sondern durch Vermischen und Erhitzen mit Gasöl oder Kogasin II. Durch diese Behandlung wird der rohe oder entwässerte Steinkohlenteer in einen Ölanteil und einen Pechanteil zerlegt. Der Ölanteil stellt mit dem zugemischten Gasöl oder Kogasin zusammen ein zündwilliges Dieselöl dar, während der Pechanteil sich zur Straßenteerherstellung eignet. Praktische Versuche sowohl mit Teeröl-Gasöl-Gemisch (Teergasöl) als auch mit Teeröl-Kogasin II-Gemisch (Teerkogasin) im Dieselmotor zeigten hinsichtlich ihrer Zündfähigkeit den Charakter von Gasöl und ferner, daß diese Ölgemische im normalen Gasöldieselmotor gefahren werden können.

### *d) Dieselöle aus Braunkohlenschwelteeren.*

Bei der Verschwelung von Braunkohle entstehen Produkte, die nach vorangegangener entsprechender Behandlung als Dieseltreiböle verwendet werden können. 1934 wurden so in Deutschland 35700 t Dieselkraftstoffe aus den rund 4 Millionen Tonnen zur Verschwelung gelangter Braunkohle gewonnen. Versuche, welche die deutsche Reichsbahn mit Braunkohlendieselöl gemacht hat, haben ergeben, daß es unter bestimmten Voraussetzungen trotz geringer Zündwilligkeit für Fahrzeugdieselmaschinen verwendbar ist. Es ist ja bekannt, daß der Braunkohlenschwelteer auf mehrfache Weise verarbeitet werden kann, auf dem Wege der Destillation, der Krackung und der Hochdruckhydrierung. Nach R. Heinze ergibt die Destillation von Braunkohlenschwelteer bei 1—2 Atm. Überdruck die besten Dieselkraftstoffe. Der Unterschied im Verhalten der Braunkohlentreiböle gegenüber dem normalen Gasöl aus Erdöldestillaten liegt bei dem heutigen Stand der Entwicklung in folgenden Punkten:

1. geringere Zündwilligkeit,
2. Stockpunkt wenig unterhalb von 0° C,
3. übler Geruch bei Verdampfung.

Die geringere Zündwilligkeit kann durch genügend hohe Verdichtung teilweise kompensiert werden. Da die neueren Dieselmotoren mit luftloser Einspritzung durchweg mit Verdichtungen von 1 : 14 bis 1 : 17 arbeiten, tritt der Einfluß der geringeren Zündwilligkeit dieser Treibstoffe nur beim Anlassen auf. Bei Vorkammermaschinen ist es zweckmäßig, die eingebauten Vorheizeinrichtungen häufiger und länger zu benutzen. Bei den Strahleinspritzmaschinen wird man im allgemeinen ohne zusätzliche Vorwärmung beim Anlassen auskommen. Bei sehr niederen Luftaußentemperaturen ist es zweckmäßig, die Luft vorzuwärmen oder auch mit Hilfe weniger Tropfen eines bei niedriger Temperatur leicht zündenden und leicht verdampfenden Anlaßkraftstoffes, den man in das Ansaugrohr gibt, das Anlassen erleichtern. Bei ortsfesten Maschinen, die im warmen Maschinenhaus aufgestellt sind, bestehen die geschilderten Schwierigkeiten nicht.

Die zweite Eigenschaft des Braunkohlentreiböls bei Temperaturen von wenigen Graden unter 0° C zu erstarren, kann durch Verwendung eines Hilfsbrennstoffbehälters, der einen Treibstoff mit niederem Stockpunkt enthält und durch Ausnutzung der Abwärme der Auspuffgase zur Erwärmung des Treiböls kompensiert werden. Das Anlassen des Motors geschieht mit dem Hilfsbrennstoff, bis das Auspuffrohr beginnt, Wärme an die Brennstoffleitungen abzugeben.

Der unangenehme Geruch, der entsteht, wenn Braunkohlendieselöl verdampft, kann dadurch vermieden werden, daß vorgesorgt wird, daß das Tropfen von Brennstoff auf heiße Motorteile vermieden wird und anderseits das Lecköl der Einspritzdüsen in den Brennstofftank zurückgeleitet wird. Weiters soll die Brennstoffeinfüllöffnung bei Fahrzeugen außerhalb des Führersitzes liegen.

Neuerdings ist man daran, zündwillige Dieselkraftstoffe aus Braunkohlenteeren und deren Anteile, die bisher nur als Heizöle verwendet werden konnten, mit Hilfe von selektiv wirkenden (auswählend wirkenden) Lösungsmitteln zu gewinnen. Unter selektiven Lösungsmitteln versteht man in der Mineralölindustrie solche Lösungsmittel, die nur bestimmte Teile von Ölen zu lösen vermögen, so daß man bei der Behandlung von Ölen mit diesen Lösungsmitteln Raffinate und Extrakte von wesentlich verschiedener Eigenschaft erhält. In der Mineralölindustrie werden die selektiven Lösungsmittel hauptsächlich zur Raffination von Schmierölen verwendet. Man gewinnt hierbei Raffinate, welche hauptsächlich die paraffinischen, und Extrakte, welche hauptsächlich die aromatischen und ungesättigten Kohlenwasserstoffe sowie Sauerstoff- und Schwefelverbindungen der Kohlenwasserstoffe, gerade jene Anteile angereichert enthalten, welche die Ursache für die schlechten Schmiereigenschaften mancher Schmieröle sind. Dieselben Bestandteile aber, welche die Schmiereigenschaften der Öle verschlechtern, sind auch die Ursache der geringen Eignung solcher Teerfraktionen für den Dieselmotor (88). Durch die Behandlung mit genügenden Mengen eines selektiven Lösungsmittels gehen diese Stoffe in den Extrakt über, so daß man ein Raffinat mit guten motorischen Eigenschaften erhält. Auch die übelriechenden und korrodierend wirkenden Ölanteile der Teerfraktionen gehen hierbei fast vollständig in den Extrakt über. Der Extrakt ist als Heizöl geeignet. Die so gewonnenen Öle besitzen eine hellgelbe bis dunkelgelbe Farbe.

Je nach der Menge der für die Raffination zugesetzten Lösungsmittel ist man in der Lage, Öle jeder gewünschten Eigenschaft herzustellen. Diesem Umstand kommt insofern eine besondere Bedeutung zu, weil es sich gezeigt hat, daß es gar nicht notwendig ist, Öle mit solchen guten Eigenschaften herzustellen, wie sie an sich mit Hilfe von selektiven Lösungsmitteln gewonnen werden können; für den Betrieb auch von schnellaufenden Dieselmotoren ist es vielmehr völlig ausreichend, wenn man Kraftstoffe mit mittleren Eigenschaften zugunsten einer höheren Ausbeute herzustellen bestrebt ist.

Diese neuartige Verwendung selektiver Lösungsmittel in der Teerindustrie vermag eine wesentliche Steigerung des Anfalls an hochwertigen heimischen Dieseltreibstoffen zu bewirken.

Auf diese Weise ist es möglich, die Cetenzahlen von handelsüblichen Braunkohlenschwelölen, die zwischen 40 und 45 liegen, auf 90 zu erhöhen.

### *e) Steinkohlenteeröle.*

Auch aus den Steinkohlenteerölen lassen sich Dieselmotortreibstoffe gewinnen. Steinkohlenteeröl, welches wegen seines vorwiegend aromatischen Aufbaues seiner Bestandteile sehr schlechte Zündeigenschaften besitzt, kann nach Versuchen (89) im Maschinenlaboratorium der Sächsischen Technischen Hochschule in Dresden für den Antrieb von Dieselmotoren verwendet werden. Ähnlich wie bei den Vergasertreibstoffen durch Zusatz von Benzol und Alkohol die Klopffestigkeit erhöht werden kann, ist es möglich, wie schon erwähnt, an Stelle von reinem Steinkohlenteeröl, Gemische von Teerölen mit 25% Kogasin zu verwenden (91). 1935 wurden erstmalig aus dem Teeranfall der Ruhrkokereien 4230 t und 1936 4017 t Dieselmotorentreiböl gewonnen. Es ist jedoch auch nach Versuchen von A. W. Schmidt (92) möglich, durch Zusatz von bis 3% Peroxyden die Zündwilligkeit der Steinkohlenteeröle zu verbessern und sie so für den Gebrauch in schnellaufenden Dieselmotoren verwendungsfähig zu machen. Auch die Gewerkschaft „Rheinpreußen" beschäftigt sich seit einer Reihe von Jahren mit der technischen Herstellung von Mischdieselkraftstoffen aus Steinkohlenteeröl (276) und hat als erstes Werk Dieselkraftstoffe aus Steinkohle auf den Markt gebracht. Die Steinkohlenteeröle enthalten Asphalt-, Harz- und Pechstoffe, welche beim Vermischen mit Kogasin II, als rein paraffinisches Produkt, mehr oder weniger schnell ausfallen und dadurch die Lagerung und die Verwendung von solchen Gemischen unmöglich machen. Es ist nun der Gewerkschaft „Rheinpreußen" gelungen, lager- und gebrauchsfähige Dieselkraftstoffe aus Steinkohlenteeröl und Kogasin II herzustellen. Seit längerer Zeit fahren nun größere Autobusgesellschaften mit diesem Mischdieselkraftstoff aus Steinkohlenteerölen, und auch an den Tankstellen der Gewerkschaft „Rheinpreußen“ wird dieses als Mischdieselkraftstoff „R“ bezeichnete Dieselöl in den Handel gebracht. Er wird weiter nach Angaben von H. Kölbel (276) in Diesellokomotiven der Bergwerksbetriebe unter Tage verwendet, weil die Auspuffgase von mit diesem Kraftstoff betriebenen Lokomotiven besonders wenig Kohlenoxyd enthalten.

### *f) Öle aus Ölschiefern.*

Aus den Ölschiefern ist ebenfalls Dieselöl herstellbar. Diesbezügliche Versuche von den Wuppertaler Städtischen Bahnen haben ergeben, daß die aus Ölschiefern hergestellten Dieselöle gut verwendbar sind (90).

### *g) Pflanzenöle.*

Außer den genannten Treibstoffen für Dieselmotoren kommen noch Pflanzenöle, wie z. B. Erdnußöl, Palmöl, Sojaöl, Arachisöl, Tungöl, Teeöl, Mohnöl usw., in Betracht. Versuche, welche z. B. in China in dieser Richtung vorgenommen wurden, haben die Brauchbarkeit der Pflanzenöle für Dieselmotorenantrieb ergeben. Von besonderer Bedeutung ist die Frage der Verwendung von Pflanzenölen für den Dieselantrieb naturgemäß für die Kolonialgebiete mit ihrem Reichtum an Pflanzenölen, insbesonders, wenn in diesen Gebieten keine Erdölquellen vorkommen. So erklärt es sich auch, daß vor allem von Frankreich, Belgien und Italien dieser Frage nachgegangen wird. Die Pflanzenöle kommen nur für Maschinen mit Brennstoffeinspritzung und auch für Glühkopfmotoren in Betracht. In Frankreich haben die vom Institut Colonial de Marseille an schnellaufenden Dieseln ausgeführten Versuche ergeben, daß der Verbrauch an Pflanzenölen etwa 25% größer ist als bei Betrieb mit Gasöl. Auch in Deutschland wurden von A. W. Schmidt und K. Gaupp (154) Versuche mit Sojaöl, Sesamöl und Palmöl durchgeführt.

Die physikalischen und chemischen Eigenschaften der Pflanzenöle sind von denen der Gasöle sehr verschieden. Während z. B. der Flammpunkt der Gasöle bei etwa 80° C liegt, ist er z. B. bei von A. W. Schmidt und K. Gaupp untersuchten Ölen zwischen 245° und 320° C zu finden. Das Verhalten in der Kälte ist ebenfalls sehr verschieden. Während z. B. das Gasöl erst bei etwa — 20° C fest wird, sind einzelne Pflanzenöle schon bei Zimmertemperatur fest, z. B. das Palmöl. Der Heizwert von Pflanzenölen ist um etwa 12% niedriger als der von Gasöl. Die Wichte (spez. Gewicht) von Pflanzenölen ist etwas höher als die von Gasöl; sie liegt für die meisten Öle bei 0,910—0,920 bei 20° C. Bemerkenswert ist die weit höhere Viskosität der Pflanzenöle gegenüber der von Gasöl. Die Viskositätswerte einiger Pflanzenöle ersieht man aus folgender Zusammenstellung:

| | ° E bei 20° C |
|---|---|
| Sojaöl | 8,0 |
| Sesamöl | 9,1 |
| Erdnußöl | 13,0 |
| Palmöl | fest |
| Gasöl | 1,45 |

Auch das Siedeverhalten der Pflanzenöle ist wesentlich verschieden von dem von Gasöl (s. Abschnitt „Siedeverhalten"). Diese Eigenschaften der Pflanzenöle machen ihre Aufbereitung vor Eintritt in den Verbrennungsraum notwendig. Nach den von A. W. SCHMIDT und K. GAUPP ausgeführten Versuchen muß der kalte Motor zuerst mit Gasöl angefahren werden und kann dann erst mit Pflanzenöl betrieben werden. Außerdem ist es notwendig, vor Abstellen des Motors nochmals kurz mit Gasöl zu fahren, um die Leitungen zu durchspülen und damit Anfahrschwierigkeiten zu vermeiden. Außerdem muß das Pflanzenöl vorgewärmt werden, damit es befriedigend zerstäubt werden kann. Da die Pflanzenöle leicht verkoken, ist eine öftere Kontrolle des Verbrennungsraumes und der Einspritzdüsen notwendig. Infolge des niederen Heizwertes der Pflanzenöle ist ihr Verbrauch nach den Versuchen von A. W. Schmidt und K. Gaupp auch um etwa 12% höher (154).

### 3. Die Bedeutung des Dieselbetriebes.

In den letzten Jahren hat der Dieselbetrieb in Deutschland stark zugenommen, was daraus hervorgeht, daß im Jahre 1931 nur 500 Dieselwagen vorhanden waren, während am 1. Juli 1937 mehr als 60000 Nutzfahrzeuge mit Dieselmotoren betrieben wurden. Der deutsche Dieselwagenbestand übersteigt den aller anderen Länder. Aus der Statistik ist ersichtlich, daß der Diesel bei den schweren Wagen ständig vordringt. Auf diesem Verwendungsgebiet wird der Dieselmotor voraussichtlich auch in Zukunft seine sichere Stellung behaupten. Dieselmotoren werden, wie man aus der Statistik ersieht, hauptsächlich in Lastwagen mit mehr als 3—4 t Nutzgewicht und in schweren Omnibussen verwendet.

Auch in Amerika nimmt die Verwendung von Fahrzeugdieselmotoren in den letzten Jahren erheblich zu. Der Absatz von Dieselmaschinen, bezogen auf angegebene PS, stieg von 750000 im Jahre 1934 auf 1,83 Millionen im Jahre 1936, 46% der im Jahre 1936 abgesetzten Dieselmaschinen, bezogen auf PS, bestanden dabei aus Fahrzeugmotoren, und zwar in Größen unter 100 PS. Man geht in Amerika bei der Verwendung der Dieselmaschine in Fahrzeugen von der Tatsache aus, daß neben dem besseren thermischen Wirkungsgrad der Dieselmaschine die höhersiedenden Öle, die sonst der Krackung unterzogen werden, direkt als Kraftstoffe dienen. Unter diesen Umständen kann man, bezogen auf eine gegebene, dem Kraftstoffverbrauch der Dieselmaschine entsprechende Rohölmenge, etwa die dreifache Wegstrecke zurücklegen, als wenn man dieses Öl erst auf Benzin verarbeiten müßte zur Verwendung im normalen Fahrzeugmotor.

Der Schiffsantrieb mit Diesel-Schwerölmotoren ist in der Welthandelsflotte im Laufe eines Vierteljahrhunderts von 1914 bis Juni 1938 von 0,45% auf 22,5% angewachsen. In Diesellokomotiven marschiert Deutschland mit 1171 Stück unter insgesamt 1700 bei weitem an der Spitze, ebenso mit 671 Dieseltriebwagen unter den etwa 3000 Eisenbahntriebwagen mit Dieselmotoren in der ganzen Welt. In Triebwagen folgen auf

Deutschland Frankreich, Italien und Argentinien, in Diesellokomotiven Frankreich, Vereinigte Staaten und Holland.

## 4. Der Hesselmann-Motor.

In Zusammenhang mit den für Dieselmotoren verwendbaren Treibstoffe ist die Besprechung eines Motors notwendig, der infolge seines Baues geeignet ist, leicht siedende Kraftstoffe mit geringer Oktanzahl einerseits und schwer siedende Kraftstoffe mit niedrigen Cetenzahlen, wie z. B. Steinkohlenteeröle, zu verarbeiten. Es ist dies der Hesselmann-Motor.

Der Hesselmann-Motor unterscheidet sich, wie man aus der Tab. 13 sieht, in mehrfacher Hinsicht von den gebräuchlichen Verbrennungsmotoren. Die Otto-Motoren arbeiten mit Fremdzündung, wobei das angesaugte und verdichtete Kraftstoff-Luft-Gemisch gewöhnlich mit einer elektrischen Zündvorrichtung gezündet wird. Eine elektrische Zündung wendet auch der Hesselmann-Motor an, er ist ebenfalls ein Fremdzündungsmotor. Die Gemischbildung, d. h. die Mischung von Kraftstoff und Luft, kann außerhalb oder innerhalb des Zylinders erfolgen, man spricht dann von einer äußeren oder inneren Gemischbildung. Mit äußerer Gemischbildung arbeiten die Otto-Motoren, bei denen die Mischung von Kraftstoff und Luft schon im Ansaugrohr unter Verwendung eines Vergasers erfolgt. Bei den Motoren mit innerer Gemischbildung, den Dieselmotoren, wird der Kraftstoff in hochverdichtete Luft durch eine Einspritzpumpe eingespritzt. Der Hesselmann-Motor arbeitet, ebenso wie der Dieselmotor, mit innerer Gemischbildung, also mit Kraftstoffeinspritzung. Allerdings wird jetzt schon bei den Otto-Motoren, insbesondere bei Flugmotoren, der Kraftstoff eingespritzt. Der Otto-Motor verwendet in erster Linie leicht siedende, der Dieselmotor schwer siedende Kraftstoffe, der Hesselmann-Motor sowohl leicht wie schwer siedende Kraftstoffe. Zu den weiteren Unterscheidungsmerkmalen kommt die Verdichtung. Beim Otto-Motor beträgt die übliche Verdichtung 1 : 5 bis 1 : 7,5, was einem Verdichtungsenddruck von etwa 6—10 Atm. und einer Verdichtungsendtemperatur von etwa 300° C entspricht. Der Dieselmotor arbeitet mit einer Verdichtung von etwa 1 : 12 bis 1 : 20, wobei der Verdichtungsenddruck etwa 25—45 Atm. und die Verdichtungsendtemperatur etwa 500—600° C beträgt, eine Temperatur, die zur Zündung der meisten Kraftstoffe genügt. Man teilt darnach in Hochdruck- und Niederdruckmotoren ein. Der Hesselmann-Motor ist ein Mitteldruckmotor mit einer Verdichtung bis 1 : 9. Die niedrige Verdichtung des Hesselmann-Motors reicht nicht zur Selbstzündung aus und deshalb besitzt er Fremdzündung. Ansonsten ist der Hesselmann-Motor gekennzeichnet durch eine künstlich erzwungene kreisende Luftbewegung, die Einspritzdüse und den Brennstoff-Luft-Regler für Teillastbetrieb. Der Hesselmann-Motor besitzt außerdem einen tassenförmigen Hohlkolben mit besonders hochgezogenem Kolbenrand, mit welchem vermieden werden soll, daß der eingespritzte Treibstoff in die

Tabelle 13. Kennzeichnende Eigenschaften des HESSELMANN-Motors im Vergleich zum Diesel- und OTTO-Motor.

| Motorenart | Dieselmotor | HESSELMANN-Motor | OTTO-Motor |
|---|---|---|---|
| Zündung | Selbstzündung | Fremdzündung | |
| Gemischbildung | Einspritzung | | Vergasung |
| Kraftstoffart | Schweröle | Schwer- und Leichtöle | Leichtöle |
| Verdichtung | hoch | niedrig bis mittel | |
| Luftbedarf | Luftüberschuß | annähernd theoretischer Luftbedarf | |
| Mittlerer Nutzdruck | 5—6 Atm. | 6—8 Atm. | |
| Wärmeverbrauch | günstigster Verbrauch | untereinander annähernd gleicher Verbrauch, aber höher als beim Dieselmotor | |
| Anforderungen an Klopfverhalten bzw. Zündwilligkeit der Treibstoffe | hohe Zündwilligkeit | geringere Klopffestigkeit und Zündwilligkeit als für OTTO- bzw. Dieselmotor | hohe Klopffestigkeit |
| Regelung bei Belastungsänderung | Regelung der Brennstoffmenge | Regelung der Brennstoff- und Luftmenge | |
| Erforderliches Anlaßdrehmoment | groß | geringer als beim Dieselmotor | |
| Betriebssicherheit bestimmt durch | Brennstoffzuführungsteile, wie Pumpe und Düse | Brennstoffzuführungsteile und elektrische Zündeinrichtung | Vergaser und elektrische Zündeinrichtung (ziemlich unempfindlich) |
| Bauweise | schwer | leichter als Dieselmotor | |
| Zünddruck | $\frac{p_z}{p_m} = 10$ für $p_z = 50$ Atm. | $\frac{p_z}{p_m} = 5$ für $p_z = 30$ Atm. | |
| Mittlerer Nutzdruck | $p_m = 5$ Atm. | $p_m = 6$ Atm. | |

kalten Zylinderwände gelangt, dort kondensiert und das Schmieröl verdünnt.

Die Luftbewegung im Zylinder, die zur guten Gemischbildung notwendig ist, wird durch besondere Formgebung des Ansaugkanals erreicht. Dieser ist düsenförmig im Zylinderdeckel so ausgebildet, daß die Luft in den Verbrennungsraum tangential einströmt und noch während der Einspritzung die Drehbewegung beibehält. Die Einspritzdüse besitzt zwei feine Bohrungen für den „Zündstrahl" und für den „Beistrahl". Der Zündstrahl in Richtung des Luftwirbels ist breit und hat eine geringe Durchschlagskraft, der Beistrahl dagegen hat einen schlanken Kegel mit großer Durchschlagskraft. So wird eine gute Mischung von Kraftstoff und Luft erreicht.

Beim HESSELMANN-Motor muß wegen der Fremdzündung, ebenso wie beim OTTO-Motor, das Mischungsverhältnis von Kraftstoff und Luft so geregelt werden, daß es innerhalb der Zündgrenzen bleibt, im Gegensatz zum Dieselmotor, der bei jeder Belastung mit Luftüberschuß arbeitet. Der Luftregler wirkt so, daß das durch die Drossel bei Teillasten erzeugte Vakuum im Ansaugkanal einen Steuerkolben betätigt, der die Brennstoffpumpe verstellt.

Der HESSELMANN-Motor kann einerseits mit leicht siedenden Treibstoffen, die wenig klopffest sind und die im OTTO-Motor Schwierigkeiten machen, und mit schwer siedenden, besonders Steinkohlenteerölen und Schweröle mit niedrigen Cetenzahlen, welche im schnellaufenden Dieselmotor schwer zünden, betrieben werden. Mit dem HESSELMANN-Motor kann also der Verwendungsbereich der Treibstoffe erweitert werden.

Untersuchungen, welche am Prüfstand der I. G. Farbenindustrie in Oppau am HESSELMANN-Motor ausgeführt wurden, haben ergeben, daß der HESSELMANN-Motor bei einer Verdichtung von 1 : 7,2 für klopffreien Vergaserbetrieb, für den er für diese Untersuchungen gebaut wurde, einen Betriebsstoff von einer Oktanzahl um 75 erforderte, für Einspritzbetrieb sich dagegen eine Oktanzahl von nur 60 ergab. In gleicher Weise wurde für eine Verdichtung 1 : 6, wie sie für unsere Automotoren gebräuchlich ist, die Klopfgrenze beim HESSELMANN-Motor zu etwa 50 Oktanzahlen bestimmt, während der Vergasermotor hierfür eine solche von 65 erforderte.

Besonders bemerkenswert waren die Ergebnisse beim HESSELMANN-Motor mit Dieselkraftstoffen. Da er in seinem ganzen Verhalten zum OTTO-Motor zu rechnen ist, so werden gerade diejenigen Gasöle sich am günstigsten in ihm verhalten, die im Dieselmotor klopfen. Dies sind die aromatischen Kohlenwasserstoffe, wie sie z. B. den Kokereien anfallen. Diese haben einen Wasserstoffgehalt, der um 8% herum liegt. Es sind dies auch diejenigen Treibstoffe, die sich bei der Hydrierung wegen ihres geringen Wasserstoffgehalts vorteilhaft herstellen lassen. Es zeigt sich, daß ein Steinkohlenteeröl und ein synthetisches Steinkohlenmittelöl, deren Cetenzahl um Null liegt, sich besonders gut im HESSELMANN-Motor verwenden ließen. Der Verbrauch betrug dabei etwa 2200 WE/PSh. Im schnellaufenden Dieselmotor lassen sich heute diese Kraftstoffe überhaupt nicht verwenden. Aus diesem Grund kann der HESSELMANN-Motor den Anwendungsbereich unserer Treibstoffe erweitern.

Ansonsten sind der Diesel- und der HESSELMANN-Motor in der Betriebssicherheit gleichwertig. Im Startverhalten ist der Dieselmotor dem HESSELMANN-Motor und dem Vergasermotor unterlegen, was ebenso in bezug auf das Baugewicht gilt.

Der HESSELMANN-Motor wird nach HESSELMANN-Patenten von den Firmen Scania-Vabis und Valvo gebaut und es laufen in Schweden bereits einige tausend Stück. Außer in Schweden ist besonders in Amerika der Bau nach HESSELMANN-Lizenzen von verschiedenen Firmen, so von der Waukesha in Wiskonsin und Ingersoll-Rand aufgenommen worden, ebenso in England und Italien. In Deutschland hat die AEG. die Lizenz für HESSELMANN-Motoren erworben.

# P. Eigenschaften und Untersuchung der flüssigen Treibstoffe.

## 1. Klopffestigkeit von Vergasertreibstoffen.

### *a) Die Bedeutung der Klopffestigkeit.*

Die heutige Entwicklung des Motors strebt darnach, die Geschwindigkeit der Automobile immer mehr zu vergrößern. Ein Mittel zur Erreichung dieses Zwecks ist die Erhöhung des Verdichtungsdrucks, womit nicht nur eine Vergrößerung der Geschwindigkeit erzielt wird, sondern auch eine solche des Nutzeffekts. Nach SCHEY und ROLLIN ist z. B. der spezifische Kraftstoffverbrauch bei einer Verdichtung von 1 : 3,5 337 g/PSh und bei einer Verdichtung von 1 : 7,5 nur 218 g/PSh, also um etwa 35,3% weniger. Ganz allgemein ist die Zunahme des thermischen Nutzeffekts $\eta$ als Funktion des Verdichtungsverhältnisses aus der Abb. 42 ersichtlich. Allerdings ist die ziemlich verbreitete Ansicht, daß auch bei einer Dieselmaschine der Kraftstoffverbrauch mit steigendem Verdichtungsverhältnis geringer werden muß, nicht ganz zutreffend, wie die Praxis zeigt (133). Bei Dieselmotoren brachte die Steigerung des Verdichtungsverhältnisses über 1 : 12,5 keine Kraftstoffersparnis oder Mehrleistung, sondern machte höchstens den Motorgang weicher, infolge der Abkürzung des Zündverzugs, und ergab ein leichteres Anspringen des kalten Motors. Diesen Vorteilen steht jedoch als Nachteil gegenüber die mit dem Verdichtungsverhältnis steigende mittlere Lagerbelastung. Es steigen nämlich mit steigendem Verdichtungsverhältnis auch die Motorreibungsverluste. Derzeit ist das Maximum der Verdichtung bei den OTTO-Motoren etwa 1 : 8, bei Dieselmotoren etwa 1 : 18. Beim OTTO-Motor ist einer Erhöhung der Verdichtung über den angegebenen Wert durch die Gefahr der Selbstzündung eine Grenze gesetzt. Steigert man beim Dieselmotor die Verdichtung in übermäßiger Weise (etwa über 1 : 18), so wird besonders bei den kleinen Zylinderinhalten der Fahrzeugmotoren und bei Anwendung

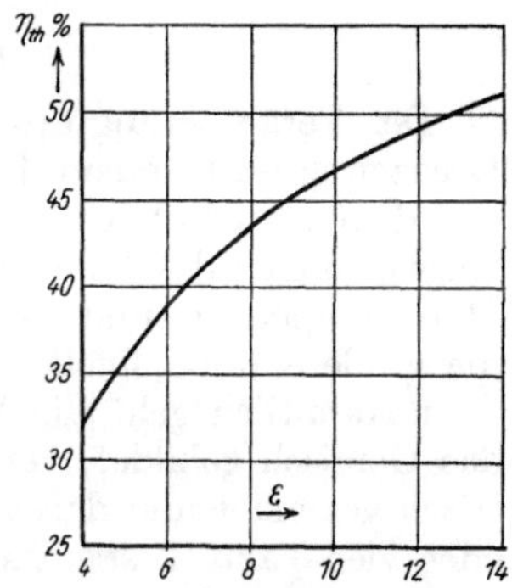

Abb. 42. Thermischer Wirkungsgrad in Abhängigkeit vom Verdichtungsverhältnis.

von Vorkammer- und Speicherbauarten das Verhältnis von Volumen des Verdichtungsraums zu seiner Oberfläche ein derart ungünstiges, daß durch das höhere Verdichtungsverhältnis keine Temperatursteigerung mehr eintritt. Im Gegenteil, sogar die Wärmeableitung durch die Wandungen größer wird als es der Wärmezufuhr durch die erhöhte Verdichtungsarbeit entspricht. Die stetige Vergrößerung des Verdichtungsverhältnisses im Lauf der Jahre ist aus Tab. 14 zu ersehen.

Tabelle 14. Das Steigen der durchschnittlichen Verdichtungsverhältnisse bei Motorfahrzeugen.

| Jahr | Durchschnittliches Verdichtungsverhältnis | Jahr | Durchschnittliches Verdichtungsverhältnis |
|---|---|---|---|
| 1927 | 4,55 | 1932 | 5,29 |
| 1928 | 4,86 | 1933 | 5,57 |
| 1929 | 4,99 | 1934 | 5,72 |
| 1930 | 5,15 | 1935 | 5,98 |
| 1931 | 5,23 | 1936 | 6,15 |

### *b) Der Klopfvorgang.*

Der Vergrößerung des Verdichtungsverhältnisses sind jedoch gewisse Grenzen gesetzt, indem die Kraftstoffe bei zu hohen Verdichtungsgraden das dem Automobilisten bekannte Brennstoffklopfen verursachen. Die Auswirkungen des Klopfens auf den Motor sind Steigerung der Drücke, Motortemperatur und Leistungsabfall, wobei die Temperatursteigerung die größere Rolle spielt.

Bekanntlich geht die Verbrennung im OTTO-Motor so vor sich, daß das Gemisch gebildet, verdichtet, zu einem bestimmten Zeitpunkt elektrisch gezündet und darnach wieder ausgepufft wird. Dazu werden zwei oder vier Takte (versuchsweise sechs) verwendet. Die Verbrennung ist als chemischer Vorgang bestimmt durch die Art der reagierenden Stoffe (vor allem Kraftstoffe) und durch die herrschenden Bedingungen.

Bei der normalen Verbrennung schreitet die Verbrennungsflamme von der Zündstelle aus mit annähernd gleicher Geschwindigkeit und entsprechendem Druckanstieg durch das ganze Gemisch. Im Gegensatz dazu beginnt die klopfende Verbrennung in gleicher Weise wie die nichtklopfende, wird aber dann plötzlich sehr rasch, indem der unverbrannte Gasrest praktisch auf einmal verbrannt wird.

Das Klopfen macht sich in der Praxis insofern unangenehm bemerkbar, als beim Nehmen von Steigungen schon früher auf einen kleineren Gang umgeschaltet werden muß als bei Verwendung eines klopffesteren Brennstoffs. Klopft ein derartiger Motor häufiger, so zeigen sich in ihm bald mehr oder weniger Beschädigungen. Die Kolbenringe setzen sich fest, am Zylinderkopf und am Kolben treten an scharf begrenzten Stellen von Verbrennungen herrührende Vertiefungen auf, und endlich wird das gesamte Triebwerk, Kolben, Kolbenbolzen, Pleuel und Kurbenwelle, durch die starken, beim Klopfen auf den Kolben treffenden Stöße beschädigt.

In den Anfängen der Motorentechnik hielt man das Klopfen für die akustische Folge von Frühzündungen, wie sie durch Glühstellen im Zylinderkopf hervorgerufen werden können. Diese Anschauung bestand lange Zeit hindurch, obwohl nachgewiesen werden konnte, daß das Klopfen durch eine bessere Durchbildung der Kühlung kaum verhindert werden konnte und daß nach Abstellen der Zündung keine Selbstzündungen stattfanden, was nach der oben erwähnten Erklärung des Klopfens der Fall hätte sein müssen. HOPKINSON und RICARDO (161) wiesen nun durch Versuche nach, daß andere Faktoren, u. a. der verwendete Treibstoff, für das Klopfen verantwortlich sind.

Beim Klopfen treten im Zylinder örtliche Druck- und Temperaturspitzen auf, die weit über den Werten bei normalem Betrieb liegen. Die Flammenausbreitungsgeschwindigkeit beim Klopfen ist an einzelnen Stellen des Zylinders besonders hoch.

Das Klopfmaximum fällt zeitlich mit dem Ende des Druckanstiegs zusammen. Der Gasinhalt des Zylinders gerät beim Klopfen in Schwingungen, die sich mit Hilfe trägheitsloser Indikatoren unschwer nachweisen lassen. Die beim Klopfen am Motor auftretenden Schäden erklären sich zwanglos aus den erwähnten Druck- und Temperaturspitzen und wohl auch aus der Übertragung der Gasschwingungen auf die Triebwerksteile.

### *c) Erklärung des Klopfvorgangs.*

Zur Erklärung des Klopfvorgangs gibt es eine Reihe von Deutungen, die chemische, physikalische und konstruktive Einflüsse verantwortlich machen. Obwohl seit nahezu zwei Jahrzehnten an der Aufklärung und Bekämpfung des Klopfvorgangs in OTTO-Motoren gearbeitet wird, besteht bis heute noch keine Möglichkeit, die zahlreichen Versuchsergebnisse und theoretischen Erwägungen zu einer befriedigenden Theorie zusammenzufassen. Der Grund hierfür liegt in der außerordentlichen Verwickeltheit des Klopfvorgangs, der von zahlreichen chemischen, physikalischen, konstruktiven und betriebstechnischen Faktoren beeinflußt wird, sowie in den Schwierigkeiten, die sich einer versuchsmäßigen Forschung entgegenstellen. Als gesicherte Erkenntnis läßt sich heute auf Grund der bisherigen Versuchsergebnisse nur aussagen, daß der Klopfvorgang in einer starken Beschleunigung der Verbrennung besteht, wobei der noch unverbrannte Gemischrest plötzlich unter Entwicklung starker Druckstöße entflammt wird. Die klopfende Verbrennung beginnt in gleicher Weise, wie die nichtklopfende, wird aber dann plötzlich sehr rasch, indem der unverbrannte Gasrest praktisch auf einmal entflammt wird. Diese Tatsache ist durch Gasanalyse während der Verbrennung, direkte Beobachtung und Bestimmung der Flammenausbreitung mittels Ionisation einwandfrei festgestellt (200 und 201). Die normale Verbrennungsgeschwindigkeit in einem Flugmotorenzylinder beträgt nach Versuchen von SCHNAUFFER bei Drehzahlen bis 1900/min 12—23 m/s, bei der klopfenden Verbrennung aber bis zu 300 m/s (202), nach Versuchen von SERRUYS bis zu 500 m/s.

Bei klopfender Verbrennung tritt eine Druckschwingung der verbrennenden Gasmenge auf, die in dem Klopfgeräusch als „Pfeifen“ oder „Klingeln“ wahrzunehmen ist. Diese Schwingung bewirkt infolge der erhöhten Gasbewegung eine übermäßige Wärmeabgabe an die Wandungen, wodurch im Motorenbetrieb Leistungsabfall und allmähliche Überhitzung des Verbrennungsraums eintreten. Dabei spielt die Temperatursteigerung, besonders bei Motoren hoher Leistung, die größere Rolle, während die Drücke sich nicht so ungünstig auswirken. Diese Klopferscheinung entwickelt sich aus dem Verbrennungsvorgang. An einer Erkenntnis des Wesens und der Ursache dieser Erscheinung besteht aber nach wie vor größtes Interesse, denn heute wird die weitere Steigerung der Hubraumleistung vor allem durch das Klopfen des Motors begrenzt.

Man hat erkannt, daß der Klopfvorgang seinem Wesen nach ein physikalisch-chemischer Prozeß ist und die konstruktive Gestaltung des Brennraums sowie die Betriebsbedingungen lediglich den Verlauf des Prozesses zu beeinflussen vermögen. Das Klopfproblem ist im letzten Jahrzehnt in praktischer Hinsicht in erster Linie nach zwei verschiedenen Wegen gefördert worden. Den Versuchen RICARDOS (221) ist die Erkenntnis über den Einfluß der Gestaltung des Verbrennungsraums zu verdanken. Die zahlreichen von ihm unter gleichen Verhältnissen untersuchten Zylinderköpfe zeigen Unterschiede in den ohne Gefahr des Klopfens anwendbaren Verdichtungsverhältnissen zwischen 4,2 und 5,4, wobei die gemessenen Leistungen und Wirkungsgrade Änderungen von annähernd 25% ergaben. RICARDO (223) hat gezeigt, daß der kegelförmige Raum mit Anordnung der Zündstelle in der Kegelspitze am vorteilhaftesten ist. Von ähnlichen Erwägungen geht auch DUMANOIS (224) aus, indem er einen treppenförmig abgestuften Kolben anwendet, so daß der Verbrennungsraum von der Zündstelle ausgehend plötzliche Erweiterungen aufweist. Diese Anordnung hat sich nach dem Ergebnis von Versuchen als günstig erwiesen. Die andere Möglichkeit, das Klopfen auch bei Anwendung hoher Verdichtung zu unterbinden, ist durch die Eigenschaft der Brennstoffe gegeben, je nach ihrer chemischen Beschaffenheit eine verschiedene Neigung zum Klopfen zu besitzen.

Die Neigung eines Kraftstoffs zum Klopfen wird u. a. bestimmt durch die Art der in ihm enthaltenen Kohlenwasserstoffe und deren prozentuales Verhältnis. Es ist somit die chemische Struktur der Kohlenwasserstoffe für die Art ihrer Verbrennung von Bedeutung. Wie schon erwähnt, bestehen die Benzine aus Paraffinen, ungesättigten Kohlenwasserstoffen, Naphten- und aromatischen Kohlenwasserstoffen verschiedenster Konstitution und Molekulargröße. Von diesen Kohlenwasserstoffen zeigen allgemein die Paraffine und die Olefine mit gerader Kette eine Klopffreudigkeit; ihre Klopfneigung nimmt mit steigendem Molekulargewicht zu, wenn keine Seitenketten vorhanden sind, und bei Vorhandensein von Seitenketten mit steigendem Molekulargewicht ab. Die Naphtene verhalten sich günstiger als die Paraffine und Olefine, erreichen aber nicht die sehr geringe Klopfneigung der Aromaten. Bei den klopffesten Aromaten (Benzol und Homologen) ist von Einfluß auf die Klopffestigkeit die Stellung der etwa vorhandenen Seitenkette und die Art der eingeführten Gruppen.

Die angeführten Tatsachen beweisen wohl die engen Beziehungen zwischen chemischem Aufbau der Kohlenwasserstoffe und ihrem Verhalten im Motor. Auch die physikalischen Eigenschaften der Kraftstoffe weisen ebenfalls einen Zusammenhang mit ihrem Motorverhalten auf, auf welche Tatsache ich später noch zurückkommen werde.

Auch die Temperatur, bei der sich der Kraftstoff von selbst entzündet, die Selbstentzündungstemperatur der Kraftstoffe steht in einem gewissen Zusammenhang zur Klopfneigung, wenn man auch im Motor zwischen Klopfen und unfreiwilliger Selbstentzündung unterscheiden muß. Selbstzündung der Kraftstoffe verursacht nur rauhen Gang und der Höchstdruck und der Druckanstieg gehen über das gewöhnliche Maß nicht hinaus. Im allgemeinen nimmt die Klopfneigung mit sinkender Selbstentzündungstemperatur der Kraftstoffe zu. Nach RICARDO soll außer der Selbstentzündungstemperatur noch die Zunahme der Brenngeschwindigkeit nach Überschreiten der Zündtemperatur das Auftreten des Klopfens bedingen.

Zur Deutung des Selbstentzündungsvorgangs nimmt eine Reihe von Forschern an, daß sich feine Kraftstofftröpfchen im Verdichtungshub bilden, an deren Oberfläche sich sog. Peroxyde bilden. Beim Klopfen bildet sich Stickstoffdioxyd, welches als Peroxyd erscheinen kann. Der Energiereichtum der Peroxyde bringt bei der Entzündung die ganze umgebende Gemischmenge zur plötzlichen Entflammung. Diese Peroxydtheorie ziehen CALLENDAR (207), BENNET und MARDLES (225) und BERL (226) und Mitarbeiter zur Erklärung der Klopferscheinungen heran. CALLENDAR nimmt die unmittelbare Bildung von Peroxyden aus Kohlenwasserstoffen und Sauerstoffmolekülen an, welche unter Freigabe großer Energiemengen plötzlich zerfallen können. Im Zusammenhang mit der von LEWIS (220) aufgestellten Theorie der Dehydrierung, wonach die Umsetzung der gesättigten Kohlenwasserstoffe mit der Abspaltung von Wasserstoffatomen beginnt, spricht BERL die Fähigkeit, Peroxyde zu bilden, den ungesättigten Spaltprodukten der Kohlenwasserstoffe zu, denn diese müssen, wenn sie auch den ungesättigten Verbindungen der Olefine gleichen, eine viel größere Reaktionsfähigkeit besitzen und damit zur Anlagerung von Sauerstoff neigen. Die von BERL gegebene Fassung der Peroxydtheorie vermag die geringere Klopfneigung der Olefine gegenüber den gesättigten Kohlenwasserstoffen zu erklären, die Abspaltbarkeit von Wasserstoffatomen machen die gesättigten Verbindungen zu leichter zum Klopfen neigenden Stoffen. Ihrem allgemeinen chemischen Verhalten nach besitzen allerdings die Olefine als ungesättigte Verbindungen eine größere Reaktionsfähigkeit, wie z. B. die gegenüber den gesättigten Kohlenwasserstoffen niedrigen Entzündungstemperaturen erkennen lassen. Diesen scheinbaren Widerspruch hat zuerst LEWIS erkannt und deshalb den Klopfvorgang lediglich als Reaktion der abgespaltenen freien Wasserstoffatome mit Sauerstoff erklärt, ohne den verbleibenden Kohlenwasserstoffrest zu betrachten. Diese Deutung ist allerdings nach neueren Forschungsergebnissen als wenig wahrscheinlich zu bezeichnen. Nimmt man nämlich die Bildung von Wasserstoffsuperoxyd ($H_2O_2$) bei der Oxydation des abgespaltenen Wasserstoffs an, so kann diesem für die Deutung des Oxydationsvorgangs keine Bedeutung zugeschrieben werden, weil sich gezeigt hat, daß das Zumischen von Wasserstoffsuperoxyd zu einem Brennstoff die Klopfneigung verringert (227). Die von dem Kohlenwasserstoff abgeleiteten Peroxyde ergeben dagegen im gleichen Fall ein starkes Klopfen.

Die Umwandlung der Kohlenwasserstoffe unter Abspaltung von Wasserstoff und Bildung ungesättigter und sauerstoffhaltiger Spaltprodukte beginnt schon unterhalb der Entzündungstemperatur. Untersuchungen haben gezeigt, daß im allgemeinen die Temperaturen der beginnenden Umwandlung um so niedriger liegen, je stärker der betreffende Kohlenwasserstoff zum Klopfen neigt. Sie sinken mit Zunahme der Atomzahl im Molekül bei den gesättigten Kohlenwasserstoffen und nehmen hohe Werte bei den Ringkohlenwasserstoffen an, die selbst bei der Entzündungstemperatur noch keine Aufspaltung erkennen lassen.

Callendar (207) konnte bei Gegenwart von unverdampften Brennstofftröpfchen im Gemisch eine starke Steigerung der Peroxydbildung nachweisen und dabei gleichzeitig eine Verminderung der Umsetzungstemperatur gegenüber dem entsprechenden Gemisch mit vollkommen verdampftem Brennstoffgehalt feststellen. Infolge Anreicherung des Gemisches in der unmittelbaren Umgebung der Tröpfchen sind Zonen vorhanden, in denen die Bildung von Peroxyden bevorzugt eintreten wird. Je niedriger die Ansaugtemperatur einer Maschine ist, desto höher wird der Anteil unverdampfter Tröpfchen zu Beginn der Kompression sein. Steigert man das Verdichtungsverhältnis eines Motors, so sinkt infolge der gleichzeitigen Zunahme des Expansionsverhältnisses die Temperatur am Kompressionsbeginn. Die Wahrscheinlichkeit unvollständiger Verdampfung und die Neigung zum Klopfen wächst daher mit steigender Kompression.

Der Vorgang der langsamen Oxydation der Kohlenwasserstoffe ist von Berl (226) eingehend untersucht worden, und es hat sich gezeigt, daß die Paraffine am stärksten und die Aromaten am wenigsten verändert werden. Zwischen ihnen stehen die Naphtene entsprechend ihrer Verwandtschaft zu beiden Gruppen. Die klopfhindernde Wirkung des Benzols, das selbst bei Temperaturen von 600° C nur geringfügige Veränderungen zeigt, ist auf die hohe Widerstandsfähigkeit gegen eine Aufspaltung zurückzuführen, so daß die Bildung von Peroxyden bei den Vorgängen im Motor nicht in Frage kommt. Das Verhalten des Alkohols, der gleichfalls eine hohe Klopffestigkeit besitzt, ist von anderer Natur. Er unterliegt bei niederen Temperaturen einer sehr starken Umwandlung unter Aldehydbildung. Bei ihm ist der Molekularverband durch den Einschluß von Sauerstoff gelockert und die weitere Oxydation bedarf nur geringer Aktivierungsenergie, so daß die entstehenden Oxydationsprodukte infolge ihrer niedrigen Zerfallsenergie nicht zu rasch verlaufenden Reaktionen, die den Klopfvorgang hervorzurufen vermögen, führen. Wird Alkohol leicht klopfenden Brennstoffen zugemischt, so wirkt er klopfmindernd, indem er zufolge seiner leichten Oxydierbarkeit als Sauerstoffüberträger dient. Die gleiche Eigenschaft kommt auch den Aldehyden und Säuren zu. Da sie als Zwischenprodukte bei der langsamen Umwandlung der gesättigten Paraffine unter Sauerstoffmangel auftreten, kann man diese durch eine entsprechende Vorverbrennung in klopffeste Motorbrennstoffe verwandeln. Von dieser Erkenntnis hat man z. B. durch Anordnung besonderer Vorverbrennungskammern an der Maschine mit Erfolg Gebrauch gemacht (228).

Wiederholt sind Strahlungs- und Ionisationserscheinungen (z. B. 230) zur Klärung des Klopfens herangezogen worden. Es ist bis heute aber noch nicht entschieden, inwieweit diesen eine Bedeutung für die Auslösung des Klopfvorgangs zugebilligt werden kann. Man neigt jedoch im allgemeinen zur Auffassung, die gesteigerte Strahlungsintensität als eine Folge der mit dem Klopfen verbundenen raschen Umsetzung und Energieentwicklung und nicht als Ursache für das Eintreten des Klopfstoßes anzusehen.

Die Tatsache, daß, wie wir später noch sehen werden, die Zugabe von Hemmstoffen die klopfende Verbrennung in eine nichtklopfende Verbrennung umwandeln kann, ohne daß dabei eine wesentliche Änderung der physikalischen Verhältnisse wahrscheinlich ist, spricht für die chemische Natur des Klopfvorgangs. Die physikalischen Einflüsse sind dann wohl mehr unter dem Gesichtspunkt zu betrachten, inwiefern sie sich auf die chemische Reaktion auswirken. Verschiedene Faktoren, wie die adiabatische Verdichtung des unverbrannten Restgases, Strahlungserscheinungen, Ionisation usw., werden für das Klopfen verantwortlich gemacht, doch ist ein endgültiges Urteil über diese Einflüsse derzeit noch nicht möglich.

### *d) Einflüsse auf das Klopfverhalten.*

Von Einfluß auf den Klopfvorgang ist eine große Zahl von Faktoren, die sich nach den drei Hauptgesichtspunkten: Kraftstoff, Gestaltung des Verbrennungsraumes und Betriebsbedingungen gliedern lassen. Eine scharfe Trennung und Untersuchung der einzelnen Einflüsse ist am laufenden Motor nur schwer zu erreichen, da sich dort zahlreiche Vorgänge überlagern, die sämtlich den Vorgang beeinflussen.

Von Einfluß auf das Klopfverhalten sind ganz allgemein Änderungen des Reaktionsdruckes, der Temperatur und der Zeit, Verbrennungsraumgestalt, Werkstoffe der Verbrennungsräume, Wirksamkeit der Kühlung an den heißesten Stellen (Kolben, Zündkerzen, Auspuffventile), Verdichtungsverhältnis, verwendeter Kraftstoff, Mischungsverhältnis von Brennstoff zu Luft, Kühlmitteltemperatur, Temperatur der Ansaugluft, Zündungseinstellung, Stellung der Drosselklappe. Das Klopfen wird verstärkt durch Erhöhung der Verdichtung, Erhöhung der Vorzündung, Erhöhung der Kühl- und Gemischtemperatur, Erhöhung des Füllungsgrades, Vergrößerung des Hubraumes und Vergrößerung des Flammenweges. Das Klopfen wird verringert durch Erhöhung der Drehzahl (Wirbelung) und Vergrößerung der Oberfläche. Der Einfluß der Kühlmitteltemperatur auf das Klopfen ist verhältnismäßig gering, ebenso ist im allgemeinen die Eintrittstemperatur der angesaugten Luft von nicht so großer Bedeutung. Mit sinkender Drehzahl nimmt das Klopfen der Motoren zu. Als günstigstes Verhältnis von Brennstoff- zu Luftgewicht wurde der Wert 1 : 13 festgestellt. Bei hohen Verdichtungsverhältnissen fällt eine Änderung der Klopffestigkeit mit der Drehzahl weniger ins Gewicht als bei niederen Verdichtungsverhältnissen. Insbesondere ist bei den unteren Drehzahlen die notwendige Klopffestigkeit nicht sehr verschieden, so daß ein hohes Verdichtungsverhältnis vorteilhaft ist. Von HAWLEY und BARTHOLOMEW (152) u. a. wurde beobachtet, daß die Klopfgrenze nach längerer Betriebszeit des Motors infolge Verkokung der Verbrennungsräume, Verrostungen in den Wasserräumen oder Salzausscheidungen sinkt. Bei einer Einzylindermaschine konnte zu Versuchszwecken ein Brennstoff mit der Oktanzahl 64 Verwendung finden. Nach 200 Stunden Laufzeit mußte jedoch ein solcher von der Oktanzahl 80 benutzt werden.

Weiter können bei Verwendung von Zündkerzen, deren Wärmewert entweder von Anfang an zu niedrig oder durch langem Gebrauch gesunken ist, leicht Glühzündungen vorkommen. Zu großer Abstand der Unterbrecherkontakte verlegt den Zündzeitpunkt unzulässig weit vor den oberen Totpunkt und begünstigt das Klopfen.

Weiter kann das Klopfen der Maschine stets dadurch zum Verschwinden gebracht werden, daß mit erhöhtem Luftüberschuß gearbeitet wird, wodurch allerdings die Leistung stark absinkt. Im Kraftfahrzeugbetrieb wird aus diesem Grunde meist das entgegengesetzte Mittel der Brennstoffanreicherung des Gemisches angewandt, um das Klopfen zu beheben. Man hat dann zwar den Vorteil, daß die Leistung nicht merklich abzusinken braucht und der Motor weicher läuft, aber den Nachteil einer sehr großen Brennstoffverschwendung infolge der stark unvollkommenen Verbrennung.

### *e) Messung der Klopffestigkeit.*

Die große Zahl der heute verwendeten Treibstoffe und deren Gemische, deren Klopffestigkeit sich sehr voneinander unterscheiden, haben die Notwendigkeit ergeben, ein Verfahren zur quantitativen Bestimmung der Klopffestigkeit zu finden.

$\alpha$) **Entwicklung.** Der erste, welcher derartige Versuche unternahm, war der schon erwähnte RICARDO, der im Jahre 1919 mit Unterstützung des Shell-Konzerns den ersten, E 35 genannten Spezialmotor für Klopfmessungen erbaute.

Es handelte sich um einen wassergekühlten, einzylindrigen Viertaktmotor mit einer Bohrung von 114 mm, einem Hub von 203 mm und somit einem Hubvolumen von 2,1 l. Der Motor besaß eine Vorrichtung, durch Heben und Senken des gesamten Zylinders das Kompressionsverhältnis während des Laufes zwischen 1 : 3,7 und 1 : 8 zu ändern.

Ricardo bestimmte für jeden Kraftstoff das Kompressionsverhältnis seines Motors, bei dem der Motor mit dem Kraftstoff gerade noch keine Klopfgeräusche zeigte. Dieses sog. höchste nutzbare Kompressionsverhältnis, H. U. C. R. (highest useful compression ratio) genannt, kann als Maß für die Klopffestigkeit benutzt werden. Allerdings ist es auch bei ein und demselben Motor nicht immer einwandfrei reproduzierbar, da der stets wechselnde Zustand der Luft hinsichtlich Feuchtigkeit, Temperatur und Druck eine Verlagerung der Klopfgrenze bewirkt. Ricardo ging daher dazu über, die Klopffestigkeit der von ihm untersuchten Benzine auf Bezugskraftstoffe, die er durch Mischen eines von Aromaten befreiten klopffreudigen Benzins mit wechselnden Mengen des sehr klopffesten Toluols erhielt, zu beziehen. Bei seinen Messungen suchte er zu jedem untersuchten Kraftstoff ein Benzin-Toluol-Gemisch mit dem gleichen höchsten nutzbaren Kompressionsverhältnis. Der Nullpunkt war bei ihm das von Aromaten freie Benzin von der Wichte 0,718. Als Punkt 100 seiner Skala nahm er das 99%ige Toluol von der Wichte 0,870 an. Er erhielt also ein Maß für die Klopffestigkeit in der Menge Toluol, in Volumprozent des Gesamtgewichts, die er seinem Benzin zusetzen mußte, um das gleich nutzbare Kompressionsverhältnis zu erzielen wie beim untersuchten Kraftstoff. Diese sog. Toluolzahl war der erste von jeweiligen klimatischen Zuständen unabhängige Maßstab für die Klopffestigkeit von Kraftstoffen. Auf den Ricardo-Motor E 35 folgten zwei weitere Prüfmotoren, die nicht näher beschrieben werden sollen, der sog. Delco-Motor und der Armstrong-Motor, die schon den sogenannten Springstabindikator von Midgley und Boyd (s. weiter unten) verwendeten.

*β*) **Die Oktanzahl (C. F. R.-Motor).** Heute jedoch wird die Klopffestigkeit durch die sog. Oktanzahl oder den Oktanwert gemessen. Man bezieht die Klopffestigkeit eines Treibstoffes auf Brennstoffe möglichst verschiedener, aber bekannter Klopffestigkeit, aus denen sich durch bestimmtes Mischen eine ganze Klopffestigkeitsskala herstellen läßt. Als Bezugskraftstoffe sind heute international anerkannt das reine n-Heptan ($CH_3$—$CH_2$—$CH_2$—$CH_2$—$CH_2$—$CH_2$—$CH_3$) und das Isooktan = 2,2,4-Trimethylpentan

$$\left(CH_3\text{—}\overset{\overset{CH_3}{/}}{\underset{\underset{CH_3}{\backslash}}{C}}\text{—}CH_2\text{—}\underset{\underset{CH_3}{\backslash}}{CH}\text{—}CH_3\right)$$

(104). Es sind dies Kohlenwasserstoffe, welche auch im gewöhnlichen Benzin unter vielen anderen und ähnlichen Verbindungen in einem fast untrennbaren Gemisch vorliegen. Das n-Heptan ist ein Kohlenwasserstoff von so geringer Klopffestigkeit, wie es das schlechteste Autobenzin nicht aufweist, das Isooktan dagegen ist ein Kohlenwasserstoff, wie es das beste Fliegerbenzin nur selten aufweist. Die Oktanzahl gibt nun an, wieviel Volumprozent Isooktan eine n-Heptan-Isooktanmischung enthalten muß, damit es unter vorgeschriebenen Versuchsbedingungen gleiche Klopfstärke wie der prüfende Brennstoff zeigt. Reines n-Heptan hat dieser Definition zufolge die Oktanzahl 0, reines Isooktan eine solche von 100.

Für die Bestimmung der Oktanzahl wird der sog. C. F. R.-Motor verwendet, welcher vom Cooperative Fuel Research Committee of the American Society of Automotive Engineers entworfen wurde und von der Waukesha Motor Comp., Wiskonsin, erzeugt wird. Bei der Entwicklung dieses Prüfmotors hat man vorher in zahlreichen Versuchen zuerst den Einfluß der Luftfeuchtigkeit und Lufttemperatur (163), Kühlwasser- und Zylinderklopftemperaturen (164), Ölverbrauch und Öltemperatur (165), Vergaser- und Zündeinstellung (166) auf die Oktanzahl festgelegt und darnach die Bestimmungsmethodik ausgearbeitet.

Der Gesamtaufbau der C. F. R.-Motors geht aus der Abb. 43 hervor (93). Dieser Einzylindermotor weist folgende konstruktive Einzelheiten auf: Bohrung 82,6 mm, Hub 114,2 mm, Zylinderinhalt 610 ccm und Wasserkühlung. Seiner Aufgabe als Prüfmotor entsprechend ist der C. F. R.-Motor in seinen sämtlichen Teilen genormt. Der Verdichtungsgrad kann während des Laufens innerhalb der Grenzen 1 : 4 bis 1 : 12 beliebig verändert und an einem Mikrometer abgelesen werden. Dazu wird der gesamte Zylinder mittels einer Schraubenvorrichtung mehr oder minder weit über dem Kolben geschoben, wobei der Ausgleich der Ventilstößellänge durch eine Hebelvorrichtung besorgt wird. Die Messung des Kompressionsverhältnisses erfolgt mittels eines am Zylinder befestigten Mikrometers und eines am Kurbelgehäuse befestigten Widerlagers. Neben Einlaß- und Auspuffventil und Zündkerze trägt der Zylinderkopf eine Einrichtung zur Messung der Klopfstärke. Der Vergaser hat vier Schwimmergehäuse mit vier kleinen Brennstofftanks zur Aufnahme des Prüfbrennstoffs und der Bezugkraftstoffe. Eine Gemischdrosselklappe sowie vier Zusatzluftdüsen mit Feineinstellung erlauben eine reproduzierbare, genau definierte Vergasereinstellung. Eine Gemischveränderung erfolgt bei der älteren Vergaserausführung durch Veränderung der Zusatzluftmenge, bei der neueren durch Verschieben des Kraftstoffspiegels im Vergaser. Neben einer elektrischen Heizplatte zur Vorwärmung des Öles im Kurbelgehäuse ist auch eine Heizung für das den Vergaser verlassende Brennstoffluftgemisch, dessen Temperatur damit in weiten Grenzen variiert werden kann, vorgesehen.

Um nicht ständig die Motordrehzahl überwachen zu müssen, ist der Motor mit einem Synchron-Motor und Generator verbunden, welcher seine Drehzahl stets auf 900 U/min und bei der Prüfung nach der sog. Research-Methode auf 600 U/min hält.

Die Zündung wird durch Hebelübertragung mit der Veränderung der Verdichtung selbsttätig auf den günstigsten Wert eingestellt und kann während des Laufes des Motors mit einer Neonlampe ständig kontrolliert werden. Der Primär-Zündstrom sowie auch der für die Klopfstärkemessung nötige Gleichstrom wird von einer Dynamomaschine geliefert.

Zur Messung der relativen Klopfstärke dient ein sog. Springstab (bouncing pin) mit Membran nach MIDGLEY und BOYD (105). Das Springstabgerät besteht aus einer in den Zylinderkopf eingesetzten, federnden Stahlmembran, deren Steifigkeit so groß ist, daß sie nicht auf die normalen Verbrennungsdrücke, wohl aber auf die beim Klopfen auftretenden Druck-

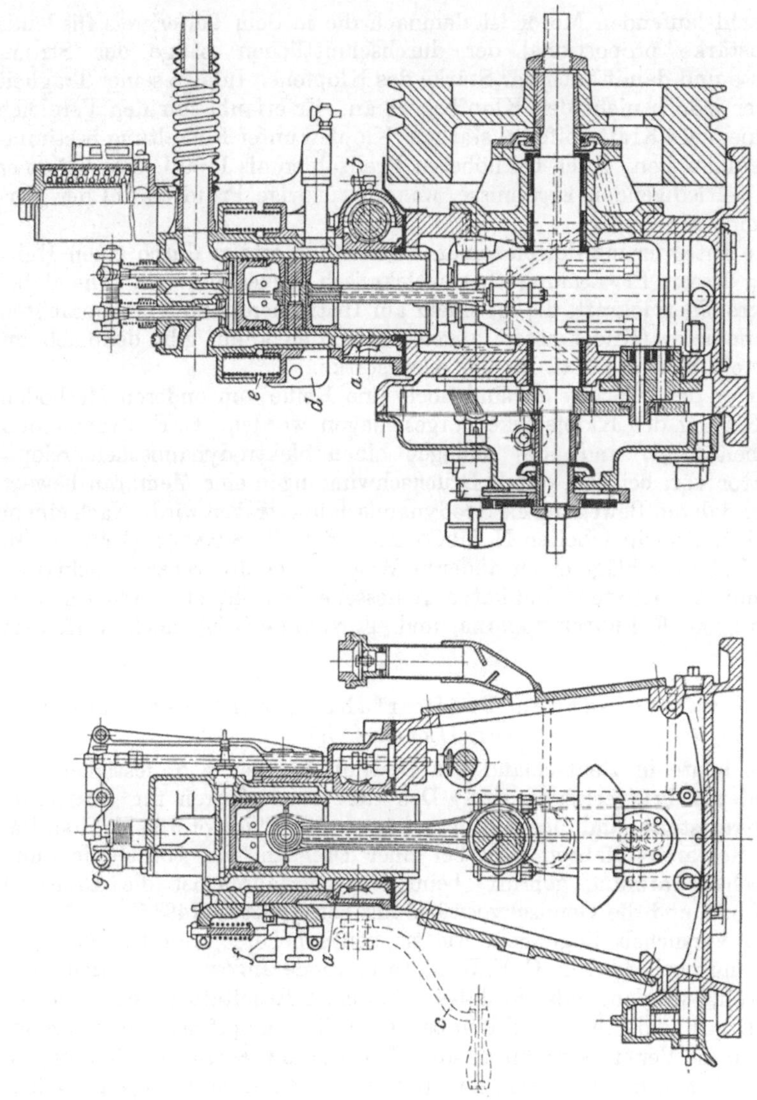

Abb. 43. Schnitt des C.F.R.-Klopfprüfmotors.
*a* Schneckenrad; *b* Schnecke; *c* Handkurbel; *d* Klemmuffe; *e* Federn; *f* Feinmeßschraube; *g* Bügel.

spitzen reagiert. Auf der Membrane sitzt ein Stahlstab lose auf, dessen isolierte Spitze einen elektrischen Kontakt aus zwei Kontaktfedern und einem federndem Widerlager mit leichtem Druck berührt. An diesem Kontakt ist einerseits eine Stromquelle und anderseits ein Knallgasvoltmeter oder ein Hitzdrahtinstrument mit empirischer Skalenteilung angelegt. Beim Klopfen des Motors wird die Membrane mehr oder weniger stark durchgebogen und schließt dabei unter Vermittlung des Springstabes für mehr oder minder lange Zeit den Kontakt. Bei einem mit konstanter

Drehzahl laufenden Motor ist demnach die in dem Leiterkreis fließende Stromstärke proportional der durchschnittlichen Länge der Stromschlüsse und damit auch der Stärke des Klopfens. Infolge seiner Trägheit zeigt er jedoch nicht den Klopfbeginn an. Er erlaubt nur den Vergleich verschiedener Kraftstoffe bei starkem Klopfen unter Einhaltung bestimmter Bedingungen. Auch bei höheren Drehzahlen als 1100 U/min liefert er keine befriedigenden Ergebnisse, was die niedrige Prüfdrehzahl der Versuchsmotoren erklärt.

Die Integrierung der einzelnen Stromstöße erfolgt durch einen Heizdraht, dessen Erwärmung thermoelektrisch gemessen wird. Die dabei erzeugte Thermokraft, die an einem am Instrumentenbrett angebrachten Galvanometer (Knockmeter) abgelesen werden kann, gibt demnach indirekt ein relatives Maß für die Klopfstärke.

Außer dem Springstab sind noch eine Reihe von anderen Methoden zur Messung der Klopfstärke vorgeschlagen worden. C. F. Taylor und Mitarbeiter (157 und 158) schlagen einen elektrodynamischen Klopfindikator vor, bei dem durch Druckschwingungen eine Membran bewegt wird und deren Bewegung elektrodynamisch übertragen wird. Nach einem ähnlichen Prinzip arbeiten N. McCoull und G. T. Stanton (159). E. M. Dodds (160) schlägt einen anderen Weg ein; er differenziert elektrisch eine mit kapazitivem Indikator gemessene Druckkurve, welches Verfahren von F. Lichtenberger und F. Seeber (156) noch verfeinert wurde.

### Die verschiedenen Prüfverfahren zur Bestimmung der Oktanzahl.

Die heute in Deutschland zur Bestimmung der Klopffestigkeit angewendeten Prüfverfahren sind: Das Researchverfahren für Kraftfahrzeug-Kraftstoffe und das Motorverfahren für Flugmotoren-Kraftstoffe. Beim Researchverfahren wird bei einer Drehzahl von 600 U/min ohne Gemischvorwärmung geprüft, beim Motorverfahren ist die Drehzahl 900 U/min und die Gemischvorwärmung beträgt etwa 149° C.

Die Versuchsbedingungen, wie sie heute bei der Klopffestigkeitsbestimmung nach der sog. C. F. R.-Motormethode angewandt werden, sind so gewählt worden, daß die dabei erhaltenen Resultate hinsichtlich der Klassifizierung der Kraftstoffe in bezug auf ihre Klopffestigkeit sich möglichst an die Versuchsergebnisse anschließen, die praktische Fahrversuche auf der Straße mit verschiedenen Brennstoffen und Motortypen ergeben haben. Allerdings unterscheiden sich die bei der Prüfung angewandten Bedingungen, die auf starkes Klopfen hinzielen, stark von den normalen Verhältnissen im Fahrbetrieb. So wird nach der C. F. R.-Motormethode eine Kühlwassertemperatur von 99—100° C und Gemisch-Vorwärme-Temperatur von 149° C (= 300° F) vorgeschrieben. Der Unterschied in den Klopfwerten eines Treibstoffes nach der Motormethode und der Researchmethode wird auch die Empfindlichkeit dieses Treibstoffes genannt. Diese ist also ein Maß für die Beeinflußbarkeit eines Treibstoffes durch festgelegte Veränderungen der Arbeitsbedingungen im Verhältnis zum Bezugstreibstoff und kann selbstverständlich nicht über die Abhängigkeit im Klopfverhalten bei irgend welchen anderen Veränderungen aussagen. In Deutschland werden die Kraftstoffe nach dem Researchverfahren, d. h. ohne Vorwärmung des Gemisches, untersucht, weil besonders bei Kraftstoffen, die Alkohol enthalten, die günstige Wirkung der hohen Verdampfungswärme des Alkohols bei der Prüfung nach der Motormethode mit der künstlich erzeugten Gemischttemperatur von 149° C ausgeschaltet wird. Ansonsten sind die für den Motor vorgeschriebenen Betriebsbedingungen folgende:

Drehzahl 900 bzw. 600 (Min.) (± 3),
Kühlflüssigkeit: destilliertes Wasser,
Schmieröl: Viskosität 5,0—7,0° Engler bei 54,4° C,
Öldruck: 1,76—2,11 kg/cm² bei Betriebsbedingungen,
Vorzündung: automatisch auf höchste Leistung eingestellt,
Unterbrecherzwischenraum: 0,38 mm,
Zündkerze: entsprechend der Kerze Champion Nr. 8,
Drosselöffnung: 90.
Vergasereinstellung: auf höchstes Klopfen.

Außer diesen genannten Methoden wird noch zuweilen die sog. abgewandelte Motormethode, wie sie vom British Air Ministry aufgestellt wurde, angewendet; sie unterscheidet sich von der C. F. R.-Motormethode durch eine geringere Gemischtemperatur von 127° C gegen 149° C. Bei dieser Methode zeigen z. B. die mit Bleitetraäthyl versetzten Benzine im allgemeinen eine um zwei Einheiten höhere Oktanzahl gegenüber der C. F. R.-Motormethode. Außerdem wäre das sog. U. S. Army Air Corps Test zu erwähnen. Diese Methode hat erhebliche Abweichungen in den Bedingungen, eine Zylinderbohrung von 66,7 mm, 1200 U/min, Auspuffventil mit Stellit verkleidet und mit Natrium gefülltem Stempel, ein nicht verkleidetes Einlaßventil und 165° C Kühlmanteltemperatur, „kalte" Gemischzuführung und statt der Verwendung eines Springstabes wird die Temperatur in dem Verbrennungsraum gemessen. Diese Methode ist hauptsächlich für die Bestimmung der Oktanzahlen von Treibstoffen mit höheren Oktanzahlen als 87 gedacht, wo ein Arbeiten mit dem Springstab wegen der hohen Verdichtungsdrucke zu unbefriedigenden Ergebnissen führt; sie entwertet die Aromaten (Benzol hat nach dieser Methode eine Oktanzahl von 88), die auch im praktischen Flugbetrieb keine so günstigen Eigenschaften zeigen, wie es die C. F. R.-Motormethode annehmen läßt. Allerdings verdienen noch der neueren Entwicklung im Motorenbau die Aromaten eine solche Entwertung nicht mehr (132).

### Der praktische Wert der Oktanzahl.

Der C. F. R.-Motor, als flüssigkeitsgekühlter Langsamläufer, bewertet die Kraftstoffe im allgemeinen nicht nach der gleichen Reihenfolge, wie der schnellaufende, bei Flugmotoren auch häufig luftgekühlte Motor. Nach amerikanischen Untersuchungen bewertet der C. F. R.-Motor (nach der Motormethode gemessen), die mit Bleitetraäthyl versetzten Destillationsbenzine (straight-run-Benzine) richtig, während Benzin-Benzol-

Gemische, ebenso wie Krackbenzine oder mit Bleitetraäthyl versetzte Krackbenzine zu hoch, z. B. bei Oktanzahlen über 80, um etwa drei Oktanzahlen zu hoch bewertet. Anderseits werden alkoholhaltige Kraftstoffe in C. F. R.-Motor schlechter bewertet, weil im C. F. R.-Motor die Gemischtemperatur auch bei Alkoholgemischen künstlich auf der gleichen Höhe wie bei sonstigen Kraftstoffen gehalten wird, während beim Gebrauchsmotor, bei dem sich die Gemischtemperatur selbständig einstellt, ein Alkoholgehalt im Kraftstoff infolge der hohen Verdampfungswärme des Alkohols eine starke Erniedrigung der Gemischtemperatur bewirkt, die sich in einer Verminderung der Klopfstärke äußert. Aus diesem Grunde untersucht man in Deutschland die Kraftstoffe nach der Researchmethode, d. h. ohne Vorwärmung des Gemisches.

Isooktan und n-Heptan sind sehr teuer. Deshalb bedient man sich bei Reihenuntersuchungen sog. sekundärer Bezugskraftstoffe oder Substandards. Als solche verwendet man Gemische von Benzol mit irgendeinem leicht klopfendem Benzin, die man mit von 5 zu 5% steigendem Benzolgehalt vorrätig hat, nachdem man sie vorher mit den entsprechen-Isooktan-n-Heptan-Gemischen verglichen und die Ergebnisse in eine Eichkurve eingetragen hat. Bei der Messung klammert man den zu untersuchenden Kraftstoff zwischen zwei derartige Substandarde ein, errechnet aus den Ablesungen den Benzolgehalt des gleichklopfenden Substandards und entnimmt dazu aus der Eichkurve die zugehörige Oktanzahl.

Bemerkenswert ist, daß die Oktanzahl eines Kraftstoffes nicht unbedingt ein Maß für die mit diesem Kraftstoff in einem Motor erzielbare Leistung darstellt. Zwei Kraftstoffe können gleiche Oktanzahlen und trotzdem im Motor verschiedene Leistungen ergeben.

Brennstoffe von hoher Klopffestigkeit ergeben im Vergleich zu weniger klopffesten nur dann eine Mehrleistung, wenn die hohe Klopffestigkeit durch eine entsprechende Erhöhung des Verdichtungsverhältnisses, welche einen besseren Wirkungsgrad zur Ursache hat, ausgenutzt wird. Jedoch kann bei bestimmten Bedingungen, welche das Klopfen begünstigen, z. B. hohe Kühlwassertemperatur, hohe Temperatur der angesaugten Luft, Verrußung der Verbrennungsräume usw., mit dem klopffesteren Treibstoff höhere Leistungen erzielt werden, bzw. daß die Motorleistung nicht so rasch von ihrem normalem Wert abfällt. Diese scheinbare Mehrleistung verschwindet wieder, sobald normale Verhältnisse, normale Kühlwassertemperatur usw. eingetreten sind. Es hat daher nicht viel Sinn, einen Motor mit einem Verdichtungsgrad von 1 : 5 mit einem Kraftstoff von der Oktanzahl 80 zu betreiben. Eine Mehrleistung würde gegenüber der Verwendung eines Benzins mit einer Oktanzahl 64 kaum zu konstatieren sein. Die Klopffestigkeit bestimmt also als Grenzwert, ob der Kraftstoff für den Motor geeignet ist oder nicht. Der Vorteil des klopffesteren Brennstoffes kommt erst bei Bedingungen zur Geltung, unter welchen der weniger klopffeste Kraftstoff zu klopfen und die Leistung des Motors stark abzufallen beginnt, also hauptsächlich im Sommer beim Befahren von steilen Alpenpässen, bei warmer und trockener Witterung.

Bemerkenswert ist jedoch, daß die Bewertung der Klopffestigkeit mit

Hilfe der Oktanzahl heute noch immer unzulänglich ist. Den Untersuchungen der Klopffestigkeit haftet der Mangel an, daß es bis jetzt noch kein zufriedenstellendes Mittel zur objektiven Messung der Klopfstärke gibt (156). Es stehen weder die unter verschiedenen Versuchsbedingungen in dem gleichen Motor, noch die unter gleichen Bedingungen in verschiedenen Motoren ermittelten Oktanzahlen in einer auswertbaren Beziehung zueinander.

### Die Bestimmung der Oktanzahl in Deutschland. Der I. G.-Prüfmotor.

Deutschland war schon seit Jahren bemüht, den von der Waukesha Motor Comp., Wiskonsin, in Amerika hergestellten C. F. R.-Motor aus

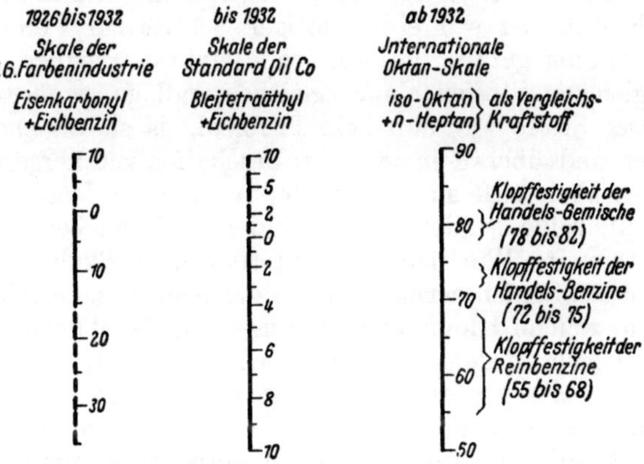


Abb. 44. Entwicklung der Klopfmaßstäbe für OTTO-Kraftstoffe. Nach W. WILKE (191).

devisensparenden Gründen durch einen deutschen Motor zu ersetzen. Die diesbezüglichen Untersuchungen und Bemühungen haben zu einem Erfolg geführt (94). Durch einen Erlaß K 4. 2071 vom 25. März 1938 des Reichs- und Preußischen Verkehrsministers ist der von der I. G. Farbenindustrie A. G. entwickelte sog. I. G.-Prüfmotor an Stelle des C. F. R.-Motors als deutscher Prüfmotor anerkannt. Der Motor wird von der Daimler-Benz A.G. in Mannheim hergestellt.

In Deutschland entwickelte sich die Klopfmessung in Übereinstimmung mit der Entwicklungsgeschichte des Klopfprüfstands der I. G. Farbenindustrie A. G. (191). Die I. G. Farbenindustrie A. G. begann ihre ersten Klopfversuche mit einem Vierzylinder-BENZ-Motor. An dieser Maschine wurde das Verdichtungsverhältnis so eingestellt, daß bei gewöhnlichem Betrieb das damals übliche Benzin klopfte. Dieses Klopfen konnte mit Eisenkarbonyl als Zusatz beseitigt werden und die hierzu benötigte Menge war ein Maßstab für das Klopfen. Ein Benzin war also um so klopffester, je weniger Eisenkarbonyl bis zum Verschwinden des Klopfens gebraucht wurde. Diese erste Klopfskala ist in Abb. 44 zusammen mit den später entwickelten Klopfmaßstäben dargestellt; sie umfaßte nur einen verhältnismäßig engen Meßbereich. War das Vergleichsbenzin aufgebraucht, so konnte nur mit Mühe ein zweites Vergleichsbenzin hergestellt werden.

Die Zusammenarbeit der I. G. Farbenindustrie A. G. mit der Standard Oil Co. hat es mit sich gebracht, daß die von der Standard Oil Co. verwendeten Klopfwerte mit den von der I. G. Farbenindustrie A. G. verwendeten in Übereinstimmung gebracht und verglichen werden mußten. Bei der Skala der Standard Oil Co. wurde als Vergleichsbenzin auch ein Eichbenzin verwendet, dem aber bestimmte Mengen des in Amerika in großem Maßstab verwendeten Antiklopfmittels Bleitetraäthyl, zugesetzt wurden. Man sieht aus der Abb. 44, daß z. B. der Klopfwert 15 der I. G.-Skala den gleichen Wert hatte, wie etwa der von 4 der Skala der Standard Oil Co. Im Jahre 1932 wurde nun die Oktanskala eingeführt. Mit dieser Einführung war ein wichtiger Schritt zur Vereinheitlichung des Prüfverfahrens getan. Es war von jetzt an möglich, überall mit genau den gleichen Stoffen als Vergleichsgrundlage zu messen. Die Ergänzung dieser Stoffe war nun kein Problem, da sie als chemisch reine Stoffe immer und überall in gleicher Beschaffenheit hergestellt werden können. Diese Eichstoffe sind das n-Heptan und das Isooktan (2,2,4-Trimethylpentan), beide werden heute bei der I. G. Farbenindustrie A. G. synthetisch erzeugt. Wie sich diese internationale Skala zu den beiden vorher erwähnten Skalen verhält, ist aus der Abb. 44 zu ersehen. Zugleich ist angegeben, welche Klopffestigkeit unsere heute üblichen Kraftstoffe, wie sie im Altreich an den Zapfstellen erhältlich sind, haben.

Auch die zur Messung des Klopfens angewendeten Prüfmotore haben in Deutschland eine Reihe von Veränderungen erfahren. Die Mängel, welche den Mehrzylindermotor zur Klopfwertbestimmung anhaften, wurden schon frühzeitig erkannt und man ging bald zur Anwendung von kleinen handlichen Einzylindermotoren über. Da diese in Deutschland nicht vorhanden waren, stellte die I. G. Farbenindustrie A. G. diese seit dem Jahre 1929 selbst her, und zwar zunächst mit feststehendem, von 1930 an mit veränderlichem Verdichtungsverhältnis. Entscheidend beeinflußt wurde die Klopfmessung in Deutschland durch den im Jahre 1932 von dem amerikanischen Cooperative Fuel Research Committee eingeführten C. F. R.-Motor, der rasch zum internationalen Einheitsmotor zur Klopfwertbestimmung wurde. Alle anderen Prüfmotoren traten diesem Gerät gegenüber in den Hintergrund.

Vergleichsversuche, welche nun zwischen dem von der I. G. Farbenindustrie hergestellten sog. I. G.-Motor und dem C. F. R.-Motor ausgeführt wurden, zeigten, daß es nur geringer Änderungen in den Betriebsbedingungen bedurfte, um praktisch die gleichen Ergebnisse wie am C. F. R.-Motor zu erzielen. Als nun die Devisenlage des Reiches die weitere Einfuhr von C. F. R.-Motoren erschwerte, trat im Jahre 1936 der Deutsche Verband für Materialprüfungen der Technik an die I. G. Farbenindustrie A. G. mit der Bitte heran, ihre Erfahrungen der Allgemeinheit zur Verfügung zu stellen. Die Firma kam dem Wunsch nach und übergab ihre Zeichnungen der Firma Daimler-Benz, Werk Mannheim, die nunmehr dieses Klopfprüfgerät unter der Bezeichnung „I. G.-Prüfmotor" anfertigt und vertreibt. Damit ist die Entwicklungsgeschichte des deutschen I. G.-Prüfmotors umrissen (191).

Abb. 45 zeigt den I. G.-Prüfmotor im Schnitt (191). Der Unterteil des verschiebbaren Zylinders hat ein Flachgewinde. Die dazugehörige Mutter ist als Schneckenrad ausgebildet, in das eine Schnecke eingreift.

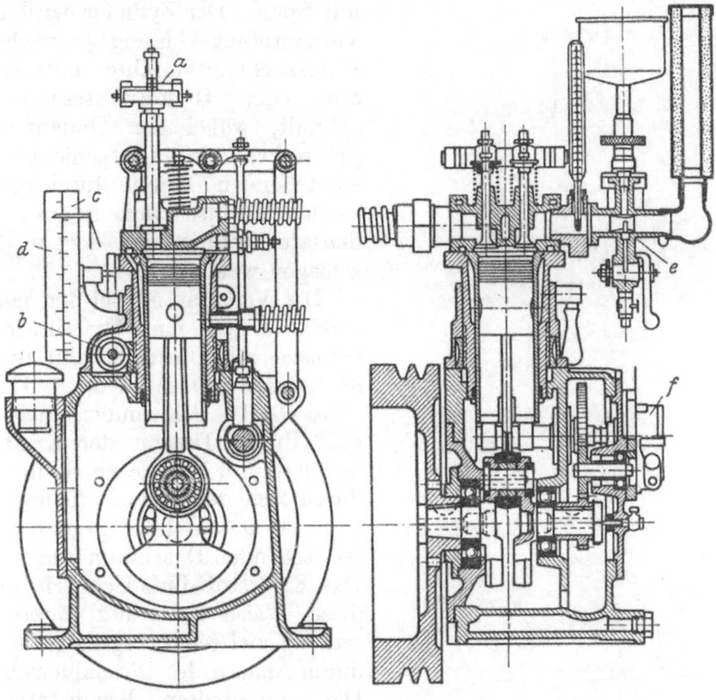


Abb. 45. I. G.-Prüfmotor für OTTO-Kraftstoffe im Schnitt. Nach W. WILKE (191). Bohrung 65 mm, Hub 100 mm, Hubraum 332 cm³, Leistung rund 1 kW bei 1000 U/min. *a* Springstiftindikator zum Messen der Klopfstärke; *b* Einrichtung zum Verändern des Verdichtungsverhältnisses; *c* Verdichtungsskala; *d* Oktanskala; *e* Vergaser; *f* Unterbrecher.

Durch Drehen der Schnecke kann das Verdichtungsverhältnis von 1 : 4 bis 1 : 15 geändert werden. Den jeweiligen Zustand des Verdichtungsverhältnisses zeigt die Trommelskala *c* an. Neben ihr ist eine Oktanskala, auf der annäherungsweise der Klopfwert der Probe nach dem C. F. R.-Motorverfahren abgelesen werden kann (192). In dem abnehmbaren Zylinderkopf befinden sich die hängenden, von gleichartigen Kipphebeln gesteuerten Ventile und der Springstift- oder Springstabindikator zum Messen der Klopfstärke. Die Änderung des Ventilspiels bei der Verschiebung des Zylinders wird dadurch ausgeglichen, daß der Drehpunkt der gleicharmigen Kipphebel die halbe Verschiebung mitmacht. In dem Kühlmantel ist eine auswechselbare Laufbüchse aus Grauguß eingesetzt.

Der Kolben ist aus Leichtmetall; Pleuel- und Kurbelwelle laufen in Rollen- bzw. Kugellagern. Für die Umlaufschmierung dient eine regelbare Pumpe, der Schmierölstand kann durch ein Schauglas überwacht werden. Der Zündzeitpunkt wird auf einer nachstellbaren Teilung abgelesen; die Vorzündung bleibt über den ganzen Meßbereich gleich. Eine 12-Volt-Zünd-Lichtmaschine, die zugleich den Strom für die Klopfmeßgeräte liefert, erzeugt die Zündspannung über einen Unterbrecher mit Spule. Der Zylinder wird durch Verdampfungskühlung je nach dem Untersuchungsverfahren mittels Wassers oder Glykol-Wassergemisches gekühlt, wobei der Umlauf durch Schwerkraftwirkung geschieht und die entstehenden Dämpfe durch eine besondere Kühlschlange in einen Kondensator geführt und dort niedergeschlagen werden.

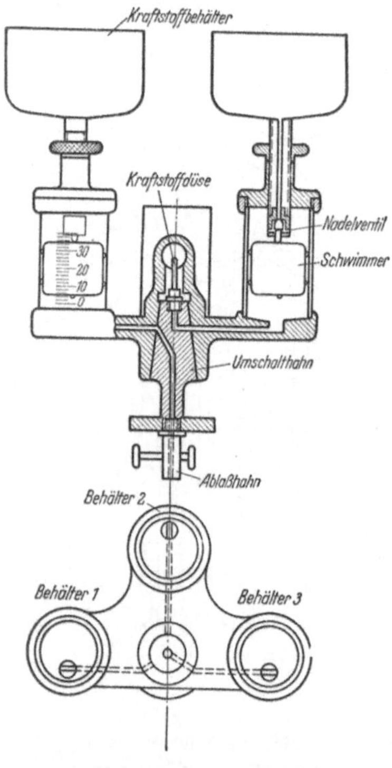


Abb. 46. Dreischwimmervergaser des Prüfmotors. Nach W. Wilke (191).

Der Vergaser ist bei den neueren Ausführungen ein Dreischwimmervergaser mit Umschalthahn und gemeinsamer Düse samt Trichter (Abb. 46). Die Schwimmernadelventile sind durch Drehen der Kraftstoffbehälter in der Höhe verstellbar, wodurch sich der Brennstoffspiegel und dadurch das Gefälle gegenüber der feststehenden Düsenmündung ändert. Das Kraftstoff-Luft-Gemisch ist auf diese Weise in seiner Zusammensetzung viel feiner regelbar als z. B. durch Ändern des Düsenquerschnitts. Die eingestellten Brennstoffspiegel werden an Marken abgelesen, wobei eine Teilstrichänderung durch eine ganze Umdrehung des Kraftstoffbehälters hervorgerufen wird.

Das Brennstoff-Luft-Gemisch kann in seiner Zuleitung durch einen Heizeinsatz elektrisch bis zu 150° C vorgewärmt werden. Die Vorheizung ist über einen Widerstand an der Schalttafel regelbar. Die Gemischtemperatur wird an einem Quecksilberthermometer abgelesen.

Die Belastung des Prüfmotors geschieht über ein Keilriemenpaar durch einen gekapselten Drehstrom-Kurzschlußläufer, der zugleich zum Anlassen dient. Er sitzt verschiebbar auf Spannschienen, so daß Riemenscheiben von verschiedenen Durchmessern aufgebracht werden können. In der Regelausführung kann er auf 380 Volt oder 220 Volt Wechselspannung geschaltet werden. Die Drehzahl des Stromerzeugers bleibt unverändert, während die Drehzahl des Prüfmotors durch die Größe der

Keilriemenscheibe bestimmt wird. Über dem Stromerzeuger sitzt die Zünd-Lichtmaschine; beide sind durch einen weiteren Keilriemen verbunden.

Die Schalttafel trägt den sog. Klopfstrommesser, den Heizstrommesser samt Regelwiderstand; die nötigen Schalter und ein Schreibpult. Ein Leistungsmesser zeigt die Stromentnahme beim Anfahren des Prüfmotors und dessen Leistung während des Betriebs an.

Der Klopfstrommesser mißt thermoelektrisch die Temperaturerhöhung eines Widerstands durch den Klopfstrom, d. i. den zwischen den Kontakten des Springstiftindikators übergehenden Strom. Zur laufenden Beobachtung hat das Gerät eine Dämpfung, die zum rascheren Einstellen des Motors oder zum Prüfen des Springstiftindikators abgeschaltet werden kann. Da der Indikator den Klopfstrom steuert, muß seiner Einstellung besondere Sorgfalt zugewendet werden, weil hiervon die Ergebnisse von Vergleichsmessungen mit anderen Prüfstellen stark abhängig sein können. Es handelt sich hierbei um die Einstellung der Spannung der beiden Blattfedern, die die Kontakte tragen, sowie der Spannung der Schraubenfeder für die Einstellschraube, ferner des Abstands der Kontakte selbst. Hierfür sind besondere Hilfsgeräte entwickelt, wobei die gefühlsmäßige Einstellung durch eine meßtechnische ersetzt wird. Diese Meßgeräte sind in einem handlichen Kasten untergebracht.

Die Leistung des Prüfmotors beträgt bei 1000 U/min rund 1 kW. Der Kraftstoffverbrauch ist mit etwa 0,5 l/h sehr gering, so daß es in der Regel möglich ist, mit 0,25 l/h Kraftstoff die Klopffestigkeit zu bestimmen. Man kann mit dem I. G.-Prüfmotor Kraftstoffe sowohl für Kraftfahrzeuge als auch für Flugzeuge untersuchen.

Die Vergleichsversuche, welche mit dem I. G.-Prüfmotor und dem C. F. R.-Motor durchgeführt wurden, haben übereinstimmende Werte ergeben. Diese Tatsache hat zu dem schon erwähnten Erlaß geführt, in welchem der I. G.-Prüfmotor für die Klopffestigkeitsprüfung von Leichtkraftstoffen zugelassen ist (94). Heute sind bereits über 100 I. G.-Prüfmotoren in Betrieb oder im Bau.

$\gamma$) **Bestimmung der Oktanzahl aus physikalischen Daten.** Bemerkenswert sind die Versuche von R. Heinze und M. Marder aus physikalischen Daten, in erster Linie der Dichte die Oktanzahl von Kraftstoffen zu bestimmen (z. B. 95 und 96). Die physikalischen Eigenschaften der Kraftstoffe stehen nämlich in Zusammenhang mit dem Motorverhalten, wenn auch dieser Zusammenhang noch nicht genügend geklärt erscheint, um eine sichere Beurteilung darauf zu gründen. Marder hat gezeigt, daß der Parachor[1] dazu geeignet ist, über die Klopffestigkeit von Motorkraftstoffen Auskunft zu geben. Der Parachor eines Kohlenwasserstoffs

[1] Der Parachor ist eine von Sugden (J. chem. Soc. London **125**, 1177 [1924]) abgeleitete physikalische Konstante: $p = \frac{\sigma^{1/4}}{d}$; $\sigma$ = Oberflächenspannung, $d$ = Wichte.

wird durch seinen chemischen Aufbau bestimmt. Seitenketten, Doppelbindungen und Ringe setzen seinen Wert herab. Grundsätzlich fällt er für Kohlenwasserstoffe gleichen Siedepunkts in der Reihenfolge Paraffine, ungesättigte Kohlenwasserstoffe, Naphtene und Aromaten ab. Da er sich in Gemischen von Kohlenwasserstoffen additiv verhält, gilt dasselbe für den Parachorwert eines Benzins; paraffinische Kraftstoffe mit viel Paraffinen mit unverzweigter Kette besitzen also den höchsten, aromatische den niedrigsten Parachor. Die Klopfneigung der Kohlenwasserstoffen steigt in etwa derselben Weise, wie der Parachor von den Aromaten über die Naphtene und die ungesättigten Kohlenwasserstoffe zu den Paraffinen. Seitenketten und Doppelbindungen in den Kohlenwasserstoffen und Ringe setzen die Klopfneigung herab. Die Klopffestigkeit und die Oktanzahl sind dementsprechend dem Parachor umgekehrt proportional. Zur Bestimmung der Oktanzahl eines Kraftstoffs sind die Wichte, die Siedekennziffer und die Oberflächenspannung des Kraftstoffs zu messen. Man erhält dann die nach der C. F. R.-Motormethode gemessene Oktanzahl. Abweichungen ergeben sich in erster Linie für ausgesprochene paraffinische Benzine (96). Diese Umstimmigkeiten haben ihren Grund darin, daß der Abfall, den der Parachor von Paraffinkohlenwasserstoffen durch das Vorhandensein von Seitenketten erleidet, der Zunahme der Klopffestigkeit nicht proportional ist. MÜLLER-CUNRADI gibt in Übereinstimmung mit der vorhin erwähnten Tatsache zu bedenken, daß die Wichte oder das Kohlenstoff-Wasserstoff-Verhältnis nichts über den Strukturaufbau z. B. der aliphatischen Kohlenwasserstoffe aussagen, der aber für das Klopfverhalten von großem Einfluß ist. So haben n-Heptan und Isooktan fast die gleiche Dichte und das gleiche Kohlenstoff-Wasserstoff-Verhältnis, sind aber im Klopfverhalten geradezu entgegengesetzt. Allerdings erfährt dieses Verhalten eine gewisse Korrektur durch die Sodekennziffer. Das Verfahren, aus dem Parachor und der Siedekennziffer eines Benzins seine Oktanzahl (nach der C. F. R.-Motormethode gemessen) zu bestimmen, wird von den beiden Forschern R. HEINZE und M. MARDER noch weiter entwickelt.

Die Selbstentzündungstemperatur der Kraftstoffe steht ebenfalls in einem gewissen Zusammenhang zur Klopfneigung, wenn man auch im Motor zwischen Klopfen und unfreiwilliger Selbstentzündung unterscheiden muß. HOPKINSON war nach Mitteilung RICARDOS der erste, der dies erkannte; der Unterschied äußert sich vor allem darin, daß die Selbstentzündung nur rauhen Gang, nicht aber das helle Klingeln bewirkt und das weder der Höchstdruck, noch der Druckanstieg über das bei der gewöhnlicher Verbrennung übliche Maß hinausgeht (205). Allerdings kann die unfreiwillige Selbstentzündung wegen der Temperatursteigerung mit der Zeit zum Klopfen führen. Im allgemeinen nimmt die Klopfneigung mit sinkender Selbstentzündungstemperatur der Kraftstoffe zu.

Zur Deutung des Selbstentzündungsvorgangs haben schon TAUSZ und SCHULTE (206) auf die Bildung von Moloxyden hingewiesen. CALLENDAR (207) und MOUREAU (219) haben dann in der Folge die Peroxydtheorie entwickelt. Sie nahmen an, daß zusätzlich sich im Verdichtungshub feine Kraftstofftröpfchen bilden, an deren Oberfläche sich Peroxyde bilden. Die Peroxyde sind chemisch sehr unbeständige Verbindungen und zerfallen mit großer Geschwindigkeit, wobei beträchtliche Energiemengen frei werden. Auf diese Weise werden die Klopferscheinungen im Motor erklärt. Nach Arbeiten von EGERTON, SMITH, UBBELOHDE und DRINKWATER (208, 209) ist nachgewiesen worden, daß beim Klopfen Stickstoffdioxyd und auch Alkylwasserstoffperoxyd entsteht; das Stickstoffdioxyd kann dabei als Peroxyd erscheinen und unter Umständen durch das bei der Verbrennung entstehende Schwefeldioxyd (z. B. bei schwefelhaltigem Motorenbenzol im Gegensatz zu reinem Benzol) unwirksam gemacht werden. Durch Ozon wird nach BROOKS (210) das Klopfen stark gefördert. Gegen die sog. Peroxydtheorie gibt es allerdings manche Einwände, welche durch Versuche belegt sind. Die Mitwirkung des Stickstoffs der Luft bei der klopfenden Verbrennung ist noch nicht restlos geklärt. So ergaben z. B. Bombenversuche von THOMPSON und WHEELER (211) eine vollkommen verschiedene Verbrennung bei Verwendung von Argon und Helium an Stelle von Stickstoff in explosiven Kohlenwasserstoffgemischen. Die Geschwindigkeit der Verbrennung stieg zwar unter sonst gleichen Umständen, wenn der Luftstickstoff durch Argon ersetzt wurde, auf das Doppelte an, die früher stark klopfende Verbrennung ging aber in eine ruhige mit gleichmäßigem Druckanstieg über; dieselbe Erscheinung haben MASS und EWEING (212) bei Verwendung von Argon an Stelle von Stickstoff festgestellt.

I. S. LEWIS (220) nimmt, ausgehend von der Tatsache, daß mit Beginn der Verbrennung stets Wasserdampf in den Umsetzungsprodukten auftritt, während Kohlenoxyd bzw. Kohlensäure erst viel später nachgewiesen werden können, an, daß die Verbrennung von einer Dehydrierung des Kohlenwasserstoffs, d. h. einer Abspaltung von Wasserstoffatomen ausgeht, die unmittelbar zur Wasserbildung führen muß. Er gelangt so zu einer Theorie der Dehydrierung. Beide Theorien, die Peroxydtheorie sowie die beschriebene Theorie können jedoch nicht alle beim Klopfen auftretenden Erscheinungen bis jetzt einwandfrei erklären.

### *f) Die Oktanwerte von einzelnen Kohlenwasserstoffen und die Klopffestigkeit von verschiedenen Treibstoffen.*

In diesem Zusammenhang sind die Klopffestigkeitszahlen der einzelnen reinen Kohlenwasserstoffe von Bedeutung, welche in Tab. 15 verzeichnet sind (108).

Die folgende Tabelle läßt z. B. beim Vergleich der drei Pentane erkennen, daß sich für den normalen Kohlenwasserstoff eine Oktanzahl von 64 ergibt, für das 2,2-Dimethylpropan eine solche von 83 und für das 2-Methylbutan der Wert 90. Bei den drei Butenen ist, wenn die Lage der Doppelbindung in der 1-Stellung ist, die Oktanzahl 80, für das Buten-2 83 und für das Isobuten 87. Ganz allgemein läßt die Tab. 15 erkennen, daß die Klopffestigkeit der gesättigten Paraffine mit und ohne Seitenketten mit dem Längerwerden der Kette abnimmt. Die Abnahme der Klopffestigkeit ist proportional der Zunahme des Molekulargewichts der Ketten. Bei gleicher Anzahl von Kohlenstoffatomen wird durch Zentralisierung der Kohlenstoffatome die Klopffestigkeit des Kohlenwasserstoffs erhöht und zwar je kompakter das Molekül wird. Die Wegnahme eines endständigen Kohlenstoffatoms und Anlagerung desselben an das zweite Kohlenstoffatom von einem Ende der Reihe ab gerechnet, erhöht die Klopffestigkeit so beträchtlich, daß sie die einer einfachen Kette, welche ein Kohlenstoffatom weniger enthält, übertrifft. Die Klopffestigkeit nimmt um so mehr zu, je weiter die Kohlenstoffatome nach der Mitte der Kette zu angelagert werden.

Tabelle 15. Die Klopffestigkeit von einzelnen Kohlenwasserstoffen.

| | Kohlenwasserstoff | Oktanzahl |
|---|---|---|
| Paraffine | Methan | 125 geschätzt |
| | Äthan | 125 „ |
| | Propan | 125 „ |
| | Butan | 91 |
| | Isobutan | 99 |
| | Pentan | 64 |
| | 2,2-Dimethylpropan | 83 |
| | 2-Methylbutan (Isopentan) | 90 |
| | Hexan | 59 |
| | 2,2-Dimethylbutan | 95 |
| | 2,3-Dimethylbutan | 95 |
| | Heptan | 0 |
| | 2,2-Dimethylpentan | 93 |
| | 2,3-Dimethylpentan | 85 |
| | 2,4-Dimethylpentan | 90 |
| | 2-Methylhexan | 64 |
| | Oktan | —0 |
| | Isooktan (2,2,4-Trimethylpentan) | 100 |
| | Nonan | —28 |
| | Isodekan | 93 |
| | Isododekan | 100 |
| Olefine | Buten-1 | 80 |
| | Buten-2 | 83 |
| | Isobuten | 87 |
| | Diisobuten | 84 |
| | Triisobuten | 87 |
| | Diisoamylen | 75 |
| Zykloparaffine | Zyklohexan | 77 |
| | Methylzyklohexan | 82 |
| Aromaten | Benzol | 97 |
| | Toluol | 100 + |

In ähnlicher Weise wie durch Zentralisierung kann die Klopffestigkeit durch Einführung von Seitenketten erhöht werden. Die Klopffestigkeit erhöht sich mit jeder an der gleichen Stelle der Reihe angegliederten Methylgruppe um einen konstanten Betrag. Dieser Betrag ist um so größer, je weiter nach der Mitte hin die Methylgruppe angegliedert wird.

Bei den Olefinen erkennt man, daß die Klopffestigkeit unverzweigter Olefine erheblich größer ist, als die unverzweigter Paraffinkohlenwasserstoffe. Auch die ungesättigten Kohlenwasserstoffe neigen mit Verlängerung der Kette mehr zum Klopfen, die praktisch dem Anstieg des Molekulargewichts proportional ist. Die Lage der Doppelbindung im ungesättigten Kohlenwasserstoff ist gleichfalls von Einfluß auf die Klopffestigkeit. Je weiter die Doppelbindung nach der Mitte des Moleküls zu liegt, um so klopffester ist der Kohlenwasserstoff. Die Anlagerung endständiger Kohlenstoffatome an die mittleren Kohlenstoffatome der Reihe, sowie die Angliederung von Seitenketten führt zur Erhöhung der Klopffestigkeit.

Bei Aromaten (Benzol und Homologen) steigt die Klopffestigkeit zuerst bis zum Propyl in der Seitenkette, um dann abzufallen. Einführung einer Methylgruppe steigert die Klopffestigkeit im allgemeinen, ebenso Konzentration des Moleküls.

Die Einführung von Seitenketten wirkt sich je nach dem Eintrittsort verschieden aus. Bei Naphtenen ist die Lage der Seitenkettenbindung von größerer Bedeutung als die Art der Seitenkette. Auch bei den Aromaten ist die Stellung der Seitenkette wesentlich, para-Stellung ist besser als meta-Stellung, diese wieder besser als ortho-Stellung (203).

Die Untersuchungen von Garner und Mitarbeitern (204) zeigten, daß die Oktanzahl von Mischungen aus einem Benzin und aromatischen Kohlenwasserstoffen niedriger, aus einem Benzin und Olefinen dagegen höher liegen als die Rechnung aus den Oktanzahlen der Einzelbestandteile ergeben würde und daß nur bei Molekülen mit mehr als acht Kohlenstoffatomen die Oktanzahl bei 149° Kühlmitteltemperatur in manchen Fällen über der bei 100° Kühlmitteltemperatur lag. Besonders die durch Polymerisation erhaltenen Benzine zeigen in Mischung mit anderen Benzinen eine viel höhere Zahl (Mischungsoktanzahl) als ihre in unvermischtem Zustand bestimmten Oktanzahlen.

In diesem Zusammenhang sei darauf hingewiesen, daß die Destillatbenzine hinsichtlich ihrer Klopffestigkeit am ungünstigsten liegen. Ein Benzin, das z. B. aus Midcontinent-Rohölen durch Destillation gewonnen wird, hat eine Oktanzahl von 30. Im Durchschnitt besitzen die Destillatbenzine eine Oktanzahl von 55. Die Krackbenzine sind motorisch wertvoller; ihre durchschnittliche Oktanzahl ist etwa 68. Die aus Erdgasen durch Kompression, Adsorption in aktiver Kohle oder Silicagel bzw. durch Adsorption mit Waschölen gewonnene Erdgasbenzine haben eine durchschnittliche Oktanzahl von 63.

Sehr günstige Klopfeigenschaften zeigen die Alkohole. Da der Klopfwert der Alkohole nach dem Researchverfahren sich nicht feststellen läßt, weil es eine höhere Klopffestigkeit als Isooktan hat, wurden von verschiedenen Seiten ihre Mischwerte bestimmt. Darnach hat Methanol einen Klopfwert von 135—140, Äthanol einen solchen von 130 (85). Um die Oktanzahl eines Benzins z. B. von 66 bis zu den folgenden Zahlen zu vergrößern, muß man die folgenden Anteile in Prozenten an Alkohol zufügen.

| Oktanzahl | Methanol | Äthanol | Benzol |
|---|---|---|---|
| 75 | 7% | 17% | 35% |
| 80 | 10% | 26% | 60% |
| 85 | 30% | 40% | 78% |

Die erwähnte Tatsache, daß jeder Kohlenwasserstoff eine andere Klopffestigkeit besitzt und eine kleine Änderung in der Struktur bei isomeren Kohlenwasserstoffen schon erhebliche Änderungen der Klopffestigkeit verursacht, bringt den Gedanken nahe, die Motortreibmittel womöglich nur aus einem Kohlenwasserstoff bestehend, zu verwenden oder aus Gemischen solcher Verbindungen, deren Eigenschaften so abgestimmt werden können, daß das Gemisch für einen bestimmten Fall gerade das Brauchbarste darstellt. Vom chemischen Standpunkt aus betrachtet, ist es nicht wirtschaftlich, in einer Maschine Benzin, welches viele Kohlenwasserstoffe enthält, zu verbrennen, deren jeder bestrebt ist, sich mit sehr verschiedener Oxydationsgeschwindigkeit mit dem Sauerstoff der Luft zu verbinden. Auf diese Weise wird ein ganz grobes Durchschnittsergebnis erhalten. Wie schon erwähnt, werden heute bereits große Mengen Isooktan aus Krackgasen mit der Oktanzahl 100 erzeugt und im Gemisch mit Isopentan, deren Erzeugung ebenfalls in großen Mengen möglich ist, zum Antrieb von Flugzeugmotoren verwendet.

**Das Isopentan.** Das Isopentan (2-Methylbutan) ist ein leicht gewinnbarer, hochklopffester Kohlenwasserstoff, den man durch Fraktionierung, Absorption und Adsorption oder Tiefkühlung aus Naturgas oder aus Erdöl abtrennt. Wegen seines niedrigen Siedepunkts von 28° C wird es im Gemisch mit anderen Kraftstoffen mit geringem Dampfdruck verwendet. Das Isopentan besitzt zwar eine geringere Klopffestigkeit als das Isooktan, es erhöht aber die Empfindlichkeit der Benzine gegenüber Bleitetraäthyl sehr stark und es genügen ganz geringe Zusätze von Bleitetraäthyl, um die durch den Zusatz von Isopentan herabgesetzte Oktanzahl wieder auf die ursprüngliche Oktanzahl zurückzuführen. Allerdings ist die Anwendung des Isopentan auf die Vereinigten Staaten beschränkt, deren Erdgasquellen eine Höchsterzeugung von 470000 t pro Jahr Isopentan ermöglichen würden (270).

### *g) Herstellung besonders klopffester Benzine durch Hydrierung.*

Für die deutschen Verhältnisse ist ein anderer Weg gangbar, um sehr klopffeste Kraftstoffe zu erzeugen. Bei der Hochdruckhydrierung arbeitet man mit drei Gruppen von Katalysatoren:

Gruppe 1: Stark hydrierende und stark spaltende Katalysatoren.

Gruppe 2: Schwach hydrierende und stark spaltende Katalysatoren.

Gruppe 3: Unter aromatisierenden Bedingungen (Temperaturen um 500° C) arbeitende Katalysatoren.

Die mit den Katalysatoren der Gruppe 1 erzeugten Benzine entsprechen in ihrer Klopffestigkeit mittleren Destillationsbenzinen. Mit den schwächer hydrierenden Katalysatoren der Gruppe 2 erhält man Benzine mit verhältnismäßig hohem Gehalt an Isoparaffinen und Naphtenen mit Oktanzahlen von etwa 75. Diese Benzine sind trotz ihrer hohen Oktanzahlen sehr bleiempfindlich (s. Abschnitt „Bleitetraäthyl"), d. h. ein geringer Zusatz von Bleitetraäthyl erhöht ihre Oktanzahl beträchtlich. Durch Zusatz von etwa 0,3 Vol.-% Bleitetraäthyl ist es möglich, Hydrierbenzine der Oktanzahl 100 herzustellen. Verwendet man die Katalysatoren der dritten Gruppe bei hohen Temperaturen, so erhält man aromatische Benzine mit sehr hohen Oktanzahlen, allerdings bei geringeren Ausbeuten.

### *i) Mindestanforderungen hinsichtlich der Klopffestigkeit.*

α) **In Deutschland.** In Deutschland stehen heute für die Motoren eine Reihe von sehr klopffesten Kraftstoffen zur Verfügung. Die heutigen alkoholhaltigen Markenbenzine haben eine Oktanzahl von 74—76 und die Benzin-Benzol-Gemische eine Oktanzahl von 78—82. Vom Heereswaffenamt in Deutschland wurde als unterste Klopffestigkeitsgrenze für Kraftstoffe die Oktanzahl 74 festgesetzt; es dürfen also im Altreich nur Kraftstoffe mit einer Mindestoktanzahl von 74 in den Handel kommen. Die Motorenindustrie wird in Anlehnung an diese Bestimmung nur solche Motoren auf den Markt bringen, die mit einem Kraftstoff mit der Oktanzahl 74 einwandfrei betrieben werden können. Die Markenkraftstoffe mit höheren Oktanzahlen werden auch weiterhin auf dem Markt bleiben, jedoch muß der Motor so gebaut sein, daß er lediglich durch Veränderung des Zündzeitpunkts mit einem Kraftstoff mit der Oktanzahl 74 betrieben werden kann. Die Verordnung lautet wie folgt:

Umstellung von Kraftfahrzeug-Vergasermotoren auf die Verwendung von Kraftstoff der Oktanzahl 74.

I.

K 4. 4211. Berlin, den 10. Juni 1938.

1. Im Einvernehmen mit dem Oberkommando des Heeres werde ich auf Grund des § 6, Ziffer 1a des Gesetzes über den Verkehr mit Kraftfahrzeugen ab 1. Oktober 1938 Kraftfahrzeuge mit Vergasermotoren nur dann erstmalig zulassen, wenn sie mit Kraftstoff der Oktanzahl 74 einwandfrei betrieben werden können.

Im Kraftzeugfahrbrief I, Seite 9 oder II, Seite 6, ist vom Hersteller auf Grund des Gutachtens eines amtlich anerkannten Sachverständigen zu bescheinigen: „Mit Kraftstoff der OZ. 74 betriebsfähig." Eines solchen Gutachtens bedarf es nicht bei Kraftfahrzeugen mit Zweitaktmotoren und Gemischschmierung. Die Bescheinigung entfällt, wenn der Typschein nach dem 1. Oktober 1938 ausgestellt ist.

2. Von der Bestimmung unter 1 werden ausgenommen:

a) Personenkraftwagen, deren Listenpreis 15000 RM und mehr beträgt,

b) bis zu 2000 andere Personenkraftwagen und bis zu 2000 Krafträder für jedes Kalenderjahr.

Im Kraftfahrzeugbrief I, Seite 9, oder II, Seite 6, ist zu vermerken: „Von der Umstellung auf Kraftstoff der OZ. 74 befreit.“

Zum Nachweis der Ausnahmen unter a und b hat die Wirtschaftsgruppe Fahrzeugindustrie mir alljährlich am 15. Februar eine Zusammenstellung der im abgelaufenen Kalenderjahr zugelassenen Kraftfahrzeuge unter Angabe von Hersteller, Typ und Anzahl der Fahrzeuge mit bezug auf diesen Erlaß vorzulegen.

An den Motoren zu 1 und 2 ist im Guß durch Stempeleinschlag oder dgl. eine von der Wirtschaftsgruppe Fahrzeugindustrie festzulegende dauerhafte Kennzeichnung gut sichtbar anzubringen.

II.

In meinem Erlaß vom 10. Juni 1938 habe ich die Umstellung von Kraftfahrzeugvergasermotoren auf die Verwendung von Kraftstoff der Oktanzahl 74 geregelt. Im Anschluß hieran gebe ich im Einvernehmen mit dem Oberkommando des Heeres bekannt, daß der Erlaß auf folgende Fahrzeugarten keine Anwendung findet:

I. Kraftfahrzeuge mit Vergasermotoren ausländischer Herkunft,

II. Kraftfahrzeuge mit Vergasermotoren, deren Kraftstoff in eingebauten Gaserzeugern aus festen Brennstoffen hergestellt wird,

III. mit Speichergas betriebene, ortsgebundene kommunale Sonderkraftfahrzeuge mit Vergasermotoren. Hierunter fallen:

1. Straßenwaschmaschinen,
2. Straßenkehrmaschinen,
3. Straßenkehricht-Abfuhrwagen,
4. Straßensprengwagen,
5. Sinkkasten-Reinigungswagen,
6. Fäkalien-Abfuhrwagen,
7. Müllwagen,
8. Kanalreinigungsfahrzeuge,
9. Leichenwagen,
10. Desinfektionswagen,
11. Sonderfahrzeuge für Schlachthofabfälle,
12. Turmwagen für Straßenbahnoberleitungen,
13. Überwachungs- und Instandsetzungsfahrzeuge der Versorgungsbetriebe,
14. Feuerlösch- und Rettungsfahrzeuge.

Von einer Kennzeichnung der unter I—III genannten Fahrzeuge sowie von einer Bescheinigung im Kraftfahrzeugbrief wird abgesehen. Das gleiche gilt auch für Zweitaktmotoren mit Gemischschmierung.

Für die Abnahme der Motoren auf die Oktanzahl 74 wurden besondere Richtlinien ausgearbeitet. Als Bezugskraftstoff für die Oktanzahlbestimmung wurde ein Gemisch von Dollbergen-Benzin mit B.-V.-Benzol im

Verhältnis von 59 und 41 gewählt, dessen Oktanzahl 74 ist. Vom 1. Oktober 1938 wurden in Deutschland (Altreich) Kraftfahrzeuge mit Vergasermotoren nur dann erstmalig zugelassen, wenn sie mit einem Kraftstoff von der Oktanzahl 74 einwandfrei betrieben werden können.

*β*) **In Frankreich.** Ähnlich wie in Deutschland sind auch in Frankreich Mindestforderungen hinsichtlich der Klopffestigkeit durch entsprechende Verordnungen festgelegt worden. Diese Mindestanforderungen werden in einem anderen Abschnitt eingehend besprochen (s. Abschnitt „Normen, Lieferungsbedingungen und Bezeichnung der Treibstoffe").

### *j) Verwendung besonders klopffester Treibstoffe in Amerika.*

In Amerika wird für Flugmotoren in zunehmendem Maße ein Flugbenzin mit der Oktanzahl 100 verwendet. Ab 1. Juli 1939 soll die Luftflotte zunächst des Landheeres im U. S. A. vollständig auf den Kraftstoff mit der Oktanzahl 100 umgestellt sein (109). Für die militärische Luftfahrt ist der Übergang zu den Kraftstoffen mit der Oktanzahl 100 wegen der damit erzielbaren Überlegenheit hinsichtlich Schnelligkeit und Manövrierfähigkeit notwendig. Man kann größere Nutzlasten vom Erdboden hochbringen und außerdem den Betrag an Totlast, der als Brennstoff mitgeführt werden muß, verringern. Sind die Motoren so konstruiert, daß sie die Klopffestigkeit der neuen Kraftstoffe wirklich auszunutzen gestatten, so ergibt sich ein Brennstoffverbrauch von nur 153 g je PS-Stunde, gegenüber zu höchst 202 g je PS-Stunde bei Verwendung von Brennstoff mit der Oktanzahl von 87. In Amerika sind etwa neun Anlagen zur Herstellung von Isooktan in Bau bzw. in Betrieb. Außerdem können etwa 20 Polymerisationsanlagen im Bedarfsfalle auf selektive Polymerisation für die Erzeugung für Isooktan umgestellt werden. Nach der Schätzung von G. Egloff könnten aus den heute verfügbaren Natur- und Raffineriegasen jährlich in Amerika etwa 2,7 Millionen Tonnen Isooktan hergestellt werden. Um dem Isooktan die nötige Flüchtigkeit zu geben, werden oft bis zu 15 Vol.-% Isopentan zugesetzt. Das als Beimischung zu Isooktan verwendete Isopentan könnte aus Natur- und Raffineriegasen in einer Menge von etwa 470000 t herausfraktioniert werden. Das Isooktan hat weiter noch den Vorteil, einen hohen Heizwert (10580 WE/kg), einen niedrigen Erstarrungspunkt (— 108° C) und ein geringes Harzbildungsvermögen zu besitzen. Außerdem besitzt es eine gute Bleiempfindlichkeit (s. Abschnitt „Bleitetraäthyl") und erhöht bei Zumischung zu klopffreudigen Benzinen deren Oktanzahl entsprechend, es besitzt also einen guten sog. „Mischoktanwert".

## 2. Die Klopffestigkeit von Dieseltreibstoffen.

### *a) Grundlegendes.*

Der Dieselmotor arbeitet theoretisch nach dem Gleichdruckverfahren, d. h. infolge der während der Verbrennung erfolgenden Einspritzung sollte über einen längeren Kurbelwinkel gleicher Druck herrschen. Während diese Annahme für langsam laufende, mit Lufteinspritzung arbeitende Motoren angenähert zutrifft, ist sie bei Schnelläufern mit direkter Einspritzung nicht erfüllt. Ihre Voraussetzung ist, daß die Zündung möglichst bald nach der Einspritzung erfolgt, denn andernfalls befindet sich im Verbrennungsraum eine zu große Energiemenge, die bei der endlich einsetzenden Zündung zu rasch frei wird und übermäßige Drücke bzw. Druckanstiege verursacht. Da die Verdichtungsenddrücke der Dieselmotoren viel höher liegen als die der OTTO-Motoren, sind auch die Explosionsdrücke erheblich größer und ist ihre weitere Steigerung durch ungeeignete Verbrennung bedenklich. Vor allem verursachen die höheren Drücke schwerere Bauart und infolgedessen höhere Gewichte; ihre Senkung ist aber nur durch bessere Beherrschung der Verbrennung möglich. Je steiler nun der Druckanstieg nach der Zündung ist, um so härter wird der Lauf des Motors; begünstigt wird dieses „Klopfen" durch spätes Einsetzen der Zündung und außerdem durch zu rasche Kraftstoffzuführung. Die unmittelbare Ursache ist demnach in der Verzögerung der Zündung zu suchen. Dieser Zündverzug selbst spielt eine um so geringere Rolle, je langsamer und größer die Dieselmotoren sind, wogegen er bei hohen Drehzahlen oder geringem Ansaugdruck von großer Bedeutung werden kann. Die normale Verbrennung geht also allmählich in dem rauhen Gang, bzw. das Dieselklopfen über, wenn der Zündverzug wächst.

### *b) Der Zündverzug.*

Bei der Dieselmaschine stehen für die Gemischbildung durch Zerstäubung und Verteilung des Brennstoffes über den Brennraum und für die Entzündung und den Ablauf der Verbrennung die sehr kurzen Zeiten des Bruchteils eines Maschinenspiels zur Verfügung, die vor allem bei rasch laufenden Maschinen nach wenigen Tausendstel Sekunden bemessen sind. Alle Faktoren, die auf den Ablauf dieser Vorgänge von Einfluß sind, spielen eine große Rolle für den sicheren und einwandfreien Betrieb der Maschine, insbesondere die physikalische und chemische Beschaffenheit des Brennstoffes. Hierfür ist die zahlenmäßige Bewertung der wichtigen Zünd- und Brenneigenschaften von Wichtigkeit. Die Zündwilligkeit ist, wie schon erwähnt, aus den sich in der Maschine abspielenden Vorgängen durch den Zündverzug gekennzeichnet, das ist der Zeitabstand vom Eintritt in den Zylinder beim Eröffnen des Einspritzventils bis zu seiner Entzündung, die sich durch eine plötzliche Drucksteigerung bemerkbar macht. Der Zündverzug bedingt infolge des verspäteten Einsatzes der Verbrennung und der inzwischen eingespritzten großen Brennstoffmengen einen sehr viel steileren Druckanstieg, als er bei idealem Verbrennungsablauf ohne Zündverzug eintreten würde. Bei sehr großem Zündverzug wird der Betrieb der Maschine infolge starken Nachbrennens während der Expansion und schließlich infolge von Aussetzern unmöglich gemacht. Je rascher die Maschine läuft, z. B. bei Fahrzeugdieseln, desto geringer muß der Zündverzug sein, wenn der Zündeinsatz rechtzeitig erfolgen soll. Die Anforderungen, die an die Zündwilligkeit eines Brennstoffes zu stellen sind, wachsen daher mit der Drehzahl der Maschine. Dies ist insbesondere für die Fahrzeugdieselmotoren mit ihren hohen Drehzahlen von Wichtigkeit.

Im allgemeinen ist es günstig, die Einspritzgeschwindigkeit des Brennstoffes in den Zylinder so zu bemessen, daß die Zündung eintritt, nachdem nur ein kleiner Bruchteil Öl der Einspritzpumpe je Arbeitsspiel in den Brennraum gelangt ist. Denn dann ergibt sich eine gleichmäßige Drucksteigerung, die erst rascher zunimmt, wenn die in die bereits entwickelte Flamme nachgespritzte und sofort gezündete restliche Brennstoffmenge verbrennt. Ist der Zündverzug dagegen größer als die gesamte Einspritzzeit, so befindet sich bei Zündbeginn bereits der ganze Brennstoff im Zylinder: es setzt eine plötzliche starke Druckzunahme ein, die Maschine erhält harten, stoßenden Gang.

Um das Klopfen in Dieselmotoren abzuschwächen, wird angestrebt, den Zündverzug auf ein Mindestmaß herabzusetzen. Dies kann dadurch geschehen, daß man den Kraftstoff möglichst fein zerstäubt. Dadurch erfolgt die Verbrennung rascher, weil die Sauerstoffkonzentration um den Brennstoff herum größer ist. Es besteht außerdem die Ansicht, daß auch im Dieselmotor der Kraftstoff vor der Verbrennung verdampfen muß, was auch durch die feinere Zerstäubung begünstigt wird. Ein weiteres Mittel ist die höhere Verdichtung. Im Gegensatz zum Vergasermotor wird durch Erhöhung der Verdichtung das Klopfgeräusch wesentlich gemildert, da die Zündverzögerung verkleinert wird und die höheren Lufttemperaturen im Zylinder den Einfluß der Abkühlung beim Einspritzen abschwächen (147).

### *c) Messung des Zündverzuges. Die Ceten- bzw. Cetanzahl.*

Der Entzündungs- und Verbrennungsvorgang wird in erster Linie durch die chemische Beschaffenheit des Brennstoffes bestimmt. Das Wesen der Zündfähigkeit beruht somit auf dem Aufbau seines Moleküls. Die Anordnung der Kohlenstoffatome in einem Ring, die das Kennzeichen der aromatischen Kohlenwasserstoffe mit ihrem einfachsten Vertreter, dem Benzol, ist, ergibt die schwerste Spaltbarkeit und damit geringste Zündwilligkeit. Die Reihenanordnung der Kohlenstoffatome, welche den Paraffinkohlenwasserstoffen eigen ist, liefert die günstigsten Zündeigenschaften. Zwischen den beiden Gruppen liegen die Olefine mit ungesättigten Kohlenstoffatomen in Reihenanordnung und die Naphtene, die infolge der zyklischen Anordnung den Aromaten nahestehen. Die Zerfallsneigung von Kohlenwasserstoffen jeder Gruppe ist um so größer, je zusammengesetzter das Molekül, d. h. je größer seine Atomzahl ist. Es sind nun alle für die Verwendung in der Maschine in Betracht kommenden Kraftstoffe Gemische aus zahlreichen Kohlenwasserstoffen der verschiedenen angeführten Gruppen. Eingehende Untersuchungen und ebenso die praktische Erfahrung haben bestätigt, daß für die Zündwilligkeit eines Gemisches dieser angeführten Kohlenwasserstoffgruppen ein additives Gesetz Gültigkeit besitzt, sie kann daher für ein Gemisch aus den einzelnen bekannten Werten seiner Bestandteile angegeben werden. Von dieser Tatsache macht man bei der Bestimmung der Zündneigung aus Messungen an der Maschine Gebrauch. Da das Zündverhalten der Maschine außer von der Beschaffenheit des Brennstoffes auch von der betrieblichen Einstellung und von der

Art des Verbrennungsverfahrens abhängig ist, so würden die an verschiedenen Maschinen unter verschiedenen Bedingungen durchgeführten Messungen untereinander nicht vergleichbar sein und daher die Forderung allgemeiner Reproduzierbarkeit nicht erfüllen. Man geht daher so vor, daß man den zu untersuchenden Brennstoff, ähnlich wie bei der Oktanzahl, mit Gemischen aus zwei bekannten Eichkraftstoffen vergleicht, die stets natürlich in gleicher Beschaffenheit zur Verfügung stehen. Dafür verwendet man heute auf Vorschlag von BOERLAGE und BROEZE (101) als leicht zündenden Anteil das zur Gruppe der Olefine gehörende Ceten ($C_{16}H_{32}$) oder, da Ceten unbeständig ist und zur Peroxydbildung neigt (267), das beständigere Cetan ($C_{16}H_{34}$), einen abgesättigteren Kohlenwasserstoff. und das schwer zündbare $\alpha$-Methylnaphtalin ($C_{11}H_{10}$). Auf der Welterdöltagung 1933 wurde beschlossen, die Cetenzahl als international gültigen Maßstab für die Zündfähigkeit der Dieselkraftstoffe anzunehmen.

Die Zündwilligkeit wird nach diesem Verfahren in Cetenzahlen bzw. Cetanzahlen ausgedrückt, und dieser Wert besagt, daß das Verhalten des zu untersuchenden Brennstoffes in der Maschine dem eines Gemisches von so viel Raumteilen Ceten entspricht, wie die Cetenzahl angibt. Auch bei der dieselmotorischen Prüfung werden an Stelle von Ceten weitaus billigere Unterbezugskraftstoffe verwendet.

Die Unbeständigkeit des Cetens und seine Neigung zur Peroxydbildung, weiter die Tatsache, daß die bei der FISCHER-TROPSCH-Synthese anfallenden Dieselöle eine größere Zündwilligkeit als das Ceten aufweisen, hat zur Ursache, daß das Ausland und auch Deutschland in Zukunft Cetan als Bezugsgröße wählen werden und zum Teil schon gewählt haben. Da Cetan eine weitaus größere Zündwilligkeit besitzt als Ceten, ist eine Bewertung der nach dem FISCHER-TROPSCH-Verfahren anfallenden Dieselöle ohne weiteres möglich. Weiter ist Cetan leichter als Ceten herzustellen. Cetan wird von der I. G. Farbenindustrie und von der Ruhrchemie hergestellt. Die Bewertungsskala für die Zündwilligkeit der Dieselkraftstoffe wird bei den Cetanwerten enger, da 100 Cetenzahlen 76 Cetanzahlen entsprechen. Die bisherige Wertskala von 100 wird also auf 76 Einheiten zusammengedrängt.

Das Klopfverhalten der beiden Motorengattungen, des OTTO- und des Dieselmotors, weist eine Gegensätzlichkeit auf. Die wichtigsten Betriebsbedingungen, die von der Seite des Motors Einfluß auf das Klopfen haben, sind: Verdichtung, Drosselung oder Überladung, Belastung, Drehzahl und Wärmezustand der Maschine.

Man sieht z. B., daß das Klopfen beim OTTO-Motor mit dem Verdichtungsverhältnis, der Belastung sowie mit der Betriebserwärmung der Maschine zunimmt, während bei einem Dieselmotor das Gegenteil der Fall ist. Diese Gegensätzlichkeit kann man auch in der Darstellung der gegenseitigen Abhängigkeit der Oktanzahl zeigen. Die Oktanzahl hat um so höhere Werte, je niedriger die Cetenzahl ist, d. h. die Klopffestigkeit und Zündwilligkeit stehen im umgekehrten Verhältnis zueinander. Einer Oktanzahl von 100 entspricht eine Cetenzahl von etwa 20 und einer Oktanzahl 0 eine Cetenzahl von etwa 55.

$\alpha$) **Entwicklung der Messung.** Im Vergleich zu den Leichtkraftstoffen gewann die motorische Prüfung der Dieselkraftstoffe erst spät an Bedeutung, so daß man bei der Entwicklung der Prüfverfahren für Dieselkraftstoffe auf die Erfahrungen der Klopffestigkeitsbestimmungen zurückgreifen konnte. Im Gegensatz zur Prüfung der Leichtkraftstoffe werden die Dieselkraftstoffe in Deutschland in den verschiedenen Einzylinder-Versuchsmotoren untersucht. Bis heute wurde weder ein Prüfmotor noch ein Verfahren genormt. Aus der Aufstellung der Prüfmotoren in Tab. 16 geht deutlich ihre bauliche Verschiedenheit hervor. Diese Tatsache ist jedoch für die dieselmotorische Prüfung nicht nachteilig, konnte doch nach Vergleichsversuchen der Arbeitsgemeinschaft für Kraftfahrwesen, Ausschuß für Kraft- und Schmierstoffe, festgestellt werden, daß die Ermittlung der motorischen Brauchbarkeit von Dieselkraftstoffen üblicher Zusammensetzung in jedem Prüfmotor vorgenommen werden kann, wenn das gleiche Prüfverfahren (z. B. Zündverzugsverfahren) angewandt werden kann (94).

Tabelle 16. Zusammenstellung der Dieselklopfprüfmotoren.

| Motortype | Bohrung mm | Hub mm | Hubraum $cm^3$ | Prüfdrehzahl U/min | Verdichtungsverhältnis |
|---|---|---|---|---|---|
| C. F. R.-Motor | 82,6 | 114,3 | 613 | 600, 900 | 6—21:1 |
| Körting Diesel | 185,0 | 250,0 | 6720 | 300 | 11,2:1 |
| Deutz Diesel HWA | 120,0 | 170,0 | 1920 | 1000 | 14,5:1 |
| Prüfdiesel der DVL (Bauart Slowak) | 110,0 | 170,0 | 1615 | 750 | 4—20:1 |
| FKFS Diesel | 100,0 | 130,0 | 1020 | bis 2500 | 5—25:1 |
| J. G. Diesel | 95,0 | 150,0 | 1063 | 1000 | 8—25:1 |

$\beta$) **Die verschiedenen Meßverfahren.** Schon im Jahre 1932 versuchte Dumanois zuerst die motorische Eignung von Dieselkraftstoffen im C. F. R.-Motor zu ermitteln. Er ging dabei von der schon erwähnten Voraussetzung aus, daß die Zündwilligkeit eines Dieselkraftstoffes im umgekehrten Verhältnis zur Klopffestigkeit eines Leichtkraftstoffes steht. Da unvermischte Dieselkraftstoffe selbst bei starker Vorwärmung im Vergasermotor kaum einwandfrei arbeiten, untersuchte Dumanois den zu prüfenden Dieselkraftstoff in einer Mischung mit einem Benzin bekannter Oktanzahl auf seine Klopfneigung. Das von ihm gewählte Mischungsverhältnis betrug 20 Volumprozente Dieselkraftstoff und 80 Volumprozente Benzin. Je höher die Oktanzahl einer derartigen Mischung lag, desto ungeeigneter war der Kraftstoff für den Dieselbetrieb. Den Einfluß der Güte des verwendeten Benzins versuchte man durch den Vergleich mit einer Ceten- und $\alpha$-Methylnaphtalinmischung auszuschalten. Obwohl diese Prüfweise mit den später angeführten Verfahren gut vergleichbar war, wurde sie doch bald verlassen und die Prüfung im Dieselmotor selbst vorgenommen.

Zur Messung der Verbrennungseigenschaften von Dieselkraftstoffen im Dieselmotor selbst wurden die verschiedensten Verfahren entwickelt. Entweder wird der Dieselkraftstoff in fremdangetriebenen oder in eigenangetriebenen Maschinen geprüft. Im ersten Falle wird die Zündwilligkeit, d. h. das Verhalten des Kraftstoffes beim Anlassen festgestellt, im zweiten Fall werden die Verhältnisse während der Verbrennung geprüft. Im Laufe der Zeit wurden verschiedene Verfahren ausgebildet. Sie werden heute noch alle zur Bestimmung der motorischen Eigenschaften von Dieselkraftstoffen angewendet. Die Ergebnisse werden durch Vergleich mit Bezugskraftstoffen in Cetenzahlen ausgedrückt. Solche Verfahren sind:

1. Die Ermittlung der Zündwilligkeit durch Bestimmung des kritischen Verdichtungsverhältnisses. Die festgestellte Verdichtung ist ein Maß, wann der Kraftstoff zuerst zündet. Die Prüfung wird im C. F. R.-Dieselprüfmotor (alte Bauart — konische Aussparung im Kolben) durchgeführt.

2. Die Ermittlung der Zündwilligkeit durch Bestimmung des Ansaugeunterdruckes. Dieser stellt die Grenze dar, wo der Kraftstoff gerade noch zündet. Diese Prüfung wird im HWA-Dieselprüfmotor, bzw. Körting-Versuchsmotor vorgenommen.

3. Die Ermittlung des „ersten Aussetzens" durch Verdichtungsveränderung. Geprüft wird im Dieselprüfmotor der Deutschen Versuchsanstalt für Luftfahrt (DVL, Baurat Slowak).

4. Die Bestimmung des Zündverzugs durch Verdichtungsveränderung. Bei dieser Prüfung werden verschiedene Motoren verwendet: C. F. R.-Motor mit Wirbelkammer, I. G.-Dieselprüfmotor, FKFS-Kraftstoffprüfmotor, Dieselprüfmotor der DVL.

Bei der Durchführung des erstangeführten Verfahrens wird der Kraftstoff drei Sekunden lang eingespritzt. Zündet er in dieser Zeit nicht, so wird der Versuch bei einem höheren Verdichtungsverhältnis wiederholt, bis die erste Zündung eintritt.

Beim Drosselverfahren wird im HWA-Motor der zu prüfende Kraftstoff nur einmal eingespritzt.

Bei der Prüfung nach dem Aussetzerverfahren wird das Verdichtungsverhältnis so weit erniedrigt, bis die Zündungen erstmals aussetzen. Der Zündverzug wird bei verschiedenen Verdichtungsverhältnissen gemessen.

Boerlage und Broeze (232) haben zwei motorische Meßverfahren ausgearbeitet. Sie benutzen einmal einen normalen Thomasson-Einzylinder-Viertakt-Dieselmotor von 20 PS bei 275 U/min, auf dem sie mit Hilfe eines Maihak-Indikators die Zündverzögerung des unbekannten Kraftstoffes bei verschiedenen Kompressionsverhältnissen direkt messen und mit Mischungen aus zwei gegen Ceten und $\alpha$-Methylnaphtalin geeichten Substandards vergleichen. Die Veränderung des Kompressionsverhältnisses geschieht dabei durch entsprechende Drosselung der Einlaßluft. Eine besondere Übertragungsvorrichtung zeichnet das Hubdiagramm der Einspritzventilnadel direkt auf dem Arbeitsdiagramm auf.

Außerdem benutzen die genannten Forscher für ihre Versuche einen C. F. R.-Motor, der mit einem Spezialzylinder und einem Zylinderkopf der Ricardo-Type „Komet" ausgerüstet ist. Die Veränderung des Kompressionsverhältnisses wird hier durch einen in den Verbrennungsraum hineinschraubbaren Kolben erzielt. Für die Untersuchungen mit diesem Motor sind zwei verschiedene Arbeitsverfahren ausgearbeitet worden:

a) Ausgehend von der Überlegung, daß der Verbrennungsstoß um so stärker ist, je schlechter und später der Kraftstoff zündet, wird einmal in den Zylinderkopf ein normaler MIDGLEY-Sprungstab eingebaut, der so einreguliert ist, daß er nur auf den plötzlichen Druckanstieg einer klopfenden Verbrennung anspricht. Die weitere Messung geht in der von der Klopffestigkeitsuntersuchung der Vergaserkraftstoffe her bekannten Weise vor sich.

b) Das zweite Arbeitsverfahren mißt vermittels eines abgeänderten Sprungstabindikators direkt die Größe der Zündverzögerung. Zwei über dem Sprungstab befindliche Kontakte eines elektrischen Stromkreises werden durch das Einspritznadelventil im Augenblick des Verbrennungsbeginnes durch den Sprungstab wieder getrennt. In einer in dem Stromkreis eingeschalteten elektrolytischen Zelle wird so für die Dauer jeder Zündverzögerung Gas entwickelt. Durch Vergleich der Gasmengen, die in konstanten Zeiträumen von einem unbekannten Kraftstoff und von zwei Substandardmischungen, von denen eine etwas schlechter und eine etwas besser zündet als der untersuchte Kraftstoff, erzeugt werden, wird die Cetenzahl des Kraftstoffes ermittelt. Die nach diesem Verfahren ermittelten Cetanzahlen stimmen gut mit den auf dem THOMASSON-Motor gefundenen überein.

Grundsätzlich andere Wege als BOERLAGE und BROEZE beschritten LE MESURIER und STANSFIELD (233). Sie benutzten für ihre Versuche einen Einzylinder-Viertakt-GARDNER-Motor mit direkter Einspritzung. Dieser Motor wird von einem Elektromotor mit konstanter Drehzahl durchgedreht, wobei die Kraftstoffpumpe ausgeschaltet und Kühlwasser wie auch Einlaßluft auf eine konstante Temperatur vorgewärmt werden. Das Verdichtungsverhältnis kann durch Drosselung der Einlaßluft verändert werden und wird durch den ihm proportionalen Unterdruck in der Ansaugleitung gemessen. Der Versuch wird nun so durchgeführt, daß man für den unbekannten Kraftstoff und für zwei Mischungen aus geeichten Substandardkraftstoffen, von denen der eine etwas günstigere und der andere etwas ungünstigere Zündeigenschaften als der Dieselkraftstoff hat, die Unterdrücke in der Ansaugleitung feststellt, bei denen nach Einschaltung der Kraftstoffpumpe die erste Einspritzung gerade noch zur Zündung führt. Aus den Differenzen zwischen den Unterdrücken wird dann die Cetenzahl des untersuchten Kraftstoffes abgeleitet. Nach Untersuchungen von STANSFIELD ergibt sich, daß die Bauart der Motoren, die Höhe der Kühlwasser- und Einlaßlufttemperatur und die Drehzahl nur ganz unwesentlich die Höhe der Cetenzahl beeinflussen.

Von POPE und MURDOCK (234) wird ein im gleichen Sinne arbeitendes Versuchsverfahren angewendet, die einen zum Dieselmotor umgebauten C. F. R.-Motor benutzen, dessen Verdichtungsverhältnis nicht durch Drosselung der Ansaugluft, sondern durch Heben und Senken des Zylinders verändert wird. Die Arbeitsmethode unterscheidet sich von der von STANSFIELD vor allem dadurch, daß nicht das Verdichtungsverhältnis festgestellt wird, bei dem die erste Einspritzung gerade noch zur Zündung führt, sondern dasjenige, bei dem Zündung gerade noch in einem bestimmten Zeitraum nach dem Einschalten der Kraftstoffpumpe eintritt.

Zur Prüfung des Zündverzuges bevorzugt man heute ganz allgemein die Maschine. Vom Nachteil ist allerdings dabei, daß bei Verwendung der Maschine zu Prüfzwecken das Zündverhalten sowohl durch das angewandte

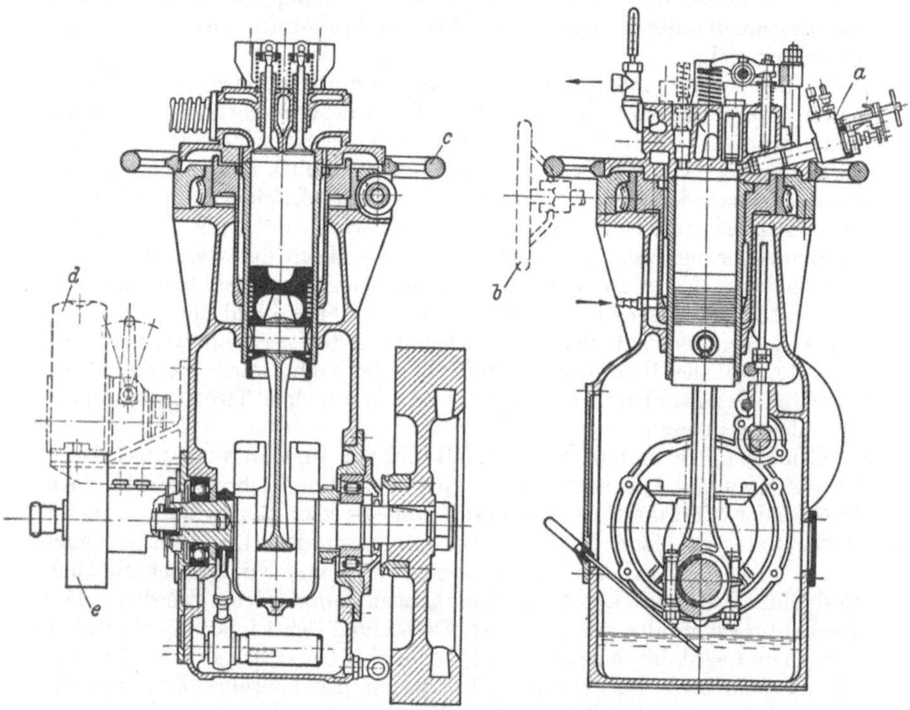


Abb. 47 und 48. I. G.-Prüf-Dieselmotor im Schnitt. Nach W. Wilke (191).
Bohrung 95 mm, Hub 150 mm, Hubraum 1063 cm³, Leistung rund 3 kW bei 1000 U/min. Drehzahlbereich 500—2000 U/min.
Bild 47 zeigt den Zylinderkopf in der höchsten, Bild 48 in der tiefsten Stellung. *a* Düsenhalter und Einspritzkontakt; *b* Handrad zum Verändern des Verdichtungsverhältnisses; *c* Festklemmhandrad; *d* Kraftstoffpumpe; *e* Seitenablenkgerät für den Indikator.

Verbrennungsverfahren wie durch den Betriebszustand der Maschine beeinflußt wird, der durch zahlreiche Faktoren, wie Einspritzzeitpunkt, Ansaugdruck und temperatur, Kühlwassertemperatur, Drehzahl, Belastungsgrad, Verschmutzung des Zylinders usw. bestimmt ist. So ergaben z. B. Versuche am Einzylinder-Dieselprüfmotor der DVL (Deutsche Versuchsanstalt für Luftfahrt, Bauart Slowak), daß die Drehzahl, das Verdichtungsverhältnis und der Einspritzbeginn die mittlere Verbrennungstemperatur am stärksten beeinflussen; eine weniger starke Beeinflussung bringt die Ansaug- und Kühlmitteltemperatur, die geringste die Belastung des Motors (213). Anders liegen die Verhältnisse bei den Auspufftemperaturen. Die stärkste Änderung wird verursacht durch die Belastung des Motors, eine geringere Steigerung der Auspufftemperaturen geschieht durch die Veränderung der Ansauglufttemperatur und die geringste durch die Kühlwassertemperatur. Höhere Verdichtungen und früherer Einspritzbeginn rufen eine Senkung der Auspufftemperaturen hervor. Der Verbrennungsenddruck steigt natürlich mit der Verdichtung. Bei der Eichung der Maschine mit den Vergleichsbrennstoffen und beim eigentlichen Prüfversuch ist daher auf genaue Einhaltung des gleichen Betriebszustandes zu achten.

Abb. 49. Ansicht des Prüf-Dieselmotors nach Bild 47 und 48. Nach W. Wilke (191).

$\gamma$) **Der I. G.-Prüf-Dieselmotor.** Die I. G. Farbenindustrie verwendet für die Untersuchung von Dieselkraftstoffen einen eigenen Prüfmotor. Abb. 47 und 48 zeigen seinen Aufbau und Abb. 49 zeigt seine Ansicht. Die Maschine läßt sich in einem Drehzahlbereich von etwa 500 bis 2000 U/min verwenden und ihre Leistung beträgt bei 1000 U/min rund 3 kW. Die Ventilhebel für die Ventilbetätigung sind in gleicher Weise wie bei dem I. G.-Prüfmotor für Leichtkraftstoffe gelagert. Der Zylinderkopf und die Zylinderbüchse werden durch Schnecke und Schneckenrad verschoben, so daß der Verbrennungsraum hierdurch verändert werden kann. Auf diese Weise läßt sich das Verdichtungsverhältnis von etwa 1 : 8 bis 1 : 25 verändern. Der Zylinderkopf mit der Laufbüchse ist durch eine als Handrad ausgebildete Gegenmutter kräftig gegen das Gehäuse abgestützt, so daß die Maschine völlig erschütterungsfrei läuft. Auch hier wird Verdampfungskühlung angewendet. Die Luft kann durch eine elektrische Heizvorrichtung erwärmt werden. Meist hat der Verbrennungsraum die Gestalt nach Abb. 51. Im Kolbenboden befindet sich eine annähernd halbkugelförmige Vertiefung, in die der Kraftstoff durch einen kegelförmigen Anschnitt seitwärts von der Zylinderwand her eingespritzt wird. Die verwendete Einlochdüse spritzt mit einer Neigung von 12° gegen den Kolbenboden den Kraftstoff ein. Der Kraftstoff wird unmittelbar eingespritzt (191). Am einfachsten ist wohl die in Abb. 50

dargestellte Form des Verbrennungsraumes. Der Verdichtungsraum befindet sich in der Hauptsache im Zylinderkopf.

Der Zündverzug wird bei dem I. G.-Prüf-Dieselmotor derart bestimmt, daß die Verdichtung so lange geändert wird, bis der Zündverzug einen bestimmten Wert erreicht hat, der auf 18° Kurbelwinkel festgelegt wurde. Die Einspritzung geschieht dabei stets 20° Kurbelwinkel vor dem oberen Totpunkt. Durch Vergleich mit Ceten und $\alpha$-Methylnaphtalin läßt sich so die Cetenzahl des zu untersuchenden Kraftstoffs bestimmen.

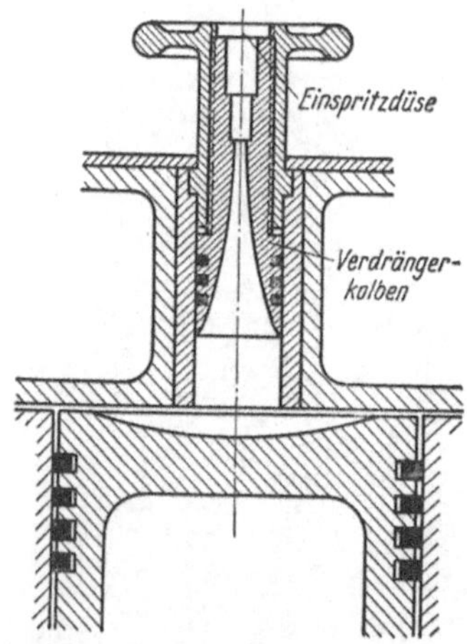


Abb. 50. Verdichtungsraum vorwiegend im Zylinderkopf; Verändern des Verdichtungsverhältnisses durch besonderen Verdrängerkolben; beschränkter Platz für Ventile. Nach W. WILKE (191).

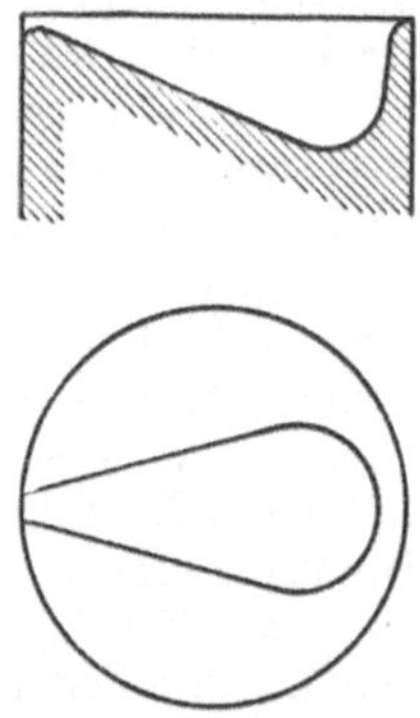

Abb. 51. Verdichtungsraum im Kolbenboden, halbkugelförmig mit Kegelansatz ausgebildet. Nach W. WILKE (191).

Abb. 50 und 51. Möglichkeiten der Verdichtungsraumgestaltung.

Der Zündverzug wird häufig auch bei unveränderlicher Verdichtung gemessen. Der Nachteil dieses Verfahrens liegt jedoch darin, daß der Meßbereich nur gering ist; z. B. liegt er bei dem Verdichtungsverhältnis 16 nur zwischen den Cetenzahlen 25 und 60. Bei Cetenzahlen unter 25 läuft die Maschine bei dieser Verdichtung nicht mehr einwandfrei und bei höheren Cetenzahlen als 60 ist kein meßbarer Unterschied im Zündverzug mehr vorhanden. Vergleichsversuche, welche am I. G.-Prüf-Dieselmotor und am C. F. R.-Motor durchgeführt wurden (191), haben Abweichungen bis zu höchstens fünf Cetenzahleinheiten ergeben.

$\delta$) **Aufzeichnung des Zündverzugs.** Für die Messung des Zündverzugs sind verschiedene Verfahren anwendbar. So wird an dem Prüfmotor des Forschungsinstituts für Kraftfahrwesen und Fahrzeugmaschinen an der Technischen Hochschule Stuttgart (194) der Einspritzbeginn und der Zündbeginn durch je einen Quarzgeber bestimmt, die einen Stromkreis steuern (Abb. 52). Die Dauer der Stromeinschaltung entspricht dem Zündverzug und wird durch ein Galvanometer angezeigt. An Stelle des Galvanometers läßt sich zur Messung des Zündverzugs auch eine auf dem Schwungrad angeordnete Glimmlampe verwenden.

Die Deutsche Versuchsanstalt für Luftfahrt (DVL) gebraucht für die Messung des Zündverzugs den von ihr entwickelten Druckgeber (195). Der Druckgeber spricht an, wenn der Verdichtungsdruck, auf den er durch Verbindung mit einer Druckluftflasche eingestellt ist, überschritten wird. Der Einspritzbeginn wird von einem elektrischen Unterbrecher an der Einspritzdüse angezeigt. Beide Vorgänge lassen sich durch eine Schaltung z. B. nach Abbildung 53 verbinden.

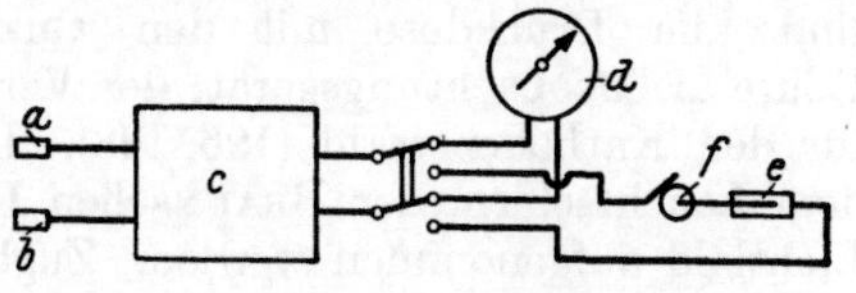


Abb. 52. Verfahren des Forschungsinstituts für Kraftfahrwesen und Fahrzeugmotoren an der Technischen Hochschule Stuttgart. Nach W. Wilke (191).

*a* Quarz-Druckgeber für Einspritzbeginn; *b* Quarz-Druckgeber für Zündbeginn; *c* Steuerschütz; *d* Galvanometer und *e* Glimmlampe am Schwungrad zum Anzeigen des Zündverzugs; *f* Schleifring.

Die I. G. Farbenindustrie verwendete ursprünglich für Zündverzugsmessungen die Ionisierungsstrecke (Abb. 54). Erforderlich sind hierfür zwei Stromkreise, deren Spannungen einander entgegengeschaltet werden. In dem mittleren Teil der Leitung, der bei den Stromkreisen gemeinsam ist, liegt eine Glimmlampe, die auf dem Schwungrad angeordnet ist. In dem ersten Stromkreis, dem linken in der Abb. 54, befindet sich der Einspritzkontakt. Wird nun die Brennstoffnadel angehoben, so leuchtet die Glimmlampe auf. Am Ende des Zündverzugs, also bei Zündbeginn, wird durch die heißen Verbrennungsgase die Ionisierungsstrecke im zweiten (rechten) Stromkreis leitend, so daß die Spannung in dem gemeinsamen Teil der Leitung wegen der Gegenschaltung der Stromquellen ausgeglichen wird und die Glimmlampe erlischt.

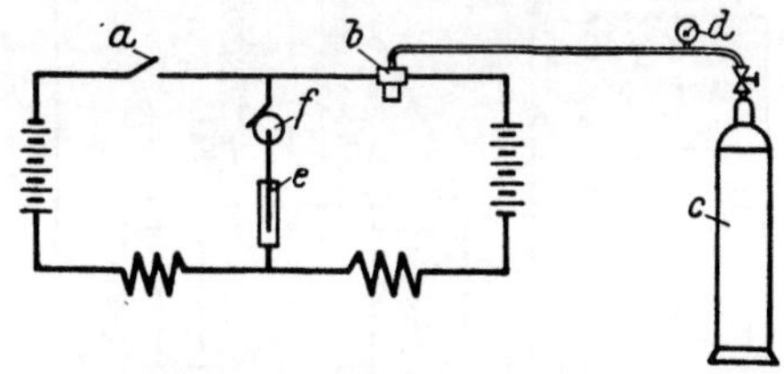


Abb. 53. Verfahren mit Druckmesser der Deutschen Versuchsanstalt für Luftfahrt (DVL). Nach W. Wilke (191).

*a* Einspritzkontakt; *b* DVL-Druckgeber; *c* Druckluftflasche; *d* Druckmesser; *e* Glimmlampe am Schwungrad; *f* Schleifring

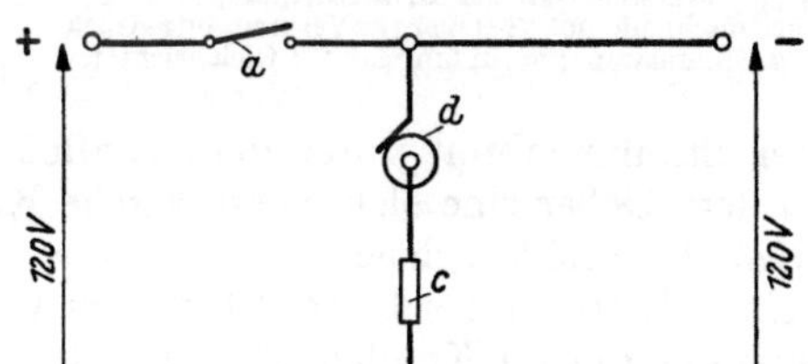


Abb. 54. Verfahren zur Messung des Zündverzugs. Verfahren mit Ionisierungsstrecke. Nach W. Wilke (191).

*a* Unterbrecher für Einspritzbeginn; *b* Ionisierungsstrecke im Verbrennungsraum; *c* Glimmlampe am Schwungrad; *d* Schleifring. Der linke Stromkreis bringt die Glimmlampe beim Einspritzbeginn zum Aufleuchten, während der rechte sie beim Zündbeginn wieder auslöscht.

Jetzt zeichnet die I. G. Farbenindustrie den gesamten Druckverlauf, der zur Beurteilung des Dieselkraftstoffs von Bedeutung ist, auf. Der Verbrennungshöchstdruck und der Druckanstieg stellen ein Maß für die Beanspruchung des Dieselmotor-Triebwerks dar. Hoher Verbrennungsdruck und steiler Druckanstieg ergeben harten Gang des Motors. Zur Aufzeichnung des Druckverlaufs wird der Piezo-Quarzindikator mit BRAUNscher Röhre verwendet (196, 197, 198). Die Hauptteile der Anordnung sind: die Druckdose mit den Quarzen als Geber, die BRAUNsche Röhre als Beobachtungsgerät, der Verstärker und das Seitenablenkgerät für den Kathodenstrahl (196, 198). Das Druckdiagramm erscheint auf dem Leuchtschirm der BRAUNschen Röhre und kann gegebenenfalls im Lichtbild aufgenommen werden. Zugleich mit dem Druckverlauf lassen sich Zeitmarken, Totpunktmarken, Kennzeichnungen des Einspritzbeginns usw. aufnehmen. Die I. G. Farbenindustrie hat ein Seitenablenkgerät für den Kathodenstrahl der BRAUNschen Röhre entwickelt, um Druckdiagramme in Abhängigkeit vom Kurbelwinkel oder Kolbenweg aufzunehmen (191).

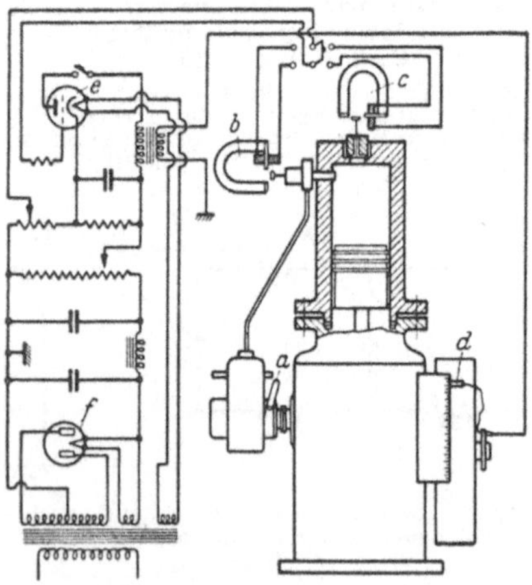


Abb. 55. Schaltbild der Einrichtung zum Messen des Zündverzuges. Nach TH. B. HETZEL (244).
*a* Spritzversteller an der Kraftstoffpumpe; *b* Geber für Düsennadelhub; *c* Geber für Verbrennungsdruck; *d* Glimmlampe; *e* Glimmrelais; *f* Gleichrichter.

Eine Einrichtung, welche sich zur Aufzeichnung des Zündverzugs verhältnismäßig einfacher Mittel bedient, wird von TH. B. HETZEL (244) angegeben. Hierbei werden zwei elektromagnetische Geber verwendet, von denen der eine mit der Düsennadel, der andere mit einer in die Zylinderwand eingebauten Stahlmembran verbunden ist (Abb. 55). Die Bewegung der Düsennadel bei der Einspritzung, bzw. die Durchbiegung der Stahlmembran unter dem Einfluß des Drucks im Zylinder erzeugt in dem Geber eine elektromotorische Kraft, die der Bewegungsgeschwindigkeit verhältnisgleich ist. Die Geber werden wahlweise an ein Glimmrelais (Iontron) geschaltet, das beim Erreichen einer bestimmten Gitterspannung einen Kondensator entlädt. Die Kondensatorentladung bringt eine auf dem Schwungrad angebrachte Glimmlampe zum kurzzeitigen Aufleuchten. Die Kurbelstellung des Aufleuchtens im Takt der Düsennadelöffnung bzw. des Verbrennungsanstiegs kann an einer feststehenden Teilung abgelesen werden. Die Gitterspannung des Glimmrelais muß so gewählt werden, daß es auf die schnelle Bewegung der Düsennadel und auf die Membranbewegung beim Verbrennungsdruckanstieg, aber nicht auf die Membranbewegung bei der Verdichtung anspricht. Mit dieser Meßeinrichtung bestimmt HETZEL die Zündwilligkeit von Dieselkraftstoffen in der Weise, daß er an einem Motor mit veränderlicher Verdichtung das Verdichtungsverhältnis ermittelt, bei dem der untersuchte Kraftstoff bei einem bestimmten festgelegten Einspritzbeginn genau im oberen Totpunkt zündet.

Der den Zündverzug bestimmende Luftzustand am Ende der Kompression kann auch durch den Ansaugdruck der Maschine verändert werden. Der Zündverzug steigt im allgemeinen mit abnehmender Dichte der Zylinderladung. Verfahren dieser Art sind zuerst in Holland und England entwickelt worden, wobei der Zündverzug mit Hilfe der aufgenommenen Nadelhub- und Zünddruckdiagramme für einen bestimmten Kompressionsdruck als Bewertungsgrundlage benutzt wird. Ein noch einfacherer Weg unter Fortfall der Indiziereinrichtungen ist von Le Mesurier und Stansfield eingeschlagen worden. Sie bestimmen denjenigen Ansaugedruck, bei dem nach Einschalten der Brennstoffpumpe die erste Einspritzung gerade noch zur Zündung führt. Die Maschine muß hierbei von einem Elektromotor mit vorgeschriebener Drehzahl durchgedreht und der Wärmezustand des Zylinders durch Vorwärmen von Kühlwasser und Luft auf einen bestimmten Wert eingestellt werden. In Deutschland arbeitet das vom Heereswaffenamt eingeführte Prüfverfahren nach dem gleichen Grundsatz (97). Benutzt wird hierbei ein Deutzer Einzylindermotor mit direkter Einspritzung von etwa 13 PS Normalleistung bis zu 1000 U/min. Ansaug- und Kühlwassertemperatur (45° C) wie auch Einspritzbeginn und -dauer sind genau festgelegt. Die Einstellung des Ansaugdrucks erfolgt mit einer Drosselklappe in der Saugleitung des Motors, und an einem angeschalteten Quecksilbermanometer wird der jeweilige Unterdruck abgelesen. Es wird derjenige niedrigste Ansaugdruck bestimmt, für den bei zehnmaliger Einspritzung in Abständen von je zehn Sekunden gerade noch keine Aussetzer auftreten. Die Aussetzer sind sehr leicht durch das Ohr zu erkennen. Die Eichung der Maschine geschieht in einfacher Weise durch Zuordnen der Vergleichsgemische zu den zugehörigen Ansaugdrücken. Durch die Beobachtung der Aussetzer ist ein Weg gefunden, der die Prüfung an der Maschine so weit vereinfacht, daß sie ohne besonders geschulte Kräfte in kürzester Zeit durchgeführt werden kann. Die erreichbaren Genauigkeiten sind nicht so groß wie bei der unmittelbaren Messung des Zündverzugs, die Fehlergrenzen sind etwa $\pm$ 3 Ceteneinheiten.

Werden größere Genauigkeiten verlangt, so führt nur die Aufzeichnung der Vorgänge, die das Zündverhalten bestimmen, zum Ziel, da nur dann eine stetige Überwachung der Einstellung wie der Betriebsbedingungen der Maschine möglich ist. Bei der M. A. N. z. B. (98) werden zur Beurteilung des Verhaltens von Dieselkraftstoffen außer den Zündverzügen auch die Drucksteigerungsgeschwindigkeiten und die Zündhöchstdrücke aus oszillographischen Aufnahmen ermittelt.

Erwähnenswert ist, daß es eine Reihe von anderen motorischen Verfahren gibt, um die Zündwilligkeit von Dieselkraftstoffen zu prüfen, deren Schilderung aber den Rahmen dieser Monographie überschreiten würde. So hat z. B. der Sonderausschuß für Dieselkraftstoffe der „Institution of Petroleum Technologists“ als das Ergebnis ausführlicher Untersuchungen eine vorläufige Methode zur motorischen Prüfung entworfen (186), ebenso ist von amerikanischen Kraftstoff- und Motorfachleuten eine solche Methode entwickelt worden, welche als Standardmethode der American Society for Testing Materials eingeführt werden soll (280). Man sieht aber aus dem bisher Gesagten, daß die Entwicklung der Arbeiten zum Messen der Zündwilligkeit noch nicht so weit fortgeschritten ist, daß ähnlich wie bei den Vergasertreibstoffen Prüfmethode und Prüfmotor einheitlich festgelegt sind. Trotzdem haben die durch bisherige Arbeiten erzielten Ergebnisse viele neue Erkenntnisse ermittelt.

In Deutschland ist man daran, einen einheitlichen deutschen Dieselprüfmotor und ein Prüfverfahren zu schaffen. Die bisherigen Arbeiten in dieser Richtung haben noch keine befriedigenden Ergebnisse gebracht, so daß weder ein einheitliches Verfahren endgültig bestimmt, noch ein Prüfmotor empfohlen werden konnte (94). Die Arbeiten in dieser Richtung werden jedoch vom Reichsforschungsrat weiter verfolgt.

$\varepsilon$) **Die Cetenwerte der verschiedenen Dieseltreibstoffe.** Im allgemeinen verlangt man heute für Dieseltreiböle für Nutzfahrzeuge Cetenzahlen zwischen 40 und 50, während für ortsfeste Maschinen die Cetenzahl nicht über 40 zu liegen braucht. Für den Betrieb von Dieselmotoren in Personen- und Luftfahrzeugen kämen dann Kraftstoffe mit höheren Cetenzahlen in Frage. Ansonsten kennzeichnet eine Cetenzahl von 25 ein sehr schlechtes, von 35 ein brauchbares, von 55 ein gutes und von 65 ein sehr gutes Dieselöl. Aus nachfolgender Zusammenstellung ist die Zündwilligkeit von Dieselkraftstoffen aus verschiedenen Rohstoffen in Cetenzahlen zu ersehen.

| Dieselkraftstoff | Cetenzahl |
|---|---|
| Steinkohlenteeröl (Siedekennziffer 300) | 20 |
| Braunkohlenteeröl | 40—45 |
| Steinkohlenhydrieröl | 45 |
| Braunkohlenhydrieröl | 45 |
| Erdöl-Dieselkraftstoff | 60—70 |
| Braunkohlenteeröl, Selektiv-Raffinat | 60—90 |
| Kogasin II (FISCHER-TROPSCH-Verfahren) | 110—120 |

### *d) Bestimmung der Cetenzahl aus physikalischen Daten.*

Ähnlich wie bei der Oktanzahlbestimmung von Vergasertreibstoffen war man bestrebt, die Bestimmung der Zündwilligkeit durch möglichst einfache Meßverfahren im Laboratorium zu ersetzen. Da sich die Zündwilligkeit eines Gemischs aus der seiner Bestandteile ermitteln läßt, so würde es genügen, wenn man die Zusammensetzung eines Kraftstoffs nach den einzelnen Kohlenwasserstoffen bestimmen könnte. Leider ist es aber mit den Mitteln der chemischen Analyse genau so wie bei den Benzinen nicht möglich, selbst die Kohlenwasserstoffgruppen eines Gemischs nach Aromaten, Paraffinen, Olefinen usw. in befriedigender Weise voneinander zu trennen. Die Ursache liegt in den Eigenschaften der einzelnen Kohlenwasserstoffe der verschiedenen Kohlenwasserstoffgruppen, die sich hinsichtlich ihrer chemischen Reaktionsfähigkeit nur gering voneinander unterscheiden. Um trotz dieser Schwierigkeit zur Entwicklung einfacher Prüfverfahren zu gelangen, hat man versucht, ähnlich wie bei Oktanzahl, leicht meßbare chemische und physikalische Eigenschaften der Kraftstoffe als Grundlage zur Beurteilung der chemischen Zusammensetzung und damit der Zündneigung auszunutzen. Im Zusammenhang mit dem chemischen Aufbau und damit der Zündneigung von Dieselkraftstoffen stehen der Kohlenstoff- und Wasserstoffgehalt, Heizwert, Dichte, Anilinpunkt, Viskosität, Zündwerte, Parachor und Siedekennziffer. Es bestehen also zwischen der Elementarzusammensetzung und dem Heizwert einerseits und der Zündneigung von Dieselkraftstoffen bestimmter Herkunft anderseits Beziehungen, die zum Teil so ausgeprägt sind, daß sie zur praktischen Cetenzahlbestimmung herangezogen werden können. Z. B. kann man aus der Kenntnis des Wasserstoffgehalts oder des Kohlenstoff-Wasserstoff-Verhältnisses und der Siedekennziffer eines Dieselkraftstoffs seine Cetenzahl unmittelbar aus den aufgestellten Abhängigkeiten entnehmen. Die übrigen analytischen Daten sind nur deshalb für die Cetenzahlbestimmung unbrauchbar, weil der Gesamtbereich, in dem die Konstanten schwanken, gegenüber den zulässigen mittleren Fehlern bei der Analyse zu klein ist. Für die praktische Bestimmung der Cetenzahl ist nach M. Marder (107) die Bestimmung mit Hilfe der Wichte allen anderen Prüfweisen überlegen, denn die Wichte läßt sich in einfacher Weise mit einem Aräometer bestimmen und steht zur Cetenzahl von Dieselkraftstoffen in verwertbarer Beziehung. Die Wichte nimmt in der Reihenfolge Paraffine, Naphtene, Aromaten zu. Hohe Wichte würde damit schlechte Zündneigung ausdrücken. Die Wichte steigt aber auch mit der Molekülgröße und damit mit der Zerfallsneigung innerhalb jeder Kohlenwasserstoffpruppe. Um diesen entgegengesetzten Einfluß der Wichte auszugleichen, wird eine weitere Eigenschaft zu Hilfe genommen, die im Zusammenhang zwischen Molekülgröße und Siedeverhalten besteht. Ganz allgemein gilt nämlich, daß der Siedepunkt eines Brennstoffs mit seiner Größe ansteigt. Durch Reduktion der Wichte auf die sog. Kennziffer (s. Abschnitt „Siedeverhalten"), welche die mittlere Temperatur angibt, bei der das Kohlenwasserstoffgemisch des Kraftstoffs verdampft, gelangten die beiden Forscher zu einem Kennwert, der mit der an der Maschine gemessenen Zündwilligkeit des Kraftstoffs, ausgedrückt in Cetenzahlen, in Übereinstimmung steht. Die Feststellung, daß den Dieselkraftstoffen bis zur Grenze der Dampfblasenbildung bzw. bis zur Grenze des erforderlichen Fließvermögens in den Kraftstoffleitungen auch niedrigsiedende oder hochsiedende Fraktionen zugemischt werden können, unter der Voraussetzung, daß durch diese Zumischung die Siedekennziffer nicht verändert wird, ohne daß hierdurch die Zündwilligkeit der Öle eine wesentliche Beeinträchtigung erfährt, unterstützt diese Erkenntnis wesentlich. Zur Feststellung dieser Kennzahl ist nur die Messung der Wichte, die in einfacher Weise mit Hilfe von Aräometern erfolgt, und die Aufnahme der Siedekurve erforderlich, aus der sich die Siedekennziffer ergibt. Je geringer die auf die Siedekennziffer reduzierte Wichte ist, desto größer ist die Zündneigung eines Brennstoffs. Mit Hilfe der von R. Heinze und M. Marder ermittelten Netztafel (Abb. 56) ist es möglich, ohne weiteres für irgendeine Wichte und irgendeine Siedekennzahl die Cetenzahl abzulesen. Ist z. B. die Wichte eines Dieselkraftstoffs bei 20° C 0,910 und seine Siedekennzahl 320, so ist die Cetenzahl des Dieselkraftstoffs 55. Eine noch bessere Übereinstimmung wird erhalten, wenn man in die Siedekennziffer die Oberflächenspannung einbezieht. Es ergibt sich damit der sog. Parachor, der durch das Verhältnis der vierten Wurzel aus der Oberflächenspannung zur reduzierten Dichte festgelegt ist. Statt des Parachors oder der Wichte kann auch der Brechungsindex verwendet werden. Durch den Parachor, angenähert auch durch die Dichte oder den Brechungsindex und die Siedekennziffer ist somit die Cetenzahl eines Dieselkraftstoffs eindeutig festgelegt und bestimmbar. Auch auf Braunkohlen-Dieselkraftstoffe ist dieses Verfahren anwendbar. Ein etwaiger Kreosotgehalt ist besonders zu berücksichtigen.

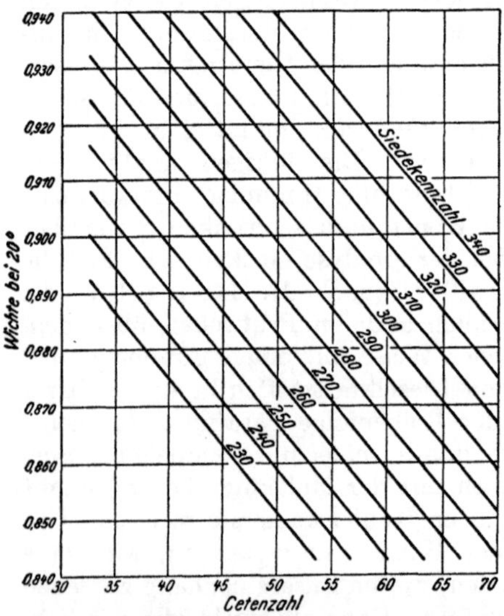


Abb. 56. Netztafel zur Bestimmung der Cetenzahl eines Dieselkraftstoffs in Abhängigkeit von der Wichte und der Siedekennzahl. Nach R. Heinze und M. Marder.

Die Bestimmung der Cetenzahl von Gemischen aus Dieselkraftstoffen verschiedener Herkunft nach Heinze und Marder erfolgt in der gleichen Weise wie die der Kraftstoffe einheitlicher Herkunft, nur mit der Einschränkung, daß die Cetenzahl von solchen Gemischen, deren Komponenten erhebliche Wichteunterschiede aufweisen, nicht aus der Wichte und der Siedekennziffer des Gemisches, sondern additiv aus den Cetenzahlen der Komponenten errechnet werden muß.

Der Wasserstoffanteil galt lange Zeit als sicherste Beurteilungsmöglichkeit; da die Paraffine den höchsten, die Aromaten den niedrigsten Wasserstoffgehalt aufweisen, so drückt bei Dieseltreibölen geringer Wasserstoffgehalt infolge Überwiegens der Aromaten schlechte Zündfähigkeit aus. Dies trifft für die Mehrzahl der natürlichen Treiböle zu. Bei Benzinen ist das gerade Gegenteil der Fall. Die wasserstoffreichen Paraffine neigen infolge ihrer leichten Zerfallsneigung stark zum Klopfen, die wasserstoffarmen Aromaten sind infolge ihrer Spaltbarkeit sehr klopffest. Da man aber in jedem Treiböl (und auch Benzin) mit dem Vorhandensein weiterer Kohlenwasserstoffarten, wie dies bei der durch Krackung oder bei den mit Hilfe der synthetischen Verfahren erhaltenen Treibstoffen der Fall ist, zu rechnen hat, bietet der Wasserstoffgehalt keinen sicheren Anhaltspunkt mehr (insbesondere bei Steinkohlenschwelteeren).

Das Verfahren der Anilinpunktbestimmung (102) beruht auf der analytischen Ermittlung des Gehalts an Naphtenen und Aromaten auf Grund der Löslichkeit in trockenem Anilin. Diese Methode wird auch für die angenäherte Oktanzahlbestimmung von Benzin angewendet. Es besteht nämlich eine gewisse Beziehung zwischen Anilinpunkt und Cetenzahl. Der Anilinpunkt liefert Ergebnisse, die von den Versuchen mit dem Motor selbst bis zu Beträgen von drei Zündzahlen bei manchen Dieselölen abweichen, obwohl im allgemeinen die Genauigkeit ungefähr 1,5 Zündzahlen beträgt. Er ist völlig unbrauchbar für Öle, die künstliche Zusätze enthalten, ferner für Öle pflanzlicher oder tierischer Herkunft. Die Erfahrung zeigte jedoch, daß die Methode sowohl für die Benzine als auch für Dieseltreiböle nicht genügt, um sichere Schlüsse einerseits auf die Klopffestigkeit der Benzine, anderseits auf die Zündwilligkeit der Dieseltreiböle zu ziehen. Ähnlich verhält es sich mit dem „Dieselindex" (103). Er ist aus dem Anilinpunkt und der Wichte nach folgender Beziehung zu bestimmen:

$$\text{Dieselindex} = \frac{\text{Anilinpunkt (in Grad Fahrenheit) A. P. I.-Dichte}}{100}.$$

Der amerikanische Dieselindex wurde allerdings von der Firma, welche ihn entwickelte, aufgegeben, weil er bei einigen Dieselölen versagte.

Ebenso wie bei Vergasertreibstoffen (im Otto-Motor klopfen Kraftstoffe mit niedriger Selbstentzündungstemperatur stärker als wärmebeständige) kann auch der Selbstentzündungspunkt eines Treiböls als Grundlage für die Bestimmung seiner Zündwilligkeit benutzt werden. Geräte, welche diese Messung in einfacher Weise durchzuführen erlauben, sind die bekannten Zündpunktprüfer. Sie bestehen in einem Tiegel aus hitzebeständigem Stahl, der unter Durchleiten von Luft oder Sauerstoff in genau bemessener Menge erhitzt wird. Bei verschiedenen Temperaturen wird der Versuchsbrennstoff tropfenweise in den Tiegel eingeführt und diejenige niedrigste Temperatur als Zündpunkt ermittelt, bei der eine explosionsartige Entflammung gerade noch eintritt. Im Altreich ist zur weiteren Entwicklung der laboratoriumsmäßigen Feststellung der Klopffestigkeit und der Zündeigenschaften der Vergaser- bzw. der Dieselkraftstoffe ein Ausschuß gebildet worden, welcher die weitere Erforschung des Zündwertprüfers übernehmen soll, dessen richtige Anwendung auf Grund der vorliegenden Ergebnisse Erfolg verspricht (94).

Von den sonstigen physikalisch-chemischen Methoden zur Bestimmung des Zündwerts von Dieselkraftstoffen ist noch erwähnenswert die Viskositäts-Dichte-Methode nach Moore und Kaye (279). Nach diesen beiden Forschern besteht zwischen der Zündwilligkeit von Dieselkraftstoffen und der sog. Viskositäts-Dichte-Konstante (einer kombinierten Konstante aus kinematischer Viskosität und Wichte) eine quantitative Beziehung.

Ganz allgemein läßt sich sagen, daß die vorhandenen Geräte zur Prüfung der Zündeigenschaften von Dieselkraftstoffen noch keine befriedigenden Ergebnisse erbracht haben. Im Altreich hat der Reichsforschungsrat die Arbeiten hinsichtlich der Frage nach einem einheitlichen deutschen Dieselprüfmotor und Prüfverfahren übernommen. Die eingeführten, zum Teil vereinfachten Prüfverfahren genügen jedoch, den Wert eines Kraftstoffs wenigstens für die Preisbildung festzulegen.

## 3. Antiklopfmittel (Bleitetraäthyl).

### a) *Allgemeines.*

Zur Erhöhung der Klopffestigkeit von Kraftstoffen gibt es zwei Wege: entweder hohe Zusätze von an sich klopffesten Brennstoffen (Benzol und Alkohole) oder ganz geringe Zusätze von sog. Antiklopfmitteln (Tetraäthylblei, Eisenkarbonyl usw.). Diese Antiklopfmittel haben besondere Bedeutung für die Luftfahrt, weil Mischungen von Benzin mit Benzol und Alkohol, auf die Gewichtseinheit bezogen, energieärmer und weniger kältebeständig sind als mit Antiklopfmitteln klopffest gemachtes Motorenbenzin.

An erster Stelle unter den Antiklopfmitteln steht das Bleitetraäthyl besonders in Amerika. Seine klopfhindernde Wirkung wurde 1922 von MIDGLEY und BOYD auf Anregung von KETTERING im Forschungslaboratorium der General Motors Company entdeckt. Man hatte seinerzeit viele tausende verschiedene Stoffe geprüft. In Tab. 17 ist die annähernde relative Wirksamkeit der wichtigsten Antiklopfmittel verzeichnet.

Tabelle 17. Relative Wirksamkeit einer Reihe von Antiklopfmitteln.

| | Relative Wirksamkeit (Benzol = 1) | | Relative Wirksamkeit (Benzol = 1) |
|---|---|---|---|
| Toluol | 1,1 | Tetraäthylzinn | 20,4 |
| Xylol | 1,2 | Diäthylselenid | 62,5 |
| Alkohol | 1,9 | Diäthyltellurid | 250 |
| Anilin | 11,5 | Eisenkarbonyl | 250 |
| Toluidin | 11,9 | Nickelkarbonyl | 277 |
| Xylidin | 12,0 | Bleitetraäthyl | 528 |
| Äthyljodid | 13,9 | | |

Das Bleitetraäthyl wird aus einer Bleinatriumlegierung durch Behandeln mit Äthylchlorid unter Gewinnung von Natriumchlorid als Nebenprodukt hergestellt.

Bei der erstmaligen Anwendung von Bleitetraäthyl ergaben sich insofern Anstände, als das bei der Verbrennung entstehende Bleioxyd sich auf wichtigen Motorteilen absetzte (z. B. an den Zündstiften, Ventilen usw.) und dadurch Betriebsschwierigkeiten verursachte. Man setzte deshalb organische Halogenverbindungen zu, welche das Bleioxyd in eine flüchtige Bleihalogenverbindung überführte. Am besten bewährte sich Äthylendibromid, welches das bei der Verbrennung von Bleitetraäthyl entstehende Bleioxyd in Bleibromid umwandelt, das zum größten Teil mit den Auspuffgasen abgeführt wird.

Man setzt heute dem Benzin eine Mischung von 54,5% Bleitetraäthyl, 36,4% Äthylendibromid und 9% Halowax Öl (Monochlornaphtalin) zu, welche Mischung mit „Ethyl-Fluid“ bezeichnet wird. Der Zusatz von „Ethyl-Fluid“ bewegt sich zwischen 0,3 und 11 $cm^3$ je Gallone Kraftstoff, wobei die höchsten Zusätze für Flugbenzin gegeben werden. In Deutschland beträgt zur Vermeidung von Korrosionsschäden nach den Vorschriften der Ethyl G. m. b. H., Berlin, der Höchstzusatz an Bleitetraäthyl 0,8 $cm^3$ je 1 l Benzin, d. h. an Ethyl-Fluid dürfen nicht mehr als $0{,}8 \times 1{,}56 = 1{,}248$ $cm^3$ zugesetzt werden. In der Ostmark können ab 1. Dezember 1938 ethylisierte Kraftstoffe auf den Markt gebracht werden, ausgenommen in den Bezirken, wo heute verspritete Kraftstoffe abgegeben werden. Die Ethyl G. m. b. H., Berlin, wurde ermächtigt, Interessenten die benötigten Mengen von Bleitetraäthyl zur Verfügung zu stellen. Der Reichswirtschaftsminister hat aus Gründen des Wettbewerbs von der Rhenania-Ossag Mineralölwerke A. G., Hamburg, und der Deutsch-Amerikanischen Petroleumgesellschaft, Hamburg, eine Erklärung gefordert und erhalten, wonach die beiden Gesellschaften sich verpflichten, anderen Interessenten ihre in Österreich gelegenen Ethylisierungsanlagen zur Verfügung zu stellen. Die beiden Gesellschaften haben sich auch bereit erklärt, in geeigneten Fällen unverbleite Ware gegen verbleite Ware bei Erstattung der Kosten zu tauschen.

### *b) Der Einfluß des Bleitetraäthyls auf die Klopffestigkeit der Kraftstoffe (Bleiempfindlichkeit).*

Der Einfluß des Tetraäthylbleis auf die Oktanzahl des Kraftstoffes läßt sich durch die folgende Formel kennzeichnen:

$$N - N_0 = \frac{x}{a + b\,x},$$

in der $N$ die Oktanzahl bedeutet, und zwar eines Benzins mit einem Zusatz von $x$% Tetraäthylblei, $N_0$ entspricht der Oktanzahl des Ausgangsbenzins, während es sich bei $a$ und $b$ um Konstanten handelt, die für das fragliche Benzin maßgebend sind. Nach dieser Formel läßt sich die höchste Oktanzahl berechnen, wenn man $x$ als unendlich annimmt. In Wirklichkeit jedoch hat die Zusatzmöglichkeit an Tetraäthylblei ihre Grenzen und mit Rücksicht auf den Verschleiß des Motors soll der Zusatz an Tetraäthylblei im allgemeinen 0,1% nicht übersteigen, so daß man diese Möglichkeit zur Steigerung der Oktanzahl keineswegs überschätzen darf. Polymerbenzine und Benzine mit entsprechendem Isooktangehalt, welche an und für sich klopffest sind, können durch Zusatz von Bleitetraäthyl eine Oktanzahl von 100 erreichen. In der Regel weicht die tatsächliche Oktanzahl von der errechneten ab und diese Abweichung ist auf die besonderen Eigenschaften der im Treibstoff enthaltenen Kohlenwasserstoffe zurückzuführen. Das Maß dieser Abweichung bezeichnet man als Oktanzahl-Mischindex. Ein positiver Wert dieser Mischindexzahl deutet an, daß die wirkliche Oktanzahl des Kraftstoffgemisches höher liegt als der dafür errechnete Wert. Es gibt also keine einheitlichen

Regeln, wieviel Bleitetraäthyl zur Erreichung einer bestimmten Oktanzahl dem Benzin zugesetzt werden muß. Man stellt daher den notwendigen Bleitetraäthylzusatz zur Erreichung einer bestimmten Oktanzahl mit Hilfe des C. F. R.-Motors fest. Die Empfindlichkeit für Bleitetraäthyl der einzelnen Kraftstoffe ist also sehr verschieden und ist u. a. abhängig von der Oktanzahl des Ausgangsbenzins. Eine Erhöhung des Gehalts von Bleitetraäthyl im Benzin über bestimmte Grenzwerte hinaus bringt keine wesentliche Steigerung der Oktanzahl. Die Bleiempfindlichkeit der mit verschiedenen Alkoholen hergestellten Benzingemische schwankt erheblich. Am wenigsten spricht Äthylalkohol, am besten tertiärer Butylalkohol auf Tetraäthylbleizusätze an (270).

Nach R. KOBAYASI und S. KAJIMOTO (271) ist die durch 1% Bleitetraäthyl hervorgerufene Klopffestigkeitserhöhung (aus der Wirkung geringerer Zusatzmengen errechnet) bei Aromaten 139, Ungesättigten 168, Naphtenen 215 und bei Paraffinen 283 Oktanzahleinheiten. Die stark ungesättigten und aromatischen Spaltbenzine besitzen also eine geringere Bleiempfindlichkeit als Destillatbenzine, von denen wiederum die paraffinbasischen am stärksten ansprechen. Benzol- und Alkoholzusätze vermindern die Bleiempfindlichkeit. In derselben Richtung wirken Schwefelverbindungen. Der Zusatz von Bleitetraäthyl zu Destillat- oder Spaltbenzinen reicht nicht aus, um Kraftstoffe der Oktanzahl 100 oder 120 zu erzeugen. Dagegen ist es möglich, durch Zugabe von Bleitetraäthyl zu Kraftstoffen mit einer Oktanzahl von 80 bis 90 (z. B. Isopentan oder Polymerisationsbenzin) Kraftstoffe mit Oktanzahlen von 100 und mehr herzustellen (270).

### *c) Die Verwendung von Bleitetraäthyl in den verschiedenen Ländern.*

Das Bleitetraäthyl selbst und in Mischung mit Benzin ist sehr giftig. Man hat deshalb in allen großen Ländern, in welchen es verwendet wird, entsprechende Vorschriften für seine Verwendung und Zumischung erlassen und erst dann die Verwendung von mit Bleitetraäthyl versetztem Benzin, sog. Äthylbenzin (in Amerika mit „Ethyl-Gasoline" bezeichnet), freigegeben, wie in England, Frankreich, Deutschland und Italien. In Mischung mit Benzin ist die Giftigkeit des Bleitetraäthyls entsprechend abgeschwächt und man braucht nur darauf zu achten, daß das Äthylbenzin nicht zu anderen Zwecken (z. B. zum Reinigen) verwendet wird. Meist ist das Äthylbenzin zur Unterscheidung von gewöhnlichem Benzin mit einem Anilinfarbstoff rot gefärbt.

Äthylbenzin wird insbesondere in Amerika in riesigen Mengen erzeugt und verwendet. Nach Angabe der Ethyl-Gasoline Corporation sollen im Jahre 1935 etwa 65% des gesamten verkauften Benzins mit Bleitetraäthyl versetzt gewesen sein. Das für die Herstellung von „Ethyl-Fluid" gebrauchte Äthylendibromid wird aus Brom und Äthylen hergestellt. Zur Gewinnung der dazu gebrauchten großen Mengen Äthylendibromid wurde von der Ethyl-Gasoline Corporation und der Dow Chemical Co. im Jahre 1933 gemeinsam die Ethyl Dow Chemical Co.

gegründet, welche in Kure Beach im Staate North Carolina eine Anlage für die Erzeugung von Brom aus dem Meerwasser baute. Der Bromgehalt des Meerwassers beträgt 70 Teile Brom auf 1 Million Teile Meerwasser. In dieser Anlage werden täglich etwa 21 t Brom aus 548000 t Meerwasser erzeugt. Das für die Erzeugung von Äthylendibromid noch nötige Äthylen wird durch Überleiten von Äthylalkohol über erhitztes Kaolin als Katalysator gewonnen. Brom wird außerdem noch aus den Salzsolen der Brunnen von Michigan, Ohio, West-Virginia, Texas und Oklahoma gewonnen.

Im Jahre 1937 gewann man in Amerika etwa 28 Millionen Pfund Äthylendibromid. Neben diesem dienten zur Zumischung zum Bleitetraäthyl im Jahre 1937 noch 8 Millionen Pfund Äthylenchlorid.

Im Jahre 1937 wurden etwa 70% des ganzen Benzinverbrauchs der Vereinigten Staaten mit durchschnittlich 1 $cm^3$/Gallone Bleitetraäthyl versetzt. Die durchschnittliche Zunahme der Oktanzahl durch diesen Zusatz von 1 $cm^3$ beträgt etwa acht Striche oder gleich 5% Erhöhung der Kraftleistung und Wirksamkeit. Das Ergebnis ist eine Ersparnis von etwa 750 Millionen Gallonen Benzin im Jahr. Die Kosten des verbrauchten Bleitetraäthyls betrugen etwa 39 Millionen Dollar.

In England bringt die Anglo American Oil Co. Äthylbenzin seit 1928 auf den Markt.

In Frankreich wird die Verwendung von mit Bleitetraäthyl versetztem Benzin sehr propagiert.

In Italien wurde 1935 eine Fabrik zur Herstellung von Bleitetraäthyl und Äthylendibromid errichtet.

In Australien hat z. B. der Verbrauch von Äthylbenzin 1934 um 800% gegen 1933 zugenommen.

In Deutschland wurde bisher nur Fliegerbenzin mit Bleitetraäthyl versetzt. Der besonders hohe Benzolanfall führte dazu, daß man zur Erhöhung der Klopffestigkeit von Autokraftstoffen in erster Linie Benzol verwendete. Bei dem außerordentlich gestiegenen Kraftstoffbedarf reichen jedoch diese Mengen sowie der in Deutschland hergestellte Kraftstoffspiritus nicht mehr aus, um die Benzine auf die erforderliche Oktanzahl zu bringen. Es ist deshalb südlich der Linie Reichsstraße 65 von der holländischen Grenze bei Bentheim bis zur Kreuzung mit der Reichsstraße 1 vor Braunschweig, Reichsstraße 1 bis Helmstedt, von dort Reichsautobahn über Berliner Ring (Südtangente) bis Frankfurt/Oder, Reichsstraße 167 bis Schwiebus, Reichsstraße 97 bis zur polnischen Grenze bei Tirschtiegel mit Bleitetraäthyl versetztes Benzin zugelassen (siehe Abschnitt „Normen, Lieferungsbedingungen und Bezeichnung der Treibstoffe"). Zur Herstellung von Bleitetraäthyl wurde in Deutschland (Altreich) schon vor einigen Jahren die „Ethyl G. m. b. H." Berlin NW 7 unter Beteiligung der I. G. Farbenindustrie mit einem Stammkapital von 2,4 Millionen Reichsmark gegründet. Das Herstellungswerk befindet sich in Gapel (Westhavelland). Diese Gesellschaft erzeugt und liefert in Deutschland ausschließlich sog. „Ethyl-Fluid", und zwar in zwei Arten:

„1-T"-Fluid für Fliegerkraftstoffe und „Q"-Fluid für Autokraftstoffe; „Ethyl-Fluid" für Autokraftstoffe ist wie folgt zusammengesetzt:

| | | |
|---|---|---|
| 63,3 | Gewichtsprozente | Bleitetraäthyl |
| 25,75 | „ | Äthylendibromid |
| 8,72 | „ | Äthylendichlorid |
| 2,33 | „ | Farbstoff, Petroleum und sonstige Beimengungen |

| | |
|---|---|
| Wichte bei 20° C .... | 1,671 |
| Gefrierpunkt ........ | —23° C |
| Flammpunkt ........ | über 110° C |

„Ethyl-Fluid" kann grundsätzlich von allen Kraftstofferzeugern, -vertriebsgesellschaften und -großhändlern von der Ethyl G. m. b. H. bezogen werden, wenn sie vorher einen Vertrag mit der Ethyl G. m. b. H. geschlossen haben. Da das „Ethyl-Fluid" giftig ist, legt eine der Bestimmungen dieses Vertrages fest, daß die Bezieher „Ethyl-Fluid" nur in besonders von ihnen zu errichtenden Mischanlagen vermischen dürfen, die genau den Vorschriften der Ethyl G. m. b. H. entsprechen. Auf der Mischanlage müssen Chemikalien vorrätig gehalten werden, die das flüchtige Bleitetraäthyl zersetzen, um gefährdende Verspritzungen beseitigen zu können. Das Personal, welches zum Mischen verwendet wird, wird auf Kosten der Ethyl G. m. b. H. durch einen medizinischen Sachverständigen untersucht und regelmäßig überwacht.

Zur Erhöhung der Klopffestigkeit der als Motorkraftstoffe dienenden Benzine ist auch in der Ostmark, wie schon erwähnt, vom 15. Dezember 1938 ab der Zusatz von Bleitetraäthyl zum Benzin zugelassen worden. Zur Vermeidung von Gesundheitsschäden darf mit Bleitetraäthyl versetztes Benzin jedoch nur zu motorischen Zwecken, keineswegs aber zu Reinigungszwecken irgendwelcher Art verwandt werden. Es kommt daher solches Benzin nur gefärbt in den Handel. Alle Kraftstoffe also, die irgendwie gefärbt sind, gleichgültig mit welcher Farbe, können deshalb Bleitetraäthyl enthalten und dürfen nur als Kraftstoff benutzt werden. Um unliebsame Korrosionsschäden zu vermeiden, wird nach den Vorschriften der Ethyl G. m. b. H., Berlin, der Höchstzusatz an Bleitetraäthyl auf 0,8 $cm^3$ je Liter Benzin beschränkt, d. h. an Ethyl-Fluid dürfen nicht mehr als $0{,}8 \times 1{,}56 = 1{,}248\ cm^3$ auf das Liter Benzin zugesetzt werden.

In Deutschland wurde einige Jahre von der I. G. Farbenindustrie das Eisenkarbonyl ($Fe[CO]_5$) als Antiklopfmittel in den Handel gebracht. Heute findet jedoch das Eisenkarbonyl in Deutschland keine Verwendung als Antiklopfmittel mehr.

### *d) Die Wirkung der Antiklopfmittel.*

Ganz allgemein kommen als Antiklopfmittel nur im Brennstoff lösliche und leicht verdampfbare Stoffe in Frage. Die Untersuchung zahlreicher Substanzen hat ergeben (222), daß diese Eigenschaft vor allem Verbindungen zukommt, in denen Methyl-($CH_3$), Äthyl-($C_2H_5$)

oder Phenylgruppen ($C_6H_5$) mit den Atomen schwerer Metalle, Stickstoff oder Hydroxylen vereinigt sind. Anderseits fördern Stoffe, in denen Sauerstoff nur lose gebunden ist, wie die organischen Nitrite (z. B. Äthylnitrit $C_2H_5NO_2$) und Peroxyde, das Klopfen sehr stark.

Über die Wirkung der metallorganischen Antiklopfmittel sind ebenfalls zahlreiche Theorien aufgestellt worden (229). Sowohl Bleitetraäthyl als auch Eisenkarbonyl zerfallen bei Temperaturen, wie sie während des Kompressionshubes in der Maschine auftreten, in freie Metallatome und einen organischen Restbestandteil. BERL und Mitarbeiter (226) haben mit in Lichtbogen zerstäubten Metallen eine dem Zusatz von Antiklopfmitteln entsprechende klopfmindernde Wirkung erhalten und gleichzeitig gefunden, daß nur den reinen Metallen und nicht ihren Oxyden diese Eigenschaft zukommt. Welche Rolle das Metall bei der Bildung und Umsetzung der Peroxyde spielt, ist bis heute noch nicht einwandfrei geklärt worden. Es besteht die Möglichkeit, daß das Metall sich an dem Kohlenwasserstoffrest nach Abspaltung der Wasserstoffatome anlagert und dadurch die Peroxydbildung von vornherein unterbindet. Allerdings kann aus dem Umstand, daß bei der Umsetzung Metalloxyde nachgewiesen werden können, gefolgert werden, daß das Metall die entstandenen Peroxyde zu reduzieren vermag und damit ihren raschen Zerfall, der als Ursache des Klopfens angesehen wird, verhindert. In Gegenwart von Antiklopfmitteln wird die langsame Umsetzung der Kohlenwasserstoffe bei niederen Temperaturen unterbunden und die Entzündungstemperaturen der Gemische steigen auf hohe Werte an, so daß das Verhalten den der klopffesten aromatischen Brennstoffe entspricht.

### *e) Mittel zur Erhöhung der Zündwilligkeit von Dieselkraftstoffen.*

Auch die Dieselkraftstoffe lassen sich hinsichtlich ihrer Zündwilligkeit durch Zusätze verbessern. A. W. SCHMIDT u. a. hat eine Reihe von Peroxyden, und zwar sog. Dialkylperoxyde und Äthylidenperoxyde hinsichtlich dieser Eigenschaft untersucht. Geordnet nach der Wirksamkeit, ergeben sich für die Peroxyde die folgende Reihenfolge, wobei die Auswirkungen abnehmen: Dimethylperoxyd, Diäthylperoxyd, Diazetondiperoxyd, Monooxydiäthylperoxyd, Azetylbenzoylperoxyd und Tetralinperoxyd. Die Anforderungen, welche nach A. W. SCHMIDT an solche Zusätze gestellt werden, beziehen sich auf den Verbrennungsvorgang, die zur Einleitung des chemischen Umsatzes nötige Energie, auf Zerfallsgeschwindigkeit, Mischbarkeit mit Mineralölderivaten, Lagerfähigkeit, Unempfindlichkeit gegen Stoß und Schlag, Wasserunlöslichkeit, Partialdruck, Korrosionsfestigkeit und andere Eigenschaften. An Stelle von Peroxyden können jedoch auch Amylnitrit oder auch Äthylnitrit zugesetzt werden. Die Erhöhung der Cetenzahl durch einen Zusatz von 1 Volumprozent beträgt z. B. 16 Cetenzahleinheiten, bei 2% Äthylnitrit 21,5 Ceteneinheiten, bei 4% 31 und bei 6% 37 Ceteneinheiten. Die motorische Prüfung der Cetenzahlerhöhung geschah dabei nach dem DVL-Aussetzerverfahren.

G. D. Boerlage und J. J. Broeze (218) haben z. B. den Einfluß von Tetralinperoxyd auf die Cetenzahl eines Gasöls festgestellt (s. Tab. 18). Zum Vergleich ist in der gleichen Tabelle der Einfluß des Tetralinzusatzes auf die Cetenzahl des Gasöls verzeichnet.

Tabelle 18. Einfluß der Peroxyde auf die Zündfähigkeit.

| Gasöl mit Tetralin | Cetenzahl | Gasöl mit Tetralinperoxyd | Cetenzahl |
|---|---|---|---|
| Gasöl | 47 | Gasöl | 47 |
| 70% Gasöl + 30% Tetralin | 37 | Gasöl mit 0,2% Tetralinperoxyd | 51 |
| 50% Gasöl + 50% Tetralin | 29 | Gasöl mit 0,5% Tetralinperoxyd | 53 |
| 30% Gasöl + 70% Tetralin | 20 | Gasöl mit 1% Tetralinperoxyd | 55 |
| Tetralin (durch Extrapolation ermittelt) | 10 | Gasöl mit 2% Tetralinperoxyd | 60 |
| | | Gasöl mit 4% Tetralinperoxyd | 70 |

### *f) Sonstige Zusatzmittel.*

Einige Zeit lang erschienen in Deutschland und anderen Ländern unter den verschiedensten Namen (wie „John Bull“ usw.) eine Reihe von sog. Zusatzmitteln zu Benzin. Diesen Mitteln sagte der Erzeuger und Verkäufer benzinsparende und klopfverbessernde Wirkungen nach. Eine nähere Nachprüfung dieser Angaben im Motor haben jedoch zumeist ergeben, daß diese angepriesenen Wirkungen nicht zutreffen. Aus diesem Grunde hat die Überwachungsstelle für Mineralöl eine Anordnung erlassen, derzufolge der Handel mit diesen Mitteln nur dann zulässig ist, wenn einwandfreie Prüfungsergebnisse vorliegen, durch welche die Eignung des betreffenden Zusatzmittels, die Leistungsfähigkeit von Kraftstoffen und Schmiermitteln zu steigern, nachgewiesen wird. Dieser Nachweis ist der Überwachungsstelle für Mineralöl durch Zeugnisse solcher Institute zu erbringen, die von ihr hierfür als geeignet anerkannt worden sind. Besonders beachtenswert ist die Bestimmung, daß sich die Prüfung auch darauf zu erstrecken hat, ob und inwieweit durch die Beimischung des Zusatzmittels erstens die Lagerbeständigkeit der Kraftstoffe ungünstig beeinflußt wird, zweitens eine Verschlechterung der Kälte- und Wasserbeständigkeit von Kraftstoffen und Schmiermitteln eintritt und drittens die Gefahr einer Korrosion von Maschinenteilen erhöht wird. Für solche Zusatzmittel, die sich bereits im Handel befanden, mußte der Nachweis der Eignung bis Ende 1936 erbracht worden sein. Als geeignetes Institut für die analytische Prüfung ist zunächst nur das staatliche Materialprüfungsamt in Berlin-Dahlem anerkannt, während die motorische Prüfung der Zusatzmittel durch die Versuchsanstalt für Kraftfahrzeuge Berlin-Charlottenburg 2 zu erfolgen hat.

## 4. Die Kältebeständigkeit.

Die Kältebeständigkeit der Kraftstoffe ist hauptsächlich für die Flugmotoren von Bedeutung. Solange der Motor mit unvermischtem Benzin betrieben wird, entstehen durch Kristallisation keine Ausscheidungen, da so tiefe Temperaturen nie erreicht werden, daß Ausscheidungen auftreten. Verwendet man Benzin-Benzol-Gemische, so kann schon leichter bei tieferen Temperaturen eine Ausscheidung von Benzol erfolgen. Unvermischtes Motorenbenzol hat bestenfalls einen Kristallisationspunkt von — 15° C, häufig liegt er höher, bis etwa 0° C. Unter Annahme eines Kristallisationspunktes von — 15° C für Benzol haben Gemische mit 20% Benzol einen Kristallisationspunkt von etwa — 50° C, mit 40% Benzol von — 35° C, mit 60% Benzol von etwa — 25° C, eine Temperatur, die ein Flugzeug in größeren Höhen erreichen kann. Dazu kommt noch, daß jedes Benzin-Benzol-Gemisch gelöstes Wasser enthält, welches beim Sinken der Temperatur ausfällt, sich im Filter abscheidet und dort bei viel höheren als den Kristallisationstemperaturen des Betriebsstoffes gefriert. Dadurch kann die Zufuhr von Betriebsstoff unterbunden und das Flugzeug zur Notlandung gezwungen werden. Bei Kraftstoffen, welche Alkohol enthalten, ist bei starker Abkühlung des alkoholhaltigen Betriebsstoffs eine Entmischung möglich. Diese Entmischung tritt um so leichter ein, je tiefer die Temperatur ist, je geringer der Alkoholgehalt ist und je mehr Wasser von vornherein der zugemischte Alkohol enthielt. Die Bestimmung der Kältebeständigkeit erfolgt nach DIN DVM 3673 (Entwurf) (281).

## 5. Der Säuregehalt.

Von etwas untergeordneter Bedeutung für den Treibstoff ist sein Säuregehalt. Er wird so wie bei den Ölen ausgedrückt in Milligramm Kaliumhydroxyd, welche zur Neutralisation von 1 g Benzin notwendig sind. Die Bestimmung der Säurezahl erfolgt nach DIN DVM 3678 (Entwurf) (281). Die in Benzinen eventuell vorhandenen Säuren sind hauptsächlich sog. Naphtensäuren. Diese Naphtensäuren sind schon im Rohöl vorhanden und gelangen bei seiner Aufarbeitung durch Destillation zum Teil in das Benzin. Da nun viele Destillationsbenzine heute nicht mehr raffiniert werden, so bleiben diese Säuren im Benzin und können, wenn ihr Gehalt eine gewisse Grenze übersteigt, Korrosionen verursachen. Der zur Zumischung zu Benzin verwendete Alkohol muß, wie schon erwähnt, unter anderem hinsichtlich der Säurezahl der Bedingung genügen, daß seine Säurezahl 1,5 mg nicht überschreiten darf, wobei als Säurezahl in diesem Fall die in 100 $cm^3$ gefundene Säuremenge, berechnet auf Milligramm Essigsäure, verstanden wird. Die Bestimmung dieser Säurezahl erfolgt hierbei ebenfalls nach bestimmten Verfahren.

## 6. Der Harzgehalt („Gum"-Gehalt).

### *a) Allgemeines.*

Insbesondere bei Krackbenzinen und Mischungen von Krackbenzinen mit Destillationsbenzinen ist der Harz- oder „Gum"-Gehalt von Wichtigkeit. Unter „Gum" versteht man einerseits nichtflüchtige, organische Verbindungen, die schon als solche gelöst im Kraftstoff vorliegen, sog. „preformed" oder „actual" Gum. Anderseits können sich (anfangs flüchtige) Kohlenwasserstoffe, die sich entweder bei der Ausführung der Harzbestimmung mit dem gelösten Harz abscheiden oder sich beim Lagern unter den verschiedensten Einflüssen zu nichtflüchtigen Produkten polymerisieren. Dieses neuentstandene Harz (Gum) wird mit „potential gum" bezeichnet. Man unterscheidet also zwei Arten von Harzkörpern, solche, die sich im Benzin bereits vorgebildet und gelöst finden und solche, die sich aus Nichtharzkörpern beim Lagern oder beim Verdampfen in Anwesenheit von Luft durch Polymerisation und Oxydation bilden.

Die Kenntnis des Gehalts eines Kraftstoffs an Harz ist aus zweierlei Gründen notwendig. Erstens verursacht ein Kraftstoff mit unzulässig hohem Harzgehalt Verpichungen des Ansaugsystems von Motoren und damit Motorstörungen. Zweitens können Kraftstoffe bei der Lagerung viel neues Harz bilden, womit unter Umständen eine oft beträchtliche Einbuße der Klopffestigkeit des Kraftstoffs verbunden ist. Diese Einbuße der Klopffestigkeit ist auch verständlich, wenn man den Mechanismus der Harzbildung betrachtet. Bei der Harzbildung in Kraftstoffen handelt es sich im wesentlichen um Vorgänge der Oxydation und Polymerisation gewisser ungesättigter Kohlenwasserstoffe. Bei Benzinen, welche ungesättigte Kohlenwasserstoffe enthalten und die längere Zeit mit Luft in Berührung kommen, treten chemische Veränderungen auf. Die sonst geringe Löslichkeit der Luft in Kohlenwasserstoffen genügt, da der in der Luft vorhandene Sauerstoff laufend gebunden wird, eine Harzbildung zu verursachen. Durch das Atmen der Lagertanks infolge ständig wechselnder Temperatur zu den verschiedenen Tages- und Nachtzeiten werden die Vorbedingungen zu einer dauernden Berührung mit Luft (wenn auch stark verdünnt mit Kohlenwasserstoffdämpfen) geschaffen. Gleichzeitig mit der Neubildung von Harzen kann man auch die Gegenwart von organischen Säuren, Aldehyden und Peroxyden beobachten. Man nimmt an, daß aus gewissen ungesättigten Kohlenwasserstoffen zunächst Peroxyde gebildet werden, die sich weiterhin in Aldehyde, Ketone, Säuren usw. umwandeln und so die Grundlage für die Harzbildung schaffen (111). Die Bildung und das Vorhandensein von Peroxyden haben auch die Verringerung der Klopffestigkeit des Kraftstoffs zur Folge.

### *b) Die „Inhibitoren".*

Die beste Methode zur Vermeidung des erwähnten Übelstandes wäre naturgemäß die vollständige Entfernung der diese Erscheinung verursachenden Körper aus dem Benzin. Dies ist jedoch nicht ohne weiteres möglich, weil das frische Krackbenzin keine oder nur sehr wenig Harzkörper enthält und die zur Harzbildung neigenden Körper, wie schon erwähnt, ungesättigte Kohlenwasserstoffe sind, deren Entfernung die gleichzeitige Entfernung eines großen Teiles der Aromaten zwangsläufig mit sich bringen würde, wodurch die Klopffestigkeit dieser Benzine sehr leiden würde. Deshalb ist man zuerst in Amerika dazu übergegangen, die Neubildung von Harzkörpern (des „potentiel gum“) durch Zusatz von sog. „Inhibiters“ oder „Inhibitoren“ (Verhinderer) hintanzuhalten. Es sind dies Körper, deren Zusatz in geringer Menge im Benzin genügt, die Harzbildung zu verhindern oder hinauszuschieben. Diese Körper müssen naturgemäß auch die Eigenschaft besitzen, die Bildung von Harz im Vergaser des Motors zu verhindern.

Durch den Zusatz eines „Inhibiters“ wird demgemäß die für Benzin nötige Raffination wesentlich vereinfacht und die Raffinationskosten werden verringert. Die „Inhibiters“ sind in ganz geringen Mengen wirksam. Eine Menge von 0,002% eines „Inhibiters“ bewirkt die Lagerbeständigkeit eines Benzins durch sechs Monate, welches Benzin ohne diesen Zusatz schon nach 30 Tagen nicht mehr verwendbar wäre. In den Vereinigten Staaten werden Kresole, Aminophenole, Naphtole und Holzteerdestillat als „Inhibiters“ für Krackbenzine und seine Mischungen verwendet. Die Gesamtmenge des jährlich mit „Inhibiters“ behandelten Benzins wird auf über 300 Millionen Faß geschätzt; die Raffinationskostenersparnis hierbei beträgt mehr als 25 Millionen Dollar.

Über die Wirkungsweise dieser „Inhibiters“ sind zahlreiche Untersuchungen angestellt worden. Man nimmt an, daß die Oxydation von oxydierbaren Körpern weitgehend durch andere Körper beeinflußt wird, welche selbst leicht oxydierbar sind. Es ist jedoch auch das Gegenteil zutreffend, und es ist bisher nicht möglich gewesen, aus der chemischen Beschaffenheit eines Körpers ohne weiteres Schlüsse auf seine Eignung als „Verhinderer“ zu ziehen.

Beobachtet man frisch gereinigtes Krackbenzin, so kann man feststellen, daß das Benzin eine gewisse Zeitdauer unverändert bleibt und sich dann plötzlich färbt oder Harz abscheidet. Man nimmt nun an, daß die gebildeten Oxydationsprodukte beschleunigend auf diesen Vorgang wirken und so die Geschwindigkeit der Harzbildung erhöhen. Die Zeit, welche bis zur merklichen Färbung eines Benzins verstreicht, nennt man Induktionszeit. Wenn vorhin gesagt wurde, daß die Wirkung eines „Inhibiters“ in der Verzögerung der Oxydation besteht, so zeigt in den meisten Fällen der Versuch, daß die Wirkung des „Inhibiters“ meist in der Verlängerung der Induktionszeit besteht. Es sind also diese Stoffe nur Verzögerer, und sie verlieren ihre Wirksamkeit nach einer gewissen Zeit und sind also dann nicht mehr befähigt, die Rückstandsbildung zu vermeiden. Die besten Stoffe zur Verhinderung der Harzbildung sollen eine Wirkungszeit von etwa fünf Monaten haben.

Heute sind schon eine ganze Reihe von verschiedenen Stoffen bekannt, welche eine derartige Wirkung haben. In der Hauptsache haben sich folgende Verbindungen bewährt:

1. Phenole und Kresole.
2. Aminophenole.
3. Diamine.
4. Naphtylamine.
5. Benzaldehyd.

Die Neigung zur Harzbildung ist im wesentlichen von der Struktur der ungesättigten Kohlenwasserstoffe, von der Stelle, an der sich die Doppelbindung befindet, und davon abhängig, wieviel und wo sich diese einzelnen Doppelbindungen befinden. Bemerkenswert ist, daß z. B. einer der Harzbildner das Zyklopentadien (Siedepunkt 40,1° C) ist, welches sich schon bei Zimmertemperatur zu Dizyklopentadien (Siedepunkt 165,5° C) polymerisiert, welches aber anderseits bei höheren Temperaturen, etwa 180° C, sich wieder in Zyklopentadien umwandelt.

Für die Bestimmung des Harzgehalts in Kraftstoffen ist eine größere Zahl von Methoden ausgearbeitet und vorgeschlagen worden, welche alle den Zweck, den Harzgehalt im Kraftstoff (sowohl schon vorhandenes Harz oder neugebildetes Harz oder die Summe beider) zu bestimmen, mehr oder weniger befriedigend erfüllen. Zum Teil z. B. in Amerika sind diese Methoden auch schon genormt.

Nicht nur im Krackbenzin, sondern auch im Motorenbenzol befinden sich bereits vorgebildete Harze sowie gewisse ungesättigte Kohlenwasserstoffe, die nach Überschreiten einer gewissen Menge ebenfalls Motorstörungen hervorrufen können. Von Einfluß auf die zusätzliche Harzbildung bei der Lagerung sind die sog. Merkaptane. Die früher übliche Methode der Reinheitsbestimmung von Motorenbenzol mit Hilfe des Schwefelsäuretestes wurde aufgegeben, da er wohl die ungesättigten Kohlenwasserstoffe erfaßt, aber nicht die harzbildenden und die bereits als gelöstes Harz vorliegenden Verbindungen. Aus diesem Grunde hat Kaudela (112), ähnlich wie bei der Harzgehaltbestimmung von Krackbenzin einen Abdampftest vorgeschlagen, welchen Knöttner (113) und andere (114) ausarbeiteten.

Heute wird nach den Vorschriften des Benzolverbandes der Reinheitsgrad der Motorenbenzole durch die Bestimmung des sog. Harzbildnertestes (HBT), Erhitzen im Sauerstoffstrom am Rückflußkühler und Abdampfen ermittelt. Der Test gibt den jeweiligen Gehalt des Kraftstoffs an schwer bzw. nicht flüchtigen Bestandteilen, die zum Verpichen der Motorenteile führen können, an.

Nach A. W. Schmidt (231) wirken sich Harzmengen, die bei 10 mg pro 100 cm³ Kraftstoff liegen, im Motor nicht schädigend aus, ja sogar größere Mengen bis zu 20 mg ergeben noch tragbare Resultate. Bei Mengen über 20 mg Harz in 100 cm³ Kraftstoff konnte er feststellen, daß sich die Harzbildung störend bemerkbar machte. Zuerst traten Leistungsabfall und Unregelmäßigkeiten im Kraftstoffverbrauch auf, welche Erscheinungen bis zum Stillstand des Motors führen. Die Ursache für diese Betriebsstörung ist in der Tatsache zu suchen, daß die Harzabscheidung an den Ventilstösseln zur Ursache hat, daß sich die Einlaßventile nicht mehr so rasch schließen können, wie es die Zündfolge des Motors verlangt.

## 7. Die Lagerungsbeständigkeit und Korrosion.

Im Zusammenhang mit dem Harzgehalt bzw. der Harzbildung steht die Lagerungsbeständigkeit und Korrosion eines Kraftstoffes, welche in erster Linie davon abhängt, ob der Kraftstoff Harze abscheidet. Die Lagerbeständigkeit von Kraftstoffen besitzt für deren Bewertung Bedeutung. Von einem handelsüblichen Kraftstoff wird unter anderem Beständigkeit bei Einlagerung von Kraftstoffreserven verlangt. Für eine beschränkte Lagerfähigkeit kommen nur solche Kraftstoffe in Betracht, die ungesättigte Verbindungen enthalten; dazu gehören die durch Krackung von Erdölen bzw. Erdölfraktionen, Teer usw. erhaltenen Krackbenzine, die durch sogenanntes „Reformieren" aus wenig klopffesten Benzinen erhaltenen klopffesten Benzine (auch „aromatisierte" Benzine genannt), sowie die synthetisch erzeugten Benzine, soweit diese Verfahren zu Stoffen, die ungesättigte Verbindungen enthalten, führen oder durch nachgeschaltete Verfahren ungesättigte Verbindungen entstehen.

Die Prüfung mit Hilfe einer physikalisch-chemischen Kurzprüfung ist mit Schwierigkeiten verbunden, die man erkennt, wenn man sich folgende Tatsachen vor Augen hält:

1. Man muß auf Grund der Darlegungen des vorigen Abschnitts unterscheiden zwischen den im Benzin vorhandenen Harzkörpern und solchen Verbindungen, welche in Anwesenheit von Luft durch Polymerisation und Oxydation sich in Harze umwandeln.

2. Die Neubildung von Harzen kann durch die verschiedensten Stoffe katalytisch beschleunigt werden.

3. Die Harzbildung kann durch vorhandene oder künstlich zugefügte Verbindungen („Inhibiters") mehr oder weniger verzögert oder gar verhindert werden.

4. Die unter 2 und 3 genannten Einflüsse können sich überlagern.

5. Die Verfolgung der Verharzung bei Lagerung der verschiedensten Benzine ist sehr zeitraubend und langwierig. Dazu kommt noch, daß die für die Bestimmung der Lagerbeständigkeit vorgeschlagenen Prüfungen nicht in einheitlicher Weise zur Durchführung gelangen.

In Amerika wird u. a. der sog. „break down-Test" verwendet (183).

200 cm$^3$ des Kraftstoffs, in ein Glaseinsatzgefäß eingefüllt, werden in eine sorgfältig gereinigte V 2 A-Stahlbombe eingesetzt, die von einem Wassermantel umgeben ist. Die Bombe wird geschlossen und nach Verdrängen der Luft bis zu einem bestimmten Überdruck (7 Atm.) mit Sauerstoff beschickt. Durch die Kanäle des einen Feinregulierventils steht der Bombeninhalt mit einem Druckschreibegerät in Verbindung, so daß man in der Lage ist, den Druckverlauf in der Bombenapparatur abhängig von der Zeit graphisch aufzunehmen. Das Wasser wird in einem besonderen Behälter auf die Arbeitstemperatur (100° C) erhitzt und dann in den Mantel der Apparatur eingefüllt. Nach Beendigung des Versuchs wird die Apparatur durch Frischwasser gekühlt, der Druck durch das Entlüftungsventil abgelassen und die Bombe geöffnet. Von der erkalteten Probe wird der Harzgehalt bestimmt. Als Induktionsperiode wird die Zeit bezeichnet, während der der Maximaldruck konstant bleibt. Die Versuche werden in zwei Bomben, die sich im gleichen Heizbad befinden, durchgeführt. Die Druckabnahme, nämlich der Unterschied zwischen Druckmaximum und dem Druck am Ende des Versuches wird ebenfalls festgestellt.

Die Zeit, welche bis zum Beginn eines eintretenden Druckabfalls, bedingt durch Sauerstoffverbrauch, verstreicht, wird als Induktionszeit bezeichnet und als ein wichtiges Kriterium angesehen. Sie soll in bestimmter Beziehung stehen zu einer größtmöglichen Lagerungsperiode.

Nach H. EGLOFF und Mitarbeitern kann ein Benzin dann als lagerbeständig erklärt werden, wenn die Induktionszeit einen Wert von 240 Minuten nicht wesentlich unterschreitet. Allerdings konnten die Beobachtungen von H. EGLOFF und Mitarbeitern bei im Altreich vorgenommenen Untersuchungen nicht bestätigt werden (184).

Es sind noch eine Reihe anderer Verfahren zur Bestimmung der Lagerbeständigkeit entwickelt worden, von denen das A. S. T. M.-Verfahren (185) und das Verfahren des Benzolverbandes (184) erwähnt werden sollen.

### *a) Die Mischbarkeit von Dieselkraftstoffen untereinander.*

Eine weitere, die Lagerbeständigkeit von Kraftstoffen betreffende Erscheinung zeigen Dieselkraftstoffe. Mischt man Dieselkraftstoffe verschiedener Herkunft, die an sich im ungemischten Zustand lagerbeständig sind, so zeigen die Mischungen häufig bereits nach kurzen Lagerzeiten Ausscheidungen an asphaltartigen Stoffen, obwohl die einzelnen Dieselkraftstoffe vor der Mischung nur geringe Asphaltgehalte aufweisen. Diese Ausscheidungen können zu Störungen im Motor, wie Verstopfungen der Kraftstoffleitungen und -filter und zu Koksansatz an den Einspritzdüsen und im Zylinder Anlaß geben (187). Für die Bewertung der motorischen Eignung von Dieselkraftstoffen ist deshalb die Eigenschaft, ob Dieselkraftstoffe für sich oder in Gemischen zur Bildung von Ausscheidungen neigen, von Bedeutung, denn an jeden Dieselkraftstoff muß die Anforderung gestellt werden, daß er neben einer genügenden Lagerbeständigkeit auch mit jedem marktüblichen Kraftstoff mischbar ist, ohne Ausscheidungen zu bilden. Es entstehen nämlich durch Tanken an verschiedenen Tankstellen im praktischen Fahrbetrieb alle möglichen Gemische von Handelskraftstoffsorten. M. MARDER (187) hat nun eine Kurzmethode zur Bestimmung der Mischbarkeit von Dieselkraftstoffen ausgearbeitet, die sich auf Grund der Tatsache vornehmen läßt, daß alle Dieselkraftstoffe im Gemisch mit dem paraffinbasischen Kogasin II bei weitem die stärksten Ausscheidungen geben.

Zur Bestimmung der Maximalfällung an Asphalt gibt man zu 5 g Kraftstoff 200 $cm^3$ Kogasin II (Siedegrenzen 180—320° C) und ermittelt nach 24stündigem Stehen im Dunkeln bei Raumtemperatur die Menge der entstandenen Ausscheidungen, die in Gewichtsprozenten der Ausgangsmenge des zu untersuchenden Kraftstoffs angegeben werden. Man setzt deswegen eine so große Menge Kogasin II dem zu prüfenden Dieselkraftstoff zu, weil die Niederschläge, auf den Gewichtsanteil des dem Kogasin beigemischten Kraftstoffs berechnet, um so größer sind, je mehr das Mischungsverhältnis auf die Seite des Kogasins verschoben ist. Außerdem wird die Ausfällungsgeschwindigkeit für Asphalt durch große Kogasinzusätze so sehr beschleunigt, daß die Ausfällungen nach 24 Stunden praktisch beendet sind. Versetzt man also einen zu prüfenden Kraftstoff mit einem großen

Überschuß von Kogasin II, so erhält man in den innerhalb von 24 Stunden gebildeten Ausscheidungen die maximal aus dem Kraftstoff ausfällbare Asphaltmenge, die gleichzeitig als ein Maß für die Mischbarkeit und Lagerfähigkeit des Kraftstoffs angesehen werden kann. Ergibt ein Kraftstoff unter diesen Versuchsbedingungen keinen Niederschlag, so kann man ihn unbedenklich als vollkommen lagerbeständig und mischbar bezeichnen. M. Marder (187) gibt an, daß auch Kraftstoffe mit einem Maximalfällungswert bis zu 0,3% noch als technisch brauchbar erscheinen. Um allgemein vergleichbare Werte zu erhalten, muß ein einheitliches Fällungsöl zur Verfügung stehen. Die Ruhrchemie A. G. hat die Herstellung eines Fällungsdieselkraftstoffs von gleichbleibender Beschaffenheit in die Hand genommen und gibt ihn unter der Bezeichnung „RCH-Bezugsdieselkraftstoff" ab (266). O. Roelen (266) schlägt vor, eine zweite Probe zusätzlich noch einer Erhitzung durch eine Stunde auf bestimmte Temperatur und unter bestimmten Bedingungen der Atmosphäre zu unterziehen.

### b) *Die Korrosion.*

Die Lagerbeständigkeit eines Kraftstoffs ist auch mit der Wirkung verknüpft, welche er auf den Werkstoff von Behältern und Zuleitungsrohren ausübt. Ist die Einwirkung derart, daß sich eine festhaftende, gegen weitere chemische Einwirkungen immune Schutzschicht bildet, so ist diese Reaktion zwischen Kraftstoff und Behälterwand sogar erwünscht. Entsteht dagegen ein poröser Überzug an dem Werkstoff, der nur lose aufliegt und abblättert, so kann der Kraftstoff immer wieder mit der Behälterwand in Reaktion treten, wodurch der Werkstoff mit der Zeit erhebliche Veränderungen erleidet. Die Einwirkung des Kraftstoffs auf den Werkstoff bezeichnet man als „chemischen Angriff" oder „Korrosion".

Beim motorischen Betrieb sind außer den Kraftstofftanks, Kraftstoffleitungen, Vergaser, Einspritzvorrichtungen, die innere Oberfläche des Verbrennungsraums und die Auspuffrohre, dem Korrosionsangriff ausgesetzt. Die in den Kraftstoffbehältern und -leitungen sowie Vergasern und Einspritzvorrichtungen entstehenden Schäden haben etwa dieselbe Ursache wie die beim Lagern der Kraftstoffe auftretenden. Ein Unterschied der Korrosionswirkung wird nur durch die unterschiedliche Einwirkungstemperatur der Kraftstoffe hervorgerufen. Dagegen sind die im Verbrennungsraum und in den Auspuffrohren entstehenden Metallanfressungen in erster Linie dem Angriff der Verbrennungsprodukte, hauptsächlich der des Schwefels, zuzuschreiben.

Man hat grundsätzlich zu unterscheiden zwischen den durch den Kraftstoff bzw. seine Verunreinigungen hervorgerufenen Korrosionserscheinungen und dem chemischen Einfluß der Luft (Sauerstoff und Kohlensäure) und von Wasser, die oft zur Rostbildung führen und für welche der Kraftstoff nicht verantwortlich ist. Bei Behältern, welche einen wenig veränderlichen Flüssigkeitsstand haben, bildet sich an der Grenzzone Flüssigkeit—Luft meist eine sog. Korrosionszone, die bedingt ist durch den Wechsel von Luftfeuchtigkeit und Temperatur. Diese Erscheinung ist allgemein bei Flüssigkeiten, welche nur wenig Wasser lösen.

Die häufigste Ursache der Korrosion ist bei flüssigen Kraftstoffen der Schwefel. Insbesondere bei Krackbenzinen bleiben in der Regel auch bei sorgfältigster Reinigung Schwefelverbindungen in Form von freiem Schwefel, Merkaptanen und (bei mit Schwefelsäure gereinigten Benzinen) Schwefelsäureestern zurück.

Eine andere Art von Korrosionserscheinungen ist auf den Äthyl- bzw. Methylalkoholgehalt der Kraftstoffe zurückzuführen. Diese Korrosionserscheinung ist im wesentlichen auf einen Gehalt von Wasser in der Alkohol-Kohlenwasserstoff-Mischung zurückzuführen. Auch können sich infolge der Einwirkung von Wasser- und Luftsauerstoff, z. B. auf Äthylalkohol, Säuren (Essigsäure) bilden, welche zu Korrosionen Veranlassung geben.

**Prüfung auf Korrosion.** Die Messung der Korrosion ist insofern schwierig, als der Laboratoriumsversuch den tatsächlichen Verhältnissen möglichst nahe kommen soll. Die mengenmäßige (quantitative) Messung der Korrosion erfolgt meist in der Form, daß blankpolierte und gewogene Streifen verschiedener Metalle und Legierungen der Einwirkung des Kraftstoffes durch längere Zeit (mindestens vier Wochen) bei normaler Temperatur und unter Luftzutritt ausgesetzt werden. Nach dem Abspülen und Trocknen ermittelt man durch Wägen die Gewichtszu- oder -abnahme der Streifen (142).

Auf Schwefel prüft man z. B. nach der Kupferschalenmethode. In einer halbkugeligen, blankpolierten Kupferschale mit einem Durchmesser von 9 cm werden 100 cm³ Kraftstoff auf dem Wasserbad verdampft. Nimmt man eine Schwarzfärbung wahr, so enthält der Kraftstoff schädlichen Schwefel.

Die Prüfung auf Korrosion von Dieselkraftstoffen kann zum Beispiel nach A. Hagemann und Th. Hammerich (216) vorgenommen werden. Zur Ermittlung aktiver Schwefelverbindungen taucht man Kupferstreifen, zur Erfassung eines etwaigen Säureangriffes Zinkstreifen, in den zu prüfenden Kraftstoff ein. Nach einer Einwirkung von 24 Stunden bei 50° stellt man den als Maß der Korrosionsfähigkeit benutzten Gewichtsverlust des Zink- und Kupferstreifens fest; vor der Ermittlung des Gewichtsverlustes wird der Kupferstreifen zur Ablösung entstandener Sulfidüberzüge mit 10%iger Zyankaliumlösung behandelt. Man kann nach dieser Methode die Korrosionswirkung der Dieselkraftstoffe gegenüber vielen Metallen gleichzeitig prüfen. R. Heinze, M. Marder und H. von der Heyden (217) haben die beschriebene Methode so ausgebaut, daß sie auch für Leichtkraftstoffe verwendbar ist. Die Korrosionsprüfung muß sich auf alle Metalle erstrecken, welche dem Angriff des zu untersuchenden Kraftstoffs ausgesetzt sind. Weiters müssen je nach der Temperatur, bei der der Angriff der Kraftstoffe in der Praxis erfolgt, verschiedene Arbeitsbedingungen bei der Korrosionsprüfung angewandt werden.

Eine zweite Prüfung auf Schwefel ist durch den sogenannten Doctor-Test gegeben. In einer Eprouvette (30 mm weit) schüttelt man 10 cm³ Benzin mit 5 cm³ Natriumplumbitlösung (bereitet durch 15 Minuten langes Schütteln von 125 g Ätznatron, in 1 l Wasser gelöst, mit 60 g Bleioxyd, nach längerem Stehen dekantiert man, nachher filtriert man eventuell) 15 Sekunden lang kräftig durch, gibt 20—25 mg feingemahlene, durch ein Sieb von 100 bis

200 Maschen pro Zoll gesiebte Schwefelblumen zu, schüttelt nochmals 15 Sekunden und läßt absitzen. Der gesamte zugesetzte Schwefel soll dann in der Grenzfläche zwischen Benzin und Plumbitlösung schwimmen. Ändert sich die Farbe des Kraftstoffs oder der Schwefelhaut, so sind im Kraftstoff zu große Schwefelmengen enthalten, das Benzin wird in diesem Fall als „sauer" bezeichnet. Eine schwach graue Verfärbung oder schwarze Verfärbung der Schwefelhaut zeigt einen negativen Ausfall des Doctor-Tests an, das Benzin wird dann als „süß" bezeichnet.

Die Prüfung der Korrosionswirkung auf die Baustoffe, welche mit den Verbrennungsprodukten in Berührung kommen, kann unter der Voraussetzung, daß die motorische Verbrennung normal vor sich geht, durch Prüfung der Höhe des Schwefelgehaltes erfolgen, denn der Korrosionsangriff in den Zylindern und in der Auspuffleitung ist dem Schwefelgehalt proportional. Die Lieferbedingungen der Kraftstoffverbraucher tragen diesem Umstand durch Begrenzung des Schwefelgehaltes Rechnung. Es ist aber nicht zulässig, den Schwefelgehalt als Maßstab für die Korrosionsfähigkeit der Kraftstoffe auch bei niedrigen oder mittleren Temperaturen anzusetzen. Im Kraftstoff können nämlich Schwefelverbindungen enthalten sein, welche keine Korrosion hervorrufen, und je nach der Art und Herkunft der Kraftstoffe ist der Anteil dieses unschädlichen Schwefels am Gesamtschwefelgehalt verschieden. Man unterscheidet deshalb zwischen aktivem und inaktivem Schwefel als Maß der Korrosionsfähigkeit bei niedrigen Temperaturen.

## 8. Wasserlöslichkeit bzw. Wasseraufnahmevermögen.

Mischungen aus Kohlenwasserstoffen mit absolutem Alkohol zeigen eine beschränkte Löslichkeit für Wasser. Fügt man mehr Wasser als die Löslichkeit dieser Alkohol-Kohlenwasserstoff-Mischung beträgt zu, so findet eine Trennung in zwei Schichten statt. Die untere Schicht enthält fast den ganzen Alkohol und fast das ganze Wasser, die obere Schicht das Benzin mit wenig Alkohol. Dies gilt für Benzin-Alkohol- bzw. Benzin-Benzol-Alkohol-Mischungen. Die Löslichkeit für Wasser einer Kohlenwasserstoff-Alkohol-Mischung hängt von der Art des Kohlenwasserstoffs, von der Temperatur und von dem Gehalt an Alkohol ab. Die Löslichkeit für Wasser ist um so größer, je mehr Alkohol die Alkohol-Kohlenwasserstoff-Mischung enthält und je höher die Temperatur ist. Mischungen von Paraffinkohlenwasserstoffen mit Alkohol haben, bezogen auf Volumprozente, eine geringere Löslichkeit als Mischungen von aromatischen Kohlenwasserstoffen mit Alkohol gleicher Zusammensetzung.

Eine Schwierigkeit bei der Verwendung von Methylalkohol in Treibstoffgemischen ist die zu geringe Löslichkeit in den meisten Benzinen. Um den Methylalkohol mit dem gewöhnlichen Benzin in jedem Verhältnis mischen zu können, muß man eine dritte Flüssigkeit hinzufügen, welche die Rolle eines Bindemittels spielt. Als solche Bindemittel sind, der Reihenfolge mit steigender Bindekraft geordnet, zu gebrauchen: Benzol, Azeton, Methylal, Azetal, Äthylalkohol, Äthyläther, Isopropylalkohol, Propyl- und Isobutylalkohol, n-Butylalkohol, n-Amylalkohol, Methylzyklohexan und n-Hexylalkohol, so daß also Benzol die geringste Bindekraft hat und n-Hexylalkohol das beste Bindemittel ist.

Ganz allgemein läßt sich sagen, daß z. B. die Kohlenwasserstoffe der aliphatischen Reihe in ihrer Mischung mit Äthylalkohol eine geringere Wasserlöslichkeit als die Kohlenwasserstoffe der aromatischen Reihe haben. Überhaupt lassen sich die organischen Flüssigkeiten hinsichtlich ihrer Löslichkeiten in folgender Reihe ordnen: Paraffine, Paraffin-Halogen-Verbindungen, zyklische Kohlenwasserstoffe, Äther, Ester, Alkohole. Karbonsäuren und schließlich Wasser. Je weiter zwei Stoffe in dieser Reihe auseinander stehen und je höher ihr Molekulargewicht ist, desto mehr pflegen sie zur Schichtenbildung zu neigen. Beispielsweise bilden zwei Schichten: Wasser-Kohlenwasserstoffe, Wasser-Äther, Wasser-Ester, Wasser-Butylalkohol und (höhere Alkohole), Wasser-Valeriansäure (und höhere Karbonsäuren), Essigsäure-Paraffine (von ungefähr $C_8$ an), Methylalkohol-Paraffine (von ungefähr $C_6$ an), Methylalkohol und hochmolekulare Paraffine.

Der Alkohol zieht in Mischung mit Benzin und Benzol Wasser an. Nach den Untersuchungen von Hubendick (239) ist die Neigung des Alkohols, aus der Luft Feuchtigkeit aufzunehmen, nicht sehr groß und unbeachtlich bei Berücksichtigung der Bedingungen, unter denen die Kraftstoffe im allgemeinen gelagert werden. Die praktische Erfahrung hat gezeigt, daß sich alkoholhaltige Kraftstoffe bei mehrmonatigem Stehen im Tank von Fahrzeugen nicht entmischen (240).

Die Bestimmung des Wasseraufnahmevermögens (Wasserwert) erfolgt nach DIN DVM 3676 (Entwurf) (281).

### 9. Wichte (Dichte, spezifisches Gewicht).

Nach DIN E 1306 (Entwurf) (282) versteht man unter mittlerer Dichte $d_m$ eines Körpers das Verhältnis seiner Masse $m$ zu seinem Volumen $V$:

$$d_m = \frac{m}{V},$$

und unter mittlerer Wichte $w_m$ eines Körpers wieder das Verhältnis seines Gewichtes $G$ zu seinem Volumen $V$:

$$w_m = \frac{G}{V}.$$

Früher und auch heute noch wurden und werden in einzelnen Ländern die Benzine nach der Wichte gehandelt. So war es z. B. vor einigen Jahren in Österreich im Handel und in den Zolltarifen üblich, die Wichte vornehmlich oder ausschließlich als kennzeichnende Eigenschaft zu verwenden. Die Wichte eines Benzins hat jedoch heute keine oder nur untergeordnete Bedeutung, um so mehr als heute im Altreich und in vielen anderen Ländern selten unvermischte Destillations- oder Krackbenzine usw. in den Handel kommen. Ursprünglich war Benzin ein Nebenerzeugnis der Erdölaufarbeitung; es konnten deshalb auch Sonderwünsche der Verbraucher weitgehend berücksichtigt werden. Verlangt wurden gewöhnlich enge

Siedegrenzen, und da innerhalb solcher bei demselben Ursprungsrohstoff die Wichte nur geringfügig schwankte, war es auch zulässig, Benzin durch die Wichte zu kennzeichnen. Mit der Entwicklung des Kraftfahrwesens steigerte sich die Nachfrage nach Benzin in ungeahnter Weise, so daß die Benzinerzeuger bei der mehr oder minder geringen Ausbeute aus dem Erdöl auch durch Heranziehung von hochsiedenden Anteilen der Rohöldestillation zur Benzinherstellung durch Kracken gezwungen waren, die Siedegrenzen immer weiter zu wählen, wodurch die Wichte für die Kennzeichnung von Benzin immer mehr an Bedeutung verlor. Dazu kommt noch, daß, wie schon früher erwähnt, auch die unvermischt anfallenden Produkte aus Kohlenwasserstoffen bestehen, die den Kohlenwasserstoffgruppen Paraffine, Olefine, Naphtenen und Aromaten angehören, wobei die Aromaten die Kohlenwasserstoffe mit der höchsten und die Paraffine die Kohlenwasserstoffe mit der niedrigsten Wichte darstellen. Je nach dem Gehalt an Kohlenwasserstoffen der verschiedenen Gruppen und je nachdem welche Kohlenwasserstoffe der einzelnen Gruppe vorhanden sind, ist auch die Wichte verschieden. Es ergibt sich somit für die Wichte ein Mischwert, welcher allgemein nur wenig über den Wert und die Brauchbarkeit des Kraftstoffes aussagt. Allerdings kann der Fachmann aus der Wichte im Zusammenhang mit anderen physikalischen Daten einige Schlüsse ziehen.

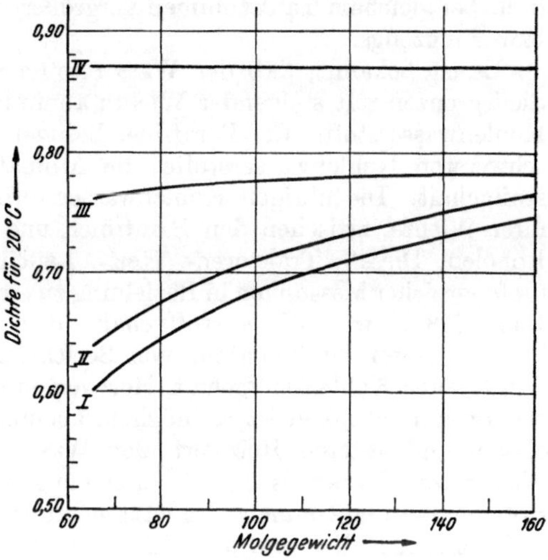


Abb. 57. Abhängigkeit der Dichte der verschiedenen Kohlenwasserstoffklassen vom Molgewicht. Nach M. Marder.
*I* Paraffine; *II* Ungesättigte mit 1 Doppelbindung; *III* Naphtene; *IV* Aromaten.

Die Wichte der Kohlenwasserstoffe der verschiedenen Kohlenwasserstoffklassen ist abhängig von einer Reihe von physikalischen und analytischen Kenndaten, z. B. von dem Molekulargewicht. Aus Abb. 57, in welcher die Wichte in Abhängigkeit von dem Molekulargewicht aufgetragen ist, ist beispielsweise zu ersehen, daß ein Kohlenwasserstoff mit der Wichte 0,760 entweder ein Naphten mit dem Molekulargewicht 65, ein Olefin mit dem Molekulargewicht 150 oder auch ein Paraffin mit dem Molekulargewicht 175 sein kann. Erst wenn man das Molekulargewicht oder die z. B. ihm proportionale Siedekennziffer kennt, ist die Zugehörigkeit zu einer bestimmten Kohlenwasserstoffklasse eindeutig. Man sieht auch aus der Abb. 57, daß die aromatischen Kohlenwasserstoffe eine hohe

Wichte und die paraffinischen dagegen eine niedrige Wichte besitzen. Da die aromatischen Kohlenwasserstoffe sehr klopffest und die paraffinischen sehr klopffreudig sind, gilt auch heute bei gleichen Siedegrenzen, daß das spezifisch schwerere Benzin als wertvoller anzusehen ist, nicht nur wegen seiner geringeren Klopfneigung, sondern auch wegen seiner größeren Ausgiebigkeit. Da die Motoren für die PS-Stunde eine gewisse Gewichtsmenge Kraftstoff verbrauchen, kommt man für die gleiche PS-Stundenzahl bei schwereren Benzinen mit einem geringeren Tankvolumen aus, d. h. bei gleichem Tankvolumen vergrößert sich die Reichweite des Fahr- bzw. Flugzeugs.

Es ist bekannt, daß der Wasserstoffgehalt von Mineralölen gleicher Siedegrenzen mit steigender Wichte abnimmt. Die spezifisch leichtesten Kohlenwasserstoffe, die Paraffine, besitzen den höchsten, die spezifisch schwersten Kohlenwasserstoffe, die Aromaten, den niedrigsten Wasserstoffgehalt. Die übrigen Kohlenwasserstoffklassen stehen, entsprechend ihrer Wichte, zwischen den Paraffinen und Aromaten. Die Wichte von Rohölen, Diesel-, Traktoren-, Heiz-, Leuchtölen, steht aber auf Grund umfangreicher Messungen in Beziehung zu einer Reihe anderer analytischer Daten (180), wie Wasserstoffgehalt, das Kohlenstoff-Wasserstoff-Verhältnis. Unter Zuhilfenahme von Berichtungswerten lassen sich aus der Dichte auch Kohlenstoffgehalt, Heizwerte und Zündwilligkeit bestimmen. Bei Braunkohlenölen ist es möglich, ebenfalls mit Hilfe der Dichte, den oberen und unteren Heizwert, den Wasserstoffgehalt, das Kohlenstoff-Wasserstoff-Verhältnis und bis zu einem gewissen Grad auch den Kohlenstoffgehalt zu bestimmen. Im letztgenannten Falle ist zur Ermittlung des Kohlenstoffgehaltes und der Heizwerte allerdings außer der Dichte auch der Kreosotgehalt der Öle zu messen. Man braucht also nur geeignete Aräometer, die im Altreich erhältlich sind, in Braunkohlenteeröle z. B. eintauchen und kann dann den Heizwert, Kohlenstoff- und Wasserstoffgehalt an den Aräometerskalen ablesen. Der für den Heizwert und den Kohlenstoffgehalt abgelesene Wert ist durch einen Korrekturwert für den Kreosotgehalt der Öle (im Falle des Braunkohlenöls) und für den Schwefelgehalt (bei Erdölerzeugnissen) zu berichtigen (199). Der Wasserstoffgehalt, das Kohlenstoff-Wasserstoff-Verhältnis, bei Benzinen und Schmierölen auch der Kohlenstoffgehalt und die Heizwerte, können dagegen ohne Benutzung eines Berichtigungswertes von den Aräometern abgelesen werden. Je nach der Herkunft des Öls (Erdöl, Braunkohlen-, Steinkohlenteer) sind allerdings verschiedene Dichtebeziehungen hinsichtlich des Wasserstoff- und Kohlenstoffgehalts und dem oberen und unteren Heizwert zu verwenden. Weiters läßt sich mit großer Genauigkeit die Differenz des oberen und unteren Heizwerts mit Hilfe dieser Aräometer ermitteln. Allerdings muß man die Siedekennziffer, d. h. die mittlere Molekulargröße der Kraftstoffinhaltsstoffe berücksichtigen; denn z. B. der Wasserstoffgehalt ist ebenso wie die Dichte nur bei Kraftstoffen mittlerer Molekulargröße ein Maß für die Zündneigung.

Auffällig sind die niedrigen Wichten der Flüssiggase in flüssigem Zustand, die aus Tab. 19 zu erkennen sind (259). Im Gemisch der einzelnen

Gase, wie es praktisch auf den Markt kommt, betragen die Wichten bei 20° C etwa 0,55 und bei 40° C etwa 0,50. Daraus ergibt sich, daß bei 20° C bei der vorgeschriebenen Normalfüllung die Flaschen zu etwa vier Fünftel mit dem flüssigen Produkt gefüllt sind, dagegen bei 40° C bereits zu neun Zehntel; der Ausdehnungskoeffizient ist also sehr groß (259).

Tabelle 19. Spez. Gewichte der flüssigen Kohlenwasserstoffe.

| | Propylen | Propan | Butylen | n-Butan |
|---|---|---|---|---|
| 0° | 0,546 | 0,532 | 0,619 | 0,601 |
| +10° | 0,531 | 0,517 | 0,606 | 0,587 |
| +20° | 0,516 | 0,502 | 0,593 | 0,573 |
| +30° | 0,497 | 0,485 | 0,577 | 0,557 |
| Kubischer Ausdehnungskoeffizient | 0,0032 | 0,0033 | 0,0026 | 0,0027 |

## 10. Färben von Benzin.

Es ist heute nicht mehr üblich, Benzin auf wasserhelle Farbe zu raffinieren. Heute sind in den Vereinigten Staaten und anderen Ländern blaue, grüne, rote, gelbe, orange, purpurrote, bronzene, violette und indigogefärbte Benzine in den Zapfstellen zu finden. Etwa 85% des heute in den Vereinigten Staaten auf den Markt kommenden Benzins werden gefärbt.

Das Färben von Benzin hat außer der Ersparnis an Raffinationskosten noch den Sinn, den verschiedenen Treibstoffmarken ein sie unterscheidendes äußeres Aussehen zu geben.

Das Färben von Benzin kann jedoch auch einem anderen Zweck dienen, nämlich als Maßnahme zur Verhütung von Benzinfälschungen. In Holland z. B. ist am 12. August 1933 ein Gesetz in Kraft getreten, das zur Vermeidung von Zumischung von Petroleum zum Benzin beitragen soll. Es soll dies dadurch erzielt werden, daß jedes Petroleum mit einem Erkennungsmittel, und zwar 10 mg Blau B für Zaponlack und 20 mg Furfurol für 1 kg versetzt wird. Strafbar ist nun der Verkauf von Benzin, welches dieses Erkennungsmittel, demnach auch Petroleum, enthält, und der Verkauf von Petroleum, welches dieses Erkennungsmittel nicht enthält. In Bulgarien ist eine Gesetzesverordnung über das Färben von eingeführten Erdölerzeugnissen erschienen. Die Einfuhr und der Verkauf der zum Färben von Mineralölprodukten dienenden Farbe Sudanblau G wurde zum staatlichen Privilegium erklärt.

Auch private Gesellschaften, z. B. die Tide Waterall Company, Bayonne N. J., gehen dazu über, sich vor Zugabe von Leuchtöl oder einem Ersatz von Markenbenzin zu schützen. Zu diesem Zweck wird ein Indikator, dessen Zusammensetzung geheimgehalten wird, dem Benzin vor Lieferung an die Verkaufsstellen zugefügt. Ein Kontrollbeamter dieses Unternehmens erhält einen besonderen Entwickler, welcher auf den im Benzin enthaltenen Indikator einwirkt, indem er eine Färbung in genau bestimmtem Ton hervorruft. Ist das Benzin verfälscht, so tritt eine schwächere Färbung auf.

Ein ähnlicher Vorgang kann zur Verhütung von Benzindiebstählen dienen. Es wurde Zugabe von Phenolphthalein vorgeschlagen. Mit Alkalilauge tritt mit einem phenolphthaleinhaltigen Benzin eine Rotfärbung auf. Wurde Benzin gestohlen, so kann an dem Auftreten der Rotfärbung der Diebstahl erkannt werden, bei reinem Benzin tritt diese Färbung nicht auf.

## 11. Das Siedeverhalten von Treibstoffen.

### *a) Allgemeines.*

Neben der Klopffestigkeit eines Treibstoffs ist sein Siedeverhalten seine wichtigste Eigenschaft. Die Benzine bestehen bekanntlich je nach der Herkunft des Rohöls und je nach ihrer Herstellung aus Kohlenwasserstoffen der verschiedensten Reihen, aus Paraffinen, ungesättigten Kohlenwasserstoffen, Naphtenen und Aromaten. Die Siedepunkte z. B. der Glieder der Paraffinreihe steigen mit der Größe der Moleküle, und zwar sind die Glieder bis zu vier Kohlenstoffatomen im Molekül gasförmig. Diese Glieder sind in den Treibgasen enthalten, mit fünf und mehr Kohlenstoffatomen flüssig, diese sind im Benzin enthalten (Abb. 58). Die Kurven dieser Abb. 58 zeigen das Ansteigen der Siedepunkte und außerdem der Flüssigkeitsdichte und das Abfallen des Drucks in Atmosphären der flüssigen Kohlenwasserstoffe bei $+ 20°$ C mit steigender Anzahl der Kohlenstoffatome im Molekül für die normalen unverzweigten Glieder der Paraffinreihe. Die Drücke bei $+ 20°$ C sind aufgezeichnet für die im Treibgas vorkommenden Kohlenwasserstoffe (gestrichelt umränderter Teil des Kurvenblatts zwischen zwei und fünf Kohlenstoffatomen).

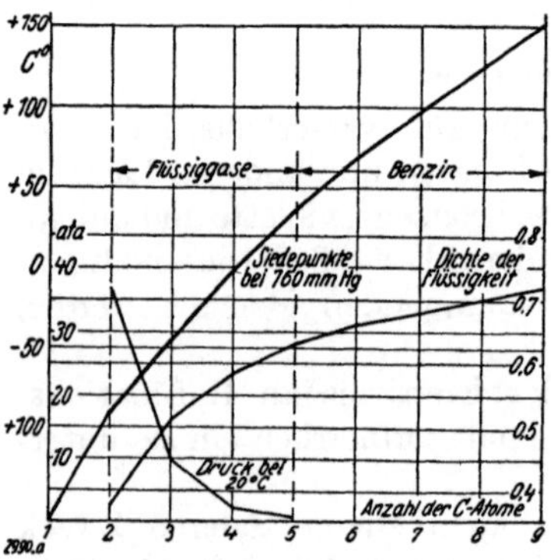


Abb. 58. Siedepunkte, Dichten und Dampfdrucke der in Treibgasen und Benzinen enthaltenen Kohlenwasserstoffe. Nach G. Gerson.

Die Siedeanalyse gibt Aufschluß über die Menge der unter Anwendung eines bestimmten Vorgangs bei einer bestimmten Temperaturfolge verdampfenden und bei Kühlung sich niederschlagenden Anteile eines flüssigen Brennstoffs. Im allgemeinen werden die in Volumprozenten von 10 zu $10°$ C verdampfenden und kondensierten Anteile bestimmt. Man erhält auf diese Weise eine Siedelinie.

Der ideale Zweck einer Siedelinie ist, die einzelnen chemischen Individuen, aus denen der Kraftstoff besteht, vermittels ihrer verschieden gelegenen Siedepunkte zu trennen und gleichzeitig die Menge festzustellen, mit der die betreffende Verbindung am Gemisch beteiligt ist. Dieses Ziel wird aber nicht erreicht, weil hauptsächlich infolge gegenseitiger Dampfdruckbeeinflussung der Gemischbestandteile keine scharfe

Trennung, sondern ein stetiger Übergang stattfindet. Zwar kann man durch wiederholte, sinngemäß ausgeführte fraktionierte Destillation eine Arbeitsweise, die in den Destillationskolonnen weitgehend durchgeführt ist, eine mehr oder weniger scharfe Trennung der Bestandteile erreichen, besonders wenn man noch andere physikalische oder chemische Operationen zu Hilfe nimmt. Dadurch wird jedoch die Trennungsarbeit so langwierig, daß die Analyse unpraktisch und unwirtschaftlich wäre. Man benutzt daher zur Aufnahme der Siedelinie die einfache fraktionierte Destillation; freilich gibt die Siedelinie keine absolute naturwissenschaftliche Beziehung wieder, sie ist vielmehr aus leicht begreiflichen Gründen sehr vom verwendeten Apparat und von der Arbeitsweise des Analytikers abhängig; sie ist also eine Konventionsgröße, der aber ein großes Maß von Reproduzierbarkeit eigen ist, wenn Apparatabmessungen und Arbeitsweise genau festgelegt sind.

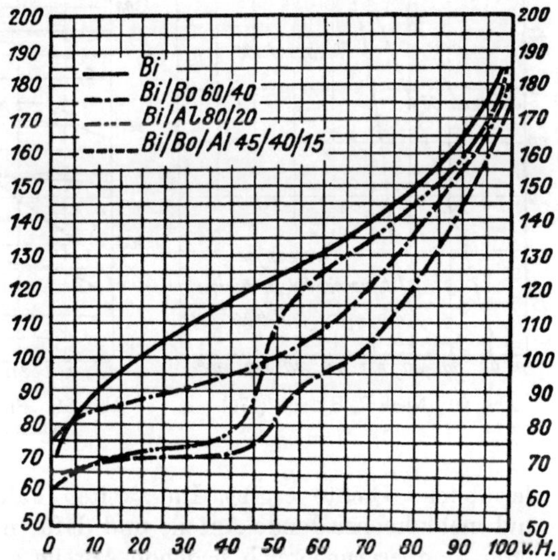


Abb. 59. Siedelinien von Benzin, allein und im Gemisch mit Benzol oder Alkohol.

### b) *Die Siedekennziffer.*

Von W. Ostwald (116) wurde der Vorschlag gemacht, das Integral, d. i. der Flächeninhalt, unter der Siedelinie als sog. „Kennziffer" des Kraftstoffs anzusetzen. Nimmt man an, daß die spezifische Wärme von der Temperatur unabhängig ist, so entspricht dieses Integral dem Wärmeverbrauch zum fraktionierten Verdampfen. Die gleiche Maßzahl entspricht der auf die übergehenden Volumina bezogenen mittleren Siedetemperatur.

Praktisch geschieht dies Integrieren einfach dadurch, daß man diejenigen Temperaturen, bei der 5, 15, 25, 35, 45, ..., 95 Volumprozente übergegangen sind, addiert und durch 10 teilt. Hat man beim Destillieren nicht gleich die Temperaturen und Volumprozente abgelesen, dann zeichnet man die Kurve auf und liest zu 5, 15, 25, 35, 45 usw. Kubikzentimeter die dazugehörigen Temperaturen ab. Der Vorschlag wurde dann noch dahin ergänzt, daß außer der Kennziffer zur genauen Kennzeichnung des Kraftstoffs noch die Siedetemperatur für 5 und 95 Volumprozente oder andere Punkte, wie Siedebeginn, Siedeende, und die Punkte, bei welchen 25, 50 bzw. 75% übergehen, anzuführen wären.

*c) Die Siedelinien verschiedener Kraftstoffe und ihrer Mischungen.*

Aus der Siedelinie sind viele Eigenschaften eines Kraftstoffs erkennbar. Allgemein läßt sich zunächst bei Vorliegen von Benzin erkennen, ob der Kraftstoff einer einheitlichen Fraktion oder ob etwa eine hochsiedende mit einer tiefsiedenden Fraktion derart vermischt ist, daß sich eine handelsübliche Dichte ergibt. Im zweiten Fall sind mehr niedrig siedende und mehr hochsiedende Anteile und dafür naturgemäß weniger im mittleren Temperaturbereich siedende Anteile enthalten. In Abb. 59 ist das

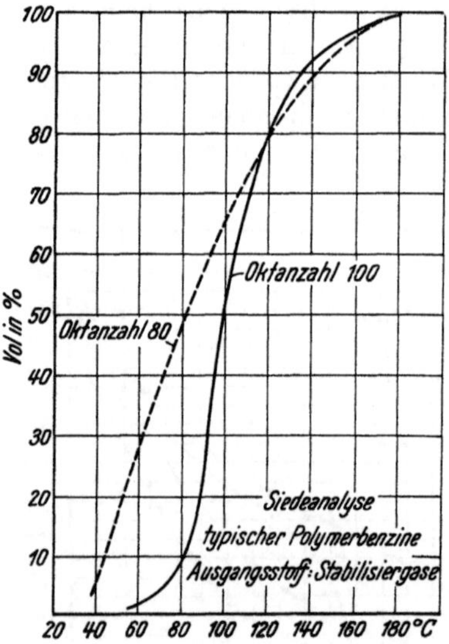


Abb. 60. Nach R. Heinze (176).

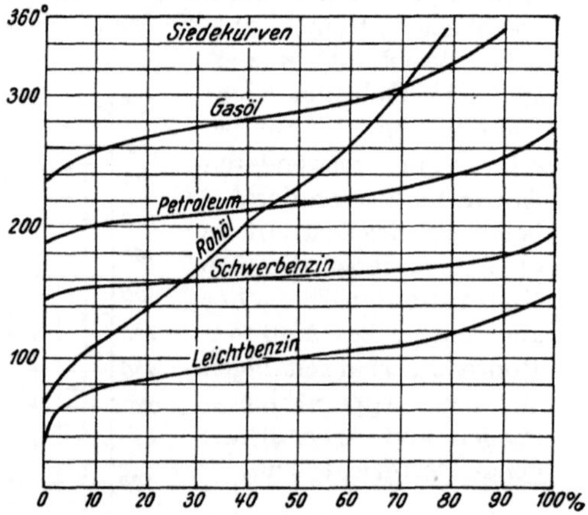


Abb. 61. Siedekurven von Leicht- und Schwerbenzin, Petroleum, Gasöl und Rohöl. Nach E. H. Kadmer.

Siedeverhalten eines Benzins (Bi), einer Benzin-Benzol-Mischung (Bi/Bo) mit 60% Benzin und 40% Benzol, einer Benzin-Alkohol-Mischung (Bi/Al) mit 20% Alkohol und einer Benzin-Benzol-Alkohol-Mischung (Bi/Bo/Al) mit 45% Benzin, 40% Benzol und 15% Alkohol wiedergegeben. Weiter sind in Abb. 60 Siedekurven von Polymerisationsbenzinen zu sehen. Der Vergleich der Siedekurven dieser Polymerisationsbenzine mit der Oktanzahl 80 (gestrichelte Kurve) und 100 ergibt, daß das Polymerisationsbenzin mit hoher Oktanzahl mehr

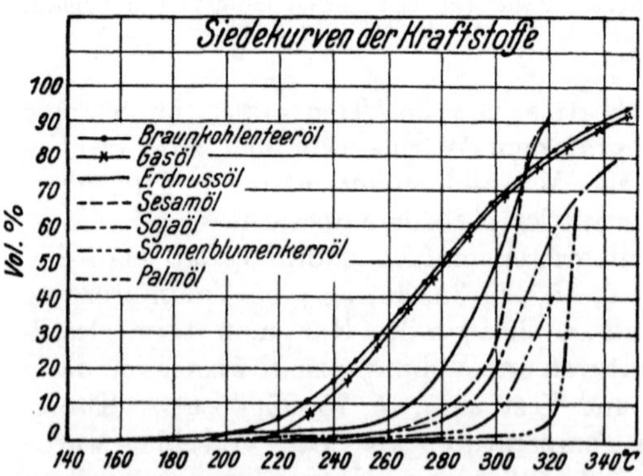


Abb. 62. Siedelinien von Dieselmotorentreibölen.

höhersiedende Anteile enthält als das Benzin mit niedriger Oktanzahl. Weiters sind in der Abb. 61 Siedekurven von Leichtbenzin, Schwerbenzin, Petroleum, Gasöl und Rohöl aufgezeichnet. Abb. 62 enthält Siedekurven von Braunkohlenteeröl, Gasöl, Erdnußöl, Sesamöl, Sojaöl, Sonnenblumenkernöl und Palmöl.

In Abb. 59 bemerkt man bei allen alkoholhaltigen Treibstoffen zwei Knicke in dem Kurvenverlauf, welche bei den anderen aufgezeichneten Kurven nicht vorkommen. Diese Knicke im Kurvenverlauf von alkoholhaltigen Treibstoffen haben als Ursache die Eigenschaft des Alkohols mit einzelnen Kohlenwasserstoffen des Benzins bzw. Benzols sog. azeotropische Gemische, die einen Maximumdampfdruck und Minimumsiedepunkt aufweisen (s. Abschnitt „Entwässerung des Alkohols") zu geben, welche früher als der Alkohol bzw. der Kohlenwasserstoff sieden. Diese Eigenschaft des Alkohols wird, wie im Abschnitt „Entwässerung des Alkohols" ausgeführt wurde, zu seiner Entwässerung in der Industrie benutzt. Ein Alkoholgehalt im Treibstoff ist also schon an den zwei Knicken im Siedeverlauf zu erkennen, gegenüber dem stetigen Siedeverlauf der Treibstoffe, welche nicht Alkohol enthalten.

Hinsichtlich unvermischten Benzins ergeben sich bezüglich ihres Siedeverhaltens verschiedene Möglichkeiten. Sie sollen an einem Beispiel, und zwar dem Beispiel der früheren österreichischen Motorenbenzine, gezeigt werden. Da in Österreich u. a. auch rumänische Destillationsbenzine gehandelt werden und diese hinsichtlich ihrer Zusammensetzung und ihres chemischen Charakters (in bezug auf ihren Gehalt an Verbindungen der verschiedenen Kohlenwasserstoffklassen) nicht sehr voneinander abweichen, so lassen sich die verschiedenen Möglichkeiten besonders klar herausarbeiten (169).

Für gewöhnlich liegt der Siedebeginn

Tabelle 20. Siedeverhalten und Dichte von österreichischen Benzinen.

| Bezeichnung des Benzins | Spez. Gewicht bei 15° C | Siede-beginn ° C | Es gehen über in Volumprozent bis | | | | | | | | | | | | | | | | Siede-ende ° C |
|---|---|---|---|---|---|---|---|---|---|---|---|---|---|---|---|---|---|---|---|
| | | | 50° | 60° | 70° | 80° | 90° | 100° | 110° | 120° | 130° | 140° | 150° | 160° | 170° | 180° | 190° | 200° | 210° | |
| Benzin I . . | 0,7510 | 69 | | | | 1,8 | 7,2 | 19,0 | 35,5 | 52,5 | 68,5 | 79,5 | 88,5 | 93,5 | 97,0 | 98,5 | | | | 187 |
| „ II . | 0,7515 | 72 | | | | 1,1 | 4,3 | 14,0 | 31,5 | 51,5 | 70,0 | 84,0 | 93,0 | 98,0 | 98,8 | | | | | 172 |
| „ III . | 0,7530 | 65 | | | 1,2 | 5,0 | 13,5 | 25,0 | 38,0 | 52,0 | 62,0 | 70,5 | 77,5 | 84,5 | 89,0 | 93,0 | 95,0 | 97,0 | 98,2 | 215 |
| „ IV . | 0,7520 | 51 | | 1,2 | 4,6 | 8,2 | 13,0 | 18,5 | 25,0 | 32,5 | 41,0 | 50,5 | 60,5 | 71,5 | 84,0 | 93,5 | 98,0 | | | 197 |
| „ V . . | 0,7520 | 58 | | 0,1 | 1,2 | 3,6 | 9,0 | 18,0 | 30,0 | 43,5 | 57,5 | 70,0 | 80,8 | 89,4 | 95,6 | 98,5 | | | | 182 |
| „ VI . | 0,7530 | 42 | 1,0 | 3,0 | 5,7 | 9,0 | 12,5 | 16,5 | 20,0 | 24,5 | 29,0 | 36,0 | 45,0 | 57,0 | 76,0 | 88,0 | 94,0 | | | 196 |

Tabelle 21. Die wichtigsten Eigenschaften amerikanischer Benzine im Sommer 1937 (Mittelwerte).

| Eigenschaft | Benzinsorte mit mittlerer Klopffestigkeit | | | Benzine mit hoher Oktanzahl | | | Autobenzine | | |
|---|---|---|---|---|---|---|---|---|---|
| | Minimalwert | 90 Prozent der Erzeugung | Maximalwert | Minimalwert | 90 Prozent der Erzeugung | Maximalwert | Minimalwert | 90 Prozent der Erzeugung | Maximalwert |
| Spezifisches Gewicht ... | 0,717 | 0,732—0,752 | 0,779 | 0,715 | 0,723—0,756 | 0,806 | 0,717 | 0,723—0,736 | 0,760 |
| Schwefelgehalt ......... | 0,01 | 0,022—0,17 | 0,36 | 0,016 | 0,021—0,099 | 0,25 | 0,01 | 0,018—0,14 | 0,24 |
| Dampfdruck nach Reid kg/cm² .......... | 0,240 | 0,450—0,610 | 0,665 | 0,375 | 0,410—0,585 | 0,665 | 0,280 | 0,380—0,590 | 0,650 |
| Korrosionstest (Kupferschale) .............. | | entsprechend | | | entsprechend | | | entsprechend | |
| Oktanzahl ............. | 63 | 68—71,5 | 72,5 | 71 | 74—81 | 82 | 45 | 50—66 | 68 |
| Destillationsergebnisse: | | | | | | | | | |
| Siedebeginn ....... °C | 28 | 34—42 | 49 | 28 | 35—45 | 51 | 32 | 34—44 | 49 |
| Übergehend 10% bis °C | 50 | 56—58 | 81 | 52 | 57—69 | 74 | 53 | 59—75 | 86 |
| 20% „ °C | 63 | 71—87 | 93 | 63 | 71—84 | 88 | 63 | 74—93 | 103 |
| 30% „ °C | 76 | 83—102 | 108 | 73 | 84—99 | 105 | 73 | 87—108 | 114 |
| 50% „ °C | 85 | 110—127 | 136 | 83 | 96—124 | 149 | 96 | 110—136 | 142 |
| 70% „ °C | 97 | 134—152 | 163 | 90 | 116—150 | 161 | 122 | 132—161 | 179 |
| 90% „ °C | 131 | 169—189 | 201 | 137 | 145—185 | 195 | 155 | 164—196 | 207 |
| Ende (Trockenp.)... °C | 171 | 196—210 | 227 | 172 | 180—213 | 221 | 180 | 193—222 | 237 |
| Verlust ........... % | 0,8 | 1,0—2,3 | 3,0 | 0,5 | 1,0—2,1 | 2,8 | 0,5 | 1,0—2,5 | 3,0 |

dieser österreichischen Motorenbenzine nahe an 60° C; liegt er über 60° C, so kann der Siedeverlauf ein regelmäßiger sein (Benzin I, Tab. 20). Je mehr die leichten Anteile fehlen und je höher der Siedebeginn, desto niedriger kann auch das Siedeende sein (Benzin II). Ist der Gehalt an leichten, z. B. bis 100° C siedenden Anteilen höher, so kann auch das Siedeende höher liegen (Benzin III). Schwankt der Siedebeginn zwischen 50° und 60° C, so kann das Siedeverhalten solcher Benzine verschieden sein, je nachdem, ob der tiefere Siedebeginn durch Zumischen von Rohrkopfgasolin (Erdgasbenzin) oder Leichtbenzin erzielt wurde. Im ersten Fall ist ein Überwiegen der leichten Anteile festzustellen, und der Gehalt an höhersiedenden Anteilen muß dann bei gleichem spezifischen Gewicht höher sein. Das Siedeverhalten von Benzin IV ist kennzeichnend dafür. Es stellt eine auf das handelsübliche spezifische Gewicht gebrachte Mischung von Erdgasbenzin mit Schwerbenzin, sog. Lackbenzin, dar. Liegt ein Gemisch von Leichtbenzinen und Schwerbenzinen vor, so ist sein Siedeverhalten für gewöhnlich normal (Benzin V). Ist der Gehalt an Erdgasbenzin so groß, daß hierdurch der Siedebeginn unter 50° C heruntergedrückt wird, so ist dann der Gehalt an mittleren Anteilen noch geringer und der Gehalt an höhersiedenden Anteilen um so höher (Benzin VI). Mit diesen aus der Praxis entnommenen Beispielen sind ungefähr die Möglichkeiten angedeutet, innerhalb welcher sich das Siedeverhalten der Motorenbenzine bewegen kann.

### *d) Der Siedeverlauf und die Starteigenschaften der Kraftstoffe.*

In Amerika hat man sich bemüht, Beziehungen zwischen einigen Punkten der Siedekurve und dem praktischen Verhalten im Motor zu finden. Das „Bureau of Standards" in Amerika hat auf Grund umfangreicher Arbeiten festgestellt, daß in der Praxis die Temperatur, bei der 10% des alkoholfreien Kraftstoffs einschließlich des Destillationsverlusts überdestilliert sind, ein gutes Kennzeichen für die Starteigenschaften des Kraftstoffs abgibt. Ganz allgemein muß ein automatischer Anlasser so gebaut sein, daß er für Kraftstoffe mit einem bestimmten Siedeverlauf geeignet ist. Sofort nach dem Start soll die Düse gerade soviel Kraftstoff geben, daß alle Zylinder eine genügende Menge zündungsfähiges Kraftstoff-Luft-Gemisch erhalten, trotz der ungleichen Verteilung zwischen den einzelnen Zylindern, die naturgemäß während dieser Zeit entsteht, und trotz der Tatsache, daß nur ein Bruchteil des Kraftstoffs wirklich mit der Luft zusammen vergast. Das ist ein kritischer Betriebszustand wegen des engeren Mischungsbereichs von 1 : 8 bis 1 : 20, zwischen dem ein zündfähiges Gemisch liegt. Dieses explosive Gemischverhältnis hängt von dem Kraftstoff ab, der tatsächlich verdunstet, und von der Stärke des Zündfunkens. Liegt die Brennstoffmischung außerhalb dieser engen Grenze, so springt der Motor nicht an. Der 10%-Punkt des Benzins soll nun so hoch sein, daß soviel Benzin verdampft ist, daß ein explosives Benzin-Luft-Gemisch entsteht, d. h. der Partialdruck der Benzindämpfe muß bei der gegebenen Starktemperatur mindestens der unteren Explosionsgrenze entsprechen. In der Praxis wird jedoch der

Dampfdruck des Benzins höher liegen müssen, weil das kalte Schmieröl im Motor stark dampfdruckerniedrigend wirkt und einen Teil des Benzins absorbiert, so daß die Konzentration dann unter die Explosionsgrenze sinken würde. Da im Winter bei besonders tiefen Temperaturen gestartet werden muß, müssen die im Winter verwendeten Benzine erheblich mehr tiefsiedende Bestandteile als die im Sommer verwendeten besitzen. Für ein schnelles Starten sind außer den Starteigenschaften des Benzins noch der Zustand des Motors und der Batterie und das Kälteverhalten des Schmieröls, welches bei tiefen Temperaturen nicht zu dickflüssig sein soll, von Bedeutung.

Gerade aber bezüglich des Anspringens der Motoren und der Eignung der Kraftstoffe sind auch anders lautende Meinungen zu hören. WAWRZINIOK (168) z. B. kommt auf Grund seiner Versuche zu dem Ergebnis, daß das Anspringen normaler und richtig eingeregelter Motoren nicht oder nur wenig abhängig vom benutzten Kraftstoff ist, falls dieser eine der handelsüblichen Zusammensetzungen aufweist. Besonders stehen die im Handel befindlichen alkoholhaltigen Kraftstoffe trotz der hohen Verdampfungswärme des Alkohols beim Anspringen den reinen Benzinsorten nicht nach. Bei niedrigen Temperaturen sollen sogar die Benzin-Alkohol-Mischungen dem Benzin überlegen sein. WAWRZINIOK ist der Meinung, daß die beim Anlassen von Motoren auftretenden Schwierigkeiten hauptsächlich maschinentechnischer Natur sind. Die Ursachen können schwache Batterien, großer Reibungswiderstand im Triebwerk des Motors (bei beispielsweise zu stramm eingepaßten Pleuel- und Kurbellagern oder Kolben) oder die Verwendung von Schmierölen sein, die bei niedriger Temperatur zu dickflüssig sind.

Im allgemeinen halten sich jedoch die amerikanischen öffentlichen Stellen z. B. an die Ergebnisse der amerikanischen Versuche, die feststellen, daß der Punkt, bei welchem 10% des Benzins übergegangen sind, ein Merkmal für die Startfähigkeit des Benzins darstellt. So z. B. verlangen die amerikanischen Lieferungsvorschriften für Staatslieferungen einen 10%-Punkt unter 75° C für Normalzwecke und unter 65° C für besonders kalte Landstriche und Jahreszeiten. In Österreich, wo vor einigen Jahren hauptsächlich rumänisches Benzin zum Motorenantrieb verwendet wurde, lag damals der 10%-Punkt dieser Benzine fast durchweg zwischen 85° und 90° C. Wenn nun trotz dieses hohen 10%-Punkts mit den damaligen österreichischen Motorenbenzinen keine Startschwierigkeiten auftraten, so kann diese Tatsache nach P. A. GRAF (115) z. B. durch die Annahme erklärt werden, daß die rumänischen Benzine eine abweichende Zusammensetzung haben und deshalb die amerikanischen Untersuchungen auf sie, ebenso wie z. B. auf alkoholhaltige Kraftstoffe, nicht anwendbar sind. Diese tatsächliche Verschiedenheit ist auf der Tab. 21 ohne weiteres zu erkennen, in welcher das Siedeverhalten einiger Typen der damaligen österreichischen Motorenbenzine verzeichnet ist. Anderseits ist in Tab. 21 eine Zusammenstellung des Bureau of Mines über Durchschnittszahlen aus Analysen von 1136 Benzinen amerikanischer Herkunft für das Jahr 1937 wiedergegeben.

### e) *Der Siedeverlauf und die Beschleunigungsfähigkeit der Kraftstoffe.*

Auch der weitere Verlauf der Siedelinie ist für die Eignung des Brennstoffs von Bedeutung. Dies trifft auch für die mittel hochsiedenden Anteile der Kraftstoffe zu. Läuft ein Motor mit gleichförmiger Geschwindigkeit und wird im Vergaser nicht aller Brennstoff verdampft, dann wird der unverdampfte Teil des Brennstoffs vom Gasstrom mitgeführt und ziemlich gleichmäßig durch die Verteilerleitung den einzelnen Zylindern zugeführt. Die eventuell vorhandene schlechte Flüchtigkeit macht sich also hier wenig bemerkbar. Anders wird dies aber, wenn der Gang des Motors plötzlich beschleunigt werden soll, dann wird beim Öffnen der Drosselklappe die Menge des Brennstoffs, der von der Verteilerleitung vom Vergaser zugeführt wird geringer, weil der verdampfte Teil des Brennstoffs mit der gleichen Geschwindigkeit wie der vermehrte Luftstrom in die Zylinder gelangt, während der nicht verdampfte, also flüssige Anteil des Brennstoffs auf dem Weg vom Vergaser zu den Zylindern vom Gasstrom nur mitgetrieben wird, sich also viel langsamer fortbewegen wird. Dieses Nacheilen kann mehrere Sekunden dauern. Während dieser Zeit bekommt also der Motor nur ein sehr armes Gemisch. Besitzt aber der Brennstoff genügende Flüchtigkeit, so daß beim plötzlichen Öffnen der Drosselklappe etwa 70—80% des Brennstoffs verdampfen, dann bekommt der Motor fast augenblicklich ein reiches Gemisch und folgt sogleich der gegebenen Beschleunigung. Für das Beschleunigungsvermögen ist also der Punkt maßgebend, bei dem z. B. 75% des Benzins verdampft sind. Durch Einbauen einer Saugrohrheizung kann der Verdampfungsgrad des Benzins verbessert werden. Weiter kann die Saugrohrheizung bewirken, daß beim plötzlichen Öffnen der Drossel der Brennstoff schnell verdampft. Die meisten heutigen Vergaser haben gewöhnlich Einrichtungen, um eine besondere Kraftstoffmenge während der Beschleunigungsperiode zu liefern. An einigen von diesen Vorrichtungen ist weiter eine Nachstellung je nach der Jahreszeit möglich. Diese gleiche Nachstellungsmöglichkeit ist anwendbar für Brennstoffe von verschiedenem Siedeverlauf.

### f) *Der „Siedeschwanz".*

Die bei den höchsten Temperaturen übergehenden Benzinanteile, das Siedeende bzw. der Siedeschwanz, werden allgemein für die sog. Schmierölverdünnung verantwortlich gemacht. Unter Schmierölverdünnung bezeichnet man die durch den verwendeten Kraftstoff verursachte Herabsetzung der Viskosität des Motorenöls. Nach amerikanischen Untersuchungen soll die Schmierölverdünnung von jener Temperatur abhängig sein, welche ausreicht, um den Kraftstoff unter dem betreffenden Kraftstoff-Luft-Verhältnis restlos zu verdampfen. Man bezeichnet diese Temperatur auch als Taupunkt des Kraftstoffs. Die Versuche des amerikanischen „Bureau of Standards" haben nun ergeben, daß dieser Taupunkt eine Beziehung zu einem Punkt der Siedelinie hat, und zwar zu der Temperatur, bei der 90% des Kraftstoffs einschließlich des Destillationsverlusts übergehen, also zum 90%-Punkt. Für die Beziehung zwischen dem Taupunkt einer 1 : 12 Kraftstoff-Luft-Mischung zum 90%-Punkt bestehen zwei Gleichungen, auf welche ich nicht eingehen will. Es entspricht z. B. ein 90%-Punkt von 200° C einem Taupunkt von etwa 60° C, ein 90%-Punkt von 185° C einem Taupunkt von etwa 49° C und ein 90%-Punkt von 150° C einem solchen von etwa 25° C. Von Einfluß auf die Höhe der Schmierölverdünnung sind ganz allgemein noch der Zustand des Motors und die Fahrweise, z. B. die Art der Betätigung der Luftklappe, die Vergasereinstellung, die Dichtheit der Kolben usw.

Aus obigem ist zu erkennen, daß eine Beziehung zwischen Motorenkonstruktion und Siedeverlauf besteht. Während z. B. die Ausbildung des Zylinderkopfs, der Verdichtungsdruck, die Lagerdrücke, die Zündung, die Kühlung, das Leistungsgewicht, die Hubraumleistung, der Kraftstoffverbrauch hauptsächlich von der Klopffestigkeit des Kraftstoffs abhängt, müssen die Kraftstoffzuführung, der Vergaser und die Startvorrichtungen auf den Siedeverlauf der Kraftstoffe ausgerichtet werden. Bedenkt man, daß einerseits, zumindest theoretisch, jede Änderung des Kraftstoffs hinsichtlich des Siedeverlaufs und der Klopffestigkeit einer entsprechenden Änderung der Motorenkonstruktion bedarf, um ein befriedigendes Verhältnis von Motor und Kraftstoff zu erzielen, und anderseits aber der Motorenkonstrukteur gezwungen ist, da es keinen einheitlichen Kraftstoff gibt, seine Konstruktion so auszurichten, daß alle auf den Markt befindlichen Kraftstoffe verwendbar sind, und drittens der Motor seine Pflicht eine Reihe von Jahren erfüllen muß, in welchen sich wieder häufig die Zusammensetzung des Kraftstoffs ändert, so erkennt man, daß der Motorenkonstrukteur gezwungen ist, eine Reihe von Kompromissen zu schließen.

*g) Bestimmung des Siedeverhaltens.*

Das Siedeverhalten wird im Altreich nach DIN DVM 3672 (Entwurf) (281) bestimmt. In Amerika wird zur Bestimmung des Siedeverhaltens im wesentlichen die gleiche Apparatur verwendet, nur verwendet man an Stelle des Glaskühlers einen Metallkühler und kühlt nicht mit Wasser, sondern mit Eis. Die Kühlung mit Eis gestattet auch die Kondensation der sehr tiefsiedenden Anteile des Benzins (s. auch Önorm C 1111).

Motorenbenzol wird im Gegensatz hierzu auch heute noch nach der Methode von Krämer & Spilker destilliert.

## 12. Dampfdruck, Dampfblasenbildung (vapour lock).

Im Zusammenhang mit den Starteigenschaften eines Kraftstoffs ist seine Fähigkeit, Dampf- oder Gasblasen zu bilden, welche die Betriebsstoffzufuhr zur Düse unterbinden und den Motor zum Stehen bringen. Vielfach ist für die Dampfblasenbildung ein Gehalt an Kohlenwasserstoffen verantwortlich, die in den Flüssiggasen bzw. Treibgasen vorhanden sind und deren Dampfdruck, wie man aus der Abb. 63 ersieht, bei gewöhnlicher Temperatur sehr hoch ist. Voraussetzung für Dampfblasenbildung ist in allen Fällen eine Erwärmung des Kraftstoffzuleitungssystems in einem Ausmaß, welches die Möglichkeit der Dampfblasenbildung schafft. In der Kraftstoffleitung kann sich Dampf in Steigungen bilden, insbesondere da, wo Rohrspiralen zur Aufnahme von Schwingungen, Abzweigen, Ventilen oder dgl. eingefügt sind. Entwickelt sich solcher Dampf in genügender Menge, so können an solchen Stellen Dampfblasen entstehen, die sich festsetzen, den Kraftstoffzulauf zuerst abdrosseln, dann völlig verhindern. Bei Kraftstofförderung durch Pumpe, wie sie bei stärkeren Fahrzeugen die Regel ist, sind die Druckverhältnisse vor und hinter der Pumpe verschieden. Er ist in der Saugzone zwischen Tank und Pumpe niedriger als in der Druckzone zwischen Pumpe und Vergaser. Bei dieser Zuleitungsart kann Dampfblasenbildung sowohl vor wie hinter der Pumpe, nicht selten aber in dieser selbst dann auftreten, wenn die Pumpe nahe an heißen Motorteilen liegt.

Daraus ergibt sich, daß bei Pumpenförderung die Bildung von Dampfblasen öfter und leichter vorkommen kann als bei Förderung durch Fallbenzin.

Blasenbildung in den Vergaserdüsen ist verhältnismäßig selten, kommt aber auch vor. Wenn irgendein Teil des Leitungssystems besonders erwärmt wird, wird dort eher Blasenbildung eintreten als in einer Düse. Doch wird die Neigung zur Blasenbildung in der Düse verstärkt, wenn der Vergaser besonders warm wird. Auch im Filter kann sich Kraftstoffdampf entwickeln und dessen Zulauf zum Motor drosseln.

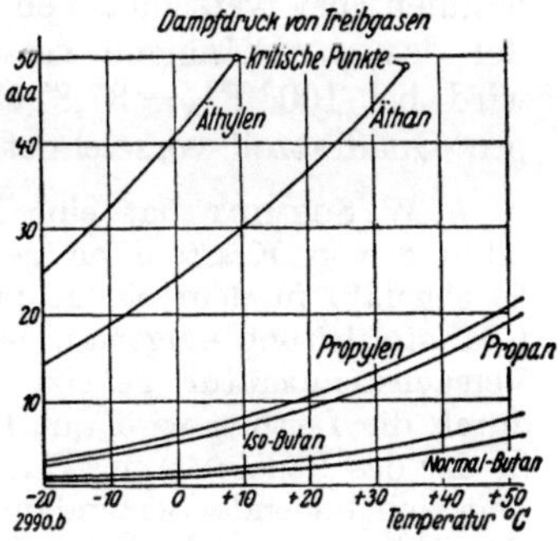


Abb. 63. Verlauf des Dampfdrucks in den Treibgasen enthaltener Kohlenwasserstoffe bei wechselnder Temperatur. Nach G. Gerson.

Die Verwendung biegsamer Zuleitungsrohre mit eingelegter Drahtspirale fördert die Neigung zur Dampfblasenbildung. Bilden sich Blasen an irgendeiner Stelle des Rohrleitungssystems, dann ist entweder die Außentemperatur hoch oder der Motor ist besonders heiß geworden oder es ist beides der Fall, da eines das andere ergänzt. Hält der Fahrer an, um die Ursache der Störung zu suchen, so beginnt der Motor sich abzukühlen. Die Abkühlung fördert den Dampfniederschlag, also die Rückbildung des Dampfes in den ursprünglichen flüssigen Zustand des Kraftstoffs, und die Dampfblase verschwindet, so daß der Motor zwar beim Ingangsetzen wieder anläuft, aber nach neuerlicher starker Durchwärmung wieder stottert und abgedrosselt wird. Es kann auch noch vorkommen, daß an heißen Tagen sich nur in der heißen Ebene Dampfblasen bilden, in kühlen Höhenlagen und in Wäldern aber nicht.

Besonders unangenehm ist die Dampfblasenbildung für die Luftfahrt, weil eine derartige Unterbrechung der Betriebsstoffzufuhr meistens mit einer Notlandung verbunden ist. Diese Erscheinung ist in den letzten Jahren, wo die Praxis eingeführt wurde, Erdgase durch Benzin zu leiten bis es gasgesättigt ist, anderseits Benzine durch Mischen von Erdgasbenzinen mit Schwerbenzinen zu erzeugen, sehr häufig aufgetreten. Um den Gasgehalt dieser Benzine zu erkennen, wird daher z. B. in Amerika sein Dampfdruck bestimmt. Meist wird hierzu die Methode des Amerikaners REID angewendet, welcher den Dampf der Betriebsstoffe in einer Bombe mit einem Manometer mißt. Der REID-Apparat besteht aus einem dicht schließenden Behälter, in welchen eine genau bemessene Menge Benzin gefüllt wird, doch so, daß noch ein mit Luft gefüllter Raum bestimmten Fassungsvermögens verbleibt. Mit diesem Behälter ist ein Druckmesser verbunden, welcher den Druck des beim Eintauchen des Apparats in ein Wasserbad bestimmter Temperatur entstehenden Benzindampfes anzeigt. Sobald der Apparat lange genug untergetaucht ist, wird der Dampfdruck auf dem Druckmesser abgelesen und vermerkt. Doch muß eine entsprechende Richtigstellung infolge der Ausdehnung der Luft im Behälter vorgenommen werden. Mehrere derartige Aufnahmen bei verschiedenen Wassertemperaturen ergeben eine Kurve der davon abhängigen verschiedenen Dampfdrücke. Der Dampfdruck wird bei 100° F (= 37,8° C) gemessen und in englischen Pfund (lbs) pro Quadratzoll verzeichnet.

A. W. SCHMIDT hat eine Methode zur Bestimmung der Dampfblasenbildung von Kraftstoffen geschaffen. Die Apparatur besteht aus einem Blechgefäß, in dem ein Kupferrohr mit dem Querschnitt einer normalen Kraftstoffleitung eingebaut ist. Der mit Wasser gefüllte Kasten wird auf Versuchstemperatur geheizt. Die Durchflußgeschwindigkeit des Benzins durch die Leitung wird auf 120 $cm^3$/h eingestellt. Gemessen wird die Zeit, in der das Benzin 10 $cm^3$ Gas gebildet hat oder aber der bei einer gegebenen Zeit sich bildende Benzindampf. Je kürzer die Zeit ist, in der sich die 10 $cm^3$ Gas bilden, um so leichter wird das Benzin zur Dampfblasenbildung neigen.

In Amerika z. B. verlangt man von einem Kraftstoff für normale Zwecke einen Dampfdruck von höchstens 0,7 atü und für tropische Verhältnisse von höchstens 0,56 atü, gemessen bei 37,8° C (= 100° F). Allerdings muß von seiten des Konstrukteurs getrachtet werden, alles zu tun, die Dampfblasenbildung zu vermeiden. So hat z. B. die Pallas Apparate G. m. b. H. Richtlinien für den Einbau von Kraftstoffpumpen und -leitungen veröffentlicht, welche im nachstehenden wiedergegeben sind:

1. Die Brennstoffleitung zur Pumpe soll tunlichst an der Seite des Rahmens entlang geführt werden, welche der Auspuffleitung entgegengesetzt ist. Die Brennstoffleitung selbst ist am zweckmäßigsten an die Außenseite des Chassis zu verlegen. Wenn sie innenseitig verlegt wird, soll sie gut isoliert sein.

2. Die Brennstoffpumpe soll so weit wie möglich von der Auspuffleitung montiert werden, am besten an der entgegengesetzten Seite des Motors. Vor allem soll sie in dem direkten Luftstrom des Kühlers liegen.

3. Wenn Vergaser und Pumpe nicht auf derselben Motorseite angeordnet sind, so soll die Verbindungsleitung um die dem Kühler zugewendete Seite des Motors herumgeführt werden, damit sie dem Luftstrom ausgesetzt ist. Wenn diese Leitung um die dem Kühler abgewendete Motorseite herumgeführt werden muß, die nahe am Auspuffrohr vorbeiführt, so muß sie gut isoliert sein.

4. Der Vergaser soll möglichst im Luftstrom des Ventilators liegen, damit Kochen des Brennstoffs in der Schwimmerkammer vermieden wird.

5. Wenn Beheizung des Ansaugrohrs von der Auspuffleitung vorgesehen ist und der Vergaserkörper zu warm wird, so ist Abhilfe durch einen isolierenden Zwischenflansch schlechter Wärmeleitung zu schaffen.

6. Gute Entlüftung des Raumes unter der Motorhaube ist für Funktion von Vergaser und Pumpe vorteilhaft.

## 13. Normen, Lieferungsbedingungen und Bezeichnung der Treibstoffe.

In Deutschland u. a. ist und war man bestrebt, besonders in Verbraucherkreisen die Treibstoffe, besonders die Benzine, zu normen. Die Durchführung dieser Bestrebungen scheiterten jedoch an der Stellungnahme der Interessenten, den Erzeugern, welche dabei meist von Wettbewerbsabsichten diktiert waren. Nachdem nun die Bewirtschaftung der Kraftstoffe von der Überwachungsstelle für Mineralöl nach einheitlichen Gesichtspunkten erfolgt, hat diese Stelle im Einvernehmen mit anderen zuständigen und an dieser Frage interessierten Stellen dieses Normungsproblem in die Hand genommen. Zur Erleichterung der Normungsarbeiten wurden zunächst Begriffsbestimmungen für Kraftstoffe geschaffen, welche auf Grund der Anordnung Nr. 12 der Überwachungsstelle für Mineralöl im Verkehr zwischen Behörden und der Wirtschaft allein verbindlich sein sollen und deren Anwendung im Verkehr der einzelnen Wirtschaftsbetriebe zwar nicht vorgeschrieben, jedoch erwünscht ist. Diese Begriffsbestimmungen sind in der DIN Vornorm 6511 und 6512 (Ausgabe vom Juli 1938) enthalten. Darnach unterscheidet man:

### Flüssige Kraftstoffe.

*Vergaserkraftstoffe.* (Flüssige Kraftstoffe für Vergaser- [Otto-] Motoren.)

Benzin:[1]
    Flugbenzin.
    Sonstiges Motorenbenzin.
    Motorenbenzin, welchem zur Verbesserung der Güte Benzol zugegeben worden ist, fällt unter „Benzin-Benzol-Gemisch". Im Gegensatz dazu fallen Benzine mit Zusatz von Antiklopfmitteln, wie Bleitetraäthyl (Ethyl), Eisenkarbonyl u. ä., unter „Sonstiges Motorenbenzin".
Benzol:[1]
    Flugbenzol.
    Sonstiges Motorenbenzol.
Alkohole für Motoren:[1]
    Motoren-Äthanol.
    Motoren-Methanol.
    Gemisch von Motoren-Äthanol und Motoren-Methanol (Kraftspiritus).

---

[1] Herkunft (Ausgangsstoff) ist auf Wunsch anzugeben.

Gemische aus Benzin, Benzol und Alkohol:[1]
- Fluggemisch (ausdrücklich für Flugmotoren bestimmt).
- Benzin-Benzol-Gemisch.[2]
- Benzin-Alkohol-Gemisch.[2]

Schlepper- (Traktoren-) Kraftstoffe.[1]

*Dieselkraftstoffe.* (Flüssige Kraftstoffe für Dieselmotoren.)[1]
- Flug-Dieselkraftstoffe.
- Fahrzeug-Dieselkraftstoffe.
- Sonstige Dieselkraftstoffe.[3]

### Feste Kraftstoffe.

*Für Motoren (über Gaserzeuger).*

Teerhaltig:
- Steinkohle.[4]
- Braunkohle.[4]
- Torf.[4]
- Holz.[4]
- Sonstige.[4]

Teerfrei:
- Hochtemperaturkoks.[1, 4]
- Mitteltemperaturkoks.[1, 4]
- Tieftemperaturkoks.[1, 4]
- Öl- und Teerkoks.[4]
- Torfkoks.[4]
- Holzkohle.[4]
- Sonstige.[4]

*Für Staubmotoren.*

### Gasförmige Kraftstoffe für Motoren ohne Eigengaserzeugung.

Hochverdichtetes Gas (Flaschengas):
- Stadt- und Ferngas.
- Methan.
- Sonstige hochverdichtete Gase.

Flüssiggas (Flaschengas):
- Propan, Butan und Gemische.

Sonstige gasförmige Kraftstoffe.

Die weiteren Bestrebungen, in Deutschland die Kraftstoffe zu normen, haben ihren Ausdruck darin gefunden, als für alkoholhaltige Treibstoffe bestimmte Richtlinien hinsichtlich ihrer Entmischbarkeit und ihrer Wasserlöslichkeit festgelegt wurden, ebenso hinsichtlich einiger Eigenschaften des zur Beimischung kommenden Alkohols.

In Frankreich ist man hinsichtlich der Festlegung von Mindestanforderungen an Treibstoffe viel weiter als in Deutschland gegangen und das Brennstoffgesetz vom 14. November 1935 kommt einer Normalisierung der verschiedenen Brennstofftypen gleich (170).

---

[1] Herkunft (Ausgangsstoff) ist auf Wunsch anzugeben.

[2] Gemische im Sinne der jeweils gültigen Bekanntmachung der Reichsmonopolverwaltung.

[3] Alle Dieselkraftstoffe für Motoren bis aufwärts zu etwa 600 U/min.

[4] Auch Preßlinge (Briketts).

Es besagt, daß flüssige Brennstoffe nur unter den nachstehend angeführten Bezeichnungen verkauft werden dürfen, und zwar „Carburant aviation", „Supercarburant" oder „Surcarburant", „Carburant tourisme", „Benzol moteur", „Carburant poids lourds", „Carburant poids lourds benzolé", „Carburant à base d'huile de houille" und „Gasoil".

Für jede dieser oben angeführten acht Brennstofftypen werden Mindestforderungen hinsichtlich seiner Eigenschaften gestellt. Die Eigenschaften des „Carburant aviation" müssen den vom Luftfahrtministerium herausgegebenen Normen entsprechen. Die mit „Supercarburant" oder „Surcarburant" bezeichneten Brennstoffe müssen den Bedingungen entsprechen, welche für das „Carburant tourisme" vorgeschrieben sind, mit Ausnahme der Brennstoffe, welche mehr als 15 Volumprozente Alkohol enthalten. Die Oktanzahl soll mindestens 75 (Toleranz — 1) sein. Unter die Bezeichnung „Carburant tourisme" fallen alle mit „Essence tourisme" bezeichneten Benzine, Benzin-Alkohol-Gemische, Benzin-Benzol-Gemische, Benzol-Alkohol-Gemische und Benzin-Benzol-Alkohol-Gemische. Die alkoholhaltigen Treibstoffe müssen bei einem Zusatz von 0,20 Volumprozenten Wasser bei + 1° C nach 30 Minuten noch klar sein. Bei der Destillation nach der Normalmethode (Afnor B. 6—II ballon Engler) sollen wenigstens 10% bis 65° C, 50% bis 120° C und 95% bis 185° C (eingeschlossen die Destillationsverluste) übergehen. Für den Fall, daß der Treibstoff weniger als 15 Volumprozente Benzol enthält, können 10% bis 70° C übergehen. Die Oktanzahl muß mindestens 60 (Toleranz — 1) betragen; enthält der Treibstoff aber Äthylalkohol, so soll die Oktanzahl mindestens 62 (Toleranz — 1) betragen. In den Benzin-Benzol-Alkohol-Gemischen kann das Benzol oder Benzin ersetzt werden durch bis 250° C siedende Steinkohlenteeröle, deren Anteil jedoch 25% nicht übersteigen darf. Der Anteil an Alkohol in den alkoholhaltigen Brennstoffen soll nicht unter 11 und nicht über 15 Volumprozente betragen. Alle mit „Carburant tourisme" bezeichneten Brennstoffe müssen klar und neutral sein und dürfen an einem Kupferstreifen keine Verfärbung hervorrufen. „Benzol moteur" muß vorwiegend aus aromatischen Kohlenwasserstoffen bestehen und eine Wichte von mindestens 0,865 besitzen. Es muß den Bedingungen entsprechen, die für die mit „Surcarburant" bezeichneten Brennstoffe gelten. Bis 85° C müssen mindestens 10 Volumprozente (einschließlich der Destillationsverluste) übergegangen sein. Der mit „Carburant poids lourds" bezeichnete Brennstoff soll aus einem Gemisch von Benzin (ausgenommen die mit „Essence tourisme" bezeichneten Benzine), White-spirit und mindestens 25 und höchstens 35 Volumprozente Äthylalkohol (99,4%) bestehen. Beim Korrosionsversuch mit einem Kupferstreifen dürfen diese Brennstoffe keine Verfärbung zeigen. Der Doctor-Test muß negativ sein und der Brennstoff muß klar und neutral sein. Die Wasserlöslichkeit dieser Brennstoffe soll bei + 1° C mindestens 0,20 Volumprozente betragen. Bis 70° C müssen mindestens 10 Volumprozente, bis 120° C mindestens 50 und bis 215° C mindestens 95 Volumprozente (einschließlich der Destillationsverluste) übergehen. Die Oktanzahl soll wenigstens 62 (Toleranz — 1) betragen. Für den mit „Carburant poids lourds benzolé“ bezeichneten Brennstoff sind die gleichen Bedingungen, mit Ausnahme des negativen Doctor-Tests, einzuhalten wie für den mit „Carburant poids lourds“ bezeichneten Treibstoff. Der Gehalt an Benzol soll mindestens 25 und höchstens 35 Volumprozente betragen. Der mit „Carburant à base d'huile de houille“ bezeichnete Brennstoff besteht aus Alkohol, Benzol und leichten unter 250° C siedenden Steinkohlenteerölen. Der Gehalt jedes der obgenannten Bestandteile soll jedoch nicht unter 25% betragen. Das „Gasoil“ muß den zollamtlichen Vorschriften entsprechen. Die mit „Carburant poids lourds“ und mit „Carburant poids lourds benzolé“ bezeichneten Brennstoffe müssen mit 0,5 g Rhodamin B je Hektoliter versetzt sein. Die Verwendung von Rhodamin B für andere Treibstoffe ist verboten.

Im französischen „Journal Officiel“ vom 15. November 1934 ist ein Gesetz über die in Frankreich zum Verkauf gelangenden flüssigen Brennstoffe enthalten. Im Artikel 1 dieses Gesetzes wird bestimmt, daß flüssige Brennstoffe nur unter den schon oben genannten acht Bezeichnungen verkauft werden dürfen und den oben angegebenen Bedingungen entsprechen müssen. Im Artikel 2 wird bestimmt, daß in allen Betrieben, in welchen flüssige Brennstoffe im kleinen verkauft werden, die Vertriebsapparate die Benennung, unter welchen der zum Verkauf bestimmte Brennstoff angegeben wird, und die Aufschrift in unauslöschlichen Buchstaben und den Verkaufspreis für 1 l des flüssigen Brennstoffs zu tragen haben. Wird der flüssige Brennstoff in Kannen verkauft, so sind die oben angegebenen Aufschriften über jeder Gruppe von Kannen anzubringen, wobei deren Größen nicht die Dimension einer Kiste von 10 Kannen zu 5 l überschreiten dürfen. Untersagt ist die Angabe eines Verkaufspreises für flüssige Brennstoffe, welche nicht den oben angeführten Vorschriften entsprechen. Die Vorschriften bezüglich der Aufschrift des Verkaufspreises müssen innerhalb einer Frist von drei Monaten nach dem Tag der Kundmachung erfüllt sein. Die Ministerien für Finanzen, Inneres, Ackerbau, Handel und Industrie sind beauftragt, die Ausführung des Erlasses zu überwachen.

In Deutschland ist nun gemäß der Anordnung Nr. 22 der Überwachungsstelle für Mineralöl vom 12. April 1939 die Beschaffenheit und die Zusammensetzung der Vergaserkraftstoffe geregelt. Diese Anordnung hat folgenden Wortlaut:

Auf Grund der Verordnung über den Warenverkehr vom 4. September 1934 (RGBl. I, S. 816), in der Fassung der Verordnung vom 28. Juni 1937 (RGBl. I, S. 761), in Verbindung mit der Verordnung über die Errichtung von Überwachungsstellen vom 4. September 1934 (Deutscher Reichsanzeiger und Preußischer Staatsanzeiger Nr. 209 vom 7. September 1934) wird mit Zustimmung des Reichswirtschaftsministers angeordnet:

§ 1. Zugelassene Vergaserkraftstoffe.

Als Vergaserkraftstoffe sind nur folgende Gemische zugelassen:

1. Benzin-Benzol-Gemisch:

a) Oktanzahl: In der Regel 80 (C. F. R.-Research-Methode).

b) Herstellung: Dem Benzin ist die zur Erreichung des vorgeschriebenen Oktanwertes erforderliche Menge Benzol zuzumischen. Diese darf jedoch 30 Gew.-% nicht unterschreiten.

2. Superbenzin:

a) Oktanzahl: In der Regel 80, oberer Grenzwert 82 (C. F. R.-Research-Methode).

b) Herstellung: Dem Benzin ist bis zu 0,4 cm³ je Liter Tel. (Tel. = Bleitetraäthyl) zuzumischen. Falls hierdurch der Oktanwert von 80 nicht erreicht wird, ist Benzol in der zur Erreichung des vorgeschriebenen Oktanwerts erforderlichen Menge zuzusetzen. Diese darf jedoch 15 Gew.-% nicht überschreiten.

3. Fahrbenzin N:

a) Oktanzahl: In der Regel 74, obere Grenze 75 (C. F. R.-Research-Methode).

b) Herstellung: Dem Benzin sind nach den Vorschriften der Reichsmonopolverwaltung für Branntwein 13 Gew.-% Kraftspiritus zuzumischen. Falls hierdurch der Oktanwert von 74 nicht erreicht wird, ist Benzol in der zur Erreichung des vorgeschriebenen Oktanwerts erforderlichen Menge zuzusetzen; sie darf jedoch 10 Gew.-% des Benzins nicht überschreiten.

4. Fahrbenzin S:

a) Oktanzahl: In der Regel 74, oberer Grenzwert 75 (C. F. R.-Research-Methode).

b) Herstellung: Dem Benzin ist bis zu 0,4 cm³ je Liter Tel. zuzumischen. Falls hierdurch der Oktanwert von 74 nicht erreicht wird, ist Benzol in der zur Erreichung des vorgeschriebenen Oktanwerts erforderlichen Menge zuzusetzen. Diese darf jedoch 10 Gew.-% nicht überschreiten.

§ 2. Zulassungsbereich.

1. Benzin-Benzol-Gemisch und Superbenzin (§ 1, Ziffer 1 und 2) sind im ganzen Reichsgebiet zugelassen.

2. Das Fahrbenzin N (§ 1, Ziffer 3) ist nur in Ostpreußen und in den nördlich folgender Linie liegenden Bezirken zugelassen: Reichsstraße Nr. 65 von der holländischen Grenze bei Bentheim bis zur Kreuzung mit der Reichsstraße Nr. 1 vor Braunschweig, Reichsstraße Nr. 1 bis Helmstedt, von dort Reichsautobahn über Berliner Ring (Südtangente) bis Frankfurt a. d. Oder, Reichsstraße Nr. 167 bis Schwiebus, Reichsstraße Nr. 97 bis zur polnischen Grenze bei Tirschtiegel. Zapfstellen, die in den von der Grenzlinie berührten Orten und an den die Grenzlinie darstellenden Straßen liegen, gehören zu dem Bezirk, in dem das Fahrbenzin N zugelassen ist.

3. Fahrbenzin S (§ 1, Ziffer 4) ist nur in den in Absatz 2 nicht genannten Teilen Deutschlands zugelassen.

§ 3. Bedeutung der Zulassung.

Zum Verbrauch als Vergaserkraftstoffe dürfen nur die am Ausgabeort zugelassenen Gemische abgegeben oder in Kraftstoffbehälter von Kraftfahrzeugen oder andere Vergasermotoren eingefüllt werden.

§ 4. Ausnahmevorschriften.

(1) Die Vorschriften der §§ 1 bis 3 gelten nicht:

1. für die bei Veröffentlichung dieser Anordnung vorhandenen Bestände von bisher zugelassenen Vergaserkraftstoffen,

2. für die Abgabe und Verwendung von Vergaserkraftstoffen für Flugmotoren.

(2) Die Überwachungsstelle für Mineralöl kann darüber hinaus Ausnahmen von den Vorschriften dieser Anordnung zulassen. Die Ausnahmebewilligung kann an Bedingungen und Auflagen geknüpft und jederzeit widerrufen werden.

§ 5. Strafbestimmungen.

Wer dieser Anordnung oder Auflagen (§ 4) zuwiderhandelt, wird nach den §§ 12 bis 15 der Verordnung über den Warenverkehr bestraft.

§ 6. Inkrafttreten.

Diese Anordnung, die auch für das Land Österreich und die sudetendeutschen Gebiete gilt, tritt am 1. Mai 1939 in Kraft. Gleichzeitig treten folgende Anordnungen der Überwachungsstelle für Mineralöl außer Kraft:

1. Anordnung Nr. 15 vom 20. September 1937 (Deutscher Reichsanzeiger und Preußischer Staatsanzeiger Nr. 224 vom 29. September 1937).

2. Anordnung Nr. 15 B vom 31. August 1938 (Deutscher Reichsanzeiger und Preußischer Staatsanzeiger Nr. 202 vom 31. August 1938).

(Die nach der Anordnung Nr. 22 aufgehobenen Anordnungen Nr. 15 und 15 B der Überwachungsstelle für Mineralöl betreffen die bisherigen Bestimmungen über Beimischung von Kraftspiritus zu Kraftstoffen.)

Es gibt naturgemäß noch eine große Zahl von in den verschiedensten Ländern seitens ihrer Körperschaften, wie Armee, Luftwaffe, Flotte und großen Gemeinden usw., aufgestellten Mindestanforderungen für die von ihnen benötigten Treibstoffe. Die geschilderten, für Frankreich und Deutschland geltenden Richtlinien sind sozusagen als Versuch zur Festlegung von Mindestanforderungen für Treibstoffe anzusehen.

# II. Gasförmige Treibstoffe.

## A. Flüssiggase.

### 1. Propan und Butan.

#### *a) Allgemeines.*

Es ist bekannt, daß die ersten marktfähigen Verbrennungsmotoren Gasmotoren waren. Diese Gasmotoren wurden um die Jahrhundertwende durch Elektromotoren und Verbrennungsmotoren für flüssige Brennstoffe verdrängt. Erst in den letzten Jahren gewinnt die Verwendung von Gasen als Treibstoffe wieder größte Bedeutung. Alle gebräuchlichen Gasmotoren sind wie die Vergasermotoren Motoren mit äußerer Gemischbildung und Fremdzündung; Gas und Luft werden vor dem Zylinder gemischt und im Zylinder verdichtet und elektrisch gezündet.

Unter den gasförmigen Treibstoffen, die für den Antrieb von Motoren zur Verwendung kommen, kann man zwei Gruppen unterscheiden:

erstens jene Gruppe von gasförmigen Treibstoffen, welche bei niederen Drücken bis etwa 20 Atm. zu verflüssigen sind, sog. Flüssiggase, und solche, die auch bei hohen Drücken bei gewöhnlicher Temperatur nicht verflüssigbar sind, also sog. Dauergase. Die Überwachungsstelle für Mineralöl hat die gasförmigen Kraftstoffe in Hochdruck- und Flüssiggase eingeteilt. Zum Hochdruckgas gehören nach dieser Einteilung Stadt-, Ferngas, Methan (Klärgas und Motorenmethan), zum Flüssiggas Propan und Butan und ähnliche Gase, z. B. Ruhrgasol, Deurag- und Leunagas. Zunächst sollen von den Flüssiggasen die wichtigsten besprochen werden, nämlich Propan und Butan. Die Flüssiggase Propan und Butan werden nicht absichtlich erzeugt; ihr Anfall ist zwangsläufig.

Ganz allgemein fallen unter den Begriff Flüssiggase nur einige wenige Kohlenwasserstoffe, und zwar sind es die Kohlenwasserstoffe mit drei Kohlenstoffatomen Propan und Propylen und Kohlenwasserstoffe mit vier Kohlenstoffatomen Butan und Butylen bzw. ihre Isomeren Isobutan und Isobutylen. Diese wenigen Verbindungen zählen zu den Flüssiggasen, sie brauchen aber nicht sämtlich in einem technischen Flüssiggas vertreten zu sein. Einige physikalische Eigenschaften dieser Kohlenwasserstoffe sind in der Tab. 22 zusammengestellt (259).

Die Flüssiggase sind bei Normaldruck und gewöhnlicher Temperatur gasförmig. Es genügen aber bei Temperaturen von 20° C die angeführten niedrigen Drücke zur Verflüssigung. In dieser Eigenschaft liegt der Grund, warum die übrigen brennbaren Gase nicht zu den Flüssiggasen zählen, wie z. B. Methan, Leuchtgas und auch nicht Äthan und Äthylen. Für Äthan und Äthylen sind die Verflüssigungsdrücke so hoch, daß sie die für Flüssiggas vorgeschriebenen Dampfdruckgrenzen überschreiten. Diese Druckbegrenzung ist aber nötig, um die Wandstärke der Flaschen und damit das Transportgewicht niedrig zu halten. Äthan und Äthylen sind also trotz ihrer großen Löslichkeit in den echten Flüssiggasen höchstens als Verunreinigung zulässig, weil die Anwesenheit dieser Gase rasch den Druck des Flüssiggases über das zulässige Maß steigern würde.

Tabelle 22. Physikalische Eigenschaften der Flüssiggase.

| | Propylen | Propan | 1-Butylen | n-Butan | Iso-Butan |
|---|---|---|---|---|---|
| Formel | $C_3H_6$ | $C_3H_8$ | $C_4H_8$ | $C_4H_{10}$ | $C_4H_{10}$ |
| Siedepunkt (°C, 760 mm Hg) | —47 | —44,5 | —5 | —0,7 | —10,8 |
| Dichte des Gases (Luft = 1) | 1,479 | 1,520 | 1,977 | 2,091 | 2,064 |
| Litergewicht (g) | 1,923 | 2,019 | 2,558 | 2,703 | 2,668 |
| Explosionsgrenzen (Vol.-%) | 2,2—9,7 | 2,4—9,5 | 1,7—9,0 | 1,9—8,5 | 1,9—8,5 |
| Luftbedarf ($m^3/m^3$) | 21,5 | 23,9 | 28,7 | 31,1 | 31,1 |
| Oberer Heizwert (kcal/kg) | 11670 | 12030 | 11600 | 11850 | 11850 |
| Unterer Heizwert (kcal/kg) | 10800 | 11040 | 10740 | 10920 | 10920 |
| Dampfdruck (ata 20°C) | 10,1 | 8,8 | 2,8 | 2,1 | 3,3 |
| Kritische Temp. (°C) | 92,3 | 95,6 | 142 | 153 | 134 |

### b) Herstellung.

Die Natur der Flüssiggase bringt es mit sich, daß sie nur in den seltensten Fällen für sich allein verdünnt durch andere Gase auftreten. Für gewöhnlich kommen sie in Begleitung ihrer höheren Homologen, also den Dämpfen der Benzinkohlenwasserstoffe in den später genannten Gasen vor. Das ist der Grund, warum die Aufgabe der Gewinnung der Flüssiggase stets mit der Aufgabe, die Benzine aus den Ursprungsgasen abzuscheiden, zusammenfällt.

Die drei wichtigsten Wege der Benzinabscheidung aus den Gasen sind (s. Abschnitt „Naturgasolin"):

1. Kompression mit oder ohne zusätzliche Kühlung.
2. Auswaschung mit Waschölen.
3. Adsorption mit Adsorptionsmitteln, besonders Aktivkohle.

Von den drei Abscheidungswegen für Benzine und Flüssiggase, Kompression, Auswaschung und Adsorption, kommt die Kompression ohne gleichzeitige Tiefkühlung nur bei Ausgangsgasen, die von vornherein sehr hohe Flüssiggaskonzentrationen enthalten, in Frage. Während die normale Kompression unter Umständen unter Zuhilfenahme billiger Zusatzkräfte nur für hochkonzentrierte Ausgangsgase in Frage kommt, ist für ärmere Gase der Kompressionsprozeß unter entsprechend stärkerer Tiefkühlung namentlich von der Firma Linde ausgearbeitet worden (s. Abschnitt „Ruhrgasol").

Die größere Bedeutung als die Kompression sind für die Flüssiggasgewinnung, namentlich bei Gehalten an Flüssiggas von weniger als 300 bis 500 g/m³, die Auswaschung und die Adsorption. Von diesen hat das Auswaschverfahren im Ausland die größte Verbreitung gefunden.

Die modernen Riesenanlagen Amerikas zur Verarbeitung von Erd-, Raffinerie- bzw. Krackgas auf Flüssiggas arbeiten sämtlich nach dem Druckwaschölverfahren. Die Ausgangsgase werden unter Drücken bis zu 10 Atm. in Waschtürmen mit Waschölen ausgewaschen. Das aus den Waschtürmen ablaufende Waschöl wird teilweise entspannt, so daß die Hauptmenge des in Lösung gegangenen Methans und Äthans abgegeben wird. Das Waschöl durchläuft dann Wärmeaustauscher, Vorwärmer und tritt in gas- oder dampfbeheizte Destillierkolonnen, in denen die gelösten Bestandteile aus dem Öl in der gleichen Weise wie in den Benzolanlagen abgetrieben werden, worauf das Öl im Kreislauf wieder zur Auswaschung zurückgeführt wird. Die Anwendung von Druck hat unter anderem auch den Zweck, die Mengen an Waschöl, welche zur Auswaschung erforderlich sind, zu vermindern. Bei einem Druck von 10 Atm. ist die zur Auswaschung des Propans erforderliche Waschölmenge auf ein Zehntel reduziert. Außerdem kann bei Anwendung von Druck die Verdünnung der abgetriebenen Flüssiggase mit Inertgasen geringer gehalten werden. Durch stufenweise Entspannung nach der Auswaschung werden in der höheren Druckstufe hauptsächlich die weniger leichtlöslichen Inertgase aus dem Waschöl abgegeben; in der folgenden Ausdämpfung wird dann der Hauptteil der Flüssiggase in konzentrierterer Form gewonnen. Allerdings kommt mit fallender Gasolkonzentration verhältnismäßig frühzeitig bei etwa 50—100 g/m³ der Punkt, wo trotz Anwendung von fraktionierter Entspannung ohne zusätzliche besondere Maßnahmen die Verdünnung des abgetriebenen Flüssiggases durch mit aufgelöste Inertgasbestandteile so groß bleibt, daß die anschließende Weiterverarbeitung des Rohflüssiggases zu Flüssiggas unwirtschaftlich wird. Die Waschölverfahren bleiben also auf höhere Gaskonzentrationen beschränkt. Man muß berücksichtigen, daß die bisher geschilderten Verfahren zur Gewinnung von Flüssiggasen für amerikanische Verhältnisse bei Gasen hoher Propan- und Butankonzentration entwickelt sind und bei dem enormen Überschuß an solchen Gasen dort wohl nirgends auf eine quantitative Gewinnung des Gasolgehalts Wert gelegt wird.

Für Deutschland, wo mit kleinen Konzentrationen gerechnet werden mußte, kommt ebenfalls nur die Adsorption mit Aktivkohle in Betracht.

Propan und Butan werden gewonnen:

α) **Aus den Erdgasen** (s. Abschnitt „Naturgasolin"). In den Anfängen der Industrie der Erdgasbenzingewinnung aus den Erdgasen ließ man die flüchtige Propan-, Butan- und Pentanfraktion einfach verdampfen und in die Luft entweichen, damit das gewonnene Benzin mit dem aus dem Erdöl erzeugten leicht verschnitten werden konnte. Das war ein sehr unwirtschaftliches Verfahren. Erst im Jahre 1924 wurden wirksame Wascher, Abtreiber und Dephlegmotoren allgemein eingeführt, die neben guter Benzinausbeute auch die Gewinnung der leichter flüchtigen Fraktionen erlauben.

Man kann die im Erdgas vorkommenden Gase in drei Gruppen zusammenfassen. Die erste Gruppe sind das Methan, der Stickstoff und Sauerstoff, das Kohlendioxyd und das Äthan. Auch Helium ist in wenigen Fällen spurenweise vorhanden. Alle diese Gase sind erst bei sehr tiefen Temperaturen und hohen Drücken zu verflüssigen.

Die zweite Gruppe, die sog. Flüssiggase bestehen vorwiegend aus Propan und Butan, auch Propylen usw.

Die dritte Gruppe, die getrennt vom Gas bei Raumtemperatur flüssig ist, besteht aus etwas Butan, ferner Pentan und die höher als die vorgenannten siedenden Kohlenwasserstoffe.

Die Gewinnung der Flüssiggase erfolgt nun in drei Stufen. In der ersten Stufe werden mit aktiver Kohle die im Gas enthaltenen Kohlenwasserstoffe Propan, Butan und höhere Homologe herausgenommen. Neben diesen Kohlenwasserstoffen wird von der aktiven Kohle auch noch Äthan aufgenommen. Bei der Beladung aktiver Kohle mit Erdgas werden anfangs alle Bestandteile entsprechend der Aufnahmefähigkeit adsorbiert. Im Laufe der Beladung werden die Gase der ersten Gruppe, zuerst das Methan und Äthan, von den hinzukommenden höhersiedenden Kohlenwasserstoffen verdrängt, da die Adsorption die höhermolekularen Kohlenwasserstoffe bevorzugt. Diese Verdrängungsadsorption ermöglicht eine weitgehende Abtrennung der unerwünschten Gase der ersten Gruppe von den Gasen der zweiten Gruppe. Die Beladung der Aktivkohle wird abgebrochen in dem Augenblick, wo sich in dem durch die Aktivkohle geschickten Gas Propan zeigt.

Die rohen Erdgase sind die frühest bekannten Quellen für die Propan- bzw. Butangewinnung. Von den enormen Mengen von Flüssiggas, die im Erdgas zur Verfügung stehen, erhält man einen Begriff, wenn man sich die für die Vereinigten Staaten geltenden Statistiken ansieht. Nach den Veröffentlichungen des Amerikanischen Petroleum Institutes wurden z. B. 1935 in den Vereinigten Staaten 56 Milliarden Kubikmeter Erdgas gewonnen. Der Durchschnittsgehalt dieser Gase an Kohlenwasserstoffen mit drei Kohlenstoffatomen betrug 9% und an Kohlenwasserstoffen mit vier Kohlenstoffatomen 5%, also 250—300 g/m³, so daß der Gesamtbetrag des 1935 geförderten Flüssiggases etwa 16 Millionen Tonnen war. Demgegenüber betrug die tatsächliche Produktion weniger als 200000 t (259).

Die deutschen Erdgase sind im Vergleich zu den amerikanischen viel ärmer an Flüssiggas. Nur an einer Stelle, in Hännigsen im hannoverschen Erdölgebiet, wird von der Gewerkschaft Elwerath ein Erdgas, das etwa 100 g Propan und 100 g Butan pro Kubikmeter enthält, auf die Abtrennung des Flüssiggases verarbeitet (259).

*β*) **Aus den bei der Verarbeitung von schweren Ölen durch Kracken entstehenden Krackgasen** (s. Abschnitt „Polymerisationsbenzin"). Die „Deurag" (Gewerkschaft Deutsche Erdöl-Raffinerie, Hannover) hat z. B. auf ihrer Krackanlage in Misburg eine Flüssiggasgewinnungsanlage. Diese Anlage arbeitet nach dem Prinzip der Fraktionierung unter Druck. Die Deurag gewinnt auf diese Weise ein Flüssiggas, das etwa 60% Propan und 40% Butan enthält. In Amerika werden die Krackgase (die amerikanischen Krackanlagen liefern als Nebenerzeugnis mehr als 300 Milliarden Kubikfuß Krackgase) auch für Flüssiggase verarbeitet, die dort hauptsächlich für industrielle Feuerungen ebenso aber auch für häusliche Zwecke weite Verbreitung gefunden haben. In einigen kleinen amerikanischen Städten erwies es sich als vorteilhafter, Propan und Butan in Mischung mit Luft an die Verbraucher zu verteilen, als eine städtische Gasanlage zu erhalten. Als Stadtgas wurden 1936 9,5% der gesamten Flüssiggaserzeugung verwandt. Die in Amerika betriebenen Krackanlagen wären in der Lage, mehr als 2 Milliarden Gallonen Flüssiggase im Jahre zu liefern; diese Gasmenge entspricht ihrem Heizwert nach etwa 70% der Jahreserzeugung aller amerikanischen Gaswerke. Der Verbrauch von Flüssiggas in Amerika ist von 1927 bis 1935 von 1 auf 77 Millionen Gallonen gestiegen.

Im allgemeinen sind für die Gewinnung der Flüssiggase aus den bei der Krackung entstehenden Spaltgasen Aktivkohleanlagen nur nach entsprechender Eignungsprüfung zu verwenden. Die in den Spaltgasen vorhandenen, zur Polymerisation neigenden ungesättigten Kohlenwasserstoffe können eine langsame Verunreinigung der Kohleporen verursachen.

*γ*) **Aus den bei der Hydrierung von Kohle und der synthetischen Gewinnung von Benzin nach Fischer und Tropsch sich bildenden Gasen.**

Bei einer Erzeugung von z. B. 120000 t Benzin durch das Hochdruckhydrierverfahren fallen etwa 10000 t Flüssiggase an. Die Gewinnung der

Flüssiggase im Leunawerk erfolgt in der Weise, daß die Rückgase der Kohlehydrierung in Turbokompressoren auf etwa 20 Atm. verdichtet werden. In Kolonnen werden sie dann in Leichtbenzin, Butan und Propan getrennt und von allen schädlichen Bestandteilen gereinigt. Bei der Benzinsynthese nach FISCHER und TROPSCH entstehen etwa 8% gasförmige Kohlenwasserstoffe, die zum größten Teil aus Propan, Butan, Propylen und Butylen bestehen.

Aus den Endgasen der FISCHER-TROPSCH-Benzinfabriken wird das Benzin und das Flüssiggas mit Hilfe von Aktivkohle gewonnen. Die Beladung der Aktivkohle mit diesem Endgas erfolgt in folgender Weise:

Das Gas streicht durch die Kohle praktisch immer in der Richtung von unten nach oben. Ist die Aktivkohle frisch, so nimmt sie außer dem Benzin auch die Flüssiggase und überdies einen Teil des Methans, der Kohlensäure und andere Gasbestandteile auf. Die untersten Schichten beladen sich am höchsten und werden am frühesten mit Benzin abgesättigt. Nach oben schichten sich darüber die schwerer adsorbierbaren Bestandteile und diese werden nun mit weiterem Durchgang des Gases durch die neu hinzukommenden, leicht adsorbierbaren Bestandteile immer mehr verdrängt. So kommt es, daß mit Fortsetzung des Gasdurchgangs durch die Kohle ein Bestandteil nach dem andern in der Reihenfolge ihrer Adsorbierbarkeit bzw. in grober Annäherung in der Reihenfolge ihrer Molekulargewichte aus der Kohle durchbricht. Es darf also die Beladung nicht weitergeführt werden, als bis das Flüssiggas an die Oberfläche der Kohlenschicht vorgedrungen ist, denn dann enthält die Aktivkohle nur noch in verhältnismäßig kleinen Partien die schwer adsorbierbaren Inertgase.

Die Aktivkohle wird mit Wasserdampf in der Richtung von oben nach unten von den adsorbierten Bestandteilen befreit. Am Beginn des Ausdämpfens werden aus der obersten Schicht alle darin adsorbierten Gasbestandteile freigemacht und wandern nach unten. Anfänglich bestehen die freigemachten Bestandteile nur aus Inertgasen, die beim Passieren der unteren Schichten wegen der dort herrschenden Beladung mit Flüssiggas bzw. Benzin keine Möglichkeit der Adsorption finden und daher aus dem Adsorber austreten. Bei weiterem Eindringen des Dampfes in tiefere Schichten wird Flüssiggas freigemacht, welches aber in tieferen Schichten adsorbiert wird, da hier die Vorbeladung mit Flüssiggas aus dem ursprünglichen Gas, also mit Flüssiggas von entsprechend niedrigem Partialdruck herrührte, während beim Ausdämpfen aus den oberen Zonen Flüssiggas höherer Konzentration ankommt und daher zusätzlich noch aufgenommen werden kann. Beim weiteren Vordringen des Wasserdampfs wird dann endlich das Flüssiggas in so tiefe Zonen weitergeschoben, daß es an den mit Benzin beladenen Kohlenschichten keine Aufnahme mehr findet und dann erst beginnt, beim Ausdämpfen das Flüssiggas auszubrechen. Auf diese Weise kann bei nicht allzu großer Dampfgeschwindigkeit beim Ausdämpfen eine Zerlegung oder Fraktionierung in die einzelnen Gasbestandteile erzielen. Man erhält zuerst die leichtesten Gasbestandteile in der Reihenfolge Wasserstoff, Kohlenoxyd, Methan,

Kohlensäure und erst dann die Flüssiggase, und schließlich erst am Schluß führt der Wasserdampf das Benzin mit. Durch geeignete Umschaltvorrichtungen kann man die einzelnen Gasbestandteile für sich getrennt auffangen. Man kann in modernen Aktivkohleanlagen direkt zu Flüssiggasen höchster Konzentration kommen, die bis zu 80% und mehr an verflüssigbaren Gasen enthalten. Diese Fraktionierung wird also unabhängig von der Konzentration der Flüssiggase im Ausgangsgas und selbst bei Flüssiggaskonzentration unter 1% im Ausgangsgas erreicht (259).

Bemerkenswert ist hinsichtlich der bei der Hydrierung entstehenden Kohlenwasserstoffe, daß die hierbei sich bildenden Kohlenwasserstoffe mit mehr als zwei Kohlenstoffatomen, da dieser Prozeß bei mehr als 200 Atm. Druck ausgeführt wird, im Öl gelöst anfallen. Je höher die Reaktionstemperatur bei der Hochdruckhydrierung, um so mehr gasförmige Kohlenwasserstoffe werden im allgemeinen erhalten und um so höher ist auch meistens ihr Methangehalt. Bei der Hydrierung von sauerstoffhaltigen Ausgangsstoffen, insbesondere von Braunkohle, entstehen auch Kohlenoxyd und Kohlensäure. Die gasförmigen Kohlenwasserstoffe gehören überwiegend der Methanreihe an. Bei der Steinkohlehydrierung enthalten sie etwa 60 Gewichtsprozente Methan und Äthan und etwa 40 Gewichtsprozente Propan und Butan (47). Bei dem dreimonatigen Großversuch zur Hydrierung von Steinkohle wurden etwa 140 kg gasförmige Produkte je Tonne Kohle erhalten (47).

$\delta$) **Aus den Gasen, welche bei der trockenen Destillation von Steinkohlen entstehen** (Näheres siehe Abschnitt „Ruhrgasol“ und „Motorenmethan“).

$\varepsilon$) **Aus den Schwelgasen, welche bei der Schwelung von Braun- und Steinkohlen entstehen.**

Für Deutschland sind als Flüssiggasquellen ferner zu nennen die Schwelgase der Braun- und Steinkohlenschwelerei, in denen neben den Schwelbenzindämpfen noch Flüssiggase im Ausmaß von rund 100 g/m³ enthalten sind, so daß gewöhnlich bei der Schwelerei die Ausbeute an Flüssiggasen größer gestaltet werden könnte als die Benzinausbeute (259).

### *c) Die Stabilisationsanlage.*

Bei den vorgenannten Arbeitsprozessen wird einerseits Benzin flüssig abgeschieden und anderseits ein Kohlenwasserstoffgemisch gewonnen, deren Bestandteile gasförmig, aber verflüssigbar sind und das noch Benzindämpfe enthält, während umgekehrt im Rohbenzin noch Flüssiggasbestandteile gelöst sind. Es muß nun einerseits das Benzin von den Flüssiggasbestandteilen befreit werden, da dieses den Dampfdruck des Benzins stark erhöht und dadurch Anlaß zur Dampfblasenbildung in den Kraftstoffleitungen gibt. Anderseits müssen die Kohlenwasserstoffe des Flüssiggases von Benzin befreit und dann verflüssigt werden. Beide Ziele werden für gewöhnlich in einem Arbeitsgang mit Hilfe einer sog. Stabilisationsanlage erreicht. Abb. 64 zeigt eine solche, wie sie im deutschen Erdölgebiet oder in den neuen Benzinanlagen stehen. Der hauptsächliche Teil einer solchen Anlage ist eine hohe Glockenbödenkolonne. Die Arbeitsweise ist folgende:

Die ganze Anlage steht unter einem Druck von etwa 10—20 Atm. In den mittleren Teil der Kolonne wird mit einer Pumpe das Rohbenzin eingeführt, das zuvor im Wärmeaustauscher vorgewärmt wurde. Das gasförmige Flüssiggas wird vor Eintritt in die gleiche Kolonne zunächst mit einem zweistufigen Kompressor bis zu dem in der Kolonne herrschenden Druck von 10 bis 20 Atm. komprimiert. Das aus der zweiten

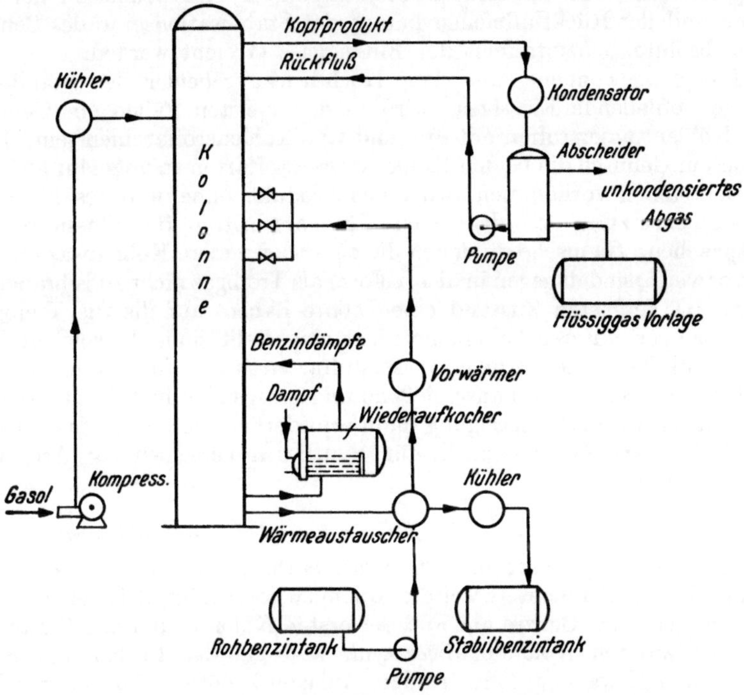


Abb. 64. Schema einer Stabilisationsanlage. Nach W. GRIMME (259).

Stufe des Kompressors anfallende Produkt wird auf den oberen Teil der Kolonne geführt. Die eingeführten Rohprodukte fließen in der Kolonne abwärts entgegen dem Dampf- und Gasstrom, der aus dem unteren heißeren Teil der Kolonne aufsteigt. Von Boden zu Boden herrscht eine Gegenstromauswaschung wie in jeder Rektifizierkolonne. Aus dem Kopf der Kolonne destillieren nur die Flüssiggasbestandteile frei von Benzin ab, welche dann im Kondensator, der gleichfalls unter Druck steht, gekühlt und dabei verflüssigt werden. Das flüssige Flüssiggas gelangt in einen Abscheider, aus dem die nicht kondensierbaren Inertgase, die zusammen mit dem Rohflüssiggas eingebracht wurden, entweichen, während das Flüssiggas selber zum Teil abreguliert, zum Teil von der Rückflußpumpe wieder auf die Kolonne zurückgepumpt wird, um die Rektifizierwirkung in der Kolonne zu steigern. Das Benzin, das in der Kolonne infolge des Auskochens unter Druck von den flüchtigen gelösten

Bestandteilen befreit wird, fließt am Fuß der Kolonne nach Passieren der Wärmeaustauscher und der Kühler in dem gewünschten gasfreien Zustand ab, wird entspannt und geht unter dem Namen Stabilbenzin zur weiteren Verarbeitung auf Treibstoffe. Durch Einbau von Reglern für den Druck, für die Zuflußmengen und für die Temperatur arbeiten die Anlagen automatisch. Bei geeigneter Einstellung der Temperatur des Kopfprodukts, der Wiederaufkochertemperatur, des Drucks in der Kolonne und der Rückflußmenge kann jeder Stabilisationsgrad des Benzins und absolute Benzinfreiheit der Flüssiggase erreicht werden.

Das so gewonnene, aus dem Hochdruckabscheider der Stabilisieranlage abfließende Flüssiggas wird in den meisten Fällen ein Gemisch von Kohlenwasserstoffen mit drei und vier Kohlenstoffatomen sein. Falls in diesem Gemisch die beiden Kohlenwasserstoffarten zu ungefähr gleichen Gewichtsteilen vorkommen, wird das Produkt ohne weiteres in seiner Zusammensetzung den deutschen Gütevorschriften für Flüssigtreibgas entsprechen. Gemische, in denen die eine oder andere Kohlenwasserstoffart vorwiegt, sind dagegen in dieser Form als Treibgas nicht zu gebrauchen, da sie im vergasten Zustand eine Dichte haben, auf die die Treibgaseinrichtungen unserer Fahrzeuge nicht eingestellt sind. In solchem Fall sind dann die beiden Kohlenwasserstoffarten im verflüssigten Gemisch zunächst zu trennen und anschließend im richtigen Verhältnis zu mischen. Desgleichen wird eine Zerlegung dann erforderlich sein, wenn das Flüssiggas für andere Zwecke, z. B. für Synthesen verschiedener Art, Verwendung finden soll.

### *d) Gesonderte Gewinnung der im Flüssiggas enthaltenen Kohlenwasserstoffe.*

Zur Trennung dieser im Flüssiggas enthaltenen Kohlenwasserstoffe sind noch eine oder mehrere weitere Kolonnen notwendig. Bei einer weiteren Kolonne wird das Benzin am Fuß der ersten Kolonne und das Butan am Fuß der zweiten Kolonne abgezogen, während das Propan am Kopf der zweiten Kolonne anfällt. Andere Anlagen benötigen für den gleichen Zweck drei Kolonnen; in der ersten Kolonne werden dann die Inertgase von einem Benzin-Butan-Propan-Gemisch getrennt, darauf in der zweiten das Propan vom Kopf abgenommen und endlich in der dritten Kolonne das Butan vom Kopf und das Stabilbenzin am Fuß dieser Kolonne gewonnen. Bei Verwendung einer vierten Kolonne endlich ist es sogar möglich, auch noch das Isobutan vom Butan zu trennen. Das Isobutan mit seinem höheren Dampfdruck wird oben und das Butan unten abgezogen.

Diese beschriebene Gewinnung von Flüssiggasen aus Industrie- und Erdgasen hat seinen Ausgang in außerdeutschen Erdölgebieten genommen und ist in Deutschland im Streben nach eigener Treibstoffversorgung vervollkommnet worden (259).

### *e) Eigenschaften des Flüssiggases.*

Alle Flüssiggase bestehen aus den Hauptkomponenten Propan, Butan, Propylen und Butylen, aber das Verhältnis, in welchem diese Gase vorkommen, ist sehr verschieden. Im Flüssiggas aus Erdgas sind nur die gesättigten Kohlenwasserstoffe Propan und Butan bzw. Isobutan vertreten. Das gleiche gilt für die Flüssiggase aus Hochdruckhydrieranlagen, in denen der Gehalt an ungesättigten Kohlenwasserstoffen sehr gering ist. Für die Produkte aus anderen Flüssiggasquellen kann man die Regel aufstellen, daß der Anteil an ungesättigten Kohlenwasserstoffen um so größer wird, je höherer Temperatur das Flüssiggas enthaltende Gas ausgesetzt war.

Im Flüssiggas, das aus den FISCHER-TROPSCH-Anlagen stammt, das bei der Synthese Temperaturen von 200° C ausgesetzt ist, ist der Gehalt an ungesättigten Kohlenwasserstoffen etwa 30—40%, Schwelgase und Krackgase, die aus Prozessen mit Temperaturen von 500 bis 600° C stammen, liefern ein Flüssiggas, das etwa 50—60% ungesättigte Kohlenwasserstoffe enthält. Im Koksofengas endlich, das Temperaturen von 900 bis 1100° C ausgesetzt war, bestehen die Flüssiggase zumindest zu 70% aus ungesättigten Kohlenwasserstoffen, außerdem herrschen die Kohlenwasserstoffe mit drei Kohlenstoffatomen vor.

Für die Verwendung als motorischer Brennstoff haben diese Unterschiede im Gehalt an ungesättigten Kohlenwasserstoffen keine unmittelbare Bedeutung; er spielt aber, wie wir im Abschnitt „Polymerisationsbenzin“ sahen, für die Verwendbarkeit zu chemischen Synthesen eine entscheidende Rolle. Alle die Verarbeitungsmöglichkeiten von Flüssiggasen zu Alkoholen, Estern, Schmierölen, Polymerisationsbenzin usw. bedürfen ein Gas, das sehr reich an ungesättigten Kohlenwasserstoffen ist.

### *f) Die Verwendung von Flüssiggas als Treibstoff.*

Die Verwendung von Propan und Butan als Treibstoffe für Kraftfahrzeuge ist noch jüngeren Datums. Propan und Butan sind sehr klopffest; Verdichtungen von 1 : 10 sind ohne Klopfen möglich. Die Verbrennung dieser Gase ist weich und rückstandslos. Klopfmessungen der Flüssiggase am C. F. R.-Motor nach der Researchmethode haben Oktanzahlen von über 100, etwa 105—110, ergeben, je nach ihrem Gehalt an den vier Komponenten Propan, Propylen, Butan, Butylen. Von diesen hat Propan die höchste Klopffestigkeit, die der von Reinbenzol fast gleichkommt, Propylen ist etwas weniger klopffest, Butylen steht in der Reihenfolge hinter Propylen, und die Butane endlich haben Klopfwerte, die bereits etwas unter dem von Isooktan liegen. Bemerkenswert ist dabei, daß beim Vergleich der Klopffestigkeit des Propans und des Propylens (und das gleiche gilt für Äthan und Äthylen) eine Ausnahme von der allgemeinen Regel herrscht, nach der die ungesättigten Kohlenwasserstoffe klopffester als die entsprechend gesättigten Kohlenwasserstoffe sind. Die hohen Oktanwerte der Flüssiggase zeigen, daß die Anwendung sehr hoher Verdichtungsgrade beim Flüssiggasmotor und eine wesentliche Steigerung von Leistung und Wirtschaftlichkeit möglich ist. Schon bei einer verhältnismäßig geringen Verdichtung von 1 : 7 wird ein geringster spezifischer Verbrauch von 180 g Flüssiggas/PSh erreicht. Leider wird bis heute von dieser Möglichkeit der Kompressionserhöhung beim praktischen Treibgasbetrieb wenig Gebrauch gemacht.

Eine Ölverdünnung tritt bei Verwendung von Flüssiggas nicht auf. Das Anlassen der Motoren ist zu jeder Jahreszeit leicht, weil Propan und Butan bei gewöhnlicher Temperatur Gase sind. Propan und Butan geben bereits bei gewöhnlicher Temperatur und bei geringem Druck, welcher beim Propan ungefähr bei 8 Atm., beim Butan ungefähr bei 2 Atm. liegt, in den flüssigen Zustand über. Man kann sie daher in verhältnismäßig dünnwandigen und leichten Flaschen auf dem Fahrzeug mitführen. Eine solche Flasche kann z. B. bei einem Eigengewicht von 41 kg 33,6 kg Flüssiggas fassen. Dieser Inhalt entspricht z. B. ungefähr 55,5 l Benzin. Die z. B. für Leunatreibgas (Bezeichnung für das bei der Hydrierung im Leunawerk als Nebenprodukt anfallende Propan und Butan) verwendeten Stahlflaschen haben eine Länge von 1,205 mm (ohne Ventil) und einen äußeren Durchmesser von rund 317 mm; ihr Leergewicht beträgt bei 79 l Rauminhalt nur 41 kg, während die Füllung rund 33 kg wiegt (höchster Betriebsdruck bis 10 Atm., Prüfdruck 25 Atm.). Der Gasinhalt entspricht etwa 50 l Benzin. Die für das Deuragflüssiggas meistverwendeten Flaschen haben ein Eigengewicht von 30 kg, ein Füllgewicht von 22 kg, wobei der Gasinhalt etwa 34 l Benzin entspricht. In Westdeutschland werden 108-l-Flaschen mit 53 kg Leergewicht und 46 kg Füllung, 1700 mm lang und 321 mm Durchmesser verwendet. In gemeinsamer Arbeit wurde von den Flaschenfabrikanten und den Gaserzeugern eine Normierung der Flaschen durchgeführt, so daß heute nur noch drei Flaschentypen für Flüssiggas gebraucht werden. Diese sind die schon beschriebenen und nach dem Inhalt benannt die 22-kg-Flasche der Deurag, die 33-kg-Flasche der I. G. Farbenindustrie und die 46-kg-B-V-Flasche der Westdeutschen Treibgasvereinigung.

Die Flüssiggasflaschen werden in der Regel bei den Längsseiten des Fahrgestells liegend angebracht und mit einem Schutzkasten oder Schutzblech gegen Wärmestrahlung und Steinschlag umgeben; in einzelnen Fällen kann aber auch der Einbau der Flaschen an der Rückseite des Wagens, und zwar stehend (Ventil nach unten), zweckmäßig sein. An einem leichten Lastwagen lassen sich zwei, an einem schweren Lastwagen vier Flaschen anordnen. Das Tanken von Flüssiggaswagen geschieht durch Auswechseln der leeren Flaschen gegen volle.

Die Auspuffgase von mit Flüssiggas betriebenen Motoren sind vollständig geruch- und rauchfrei, was besonders für den städtischen Omnibusverkehr von Vorteil ist. In den Auspuffgasen ist auch selten Kohlenoxyd enthalten, weil eine Überfettung des Gemischs wie bei Benzinbetrieb nicht notwendig ist.

Der Verbrauch an Flüssiggas gegenüber Benzin ist relativ geringer. Aus den Heizwerten ergibt sich theoretisch ein Verbrauchsverhältnis von 1 kg Treibgas zu 1,44 l Benzin. Da nun aber die mit Benzin betriebenen Motoren meist reichlich fett eingestellt sind, so zeigt sich in der Praxis in der Regel ein besseres Verbrauchsverhältnis, und zwar von 1 : 1,65 bis zu 1 : 1,70. Der Wirkungsgrad und Verbrauch sind also um 15% günstiger, als sich theoretisch ergibt.

Der Betrieb von Motoren mit Propan und Butan hat noch die folgenden betrieblichen Vorteile:

1. Rasches Starten.
2. Rasche Leistungsentwicklung, auch bei der kalten Maschine, da sich kein Kondensat bilden kann.
3. Geruch-, rauch- und rußfreie Verbrennung.
4. Keine Ablagerungen an Kolben und Ventilen.
5. Ausgezeichnete Mischung mit der Verbrennungsluft und nahezu vollkommene Verbrennung über den ganzen Drehzahlbereich.
6. Ermöglichung niedriger Gemischtemperatur durch Abkühlen der Verbrennungsluft durch das Verdampfen der flüssigen Gase.
7. Genaue Dosierung, da größere Volumina als bei Benzin zu mischen sind.
8. Keine Schmierölverdünnung.
9. Keine Dampfblasenbildung.
10. Gleichmäßige Beschaffenheit der verflüssigten Gase.

Die wichtigsten physikalischen Eigenschaften von Propan und Butan sind in Tab. 23 zusammengestellt.

Tabelle 23. Eigenschaften von Propan, Butan und Treibgas (50/50).

| | Propan | Butan | Treibgas |
|---|---|---|---|
| Unterer Heizwert 15° C, 735 mm Hg (WE/m³) | 19900 | 25900 | 22600 |
| Unterer Heizwert auf Gewicht bezogen (WE/kg) | 11000 | 10900 | 10950 |
| Wichte des Gases 15° C, 735 mm Hg (kg/m³) | 1,81 | 2,38 | 2,06 |
| Wichte der Flüssigkeit bei 15° C (kg/l) | 0,51 | 0,58 | 0,54 |
| Siedetemperatur bei 1 Atm. (° C) | —44 | —11 | —30 |
| Kritischer Druck (Atm.) | 46 | 38,7 | — |
| Kritische Temperatur (° C) | 97 | 151 | — |
| Luftbedarf für vollständige Verbrennung (m³/m³) | 23,8 | 31,0 | 26,9 |
| Luftbedarf für vollständige Verbrennung (m³/kg) | 13,2 | 13,0 | 13,1 |

Propan und Butan haben hohe Heizwerte. Im Vergleich zum Heizwert von Leuchtgas, der etwa 3900 WE/kg beträgt, ist der Heizwert von Propan mehr als fünfmal und der Heizwert von Butan mehr als sechsmal so groß als der des Leuchtgases.

Auch der Raumbedarf für 10000 WE bei den verschiedenen Treibgasen bei 0° C und 12 Atm. ist viel geringer (Abb. 65). Die voll ausgezogenen Kästen geben in der Abb. 65 den Raumbedarf bei 0° C und die gestrichelten den bei 12 Atm. an. Der besonders kleine Raum, den Propan und Butan bei 12 Atm. beanspruchen, hat seinen Grund in der Tatsache, daß diese beiden Gase bei 12 Atm. schon flüssig sind.

Nach Brückner (139) enthält das handelsübliche Propan 90% Propan und 10% Äthan und Butan, während das handelsübliche Butan aus 45% n-Butan, 45% i-Butan, 10% Propan und Pentan besteht. Das Leunapropan besteht aus 95% Propan und Homologen und 5% Äthan, Butan und Homologen; das Leunabutan aus 95% Butan und Homologen und 5% Propan, Pentan und Homologen (140).

Für die Aufbereitung des Flüssiggases zu dem vom Motor benötigten Kraftstoff-Luft-Gemisch sind von verschiedenen Firmen Apparaturen entwickelt worden. Das in den Flaschen gespeicherte und am Fahrzeug mitgeführte Flüssiggas steht unter dem Dampfdruck der Flüssigkeit. Will man Flüssiggas als Motorenkraftstoff verwenden, so kann entweder der Druck zur Einführung des Gases im Verbrennungsraum ausgenutzt werden oder aber das Flüssiggas vor Eintritt in den Motor entspannt und vergast werden. Man hat sich allgemein für den zweiten Weg ent-

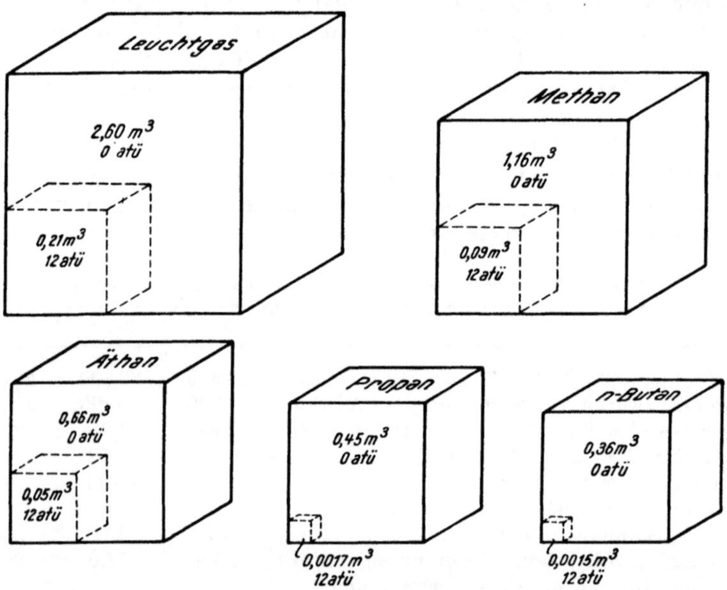


Abb. 65. Raumbedarf für 10000 WE bei 0 und 12 atü. Nach H. Gönningen.

schieden, da der Dampfdruck von der Temperatur abhängig ist und auch je nach der Zusammensetzung des Gases (Anteile an Propan und Butan) stark schwankt. Außerdem würde viel Konstruktionsarbeit für die Herstellung geeigneter Einspritz- und Regelorgane erforderlich sein. Man ist daher übergegangen, die in den Druckflaschen gespeicherte Flüssigkeit in einem Druckminderer zu entspannen und zu vergasen. Die Entspannung kann entweder auf einen gleichbleibenden niedrigen Überdruck oder auf Unterdruck erfolgen. Meist wird jedoch der letztgenannte Weg gewählt. Die entwickelten Apparaturen unterscheiden sich nur in Einzelheiten voneinander. Es wird daher die Einrichtung beschrieben, welche zur Zeit am meisten verbreitet ist (Abb. 66). Das Flüssiggas wird meist in flüssigem Zustand unter niedrigem Flaschendruck aus der Flüssiggasflasche entnommen und in einem vom warmen Motorkühlwasser beheizten Vorwärmer verdampft, dann in einem selbsttätigen Reduzierventil entspannt und schließlich durch eine Einrichtung zum Dosieren und Mischen mit Luft dem Motor zugeführt. Die Flüssiggasanlage ist so entworfen, daß sämtliche für den Benzinbetrieb notwendigen Teile unberührt bleiben, so daß jederzeit ein Umschalten auf flüssigen Kraftstoff erfolgen kann. Man braucht zu diesem Zweck lediglich die Gaszufuhr abzusperren und den Benzinhahn zu öffnen. Die Entnahme des Flüssiggases in flüssiger Form aus der Flasche erfolgt aus dem Grund, um zu verhindern, daß das Flüssiggas in der Flasche verdampft. In diesem Fall würde nämlich die Verdampfungskälte dazu führen, daß sich der Flascheninhalt sehr stark abkühlen und damit der Druck so weit absinken würde, daß nichts mehr aus der Flasche austritt. Zweitens würde eine fraktionierte Verdampfung derart eintreten, daß zunächst propanreiches Gas und zum Schluß dagegen fast reines Butan aus der Flasche austreten würde. Da der Luftbedarf der beiden Kohlenwasserstoffe verschieden ist, würde sich das Kraftstoff-Luft-Gemisch in seiner Zusammensetzung ändern, welche Tatsache wieder den Wirkungsgrad verschlechtern würde.

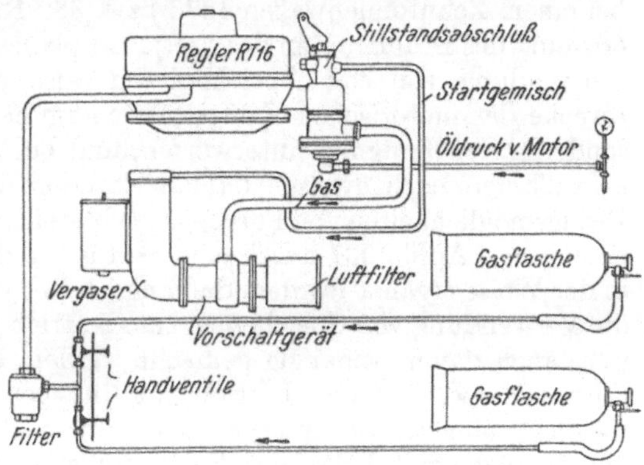


Abb. 66. Schema einer Flüssiggasapparatur. Nach VON HUHN.

α) **Staatliche Förderung der Verwendung von Flüssiggas in Deutschland.**

Die Verwendung von Propan und Butan als Treibstoff für Kraftfahrzeuge in Deutschland blieb zunächst auf einen kleinen Kreis beschränkt. So machte schon im Jahre 1928 die I. G. Farbenindustrie zusammen mit der Firma Maybach Motorenbau G. m. b. H., Friedrichshafen, Versuche mit einem Propan-Butan-Gemisch für den Antrieb der MAYBACH-Motoren des Zeppelin-Luftschiffes, die zum Erfolg führten (155). Die beiden wichtigsten Erzeuger von Propan und Butan, die Deutsche Erdöl-Raffinerie (Deurag), Misburg und die I. G. Farbenindustrie verwerteten diese Gase zunächst im eigenen Betrieb oder brachten sie als Leucht-, Koch- oder Heizgas in den Handel. In Deutschland wurden 1937 etwa 50000 t Propan und Butan verbraucht. Diese beiden Gase kommen in Deutschland unter dem Namen Leunatreibgas (vertrieben von der Deutschen Gasolin A. G.), aus der Hydrieranlage stammend, und unter dem Namen Deuragflüssiggas (von der Deurag vertrieben) in den Handel. Anfang 1938 liefen etwa 12000 Wagen mit diesem Treibmittel. Mit dem Ausbau der projektierten Syntheseanlagen dürften im Jahre 1938 etwa 150000 t Propan-Butan-Gemisch dem Kraftverkehr zur Verfügung stehen. Die Verwendung des Propans und Butans für den Antrieb von Kraftfahrzeugen wurde und wird von den Behörden in Deutschland wirksam unterstützt. Die Behörden betreiben selbst etwa 70% aller ihrer Lastkraftfahrzeuge mit Flüssiggas.

und die Regierung gewährt seit dem 1. April 1935 den Besitzern aller auf Flüssiggas umgestellten Fahrzeuge eine 50—75%ige Steuerermäßigung, so daß die Einbaukosten für Flüssiggasbetrieb durch die Steuerersparnis in kürzester Zeit wettgemacht sind. Bei einem Lastwagen, der seit dem 1. April 1935 zugelassen ist, beträgt die Jahressteuer bei Betrieb mit flüssigen Kraftstoffen 315 Reichsmark, bei Betrieb mit Flüssiggas 158 Reichsmark, bei einem Viertonnenwagen 462 bzw. 231 Reichsmark und bei einem Zehntonnenwagen 1575 bzw. 389 Reichsmark. Durch eine Anordnung des Beauftragten des Vierjahresplanes vom 27. März 1937 ist die Verwendung von sog. Speichergasen (also auch Flüssiggasen) für die Zwecke der motorischen Kraftstoffversorgung ab 1. April 1937 einer besonderen Genehmigung unterworfen, und bei Verwendung von Flüssiggas ist außerdem nachzuweisen, daß am Standort des Fahrzeuges ausreichende Bezugsmöglichkeiten von Flüssiggasen bestehen. Diese Anordnung ist dann noch am 1. April 1937 durch eine Verfügung des Reichsverkehrsministers in der Weise ergänzt worden, daß angeordnet wurde, die Genehmigung für die Verwendung von Speichergas zum Antrieb von Kraftfahrzeugen müsse u. a. auch davon abhängig gemacht werden, daß die betreffenden Fahrzeuge jederzeit auf den Betrieb mit flüssigen Kraftstoffen umgeschaltet werden können. In analoger Weise sind die Kraftfahrzeugsteuervergünstigungen mit Erlaß des Reichsministers der Finanzen vom 9. April 1937 für die mit Speichergas betriebenen Kraftfahrzeuge, soweit ihr Betrieb vorschriftsmäßig genehmigt worden ist, neu geregelt worden. Nach der Verordnung vom 24. Dezember 1937 (Aktenzeichen K. 4. 14710) wurde der Verwendungsbereich von Flüssiggas infolge der stark vermehrten Erzeugung weitgehend erweitert. Es dürfen alle im Jahre 1937 erstmalig zugelassenen Lastwagen sämtlicher Tonnenklassen (oder auch die erstmalig vor dem 1. Jänner 1938 zugelassenen) auf Flüssiggas umgestellt werden. Für die nach dem 1. Jänner 1938 zugelassenen Fahrzeuge gilt die Regelung, daß alle Fahrzeuge bis 2,5 t Nutzlast und sämtliche Omnibusse, Zugmaschinen und Sattelschlepper ohne Begrenzung der Tonnage umgestellt werden dürfen. Außerdem können alle jene Fahrzeuge Flüssiggas verwenden, welche für bestimmte Zwecke im ortsgebundenen Verkehr zum Einsatz kommen sollen und nach ihrer Bauart für eine andere Verwendung nicht in Frage kommen. Bemerkenswert ist jedoch, daß der Bestand an schweren Fahrzeugen mit Vergasermotoren, welche für die Umstellung auf Flüssiggase besonders in Betracht kommen, zurückgeht und durch solche mit Dieselmaschinen ersetzt wird. Der Bestand an Lastkraftwagen über 3 t Nutzlast betrug Ende 1937 rund 42000 Stück, die Anzahl der mit Dieselmotoren ausgerüsteten Nutzkraftwagen, die sich meistens in den Klassen über 3 t vorfinden, bereits 4000 Stück.

Die Anordnung Nr. 23 der Überwachungsstelle für Mineralöl vom 21. April 1939 verbietet die Verwendung von flüssigen Kraftstoffen für Omnibusse zugunsten von gasförmigen Kraftstoffen, insbesondere Flüssiggas. Die Anordnung hat folgenden Wortlaut:

Auf Grund der Verordnung über den Warenverkehr vom 4. September 1934 (RGBl. I, S. 816) in der Fassung der Verordnung vom 28. Juni 1937

(RGBl. I, S. 761) in Verbindung mit der Verordnung über die Errichtung von Überwachungsstellen vom 4. September 1934 („Deutscher Reichsanzeiger und Preußischer Staatsanzeiger“ Nr. 209 vom 7. September 1934) wird mit Zustimmung des Reichswirtschaftsministers angeordnet:

§ 1. (1) Omnibusse mit OTTO-Motoren (Vergasermotoren), die mit mehr als zusammen 16 Sitz- und Stehplätzen ausgestattet sind, dürfen ab 1. Oktober 1939, im Lande Österreich ab 1. April 1940, im regelmäßigen Fahrbetrieb nur noch mit gasförmigen Kraftstoffen, insbesondere Flüssiggas, betrieben werden.

(2) Die Bestimmung des Abs. 1 gilt nicht für Omnibusse, die ihren regelmäßigen Standort in Stadt- und Gemeindebezirken von unter 20000 Einwohnern haben, soweit sich nicht im Umkreis von 10 km vom regelmäßigen Standort des Omnibusses ein Flüssiggaslager befindet. Falls ein Flüssiggaslager nach dem 1. Oktober 1939, im Lande Österreich nach dem 1. April 1940, neu errichtet wird, gilt die Bestimmung des Abs. 1 nach Ablauf von drei Monaten vom Tage der Bekanntmachung im „Deutschen Reichsanzeiger und Preußischen Staatsanzeiger“ ab gerechnet.

§ 2. Ein Verzeichnis der bei Inkrafttreten dieser Anordnung vorhandenen Flüssiggaslager ist bei der Reichsverkehrsgruppe Kraftfahrgewerbe, Berlin-Charlottenburg 2, Steinplatz 2, zu beziehen. Die Einrichtung weiterer Flüssiggaslager wird im „Deutschen Reichsanzeiger und Preußischen Staatsanzeiger“ bekanntgegeben.

§ 3. (1) Die Überwachungsstelle für Mineralöl kann in besonderen Fällen Ausnahmen von dem Verbot des § 1 zulassen. Anträge auf Ausnahmegenehmigungen sind mit eingehender Begründung über die Reichsverkehrsgruppe Kraftfahrgewerbe, Berlin-Charlottenburg 2, Steinplatz 2, an die Überwachungsstelle für Mineralöl, Berlin W 8, Markgrafenstraße 35, zu richten.

(2) Die Ausnahmegenehmigungen können mit Bedingungen und Auflagen versehen werden. Sie sind jederzeit widerruflich.

§ 4. Wer dieser Anordnung oder Auflage (§ 3) zuwiderhandelt, wird nach den §§ 12—15 der Verordnung über den Warenverkehr bestraft.

§ 5. Diese Anordnung tritt am Tage nach ihrer Veröffentlichung im „Deutschen Reichsanzeiger und Preußischen Staatsanzeiger“ in Kraft. Sie gilt auch für das Land Österreich und die sudetendeutschen Gebiete.

Im Zusammenhang mit der neuen Anordnung der Überwachungsstelle wird jedenfalls eine Vereinfachung des im Zeitpunkt der Herausgabe dieser Verordnung noch gültigen Genehmigungsverfahrens eintreten.

Im übrigen finden in Deutschland Propan und Butan zunehmend auch als Leucht- und Heizgas Verwendung. Zur Förderung dieses vom Leitungsnetz unabhängigen Gasverbrauches besonders in den dünner besiedelten ländlichen Gebieten sind besondere Vertriebsorganisationen (z. B. Propan Flaschengas G. m. b. H. in Berlin) gegründet worden. In solchen Gegenden werden jährlich 2,5 Millionen Kilogramm an etwa 30000 Verbraucher abgesetzt.

In Deutschland wurden nach dem Einsetzen der synthetischen Benzinproduktion und dem damit verbundenen Anfall von Flüssiggas zur Vermeidung von Marktkämpfen zwischen den einzelnen Treibgaserzeugern 1936 marktregelnde Vereinbarungen getroffen. Der Vertrieb liegt in Händen von drei deutschen Vertriebsorganisationen, und zwar der I. G. Farbenindustrie, der „Deurag" und der unter Führung des Benzol-Verbandes in Westdeutschland zusammengeschlossenen Erzeugergruppe. Die von diesen drei Organisationen auf den Markt gebrachten Flüssiggase sind in ihren Eigenschaften gleichartig und unterscheiden sich nur durch die Markenbezeichnung Leunatreibgas, Deuragflüssiggas und B. V.-Treibgas (259).

**β) Die Flüssiggase in Frankreich, Amerika und Italien.**

In Frankreich wo die Gaswirtschaft schwächer entwickelt ist, werden die Flüssiggase für die Haushalte weitgehend verwendet. Ende 1937 belief sich der Absatz von Flüssiggas schon auf 22 Millionen Kilogramm, die von 700000 Abnehmern verbraucht wurden.

Infolge der erhöhten Rohölverarbeitung und der fortschreitenden Umstellung der Erdölraffinerien auf Krack- und Hydrierverfahren fallen in den amerikanischen Raffinerien von Jahr zu Jahr steigende Gasmengen an, die aus gesättigten und ungesättigten Kohlenwasserstoffen bestehen. Während die ungesättigten Kohlenwasserstoffgase hauptsächlich von der chemischen Industrie als Ausgangsstoffe für die Synthese von Alkoholen, Estern, Azeton sowie zur Herstellung von Polymerisationsbenzin verwendet werden, gelangen die gesättigten Kohlenwasserstoffe, hauptsächlich aus Propan, Butan und Pentan bestehend, zum größten Teil in den Handel. Hauptabnehmer für diese Flüssiggase sind die Industrie, welche die Gase als Heizstoff, als Rohstoff für die Gewinnung aliphatischer Chemikalien verwendet, und die Haushaltungen, in welchen sie als Heizstoff verbraucht werden. Nach G. Egloff wären die in den Vereinigten Staaten betriebenen Krackanlagen in der Lage, mehr als 2 Milliarden Gallonen Flüssiggas zu liefern; diese Gasmenge entspricht ihrem Heizwert nach etwa 70% der Jahreserzeugung aller amerikanischen Gaswerke. Der Verbrauch dieser Flüssiggase hat in den letzten Jahren ständig zugenommen. Im einzelnen wurden in den letzten vier Jahren folgende in Tab. 24 verzeichneten Mengen abgesetzt (in 1000 Gallonen):

Tabelle 24. Verbrauch an Flüssiggas in den Vereinigten Staaten.

| | 1934 | 1935 | 1936 | 1937 |
|---|---|---|---|---|
| Propan | 18681 | 26814 | 36502 | 46474 |
| Butan | 25553 | 34084 | 40200 | 45504 |
| Propan-Butan-Gemische | 10271 | 13492 | 27375 | 46694 |
| Pentan | 1922 | 2465 | 2575 | 2833 |
| Gesamtabsatz | 56427 | 76855 | 106652 | 141505 |

Im einzelnen ergibt sich für den Verbrauch in den letzten beiden Jahren folgendes Bild (in 1000 Gallonen):

Tabelle 25. **Verbrauch an Flüssiggasen in Amerika hinsichtlich der Verwendungszwecke geordnet.**

| Verbrauch | Jahr | Propan | Butan | Propan-Butan-Gemische | Pentan | Gesamtverbrauch |
|---|---|---|---|---|---|---|
| der Haushaltungen ......... | 1937 | 30436 | 6047 | 3504 | 836 | 40823 |
| | 1936 | 24423 | 2956 | 2048 | 587 | 30014 |
| der Gasanstalten............ | 1937 | 1077 | 7430 | 2765 | 8 | 11280 |
| | 1936 | 944 | 6227 | 2200 | — | 9371 |
| für Heizzwecke in der Industrie und zur Herstellung chemischer Erzeugnisse ......... | 1937 | 14567 | 28278 | 25300 | 1957 | 70102 |
| | 1936 | 11030 | 28553 | 13122 | 1880 | 54585 |
| für Verbrennungsmotoren .... | 1937 | 278 | 1715 | 14994 | — | 16987 |
| | 1936 | 105 | 9622 | 2749 | — | 12476 |
| für andere Zwecke ......... | 1937 | 116 | 2034 | 131 | 32 | 2313 |
| | 1936 | — | 97 | 1 | 108 | 206 |
| Zusammen ................. | 1937 | 46474 | 45504 | 46694 | 2833 | 141505 |
| | 1936 | 36502 | 47455 | 20120 | 2575 | 106652 |

Aus Tab. 25 ersieht man, daß nur etwa 12% der insgesamt abgesetzten Flüssiggasmenge als Treibgas für Verbrennungsmotoren verwendet wurde. Der Treibgasverbrauch ist dabei im wesentlichen auf Kalifornien beschränkt gewesen, wo 1937 allein 15 Millionen Gallonen verbraucht wurden. Bemerkenswert ist, daß das Großgaswerk Chicago für den Notfall (wenn aus irgendeinem Grunde die Gasversorgung unmöglich ist) im Untergrund seines Werksgeländes einen Großspeicher für Propan und Butan in Form liegender Stahlrohre von je etwa 20 m Länge ständig gefüllt bereit hält.

Auch in Italien werden die Flüssiggase Propan und Butan im Rahmen der Autarkiebestrebungen eine Rolle spielen. Propan und Butan werden in Italien durch die Gesellschaft Liquigas S. A. in Porto Marghera in den Handel gebracht. Die Gesellschaft verwertet dabei die bei der Destillation von Rohöl in den ebenfalls in Porto Marghera befindlichen Raffinerien der "Agip" für albanisches und anderes Erdöl anfallenden Gase, welche durch eine Leitung in die Anlagen der Liquigas gefördert werden. Zunächst können 4000 t dieses mit Liquigas bezeichneten in der Hauptsache aus Propan und Butan bestehenden Gasgemisches jährlich hergestellt werden, die in einem späteren Zeitraum auf 6000 t erhöht werden sollen.

### *g) Spezialmotoren für Betrieb mit Flüssiggas.*

Erwähnenswert ist, daß die Automobilfabriken bereits begonnen haben, Spezialmotoren für Treibgasbetrieb zu entwickeln; sie verwenden die vorhandenen Konstruktionen für Dieselmotoren und stellen daraus unter Verwendung besonderer Zylinderköpfe und Austausch der Einspritz- gegen eine Zündanlage sog. Mitteldruckmotoren mit sieben- bis zehnfacher Verdichtung her. Diese Motoren können mit den handelsüblichen Gemischen nicht mehr wegen ihrer hohen Klopffestigkeitsansprüche betrieben werden, und es muß daher statt des Vergasers ein Gas-Luft-Mischer verwendet werden. In diesen Motoren wird die hohe Klopffestigkeit der Treibgase zur Erhöhung der Wirtschaftlichkeit ausgenutzt. Praktische Versuche mit hohen Verdichtungsgraden haben gezeigt, daß die verflüssigbaren Gase eine große Klopffestigkeit aufweisen, und zwar eine höhere als die heutigen Benzin-Benzol-Gemische. Klopfmessungen der Treibgase am C. F. R.-Motor nach der Researchmethode haben, wie schon erwähnt, Oktanwerte von über 100 ergeben. Man hat daher zur Messung des Klopfwerts dieser Gase nicht Isooktan, sondern Reinbenzol gewählt, dessen Klopfwert sich zu dem von Isooktan wie etwa 120 zu 100 verhält, d. h. Isooktan hat einen Reinbenzolwert von 84,6. Für die Flüssiggase erhält man nach dieser Methode Werte von 102 bis 109 im Verhältnis zu Isooktan = 100 bzw. Reinbenzolwerte von 86 bis 91, je nach ihrer Zusammensetzung aus den Mischungskomponenten Propan und Butan bzw. Propylen und Butylen. Diese Werte zeigen, daß die Anwendung sehr hoher Verdichtungsgrade und damit eine wesentliche Steigerung von Leistung und Wirtschaftlichkeit Treibgasbetrieb möglich ist.

Stellt man aber, wie es im allgemeinen üblich ist, Vergasermotoren mit normalen Verdichtungsgraden auf Flüssiggasbetrieb um, so wird die hohe Klopffestigkeit nicht ausgenutzt. Es ist aber auch möglich, die Vorteile besonders hinsichtlich des Verbrauches, welche man erfahrungsgemäß in den letzten Jahren auf serienmäßig erzeugten Höherverdichtungsköpfen für flüssige Kraftstoffe hoher Klopffestigkeit erzielt hatte, auf den Flüssiggasbetrieb anzuwenden.

## 2. Ruhrgasol.

Im Abschnitt Propan und Butan wurden u. a. als Quelle für die Gewinnung von Propan und Butan die Gase genannt, welche bei der trockenen Destillation von Steinkohlen entstehen, die sog. Koksofengase. Diese Koksofengase, die u. a. in die Fernleitungen gehen oder im eigenen Betrieb der Kokerei oder Hütte verwendet werden, enthalten eine Anzahl Kohlenwasserstoffe. Den ungefähren Gehalt an den verschiedenen Kohlenwasserstoffen außer Methan nach der Benzolwäsche in 1 m³ Koksofengas ersieht man aus der Tab. 26.

Tabelle 26. Zusammensetzung der Koksofengase.

| | |
|---|---|
| Benzol | 1,5 g/m³ |
| Butan und höhere Kohlenwasserstoffe | 1,0 „ |
| Propan | 2,5 „ |
| Äthan | 12,0 „ |
| Butylen und höhere Kohlenwasserstoffe | 4,5 „ |
| Propylen | 7,0 „ |
| Äthylen | 20,0 „ |

Außer Äthan und Äthylen lassen sich alle anderen Kohlenwasserstoffe mit Hilfe von Druck oder Kälte leicht verflüssigen. Man kann aus dem Koksofengas praktisch etwa 15 g Kohlenwasserstoffe pro Kubikmeter gewinnen. Das abgeschiedene Kohlenwasserstoffgemisch hat die Bezeichnung „Ruhrgasol" erhalten. Es setzt sich ungefähr folgendermaßen zusammen:

| | | | |
|---|---|---|---|
| Propylen, Butylen | zirka | 54 | Gewichtsprozente |
| Propan, Butan u. dgl. | „ | 17 | „ |
| Äthan | „ | 7 | „ |
| Äthylen | „ | 15 | „ |
| Gelöste Gase, wie Methan, Kohlendioxyd u. dgl. | „ | 7 | „ |

Dieses Ruhrgasol hat bei gewöhnlicher Temperatur einen Druck von etwa 20 Atm. und wird in leichte Stahlflaschen genau wie Propan und Butan gefüllt. Eine Stahlflasche mit z. B. 55 kg Eigengewicht enthält etwa 45 kg Ruhrgasol. Der untere Heizwert für 1 kg Ruhrgasol beträgt rund 11000 WE, für 1 m³ 18000, seine Wichte 0,59 kg/l, sein theoretischer Luftbedarf beträgt 19 und der Heizwert des Gas-Luft-Gemisches 900 WE.

Ruhrgasol wird zwangsläufig aus dem Koksofengas bei der Gewinnung von Wasserstoff und Motorenmethan nach dem Tiefkühlverfahren (s. Abschnitt „Motorenmethan") gewonnen. Nach diesem Verfahren wird das Koksofengas stufenweise abgekühlt und verflüssigt, bis der Wasserstoff allein übrig bleibt. Durch entsprechende Maßnahmen kann man eine Fraktion mit der Zusammensetzung des Ruhrgasols gewinnen. Im Jahre 1932 hat die Ruhrchemie A. G. Oberhausen-Holten damit begonnen, Ruhrgasol herzustellen. Statt durch Tiefkühlung kann Ruhrgasol auch mit Hilfe von Aktivkohle gewonnen werden.

Das Ruhrgasol kann im Motor grundsätzlich so verwendet werden, wie Propan bzw. Butan. Ruhrgasol ist sehr klopffest und es ermöglicht zu jeder Jahreszeit leichtes Starten des Motors. Ansonsten gilt für Ruhrgasol im allgemeinen dasselbe wie für Propan und Butan.

Im Ruhrgebiet werden Ruhrgasol und Motorenmethan vom Benzolverband vertrieben, und zwar in zwei verschieden großen Stahlflaschenarten, einer größeren in Westdeutschland und einer kleineren für das übrige Reichsgebiet. Die Abmessungen und der Inhalt dieser beiden Flaschenarten sind etwa folgende:

| | Größere Flasche | Kleinere Flasche |
|---|---|---|
| Länge mit Kappe (mm) | 1700 | 1300 |
| Äußerer Durchmesser (mm) | 321 | 317 |
| Leergewicht (kg) | 53 | 39 |
| Betriebsdruck (Atm.) | 8—12 | 8—12 |
| Füllung (kg) | 46 | 33 |
| Entsprechend Aral (l) | 67 | 48 |

## B. Dauergase.

### 1. Motorenmethan.

Bei der Verkokung der Steinkohle in den Kokskammern zur Gewinnung von Hüttenkoks entstehen pro 1 t trockener Steinkohle etwa 260—300 m³ flüchtige Bestandteile im Gewicht von etwa 220 kg. Zur

Beheizung der Koksöfen wird etwa die Hälfte (1936 nur 41%) der Koksofengase benutzt und es bleiben pro Tonne verkokter Steinkohle etwa 140 m³ Koksofengas verfügbar. Bei den sog. reinen Zechen, die an Eisenwerke angeschlossen sind, werden die überschüssigen Gasmengen zur Beheizung metallurgischer Öfen verwendet. Ein Teil des Koksofengases wird auch als Ferngas an die Städte als Leuchtgas geliefert. An mehreren Stellen wird zur Beheizung der Kammern auf 950—1000° C an Stelle von Koksofengas Generatorgas verwendet. In diesem Falle sind dann die gesamten Koksofengase für andere Zwecke verfügbar.

Das Koksofengas hat einen Heizwert von 4500 WE. Es ist in seiner mengenmäßigen Zusammensetzung sehr verschieden. Die Verschiedenheit ist begründet in der verschiedenen Natur der zur Verkokung gelangenden Steinkohle, in der Geschwindigkeit und Höhe der Erhitzung und in dem Zustand und dem Alter der Koksöfen. Auch während der Erhitzung, die in der Regel 16—24 Stunden dauert, ändert sich die Zusammensetzung des Gases fortlaufend; zuerst ist das entstehende Gas besonders reich an Kohlenwasserstoffen und wird dann bei fortschreitender Gärungszeit immer ärmer an Kohlenwasserstoffen und reicher an Wasserstoff.

Bei einem drei Jahre alten Koksofen ist die Zusammensetzung der Koksofengase ungefähr die in der nächsten Tab. 27 angegebene:

Tabelle 27. Ungefähre Zusammensetzung von Koksofengas nach Verlassen der Nebenproduktenanlage.

| 1 m³ Koksofengas enthält nach Verlassen der Nebenproduktengewinnung | | Heizwert | | in Prozenten |
|---|---|---|---|---|
| Liter | | je m³ | in m³ Koksofengas | |
| 485 | Wasserstoff | 3052 | 1480 | 31 |
| 240 | Methan | 9527 | 2290 | 48 |
| 120 | Stickstoff | — | — | — |
| 70 | Kohlenoxyd | 3034 | 212 | 21 |
| 20 | Kohlendioxyd | — | — | |
| 20 | Wasserdampf | — | — | |
| 11 | Äthylen | 14903 | 164 | |
| 11 | Propylen und Homologen | 23500 | 258 | |
| 10 | Äthan und Homologen | 16000 | 160 | |
| 10 | Sauerstoff | — | — | |
| 0,5 | Benzoldampf | 34423 | 172 | |
| 0,3 | Azetylen | 13832 | 41 | |
| 997,8 | | | 4777 WE/m³ | |

Außerdem Ammoniak, Naphtalin, Zyklopentadien, Diazetylen, Stickstoffoxyde u. a. m.

Das Koksofengas enthält nach dieser Tabelle etwa 50% Wasserstoff, 24% Methan und von 4% andere Kohlenwasserstoffe, nebst 7% Kohlenoxyd.

Die Koksofengase sind eine Quelle zur Herstellung von Wasserstoff, welcher zur synthetischen Herstellung von Ammoniak verwendet wird. Die Gewinnung von Wasserstoff aus dem Koksofengas wurde in gemeinsamer Arbeit von J. BRONN und Carl v. LINDE gelöst. Die Firma Linde hat die erste Versuchsanlage zur Zerlegung von 300 m³ Koksofengas in der Stunde durch Tiefkühlung in Oberhausen bei der Concordia Bergbau A. G. gebaut. Nach Herausnahme des Schwefelwasserstoffs in einer Trockenreinigung und der Kohlensäure in einer Druckwasserwäsche bei rund 12 Atm. erfolgt die Tiefkühlung des Koksofengases durch ein Kältebad von flüssigem Stickstoff unter Anwendung von Druck meist in drei Stufen. In drei Fraktionen werden die Kohlenwasserstoffgase Butan, Propan, Propylen, Äthan, Äthylen und Methan durch Abkühlung auf mindestens die sog. kritische Temperatur (Tab. 28) abgeschieden, wobei die kritische Temperatur eines Gases bekanntlich die Temperatur ist, oberhalb der eine Verflüssigung des Gases durch noch so hohen Druck nicht möglich ist.

Tabelle 28. Kritische Daten der Gase.

| Gas | Kritische Temperatur | Kritischer Druck |
|---|---|---|
| Methan | — 82° C | 55 Atm. |
| Äthan | + 34° „ | 50 „ |
| Äthylen | + 10° „ | 51 „ |
| Propan | + 97° „ | 44 „ |
| Propylen | + 93° „ | 45 „ |
| Butan | +151° „ | 37 „ |
| Zum Vergleich Wasserstoff | —241° „ | 14 „ |

Wird das Gas unterhalb der kritischen Temperatur abgekühlt, so ist der hierzu erforderliche Druck um so niedriger. Nach dieser Abkühlung enthält das Gas nur mehr Wasserstoff, Stickstoff und etwas Kohlenoxyd. Der Stickstoff und das restliche Kohlenoxyd werden hierauf in Apparate geleitet, welche von flüssigem, im Vakuum verdampfendem Stickstoff erfüllt sind. Fast aller Stickstoff und der Rest von Kohlenoxyd werden dabei kondensiert und der übrigbleibende Wasserstoff hat eine Reinheit von 98 bis 99%. Der Wasserstoff wird entweder komprimiert und in Flaschen abgefüllt oder für die Hydrierung oder für die Gewinnung von Ammoniak verwendet. Die neben dem Wasserstoff gewonnenen großen Mengen an Kohlenwasserstoffen werden als Ruhrgasol verwendet und das Methan als Motorenmethan in komprimiertem Zustand in Flaschen abgefüllt. Obwohl J. BRONN, der gemeinsam mit LINDE das Tieftemperaturzerlegungsverfahren der Koksofengase ausführte, schon im Jahre 1921 bzw. 1922 den Vorschlag machte, Methan, das bei dem genannten Verfahren anfiel, als Treibstoff zu verwenden, ist Methan erst in den letzten Jahren in immer zunehmendem Maße zum Motorenbetrieb herangezogen worden.

Dieses Motorenmethan ist sehr klopffest. Der untere Heizwert des Motorenmethans beträgt für 1 m³ 10000 WE und für 1 kg 11100 WE. Der zur Verbrennung nötige theoretische Luftbedarf beträgt 10,9 $m^3$ für 1 $m^3$ Methan und der Heizwert von 1 $m^3$ Methan-Luft-Gemisch 840 WE/$m^3$. Bei Verwendung von Motorenmethan ist die Verbrennung sauber, es tritt weiter keine vom Treibstoff herrührende Schmierölverdünnung auf und die Abgase sind geruchlos und enthalten nach Versuchen der Concordia Bergbau A. G. weder bei Leerlauf noch bei Mittel- oder Vollbelastung Kohlenoxyd.

Beim Betrieb von Fahrzeugmotoren mit Motorenmethan konnte ein besserer thermischer Wirkungsgrad festgestellt werden (etwa 10%). Dies ist wohl in erster Linie darauf zurückzuführen, daß der Motor immer ein vollkommenes Gasgemisch erhält und nicht, wie es besonders beim Anfahren bei flüssigen Treibstoffen der Fall ist, Flüssigkeitströpfchen. In der Praxis kann deshalb eine Brennstoffersparnis insbesondere bei solchen Fahrzeugen erzielt werden, welche auf ihren Fahrten oft anhalten müssen. Auch ein Verrußen der Zündkerzen und der Zylinderköpfe tritt infolge der vollkommenen Verbrennung im Gegensatz zum Betrieb mit flüssigen Treibstoffen nicht ein. Auch die Verschmutzung von Öl wird auf ein Mindestmaß zurückgedrängt; im Zusammenhang damit ist auch der Schmierölverbrauch geringer. Schwierigkeiten beim Anlassen der mit Motorenmethan betriebenen Motoren treten nicht auf, das Beschleunigungsvermögen ist das gleiche wie beim Betrieb mit Benzol. Im Gegensatz zum Betrieb mit Leuchtgas oder Generatorgas findet keine Leistungsminderung statt. Die hohe Klopffestigkeit des Methans ermöglicht eine Steigerung der Verdichtung und damit eine Steigerung der Leistung. Es lassen sich alle in- und ausländischen Motortypen ohne weiteres mit Motorenmethan betreiben, ohne daß an ihnen irgendwelche Veränderungen vorgenommen werden müssen. Es wird einfach der Vergaser entfernt und durch ein Mischventil für das Gas-Luft-Gemisch ersetzt.

Die Verwendung von Methan für den Betrieb von Motoren bedingt eine Druckregeleinrichtung, in welcher das hochkomprimierte Gas in mehreren Stufen druckentlastet wird. Da bei der Entspannung des komprimierten Gases infolge des starken Thomson-Joule-Effektes eine erhebliche Temperaturerniedrigung eintritt, die ein Einfrieren des Druckreglers zur Folge haben würde, ist Vorwärmung des Gases vor dem Eintritt in den Regler erforderlich, die dadurch erzielt wird, daß z. B. die Gaszuleitung mit den heißen Auspuffgasen in Wärmeaustausch gebracht wird (241).

Das Motorenmethan wird vom Benzolverband vertrieben. Er empfiehlt hierfür die Verwendung einer Hochdruckflasche mit den nachfolgend angegebenen Eigenschaften:

| | |
|---|---|
| Eigengewicht (kg) | 70 |
| Füllinhalt (Motorenmethan) bei 200 Atm. (kg) | 12—13 |
| Methangasinhalt entspricht Liter B.-V.-Aral (l) | 17—18 |
| Methangasinhalt entspricht Liter Benzin zu Hu = 7200 WE/l (l) | 18—19 |
| Wärmeinhalt (Motorenmethan) (WE) | 131000—142000 |
| Wärmeinhalt je Kilogramm Flaschengewicht (WE/kg) | 1870—2030 |

Die Verwendung von Methan zum Motorenbetrieb ist noch jungen Datums. Die erste Gastankstelle für Motorenmethan wurde 1935 von der Bergwerksgesellschaft Hibernia auf ihrem Stickstoffwerk in Wanne-Eickel in Betrieb genommen. Die Verwendung von Methan zum Motorenantrieb ist auch bis heute noch nicht weit fortgeschritten.

## 2. Erdgas (Naturgas).

### *a) Vorkommen.*

Das Erdgas ist ein fast ständiger Begleiter des Erdöls und tritt in größerer Menge in Erdölgebieten auf, wo es mit dem Erdöl gemeinsam gewonnen wird. Es gibt jedoch auch Erdgassonden, welche kein Erdöl liefern, z. B. die Bohrung Neuengammen bei Hamburg.

Das Erdgas besteht aus Kohlenwasserstoffen mit geringen Beimengungen von Kohlensäure, Wasserstoff, Stickstoff, Sauerstoff und Edelgasen. Für gewöhnlich enthält das Erdgas 80—95% an brennbaren Kohlenwasserstoffen, während die anderen schon genannten Gase, mit Ausnahme des Stickstoffs, nur in Spuren vorhanden sind. Es sind auch Erdgase mit einem Gehalt bis zu 98% Stickstoff bekannt. Bemerkenswert ist, daß in den Erdgasen einiger Bohrungen in Kansas bis zu 1,8% Helium enthalten ist. In den Erdgasen sind hauptsächlich Paraffinkohlenwasserstoffe enthalten, und zwar am meisten Methan. Der Heizwert des Erdgases beträgt 8000—9000 WE. Sind im Erdgas viel höhere Homologe des Methans enthalten, so werden diese Gase als „feuchte" Gase bezeichnet, weil durch besondere Verfahren (s. Abschnitt „Erdgasbenzin") diese höheren Homologen des Methans in Form von Leichtbenzin aus dem Gas ausgeschieden werden können. Im Gegensatz hierzu bezeichnet man Gase mit hohem Gehalt an Methan als „trockene" Gase.

Erdgas kommt daher in allen Ländern vor, in welchen also Erdöl vorhanden ist. In den Vereinigten Staaten sind an manchen Stellen so große Vorkommen an Erdgas, daß es völlig die Gasgewinnung aus Kohle verdrängt hat. Erst nach dem Krieg ist diese Industrie planmäßig ausgebaut worden und kann heute aus dem Wirtschaftsleben der Vereinigten Staaten nicht mehr hinweggedacht werden. Im Staate Kalifornien wird am meisten Naturgas gewonnen. Die Produktion beträgt hier etwa 300 Milliarden Kubikfuß (1 Kubikfuß = 0,028 $m^3$) jährlich. Das Gas wird dort nicht nur im privaten Haushalt, sondern auch in weitem Umfang von der Industrie verbraucht, denn die Kosten des natürlichen Gases betragen kaum ein Drittel von dem Preis, der für Leuchtgas aus Steinkohle bezahlt werden muß. Das Naturgas wird über Ferngasleitungen durch ein über tausende Meilen sich erstreckendes Rohrnetz in fast die Hälfte der Vereinigten Staaten an die Verbraucher geleitet. In Amerika wurden 1935 insgesamt 54,24 Milliarden Kubikmeter Naturgas gewonnen, wobei auf Kalifornien 8,04 Milliarden Kubikmeter und auf Texas 18,179 Milliarden Kubikmeter entfielen und die Zahl der 1935 produzierenden Naturgasquellen 53790 betrug. Im Jahre 1937 betrug der Absatz an Naturgas schon 70,5 Milliarden Kubikmeter, wovon die

Industrie rund 55 Milliarden Kubikmeter aufgenommen hat. Das Naturgasvorkommen wird, soweit es sich um sichere Vorräte handelt, auf ungefähr 1700 Milliarden Kubikmeter geschätzt. Es werden jedoch immer neue Naturgasquellen von oft sehr erheblicher Ergiebigkeit erschlossen. Im Jahre 1936 förderten und verbrauchten die Vereinigten Staaten auf die Welterzeugung bezogen 95%, wovon etwa 55% gleichzeitig mit dem Erdöl gewonnen werden. Bemerkenswert ist, daß man in Amerika außer zwischen „trockenen“ und „nassen“ Erdgasen noch zwischen „süßen“ und „sauren“ Erdgasen unterscheidet. „Süße“ Erdgase besitzen einen so geringen Gehalt an Schwefelwasserstoff, daß sie einer weiteren Reinigung nicht mehr bedürfen, und „saure“ Gase sind Gase, deren Gehalt an Schwefelwasserstoff so groß ist, daß eine Schwefelreinigung notwendig ist. Die Naturgasquellen in Texas, Utah und Arkansas enthalten bis zu 8% Helium.

In Europa ist in Polen die Erdgasgewinnung von Bedeutung. Es bildet dort die Grundlage für die Erzeugung von Erdgasbenzin und wird in Ferngasleitungen (etwa 700 km) an die Verbraucher geleitet. Von 1916 bis 1936 bzw. 1937 stieg die Erdgasproduktion Polens stets an und betrug 1916 352000000 $m^3$ und 1936 483302000 $m^3$ und 1937 529473000 $m^3$. Polen ist an Erdgas sehr reich und die bekannten Erdgasfelder besitzen noch Vorräte, die auf viele Milliarden Kubikmeter geschätzt werden. Das Erdgas wird in vier Becken des polnischen Karpatenvorlandes gewonnen: Bitków, Daszawa, Boryslaw und Jaslo. Durch eine Anzahl von Fernleitungen wird das Erdgas weitergelegenen Verbraucherbezirken zugeführt. Die erste Fernleitung wurde bereits 1912 von Boryslaw nach Drohobycz gebaut. Durch Gesetz vom 2. Mai 1919 wurden alle bestehenden und zukünftig gebauten Erdgasleitungen verstaatlicht. Seit dem Jahre 1929 wird Erdgas auch nach der Stadt Lemberg geliefert. Die Vorräte im Becken von Daszawa werden auf 20 Milliarden Kubikmeter geschätzt. Im Erdgasbecken von Jaslo werden die Vorräte mit 5 Milliarden Kubikmeter angenommen. Im benachbarten Becken von Strachociny-Górki werden die Vorräte auf 1 Milliarde Kubikmeter geschätzt. Die großen Erdgasvorkommen um Rypno, Kalusz, Bitków usw. sind noch nicht vollständig erforscht. Der Druck, unter dem das Erdgas ausströmt, beträgt in einzelnen Fällen 100 Atm. und mehr, und dieser hohe Druck ermöglicht es, das Erdgas auf sehr weite Entfernungen ohne zusätzlichen Arbeitsaufwand fortzuleiten.

Außer Polen besitzt Rumänien reiche Erdgasvorkommen. Erdgas wird in Rumänien als Naturgas gefördert, im Altreich fällt es bei der Erdölgewinnung an. In Siebenbürgen besteht für die Ausbeutung der Erdgase ein Staatsmonopol. Es wurde an zwei Gesellschaften vergeben, und zwar:

1. an die Soc. An. Rom. de Gaz Metan (einst U. E. G.), die auf Grund alter Verträge arbeitet (fast sämtliche Aktien dieses Unternehmens gehören der Soc. Nat. de Gaz Metan), und

2. an die Societate Natională de Gaz Metan, die im Jahre 1925 gegründet wurde und deren Hauptaktionär der Staat ist.

Die Soc. Nat. de Gaz Metan förderte 1935 133180543 m³, 1936 150650346 m³ und 1937 170896618 m³ und die Soc. An. Rom. de Gaz Metan 1935 60995428 m³, 1936 63601150 m³ und 1937 85594424 m³. Auf Grund von Untersuchungen der geologischen Abteilungen dieser beiden Gesellschaften konnten in Mittelsiebenbürgen 17 Erdgasgebiete festgestellt werden, deren Oberfläche auf 37450 ha geschätzt wurde und die vermutlichen Erdgasreserven auf 575 Milliarden Kubikmeter. Die Erdgasproduktion Rumäniens, soweit sie den Ölschichten entstammte, betrug den Angaben des Wirtschaftsministeriums zufolge:

| | | | |
|---|---|---|---|
| 1933 | 2057747000 m³ | 1936 | 2659798000 m³ |
| 1934 | 2571527000 „ | 1937 | 2388927000 „ |
| 1935 | 2766000000 „ | | |

Von der Produktion des Jahres 1937 wurden zur Benzinerzeugung 1658947000 m³, in Betrieben 521785000 m³ verwertet und 208195000 m³ oder etwa 12% gingen verloren. Außerdem wurde festgestellt, daß von den 1658947000 m³, die zur Benzingewinnung verwertet wurden, nur 879709000 m³ oder 55% verwertet wurden, der Rest von 779239000 m³ oder 45% ging verloren, und zwar:

| | |
|---|---|
| durch die Gewinnung von Gasolin | 83973000 m³ |
| durch Leitungen | 17728000 „ |
| in die Luft verflüchtigt | 677538000 „ |

Man bemüht sich in Rumänien, die Verluste an Erdgas für die Zukunft zu vermeiden.

In Deutschland beruhte bis vor 1910 die Erdgasgewinnung auf nur kleinen Vorkommen. Bekannt sind die Gasvorkommen bei Altenburg, in der Lüneburger Heide, bei Rummelsburg, weiter im Gebiet des Inn in Niederbayern und der allerdings vereinzelt gebliebene starke Gasausbruch in der Pfalz im Jahre 1900. Aber allen diesen weit überlegen ist der große Erdgasaufschluß, der gelegentlich einer Wasserbohrung bei Neuengamme bei Hamburg im November 1910 gemacht wurde. Im Jahre 1913 wurde dann eine Rohrverbindung zwischen der Gasquelle und dem Hamburger Gaswerk Tiefstack hergestellt, die später zu den Gaswerken Grasbrock und Barmbleck verlängert wurde. Insgesamt haben diese drei Gaswerke bis 1929 rund 180 Millionen Kubikmeter aus dieser Erdgasquelle mit einem Heizwert von mehr als 8400 WE/m³ entnommen. In der Hauptsache wurde dieses Gas dem Stadtgas beigemischt, im Gaswerk Tiefstack und auch auf dem Wasserwerk Rothenburgsort aber zur Kesselheizung benutzt. Insgesamt wurden rund 213 Millionen Kubikmeter Erdgas gewonnen. Im Jahre 1930 konnten jedoch nur mehr geringe Gasmengen durch Absaugung gewonnen werden. Am 10. Mai 1938 wurde eine neue Erdgasquelle in Neuengamme bei Hamburg erbohrt. In Deutschösterreich werden schon seit Jahrzehnten die Erdgasvorkommen, z. B. in der Welser Heide, ausgebeutet. Außerhalb des Vorkommens von Wels in Oberdonau (vier produktive Kleinbetriebe) suchte vor allem die European Gas & Electric Company

(„Eurogasco“), ein mit amerikanischem Kapital arbeitendes Unternehmen, nach Gaslagerstätten. Es gelang ihm 1932 der Aufschluß eines ziemlich ausgedehnten Erdgasfeldes bei Oberlaa unmittelbar südöstlich der Stadtgrenze von Wien. Eine Reihe von produktiven Gassonden gab Anlaß, eine Röhrenleitung von Oberlaa zu den Wiener Städtischen Elektrizitätswerken in Simmering zu führen und das Gas zur Kesselheizung zu verwenden. Das Oberlaaer Gas hatte einen Gehalt von 96% Methan und einen unteren Heizwert von 8400 WE/m³. Die Erzeugung von Erdgas in Deutschösterreich betrug 1932 62650 m³, 1933 66720 m³, 1934 15162120 m³, 1935 nur 88520 m³ und 1936 95170 m³ und 1937 285050 m³. Der starke Abfall der Erzeugung von Erdgas ist auf das Nachlassen der Ergiebigkeit der Oberlaaer Erdgassonden zurückzuführen, so daß man des Druckabfalls halber die Erdgasgewinnung stillegte. Weitere Bohrungen der „Eurogasco“ im Burgenland, in Oberdonau (Lambach) und Niederdonau, von denen jene bei Enzersdorf an der Fischa einen aufsehenerregenden Erdgasausbruch zu verzeichnen hatte, blieben erfolglos. Das Unternehmen bohrt augenblicklich nur noch in Ungarn. Das Erdgasvorkommen im Welser Gebiet wird bereits seit 1891 verwertet; es wird hauptsächlich von Hauseigentümern und Kleingewerbetreibenden in Wels für Beleuchtung, Küche und Heizung verwertet. Allerdings ist eine Verwertung des Welser Erdgasvorkommens in großem Maßstab nicht möglich. Mit Oberlaaer Erdgas an einem Fahrzeugmotor durchgeführte Bremsversuche ergaben bei einer Verdichtung von 1:5,9 etwa 10% Mehrleistung gegenüber Benzinbetrieb bei 1:4,5 Verdichtung.

Ungarn hatte vor dem Weltkrieg beträchtliche Erdgasquellen (131). Das Erdgas einzelner in der ungarischen Tiefebene gebohrter Brunnen wird schon seit Jahrzehnten meistens zur Beleuchtung verwendet. Zur Zeit forschen nach Erdgas: im transdanubischen Teil die Eurogasco, in der Umgebung von Budapest im Auftrag der Hauptstadt die Kgl. Ung. Geologische Anstalt. Die meisten Tiefbohrungen liefern warmes Wasser neben wenig Erdgas. In Ungarn war die Produktion an Erdgas 1933 1967345 m³, 1934 2404133 m³ und 1935 2539218 m³.

In der früheren Tschechoslowakei wurde wenig Erdgas gewonnen; 1936 betrug die Erdgasproduktion 1,29 Millionen Kubikmeter und 1937 1,46 Millionen Kubikmeter.

In der früheren Tschechoslowakei wurde das meist mit dem Erdöl anfallende Erdgas auf den Stadtgruben in Gbely und den Apollo-Betrieben in Hodonin zur Gänze für den Eigenbedarf verbraucht. Bloß die von der Firma Methan in Vacenovice (Westslowakei) gewonnenen Gase (1936 etwa 280000 m³) gelangen in den Verkehr. Die Staatsbahnen nutzen sie zur Waggonbeleuchtung.

In Italien hat die Verwendung des Naturgases für den Antrieb von Fahrzeugen schon eine gewisse Entwicklung erreicht. Während des Jahres 1937 sind 306 Fahrzeuge, die diesen Betriebsstoff benutzen, in Dienst gestellt worden und 417 befanden sich zu dieser Zeit in Umbau; am 1. September 1938 waren in Italien 453 Autobusse und 452 Lastwagen mit Erdgas in Betrieb. Die Verwendung dieses Betriebsstoffs bleibt naturgemäß immer an den Umkreis seines Vorkommens gebunden (Toscana). Allerdings wiegen die italienischen Flaschen noch 6 bis 7 kg je Kubikmeter Gas.

*b) Verwendung als Treibstoff.*

Die Verwendung von Naturgas als Treibstoff ist heute nur sehr geringfügig, gewisse Ansätze zeigen sich in Italien in erster Linie. Ganz allgemein wendet man jedoch diesem Naturprodukt erhöhte Bedeutung zu, welche Tatsache am besten aus der Gründung eines Naturgasforschungsinstituts auf der Insel Formosa, das am 27. August 1936 eröffnet wurde, zu ersehen ist.

*c) Wechselmotoren.*

Erwähnenswert ist noch, daß die deutsche Dieselmotorenindustrie mit Erfolg Viertakt-Dieselmotoren nach den Erdgasgebieten von Galizien, Rumänien und Argentinien usw. geliefert hat, die außer mit Dieselkraftstoff nach bestimmten Abänderungen auch mit Erdgas betrieben werden können und demnach für einen Wechsel des Kraftstoffs eingerichtet waren. Daher stammt auch der Name „Wechselmotoren".

Die Abänderungen zum Wechsel des Kraftstoffs, z. B. von Dieselkraftstoff auf Erdgas, bestehen in einer Verminderung der Verdichtung in den Zylindern durch Verkürzen der Schubstangen oder Abändern der Zylinderköpfe oder der Kolben, ferner durch Abschalten der Kraftstoffpumpen, der Kraftstoffeinspritzleitungen und Kraftstoffdüsen und durch Einschalten eines Gas-Luft-Gemisch- und Regelventils, einer elektrischen Zündvorrichtung nach dem Hochspannungsmagnet- oder dem Batterie-Zündspulen-Verfahren mit Unterbrecher, Zündkerzen und Zündkabeln und durch Umstellen der Rohrleitungen für den Erdgasbetrieb. Allerdings sinkt infolge der verminderten Verdichtung die Nutzleistung um 15—25%. Diese Wechselmotoren haben sich infolge ihrer Unabhängigkeit von den Schwankungen der Brennstoffversorgung ein großes Anwendungsgebiet nicht nur in der Erdölindustrie, sondern auch in der allgemeinen Energiewirtschaft erobert, wobei die verschiedensten Gase (heizwertarme und heizwertreiche) zum Betrieb der Wechselmotoren neben dem Dieselkraftstoff verwendet werden. Die Umstellung der Wechselmotoren von dem einen zum anderen Kraftstoff kann in verhältnismäßig kurzer Zeit und störungslos durchgeführt werden.

## 3. Klärgas (Faulgas, Schlammgas).

*a) Allgemeines.*

Für die größeren Städte bildet die Beseitigung ihrer Abwässer ein Problem für sich. In den Städten werden die Abwässer in entsprechenden Kanalanlagen vielfach aus dem Stadtgebiet herausgeleitet und einer sog. Kläranlage (oder Vorfluter) zugeführt. In diesen Kläranlagen werden die nicht gelösten Fremdstoffe, soweit sie absetzbar sind, abgeschieden als Schlamm. Der Schlamm wird meist als Düngemittel verwendet. Man kann nun entweder mit den Abwässern oder mit Faulschlamm düngen. Der Unterschied zwischen der Abwasserdüngung und der Düngung mit Faulschlamm ist aus der Abb. 67 zu ersehen, worin die Betriebsvorgänge auf dem jetzt umgebauten (auf Belebtschlammverfahren) Klärwerk und dem Rieselfeld Waßmannsdorf schematisch dargestellt sind (146). Das Abwasser wird zunächst im sog. Emscher Brunnen entschlammt, wobei von 1000 l Abwasserzufluß 990 l auf das Rieselfeld und 10 l als wäßriger Frischschlamm in die unter dem Absetzbecken befindlichen Fauläume gelangen. 330 l verdunsten auf den Rieselfeldern

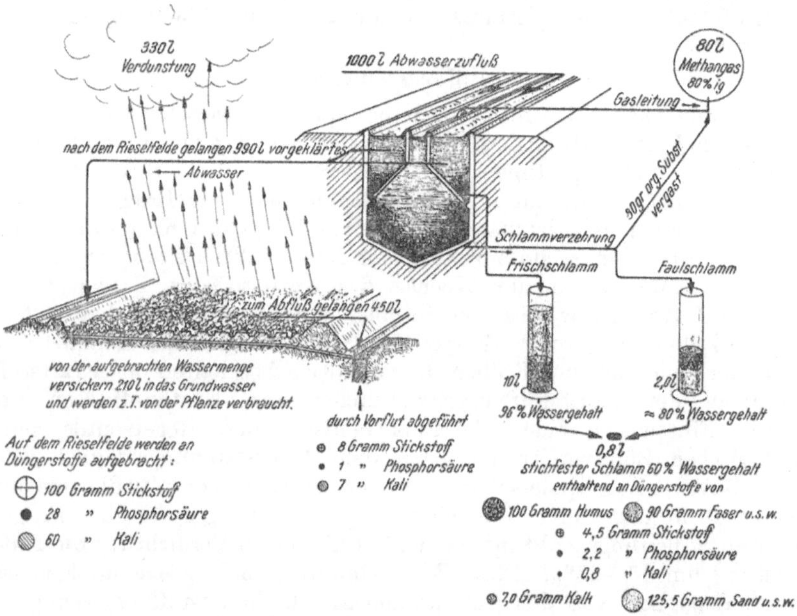


Abb. 67. Der Betriebsvorgang in Waßmannsdorf (Klärwerk und Rieselfeld). Schematische Darstellung der im Abwasser enthaltenen Dungstoffe. Nach F. Langbein (146).

und von den restlichen 660 l fließen 210 dem Trinkwasser und 450 l der Vorflut zu, soweit aus ihnen nicht der Wasserbedarf der Pflanzen gedeckt wird. Der Frischschlamm wird durch Ausfaulung unter Entwicklung von 80 l Methan und durch Trocknung auf drainierten Schlammtrockenplätzen auf weniger als ein Zehntel seines ursprünglichen Rauminhalts gebracht und in stichfester Form als Faulschlamm zu Düngungszwecken verwendet.

Statt der Abwasservorklärung im Emscher Brunnen wird heute meist das sog. Belebtschlammverfahren zur Abwasserreinigung angewendet. Es besteht darin, daß in das organisch verunreinigte Abwasser Luft eingeblasen wird, bei deren inniger Durchmischung mit dem Abwasser sich der leicht ausflockbare sog. Belebtschlamm bildet. Dieser trennt sich schnell und sicher von dem darüber befindlichen Klarwasser. Im Verlauf des Reinigungsvorgangs wird er dem zu reinigenden Abwasser in fein verteiltem Zustand ständig beigemengt und durch Einblasen der Luft oder durch mechanische Umwälzung darin schwebend erhalten, so daß er mit allen Abwasserteilchen in innigste Berührung kommt. Dabei adsorbiert und verarbeitet er die kolloiden und gelösten organischen Abwasserstoffe vermöge der Lebenstätigkeit der in ihm wuchernden Bakterien und Protozoen und verwandelt sie in leicht absetzbare körperliche Gebilde. Bei dieser sog. biologischen Reinigung werden ungefähr doppelt soviel Fremdstoffe entfernt und doppelt soviel Faulschwamm und größere Mengen an Methan geliefert, wie z. B. bei der Abwasservorklärung im Emscher Brunnen.

Ziel und Zweck dieser biologischen Abwasserreinigung ist der Abbau der organischen Verunreinigungen bis zur Fäulnisunfähigkeit. Die biologische Reinigung erfolgt vorzugsweise unter Mitwirkung von Kleinlebewesen. Diese Mitwirkung erstreckt sich:

1. auf Reduktionsvorgänge in Abwesenheit oder bei nur ungenügendem Gehalt an Sauerstoff, die Abbauprodukte sind dann noch nicht ganz beständig und können noch weiter oxydiert werden;

2. auf Oxydationsvorgänge in Gegenwart von genügend Sauerstoff oder gar im Überschuß von Sauerstoff. Zu diesem vorwiegend bakteriellen Abbau tritt die Aufnahme als Nahrung für höhere Organismen.

Die biologische Reinigung von Abwässern kann nur im Wasser vor sich gehen, und zwar nicht nur in großen und tiefen Wasserkörpern (Bach, Fluß, Teich, See), sondern auch wenn die beteiligte Wasserschicht sehr dünn ist. Sie kann sich nun „an Land bzw. an der Luft" oder „unter und im Wasser" abspielen, sie kann sich unter völlig „natürlichen" Verhältnissen vollziehen oder durch mehr oder minder weitgehende „künstliche" Maßnahmen beeinflußt sein. Zu den natürlichen biologischen Verfahren zählen das Rieselverfahren (Stau-, Hang-, Beet- und Furchenberieselung), das Spritz- und Sprengverfahren einschließlich Abwasserverregnung, die intermittierende Bodenfiltration, Untergrundverrieselung (Sickergruben und Sickergalerien), das Abwasserfischteichverfahren und schließlich die biologische Selbstreinigung in Flüssen und Seen. Von den künstlichen biologischen Reinigungsverfahren sind die Reinigung mit Tropfkörper, Füllkörper und das Belebtschlammverfahren zu nennen.

### *b) Gewinnung und Verwendung.*

An solche Kanalisationen sind in Deutschland (Altreich) etwa 36 Millionen Menschen angeschlossen, wovon allerdings nur für etwa 20 Millionen Kläranlagen vorhanden sind. Läßt man den in diesen Kläranlagen anfallenden Schlamm ausfaulen und trocknen, so können jährlich etwa 1 Million Kubikmeter oder 1,5 Millionen Tonnen humushaltiger Faulschlamm für Düngezwecke gewonnen werden. Bis jetzt geht allerdings ein großer Teil des Abwasserschlamms noch verloren und schädigt die Wasserläufe. Läßt man den abgesetzten Schlamm jedoch ausfaulen, so können je Einwohner und Tag 10—14 l Klärgas oder Faulgas, das hauptsächlich aus Methan besteht, gewonnen werden; im Jahr sind das 130 Millionen Kubikmeter (ungefähr 5% der Erzeugung der deutschen

Gaswerke). Im Jahre 1936 wurden täglich etwa 50000 m³ Faulgas gewonnen. In einer Reihe von Städten wird auf diese Weise Faulgas gewonnen. Dieses Faulgas ist eine hochwertige Energiequelle mit einem Heizwert von 7000 WE. Faulgas kann verwendet werden:

1. selbständig als Heizmittel in Wärmekraftanlagen;
2. in Mischung mit Leuchtgas und
3. als Motorentreibmittel.

Als Beispiele seien angeführt: für 1. die Kläranlage Berlin-Stahnsdorf und die Anlage Soest des Lippeverbandes, wo werkseigene Kraftwerke mit dem gewonnenen Gas betrieben werden; für 2. die Gasabgabe in München, Stuttgart, Hannover usw., für 3. die Gaskraftlastwagen in Essen, Halle, Stuttgart, Münschen usw. Im Kraftwagenbetrieb von Stuttgart konnte nachgewiesen werden, daß mit 1 m³ Faulgas ungefähr die gleiche Fahrleistung wie mit 1 l Benzin erreicht werden konnte. In München wird z. B. aus dem Abwasser von 660000 Einwohnern täglich eine Gasmenge von mehr als 7000 m³ (im Jahr rund 2,8 Millionen Kubikmeter) gewonnen. In Hannover z. B. wurde eine Tankstelle für Faulgas, welches aus der Kläranlage der Stadt stammt, errichtet, ähnliche Klärgastankstellen befinden sich in Eschwege, Halle a. d. S., Pößneck, Essen, Düsseldorf, Kempen, Osnabrück, Heilbronn, Stuttgart und München. In Stuttgart z. B., wo die erste Tankstelle für Klärgase in Betrieb kam, wird das bei der Schlammfaulung auftretende Klärgas seit dem Jahre 1927 aufgefangen und mit einer 10,5 km langen Leitung dem dortigen Gaswerk zugeführt. Der Gasanfall betrug im Jahre 1937 2,3 Millionen Kubikmeter. In den letzten Jahren wird jedoch das Klärgas zum größeren Teil als Treibstoff für städtische Kraftfahrzeuge abgegeben (128). Man erspart auf diese Weise täglich rund 2000 l Benzin (129). Die Maschinenfabrik Eßlingen A. G., Eßlingen a. N., stellte anläßlich der Internationalen Automobil- und Motorradausstellung in Berlin vom 20. Februar bis 7. März 1937 fest, daß sie acht Klärgastankstellen in Deutschland gebaut hat. In Hannover ist ebenfalls an der Haltenhoffstraße eine Tankstelle für Methan, das aus den Kläranlagen bei Herrenhausen stammt, errichtet worden. Durch die Errichtung dieser Methantankstelle wird die Strecke von Hannover nach Leipzig mit Gaskraftwagen überbrückt werden können. A. Heilmann (Vom Wasser, Bd. XII, Berlin 1938) hat errechnet, daß in Deutschland etwa 16 Millionen Kubikmeter Klärgas jährlich verwertet werden, wobei im Jahre 1937 zu Treibstoffzwecken 1,25 Millionen Kubikmeter gegenüber 180000 m³ für 1936 abgegeben wurden. Eine Grenze für die Verwertung von Klärgas als Treibstoff ist insofern gegeben, als die in den Verdichtern verarbeitete Gasmenge 100 m³/h Ansaugleistung überschreiten muß, um wirtschaftlich zu sein. In kleineren Anlagen wird daher das anfallende Gas als Brennstoff entweder unmittelbar in werkseigenen Anlagen oder durch Beimischung zum Stadtgas verwendet.

Nach W. Voit (119) könnten aus den Wiener Abwässern etwa 10 Millionen Kubikmeter Klärgas jährlich gewonnen werden, d. i. eine Gasmenge, die z. B. im Jahre 1933 von den Wiener Städtischen Gaswerken für die öffentliche Straßenbeleuchtung beigestellt werden mußte.

In Amerika wird ebenso wie in Deutschland in zunehmendem Maße Faulgas aus den Abwässern der Großstädte gewonnen und dieser hauptsächlich zur Krafterzeugung in Gasmaschinen, zum Heizen von Gebäuden, zum Erwärmen der Faulschlämme usw. verwendet.

## 4. Leuchtgas (Stadtgas, Ferngas, Koksofengas).

### *a) Gewinnung und Verwendung.*

Das Leuchtgas, welches hauptsächlich für Koch- und Heizzwecke verwendet wird, kann ebenfalls als Treibstoff verwendet werden. Das Leuchtgas fällt bei der trockenen Destillation von Steinkohlen nach verschiedenen Verfahren und mit verschiedenen Rohstoffen an. Die Kohle wird dabei einer Temperatur von etwa 1000° C ausgesetzt, wobei sie entgast und gleichzeitig in festen Koks übergeführt wird. Aus 1 t Kohle gewinnt man auf diesem Weg etwa 750 kg Koks, 30—50 kg Teer, 10 kg Benzol und etwa 350 $m^3$ Gas mit einem Heizwert von etwa 4500 $WE/m^3$. Das Leuchtgas hat jedoch gegenüber dem Klärgas einen viel niederen unteren Heizwert, und zwar von etwa 3900 bis 4000 $WE/m^3$. Es ist bemerkenswert, daß die deutschen Gaswerke in der Nachkriegszeit ihren Betrieb mehr und mehr dem der Zechenkokereien angeglichen haben, um neben normgerechtem Gas auch einen dem Zechenkoks gleichwertigen Gaskoks liefern zu können. So entstanden in vielen Städten sog. Gaskokereien mit Kammeröfen. Wenn man auch in der Form der Entgasungskammern noch gewisse Unterschiede zwischen Gaswerks- und Koksöfen machen muß, so können diese Unterschiede bei der hier gedachten Allgemeinbehandlung des Gegenstandes ausscheiden, um so mehr, als man ja beim heutigen Stand der Technik einen Unterschied zwischen Koksofengas und Stadtgas nicht mehr zu machen berechtigt ist. Der Gemischheizwert des Leuchtgases beträgt etwa 840 $WE/m^3$ (0° C, 760 mm), d. s. etwa 95% des Gemischheizwerts von Benzin; sein chemischer Luftbedarf ergibt sich zu etwa 3,6 $m^3/m^3$. Die brennbaren Bestandteile des Leuchtgases sind Kohlenoxyd und Wasserstoff. Versuche, welche z. B. im Jahre 1935 unternommen wurden, haben gezeigt, daß etwa 2 $m^3$ Stadtgas 1 kg Benzin-Benzol-Mischung entsprechen. Bei etwas höherem Verdichtungsverhältnis, z. B. von 1 : 5,9, sind diese Werte nach E. Manlik (117) besser, und zwar entspricht dann 1 l Benzin 1,37 $m^3$ bei Halblast und 1,67 $m^3$ bei Vollast. Bei Fahrten brauchte man nach den Versuchen von E. Manlik (117) für 1 l Benzin 1,40—1,50 $m^3$ Stadtgas. Der Leistungsabfall, der sich stets bei Betrieb mit Leuchtgas ergibt, kann jedoch durch Erhöhung der Verdichtung entsprechend gebauter Motoren (bis etwa 1 : 7) wettgemacht werden. Durch die erhöhte Verdichtung und bessere Gemischverteilung wird bei Mehrzylindermotoren der Wärmeverbrauch mit Stadtgas niedriger sein als mit Benzin. Außerdem wird bei Teillast mit Luftüberschuß gefahren und durch Abnahme der Gastemperaturen der Zylinder unter Wärmeabgabe an die Wände der Gütegrad und damit der Gesamtwirkungsgrad noch weiter in Vergleich zum Benzinbetrieb gesteigert.

Nach Versuchen der Dortmunder Gaswerks A. G. kann durch Zusatz von Wasserdampf zur Verbrennungsluft, ähnlich wie beim Benzinbetrieb, die Leistung der mit Stadtgas betriebenen Motoren beachtlich gesteigert werden.

Ein Weg für die Leistungserhöhung bei Betrieb mit Leuchtgas ist die Druckgasaufladung, bei der, wie beim Dieselmotor, nur Luft angesaugt wird und das gespeicherte Gas bei einem bestimmten Druck eingeführt wird. Bei Leuchtgas ergibt sich hierbei infolge des großen volumenmäßigen Anteils des Gases am Gemisch theoretisch eine Füllungsvergrößerung bis zu etwa 27% bei der Luftüberschußzahl 1. Eine weitere erhebliche Füllungsvergrößerung tritt durch den Fortfall des Mischerwiderstands in der Saugleitung ein. Versuche an einem 1,54-l-Einzylindermotor haben gezeigt, daß die gegenüber der reinen Saugfüllung (ohne Vergaser, aber mit Mischer) erzielbare Mehrleistung bei 2000 U/min und der Luftüberschußzahl 1 rund 37% betragen kann. Der spezifische Wärmeverbrauch ist allerdings bei dem heutigen Stand der Versuche noch etwas höher. Bei Leuchtgas ergibt sich die Grenze der Leistungserhöhung, soweit sie nicht in der Wärmebeanspruchung gegeben ist, durch die Ausbildung des Triebwerkes. Wie Ausführungen in der Praxis gezeigt haben, eignet sich der umgebaute Dieselmotor für dieses Verfahren besonders gut.

### *b) Die Hochdruckgasflaschen.*

Die Entwicklungsrichtung des Stadtgasbetriebs wurde durch die Entwicklung geeigneter Behälter zur Mitführung einer ausreichenden Gasmenge gekennzeichnet und man hat hierbei zwei Wege beschritten: Einmal verwendete man gasdichte Hüllen, die man auf dem Dach der Fahrzeuge unterbrachte und in denen man das Gas unter Atmosphärendruck oder wenig darüber mitführte. Mit diesem einfachen Mittel gelang es, bis zu 20 m³ Gas unterzubringen. Dieses Verfahren wurde jedoch sowohl wegen der geringen mitzuführenden Gasmenge als auch wegen der großen Gefahr bald verlassen. Der zweite Weg, die Speicherung des Stadtgases unter Druck, hatte größere Aussichten. Hier setzte die Entwicklung in Frankreich und England gleichzeitig gegen Ende des Krieges ein. 1917/18 verwendete man wegen der Stahlknappheit zunächst Kautschukflaschen für 120—150 Atm. Erst 1918 ging man zu Stahlflaschen über, wobei der Höchstdruck jedoch auch noch auf 150 Atm. beschränkt blieb, später aber auf 200 Atm. erhöht wurde. Allerdings betrug das Flaschengewicht noch rund 10 kg je Kubikmeter entspanntes Speichergas (bezogen auf 200 Atm. Fülldruck). Im Jahre 1933 verwendeten jedoch die Gaswerke in Lyon bereits Leichtstahlflaschen aus Chrom-Nickelstahl, deren Gewicht 5,3 kg/m³ entspanntes Speichergas beträgt. In England, wo man dieser Frage entsprechende Aufmerksamkeit zuwandte, erzielte man unter Verwendung eines Chrom-Nickel-Molybdänstahls (Chrom-Nickel-Molybdängehalt von etwa 4,9%) ein Flaschengewicht von 5 kg/m³ entspanntes Speichergas. Im Gegensatz hierzu haben die deutschen Hersteller von Hochdruckgasflaschen Leichtstahlflaschen aus niedrig legiertem Chrom-Nickel-Molybdänstahl entwickelt, deren fremde Legierungsbestandteile 1,5% nicht überschreiten und deren Festigkeitseigenschaften sogar noch günstiger als die der englischen Flaschen sind. Hierbei wurde das günstige Flaschengewicht von 4,6 kg/m³ entspanntes Speichergas erzielt.

Der Betrieb von Fahrzeugmotoren mit Stadtgas hat allerdings den Nachteil, daß die erforderlichen Stahlflaschen einen Ballast hervorrufen, der naturgemäß höher ist als die gewöhnlichen Blechkanister beim Benzin. Ein Vergleich der sehr verschiedenen Verhältnisse ist in der Tab. 29 zusammengestellt (259).

Tabelle 29. Transportgewichte von Kraftstoffen.

| | Kaloriengehalt je kg | Verpackungsgewicht kg | Nettogewicht kg | Transportgewicht für 1000 WE kg |
|---|---|---|---|---|
| Benzin-Benzol-Gemisch | 10000 | 1,0 | 10 | 0,11 |
| B.-V.-Treibgas | 11000 | 53,0 | 46 | 0,195 |
| Ruhrgasol | 11000 | 53,0 | 43 | 0,205 |
| Motorenmethan | 10900 | 67,0 | 13 | 0,56 |
| Stadtgas | 6500—8000 | 67,0 | 6 | 1,87—1,55 |

Da das Leuchtgasfahrzeug auf die Hochdruckflsachen unbedingt angewiesen ist, ist außer dem Flaschengewicht auch die Möglichkeit ihrer leichten Auswechselbarkeit von großer Bedeutung. Allerdings hat die Überschneidung von Verkaufsinteressen es mit sich gebracht, daß z. B. Flaschen für flüssige Gase für das westdeutsche Gebiet andere sind als diejenigen im Reichsgebiet außer Westdeutschland. Am 10. Jänner 1935 wurden im

Tabelle 30.

| | | | |
|---|---|---|---|
| Flaschenrauminhalt (l) | 53 | 58 | 110 |
| Eigengewicht (kg) | 68 | 73 | 144 |
| Füllinhalt (Leuchtgas oder Methan) bei 200 atü (m³) | 10,6 | 11,6 | 22 |
| Wärmeinhalt (Leuchtgas) (WE) | 38200—40250 | 41800—44000 | 79000—83500 |
| Leuchtgasinhalt entspricht Liter Benzin | 5,3—5,6 | 5,8—6,1 | 11—11,6 |
| Wärmeinhalt (Motorenmethan) (WE) | 106000 | 116000 | 220000 |
| Methangasinhalt entspricht Liter Benzin | 14,7 | 16,1 | 30,6 |
| Wärmeinhalt je Kilogramm Flaschengewicht bei Leuchtgasfüllung (WE/kg) | 562—592 | 572—602 | 549—579 |
| Wärmeinhalt je Kilogramm Flaschengewicht bei Methanfüllung (WE/kg) | 1560 | 1590 | 1530 |

Altreich neue Vorschriften über die Behälter für den Transport verdichteter, verflüssigter und unter Druck gelöster Treibgase in Kraft gesetzt, welche am 13. Juni 1936 auf alle Gase ausgedehnt wurden. Auf Grund dieser Bestimmungen dürfen im Altreich Gasflaschen aus Werkstoffen hoher Festigkeit hergestellt werden. Diese von der deutschen Industrie entwickelten sog. Leichtstahlflaschen dürfen auf Grund einer Ausnahmegenehmigung des Ministeriums für Wirtschaft und Arbeit als Treibstoffbehälter für Kraftfahrzeuge im Altreich verwendet werden. Die Abmessungen dieser Flaschen dürfen im inneren Durchmesser 400 mm, in der Länge 2000 mm nicht übersteigen und der Rauminhalt darf nicht größer als 150 l sein (150). Für Hochdruckgase werden z. B. vielfach folgende in Tab. 30 beschriebene Flaschenarten gerne verwendet:

In dieser Tabelle ist auf einen mittleren unteren Heizwert für Handelsbenzin von 7200 WE/kg und einem oberen von 9660 WE/kg und für Stadtgas mit einem solchen von 3600 bis 3800 WE/kg gerechnet worden.

### c) *Die Verwendung von Leuchtgas in den verschiedenen Ländern.*

Das Leuchtgas ist berufen, in zahlreichen Ländern in den nächsten Jahren in geeigneten Betrieben das Benzin zu ersetzen. Die Entwicklung des modernen Stadtgasbetriebs mit Hochdruckbehältern ging in erster Linie von England und Frankreich aus. In diesen Staaten haben die Gaswerke mehrerer Gemeinden kleine Kompressorenanlagen für Stadtgas errichtet, und so bedienen z. B. die Gaswerke in Paris, Lyon, St. Étienne, Cambrai, Petun, wie auch die von Chesterfield, Birmingham, Glasgow u. a. in erster Linie werkseigene Fahrzeuge mit Stadtgas. In Frankreich z. B. wird der Antrieb von mit Treibgas (also auch mit Stadtgas) betriebenen Fahrzeugen dadurch gefördert, daß die Steuerfreiheit, welche ursprünglich mit zwei Jahren befristet war, ohne jede Zeitbeschränkung verlängert wurde.

In vielen Ländern sind jetzt schon Gastankstellen in Betrieb. In Deutschland wurde die erste Stadtgastankstelle in Hannover im Frühjahr 1935 errichtet, der bald darauf im Jahre 1936 die zweite mit der dreifachen Leistungsfähigkeit folgte. In ganz Deutschland waren am 1. Jänner 1938 40 Gastankstellen teils für Stadtgas, teils für das heizkräftigere Klärgas aus städtischen Abwasserreinigungsanlagen in Betrieb; ihre Zahl wird sich wohl bis heute schon erhöht haben. Die Berliner Verkehrs A. G. hat z. B. eine ganze Omnibuslinie (23 Fahrzeuge) auf Stadtgas umgestellt und erspart damit jährlich etwa 750000 l Benzin. Die Berliner Verkehrs A. G. hat während des Jahres 1937 mit den 23 auf Stadtgas umgestellten Omnibussen allein 1302150 km zurückgelegt und dabei 1372591 m³ Stadtgas verbraucht (179). In Berlin ging man zuerst daran, fahrbare Verdichteranlagen für Stadtgas zu bauen, was sich aber als unzweckmäßig erwies. Es wurden dann fahrbare Tankwagen erstellt. Auf jedem solchen Wagen sind fünf Stahlbehälter mit je einem Wasserinhalt von 1000 l untergebracht, so daß jeder Gastankwagen einen Gasinhalt von rund 1500 m³ hat. Die Versorgung mit den Tankzügen hat sich reibungslos und ohne Störung abgespielt. Das Tanken der Speicherwagen erfolgt im Gaswerk Danziger Straße. Bei dem Berliner Großversuch mit Stadtgas hat sich ergeben, daß im Mittel für die Zweiachs-Doppeldeck-Omnibusse einem Benzinverbrauch von 0,471 l/km ein Stadtgasverbrauch von 1,018 $m^3$/km entspricht oder ein Verbrauchsverhältnis von 1 : 2,16 (15° C, 1 Atm.). Vergleicht man die Wärmeverbrauchszahlen je Kilometer miteinander, so ergibt sich für Benzinbetrieb ein Wärmeverbrauch von 3520 WE/km gegenüber 3550 WE/km bei Stadtgasbetrieb. Der Verbrauch an Schmieröl ist bei Stadtgasbetrieb geringer, und zwar bis zu rund 36% weniger.

Auf Grund der guten Erfolge mit Stadtgas im Omnibusbetrieb beabsichtigt die Berliner Verkehrs A. G., noch eine weitere Omnibuslinie in Berlin auf Stadtgas umzustellen. Weiters hat z. B. die Stadt Breslau den größeren Teil ihres Fahrzeugparks auf Betrieb mit Stadtgas umgestellt und allein im Jahre 1937 582279 $m^3$ Gas für diese Zwecke verbraucht und dabei eine Ersparnis an Treibstoffkosten von rund 28% erzielt (189). Im übrigen hat man im Altreich in gemeinschaftlicher Arbeit der daran interessierten Stellen schon zwei grundlegende Normblätter, und zwar DIN-Vornorm DVGW 3200 „Richtlinien für den Bau von ortsfesten Gastankstellen für Stadtgas, Klärgas und andere hochverdichtete Gase" und DIN-Vornorm Kr 3380 „Richtlinien für die Ausrüstung von Kraftwagen mit Antrieb durch Stadtgas, Klärgas und andere hochverdichtete Gase" ausgearbeitet.

**Gesetzliche Regelung der Verwendung in Deutschland und in anderen Ländern.** Eine Reihe von Verordnungen regelt für Deutschland den Betrieb von Fahrzeugen mit Stadtgas. Da die Einführung von Speichergas, zu der auch das Stadtgas zu zählen ist, als Treibstoff im Rahmen des Vierjahresplanes eine besondere Bedeutung zukommt, wurde in der zehnten Anordnung zur Durchführung des Vierjahresplanes bestimmt, daß die Verwendung von Speichergas vom 1. April 1937 an einer besonderen Genehmigung bedarf. Die Anordnung verfolgt den Zweck, den Verbrauch von Speichergas der Erzeugung anzupassen. Gleichzeitig wurde durch einen Erlaß des Reichs- und Preußischen Verkehrsministers vom 6. April 1937 bestimmt, daß die Genehmigung für die Verwendung von Speichergas zum Antrieb von Kraftfahrzeugen u. a. auch davon abhängig zu machen ist, daß eine Umschaltung auf den Betrieb mit flüssigem Kraftstoff bei diesen Fahrzeugen jederzeit möglich sein muß. Der Reichsverkehrsminister hat am 1. Jänner 1938 im Einvernehmen mit dem Beauftragten für den Vierjahresplan, Amt für deutsche Roh- und Werkstoffe, angeordnet, daß Anträgen auf Verwendung von Hochdruckgas (z. B. Stadtgas, Klärgas und Motorenmethan) bis auf weiteres stattzugeben sei.

Der Verbrauch an Stadtgas in Deutschland nimmt von Jahr zu Jahr zu. Nach einer Erhebung des Statistischen Reichsamtes waren im Mai 1938 1075 mit verdichtetem Gas betriebene Nutzfahrzeuge im Verkehr. Die Abgabe von Stadtgas zu Treibstoffzwecken erreichte 1937 nahezu 5,5 Millionen Kubikmeter gegenüber nicht ganz 1 Million Kubikmeter im Jahre 1936.

Auch in anderen Ländern ist man bemüht, die Verwendung von Stadtgas für den Antrieb von Motoren zu fördern. In Chicago z. B. hat man, um im Sommer den Gasverbrauch zu heben, den Preis auf ein Viertel des Winterpreises gesenkt, um einen Anreiz zu schaffen, Kraftmaschinen während des Sommers mit Gas zu betreiben. In Frankreich hat man ein „Comité pour le développement de l'emploi des gaz comprimés" geschaffen, welches durch Veranstaltung von Versuchsfahrten und Propaganda für den Betrieb von Fahrzeugen mit Stadtgas werben soll (118).

Ganz allgemein läßt sich sagen, daß alle Fahrzeuge, welche mit Hochdruckgasen betrieben werden, ausgesprochene Kurzstreckenfahrzeuge sind. Aus diesem Grunde werden solche Fahrzeuge insbesondere von städtischen Verkehrsgesellschaften eingesetzt, bei welchen dann die Nachfüllung durch Tankwagen an den Endstationen erfolgt, so daß einerseits die Flaschenzahl auf ein erträgliches Maß beschränkt wird und anderseits das Tanken während des Dienstfahrplanes ohne einen zusätzlichen Aufenthalt erledigt werden kann. Es ist ein ständig zunehmendes Verbraucherverhältnis zwischen städtischen Verkehrsfahrzeugen und Gaswerken zu erwarten.

### d) *Vollvergasung der Kohle.*

Interessant sind auch die Versuche, durch sog. Vollvergasung aus der Kohle ausschließlich gasförmige Brennstoffe zu gewinnen. Als ein hierfür geeignetes Verfahren wird neben anderen die Vergasung mit Sauerstoff angesehen, bei der die bei Vergasung mit Luft als Ballast entstehenden Stickstoffmengen im Gas vermieden werden. Durch diese sog. Sauerstoffvergasung läßt sich jede gewünschte Art von Starkgas herstellen, nicht nur aus Steinkohle, sondern auch aus Braunkohle. Durch Anwendung eines Gemisches von Sauerstoff und Wasserdampf kann bei einem Druck von 20 Atm. in einem einheitlichen Prozeß ein normgerechtes Stadtgas aus Braunkohle hergestellt werden. Eine in Hirschfelde nach dieser Methode arbeitende Anlage deckt bereits seit Anfang dieses Jahres den gesamten Gasbedarf der Stadt Zittau. In einer Betriebsanlage, die im Auftrage der A. G. Sächsische Werke erbaut wurde, wird aus Braunkohle mit Sauerstoff unter Druck ein Stadtgas für die Stadt Zittau hergestellt (256). Die Gaserzeugungsleistung beträgt 3500000 m$^3$. Als Vergasungsbrennstoff werden Braunkohlen-Trockenknorpel des Hirschfelder Braunkohlenwerkes verwendet. Der für die Vergasung erforderliche Sauerstoff wird von einer naheliegenden elektrochemischen Fabrik, die für die Stickstofferzeugung eine Luftzerlegungsanlage betreibt, geliefert. Das erzeugte Rohgas wird nach Kühlung in indirekt wirkenden Röhrenkühlern und in einer Waschölanlage unter Druck von Benzin befreit und schließlich in einer Druckwasserwäsche die Kohlensäure und die Hauptmenge des im Rohgas enthaltenen Schwefelwasserstoffs entfernt. Die letzten Schwefelreste im Gas werden mit Raseneisenerz entfernt und dann das Gas mit einem Druck von etwa 18 Atm. in die 10 km lange Fernleitung in die Stadt Zittau geführt. Die Gaslieferung nach Zittau wurde im November 1936 aufgenommen.

Bemerkenswert sind auch die an der Universität Birmingham von

I. RIFFKIN unter Leitung von Professor S. LEES durchgeführten Versuche, bei denen Dieselmotoren mit einem Kraftstoffgemisch aus Dieselöl und Stadtgas betrieben wurden (253). Die Verdichtung des Motors betrug 16,3. Es zeigte sich bei den Versuchen, daß das Stadtgas durch das Gasöl entzündet wurde.

### 5. Wasserstoff.

Wasserstoff wird in einem Spezialmotor, dem sog. ERREN-Motor verbrannt, der hauptsächlich für die Verwendung von Wasserstoff als Brenngas entwickelt worden ist (252), jedoch auch mit anderen Wasserstoff enthaltenden Gasen, wie Stadtgas, Wassergas und Koksofengas, betrieben werden kann. Das Prinzip beruht darauf, daß bei dem Saughub nicht sofort das Brenngas-Luft-Gemisch eingesaugt wird, sondern nur Luft allein und daß das Gas nach Überschreitung des Totpunktes erst bei dem nachfolgenden Verdichtungshub unter Druck zugegeben wird. Man erhält dadurch eine wesentlich bessere Ausnutzung des Hubvolumens, und es genügt für die gleiche Leistung ein wesentlich geringeres Nutzvolumen. Erforderlich ist dabei, daß das Brenngas bereits unter hohem Druck zur Verfügung steht, andernfalls wird es in einem kleinen, mit der Motorwelle gekuppelten Kompressor verdichtet. Die Zündung des Gemisches erfolgt wie bei den normalen OTTO-Motoren elektrisch.

Für verschiedene Belastungen des Motors wird jeweils die Brenngasmenge bei gleichbleibendem Luftvolumen verändert.

Seine Verdichtung kann bis 1 : 10 gesteigert werden; er steht also hinsichtlich der Verdichtung zwischen dem Diesel- und dem OTTO-Motor. Durch Verringerung der Verdichtung kann er ohne Schwierigkeit auf Benzinbetrieb umgestellt werden. Umgekehrt ist es auch möglich, einen Benzinmotor durch Erhöhung der Verdichtung sowie durch Anbringung eines besonders gesteuerten Einlaßventils für das Gas an jedem Arbeitszylinder und eines Druckminderventils mit Einstellvorrichtung nebst den Gaszuführungsrohren zu einem ERREN-Motor umzubauen. Das gleiche gilt sinngemäß für die Umstellung eines Dieselmotors.

Unter den verschiedenen Verfahren zur Wasserstofferzeugung ist die Druckelektrolyse von Wasserstoff erwähnenswert, weil hierbei ohne Zuhilfenahme eines mechanischen Kompressors der Wasserstoff unter einem Druck von 200 bis 300 Atm. erzeugt und folglich unmittelbar in Stahlflaschen abgefüllt werden kann.

## III. Feste Treibstoffe, die vergast werden.

### 1. Holzgas.

#### *a) Allgemeines.*

In den letzten Jahren war der Gedanke aufgetaucht, die Gase nicht in Stahlflaschen, welche ein erhebliches Totgewicht bedeuten, mitzuführen, sondern in eigenen Anlagen selbst zu erzeugen und zu reinigen und in diesem gereinigten Zustand für den Antrieb von Fahrzeugmotoren zu verwenden. Solche Anlagen für Stabilmotoren existieren schon lange. Im übrigen waren die ersten marktfähigen Verbrennungsmotoren Gasmotoren, welche zum Antrieb von Stromerzeugern und Luftverdichtern in Hüttenwerken dienten, wo der Anfall von Hochofen- und Koksofengasen sehr groß war. Die Gasmotoren wurden aber an der Jahrhundertwende durch Elektromotoren und Verbrennungsmotoren für flüssige Brennstoffe verdrängt. Das Hauptinteresse gilt hierbei der Verwendung von Holz und Holzkohle für den Antrieb von Fahrzeugmotoren. Die festen Kraftstoffe und die Hochdruckgase werden in Deutschland als „Ersatzkraftstoffe" angesehen. Die Bezeichnung als Ersatzkraftstoff ist mit Bedacht gewählt, weil diese Stoffe berufen sind, im Notfall als Ersatz für fehlende flüssige Kraftstoffe zur Verfügung zu sein. Ortsfeste Holzgaskraftanlagen mit langsam laufenden Motoren sind schon seit vielen Jahren in Betrieb. Die Einführung des Holzgasantriebes für Kraftfahrzeuge mit ihren wesentlich schwierigeren Betriebsverhältnissen erfolgte erst in den letzten Jahren unter dem Druck wirtschaftlicher Verhältnisse, welche der Technik in dieser Hinsicht Aufgaben stellten. Es ist auch in den letzten Jahren eine große Anzahl von Gaserzeugern erzeugt und vertrieben worden, welche alle ein Treibgas erzeugen sollen, das den Anforderungen, die an einen Betrieb von Fahrzeugmotoren gestellt werden müssen, genügen soll. Es soll jedoch schon jetzt bemerkt werden, daß die Entwicklung des Holzgasantriebes nicht abgeschlossen ist, ja nicht einmal auf einer Stufe angelangt ist, auf welcher sie zunächst bleiben kann.

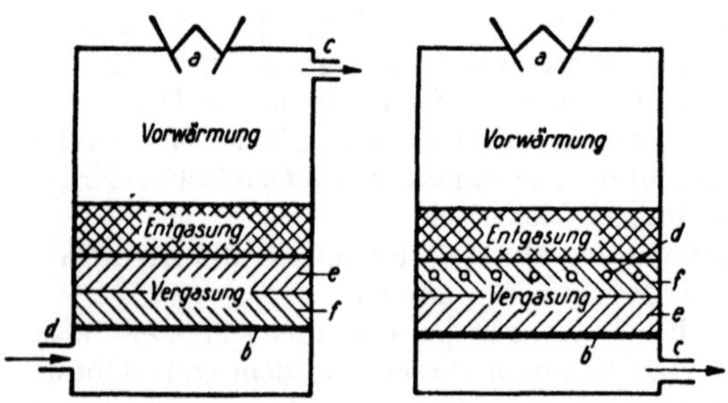

Abb. 68. Schema von Gaserzeugern mit auf- und absteigender Vergasung.

Als feste Brennstoffe kommen für den Betrieb mit Fahrzeuggeneratoren hauptsächlich Holz, Holzkohle, Anthrazit, Braunkohle, Koks, Stein- und Braunkohlenschwelkoks, Torf und Torfkoks in Frage. Die Unterschiede in den Eigenschaften dieser Brennstoffe zwingen einstweilen zur Anwendung von Gaserzeugern verschiedener Wirkungsweise. Das ist jedoch nicht so zu verstehen, als ob jeder der genannten Brennstoffe einen eigens für seine Eigenschaften geschaffenen Generator erfordern würde. Entscheidend für die Wahl der Gaserzeugerbauart ist vor allem, ob der betreffende Brennstoff bituminös ist, also bei der Vergasung Teer bildet, wie Holz, Braunkohle und Torf, oder ob er bitumenfrei ist, wie Holzkohle, Schwelkoks und Torfkoks. Hiernach kann man zwei Hauptformen des Fahrzeuggenerators bzw. des Generatorprozesses unterscheiden, nämlich den Generator mit absteigender Vergasung für bituminöse und den mit aufsteigender Vergasung für bitumenfreie Brennstoffe.

*b) Der Gaserzeuger.*

Der Gaserzeuger (Abb. 68) ist ein meist zylindrischer Füllofen. Durch eine Füllöffnung *a* wird bei der erstmaligen Inbetriebnahme und nach jeder vollständigen Entleerung des Brennstoffes z. B. Holz eingeführt und über einem Rost *b* angezündet. Durch einen an dem Gasaustrittsstutzen *c* angeschlossenen Ventilator wird bei Gaserzeugung Luft oder Luft und Wasserdampf durch die Ansaugöffnung *d* in den Gaserzeuger gesaugt. Eine einfache Vorrichtung gestattet, das Gas vorerst ins Freie abzuführen und, sobald es brennbar ist, dem Motor zuzuleiten, der es dann nach Bedarf ansaugt. Unmittelbar über dem Rost in der Oxydationszone *f* verbrennt der Kohlenstoff zu Kohlensäure, und bei diesem Vorgang wird nach der Gleichung

$$C + O_2 = CO_2 + 97\,600 \text{ WE}$$

Wärme, und zwar für 1 Mol (12 g) 97600 WE, entwickelt. Beim weiteren Durchgang durch die Kohlenschicht wird die gebildete Kohlensäure ganz oder teilweise zu Kohlenoxyd, einem brennbaren Gas, reduziert, und zwar nach der Gleichung

$$CO_2 + C = 2\,CO - 38\,800 \text{ WE}.$$

Dieser Prozeß verbraucht Wärme, und zwar für 1 Mol 38800 WE.

Setzt man der Luft Wasserdampf zu, so kommen für die Bildung von Wasserstoff aus Kohle und Wasserdampf folgende Möglichkeiten in Betracht:

$$H_2O + C = CO + H_2 - 28\,000 \text{ WE},$$
$$2\,H_2O + C = CO_2 + 2\,H_2 - 18\,000 \text{ „ }.$$

Bildet sich also Kohlenoxyd, so werden 28000 WE verbraucht. Bildet sich aber Kohlensäure, so werden nur 18000 WE verbraucht und es entsteht gleichzeitig die doppelte Menge Wasserstoff. Während also die erste Umsetzung Wärme erzeugt, verbrauchen alle nächstfolgenden Wärme. Der übrigbleibende Teil der Wärme ist in der fühlbaren Wärme des Gases enthalten. Wird viel Wasserdampf zugesetzt, so kann die Temperatur in der Glutzone so niedrig werden, daß die Reduktion der Kohlensäure unvollständig wird und der zugesetzte Wasserdampf gleichzeitig unvollkommen reduziert wird, in dem Gas läßt sich dann Wasserdampf nachweisen.

Über den Vergasungszonen liegt eine Brennstoffschicht, in der das Holz durch Erwärmung entgast wird, es werden schwere Kohlenwasserstoffe, Methan, Wasserstoff und Teer abgespalten und Holzkohle aus Holz gebildet. Diese Holzkohlenbildung ist Voraussetzung für den richtigen Ablauf des Vergasungsprozesses, und es kann daher nur ein Brennmaterial verwendet werden, das zur Holzkohlenbildung neigt, z. B. Hart- oder Weichhölzer, welche meist in Form von kleineren Scheiten oder Klötzen oder groben Schnitzeln verwendet werden.

Im obersten Teil des Generators wird das Holz vorgewärmt und das darin enthaltene Wasser verdampft. Der Stickstoff der Luft bleibt beim Vergasungsprozeß unverändert. Das Gas, das in einer solchen Anlage erzeugt wird, enthält noch Teer, mechanische Verunreinigungen und

Wasserdampf. Es wird noch in besonderen Teerabscheidern und Reinigern gereinigt.

Um ein teerfreies Gas zu erhalten, ist man dazu übergegangen, Gaserzeuger mit umgekehrter, also absteigender Verbrennung zu bauen. Die Luftzufuhr liegt bei diesen Gaserzeugern oberhalb des Rostes und in Abb. 68 bei *d*. Sie ist meist ringförmig ausgebildet. Der Gasaustritt befindet sich unterhalb des Rostes. Durch diese Bauart wird erreicht, daß der in der Entgasungszone entstehende Teer, der Wasserdampf und alle anderen Entgasungsprodukte durch die Glutzone gesaugt und dort verbrannt werden. Bei der Vergasung von Holz in umgekehrter Richtung wird man keinen Wasserdampf zusetzen, da das im Holz enthaltene Wasser zur Bildung einer genügenden Dampfmenge in der Regel ausreicht. Bei der Vergasung von Holzkohle ist zu beachten, daß die Holzkohle nur wenig Wasser enthält.

Für den richtigen Ablauf des Vergasungsvorganges ist das Vorhandensein von Holzkohle unbedingte Voraussetzung. Die Holzkohle wird in der über der Glutzone liegenden Holzschicht dauernd nachgebildet. Aus diesem Grunde kann nur Holz verwendet werden, das zur Kohlebildung geeignet ist. Hierher gehören Hart- und Weichhölzer in Form von kleineren Klötzen oder Scheiten, unbrauchbar dagegen sind Reiser, Säge- und Hobelspäne.

Die Vergasung der anderen erwähnten bituminösen Brennstoffe geschieht in entsprechender Weise. Mit der Luftzuführung von oben wird erreicht, daß der in der Entgasungszone entstehende Teer durch die Glutzone gesaugt und hier verbrannt wird, so daß ein besonderer Teerabscheider nicht erforderlich ist.

### *c) Eignung der verschiedenen Holzarten.*

Von den verschiedenen Holzarten ist für den Vergaserbetrieb Buchenholz am besten geeignet. Das Buchenholz, welches daher vorzugsweise für den Betrieb von Holzgeneratoren verwendet wird, hat bei einem Wassergehalt von rund 20% einen Heizwert von 3400 WE/kg und Holzkohle mit rund 5% Wassergehalt einen Heizwert von rund 7100 WE/kg. Der untere Heizwert von Holzgas beträgt etwa 1300 WE/m³. Der Heizwert von Buchenholzkohlengas ist um etwa 100 WE größer. Der Gemischheizwert ist geringer, er beträgt etwa 570—620 WE/m³, ungefähr nur 70% des Gemischheizwertes von Benzin (etwa 880 WE/m³). Die nachfolgende Tab. 31 enthält vergleichsweise die wichtigsten Werte der Treibgase und von Buchenholzgas.

Da der Gemischheizwert von Holzgas kleiner ist als der eines Benzin-Luft-Gemisches, so kann bei der Umstellung von Benzin auf Generatorbetrieb die volle Leistung der Maschine nicht erzielt werden, und demgemäß beträgt der Leistungsabfall bis etwa 40%.

### *d) Kühlung und Reinigung des Gases.*

An die Gaserzeugung schließt sich eine Kühlung und Reinigung des Generatorgases an. Die Kühlung wird allgemein als Luftkühlung durch

Tabelle 31.

| Kraftstoff | Kaloriengehalt je kg | je Liter, bzw. m³ | je m³ Gas-Luft-Gemisch | Klopfwert O. Z. nach C.F.R.-Research | Theoretische Werte: Verbrauch %kg bezogen auf Benzol-Benzin-Gemisch = 100 | Leistung in Prozent |
|---|---|---|---|---|---|---|
| Benzol-Benzin-Gemisch | 10000 | 7950 | 910 | ~82 | 100 | 100 |
| Treibgas (Propan/Butan) | 11000 | 24000—26000 | 890—910 | > 100 | 91 | 98—100 |
| Motorenmethan | 10900 | 10000 | 820 | > 100 | 92 | 90 |
| Leuchtgas (Stadtgas) | 6400 | 3800 | ~700 | ~90 | 136 | 75—80 |
| Holzgas (Buche) | — | ~1300 | ~570 | — | — | 55—58 |

Rohrleitungen, die im Fahrgestell eingebaut sind, durchgeführt. Die Reinigung des Gases ist erforderlich, um feste und flüssige Schwebestoffe mechanisch aus dem Gas zu entfernen, hinzu kommt zum Teil eine chemische Reinigung durch großoberflächige Stoffe. Eine Reinigung durch Prallplatten zeigt einen nur begrenzten Wirkungsgrad, ferner ist deren Säuberung mit erheblichem Arbeitsaufwand verbunden. Gute Erfolge werden mit Zyklonen erzielt. Nasse Reinigungsverfahren durch Waschen des Gases mit Wasser haben sich ebenfalls nicht auf die Dauer durchsetzen können. Um Schädigungen des Motors zu vermeiden, muß einer physikalischen Vorreinigung stets eine Filterung durch Koks und Filtertücher nachfolgen. Erst durch die zuletzt angegebene Maßnahme gelingt es, den Staubgehalt des Generatorgases bis auf etwa 10 mg/m³ zurückzuhalten. Dies ist meist ausreichend, da der Staubgehalt der Straßenluft ebenfalls oft Werte bis zu 5 mg/m³ erreicht. Derartige Filtertücher verkleben nur langsam, da der größte Teil des auf dem Tuch abgeschiedenen Staubes infolge der Erschütterungen während des Fahrbetriebes wieder abfällt (258) (Abb. 69).

Die Zusammensetzung der bei der Vergasung entstehenden Gase ist sehr verschieden und hängt von der Bauart des Gaserzeugers, von den im Generator herrschenden Temperaturen und vielen anderen Faktoren ab.

### *e) Das Anlassen beim Generatorbetrieb.*

Beim Generatorbetrieb muß das Gas erst beim Arbeiten des Motors erzeugt werden. Es muß also vor dem Anlassen des Motors der Generator erst angeblasen werden. Dies geschieht durch ein Gebläse, das entweder von der Hand oder besser elektrisch angetrieben wird (Abb. 69). Unter der Voraussetzung, daß die elektrische Anlage des Fahrzeuges entsprechend bemessen ist, kann beim Fahrzeug ein solches elektrisches Gebläse Verwendung finden. Bei Dieselfahrzeugen, die auf Generatorbetrieb umgebaut werden, ist diese Möglichkeit ohne weiteres gegeben, weil hier die

Anlasserbatterien und Lichtmaschinen weit stärker bemessen sind, als es bei OTTO-Motoren der Fall ist. Eine andere Möglichkeit besteht darin, den Motor zunächst mit Benzin anzulassen und allmählich den laufenden Motor immer mehr aus der Gasleitung saugen zu lassen, bis der Generator soviel Gas gibt, daß der Benzinhahn geschlossen werden kann. Eine solche Einrichtung zur Umschaltung zwischen Benzin- und Gasbetrieb verleitet aber leicht dazu, daß bei größerer Beanspruchung des Motors entweder mit Benzinzusatz oder gar mit reinem Benzinbetrieb gefahren wird, welche

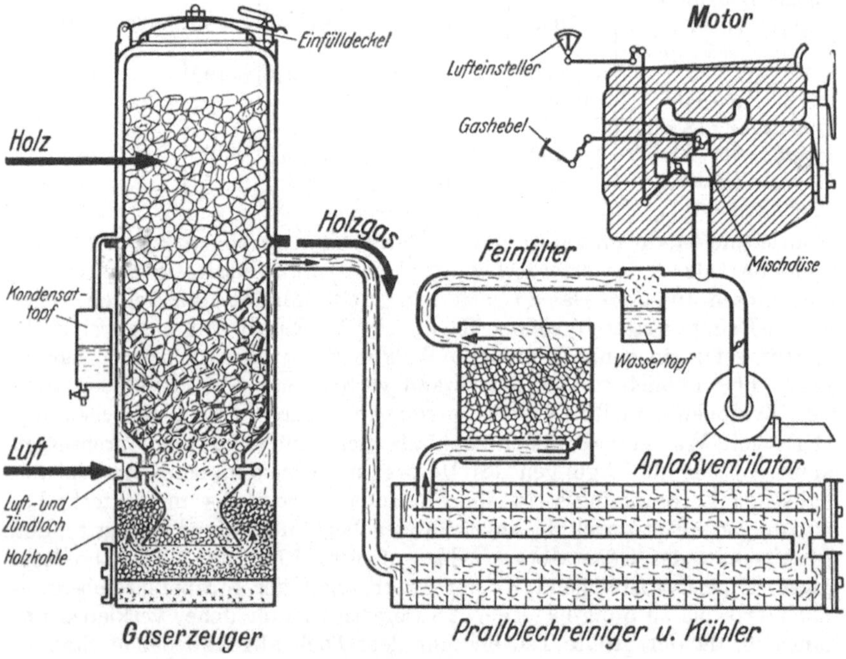


Abb. 69. Schema einer Holzgasanlage. Nach H. FINKBEINER.

Tatsache infolge der hohen, mit Rücksicht auf den Gasbetrieb gewählten Verdichtung dem Motor und dem Fahrzeugantrieb auf die Dauer schädlich ist. Es ist daher zweckmäßig, wenn bei der Anwendung des Benzinanlassens entweder ein ganz kleiner Hilfsvergaser zur Anwendung kommt, bei welcher der Motor niemals eine solche Füllung erhalten kann, daß er bei Benzinbetrieb überlastet wird, oder wenn man überhaupt die Einführung des Benzins nur tropfenweise aus einer kleinen Hilfseinrichtung bewerkstelligt. Damit ist die Benutzung des Benzinzusatzes überhaupt nur beim Anlassen des Motors möglich.

*f) Einfluß des Wassergehaltes des Holzes auf die Zusammensetzung des Gases.*

Der Wassergehalt des Holzes ist von großem Einfluß auf die Zusammensetzung des Gases. L. LARGUIER (120) gibt an, daß ein höherer

Wassergehalt im Holz als 15% nur zu einer Verschlechterung des Gases führen kann und daß der im Wasser enthaltene Sauerstoff, der bei größeren Wassermengen überschüssig ist, die Kohlensäurebildung begünstigt und der Anteil des unzersetzten Wassers im Endgas größer wird, der dann wieder durch umfangreiche Apparaturen herausgeholt werden muß. Es ist daher nach L. Larguier zweckmäßig, das Holz für den Gaserzeugerbetrieb weitgehendst vorzutrocknen und größere Vorräte von generatorfertig zerkleinertem Holz anzulegen, da dieses viel leichter Wasser abgibt als Stammholz. Der Wassergehalt des Gases ist ebenfalls von Wichtigkeit. Meist ist das erzeugte Gas vollkommen mit Wasserdampf gesättigt. Je niedriger nun die Temperatur ist, mit der das Gas in den Motor tritt, um so weniger Wasserdampf ist im Gas enthalten. Man muß also für eine ausreichende Kühlung des Gases sorgen. Bei gut gekühltem Gas ist gleichzeitig der Füllungsgrad besser und damit auch die Leistung besser. Nach Versuchen von H. Finkbeiner (190) ist es praktisch möglich, das erzeugte Gas bis auf eine Temperatur abzukühlen, die etwa 10° C über der jeweiligen Außentemperatur liegt, da eine weitere Abkühlung viel zu große Kühlflächen bedingen würde. Im Sommer dürften daher im Fahrzeug die Temperaturen stets zwischen 30° und 40° C liegen.

Der Holzverbrauch in Kilogramm beträgt ungefähr das 2,5- bis 3fache des Benzinbedarfs in Litern. Der kleine Rauminhalt der Gaserzeuger macht ein Nachfüllen nach verhältnismäßig kurzen Fahrstrecken (bei Lastwagen etwa 50 km in der Ebene) notwendig.

Bei Holzgas wird die Klopfgrenze durch die Gestalt des Verbrennungsraumes sehr beeinflußt (143). Besonders bei seitengesteuerten Motoren liegt die Klopfgrenze sehr niedrig (144). Z. B. war bei einem seitengesteuerten Motor die Klopfgrenze bei einer Verdichtung von 1 : 7,8 überschritten, während sie bei einzelnen kopfgesteuerten Motoren selbst bei 1 : 10 noch nicht erreicht war.

### *g) Leistungssteigerung durch Erhöhung der Verdichtung.*

Bei Erhöhung der Verdichtung zum Zweck der Leistungssteigerung wird aber der Widerstand der Elektroden der Zündkerzen immer größer. Soll der Funken sicher zünden, so würde dies eine Erhöhung der Zündspannung und damit eine Abänderung der Zündeinrichtungen bedingen. In der Praxis weicht man dieser Forderung dadurch aus, daß man den Abstand der Elektroden an der Zündkerze bis auf 0,2—0,3 mm verringert. Allerdings reichen die üblichen Zündeinrichtungen bis zu Verdichtungen von etwa 1 : 8 aus. Eine einwandfreie Zündung ist um so wichtiger, als das Holzgas (besonders beim Anlassen) nicht die Zündwilligkeit der flüssigen Brennstoffe hat. Bei Erhöhung der Verdichtung über 1 : 8 ist die Lebensdauer der Kerzen selbst mit höheren Zündungszahlen mangelhaft, weil meist die in den Verbrennungsraum hineinragenden Isolierkörper zerspringen. Man verwendet demgemäß auch Zündkerzen mit höheren Wärmewerten als beim Benzinbetrieb.

Für die richtige Wahl der Verdichtung ist der Zünddruck maßgebend, sie darf bei umgebauten Vergasermaschinen nur so weit erhöht werden, daß das Triebwerk es aushält. Verwendet man bei einem Holzgasmotor dasselbe Triebwerk wie bei einem Dieselmotor, so kann die Verdichtung weiter gesteigert werden. Allerdings ist dabei zu berücksichtigen, daß bei höherwerdenden Verdichtungen die Steigerung des thermischen Wirkungsgrades immer kleiner wird, da u. a. die mechanischen Verluste höher werden. Es gibt also einen Bestwert der Verdichtung für jede Maschine.

Bei umgebauten Vergasermaschinen muß bei der Wahl des Verdichtungsverhältnisses noch Rücksicht auf den elektrischen Anlasser genommen werden, welcher meist nur eine Verdichtung bis höchstens 1 : 7,5 zuläßt, oder man verwendet einen im Dieselbetrieb üblichen Anlasser.

Der Zündzeitpunkt muß bei Verwendung von Generatorgas gegenüber Benzin wesentlich vorverlegt werden, weil das Generatorgas-Luft-Gemisch träger verbrennt als das Benzin-Luft-Gemisch.

### *h) Die Elastizität der Gaserzeuger.*

Die Holzgaserzeuger zeigen noch die Eigenschaft, sich bei auftretenden Belastungsänderungen des Motors nur langsam anzupassen. Die Gaserzeuger erreichen bei weitem nicht die Elastizität hinsichtlich dieser Eigenschaft, welche der Betrieb mit flüssigen Kraftstoffen besitzt. Bei geringen Belastungen oder nach längerem Leerlauf des Motors, kühlt der Generatorinhalt so weit aus, daß erst nach einiger Zeit (5—10 Minuten) ein brenn- und explosionsfähiges Gasgemisch erzeugt wird oder gar der Generator erst von neuem in Gang gebracht werden muß. Der Generatorbetrieb erreicht also lange nicht die Beschleunigungsfähigkeit, wie sie der mit flüssigen Brennstoffen betriebene Motor zeigt (148). Maßgebend für die Anpassungsfähigkeit des Gaserzeugers ist neben der baulichen Gestaltung die Reaktionsfähigkeit der Brennstoffschicht, die von der Brennstoffart und der Größe der Oberfläche des an der Reaktion beteiligten Brennstoffs abhängt.

Von Bedeutung ist ferner die Reaktionsfähigkeit der Vergasungsstoffe; bei leicht vergasenden Brennstoffen, wie Holzkohle, Schwelkoks aus Torf und aus Braunkohle wird die Luft durch einen breiten Rost, bei reaktionsträgeren Stoffen, wie Anthrazit, Steinkohlenschwelkoks, Gaskoks u. a., durch Düsen zugeführt.

Nach Versuchen von H. Finkbeiner (190) zeigte sich, daß von allen festen Brennstoffen, die heute für den Gaserzeugerbetrieb in Betracht kommen, sich Holz bei wechselnder Belastung noch am günstigsten verhält und in dieser Beziehung allen anderen Brennstoffen überlegen ist. Bei den Anlaßversuchen zeigte sich, daß Holz die kürzesten Anheizzeiten benötigt. Die Versuche zeigten, daß die Trägheit der Gaserzeugung bedingt ist durch die Temperaturschwankungen, die wieder von der Bemessung des Querschnitts des Schachts abhängt. Ein Absinken der Temperaturen bei kleiner werdender Gasentnahme hat stets eine Verschlechterung des Gases zur Folge. Eine Verengerung des Querschnitts der Feuerzone wirkt sich günstig auf die Trägheit des Gaserzeugers aus. Die Trägheit der

Gaserzeugung ist aber nicht nur von den Gaserzeugerabmessungen, sondern auch von der Reaktionsfähigkeit der Brennstoffe abhängig. Die größte Reaktionsfähigkeit zeigen naturgemäß alle teerhaltigen Brennstoffe, welche bei ihrer Entgasung Schweldämpfe entwickeln. Diese Eigenschaft eines Brennstoffs beeinflußt auch die Anheizzeit.

### *i) Bedienung und Betriebsführung.*

Die Bedienung und Betriebsführung ist umständlicher als mit Benzin. Der Raumbedarf und das Gewicht der Gaserzeuger und Reinigungsanlagen und des mitgeführten Holzes lassen die Verwendung von Holzgas als Motortreibstoff vor allem bei schweren Nutzfahrzeugen als besonders zweckmäßig erscheinen, und zwar besonders für den Liniendienst. Allerdings ist der verhältnismäßig große Gewichtsaufwand und Raumbedarf weniger für eine weitere Einführung hinderlich als die wesentlich höheren Ansprüche an Wartung und Bedienung gegenüber Vergaser- und Dieselbetrieb. Die Aufnahme des Betriebsstoffs, die Inbetriebsetzung und Füllung des Generators, das Durchstoßen der Schicht mit der Schürstange zur Verhinderung der Hohlraumbildung, das Ablassen von Kondenswasser, die regelmäßige Überholung des Reinigers und der Rohrleitungen sind zusätzliche Arbeiten. Der Sauggasbetrieb bedingt weiter noch eine andere Fahrweise, der sich der Fahrer erst allmählich anpassen wird. Der Fahrer muß die geringere Leistung und vor allem das geringere Beschleunigungsvermögen beim Schalten berücksichtigen. Um jederzeit eine genügende Gasmenge zur Verfügung zu haben, darf er den Generator einerseits durch Überdrehzahl nicht überlasten und anderseits durch zu niedere Drehzahl zu stark abkühlen lassen. Meist verändert man die Fahrweise derart, daß bei Wagen mit Generatorgasbetrieb die Drehzahl des Motors möglichst gleich bleibt, um stets ein annähernd gleiches Gas zu erzeugen. Bei einem Abfall der Drehzahlen muß daher möglichst bald auf den nächstniederen Gang umgeschaltet werden, ebenso soll man im hügeligen Gelände die Talfahrt im gleichen Gang durchführen, der bei der Bergfahrt geschaltet wurde. Ferner wird oft der Gashebel ganz durchgetreten; bei Geschwindigkeitsverminderung ist es besser, an Stelle des Gases die Luft abzudrosseln. Ein ordnungsmäßiger Betrieb verlangt demnach, daß der Fahrer sich vollständig auf die besonderen Erfordernisse des Sauggasbetriebes einstellt.

Unbedingte Voraussetzungen für einen störungsfreien Betrieb sind jedoch die ordnungsmäßige Wartung und die regelmäßige Reinigung der Gaserzeugeranlage gemäß den Vorschriften der Lieferfirma. Ein Generator kann nicht einwandfrei arbeiten, wenn er z. B. hohlgebrannt ist, d. h. wenn der Brenstoff im Gaserzeuger nicht nachgerutscht ist und eine Brücke gebildet hat. Im Betrieb ist eine solche Hohlraumbildung nahezu ausgeschlossen, weil die Erschütterung des Fahrzeuges während der Fahrt die Bildung von Brücken im allgemeinen verhindert. Nach Beendigung der Fahrt aber, also im Stillstand des Fahrzeuges, findet bis zum vollständigen Erkalten des Generatoreninhaltes noch ein Nachbrennen statt, das in der Regel eine Hohlraumbildung verursacht. Deshalb soll der

Generator vor jeder neuen Inbetriebnahme durch die Einfüllöffnung, also von oben, mit einer Schürstange durchgestoßen werden, wodurch eine etwaige Brücke zerstört und der Inhalt des Gaserzeugers aufgelockert wird.

In den Reinigern und an manchen Stellen der Rohrleitungen setzen sich während des Betriebes Flugasche, Kohlestückchen, Kohlenstaub und Ruß in größeren oder kleineren Mengen ab, bei Verwendung von Brennstoffen mit verhältnismäßig hohem Feuchtigkeitsgehalt sammelt sich in der Reinigungsanlage auch Kondenswasser an. Man muß deshalb die Reinigungsanlagen nach einer bestimmten Fahrstrecke gründlich säubern, weil sie sonst ihre Aufgabe nur mangelhaft erfüllen.

### *j) Der Leistungsabfall.*

Ganz allgemein ist beim Holzgasbetrieb mit einem Leistungsabfall gegenüber flüssigen Brennstoffen zu rechnen. Diese Leistungseinbuße ist zum Teil auf den geringeren Gemischheizwert, zum Teil auf den schlechteren Lieferungs- und Wirkungsgrad zurückzuführen. Der Betrieb mit Flüssiggas kommt allein an die Leistung mit flüssigen Brennstoffen heran. Dann folgt Motorenmethan, Klärgas, Leucht- und Kokereigas und schließlich Generatorgas, bei dem die Leistungseinbuße 30—40% betragen kann. Bei Neuanlagen kann im Falle des Generatorbetriebes diese Leistungsminderung durch eine entsprechend größere Bemessung des Motors berücksichtigt werden.

Nach F. Zeiss (136) eignen sich Generatorgasanlagen, gleichgültig ob mit Holz oder Holzkohle betrieben, nicht für einen Betrieb mit vielen Haltestellen, wenn auf der Strecke noch obendrein größere Steigungen vorhanden sind, weil die Einbuße an Leistung bei den mit Generatorgas betriebenen Wagen sich in den Steigungen sofort bemerkbar macht. Dagegen sind Holz- und Holzkohlengasanlagen für größere Strecken, bei denen keine größeren Steigungen vorkommen, also z. B. für Omnibusbetrieb in flachem Gelände, gut verwendbar.

Der Holzgasbetrieb eignet sich nach Versuchen der Wasserbaudirektion Kurmark auch für den Betrieb von Motorbooten (145).

### *k) Maßnahmen in einzelnen Staaten zur Förderung des Verbrauchs an Holz und anderen festen Treibstoffen.*

Die Verwendung von Holz für den Fahrzeugmotorenbetrieb wird von einer Reihe von Staaten durch entsprechende Gesetze und Verordnungen gefördert.

Der Sauggasbetrieb ist, abgesehen von früheren vereinzelten Bemühungen, seit etwa 1931 in Deutschland in nennenswertem Umfang in Erscheinung getreten und in den Jahren 1931 und 1932 wurden vereinzelt Holzgasgeneratoren geliefert. Die Verwendung von Holzgas als Kraftstoff für Fahrzeuge und stationäre Motoren ist durch Erlaß des Reichsforstmeisters und Preußischen Landesforstmeistes vom 25. März 1935 insofern erleichtert worden, als bis Ende März 1938 für die Anschaffung von Holzgasgeneratoren Beihilfen in Höhe von 600 Reichsmark bei Neubeschaffungen und von 300 Reichsmark beim Umbau von früher mit flüssigen Kraftstoffen betriebenen Motoren gewährt worden sind. Der Reichsforstmeister hat außerdem angeordnet, daß bei der Verteilung von Brennholz die Versorgung von Holzgasgeneratoren bevorzugt zu berücksichtigen ist, weil diese Anlagen zur Verbreiterung der heimischen Kraftstoffversorgung beitragen. Die Eröffnung von Holztankstellen bedarf gemäß der Verordnung über die Errichtung, Übernahme und Erweiterung forst- und holzwirtschaftlicher Bearbeiter- und Verteilerbetriebe vom 28. Februar 1938 (Reichsgesetzblatt, S. 231) wegen des damit verbundenen Verkaufs von Brennholz der Genehmigung des Reichsforstmeisters. Die Reichsregierung hat die Holzgasfahrzeuge auch dadurch gefördert, daß sie mit Wirkung vom 1. April 1935 die Kraftfahrzeugsteuer für alle Fahrzeuge, welche nichtflüssigen Treibstoff verwenden, um 50—75% ermäßigt hat. In Deutschland sind Ende 1937 allein 1600 Fahrzeuge mit Holzgasgeneratoren in Betrieb gewesen.

Der Reichs- und Preußische Minister des Innern hat am 11. Juni 1937 nachstehenden Erlaß (V Wi IV—15 I—II/37) im Einvernehmen mit dem Reichs- und Preußischen Verkehrsminister herausgegeben und dabei folgendes bestimmt:

1. Die Gemeinden sind anzuhalten, alle Sonder- und Kraftfahrzeuge, die nach ihrer Bauart für andere Verwendungszwecke nicht in Frage kommen, soweit sie nicht mit elektrischem Strom (Akkumulatoren) betrieben werden, alsbald auf heimische gasförmige oder feste Kraftstoffe umzustellen. In gleicher Weise müssen neu zu beschaffende Sonderfahrzeuge mit Antrieb durch gasförmige oder feste Kraftstoffe oder elektrischem Strom versehen sein.

2. Als Sonderfahrzeuge gelten die nachstehend aufgeführten Fahrzeugarten; Ergänzung des Verzeichnisses bleibt vorbehalten.

3. Ausnahmen bedürfen in beiden Fällen der Ziffer 1 der Genehmigung des Reichsverkehrsministers, die auf dem Dienstweg über die Aufsichtsbehörde zu beantragen ist.

4. Von den in Ziffer 1 genannten Verpflichtungen ausgenommen sind die Kraftfahrzeuge im Feuerlösch- und Rettungsdienst sowie die Fahrzeuge zur Personen- und Güterbeförderung ohne besondere Einrichtungen (handelsübliche Fahrzeuge). Sind handelsübliche Fahrzeuge bereits auf gasförmige oder feste Kraftstoffe umgestellt, so ist Vorsorge zu treffen, daß sie jederzeit wieder mit flüssigen Kraftstoffen betrieben werden können; das gleiche gilt für neu zu beschaffende Fahrzeuge dieser Art.

5. Handelsübliche Kraftfahrzeuge mit Antrieb durch elektrischen Strom (Akkumulatoren) sollen nur für Nutzlasten bis 2 t einschließlich beschafft werden; für elektrische Sonderfahrzeuge gemäß der Anlage ist die Nutzlast nicht begrenzt.

6. Für kommunale Omnibusbetriebe sind die besonderen Bestimmungen zu beachten, die von der Reichsverkehrsgruppe Kraftfahrgewerbe (Verband deutscher Kraftverkehrsgesellschaften) mitgeteilt werden.

Die obersten Landesbehörden (in Preußen die Regierungspräsidenten) sowie der Deutsche Gemeindetag berichten mir zum 1. Juni 1938 über die bis dahin gesammelten Erfahrungen; die Berichte sind in doppelter Ausfertigung vorzulegen.

Die Beratung der Gemeinden bei den erforderlichen Umstellungs- und Beschaffungsmaßnahmen in technischer Hinsicht sowie die Vermittlung des Erfahrungsaustausches über die Bewährung der verschiedenen Antriebsarten ist Sache des Deutschen Gemeindetages.

Das dem Erlaß beigegebene Verzeichnis benennt folgende gemeindlichen Sonderfahrzeuge, die mit gasförmigen oder festen Kraftstoffen oder elektrischem Strom (Akkumulatoren) zu betreiben sind: Straßenwaschmaschinen, Straßenkehrmaschinen, Straßenkehricht-Abfuhrwagen, Sinkkasten-Reinigungswagen, Fäkalien-Abfuhrwagen, Müllwagen, Kanalreinigungsfahrzeuge, Leichenwagen, Desinfektionswagen, Sonderfahrzeuge für Schlackhofabfälle, Turmwagen für Straßenoberleitungen sowie Überwachungs- und Instandsetzungs-Sonderfahrzeuge der Versorgungsbetriebe.

In Deutschland ist man grundsätzlich darangegangen, die Holzwirtschaft von Grund auf zu regeln. Durch eine Verordnung der Reichsregierung wurde genau so wie in den Vorjahren angeordnet, daß der Holzeinschlag des Jahres 1938 die 1,5fache Höhe des normalen Einschlags erreichen müsse. Diese verstärkte Holzentnahme soll planmäßig fortgesetzt werden, bis das Lebensalter der zur Schlägerung gelangenden Bäume von 80 bis 100 Jahren auf 50 bis 70 Jahre verkürzt ist. Die Begründung für diese Maßnahme ist in der Erwägung zu suchen, daß jüngere Bäume viel rascher wachsen als ältere und daß das Höhenwachstum meist schon im fünften Jahrzehnt abschließt und im späteren Lebensalter nur mehr eine verminderte Anlagerung von Holzmasse an den Stamm stattfindet. Dadurch, daß man das Lebensalter der Bäume herabsetzt, will man mehr Holz ernten, z. B. innerhalb von zwei Jahrhunderten drei statt bisher nur zwei erzielen, die im einzelnen wohl einen geringeren, zusammen aber einen viel höheren Holzertrag liefern. Auf Grund der Verordnung vom 30. Juli 1937, welche am 1. Oktober 1937 in Kraft trat, ist u. a. die Verwendung von als Nutzholz auch nur einigermaßen verwertbarem Holz zu Brennzwecken verboten .Jedes Brennholz, dessen Durchmesser stärker ist als 7 cm, muß als Industrieholz verwendet werden. An Stelle von Brennholz soll in möglichst großem Umfang Kohle, Torf und elektrischer Strom verwendet werden. Alle diese Maßnahmen wurden getroffen, um eine möglichst wirtschaftliche Verwendung des Holzes herbeizuführen. Maßgebend hierfür ist der Gedanke, daß die beste Verwendung niemals durch Verbrennen, sondern nur durch chemische Verwertung erzielt werden kann. Ein Raummeter Fichtenholz (darunter versteht man die Holzmasse, einschließlich Lufträume, die 1 m³ aufgeschichtete Scheite, Knüppel oder Reiser enthält) mit einem Preis von 8 bis 17 Reichsmark ersetzt z. B. 188 kg Steinkohle zum Preis von 10 Reichsmark, im Holzgasmotor ersetzt ein Raummeter Fichtenholz 133 kg Benzin im Wert von etwa 66 Reichsmark und nach dem Verfahren von Bergius in Spiritus verwandelt 95 kg Benzin im Wert von etwa 47 Reichsmark.

Das Deutsche Reich (Altreich) hat durch den Anschluß Österreichs einen Zuwachs an Waldbesitz von ungefähr 10% erfahren. Auf den Kopf der Bevölkerung, gerechnet besaß das alte Reichsgebiet anfangs 1938 rund 0,19 ha, zusammen ergeben sich für Großdeutschland 1938 etwas über 0,21 ha je Einwohner, wobei Deutschösterreich 0,46 ha Waldfläche je Einwohner besitzt. Die Waldfläche Deutschösterreichs beträgt 3138000 ha, d. s. 37,4% der Oberfläche des ganzen Landes, die mit 83,5% Nadel- (Fichte 57%) und 16,5% Laubholz bestanden sind. Der jährliche Holzzuwachs in Deutschösterreich wird 10 Millionen Festmeter (d. i. ein Kubikmeter Holz ohne Lufträume) geschätzt.

Frankreich ist ein sehr waldreiches Land; rund 23% der Bodenfläche des Landes sind mit Wäldern bedeckt (13 Millionen Hektar). Die Jahresproduktion an Brennholz dürfte 30 Millionen Kubikmeter betragen. Aus diesem Grund fördert auch der französische Staat sehr die Verwendung von Holz als Treibstoff. In Frankreich müssen auf Grund einer Verordnung vom August 1937 alle öffentlichen Unternehmungen, Behörden und Betriebe, öffentliche Transportgesellschaften, die meistens zehn Lastkraftwagen oder andere Kraftfahrzeuge besitzen, ab 1. Juli 1939 mindestens 10% ihres Kraftfahrzeugparks, gleichgültig ob es zur Personen- oder Güterbeförderung dient, auf einen aus Holz hergestellten Treibstoff umstellen. In bestimmten Gebieten kann dieser Anteil auf 20% erhöht werden. An Stelle von Holzgas kann in jedem Departement auch ein anderer einheimischer Kraftstoff zur Verwendung gelangen, auch Stadtgas, allerdings vorbehaltlich der Genehmigung durch den Minister für öffentliche Arbeiten. Außerdem wird in der französischen Presse im Auftrag des Landwirtschaftsministeriums viel für Holz als Treibstoff geworben. Man geht hierbei von der Tatsache aus, daß in den französischen Wäldern jährlich etwa 11 Millionen Kubikmeter Holz unausgenutzt bleiben, welche ungefähr 500000 t Benzin entsprechen. Diese 11 Millionen Kubikmeter würden auf keinen Fall zu einem verstärkten Holzeinschlag führen. Erwähnenswert ist, daß das französische Kriegsministerium nicht einfach ihre mit Benzin betriebenen Fahrzeuge auf Gasgeneratorbetrieb umstellt, sondern nur Spezialgeneratorfahrzeuge erwirbt. Im Jahre 1937 befanden sich 4000 Kraftfahrzeuge mit Holzgasantrieb in Verkehr gegen 2500 1936 und 1300 1935. Die Nationale Französische Eisenbahngesellschaft nahm im Jahre 1938 den ersten Schnelltriebwagen mit Holzgasmotor in Betrieb. Der Wagen kann 500 km ohne Erneuerung seines Brennstoffvorrats laufen und hat für 95 Personen Platz. In Frankreich wurde das Gesetz über die Steuerfreiheit von Generatorgaskraftfahrzeugen, das ursprünglich auf zwei Jahre befristet war, ohne jede Zeitbeschränkung verlängert, um diese Fahrzeuge zu fördern.

Nach einer kürzlich veröffentlichten Regierungsverordnung sind in Portugal die Einfuhrzölle für Dampfkessel und Generatoren, soweit die letzteren besonders für die Vergasung von Steinkohle, Braunkohle oder Torf inländischer Herkunft eingerichtet sind, um 90% ermäßigt worden.

Die Bewilligung dieser Vergünstigung unterliegt der Genehmigung des Nationalen Brennstoff-Instituts, welches die Kontrolle über die Verwendung der Generatoranlagen und der in ihnen verarbeiteten Brennstoffe übernimmt.

In Italien liefen zu Beginn des Jahres 1938 etwa 2000 Autobusse mit Holzgasantrieb. Alle großen Automobilfirmen betreiben den Großserienbau von Fahrzeuggaserzeugern. Die Städte Rom, Mailand, Genua, Reggio di Calabria und Turin haben den Gaserzeuger weitgehend im Omnibusbetrieb eingeführt. Gefördert wird diese Entwicklung durch die stark erhöhten Preise für das Benzin. Die italienische Regierung hat eine eigene Studienkommission „Commissione Interministeriale per gli veicoli a Gassano“ zum Studium dieser Frage eingesetzt. Der italienische Staat gewährt Beihilfen für den Umbau auf Holzgasantrieb auch dann, wenn kein neuer Motor eingebaut, sondern lediglich der alte auf Holzgasantrieb umgestellt wird. Nach einem Dekret vom Juli 1937 wird ein Zuschuß von bis zu 18000 Lire für jeden schon in Betrieb befindlichen Autobus, der auf Holzgas umgestellt wird, gewährt. Für neugebaute Autobusse wird eine fünfjährige Steuerfreiheit für in Italien hergestellte Lastwagen mit Gaserzeugern nach dem Gesetz vom 31. Mai 1932 und der Verordnung vom 5. Juli 1934 zugestanden, während für die Steuerberechnung der umgebauten Fahrzeuge eine um 30% verminderte Pferdestärke zugrunde gelegt wird. Steuererleichterungen sind auch für in Italienisch-Ostafrika benutzten Automobile mit Gasantrieb vorgesehen. Ein im Jahre 1935 aufgestelltes Programm sieht die völlige Umstellung der italienischen Kraftfahrzeuge in öffentlichen Diensten auf den Verbrauch einheimischer Kraftstoffe, darunter auch Holzgas, vor. Nach dem ursprünglichen Gesetz hätte die Umstellung am 1. Jänner 1938 vollzogen sein müssen. Am 30. Dezember 1937 jedoch erschien ein Dekret mit ergänzenden Bestimmungen, nach welchem für Kraftfahrzeuge, die auf Naturgas oder einheimische flüssige Brennstoffe umgestellt werden sollen, ein Aufschub von sechs Monaten, und solche, die auf Holzgas umgestellt werden sollen, ein Aufschub von zwölf Monaten gewährt wird. In Italien hat der Gaserzeugerbetrieb auch in der Kleinschiffahrt Anwendung gefunden, wo bereits einige regelmäßige Linien auf den oberitalienischen Linien und in den Lagunen bestehen. Ein weiteres Anwendungsgebiet ist die Landwirtschaft, wofür z. B. die Soc. An. La Monomecca Nica in Mailand einen Trecker entwickelt hat, der für den Betrieb mit Holz bestimmt ist (134). Von den in der zweiten Hälfte des Jahres 1938 in Italien im öffentlichen Verkehr befindlichen 7972 Autobussen waren 373 zu dieser Zeit auf Gasgeneratorenbetrieb umgestellt.

### *l) Die Wirtschaftlichkeit des Holzgasbetriebs.*

Abschließend läßt sich wohl sagen, daß die künftige Entwicklung der Verwendung von Holz als Motortreibstoff sehr wahrscheinlich auf dem Gebiete der Großfahrzeuge, der Binnenschiffe, ortsfesten Anlagen und Zugmaschinen liegen wird. Insbesondere hat Holz als Motorentreibstoff für die Landwirtschaft große Bedeutung, und aus diesem Grund ist man in Deutschland auch bestrebt, einen Holzgasschlepper für die Landwirtschaft zu entwickeln, der nicht nur für den deutschen Bauern, sondern auch für koloniale Zwecke zu gebrauchen ist. Auf der Internationalen Automobilausstellung in Berlin 1938 war ein Holzgasbauerntrecker einer rheinischen Maschinenfabrik ausgestellt.

H. Finkbeiner (167) vertritt in seinem Buch die Ansicht, daß die Wirtschaftlichkeit des Generatorbetriebs infolge des Vordringens des Dieselmotors auf ein enges Anwendungsgebiet beschränkt ist. Einen Vergleich über die Wirtschaftlichkeit geben die reinen Kraftstoffkosten je Kilometer. Die nachstehende Zahlentafel zeigt diese für Holzgaserzeuger- und Dieselbetrieb.

| Wagengruppe t | Holz Rpf | Holzkohle Rpf | Dieselöl Rpf |
|---|---|---|---|
| 2,5 | 2,6 | 3,2 | 3,1 |
| 3,5 | 3,5 | 4,2 | 4,1 |
| 6,5 | 5,2 | 6,3 | 6,2 |
| 9 | 6,9 | 8,5 | 8,2 |

Hierbei sind als Preise für je 100 kg für Holz 3 Reichsmark, für Holzkohle 8 Reichsmark und für Dieselöl 20 Reichsmark eingesetzt. Allerdings sind für die Beurteilung der Wirtschaftlichkeit auch die Wartungs- und Instandsetzungskosten sowie der Kapitaldienst, aber auch die für den Gaserzeugerbetrieb geltende Kraftfahrzeugsteuerermäßigung und die Beschaffungsbeihilfe zu berücksichtigen. Unter Beachtung aller dieser Umstände kommt Finkbeiner zu dem Schluß, daß die Wirtschaftlichkeit des Gasbetriebs bei Holz und Holzkohle gegenüber Dieselbetrieb nur in Einzelfällen erreicht werden kann.

## 2. Holzkohlengas.

An Stelle des Holzes kann in den dazu geeigneten Generatoren Holzkohle verwendet werden. Durch Verkohlung des Holzes, die, wie schon der Name sagt, Überführung der Holzmasse, die rund 50% Kohlenstoff enthält, in Holzkohle, deren Kohlenstoffgehalt 80—82% beträgt, wird ein Produkt mit bedeutend höherem Heizwert erhalten.

### *a) Die Verkohlung des Holzes.*

Beim Erhitzen verliert das zerkleinerte Holz zunächst nur Wasser bis zur vollständigen Trocknung. Über 150° C erfolgt eine Zersetzung des Lignins und damit ein Ansteigen des Kohlenstoff- und Wasserstoffgehalts und eine Verminderung des Sauerstoffgehalts. Beim Erhitzen über 270° C erfolgt eine exotherme Reaktion in der Zellulose des Holzes, wobei solche Stoffe ausgeschieden werden, die sich der Erhaltung des trockenen Zustands entgegenstellen. Dabei erhält man sog. „geröstetes Holz" (Rotkohle). In diesem Zustand ist das Holz fest, wenig wasseranziehend, dicht und rein; sein Heizwert beträgt 5700—6800 WE/kg. Dieses Holz ergibt ein Holzgas mit dem günstigen Heizwert von 1450 bis

1500 WE/m³. Der Gemischheizwert beträgt dabei 630—660 WE/m³. Geröstetes Holz ist noch teerhaltig und muß daher in Holzgaserzeugern mit absteigender Vergasung vergast werden. Bei weiterer Erhitzung des Holzes auf 350—390° C erhält man eine weiche Holzkohle (Meilerkohle), die noch flüchtige Bestandteile enthält und folgende Zusammensetzung besitzt: 85% Kohlenstoff, 3% Wasserstoff, 4% Sauerstoff, 6% Wasser, 2% Stickstoff und Asche. Bei 500° C bildet sich eine harte Holzkohle (Retortenholzkohle). Am besten eignet sich für Fahrzeug-

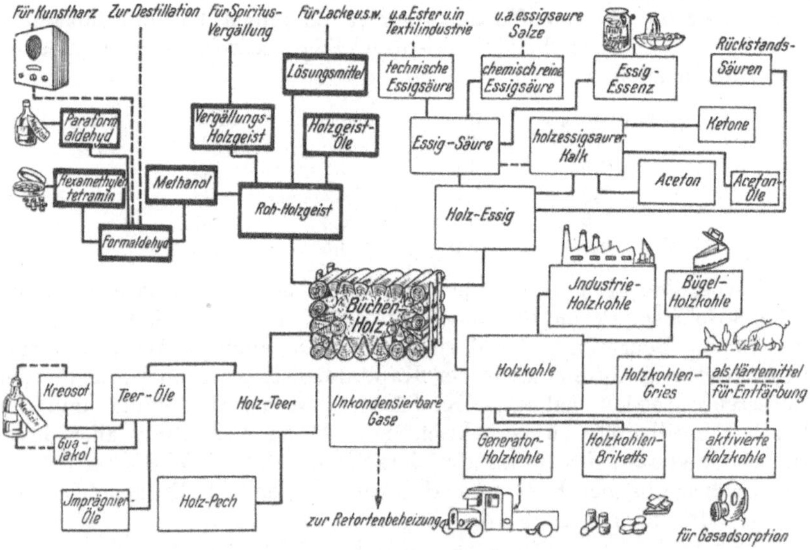


Abb. 70. Die Holzverkohlungsindustrie und ihre Haupterzeugnisse. Industrielle Gewinnung der Holzkohle. Nach H. Finkbeiner (149).

gaserzeuger eine Holzkohle, die bei 400° C gewonnen wird. Ordentlich verkohlte und entstaubte Holzkohle eignet sich bei richtiger Wahl der Stückgröße gut; ist die Holzkohle zu feinstückig, so gibt sie leicht Anlaß zu Betriebsstörungen. Wie bekannt, ist für die Motorleistung der Heizwert des vom Motor angesaugten Gas-Luft-Gemischs (Gemischheizwert) maßgebend. Dieser beträgt für Rohholz mit 15% Feuchtigkeit 630 WE/m³, für geröstetes Holz 660 WE/m³, für bei 400° C hergestellte Holzkohle 595—600 WE/m³; Holzkohle, welche bei noch höheren Temperaturen gewonnen wird, ergibt einen etwas niederen Gemischheizwert. Der Vorteil der Verwendung härterer Holzkohle liegt in dem reineren Gas. Die deutsche Holzkohlenerzeugung dürfte heute etwa 60000 t betragen; sie wird bis auf einen kleinen Rest nicht mehr in Meilern, sondern in Retorten durchgeführt, welche Gewinnung gestattet, die anfallenden Nebenprodukte, wie Essigsäure, Azeton, Methylalkohol, Formaldehyd usw., zu gewinnen. Nach Schätzung von M. Klar (121) werden in der Welt jährlich etwa 4,5 Millionen Raummeter Holz trocken destilliert, wovon auf Deutschland etwa 500000 Raummeter entfallen. Die Holzverkohlung ist die älteste chemische Verwertung des Holzes. In Abb. 70 ist die industrielle Verkohlung von Buchenholz mit den dabei anfallenden Produkten dargestellt (149).

Die bei der Holzverkohlung zu gewinnenden Nebenprodukte, wie Essigsäure, Azeton und Methylalkohol, können und werden heute großtechnisch auf katalytischem Weg (Essigsäure und Azeton aus Azetylen, Methylalkohol aus Kohlenoxyd und Wasserstoff unter Druck) gewonnen. Die Holzkohle selbst hat heute auch viel an Bedeutung verloren. Die Holzverkohlung ist aus wirtschaftlichen Gründen eine rückläufige Industrie, weil hochmolekulare Substanzen, die im Holz vorliegen und die wertvollerer Verwendung zugeführt werden können, zu einfachen, synthetisch herstellbaren niedermolekularen Stoffen abgebaut werden. Die Verwendung von Holzkohle an Stelle von Holz hat für den Generatorbetrieb mehrere Vorteile. Es bildet sich erstens bei der Vergasung von Holzkohle ein reineres, teerfreies Gas, so daß ein Teil der Reinigungsvorrichtungen, die für Holz notwendig sind, entfällt. Die Holzkohlengaserzeuger arbeiten zum Teil mit aufsteigender, zum Teil mit absteigender Vergasung mit oder ohne Wasserdampfzusatz. Von dem zugesetzten Wasserdampf wird allerdings nur ein kleiner Teil von der Holzkohle zu Wasserstoff reduziert. Aus diesem Grund ist auch der Wasserstoffgehalt des Holzkohlengases kleiner als der des Holzgases.

Der Fahrbereich der mit Holzkohlengas betriebenen Motoren ist größer, weil mit einer Füllung Holzkohle länger gefahren werden kann als mit der gleichen Füllung Holz. Einer weiteren Verbreitung des Antriebs von Motoren mit Holzkohle steht aber die Tatsache entgegen, daß erst eine zusätzliche Holzverkohlungsindustrie geschaffen werden müßte, um entsprechende Mengen Holzkohle zu erzeugen.

### b) *Die Verwendung von Holzkohle als Treibstoff in verschiedenen Ländern.*

Man hat auch Triebwagen, die in Kleinbahnstrecken verkehren, z. B. zwischen Lüneburg und Bleckhede, auf Holzkohlengas umgestellt.

In Frankreich wurde ein Verfahren zur Verkohlung von alten Holzschwellen, die jährlich mit 5—6 Millionen Stück anfallen, entwickelt. Die dabei entstehende sog. „Geka-Holzkohle“ besitzt einen Heizwert von 8000 WE/kg und einen Kohlenstoffgehalt von 90 bis 93%, der sich aus der Mitverkohlung des bis zu 30% im Holz mitenthaltenen Kreosots ergibt. 1 kg dieses Brennstoffs entspricht etwa 1 l Benzin. In gleicher Weise wie die Verwendung des Holzes als Treibstoff in Frankreich wird die Verwendung von Holzkohle für den gleichen Zweck angestrebt. Die staatliche Pulverfabrik in Sevran ist nach Versuchen für Rechnung des Heeres zur Erzeugung von sog. „Carbonite“ (eines Einheitstyps von gepreßter Holzkohle, welche aus allen Holzarten gewonnen werden kann und dreimal weniger Platz beansprucht als gewöhnliche Holzkohle) in größerem Umfang übergegangen. Die Erzeugung dieses neuen Brennstoffs soll weitgehendst gefördert werden. In Frankreich und auch in Belgien ist mit Unterstützung der staatlichen und Militärbehörden schon seit dem Krieg besonders bei der Ausgestaltung der mit Holzkohlengas betriebenen Fahrzeuge mancherlei Vorarbeit geleistet worden. Holzkohlengas wird auch als Treibmittel für Triebwagen in Nebenstrecken bei den französischen Staatsbahnen verwendet.

Deutschland (Altreich) hat sich von der Einfuhr von Holzkohle schon 1935 weitgehend unabhängig gemacht, in welchem Jahr nur mehr 3150 dz eingeführt wurden. Deutschösterreich, obwohl es ein holzreiches Land ist, mußte fast seinen ganzen Bedarf an Holzkohle einführen.

Auch andere Länder haben Maßnahmen zur Förderung des Holzkohlengasbetriebs durchgeführt; z. B. Japan, wo für den Betrieb von Holzkohlengas-Generatorwagen heimischer Erzeugung Regierungszuschüsse gezahlt werden. Für den Einbau bestimmter Generatoren werden Beihilfen von 300 Yen je Wagen gegeben. Die Verwendung von Holzkohle wird weiter dadurch erleichtert, daß alle Benzintankstellen Holzkohle vorrätig halten müssen.

### 3. Anthrazit- und Koksgas.

An Stelle von Holzkohle kann auch Anthrazit oder Koks, der aus einer Tief-, Mittel- oder Hochtemperaturverkokung eines Brennstoffs stammen kann, in geeigneten Generatoren vergast werden. Anthrazit wird z. B. gern in der Binnenschiffahrt für den Antrieb von Schleppern und Selbstfahrern an Stelle von Dieselmotoren verwendet. So wurde von der Harpener Bergbau A. G. im Sommer 1935 der erste Gasschlepper in Betrieb genommen (123, 122), der zur Vergasung von Brechkoks IV oder Anthrazit ausgerüstet ist. Dieser erste Gasschlepper hat eine lange Kette eröffnet, und heute ist schon eine Anzahl von gasbetriebenen Schleppern und Selbstfahrern, die mit Koks oder Anthrazit betrieben werden, in Dienst. Unter Selbstfahrern, die in der deutschen Binnenschiffahrt in den letzten Jahren stark zugenommen haben, versteht man Schiffe mit eigener Antriebskraft. Anthrazitgaserzeuger haben in den letzten Jahren aber auch bei Eisenbahntriebwagen, so z. B. bei neun Fahrzeugen der Oderbruchbahn, als auch bei Lastkraftwagen (124) Anwendung gefunden. Es betragen z. B. die Kosten für Anthrazit bei einem Triebwagen mit 56 Sitz- und 24 Stehplätzen (Gasmotor von 95 PS) für 100 km 1,55 Reichsmark. Die Humboldt-Deutz-Motoren A. G. hat angegeben, daß sie bis Frühjahr 1938 insgesamt 25 mit Generatorgasanlagen (für Betrieb mit Anthrazit, Schwelkoks und anderen Brennstoffen) in Bau und Auftrag hatte. Man rechnet bei Gasbetrieb mit 1,0 Pf/PSh, gegenüber 1,8 bei Diesel- und 2,4 bei Dampfbetrieb. Den ersten Gasanthrazit-Triebwagen hat das Landesverkehrsamt Brandenburg-Berlin bauen lassen.

#### *a) Anthrazit.*

Die Versuche, welche vier Jahre hindurch bei der Bergwerksgesellschaft Diergardt-Mevissen m. b. H. in Rheinhausen und zwei Jahre hindurch bei den Stinnes-Unternehmungen und auf mehreren anderen Zechen des Ruhrkohlenbezirkes durchgeführt worden sind, haben die Möglichkeit der Verwendung von Anthrazit in Gaserzeugern ergeben (214). Bei diesen Versuchen soll sich der Abschälzyklon der Firma Humboldt-Deutz in Verbindung mit einem Naßreiniger und das von der Firma Walther konstruierte Walther-ter-Linden-Filter für die Ausscheidung der groben und feinsten Teilchen sehr bewährt haben. Die völlige Reinigung des Gases von Teerbestandteilen erfolgt in einem eigens hierzu entwickelten Teerfilter zwischen Mischdüse und Motor, da es sich zeigte, daß der Teer sich stets erst im Ansaugrohr des Motors nach dem Zusatz der Verbrennungsluft zum Gas ausschied. Das Anheizen des kalten Gaserzeugers bis zum Starten des Fahrzeuges hat 4—6 Minuten in Anspruch genommen. Die Bedienung der Anlage erfordert das Ablassen des Kondensats nach längeren Fahrstrecken am besten während der Pausen durch Öffnen eines Hahnes und von Zeit zu Zeit eine gründliche Reinigung der Gasanlage.

### *b) Steinkohlenschwelkoks.*

Bei Versuchen, welche z. B. mit einem Humboldt-Deutz-Fahrzeuggaserzeuger, Bauart K. U. 105, mit Anthrazit, Krupp-Schwelkoks, E. B. T.-Schwelkoks, Gaskoks, Brechkoks, Brassert-Schwelnüsse, Hinselmann-Schwelformlinge, Kollergas-Schwelpreßlinge durchgeführt wurden und bei welchen die Vergasungsluft bei 50° C mit Dampf gesättigt war, zeigte sich, daß Anthrazit schon nach 7 Minuten Anheizzeit ein Gas mit einem Heizwert von 1000 WE/m³ ergab (125). Bei den Schwelkoksen dauerte es längere Zeit, bis ein brauchbares Gas erhalten wird, z. B. bei Krupp-Schwelkoks E Nuß IV, welcher erst nach 17 Minuten Anheizzeit ein Gas von einem Heizwert von 953 WE/m³ lieferte. Der holländische Gaskoks verhielt sich ähnlich. Die Versuche haben ganz allgemein ergeben, daß Steinkohlenschwelkoks als Vergasungsbrennstoff für ortsbewegliche Generatoranlagen durchaus geeignet ist, insbesondere wenn von vornherein nur bestimmte Korngrößen verwendet werden. In Westdeutschland ist die von den Bergwerken der Friedr. Krupp A. G. auf der Schachtanlage Sälzer-Amalie errichtete Tankanlage auch zum Tanken von Schwelkoks (und außerdem von Aral, Bevaulin, Treiböl und Flaschengas) eingerichtet. Der Schwelkoks stammt von der Schwelanlage Amalie, die ihn für die Tankstelle zur Verfügung stellt. Auf der Schachtanlage Sälzer-Amalie wird seit zwei Jahren ein Lastwagen mit Schwelkoks betrieben, wobei eine einmalige Füllung für eine Fahrstrecke von 200 bis 250 km ausreicht.

Der Steinkohlenschwelkoks hat folgende Eigenschaften: 4—5% Wasser, 6—10% Aschengehalt, 6400—7200 WE Heizwert, Zündpunkt bei 350 bis 450° C (der Zündpunkt oder die Entzündungstemperatur eines festen Brennstoffes ist die Temperatur, bei der eine Entzündung mit anschließender selbständiger Verbrennung eintritt). Der Zündpunkt darf nicht mit der Selbstentzündlichkeit eines Brennstoffes verwechselt werden, worunter man dessen Fähigkeit versteht, sich selbst bis zur Erreichung des Zündpunktes zu erwärmen, worauf Selbstentzündung eintritt, Schüttgewicht bei 10—13 mm Körnung 375—420 kg/m³. Das aus Steinkohlenschwelkoks erzeugte Gas hat einen Heizwert von 1100—1250 WE und einen sehr niedrigen Schwefelwasserstoffgehalt von 0,35 bis 1,25 g/m$^3$.

Der Verbrauch an Steinkohlenschwelkoks für 1 PS-Stunde beträgt 0,55—0,65 kg, gegen 0,7—0,8 kg für Braunkohlenschwelkoks, 0,45 kg für Anthrazit, 0,55 kg für Torfkoks und 0,4—0,45 kg für Holzkohle.

### c) *Braunkohlenschwelkoks.*

Schon seit Jahren wird versucht, Braunkohlenschwelkoks für Vergasung in Fahrzeuggeneratoren zu verwenden. Diese Bestrebungen haben aber bis heute noch zu keinen abschließenden Ergebnissen geführt.

Der Braunkohlenschwelkoks fällt bei der Verschwelung von Braunkohle an. Der Schwelkoks fand zunächst nur Verwendung als Hausbrand in speziellen Öfen. Für industrielle Zwecke gewann er erst größere Bedeutung mit dem Bau von Schwelkraftwerken in den Jahren 1926 bis 1929. Während im Jahre 1921 385000 t Schwelkoks anfielen, stellte sich die Erzeugung 1935/36 auf 985000 t und im Jahre 1936/37 auf 2,2 Millionen Tonnen Schwelkoks. Für Betrieb von Fahrzeugen wird der Koks mit etwa 5—10% Wassergehalt geliefert. Die Verwertung des Braunkohlenschwelkokses ist für die Wirtschaftlichkeit der Schwelung ausschlaggebend, da z. B. aus 1 kg mitteldeutscher Braunkohle 0,365 kg Schwelkoks neben etwa 0,12 kg Teer entstehen. Der Braunkohlenschwelkoks enthält 6—18% Wasser und 15—25% Asche (also fast das Dreifache wie Steinkohlenschwelkoks) und besitzt einen Heizwert von 5000—6200 WE und einen Zündpunkt von 235 bis 280° C; sein Schüttgewicht bei 10—30 mm Körnung beträgt 540—735 kg/m$^3$. Der Braunkohlenschwelkoks hat im allgemeinen einen hohen Gehalt an flüchtigen Bestandteilen und ist aus diesem Grunde gut zündfähig. Beim Vergasen von Braunkohlenschwelkoks (am besten wendet man die aufsteigende Vergasung an) machte sich erstens sein hoher Aschengehalt und zweitens der hohe Gehalt an Schwefelwasserstoff (bis 0,4%) des erzeugten Gases unangenehm bemerkbar (151). Der hohe Aschengehalt bedingt die Verwendung eines Drehrostes zum Austragen der Asche und der hohe Schwefelgehalt des Gases erfordert eine Reinigungsanlage zur Entfernung des Schwefelwasserstoffs. Sowohl bei der Vergasung von Steinkohlenschwelkoks wie bei der Vergasung von Braunkohlenschwelkoks wird der Vergasungsluft Wasserdampf zugemischt, um die Temperatur des glühenden Brennstoffes herabzusetzen und ein Zusammenbacken der Schlacke zu verhindern. Für die richtige Bemessung des Wasserdampfzusatzes sind besondere Einrichtungen vorhanden. Bei den meisten neuzeitlichen Anlagen erfolgt die Gasreinigung in mehreren Stufen, wobei in einem Vorreiniger (Zyklon) die gröberen mechanischen Verunreinigungen aus dem Gas abgeschieden und in einem nachgeschalteten Nachreiniger die chemischen Verunreinigungen (Schwefelverbindungen) ausgewaschen werden. Ein Nachreiniger endlich wirkt als Flüssigkeitsabscheider. Eine Bauart verwendet ein trockenes Tuchfilter zur Gasreinigung, während die Vorreinigung mit einer besonderen Reinigungsmasse aus gepulverter Holzkohle erfolgt. Die Hauptstörungsquelle bilden bei Braunkohlenschwelkoks und auch bei Torfkoks die chemischen Verunreinigungen, wobei Zerstörungen an Rohrleitungen, Ventilen, Drosselklappen und Zylinderlaufflächen beobachtet wurden. Man trachtet die Schwefelreinigung bei Gasen, die aus Braunkohlenschwelkoks entstehen, durch Vervollkommnung der Reiniger zu lösen, so daß in den Generatoren auch Braunkohlenschwelkoks ohne Nachteil vergast werden kann.

Um die Brauchbarkeit von Braunkohlenschwelkoks für die Erzeugung von Kraftgas, die für die Ausrüstung von Motorschleppern mit Koksgeneratoren von Bedeutung ist, zu ermitteln, hat man eingehende Versuche an einem KÖRTING-Kleindrehrost-Generator (1100 mm lichter Durchmesser, 0,95 $m^2$ Schachtquerschnitt) gemacht, der als Normalgaserzeuger für Anthrazit Nuß IV und V gebaut war (126). Als Vergasungsrohstoff wurde ein Braunkohlenschwelkoks, der nach dem Spülgasschwelverfahren aus Strangpressenbriketts gewonnen war, verwendet, der etwa 15—18% Wasser, 13,8—17,5 nichtverschlackende Asche und 3,2—4,7% Schwefel enthielt. Es wurde ein Gas mit einem Heizwert von 1200 bis 1250 WE/$m^3$ erzeugt. Für die Gaszusammensetzung wie für den Heizwert ist ein wesentlicher Einfluß der Vergaserbelastung nicht zu beobachten. Die Durchschnittszusammensetzung des Gases betrug 27,5% Kohlenoxyd, 12% Wasserstoff, 0,6% Methan, 4% Kohlensäure, 56% Sauerstoff und Stickstoff. Der Schwefelgehalt des Gases am Gaserzeugeraustritt betrug 4,8—6,9 g/$m^3$. Die ungereinigten Gase wiesen Staubgehalte von 0,27—1,31 g/$m^3$ auf, von denen 50% über 0,008 mm Grob- und etwa 33% Feinstaub sind. Die Gase wurden vor Eintritt in den Motor durch Vorkühler und Rieselwäscher gewaschen, wodurch der Staubgehalt auf 1—10 mg/$m^3$ sank. Das gereinigte Gas enthält außerdem noch bis 300 mg/$m^3$ Teer und 2—3 g Schwefelwasserstoff und gelangte mit diesen Verunreinigungen, welche unbedenklich sein sollen, in den Motor. Die ganze Anlage soll eine außerordentliche Elastizität bei den im Betrieb auftretenden Schwankungen und Drosselungen aufweisen und schnelles Aufheizen und Dämpfen ohne erhebliche Abfackelverluste aufweisen. Auf der technischen Messe in Leipzig 1938 führte eine norddeutsche Dieselmotorenfabrik einen ortsfesten Sechszylindergasmotor mit einer Leistung von 360 PS bei 375 U/min vor, welcher normalerweise mit Braunkohlenschwelkoks, jedoch auch mit Anthrazit, Koks, Braunkohle, Torf usw. betrieben werden kann. Der Reichsschleppbetrieb hat im April 1938 einen Gasschlepper in Betrieb genommen, der als erster Schlepper Braunkohlenschwelkoks verwendet.

Die Entwicklung der Fahrzeug-Schwelkoks-Generatoren setzte etwa im Jahre 1935 ein. Bereits bei der großen Versuchsfahrt für heimische Treibstoffe im Jahre 1935, die auf Veranlassung und mit Unterstützung des Reichs- und Preußischen Verkehrsministeriums vom Nationalsozialistischen Kraftfahrkorps vom 19. August bis 12. Oktober 1935 durchgeführt wurde, nahmen zwei Fahrzeuge mit Steinkohlenschwelkoks und ein Fahrzeug mit Braunkohlenschwelkoks teil. Die Versuchsfahrt erbrachte den Beweis, daß es möglich ist, mit diesen Brennstoffen Kraftfahrzeuge zu betreiben, besonders dann, wenn durch entsprechende konstruktive Maßnahmen die besonderen Eigenschaften des Schwelkokses berücksichtigt werden.

### d) *Torfkoks.*

In einzelnen Fällen wird auch Torfkoks für den Generatorbetrieb angewendet. Der erste Torfkoksomnibus Ostpreußens wurde in Braunsberg im städtischen Omnibusverkehr eingesetzt. Das Fahrzeug, ein Büssing-NAG (vom ostpreußischen Werk Elbing mit Wisco-Generator ausgestattet), erhält seinen Kraftstoff aus den Hochmoortorflagern des Neustädter Moores, das in der Nähe von Braunsberg liegt. Auf der Internationalen Automobil- und Motorradausstellung vom Jahre 1938 in Berlin war zum erstenmal ein Bauernschlepper, der seit zwei Jahren mit Holz und Torf betrieben wurde, zu sehen. Statt 1 l Benzin braucht man bei diesem Schlepper 2 kg Treibtorf. Mitte 1938 wurde die derzeit größte Torfgasanlage Europas mit einer Nennleistung von rund 1000 kW in Litauen in Betrieb genommen. Die Anlage besteht aus zwei Deutz-Torfvergasern und liefert Gas für drei stehende Deutz-Gasmotoren und heizt auch Industrieöfen.

# IV. Feste Treibstoffe.

## Kohlenstaub.

Im Rahmen der Bestrebungen, die Kohle an Stelle von flüssigen Treibstoffen heranzuziehen, verdient auch der Kohlenstaub erwähnt zu werden. Dieser Motor ist so alt wie der Dieselmotor und an der Verwendung von Kohlenstaub im Motor wird mit kleineren und größeren Unterbrechungen schon seit Diesel gearbeitet. Als Erfinder des Kohlenstaubmotors bezeichnet eine französische Fachzeitschrift den französischen Gelehrten Montgolfier (1740—1810). Die frühesten, sicher bekannten Vorschläge zum Bau eines Staubmotors enthält die amerikanische Patentschrift 7922 vom Jahre 1851. Auch in der älteren deutschen Patentliteratur der Klasse 46a 3 finden wir zahlreiche Projekte zum Betriebe von Verbrennungsturbinen, Otto-Motoren oder Heißluftmaschinen der verschiedensten Art mit Kohlenstaub. Der niedrige Energiepreis der Kohle, der hohe thermische Wirkungsgrad der motorischen Verbrennung und die Aussicht, bei der Energieerzeugung den kostspieligen Umweg über die Dampferzeugung umgehen zu können, ließen den Kohlenstaubmotor trotz aller Schwierigkeiten immer wieder als eine Art Idealkraftmaschine erscheinen.

Diesel ist, soweit bekannt, der erste Forscher gewesen, der nach umfangreichen Laboratoriumsversuchen der praktischen Verwirklichung des Kohlenstaubmotors nähertrat. Die Versuche Diesels sind damals an zwei Schwierigkeiten gescheitert, erstens an der Einführung des Kohlenstaubs in den Motor und zweitens an der Abführung der Asche aus dem Motor (242). Gleichzeitig unternahmen der deutsche Forscher Worgitzky und der Engländer MacCallum (1890) Versuche in dieser Richtung. Während sich bis 1920, wie das Patentschrifttum zeigt, Erfinder aus fast allen

Industrieländern mit der Frage des Staubmotors beschäftigten, liegt der Schwerpunkt der weiteren Entwicklung in Deutschland. Und während vor 1910 der Glaube an die Durchführbarkeit der Idee des Kohlenstaubmotors durch unzählige Mißerfolge erschüttert war, ist es deutschen Ingenieuren gelungen, die Schwierigkeiten so weit zu meistern, daß heute wohl kein Zweifel an der technischen Ausführbarkeit des Staubmotors möglich ist. Es ist das große und bleibende Verdienst R. Pawlikowskis, Görlitz, der schon als junger Assistent Diesels das Scheitern der ersten Versuche mit Staubbetrieb miterlebt hatte, entgegen allgemeinem Vorurteil die Arbeiten am Kohlenstaubmotor 20 Jahre später wieder aufgegriffen und tatkräftig fortgesetzt zu haben. Es hat aber weiterer 15 Jahre zäher Entwicklungsarbeit, Opfer und unermüdlicher Aufklärungsarbeit Pawlikowskis bedurft, um seinen Rupamotor auf den heutigen Stand zu entwickeln und Interesse darauf zu lenken. Pawlikowski ist Inhaber der Kosmos-Maschinenfabrik G. m. b. H. in Görlitz und diese benutzt den schon 1916 aufgestellten Kohlenstaubmotor von 80 PS zum Antrieb ihres Betriebes und gleichzeitig als Versuchsmotor. Außer weiteren acht Rupamotoren in Görlitz (stehender und liegender Vier- und Zweitaktbauart, ein- bis dreizylindrisch, mit niedriger und hoher Tourenzahl, mit und ohne Einblaseluft) schuf die Kosmos 1931 einen 140-PS-Rupamotor in der ersten Brünner Maschinenfabrik dadurch, daß sie für einen dortigen Sulzer-Dieselmotor die Kohlenstaubumbauteile in Görlitz herstellte und in Brünn einmontierte. Erst Ende 1930 konnte Pawlikowski endlich bei der Schichau-Werft Interesse für den Rupamotor erwecken. 1935 hat dann auch die Hanomag A. G. eine Rupa-Baulizenz von der Kosmos erworben. Inzwischen hatte in den Jahren 1925—1930 auch die I. G. Farbenindustrie in Oppau großangelegte Versuche an mehreren Staubmotoren der verschiedensten Bauarten und Größen durchgeführt, u. a. auch an einer Vierzylinder-450-PS-Viertaktmaschine von 420 mm Zylinderdurchmesser, 650 mm Hub und 215 U/min, dem größten bis dahin gebauten Staubmotor. Bei diesen Versuchen sind die Fragen der Staubförderung und Verbrennung praktisch gelöst worden; auf dem Gebiete der Verschleißbekämpfung sind zahlreiche wertvolle Erfahrungen mit verschiedenen Bauarten, Dichtungsorganen, Spulverfahren, Betriebsverfahren mit verschiedenen Treibstoffen und Werkstoffen gesammelt worden. Bei den Versuchen der I. G. Farbenindustrie in Oppau hat sich die Staubförderung mittels stark geneigter Rutschen, also durch freien Fall vom Bunker zum Staubventil als die beste Lösung ergeben. Kohlenstaubexplosionen können vermieden werden, wenn die Ansaugstutzen ins Freie außerhalb des Arbeitsraumes geführt werden und die Staubzuführungsleitung ebenfalls durch eine ins Freie gehende Entspannungsleitung gesichert wird. Es wurde nämlich bei den Versuchen festgestellt, daß Kohlenstaub bei undichten Staubventilen aus der Staubzuführungsleitung in den Arbeitsraum gelangt und ein Teil dieses Staubs beim nächsten Ansaughub mit angesaugt und noch während der Offenstellung des Einlaßventils im Motor an einer Glühstelle entzündet wurde. Weiters wurde festgestellt, daß bei Verwendung von weißem, manganreinem Gußeisen günstige Verschleißergebnisse erzielt werden konnten. Eine endgültige Lösung des Verschleißproblems jedoch ist auch in Oppau nicht gelungen, so daß 1930 die Versuche, welche mehrere Millionen Reichsmark gekostet hatten, zunächst aufgegeben wurden. Seit 1933 hat der Kohlenstaubmotor, der damals noch keineswegs betriebssicher oder gar marktreif war, im Rahmen der deutschen Bestrebungen zur Schaffung einer ausreichenden einheimischen Treibstoffgrundlage einen neuen, ungeahnten Auftrieb erhalten. In den letzten Jahren beschäftigten sich die Maschinenfabrik Brunn, die Schichauwerke in Elbing und Professor NÄGEL im Maschinenlaboratorium der Technischen Hochschule Dresden im Auftrage der Reichsregierung mit diesen Problemen.

Um Kohlenstaub in Motoren verwenden zu können mußten teilweise ganz neue Wege beschritten werden, besonders hinsichtlich der Förderung und Einschleußung des Brennstoffs in den Verbrennungsraum, die Regelung der Brennstoffmenge, die Vermischung von Brennstoff und Luft. Das bei dem Kohlenstaubmotor angewendete Verfahren ist das Dieselverfahren; es weicht von ihm nur insofern ab, als der staubförmige Brennstoff während des Saughubs in eine besondere Zwischenkammer geführt und dort während des Kompressionshubs zur Zündung vorbereitet wird. Für den Betrieb ist die Selbstentzündung und die Explosionsfähigkeit des Brennstaubs für die Sicherheit des Betriebs von Wichtigkeit. Auch der Erweichungspunkt darf eine gewisse Grenze, die bei 200—250° C liegt, nicht unterschreiten, da sonst leicht das Staubventil und die Zwischenkammerwände verkleben.

Besonders wichtig sind natürlich die Verbrennungseigenschaften des Brennstaubs, so sein Zündpunkt, sein Zündverzug und seine Brennzeit. Schwer zündender Brennstaub muß feiner gemahlen werden als leichter zündender, und zwar je schwerer der Brennstoff zündet, desto feiner muß er gemahlen werden. Im allgemeinen können jedoch Abweichungen im Zündpunkt und Zündverzug bei verschiedenen Brennstoffen durch geeignete konstruktive Maßnahmen ausgeglichen werden, und zwar z. B. durch Erhöhung der Kompression. Die Brennzeit ist von untergeordneter Bedeutung wegen der Aufbereitung des Brennstoffs in der Zwischenkammer.

Eines der wichtigsten Probleme ist das Verschleiß- und im Zusammenhang damit das Aschenproblem. Ein zu großer Aschengehalt des Kohlenstaubs verursacht einen großen Abrieb der Zylinderwände usw. Man versucht nun diesem Problem auf doppelte Weise abzuhelfen, erstens durch Verwendung von Brennstoffen, die so aschenarm wie möglich sind (z. B. durch Verwendung von Produkten, welche nach den Druckextraktionsverfahren erhalten wurden), und zweitens durch Verwendung besonders verschleißfester Materialien für Zylinderbuchsen und Kolbenringe. Außer der Höhe des Aschengehalts spielt auch die Zusammensetzung der Asche eine große Rolle, Quarz und Pyrit sind am schädlichsten, während gutartige Asche die Lebensdauer der beanspruchten Teile erhöht und damit naturgemäß die Betriebskosten verringert. Für die Wirtschaftlichkeit des Verfahrens ist weiter die Mahlung und die Mahlbarkeit des Brennstoffs von Bedeutung; sie ist deswegen wichtig, weil nicht der Preis des Ausgangsbrennstoffs (außer Kohle noch Torf, Heu usw.), sondern der des brennfertigen Staubs allein maßgebend ist. An die Mahlfeinheit stellt der Kohlenstaubmotor bestimmte Mindestanforderungen. Die I. G. Farbenindustrie verwendete für ihre Versuche Kohlenstaub, von dem 2% auf dem Hundertersieb verbleiben, die Firma Schichau u. a. jedoch Braunkohlenstaub mit 20—25% Rückstand auf dem Siebzigersieb (4900 Maschen).

Der Kohlenstaub neigt, wie bekannt, beim Lagern zur Selbstentzündung und Explosion. Diese Gefahr kann z. B. durch Überlagern des Staubes mit Stickstoff vermieden werden. Hinsichtlich der leichteren Lagerbarkeit ist in dieser Hinsicht der schwerer sich selbst entzündende Brennstoff im Vorteil gegenüber dem leichter entzündlichen.

Der Erweichungspunkt des Kohlenstaubs soll nicht niedriger als 200—250° C sein, weil sonst der Kohlenstaub das Staubventil und die Zwischenkammerwände verklebt.

Im allgemeinen können die Ansprüche, welche man an einen Idealbrennstoff für Kohlenstaubmotoren stellt, folgendermaßen zusammengefaßt werden: Wirtschaftliche Mahlbarkeit, Unempfindlichkeit gegenüber Explosionen, Rutschfähigkeit, Erweichungspunkt nicht unter 250° C, hoher Gehalt an flüchtigen Bestandteilen, Trockenheit, Zündverzug und geringer Preis.

Die Einführung des Treibstaubs in den Hauptverbrennungsraum erfolgt heute verdichterlos in zwei Stufen. Zunächst wird nach dem Vorschlag von Nägel und Zimmer der Staub im Staubventil während des Saughubs in pneumatisch regelbarer Menge abgeteilt und durch einen Teilsaugluftstrom in eine als Schleusenraum dienende Beikammer getragen. Während des folgenden Verdichtungshubs wird der Staub in der nach außen abgeschlossenen Beikammer unter Einwirken der aus dem Zylinder einströmenden verdichteten Luft aufbereitet, bis etwa im oberen Kohlentotpunkt durch eine Teilzündung eine schnelle und starke Drucksteigerung in der Beikammer bewirkt wird. Es folgt dann die erste rasche, später sich verlangsamende Ausschleusung des Beikammerinhalts über eine Verteilerdüse nach dem Hauptbrennraum; für den thermischen Wirkungsgrad ist ausschlaggebend, daß möglichst der gesamte Staub unmittelbar nach der Beikammerzündung (ohne Nachexpansion) in den Zylinder überführt wird, d. h. daß der Staub möglichst am zylinderseitigen, inneren Beikammerende gelagert, die Beikammerzündung jedoch am äußeren Beikammerende eingeleitet wird. Der Rupa-Motor verdichtet im Gegensatz zum Dieselmotor seine Luft und die Brennstoffwolke gleichzeitig, hält jedoch beide bis zur Zündung getrennt (242).

Durch Vermittlung der Deutschen Forschungsgemeinschaft wurde der Firma F. Schichau G. m. b. H., Elbing, ein Auftrag zum Bau eines Einzylinder-Viertakt-Kohlenstaubmotors von 160 PS erteilt, an dem planmäßige Versuche durchgeführt wurden. Unter anderem wurden an diesem Motor die Fragen der gesamten Förderung, Regelung, Sicherung, Schmierung, Schmandabführung, Kolbenstangenabdichtung, der verdichterlosen

Brennstoffausblasung, Verbrennung, der Haltbarkeit von Zylinderbüchsen und Kolbenringen, Auslaßventilen, Staubventilen, Beikammerdüsen usw. eingehend erforscht und geklärt. Auf Grund der erzielten Erfolge wurde der Firma Schichau ein zum späteren praktischen Betrieb bestimmter 600-PS-Staubmotor in Auftrag gegeben.

Neben der Firma Schichau beschäftigen oder beschäftigten sich auch der Bochumer Verein, Hanomag sowie die Maschinenfabrik Augsburg-Nürnberg, im Ausland auch die erste Brünner Maschinenfabrik und eine Forschungsstelle in England mit Entwicklungsarbeiten am Kohlenstaubmotor; über diese Arbeiten berichten jedoch nur wenige Veröffentlichungen. Im Maschinenlaboratorium der Technischen Hochschule Dresden sind unter Nägel Versuche zur Klärung des Fördergesetzes im Staubventil und der Staubluftströmung in der Beikammer unternommen worden.

Außer Pulver aus Braun- und Steinkohle kann der Kohlenstaubmotor auch Pulver und Mehle aus Torf, Schwelkoks, Grudekoks, Hüttenkoks, Pflanzenmehle, Holzkohle, Holzmehle, Wiesenheu, italienische Sanzza, das sind die Rückstände der Olivenölgewinnung, Getreidemehl, gemahlene Sonnenblumenkerne, Reishülsen und andere Fruchtabfälle als Betriebsstoff verwenden.

Die Messungen bei deutscher Braunkohle haben einen Verbrauch von 2000 bis 2300 WE/PSh ergeben.

Bemerkenswert sind in diesem Zusammenhang Versuche, den bei der Druckextraktion von Braunkohle anfallenden Kohlenextrakt als Kraftstoff für den Kohlenstaubmotor zu verwenden (268). Der gewonnene Extrakt läßt sich leicht zu lockerem Pulver von großer Feinheit vermahlen, besitzt einen verhältnismäßig hohen Aschengehalt (etwa 5,6%), welche Asche allerdings verhältnismäßig weich und ungefährlich ist.

## Schlußwort.

Abschließend läßt sich sagen, daß sich nach den Feststellungen der Petroleum Times der Weltverbrauch an künstlichen Kraftstoffen von 2,39 Millionen Tonnen im Jahre 1936 auf 2,83 Millionen Tonnen für 1937 erhöhte, wobei gleichzeitig der Gesamtverbrauch an künstlichen und natürlichen Kraftstoffen von 82 Millionen Tonnen auf 89 Millionen Tonnen gestiegen ist. Es beträgt demnach der Anteil der künstlichen Kraftstoffe an dem Gesamtverbrauch etwa 3,2%. Allerdings wird dieser Prozentsatz von einer Reihe von Ländern erheblich übertroffen.

In Deutschland wird für das Jahr 1936 bei einem Gesamtverbrauch an Kraftstoffen von 2358000 t der Verbrauch an künstlichen Kraftstoffen (Alkohol, Benzol, synthetischem Benzin) mit 975000 t oder 42,3% des Gesamtverbrauchs angegeben, wobei sich dieser Prozentsatz 1937 auf 54,5% erhöhte bei einem Gesamtverbrauch von 2640000 t. Deutschland ist in der Erzeugung von künstlichen Treibstoffen allen anderen Ländern weit überlegen.

Seit der Machtübernahme hat sich der deutsche Treibstoffmarkt grundlegend verändert und ist in lebhafter Umbildung und Bewegung begriffen.

Ein Weg zur Steigerung der deutschen Treibstofferzeugung bildete die Erschließung inländischer Erdölquellen. Im Jahre 1938 wurden im Altreich 550000 t, einschließlich Österreich sogar 600000 t Erdöl gefördert, d. i. das Zweieinhalbfache der Förderung von 1932.

Einen wesentlichen Anteil der inländischen Treibstofferzeugung liefert das bei der Hochtemperaturverkokung der Steinkohle als Nebenprodukt anfallende Benzol. Mehr als ein Drittel der Erzeugung an Leichtkraftstoffen entfällt auf das Benzolgemisch. Die deutsche Benzolerzeugung stieg von rund 485000 t im Jahre 1937 auf 540000 t im Jahre 1938, wovon vier Fünftel zu motorischen Zwecken Verwendung finden. Zum Vergleich betrug im Jahre 1933 die Benzolerzeugung nur 265000 t. Durch Fortschritte in der Kokereitechnik konnte die Ausbeute an Benzol um etwa 30% gesteigert werden.

Einer rasch aufsteigenden Entwicklung erfreuen sich die auf synthetischem Weg aus der Stein- und Braunkohle gewonnenen flüssigen Kraftstoffe. Ihre Produktion stellte sich im Jahre 1938 auf rund 1,2 Millionen Tonnen Benzin. D. i. eine Steigerung gegenüber 1937 um etwa 200000 t. In die Erzeugung teilen sich mit je einem Drittel das Leunawerk der I. G. Farbenindustrie, die Betriebe der Braunkohlenbenzin A. G. und die neuen Anlagen der Steinkohlenindustrie.

Ebenfalls zu den heimischen Treibstoffen ist der Spiritus zu rechnen, der als Beimischung zur Verfügung gestellt wird.

Zu den heimischen Treibstoffen zählt auch das Treibgas. Trotz der kurzen Entwicklung ist das Treibgas heute bereits zu einem Begriff geworden, welcher aus der deutschen Kraftstoffversorgung nicht mehr weggedacht werden kann. Das Treibgas fällt zwangläufig bei der Benzinherstellung aus Kohle an und seine Erzeugung steigt mit dem Anwachsen der Erzeugung von Benzin aus Stein- und Braunkohle.

Bei den Leichtkraftstoffen ist die Erzeugung aus inländischen Rohstoffen schon eine beträchtliche. Nur bei den Dieselkraftstoffen, deren Verbrauch in Deutschland stark steigt, ist die Erzeugung aus heimischen Rohstoffen noch gering. In der Tab. 32 sind die Verbrauchszahlen in tausend Tonnen wiedergegeben.

Um die Steigerung des Bedarfs zu kennzeichnen, ist der Dieselkraftstoffbedarf im Jahre 1931 = 100% gesetzt. Man sieht aus der Tab. 32, welche Mengen aus fremder und aus heimischer Erzeugung stammen und welche Rohstoffquellen und Verfahren zur Deckung des Bedarfs aus heimischer Erzeugung verwandt worden sind.

Die für die Erzeugung von Kraftstoffen in Deutschland in Betracht kommenden deutschen Rohstoffe Erdöl, Braunkohle und Steinkohle haben ihre im allgemeinen ganz bestimmte Aufgabenbereiche zu erfüllen. Es scheinen sich für jeden dieser Grundstoffe die Bereiche mehr und mehr herauszuschälen, auf denen er die Hauptrolle spielt und auf dem in Zukunft seine Hauptbedeutung liegen wird. Aus deutschem Erdöl z. B. wird in Zukunft in erster Linie Schmieröl und Paraffin gewonnen werden. Der Braunkohle scheint eine besondere Bedeutung auf dem Benzin- und Dieselkraftstoffgebiet vorbehalten zu sein und die Steinkohle wird insbesondere das Gebiet klopffester Benzine befriedigen können.

Tabelle 32. Deutschlands Dieselkraftstoffversorgung 1931 bis 1937 (ohne Österreich) in 1000 t.

| | 1931 | 1932 | 1933 | 1934 | 1935 | 1936 | 1937 |
|---|---|---|---|---|---|---|---|
| Dieselkraftstoffe heimischer Erzeugung: | | | | | | | |
| Deutsches Rohöl | 26 | 30 | 28 | 37 | 31 | 44 | 48 |
| Braunkohlenteer | 33 | 30 | 30 | 38 | 32 | 35 | 37 |
| Steinkohlenteer | 4 | 3 | 2 | 1 | — | 10 | 10 |
| Syntheseverfahren | — | — | — | — | — | — | 3 |
| Ölschiefer | — | — | — | — | — | — | 9 |
| Summe | 63 | 63 | 68 | 76 | 63 | 89 | 107 |
| Dieselkraftstoffe fremder Erzeugung: | | | | | | | |
| Einfuhr von fertigem Dieselkraftstoff | 392 | 372 | 481 | 610 | 852 | 1049 | 1187 |
| Aus eingeführtem Rohöl | — | — | — | — | — | 60 | 64 |
| Summe | 392 | 372 | 481 | 610 | 852 | 1109 | 1251 |
| Insgesamt | 455 | 435 | 549 | 686 | 915 | 1198 | 1358 |
| Vergleich: 1931 = 100% | 100 | 94,5 | 121 | 150 | 201 | 264 | 298 |

In Frankreich betrug der Anteil des Verbrauchs von Ersatzkraftstoffen 1936 13,8% und sank 1937 auf 8,8%. Während sich in Frankreich die Erzeugung von künstlichen Kraftstoffen von 385000 t 1936 auf 248000 t 1937 vermindert hat, stieg die englische Produktion von 385000 t auf 392000 t. Dementsprechend erhöhte sich der Anteil der künstlichen Kraftstoffe am gesamten Kraftstoffverbrauch in England von 7,7% im Jahre 1936 auf 8,1% im Jahre 1937.

Die Herstellung von künstlichen Treibstoffen insbesonders aus Kohle hat vorwiegend den Zweck, nicht eine mengenmäßige Brennstoffersparnis zu erzielen, sondern einen Brennstoff zu erzeugen, der günstige verbrennungstechnische Eigenschaften besitzt (aschenfrei, leicht dosierbar, verdampf- und zerstäubbar, klopffrei bzw. zündwillig, großer Energieinhalt).

Im Kraftfahrwesen sind vorwiegend zwei Entwicklungsrichtungen festzustellen. Der Chemiker bemüht sich einerseits immer hochwertigere Kraftstoffe zu erzeugen, anderseits ist der Maschinenbauer bemüht, die Anforderungen an einen Kraftstoff durch den Bau anspruchsloserer Motoren zu verringern, denn der Betrieb einer Kraftmaschine ist um so gesicherter, je weniger sie auf einen bestimmten Kraftstoff angewiesen ist. Dieses Wechselspiel wird zweifellos die Beziehungen zwischen Brennstoffwirtschaft und Kraftmaschinenbau für die nächste Zukunft beherrschen und die künstliche Ölgewinnung beeinflussen.

Zur Sicherstellung der Eigenversorgung an Kraftstoffen muß man häufig auf minderwertigere Kraftstoffe zurückgreifen, wenn diese im eigenen Land in ungenügender Menge zur Verfügung stehen. Die unmittelbare motorische Verwertung dieser Kraftstoffe ist in manchen Fällen von Vorteil. Allerdings erfordert diese Verwertung eine Anpassung des Arbeitsverfahrens an die besonderen Eigenschaften solcher Kraftstoffe und verursacht damit eine Verteuerung des Motors, welche jedoch durch die Billigkeit des Kraftstoffs ausgeglichen wird. Je größer aber die Rolle ist, welche das Gewicht der Kraftanlage in bezug auf ihre Leistungsfähigkeit spielt, desto mehr verbietet sich aber die Anwendung eines Arbeitsverfahrens, das einen erhöhten baulichen Aufwand und eine wachsende Empfindlichkeit des Motors zur Folge hätte. In diesem Fall ist die Verwendung von hochwertigen Kraftstoffen, die den Erfordernissen des Motors. besonders angepaßt sind, vorteilhafter und unter Umständen auch billiger.

Diese Anpassung des Motors an den Kraftstoff auf der einen und die des Kraftstoffs auf der anderen Seite sind nur die beiden äußeren Grenzfälle der stets vorhandenen Wechselwirkung zwischen Motor und Kraftstoff. Ein großer Teil der Fortschritte auf dem Gebiete des Verbrennungsmotors geht auf die erweiterte Kenntnis der Wechselwirkung zwischen Motor und Kraftstoff zurück. Der Bedeutung dieser Fragen entsprechend hat der Verein deutscher Ingenieure auch auf einer Tagung in Augsburg am 9. September 1938 ein Preisausschreiben für Arbeiten zur wechselseitigen Anpassung von Motor und Kraftstoff ausgeschrieben und diese Beziehungen zwischen Motor und Kraftstoff zum Thema seiner Tagung gemacht.

Die Verbesserung des Wirkungsgrades und die Leistungserhöhung hängen eng mit den Anforderungen zusammen, die Motor und Kraftstoff aneinander stellen. Dies erkennt man am besten an dem OTTO-Motor, wo der Wirkungsgrad von der Vorverdichtung der Ladung abhängt. Es konnte aber diese Erkenntnis der Wirkungsgradverbesserung durch höhere Verdichtung solange nicht ausgenutzt werden, als man die näheren Zusammenhänge zwischen Kraftstoffbeschaffenheit, Verbrennungsraumform und Verbrennungsablauf nicht kannte. Denn das Klopfen der Motoren setzt der zu großen Vorverdichtung der Ladung eine Grenze. Diese Grenze höher zu schieben und damit den Wirkungsgrad zu verbessern, ist durch die Erforschung des Ablaufs der Verbrennung gelungen. Man sucht von der chemischen Seite die Herstellungsverfahren so zu steuern, daß die erzeugten Kraftstoffe möglichst vielseitig im Motor verwendbar sind und möglichst wenig Sonderbauarten erfordern, während von seiten des Maschinenbaues angestrebt wird, den Verbrennungsablauf im Motor gegenüber dem chemischen Aufbau der Kraftstoffe möglichst unempfindlich zu machen. Die erzielten Fortschritte der letzten Jahre lassen erkennen, daß eine befriedigende Lösung dieser Fragen nur durch engste Zusammenarbeit von Chemie und Maschinenbau erfolgreich vorwärtsgetrieben werden kann. Wenn wir auch von einer vollständigen Klärung der sich dabei abspielenden Vorgänge noch weit entfernt sind, so genügte doch ein gewisses Eindringen in die physikalischen und chemischen Zusammenhänge, um die Entwicklung sowohl von der Kraftstoffseite als auch von der Motorseite her vorwärtszutreiben.

Auch der Dieselmotor ist von den Eigenschaften des Kraftstoffs abhängig, wenn er auch in dieser Beziehung nicht ganz so empfindlich ist wie der OTTO-Motor. Hier ist die Zündwilligkeit hauptsächlich für die Eignung des Kraftstoffs im Motor maßgebend. Die Entwicklung des Dieselmotors zum schnellaufenden Fahrzeugmotor stellt erhöhte Anforderungen an die Schnelligkeit der Gemischbildung und der Verbrennung, deren erfolgreiche Durchführung durch eine Reihe von Verfahren gelang. Durch besondere Maßnahmen wird es dabei möglich, auch schwer zündbare Brennstoffe im Dieselmotor zu verwerten. Die Erweiterung der Kenntnisse über das Zusammenwirken verschiedener Einflüsse hat auch beim Dieselmotor zur Verbesserung der verschiedenen Arbeitsverfahren, zur Erhöhung der Leistung und Drehzahl und zur Verbesserung des Wirkungsgrades geführt. Es harren jedoch noch viele Fragen der Klärung.

Das Bestreben, so weitgehend als möglich vorhandene Rohstoffe zum Motorantrieb zu verwenden, bedingte auch die Heranziehung von gasförmigen und festen Treibstoffen für den Motorantrieb neben den aus Kohle erzeugten (durch Hydrierung, Synthese oder Schwelung) flüssigen Kraftstoffen. Die Verwendung von nichtflüssigen Treibstoffen im Motor hat u. a. auch wirtschaftliche Gründe, da die Wärmeeinheit des Gases und die des Ausgangsstoffs Kohle viel billiger ist als die aus der Kohle gewonnenen flüssigen Kraftstoffe.

Da schon die Verwendung von flüssigen Kraftstoffen, die ja selbst je nach Herkunft und Herstellung sehr verschiedene Eigenschaften besitzen, eine individuelle Behandlung im Motor verlangen, so ist bei dem Übergang auf nichtflüssige Kraftstoffe erst recht eine große Entwicklungsarbeit in der Anpassung des Motors an die Eigenschaften des Kraftstoffs zu leisten. Die Lösungen dieser Aufgaben sind zum Teil gelungen, zum Teil in der Entwicklung begriffen.

Die Verwendung von Gas als Treibmittel im Fahrzeugmotor bereitet grundsätzlich keine Schwierigkeiten. Eine große Zahl von Lastwagen und Omnibussen hat sich auf Gasbetrieb umgestellt, und zwar entweder auf Flüssiggas, Druckgas in Flaschen oder Gasbetrieb mit eigener Generatoranlage. Zur Erreichung von günstigen Werten für Leistung und Verbrauch ist jeder Motor der besonderen Eigenart des verwendeten Kraftstoffs anzupassen.

Die Verwendung von Kohle in Form von Kohlenstaub hat gerade in den letzten Jahren große Fortschritte gemacht.

Wir sind ganz allgemein erst am Anfang in der Verwendung von Treibstoffen, welche nicht aus dem Rohöl stammen. In der Anwendung von Verfahren, welche auf wissenschaftlicher Grundlage beruhen, sind wir erst am Anfang der Entwicklung. Die Hydrierung ermöglicht es, aus flüssigen hochsiedenden Brennstoffen Benzin herzustellen. Die Hydrierung von Schwelteer, Schieferöl und Kohle sowie die von Wassergas ausgehende Kohlenwasserstoffsynthese und die Erzeugung von Methylalkohol aus Kohlenoxyd und Wasserstoff und dann der durch Gärung gewonnene Alkohol ergänzen weiter den Bedarf an flüssigen Brennstoffen.

Möglicherweise wird in der Zukunft das aus festen, meist reaktionsfähigen Brennstoffen erzeugte Generatorgas eine Rolle als Kraftstoff für schwere Fahrzeuge, wie Lastwagen und Omnibusse, Verwendung finden. Die zunehmende Verwendung der Dieselmaschine für den Antrieb von Fahrzeugmotoren läßt den Bedarf an Dieselöl stark steigen. Die Dieselmaschine benötigt nur höhersiedende Öle, die sonst der Krackung unterworfen werden, und hat sonst einen besseren thermischen Wirkungsgrad. Bezogen auf eine gegebene, dem Kraftstoffverbrauch der Dieselmaschine entsprechende Rohölmenge, kann man mit ihr etwa die dreifache Wegstrecke zurücklegen, als wenn man dieses Öl erst auf Benzin verarbeiten müßte und es im normalen Fahrzeugmotor verwendet.

Weiters haben die wissenschaftlichen Untersuchungen über die Eigenschaften der Kohlenwasserstoffe und die Anwendung organisch-chemischer Umsetzungsmethoden auf Erdöl- und Naturgasbestandteile zu einer bedeutenden Entwicklung der Kraftstoffherstellung geführt. Eine Reihe von physikalischen und chemischen Methoden, wie Hydrieren, Polymerisieren usw. sind für die Kraftstoffherstellung nutzbar gemacht worden. Dazu kommen noch die Maßnahmen zur Erhöhung der Klopffestigkeit der Kraftstoffe wie der Zusatz von Antiklopfmitteln. Diese Neuerungen, die besonders durch die Verwendung der organisch-chemischen Umsetzungen in der Mineralölindustrie eingeführt wurden, decken neue gewaltige Möglichkeiten auf, welche als Grundlage für die zukünftige Entwicklung gelten können.

Im Zusammenhang mit der Herstellung von künstlichen Kraftstoffen steht die Entwicklung der Verwendung von Kraftstoffen für Sonderzwecke. Man begann damit, unter den mehr oder weniger naturgegebenen Sorten die mit ausgezeichneten Eigenschaften herauszusuchen und sinngemäß zu verwenden. Z. B. verwendete man für hochverdichtende Motoren Benzol an Stelle von Benzin. Der zweite Schritt der technischen Entwicklung bestand darin, daß man Grundstoffe mit verschiedenen ausgeprägten Eigenschaften mischte, um besondere Mischwirkungen zu erhalten. In der weiteren Folge ging man daran, irgendeinem Grundstoff durch mengenmäßig kleine Zusätze ganz bestimmte gewünschte Eigenschaften zu verleihen, z. B. durch Zusatz von Antiklopfmitteln, wie Bleitetraäthyl und Eisenkarbonyl, zu wenig klopffesten Kraftstoffen. Dann entwickelte man bei den Kraftstoffen Zusätze, welche seine Lagerfähigkeit erhöhen, indem sie die Neubildung von schädlichen Harzen stark verzögern. Diese Entwicklung der Kraftstofftechnik und die künstliche Gewinnung von Kraftstoffen und ihre große Zahl beweisen, daß die Kraftstofftechnik zweifellos einen hohen Stand in seiner wissenschaftlichen Entwicklung und Erforschung erreicht hat.

Von ausschlaggebender Bedeutung für die Erzeugung von künstlichen Treibstoffen waren wehrwirtschaftliche und wehrpolitische Erwägungen. Die Versorgung des Heeres mit Öl und ihre Sicherstellung sind von lebenswichtiger Bedeutung. Die Bedeutung des Zusammenhangs zwischen Öl und Kriegswirtschaft wurde der Welt durch den Abessinienkonflikt vor Augen geführt. Man versucht heute in einer Reihe von Ländern die

Frage der Ölversorgung wenigstens teilweise dadurch zu lösen, daß man große Vorräte aufstapelt. Frankreich macht allen Ölfirmen, die Öl einführen, zur Pflicht, ein Viertel ihres Jahresumsatzes als Dauervorrat zu halten. Japan fordert von allen Erdölimportfirmen die ständige Aufrechterhaltung eines Mindestvorrats im Umfang des Absatzes eines halben Jahres. Im Gefüge der Wehrwirtschaft der europäischen Großmächte bedeutet das Öl, sowohl Kraft- als auch Schmierstoff, eine empfindliche Stelle. Das neugeschaffene Großdeutschland hat diese Frage jedenfalls zu einem erheblichen Teil schon gelöst.

Heute kann allerdings die Frage nicht entschieden werden, ob es besser ist, durch einen höheren Aufwand in der Herstellung einen hochwertigen Kraftstoff zu erzeugen und damit einfache und leistungsfähige Motorbauarten zu betreiben, oder ob es zweckmäßiger ist, durch einen größeren Aufwand auf der Kraftmaschinenseite eine teuere Kraftstoffherstellung zu ersparen (255).

Heute ist ein besonderes Kennzeichen des modernen Kraftfahrwesens die immer mehr zum Ausdruck kommende Verflechtung mit anderen Zweigen der Technik und vielen Bereichen des öffentlichen Lebens, zivilen wie militärischen. In einigen dieser Zweige der Technik sind die Verhältnisse durchaus nicht konsolidiert, und dies ist auch der Grund, warum man im Kraftmaschinenwesen sich auf unvorhersehbare Störungen der Grundentwicklung gefaßt machen muß (141). Diese Monographie hat sich aus diesem Grund darauf beschränkt, den heutigen Stand der Kraftstofftechnik zu zeigen.

## Schrifttumnachweis.

1. WALDMANN, E.: Erdölbestandteile. ÖPI-Veröffentlichung Nr. 9.
2. EGLOFF, G.: Petroleum **34**, Nr. 10, 11 (1938).
3. Ber. dtsch. chem. Ges. **30**, 2908 (1897).
4. GURWITSCH, L.: Wissenschaftliche Grundlagen der Erdölverarbeitung, 2. Aufl., S. 214. Berlin: Julius Springer, 1924.
5. FARAGHER, MORRELL u. COMAY: Ind. Engng. Chem. **20**, 527 (1928).
6. ROY CROSS: Bulletin Nr. 17 of Kansas City Testing Laboratory 1924, S. 320.
7. Automobile facts and figures 1937.
8. PÖLL, H.: Österr. Chemiker-Ztg. **35**, 115 (1932).
9. HALLORAN: Oil Gas J. **1927**, 36.
10. FIELDNER, A. C.: Fuels of today and tomorrow. ASTM, 40. Jahresvers. Prepint 1 (28. Juni 1937).
11. EGLOFF, G.: Brennstoff-Chem. **18**, 117 (1937).
12. PIER, M.: Öl u. Kohle **1**, 52 (1933).
13. VDI-Nachrichten **12**, Nr. 49, 2 (1932).
14. Jahrbuch der Brennkrafttechnischen Gesellschaft, 15. Bd., S. 35.
15. NAPHTALI, H.: Refiner natur. Gasoline Manufacturer **16**, 224 (1937).
16. HEINZE, R.: Z. Ver. dtsch. Ing. **79**, 90 (1935).
17. HEINZE, R.: Öl u. Kohle **1**, 42 (1933).
18. BERTHELOT, CH.: Génie civ. **111**, 261 (1937).
19. THAU, A.: Öl u. Kohle/Erdöl u. Teer **13**, 1262 (1937).
20. KELTSER: Öl u. Kohle/Erdöl u. Teer **13**, 1139 (1937).

21. Froes Abreu, S.: Revista de Chemica Industrial **1936**, Nr. 4.
22. Wernicke, F. A.: Chemiker-Ztg. **60**, 85 (1936).
23. Charrin, V.: Génie civ. **108**, 133 (1936).
24. Jahrbuch der Brennkrafttechnischen Gesellschaft, 11. Bd., 12 (1930).
25. Petrick, A. J.: Brennstoff-Chem. **18**, 173 (1937); **17**, 121 (1936).
26. Brennstoff-Chem. **11**, 376 (1930).
27. Petroleum **32**, Nr. 45 (1936).
28. Pier, M.: Chemiker-Ztg. **59**, 9, 37 (1935).
29. Galle, E. u. Mitarbeiter: Petroleum **31**, Nr. 8 (1935).
30. Galle, E.: Petroleum **34**, Nr. 19 (1938).
31. Pier, M.: Ind. Engng. Chem. **29**, 140 (1937).
32. Petrich, A. J.: Brennstoff-Chem. **18**, 221 (1937).
33. Luts, K.: Der estländische Schiefer Kukersit, seine Chemie, Technologie und Analyse. Verlag der Staatlichen Brennschiefer-Industrie Estlands, 1934.
34. Kogermann, P. u. J. Kopwillem: J. Instn. Petrol. Technologists **18**, 833 (1932).
35. Winter, H.: Chemiker-Ztg. **61**, 136 (1937); Forschg. u. Fortschr. **1937**, Nr. 1; Glückauf **72**, 450 (1936).
36. Winter, H. u. G. Free: Glückauf **72**, 256 (1936).
37. Winter, H., G. Free u. H. Mönnig: Der Bergbau **1936**, 147.
38. Neuwirth, F.: Österr. Chemiker-Ztg. **41**, 75 (1938).
39. Génie civ. **108**, 490 (1936).
40. Haslam u. Russell: Nat. Petrol. News **22**, Nr. 40, 58 (1930).
41. Gohr u. Russel: J. Instn. Petrol. Technologists **18**, 595 (1932).
42. Byrne, P. J. jr., E. J. Gohr u. R. T. Haslam: Ind. Engng. Chem. **24**, 1129 (1932).
43. Fieldner, A. C.: Brennstoff-Chem. **18**, 103 (1937).
44. Martin, F.: Öl u. Kohle/Erdöl u. Teer **13**, 693 (1937).
45. Dunstan, A. E. u. D. A. Howes: J. Instn. Petrol. Technologists **22**, 347 (1936).
46. Fussteig, R.: Brennstoff- u. Wärmewirtsch. **19**, 189 (1937).
47. Pier, M.: Chem. Fabrik **8**, 45 (1935); Chemiker-Ztg. **58**, 14 (1934); **62**, 355 (1938).
48. Gary: Wld. Petrol. **6**, 622 (1935).
49. Ipatieff, V. N.: Ind. Engng. Chem. **27**, 1067 (1935).
50. Westsmith, J. N.: Nat. Petrol. News **29**, Nr. 34, R 129/R 134 (1937).
51. Ipatieff, V. N. u. V. J. Komarewsky: J. Amer. chem. Soc. **59**, 720 (1937); Ind. Engng. Chem. **29**, 958 (1937).
52. Egloff, G.: Ind. Engng. Chem., News Edit. **15**, 245 (1937).
53. Fischer, F. u. H. Pichler: Brennstoff-Chem. **17**, 24 (1936).
54. Reichsgesetzblatt 1934 I, S. 565, 863, 1068.
55. Young, E.: The Gas Times **11**, Nr. 131, 33 (1937).
56. Bunte, K. u. H. Brückner: Gas- u. Wasserfach **80**, 473, 666, 711 (1937).
57. Reichard, F.: Gas- u. Wasserfach **80**, 38 (1937).
58. Krautwurst, F.: Gas- u. Wasserfach **79**, 838 (1936).
59. Weiler, W.: Gas- u. Wasserfach **80**, 746 (1937).
60. Simon, A.: Gas- u. Wasserfach **79**, 357 (1936).
61. Gas Wld. **102**, 15, 41 (1935).
62. Pier, M.: Chemiker-Ztg. **58**, 15 (1934).
63. Witt, D.: Gas- u. Wasserfach **80**, 85 (1937).
64. Reerink: Glückauf **73**, 813 (1937).

65. Niggemann, H.: Glückauf 73, 705 (1937); Z. Ver. dtsch. Ing. 82, 43 (1938).
66. Gesammelte Abh. Kenntn. Kohle Bd. 9, 603—670 (1930); Bd. 10, 233—278, 602 (1932).
67. Fischer, F. u. H. Pichler: Brennstoff-Chem. 9, 309 (1928).
68. Fischer, F. u. K. Peters: Brennstoff-Chem. 10, 108 (1929).
69. Pott, A. u. Mitarbeiter: Glückauf 69, 903 (1933).
70. Broche, H.: Glückauf 70, 1146 (1934).
71. Stief, F.: Gas- u. Wasserfach 75, 581 (1932).
72. Müller, H.: Gas- u. Wasserfach 78, 431 (1935).
73. Gerdes, C.: Braunkohle 34, 193 (1934).
74. Baum, K.: Berichtheft der 74. VDI-Hauptvers., S. 59, 66. Berlin, 1936.
75. Gwosdz, J.: Brennstoff- u. Wärmewirtsch. 18, 97 (1936).
76. Willstätter, R. u. Zechmeister: Ber. dtsch. chem. Ges. 46, 2995 (1913).
77. Hägglund, E.: Österr. Chemiker-Ztg. 40, 5 (1937).
78. Heuser: Cellulosechem. 1, 41 (1920).
79. Scholler, H.: Die Zellstoffaser 1935, 70.
80. Lüers, H.: Holz als Roh- u. Werkstoff 1, 35 (1937).
81. Thommen, H.: Chemiker-Ztg. 58, 797, 914 (1934).
82. Sulser, J.: Chemiker-Ztg. 60, 801 (1936).
83. Egloff, G.: Brennstoff-Chem. 18, 246 (1937).
84. Christensen, L. M.: Ind. Engng. Chem. 28, 1089 (1936).
85. Wilke, W.: Öl u. Kohle/Erdöl u. Teer 13, 1030 (1937).
86. Natta, G.: Österr. Chemiker-Ztg. 40, 162 (1937).
87. Cooper, C. M. u. P. J. Wiezevich: Ind. Engng. Chem. 21, 1210 (1929).
88. Marder, M.: Petroleum 32, Nr. 32 (1936).
89. Zinner, K.: Z. Ver. dtsch. Ing. 79, 1319 (1935).
90. Böttger, W.: Verkehrstechn. 18, 99 (1937).
91. Maercks, J.: Glückauf 72, 697 (1936); 73, 753 (1937).
92. Schmidt, A. W.: Brennstoff- u. Wärmewirtsch. 20, 20 (1938).
93. Brunner, M.: Der Motorlastwagen 20, Nr. 10 (1935).
94. Kessler: Öl u. Kohle/Erdöl u. Teer 14, 341 (1938).
95. Marder, M.: Öl u. Kohle/Erdöl u. Teer 11, 1, 923 (1935).
96. Heinze, R. u. M. Marder: Brennstoff-Chem. 16, 286 (1935); Angew. Chem. 48, 335, 776 (1935).
97. Hagemann, A. u. Th. Hammerich: Öl u. Kohle/Erdöl u. Teer 12, 378 (1936).
98. Lindner, W.: Brennstoff- u. Wärmewirtsch. 19, 123, 144 (1937).
99. Heinze, R. u. H. Hopf: Brennstoff-Chem. 17, 441 (1936).
100. Heinze, R. u. M. Marder: Öl u. Kohle/Erdöl u. Teer 11, 724 (1935).
101. Boerlage, G. D. u. J. J. Broeze: SAE Journal 30/31, 283 (1932); VDI-Forsch.-Heft 366 und 372 (1934), VDI-Verlag.
102. Becker, A. E. u. R. Stacey: Proc. World Petrol. Congr., S. 262. London, 1933.
103. Becker, A. E. u. H. G. M. Fischer: SAE Journal 35, Nr. 4, 376 (1934).
104. Edgar: Ind. Engng. Chem. 19, 145 (1927).
105. Midgley u. Boyd: Ind. Engng. Chem. 14, 589 (1922).
106. Marder, M. u. P. Schneider: Automobiltechn. Z. 40, 195 (1937).
107. Marder, M.: Angew. Chem. 50, 147 (1937).
108. Egloff, G.: Brennstoff-Chem. 18, 115 (1937).
109. Foster, A. L.: Nat. Petrol. News 29, Nr. 34, 33, 46 (1937).

110. DIETRICH, K. R.: Öl u. Kohle/Erdöl u. Teer **14**, 420 (1938).
111. SCHILDWÄCHTER, H.: Brennstoff-Chem. **19**, 117 (1938).
112. KAUDELA, E.: Brennstoff-Chem. **10**, 404 (1929).
113. KNÖTTNER, F.: Brennstoff-Chem. **11**, 432 (1930).
114. BRUNSCHWIG u. JACQUÉ: C. R. hebd. Séances Acad. Sci. **189**, 486 (1929); **191**, 1060 (1930); Ann. Office nat. Combustibles liquides **5**, 1009 (1930).
115. GRAF, P. A.: Petroleum **27**, Nr. 37, 664 (1931).
116. OSTWALD, WA.: Autotechn. **13**, Nr. 9, 10 (1924); Nr. 10, 24.
117. MANLIK, E.: Automobiltechn. Z. **38**, 231 (1935).
118. KIMPFLIN, G.: Génie civ. **111**, 396 (1937).
119. VOIT, W.: Z. österr. Ing. u. Arch. Ver. **87**, 261 (1935).
120. LARGUIER, L.: L'energia termica **4**, 283 (1936).
121. KLAR, M.: Holz als Roh- u. Werkstoff **1**, 139 (1938).
122. HAACK, J. u. E. FELD: Glückauf **72**, 135 (1936).
123. BRÜCKNER, H.: Gas- u. Wasserfach **80**, 464 (1937).
124. HARTNER-SEBERICH, R.: Brennstoff-Chem. **17**, 1 (1936).
125. LESSNIG, R.: Glückauf **73**, 1053 (1937).
126. RAMMLER, E.: Braunkohle **36**, 334 (1937).
127. STEFFEN, E. u. E. SAEGEBARTH: Refiner natur. Gasoline Manufacturer **17**, 12 (1938).
128. RYSSEL, W.: Z. Ver. dtsch. Ing. **80**, 1290 (1936).
129. STRÖLIN, K.: Z. Ver. dtsch. Ing. **82**, 593 (1938).
130. ZECHETMAYER, O.: Mitt. Forsch.-Anst. Konzerns Gutehoffnungshütte Bd. **5**, H. 7, 167 (August 1933).
131. VARGA, J. u. GY. NYUL: Brennstoff-Chem. **18**, 202 (1937).
132. BANKS, F. R.: J. Instn. Petrol. Technologists **23**, 63 (1937).
133. Automobiltechn. Z. **41**, 268 (1938).
134. CAPITANI, S. DE: L'energia termica **4**, 218 (1936).
135. FISCHER, F.: Österr. Chemiker-Ztg. **40**, 159 (1937).
136. ZEISS, F.: Brennstoff- u. Wärmewirtsch. **20**, 109 (1938).
137. LÜERS, H.: Holz als Roh- u. Werkstoff **1**, 342 (1938).
138. PICHLER, H.: Z. Ver. dtsch. Ing. **79**, 883 (1935).
139. BRÜCKNER, H.: Gas- u. Wasserfach **77**, 425 (1934).
140. LUDEWIG, W.: Glückauf **70**, 709 (1934).
141. MÜNZINGER, F.: Z. Ver. dtsch. Ing. **82**, 969 (1938).
142. RÖGLSPERGER, L.: Petroleum **34**, Nr. 32 (1938).
143. FINKBEINER, H.: Z. Ver. dtsch. Ing. **79**, 205 (1935).
144. KAMM, W. u. P. RICKERT: Z. Ver. dtsch. Ing. **78**, 851 (1934).
145. KOCH, H.: Z. Binnenschiff. **69**, 13 (1937).
146. LANGBEIN, F.: Z. Ver. dtsch. Ing. **78**, 763 (1934).
147. Siehe 144.
148. VOELKEL, H. u. W. MALCHEDECK: Automobiltechn. Z. **39**, 285 (1936).
149. FINKBEINER, H.: Automobiltechn. Z. **38**, 387 (1935).
150. JAMM, W. u. K. WALTER: Z. Ver. dtsch. Ing. **79**, 779 (1935).
151. WAHLSCHLÄGER, H.: Z. Ver. dtsch. Ing. **81**, 1299 (1937).
152. HAWLEY, C. D. u. E. BARTHOLOMEW: Automot. Ind. **71**, 176 (1934).
153. PICHLER, H.: Z. Ver. dtsch. Ing. **79**, 883 (1935).
154. GAUPP, K.: Automobiltechn. Z. **40**, 203 (1937).
155. STURM, F.: Z. Ver. dtsch. Ing. **73**, 1303 (1929).
156. LICHTENBERGER, F. u. F. SEEBER: Automobiltechn. Z. **41**, 372 (1938).
157. TAYLOR, C. F. u. Mitarbeiter: J. Soc. automot. Engr. **34**, 59 (1934).

158. TAYLOR, C. F. u. G. L. WILLIAMS: J. Aeronaut. Sci. **3**, 313 (1936).
159. McCOULL, N. u. G. T. STANTON: J. Soc. automot. Engr. **38**, 70 (1936).
160. DODDS, E. M.: J. Roy. Aeron. Soc. **41**, 132 (1937).
161. RICARDO: Schnellaufende Verbrennungsmaschinen. Berlin, 1926. Shell Aviation News 1936, Nr. 57.
162. HEINZE, R.: Z. Ver. dtsch. Ing. **82**, 1005 (1938).
163. BROOKS, WHITE u. RODGERS: SAE. J. **29**, 45 (1931).
164. EDGAR: SAE. J. **29**, 52 (1931).
165. STACEY: SAE. J. **29**, 57 (1931).
166. HEINZE, R. u. M. MARDER: Angew. Chem. **48**, 335 (1935).
167. FINKBEINER, H.: Hochleistungsgaserzeuger für Fahrzeugbetrieb und ortsfeste Kleinanlagen. Berlin: Julius Springer, 1937.
168. WAWRZINIOK: Automobiltechn. Z. **36**, 464, 496 (1933).
169. SPAUSTA, F.: Brennstoff-Chem. **17**, 285 (1936).
170. Le Poids Lourd vom 15. Dezember 1935, S. 42.
171. THAU, A.: Glückauf **71**, 10 (1935).
172. THAU, A.: Brennstoff-Chem. **17**, 361 (1936).
173. PAMART, CH.: Chaleur et Ind. **15**, 329 (1934).
174. KOPPERS, H.: Brennstoff- u. Wärmewirtsch. **16**, 33, 53 (1934).
175. SHATWELL, H. G.: Inst. Fuel **11**, 209 (1938).
176. HEINZE, R.: Öl u. Kohle/Erdöl u. Teer **12**, 185 (1936).
177. EGLOFF, G. u. V. N. IPATIEFF: Ind. Engng. Chem. **27**, 1067 (1935).
178. BRÜCKNER, H.: Chemiker-Ztg. **61**, 553, 654, 671 (1937).
179. HOLBEIN, O.: Gas- u. Wasserfach **81**, 558, 577 (1938).
180. MARDER, M.: Öl u. Kohle/Erdöl u. Teer **12**, 1061, 1087 (1936); Brennstoff-Chem. **17**, 181 (1936).
181. THAU, A.: Öl u. Kohle/Erdöl u. Teer **13**, 350 (1937).
182. OGSTEN, A. R.: Petrol. Times **37**, 597, 645 (1937).
183. EGLOFF, G. u. Mitarbeiter: Ind. Engng. Chem. **24**, 1375 (1932).
184. Öl u. Kohle/Erdöl u. Teer **13**, 935 (1937).
185. ASTM-Standards, Com. D-2, 171 (1934).
186. J. Instn. Petrol. Technologists **22**, 774 (1937); ref. Öl u. Kohle/Erdöl u. Teer **13**, 179 (1937).
187. MARDER, M.: Öl u. Kohle/Erdöl u. Teer **13**, 1162 (1937).
188. MÜLLER, H.: Gas- u. Wasserfach **81**, 590 (1938).
189. DALHOFF, H.: Gas- u. Wasserfach **81**, 470 (1938).
190. FINKBEINER, H.: Untersuchungen an Fahrzeug- und Gaserzeugern und Reinigungsanlagen. Kraftfahrtechnische Forschungsarbeiten, H. 9. VDI-Verlag, 1937.
191. WILKE, W.: Z. Ver. dtsch. Ing. **82**, 1135 (1938).
192. GIESSMANN, W.: Z. Ver. dtsch. Ing. **80**, 833 (1936).
193. MOEHRLE, E.: Angew. Chem. **48**, 509 (1935).
194. MAIER, K.: Z. Ver. dtsch. Ing. **82**, 609 (1938).
195. SCHMIDT, F. A. F.: Z. Ver. dtsch. Ing. **77**, 748 (1933).
196. MEURER, S.: Z. Ver. dtsch. Ing. **80**, 1447 (1936).
197. BORRIES, B. v.: Z. Ver. dtsch. Ing. **80**, 1135 (1936).
198. WATZINGER, A. u. R. SCHNELL LARSEN: Z. Ver. dtsch. Ing. **81**, 1011 (1937).
199. HEINZE, R. u. F. PESCHKE: Brennstoff-Chem. **19**, 81 (1938).
200. WITHROW u. BOYD: Ind. Engng. Chem. **23**, 539 (1931).
201. WITHROW, LOVELL u. BOYD: Ind. Engng. Chem. **22**, 945 (1930).
202. SCHNAUFFER: Z. Ver. dtsch. Ing. **75**, 455 (1931).

203. CAMPBELL, LOVELL u. BOYD: Ind. Engng. Chem. **23**, 26, 555 (1931); **25**, 1107 (1933); **26**, 475, 1105 (1934); mit SIGNAIGO: Ebenda **27**, 593 (1935).
204. GARNER, F. H. u. Mitarbeiter: Proc. World Petrol. Congr. II, 170 (1933).
205. RICARDO: Engineer **160**, 433 (1935).
206. TAUSZ u. SCHULTE: Z. Ver. dtsch. Ing. **68**, 574 (1924).
207. CALLENDAR: Engineering **121**, 457 (1926); **123**, 147 (1927).
208. EGERTON, SMITH u. UBBELOHDE: Philos. Trans. Roy. Soc. London, Ser. A **234**, 433 (1935).
209. UBBELOHDE, DRINKWATER u. EGERTON: Proc. Roy. Soc., London, Ser. A **153**, 103 (1935).
210. BROOKS: J. Instn. Petrol. Technologists **19**, 835 (1933).
211. THOMPSON u. WHEELER: J. Instn. Petrol. Technologists **19**, 931 (1933).
212. MASS u. EWEING: J. physic. Chem. **37**, 13 (1933).
213. v. PHILIPPOVICH: Angew. Chem. **49**, 633 (1936).
214. KOLKHORST, F.: Automobiltechn. Z. **41**, 484 (1938).
215. Automot. Ind. **1938**, 760.
216. HAGEMANN, A. u. TH. HAMMERICH: Öl u. Kohle/Erdöl u. Teer **12**, 371, 499 (1936).
217. HEINZE, R., M. MARDER u. VON DER HEYDEN: Chem. Fabrik **10**, 520 (1937).
218. BOERLAGE, G. D. u. J. J. BROEZE: VDI-Forsch.-Heft 366, S. 8.
219. MOUREAU: C. R. hebd. Séances Acad. Sci. **184**, 413 (1927).
220. LEWIS, J. ST.: J. chem. Soc. London **1927**, 1555.
221. RICARDO, H. R. u. O. THORNYCROFT: Trans. of the Fuel Conf. London, Bd. 3, S. 662 (1928), Paper N 6.
222. CHARCH, W. H., E. MACK u. C. E. BOORD: Ind. Engng. Chem. **18**, 334 (1926).
223. RICARDO, H. R.: Schnellaufende Verbrennungskraftmaschinen, S. 43. Berlin: Julius Springer, 1926.
224. ERPELDING, N.: Autotechn. **1926**, 22.
225. BENNET, A. J. u. W. J. MARDLES: J. chem. Soc. London **1927**, 3155.
226. BERL, E., K. HEISE u. K. WINNACKER: Z. physik. Chem. **139**, 453 (1928); **145**, 161 (1929); **148**, 36, 261 (1930).
227. MARDLES, W. J.: J. chem. Soc. London **1928**, 872.
228. GREBEL, A.: Chaleur et Ind. **9**, 418 (1928).
229. CHARCH, W. H., E. MACK u. C. E. BOORD: Ind. Engng. Chem. **18**, 334 (1926).
230. WENDT, G. L. u. F. V. GRIMM: Ind. Engng. Chem. **16**, 890 (1924).
231. SCHMIDT, A. W.: Öl u. Kohle **1**, Nr. 1, 66 (1933).
232. BOERLAGE, G. D. u. J. J. BROEZE: World Petrol. Congr. 1933, Prepint Nr. 111.
233. LE MESURIER u. STANSFIELD: World Petrol. Congr. 1933, Prepint Nr. 77.
234. POPE u. MURDOCK: World Petrol. Congr. 1933, Prepint Nr. 177.
235. SCHMIDT, J.: Öl u. Kohle **1**, 93 (1933).
236. Gas- u. Wasserfach **64**, 205 (1921); **65**, 473 (1922); **71**, 290 (1928).
237. ENGELHARDT, A.: Öl u. Kohle **1**, 102 (1933).
238. STAUDINGER: Liebigs Ann. Chem. **488**, 1 (1931).
239. HUBENDICK: Spiritusmotoren. Berlin: Klasing & Co.
240. DIETRICH, K. R.: Öl u. Kohle **1**, 124 (1933).
241. SEXAUER, W.: Öl u. Kohle **1**, 131 (1933).

242. Pawlikowski, R.: Öl u. Kohle **1**, 136 (1933).
243. Mayer, N.: Öl u. Kohle **1**, 163 (1933).
244. Hetzel, Th. B.: The Development of Diesel Fuel Testing, Bull. Nr. 45. Engng. Exper. Stat. Series, Pensylvania State College 1936.
245. Fischer, F. u. Schrader: Brennstoff-Chem. **1**, 4, 22 (1920).
246. Fischer, F. u. Zerbe: Brennstoff-Chem. **4**, 309 (1923).
247. Thau, A.: Brennstoff-Chem. **15**, 41 (1934).
248. Nettlenbusch u. Jenkner: Glückauf **70**, 1165 (1934).
249. Gas- u. Wasserfach **65**, 655 (1922).
250. Koppers-Mitt. **1925**, Nr. 3, 85.
251. Heckel: Mitt. Forsch.-Anst. Konzerns Gutehoffnungshütte **1931**, 147.
252. Züblin: Wärme **57**, 565 (1934).
253. Passenger: Transport J. (London) **1938**, 157.
254. Thau, A.: Glückauf **74**, 97 (1938).
255. Nägel: Rdsch. dtsch. Techn. **1938**, Nr. 39, 1.
256. Drawe, R.: Gas- u. Wasserfach **80**, 806 (1937).
257. Moehrle, E.: Techn. Mitt. Krupp. A. G. **5**, 38 (1937).
258. Brückner, H.: Gas- u. Wasserfach **80**, 446, 463 (1937).
259. Grimme, W.: Angew. Chem. **51**, 265 (1938).
260. Fritzweiler, R.: Z. Ver. dtsch. Ing. **82**, 1373 (1938).
261. Thau, A.: Gas- u. Wasserfach **79**, 885, 912 (1936).
262. Brownlie, D.: Gas Times **3**, Nr. 22, 21; Nr. 34, 21; Nr. 36, 24; Nr. 38, 27 (1935).
263. Brennstoff- u. Wärmewirtsch. **20**, 178 (1938).
264. Wucherer, J.: Stahl u. Eisen **58**, 689 (1938).
265. Thau, A.: Glückauf **74**, 795 (1938).
266. Roelen, O.: Öl u. Kohle/Erdöl u. Teer **14**, 1077 (1938).
267. Weber, P.: Öl u. Kohle/Erdöl u. Teer **14**, 879 (1938).
268. Jostes, F. u. K. Siebert: Öl u. Kohle/Erdöl u. Teer **14**, 777, 799 (1938).
269. Myddleton, W. W.: Öl u. Kohle/Erdöl u. Teer **14**, 655, 673, 723 (1938).
270. Marder, M.: Öl u. Kohle/Erdöl u. Teer **14**, 697, 717, 737 (1938).
271. Kobayasi, R. u. S. Kajimoto: J. Soc. chem. Ind. Japan (Suppl.) **32**, 304 B bis 311 B (1936).
272. Pier, M.: Angew. Chem. **51**, 603 (1938).
273. Egloff, G., J. C. Morrell u. E. F. Nelson: Petroleum **34**, Nr. 4, 5 (1938).
274. Egloff, G.: Petroleum **34**, Nr. 10, 11 (1938).
275. McAllister, S. H.: Oil Gas J. **36**, 139 (1937).
276. Kölbel, H.: Öl u. Kohle/Erdöl u. Teer **14**, 1042 (1938).
277. Rosendahl, F.: Brennstoff-Chem. **20**, 65 (1939).
278. Heinze, R. u. M. Marder: Öl u. Kohle/Erdöl u. Teer **14**, 833 (1938).
279. Moore, C. C. jr. u. G. R. Kaye: Oil Gas J. **33**, Nr. 26, 108 (1934).
280. Nat. Petrol. News **30**, Refin. Technol. 482 (1938).
281. Öl u. Kohle/Erdöl u. Teer **13**, 6, 7 (1937).
282. Maschinenbau. Organ der ADB. Der Betrieb **16**, 287 (Mai 1937).

# Sachverzeichnis.

Manzsche Buchdruckerei, Wien IX.

GPSR Compliance

*The European Union's (EU) General Product Safety Regulation (GPSR) is a set of rules that requires consumer products to be safe and our obligations to ensure this.*

*If you have any concerns about our products, you can contact us on ProductSafety@springernature.com*

In case Publisher is established outside the EU, the EU authorized representative is:

Springer Nature Customer Service Center GmbH
Europaplatz 3
69115 Heidelberg, Germany

**Batch number: 10577896**

Printed by Printforce, the Netherlands